Günter Schiepek

Systemtheorie der Klinischen Psychologie

Wissenschaftstheorie
Wissenschaft und Philosophie

Gegründet von Prof. Dr. Simon Moser, Karlsruhe

Herausgegeben von Prof. Dr. Siegfried J. Schmidt, Siegen

Günter Schiepek

Systemtheorie der Klinischen Psychologie

Beiträge zu
ausgewählten Problemstellungen

Mit einem Vorwort von Helmut Willke

PD Dr. Günter Schiepek
Lehrstuhl Klinische Psychologie
Universität Bamberg
Markusplatz 3
D-8600 Bamberg

Gedruckt auf säurefreiem Papier

ISBN 978-3-322-90555-0   ISBN 978-3-322-90554-3 (eBook)
DOI 10.1007/ 978-3-322-90554-3

Inhalt

IV Die Theorie selbstreferentieller Systeme im Anwendungsbereich psychischer Prozesse und die Folgen für die Psychotherapie

V Systemforschung aus der Sicht des Subjekts: Dialog-konsensuelle Rekonstruktion der Bedingungen von Burnout bei klinisch-psychologischen Praktikern

VI Das Planspiel als Lern- und Forschungsfeld

Meinen Eltern

*Alles ist unregelmäßige und ständige Bewegung,
ohne Führung und ohne Ziel.*

Michel de Montaigne

Die Natur ist das Theater an sich.

Thomas Bernhard

Vorwort

Die wissenschaftliche Disziplin der Klinischen Psychologie bemüht sich in zunehmendem Maße, technizistische Konzepte psychosozialer Praxis – die ja weit mehr erfaßt als nur Psychotherapie – zu verlassen und zu einem angemessenen Verständnis des Leidens des Menschen an sich selbst und seiner Umwelt zu gelangen. „Angemessen" meint hier in erster Linie, daß Denkformen und Interventionsstrategien selbst hinreichend komplex, nicht-trivial und nicht-simplifizierend angelegt sein müssen, um der hochgradigen, oft entmutigend intransparenten Komplexität des psychischen Geschehens gerecht zu werden. Die Lage der Praxis der Klinischen Psychologie ist diesbezüglich so prekär, daß reflektierte Vorschläge dringend notwendig sind, welche die Brisanz der fundamentalen Erkenntnis ernst nehmen: daß die Psyche als hochkomplexes, selbstorganisierendes und auf sich selbst einwirkendes System einfachen Methoden und Instrumenten nicht zugänglich ist; daß eine Trivialisierung des psychisch kranken Menschen ebenso unwürdig wie selbstdestruktiv ist; daß wir erst sehr viel Genaueres über das schwierige Zusammenspiel leiblicher, psychischer und kommunikativ-sozialer Prozesse wissen müssen, um klinisch-psychologischer Praxis verbesserte Aussichten auf dauerhafte Erfolge zu vermitteln.

In dieser für die Klinische Psychologie nicht sehr schmeichelhaften Lage macht Günter Schiepek mit der hier vorgelegten Arbeit einen bemerkenswerten und mutigen Schritt. Er schlägt vor, die inzwischen differenziert entwickelten Möglichkeiten systemtheoretischen Denkens zu nutzen, um frischen Wind in die wissenschaftliche und praktische Debatte zu bringen. Mit einem ebenso kritischen wie konstruktiven Blick auf Stärken und Schwächen systemtheoretischer Zugangsformen gelingt es ihm, das Entscheidende herauszustellen: daß Systemtheorien durchaus in der Lage sind, in konzeptuell kontrollierter Weise Alternativen ins Spiel zu bringen, die reichere Denk- und Analysemöglichkeiten bieten als bisherige Angebote. Dies impliziert keineswegs die „Wahrheit" systemtheoretischer Annahmen und schon gar nicht einen Ausschließlichkeitsanspruch, sondern zielt auf die pragmatische Prüfung der Fruchtbarkeit von Annahmen, die dem lebensweltlichen Problem emotionaler, kognitiver und sozialer Komplexität, Mehrdeutigkeit und Nicht-Linearität zentrale Bedeutung zuerkennen. In der einen Richtung führt dies zur Frage, welche systemtheoretisch informierten Perspektiven und Denkmittel für Praktiker neue Beobachtungs- und Handlungsmöglichkeiten eröffnen. In der anderen Richtung zwingt dieses Vorgehen des Autors zur Frage, inwiefern die brennenden Probleme der psychotherapeutischen und klinischen Praxis angemessenere Formen theoretischer Fundierung unabdingbar machen.

Ich werde auf den Inhalt der Arbeit nicht weiter eingehen, weil sie in ausgezeichneter Weise in der Lage ist, für sich selbst zu sprechen. Ich habe als Theoretiker mit Interesse und Vergnügen die Entstehung dieser Arbeit eine Zeitlang begleitet und daraus viel gelernt. Sie ist ein Beispiel für den seltenen Glücksfall, daß Praxis sich in intelligenter und umsichtiger Weise um theoretische Fundierung kümmert und in diesem Prozeß in die Lage kommt, wichtige Einsichten und Anregungen an die Theorie zurückzugeben. Hinzu kommt in diesem Fall – und das wird die Leser besonders freuen –, daß Günter Schiepek seine Überlegungen in vorbildlich klarer und unprätentiöser Sprache formuliert. Es ist ihm gelungen, bei allem Ernst des Themas und bei aller Ernsthaftigkeit der Argumentation auch den Spaß durchscheinen zu lassen, den wissenschaftliche Arbeit dann macht, wenn der Autor auch mit dem Herzen dabei ist. Ich wünsche dem Buch ebenso aufgeschlossene wie kritische Leserinnen und Leser. Mehr braucht es nicht, um die in diesem Buch enthaltenen Chancen auf Revision und Rekonstruktion in wichtigen Grundlagen der Klinischen Psychologie zum Tragen zu bringen.

Bielefeld, im Oktober 1990   *Helmut Willke*

Vorbemerkung des Autors

Die vorliegende Arbeit unternimmt den Versuch, einen Beitrag zur systemischen Theorieentwicklung in verschiedenen Bereichen der Klinischen Psychologie zu leisten. Ihr Anliegen ist also vorwiegend theoretischer Natur, wenngleich alle Kapitel auch auf empirischer und praktischer Erfahrung beruhen.

Die einzelnen Kapitel stellen abgeschlossene Einheiten dar, die unabhängig voneinander verstehbar sein sollten. Sie müssen daher nicht in der Reihenfolge ihrer Nummerierung gelesen werden. Auch ordnen sie sich nicht in ein homogenes Theoriegebäude ein, sondern experimentieren innerhalb des weiten Feldes der Systemtheorien mit unterschiedlichen Ansätzen und Denkmodellen.

Keine wissenschaftliche Arbeit beginnt am Nullpunkt; auch dieses Buch kann nur ein weiterer Schritt sein auf den Wegen, die bereits zurückgelegt wurden. Vieles verdankt es Autoren wie Niklas Luhmann, Humberto Maturana, Ulrich Beck, Dietrich Dörner, Norbert Bischof, Helmut Willke, Jürgen Kriz, Heiner Keupp, manchen anderen und vor allem den vielen Gesprächen im Kollegen- und Freundeskreis.

Ich bin mir bewußt, daß einige Passagen mit Zweifeln zu versehen sind, so wie eben prinzipiell theoretische – und mithin: hypothetische –, aber auch empirische Aussagen wissenschaftlichem Zweifel unterliegen müssen. Jeder Beobachter, jeder Teilnehmer an der scientific community verfügt über andere Prämissen, macht andere Erfahrungen. So seien nun – um eine Formulierung aus Ulrich Becks „Gegengiften" zu benutzen – die hier wie dort möglichen Bedenken ausdrücklich vor die Klammer gezogen und der Beurteilung unterbreitet.

Wissenschaftliche Rationalität entsteht nicht durch noch so anspruchsvollen Eigen-Sinn einer Studie oder eines Autors, sondern durch die Kommunikation in der wissenschaftlichen Gemeinschaft. Hierin liegt ein Anspruch dieser Arbeit: Kommunikation anzuregen. Und das gelingt besser, wenn einmal ein Farbklecks riskiert wird als durch eine Aneinanderreihung von „wenn und aber".

Ich lade Sie, liebe Leserin und lieber Leser, in diesem Buch ein, die Möglichkeiten und Grenzen systemischen Denkens in verschiedenen Gebieten der Klinischen Psychologie auszuloten und sich dabei auf Denkfiguren einzulassen, die im Vergleich zu bisher erprobten Konzepten an manchen Stellen durchaus ungewohnt wirken mögen. Um den Weg gangbar zu machen, wurde der Text öfters durch Graphiken und Bilder aufgelockert. Mitunter sind einige Passagen leichter bewältigbar, wenn man sich eine gewisse Marscherleichterung verschafft. Am besten geschieht das durch Humor: fremde wie eigene, alte wie neue Standpunkte auch aus heiterer Distanz betrachten können.

Danken möchte ich Prof. Hans Reinecker, der mir wohlwollend den Freiraum für eine mehrjährige Auseinandersetzung mit verschiedenen Systemtheorien sowie für Praxiserfahrung im Bereich systemischer Therapien geboten hat, ebenso Peter Kaimer, mit dem zusammen und mit dessen Hilfe ich in den letzten Jahren meine therapeutischen Erfahrungen sammeln durfte. Er ist mir wertvoller Gesprächspartner, Freund und Ko-Gourmet.

Das Herz der systemischen Therapie- und Supervisionspraxis schlug für mich im Kreise unseres Teams an der Psychologischen Forschungs- und Beratungsstelle des Lehrstuhls für Klinische Psychologie, dem neben Peter Kaimer Brigitte Baslé, Christa Laux, Gisela Ruschig, Meinrad Schlund, Monika Schneider und Astrid Schütz angehören (bzw. angehörten).

Prof. Lothar Laux gab mir Anregungen, die mir fachliche Bereicherung waren und persönlich Mut machten. Gleiches trifft zu auf seine beiden Assistentinnen, Hannelore Weber und Astrid Schütz.

Viele Diskussionen zur systemischen Theorie, Forschung und Praxis führte ich mit Prof. Ewald Brunner und seinen Mitarbeitern in Tübingen (Arno Schöppe, Wolfgang Tschacher und Hannes Krause), welche nicht nur fachlich produktiv waren, sondern auch immer in angenehmer Atmosphäre (Stichwort: Stocherkahnfahrten auf dem Neckar) stattfanden. Weitere wichtige Gesprächspartner hatte ich in Reimund Böse, mit dem zusammen ein Glossar zur systemischen Theorie und Therapie entstand, Michael Reicherts, dem ebenso kooperativen wie klugen Kopf aus Fribourg (Schweiz), und den Mitgliedern unserer Bamberger Arbeitsgruppe zur psychologischen Synergetik, von denen noch Bernd Fricke und Ulrike Hoefer genannt seien.

Kapitel VII dieser Arbeit wäre nicht möglich gewesen ohne die tatkräftige und PASCAL-kundige Unterstützung durch Harald Schaub, mit dem zusammen die dort beschriebene Computersimulation einer Depressionsentwicklung entstand.

Kapitel V ist das Ergebnis der Kooperation mit Karin Seifert, deren Diplomarbeit die subjektive Rekonstruktion des Burnout-Erlebens therapeutischer Praktiker zum Gegenstand hatte.

Prof. Uwe an der Heiden, der für die Anliegen von Sozialwissenschaftlern so offene Mathematiker, stellte mir wichtige Literatur und Bildmaterial zur Verfügung. Als hilfreicher, produktiver Verstörer auf meinem Weg in die systemische Epistemologie erwies sich Kurt Ludewig, der mir in persönlichen und schriftlichen Kontakten immer den Sessel wegzog, sobald ich mich selbstgewiß auszuruhen begann. Möge er diese Aufgabe weiterhin erfüllen. Herbert Kämmerer, Roswitha Schug und Rolf Hahn (Darmstadt) vermittelten mir Einblick in das systemische Praxisfeld der Schulpsychologie. Die Herstellung des Manuskripts besorgte höchst zuverlässig Frau Irmgard Neiderer, unterstützt von Frau Barbara Kloos. Frau Martina Weisensel und Frau Claudia van Laak halfen bei den Literaturrecherchen und den vielen Kleinarbeiten hinter den Kulissen. Martin Oswald, der Künstler vom Kappenzipfel (Günzburg), entwarf einen großen Teil der Graphiken. Etliche Gestaltungsideen in der vorliegenden Arbeit nimmt er gern auf seine Kappe. Die Fotographien zur Wohnraumgestaltung in Behinderteneinrichtungen (Konzept von Prof. Wolfgang Mahlke, s. Kap. IX) wurden mir freundlicherweise von Herrn Dr. Pommer (Würzburg) zur Verfügung gestellt.

Sehr verbunden bin ich Herrn Albrecht A. Weis und dem Verlag Vieweg für die sorgfältige und entgegenkommende Zusammenarbeit bei der Drucklegung dieses Buches.

Ihnen allen gilt mein herzlicher Dank, ganz besonders aber den Klientinnen und Klienten, Studentinnen und Studenten, mit denen zusammen ich in den letzten Jahren arbeiten und lernen durfte.

Bamberg, im August 1990   *Günter Schiepek*

I Vom Verhältnis sprachlicher (Re-)Konstruktion psychosozialer Praxis zu eben dieser Praxis

Die Gebrüder Grimm mögen uns helfen, den Einstieg zu finden. Im Märchen nämlich finden wir unsere eigenen Geschichten wieder.

Wählen wir eines, das uns den Weg zeigt, den große Ansprüche nehmen. Erinnern Sie sich zum Beispiel an das Märchen von dem Fischer und seiner Frau?

> „Manntje, Manntje, Timpe Te,
> Fischlein, Fischlein in der See,
> Meine Frau, die Ilsebill,
> Will nicht so, wie ich gern will."

Richtig. Es ist das Märchen, das im Topf beginnt und im Topfe endet. Ein Fischer schenkt einem Fisch das Leben, als dieser ihm erklärt, er sei in Wirklichkeit ein verwunschener Prinz. Zuhause angekommen, erzählt er diese Begebenheit seiner Frau. Die Frau wendet ein, er hätte sich doch dafür, daß er den sprechenden Fisch wieder hat schwimmen lassen, etwas wünschen können. Sogleich solle er wieder an die See gehen und sich etwas wünschen. Eine kleine Hütte wollte die Frau haben anstelle des Topfes, in dem beide bislang gewohnt hatten. Der Fischer ging hin und die Frau bekam die Hütte. Nachdem einige Zeit verstrichen war, wurde sie jedoch des Lebens in der Hütte überdrüssig. In einem großen, steinernen Schlosse wollte sie viel lieber wohnen. Der Fischer ging wieder an die See, trug dem sprechenden Fisch den Wunsch vor und die Frau bekam das Schloß. Am anderen Morgen fiel es der Frau ein, sie wolle König sein. Der Fischer ging an die See und die Frau ward König. Danach wollte sie Kaiser werden und ward Kaiser. Schließlich wollte sie Papst werden und ward Papst. Als sie aber werden wollte wie der liebe Gott, saßen beide wieder in ihrem alten Topf.

Genau, wird der (oder die) eine sagen, die Geschichte vom Fischer und seiner Frau, die kenne ich. Das ist die Geschichte von der Hybris der Technologie. Immer mehr und immer größer, dazu der epistemologische Irrtum von linealer Steuerbarkeit, Macht und technischer Fortschrittsgläubigkeit, das reicht für den Zusammenbruch. Deswegen bin ich Systemiker(in) geworden. Meine Lieblingslektüre ist Bateson, Vester und von Ditfurth – so laßt uns denn ein Apfelbäumchen pflanzen.

Genau, wird der (oder die) andere sagen, die Geschichte kenne ich. Das ist die Geschichte der systemischen Therapie. Ausgehend von der Auffassung, mit einem einzelnen Klienten könne man – sofern man ihn eingespannt denkt in soziale Gefüge – keine Therapie machen, wurde das soziale Gefüge zum Klienten. Familientherapie, Mehrgenerationen-Familientherapie, Netzwerktherapie, Organisationsentwicklung. Und dann die zwingende Forderung, alle Beteiligten oder zufällig in der Nähe sich Befindlichen müßten mit. Heute dagegen legen wir mehr Zurückhaltung an den Tag: eine klarere Selbstverpflichtung auf die Aufträge und Ziele der Kunden, zumindest in der systemischen Kurzzeit-Therapie. „Kommen kann, wer glaubt, zur Lösung des Problems hilfreich zu sein", lautet die Formel.

Genau, wird schließlich der (oder die) Dritte sagen, die Geschichte kenne ich. Das ist die Geschichte des systemischen Denkens. Immer mehr Faktoren einbeziehen, immer mehr Vernetzungen, immer mehr neue und komplizierte Begriffe, eine andere Erkenntnistheorie sogar ... Der Stachel, der dazu getrieben hat, ist vielleicht verständlich: das Ungenügen am Stückwerk psychologischer Theoriebildung und Diagnostik, das Scheitern bei der Arbeit in komplexen Szenarien, die Mißgeschicke technologischer Lösungsversuche, die groben Vereinfachungen kausaler Analysen

– und zugleich die neuen Möglichkeiten der Datenverarbeitung und Simulation, neue, elegante Therapiemethoden, die Verführungen durch die Angebote aus den Naturwissenschaften. So erging es denen, die sich darauf eingelassen haben, wie dem Rotkäppchen im Wald, das den bunten Blumen und den Wohlgerüchen folgt, bis es ganz und gar vom Wege abkommt. Sie kennen sich nicht mehr aus, verlieren die klaren Linien der Wissenschaft (zum Beispiel des Neo-Positivismus oder des Kritischen Rationalismus), verlieren die gesicherten Befunde der Therapiestudien und obendrein den Boden der Objektivität unter den Füßen. Jetzt sitzen sie wieder im Topf. Sie wären besser geblieben wo sie waren: bei der Psychoanalyse, der Verhaltenstherapie oder einer anderen therapeutischen Richtung.

Fällt Ihnen noch eine andere Geschichte ein? Wer ist in Ihrer Geschichte der Fischer, die Frau, der Fisch?

Vom Zögern angesichts systemtheoretischer Angebote

Wenn Ihnen nun die zuletzt dargestellte dritte Variante gefällt oder wenn Sie zumindest ähnliche Gefahren wittern, dann werden Sie die zögernde Rezeption systemischer Theorien in der Psychologie für durchaus angebracht halten. Es kann sehr sinnvoll sein, Vorsicht walten zu lassen, zumal die euphorische Öffnung für systemisches Gedankengut bei therapeutischen und psychosozialen Praktikern, vor allem in der Familientherapie, auch Anlaß zu Verdacht geben mag. Speziell für das transdisziplinäre Programm der Selbstorganisationsforschung stellen Krohn, Küppers & Paslack fest: „Die einzelnen Disziplinen als Ganze verhalten sich reserviert und abwartend" (1987, 459). Dies bietet umgekehrt die Chance, innerhalb der Community des Theorienansatzes als integrierende Kraft zu wirken und gibt in gewissen Landstrichen Anlaß zur Selbstabgrenzung. Im Gelände der „Neuen Unübersichtlichkeit" (Habermas, 1985) streifen manche Selbstgewisse der systemischen Zunft umher in der Nachfolge der älteren und als Gegenspieler der großen anderen erkenntnistheoretischen Richtungen. Sie sind es, auf deren Konto mancher Anschlag von Affichen geht, auf denen geschrieben steht: „Paradigmenwechsel!"

Tatsächlich ist der Anspruch groß: Luhmann (1987a, 307) zum Beispiel vertritt die Auffassung, daß es zur Theorie selbstreferentieller Systeme „... gegenwärtig ... kaum konkurrierende Theorieangebote gibt." Das Zitat bezieht sich bei ihm speziell auf das Konzept der Autopoiesis sozialer Systeme. Für die Psychologie könnte man mit etwas Optimismus in Anspruch nehmen, daß die Theorie selbstreferentieller Systeme einen Rahmen anbieten könnte, in den sich neuere Entwicklungen ebenso wie historisch wichtige Ansätze der Disziplin einordnen ließen. Es entstünde gleichsam ein Band, durch das gewisse Linien der Persönlichkeitspsychologie (z.B. Schema-Theorie, psychoanalytische Ich-Psychologie, Feld-Theorie), der Entwicklungspsychologie (z.B. Piagets genetischer Strukturalismus), der Gruppendynamik (Entstehung und Wandel kommunikativer Systeme), der Ökopsychologie (Untersuchung von System-Umwelt-Passungen), der Klinischen Psychologie (z.B. Therapie als Bedingung für das Entstehen neuer Ordnungsmuster in psychischen und sozialen Systemen), der Betriebspsychologie (Stichwort: evolutionäres Management) oder anderer Teildisziplinen unter Wahrung ihrer genuinen Problemlagen verknüpfbar wären. Hierbei bestehen im Moment viele Möglichkeiten der Weiterarbeit, aber auch Unsicherheiten und Anlässe für Überraschungen (Luhmann 1987a). Ob aus dem Unternehmen ein ähnlich umfassendes Theoriegebäude wie die Psychoanalyse entstehen wird, mag dahingestellt bleiben.

Alsbald werden wir wieder an das Märchen erinnert. Denn für die Anhänger der dritten Version tun sich sicher an dieser Stelle Einwände auf, insbesondere da die in der Theorie selbstreferentieller Systeme bearbeiteten und auch erzeugten Probleme „... keine Punkt-für-Punkt-Beziehung zu den Herzensanliegen der Tradition haben, so daß Theoriefortschritte im Bereich der Theorie selbstreferentieller Systeme nicht sofort in die Eliminierung von Bedenken umgesetzt werden können" (Luhmann 1987a, 310). Mit diesen Bedenken werden wir uns in einem eigenen Kapitel (IX) auseinandersetzen, was aber sinnvoll erst dann geschehen kann, wenn das Grundgerüst der Theorie (in Kapitel IV) vorgestellt worden ist.

Zwei weitere Kritikpunkte, die sich meist auf systemische Ansätze insgesamt richten, gilt es ernst zu nehmen: sie seien nämlich erstens nicht neu und zweitens eine bloße Mode. Darin könnte man einen Widerspruch vermuten, was wir aber nicht tun, da wir beide Argumente getrennt voneinander ernst nehmen wollen. Neu sind viele systemtheoretische Denkfiguren und konstruktivistische Erkenntnistheorien tatsächlich nicht, denn sie führen einige wesentliche Linien der abendländischen Kultur- und Wissenschaftsgeschichte fort. Dies gilt auch für die Geschichte der Psychologie. Hier bestehen an einigen Punkten engere Einbindungen, als man der analytisch-naturwissenschaftlichen Tradition zubilligen möchte, werden doch fast ausschließlich fernöstliche Zeugen geladen. Und um eine Mode handelt es sich insofern, als in den letzten zehn Jahren ein stark ansteigendes Interesse an systemischer Theorie und Therapie zu verzeichnen ist. Die Literaturflut hat explosionsartig zugenommen. Daher ist nach den kulturellen, gesellschaftlichen und ökologischen Bedingungen zu fragen, unter denen ein derartiges Interesse seine Berechtigung bekommt. Ein weiteres Argument spricht gegen eine Verbindung der beiden Kritikpunkte: Wenn Kritiker fehlenden Neuheitswert beanstanden – was in vielen Gebieten der Pychologie möglich wäre –, und gleichzeitig das Argument der Modeerscheinung heranziehen, wäre eine bedauerliche Entwicklung abzusehen. Da Moden bekanntlich ebenso schnell verschwinden wie sie aufgetaucht sind, würde damit das Wissen der historischen Zeugen verlorengehen. Und das wäre wirklich bedauerlich.

Bisher wurde deutlich: Was die Rezeption systemischer Konzepte in der Psychologie betrifft, stehen sich „kritische Distanz" – so in der Klinischen Psychologie (z.B. Petermann 1987, 194) – und starkes, ja zuweilen euphorisches Interesse – so in Teilen der psychosozialen Praxis – gegenüber. Hier reproduziert ein neues Thema offenbar alte Muster (bekannt z.B. aus der Rezeption der Psychoanalyse in die akademische Psychologie). Bedenkt man zudem, daß eine einheitliche Systemtheorie nicht existiert (Lenk 1978, 244f.), läßt sich ein Bedarf nach Klärung unterstellen. „Systemtheoretische Ansätze ordnen sich nicht in eine einheitliche empirisch-wissenschaftliche Theorie, sondern stellen sich, wenigstens zur Zeit noch, als ein Sammelreservoir theoretisch und methodologisch unterschiedlicher, disziplinübergreifender, aber durch Projektbezogenheit verbundener Modellansätze dar. Sie folgen noch keinem einheitlichen systematischen, methodologischen und terminologischen Konzept" (Lenk 1978, 244f.). Wenngleich – oder gerade weil – ein solches einheitliches Konzept nicht in Sicht ist, scheint Klärung sinnvoll zu sein, denn in vielen

Gesprächen wird deutlich, daß unterschiedliche Personen mit gleichlautenden Wörtern verschiedenes meinen und emotional einfärben. Der System-Begriff selbst stellt aufgrund seiner Generalität eine bunte, aber oft wertlose Währung dar. Verstehen einige darunter schlicht Mehrpersonenkonstellationen (z.B. Hennig & Knödler 1985, 29), andere Reaktionsabfolgen von Personen bzw. Relationen zwischen verschiedenen Reaktionsabfolgen (z.B. Kriz 1988), so wird von dritten der Begriff mit „Institution" oder „Organisation" gleichgesetzt. Willke (1989) bezeichnet mit dem Label „System" vorwiegend funktional ausdifferenzierte Teilbereiche der Gesellschaft (z.B. das System der Wirtschaft, der Politik, der Wissenschaft, der Kunst). Die Aufzählung weiterer Begriffsvarianten würde lange Listen füllen, desgleichen eine Systematik möglicher Mißverständnisse (z.B. der Adjektive „systemisch", „systemorientiert", „mechanistisch").

Dem Versuch einer Klärung soll in späteren Kapiteln durch die Einführung einer Unterscheidung und die Ausarbeitung der daraus folgenden Konsequenzen nähergekommen werden. Die Unterscheidung trennt einen auf Selbstreferenz beruhenden System-Begriff von einem auf Vernetzung beruhenden System-Begriff. Beide Begriffe haben Konsequenzen für die Theoriebildung ebenso wie für die Beschreibung (bzw. Modellierung) von Systemen (s. Kapitel IV).

Bringen uns systemische Ansätze dem Fortschritt näher?

Eine Frage, die sich jedoch noch vor der Beschäftigung mit systemischen Konzepten berechtigterweise für jede(n) stellt, der (die) sich darauf einläßt, ist: Was kann das bringen? Ist davon Fortschritt zu erwarten? Prinzipielle Gründe, die mit der Problematik möglicher Fortschrittskriterien zu tun haben, legen die Antwort nahe: nein. Absolute Wahrheitserkenntnis ist nicht verfügbar, also fehlt das Ziel. Speziell wenn man eine radikal-konstruktivistische Epistemologie zugrunde legt (s. Watzlawick 1981; Maturana 1982; von Foerster 1985a; Gumin & Mohler 1985; Schmidt 1987b sowie für einen umfangreichen Literaturüberblick: Hejl & Schmidt 1985; 1987), existieren Kriterien der Objektivität im Sinne einer Realitätsannäherung nicht. Jede Erkenntnis beruht auf individuellen oder interindividuellen – z.B. nach den Regeln der scientific community ablaufenden – Konstruktionsprozessen. Ob darüber hinaus eine objektive und (methoden-, theorie-, wahrnehmungs-)unabhängige Realität hypostasiert wird oder nicht, bleibt sich gleich. „Damit verlieren auch die bislang gängigen Modelle von absolutem qualitativem Erkenntnisfortschritt ihre Plausibilität. Unser modernes Wissen ist 'der' Wirklichkeit nicht näher gekommen. Die im Laufe der Menschheitsgeschichte unbestreitbar gemachten Fortschritte in der Anhäufung empirischen Wissens haben uns nicht 'der Wahrheit' über die Wirklichkeit nähergebracht, sondern in erster Linie eine Veränderung menschlicher Gesellschaften, individueller Denk- und Lebensweisen, Werteinstellungen usw. bewirkt" (Schmidt 1987b, 43). Ein anderes Argument liefert Feyerabend. Es resultiert aus den Parallelen, die er zwischen der Kunstgeschichtsauffassung von Riegl (1901 bzw. 1973) und der Wissenschaftsentwicklung zieht: „In der Kunst gibt es keinen Fortschritt und keinen Verfall. Es gibt aber verschiedene Stilformen. Jede Stilform ist in sich vollkommen und gehorcht ihren eigenen Gesetzen. Kunst ist die Produktion von Stilformen und die Geschichte der Kunst die Geschichte ihrer Abfolge"

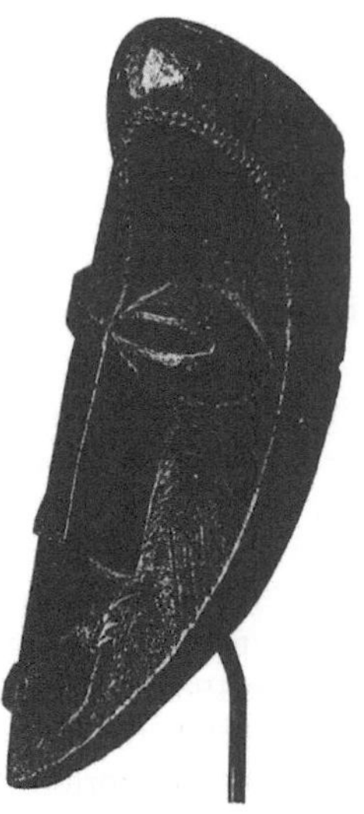

Abb. 1: Alte und neue Stilformen in der Kunst. Oben: Traditionelle Holzmasken vom Kongo. Unten: „Demoiselles d'Avignon", Pablo Picasso 1907 (Abb. aus: Art, Februar 1985).

(Feyerabend 1984, 29, s. auch Schiepek & Kaimer 1988, 258, hierzu: Abb. 1). Entsprechend vieldeutig sind die jeweils angelegten Begriffe von „Wahrheit" oder „Wirklichkeit". „Untersucht man nämlich, was ein bestimmter Denkstil unter diesen Dingen versteht, dann trifft man nicht auf etwas, was jenseits des Denkstils liegt, sondern auf seine eigenen grundlegenden Annahmen: Wahrheit ist, was der Denkstil sagt, daß Wahrheit sei" (Feyerabend 1984, 77).

Dieses Argument wird für unser Thema in besonderer Weise bedeutsam, vor allem wenn man die Psychologie (auch) als Gesellschafts- und Kulturwissenschaft versteht. Der Wandel betrifft dann nicht nur die jeweiligen methodologischen und theoretischen Vorlieben, sondern auch den Gegenstandsbereich dieser Wissenschaft, also die verschiedenen historisch und gesellschaftlich möglichen Formen des Denkens, Fühlens, Handelns, Zusammenlebens, Leidens usw. Beides aber steht in engem Zusammenhang oder – mit einem Ausdruck der Mode: Wissenschaft und Gegenstand derselben koevolvieren. Was der Wissenschaft überantwortet wird, was von ihr als Problem wahrgenommen und bearbeitet wird, welche Theorien nach oben gespült werden, all das befindet sich in Passung mit den Denk- und Handlungsmustern einer Gesellschaft, dessen Teil die Wissenschaft als in bestimmter Weise ausdifferenziertes soziales Handlungs- und Regelsystem ist. Die Erfindung von Psychotherapie beispielsweise setzt individualisierte Identität, biographische Zurechnung des eigenen Lebensschicksals, bestimmte Erlebniskategorien von Emotionalität, minimale materielle Absicherung und anderes voraus, was ohne Aufklärung und Industrialisierung so nicht denkbar wäre. Umgekehrt erzeugt das Angebot von Psychotherapie Nachfrage, psychologische Interpretationsraster, individuelle Heilserwartungen. Das wiederum schafft Bedarf, und so fort. Vielleicht haben Sie Lust, sich ähnliche Beispiele auszudenken. Es gibt jede Menge davon (s. z.B. Vester 1984; speziell zur Medizin: Illich 1987). Würde eine Wissenschaft – vor allem die Sozialwissenschaft – Fortschritte machen, die sie aus der genannten Passung herauslösen, so wäre das höchst bedenklich: sie würde weder verstanden noch gebraucht und wäre daher nicht mehr legitimationsfähig. Um am Beispiel der Psychotherapie zu bleiben: Therapie löst nichts grundsätzliches, aber solange sie sich den Fortschritt verbietet und innerhalb dieses Paradoxons bleibt, kann sie sich der Legitimation im gesellschaftlichen Problemlösungs- Problemerzeugungsspiel sicher sein.

Die Koevolution wird um so enger, je mehr die Wissenschaft in Gesellschaft und Ökologie eingreift. Die Naturwissenschaften haben sich mit Technologiefolgeproblemen, die Sozialwissenschaften mit Sozialsteuerungs- und Therapiefolgeproblemen zu beschäftigen. Diese Art von Problemen, die als hausgemachte zu einer rekursiven Schließung von Wissenschaft und ihrem Wirkungsfeld führen (s. Beck 1986), lassen die Hoffnung auf Fortschritt zusätzlich obsolet werden. Was läuft schneller: die Bereitstellung neuer Produkte und die Entstehung von damit ein-

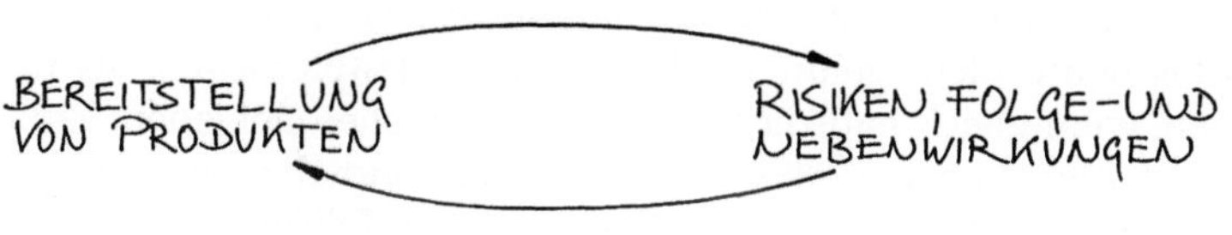

Abb. 2: Der Fortschrittszyklus

hergehenden Risiken, Folge- und Nebenwirkungen, oder die Wahrnehmung, Diskussion, Beurteilung (nach wünschenswert/nicht wünschenswert) und Behebung dieser Risiken,Folge- und Nebenwirkungen durch die Bereitstellung neuer Produkte (oder veränderter Interpretationsmuster oder besserer Rhetorik)? (s. Abb. 2) Kann der Rückweg der rekursiven Schleife den Hinweg überholen, der den Rückweg auslöst? Wer dies versuchen möchte, dem wird es ergehen wie dem Hasen beim Wettlauf mit Herrn und Frau Igel. So schnell er auch läuft, auf jeder Seite des Kohlackers wird es heißen: „Bin schon da ...".

Das evolutionäre Prinzip der Diversifikation in der Wissenschaft

Die Frage nach der Fortschrittserwartung kann es also nicht leisten, für die Beschäftigung mit dieser Arbeit die rechte Motivation zu schaffen. Was dann? Ich mache einen Vorschlag: die Idee der Evolution. Und zwar nicht die Variante, nach der der Beste überlebt, sondern das in der Evolution enthaltene Prinzip der Diversifikation (s. Roth 1982; 1986; Alberch 1982; an der Heiden, Roth & Schwegler 1985) ist es, das es sinnvoll machen könnte, sich mit dem Rest dieser Arbeit zu beschäftigen. Beeindruckend am Verlauf der Evolution ist die Vielfalt an Arten und Lebensprinzipien, sie sich entwickelt haben. Die vielen Faunenschnitte (Aussterben von Arten) haben nichts an der zunehmenden Diversifikation geändert. Das blieb erst dem wissenschaftlichen und technischen Fortschritt der letzten Jahrzehnte vorbehalten. Phylogenetisch alte und neue Formen der Atmung, Fortpflanzung, Fortbewegung, des Beutefangs existieren nebeneinander. Die Natur war offenbar toleranter als es auf Optimierung orientierte Selektionsannahmen zugestehen wollten. Innerhalb des breiten Spektrums des nicht durch negative Selektion verhinderten gibt es zahlreiche Möglichkeiten, die Autopoiese eines Individuums oder einer Spezies zu verwirklichen (an der Heiden, Roth & Schwegler 1985). Die Umwelt wirkte dabei nicht einseitig als starrer Zwangsmechanismus, sondern erwies sich ihrerseits über die Koevolution zwischen Arten und Ökosystemen bis hin zu Boden- und Klimaveränderungen (s. Jantsch 1982) als plastisch.

Das Prinzip der Diversifikation läßt sich in den Wissenschaften wiederfinden. Ältere Theorien wurden in der Regel weder vollständig widerlegt noch eliminiert, vielmehr wurden ihnen andere Theorien an die Seite gestellt. Geometrische Theorien des Lichts existieren heute neben Wellen- und Korpuskeltheorien, jede geeignet für bestimmte Erklärungs- und Anwendungszwecke. Manchen Theorien allerdings wurde das Interesse entzogen, da andere Theorien interessanter oder karriereträchtiger erschienen (Kuhn 1973), um vielleicht zu späterer Zeit als willkommener historischer Beleg für Neues wieder aufzutauchen. Speziell im Bereich der Psychotherapie existieren verschiedenste Ansätze und Theorien nebeneinander, ohne sich bisher empirisch, marktwirtschaftlich oder per Verordnung (s. hierzu Dreitzel & Jaeggi 1987) ausgemerzt zu haben. Trotz über 30 Jahren empirischer Psychotherapieforschung ist es bis heute nicht gelungen, bestimmte Therapieformen als untauglich auszugrenzen, wenngleich natürlich nicht jedes Vorgehen bei jedem Problem gleich wirksam ist (vgl. Grawe 1986a). Es zeigt sich einmal mehr, daß ein komplexes System wie die Psychoszene von einem anderen Teilsystem, nämlich der Wissenschaft, nicht zu kontrollieren ist (Schiepek 1988a, 64). Im Gegenteil: Die verschiedenen Ansätze haben und nutzen zum Teil auch die Chance, sich gegenseitig zu kritisieren und anzuregen. Daraus entstehen Präzisierungen, Bemühungen um empirische Belege, Integrations- und Abgrenzungsversuche, neue Ideen. Dies sind Bedingungen für die Möglichkeit von Erkenntnis. „Erkenntnis in diesem Sinne ist keine Abfolge in sich widerspruchsfreier Theorien, die gegen eine Idealtheorie konvergieren; sie ist keine allmähliche Annäherung an eine 'Wahrheit'. Sie ist ein stets anwachsendes *Meer miteinander unverträglicher (und vielleicht sogar inkommensurabler) Alternativen*; jede einzelne Theorie, jedes Märchen, jeder Mythos, der dazugehört, zwingt die anderen zu deutlicherer Entfaltung, und alle tragen durch ihre Konkurrenz zur Entwicklung unseres Bewußtseins bei" (Feyerabend 1986, 34, Hervorhebung im Original).

Systemische Theorien stellen sich in diesem Sinne als Alternativen zu den geläufigen Theorien und Konzepten der Klinischen Psychologie zur Verfügung. Jede präzisierende Diskussion ist auf die Verfügbarkeit von Alternativen angewiesen. Zweck derartiger Diskussionen kann es daher nicht sein, Alternativen auszumerzen oder deren Vertreter vom Besseren zu überzeugen, sondern in der Auseinandersetzung mit diesen zu Klärungen des eigenen Standpunktes zu gelangen. Der Wert liegt im Dissens und nicht im eventuell erreichbaren Konsens (Willke 1987a). „Vorurteile findet man durch Kontrast und nicht durch Analyse" (Feyerabend 1986,36). Zu welcher Lösung das Wagnis von Dissens führen mag, bleibt zunächst offen: Einbau in bekannte Strukturen (Assimilation), Einschätzung als unbedeutend (in beiden Fällen kann Entwarnung gegeben werden), kognitive Umstrukturierung (Akkomodation) oder schwelende kognitive Dissonanz. Unter Gesichtspunkten der Kreativitätsforschung mag die unangenehme letzte Variante von besonderer Fruchtbarkeit sein. Mithin dürfen bisherige Versuche rationaler Rekonstruktionen für sehr wertvoll erachtet werden, wie sie zum Beispiel von Stegmüller (1973) zum Modell der Wissenschaftsentwicklung nach Kuhn oder von Reinecker (1983) zur verhaltenstherapeutischen Forschung vorgelegt wurden.

Unter einer rationalen Rekonstruktion wird hier ein Prozeß innerhalb der scientific community verstanden, bei dem einer alternativen Darstellungsform eines bestimmten Praxisbereichs oder eines existierenden Erklärungsansatzes eine darauf Bezug nehmende Diskussion folgt (bzw. sich beides abwechselt).

Aus der Erwartung an dissensbedingte Diskussionen in der Wissenschaft (was tautologisch ist, denn eine konsensbedingte Diskussion wäre ein Widerspruch in sich) ergeben sich zwei Kriterien an rationale Rekonstruktionen:

(a) die Darstellung der Alternative soll besonders kompromißlos,
(b) die Diskussion darüber besonders kompromißbereit sein.

An die alternative Darstellungsform können weitere Kriterien angelegt werden, deren Diskussion weiter unten erfolgt. Kompromißlos soll sie jedenfalls insofern sein, als daraus Einsichten in die möglichen Konsequenzen des gewählten Ansatzes mit ihren Vor- und Nachteilen erwartbar werden. Es geht darum zu erfahren, wie weit und wohin man kommt, wenn man ein Konzept (zum Beispiel das der operationalen Schließung in der Theorie selbstreferentieller Systeme) möglichst lange durchhält, ohne vorschnell Anleihen oder Zugeständnisse zu machen. Erst wenn man aufläuft, weiß man mehr (vgl. von Glasersfeld 1985). Rationalität meint diesbezüglich: Stringenz, interne Konsistenz.

Die Diskussion darüber erfordert hingegen Kompromißbereitschaft. Damit ist nicht Vagheit oder Standpunktlosigkeit gemeint, sondern die Anerkennung vom eigenen Standpunkt abweichender Denkmodelle. Nur unter dieser Voraussetzung kann Dissens und damit Diskussion entstehen. Nur dadurch kann Diversifikation fruchtbar werden. Jede Monopolisierung von Rationalität wäre selbst irrational. Rationalität meint diesbezüglich: sich auf dieses Paradoxon einlassen.

Das Fremde, auf den ersten Blick Unpassende, nach den eigenen Maßstäben mit Mängeln Behaftete kann bei diesem Vorgehen den größten Gewinn bringen. Kontrastierung bedeutet Wagnis. Die Empfehlung besteht mithin in einer wissenschaftstheoretischen Roßkur. Sie ähnelt dem, was manche Psychotherapeuten als changed-role-therapy bezeichnen: Die Unschuld vom Lande möge es zwei Tage lang wagen, den Vamp zu spielen, der emsige Geschäftsmann darf sich ein Wochenende lang die Fabel zur Unterminierung der Arbeitsmoral zueigen machen, und der ernsthafte Grübler wird seine schattige Stube verlassen, um sich unter die Mummerei zu mischen, deren Lärm von der Straße durchs Fenster dringt[1] (s. Abb. 3). Am Aschermittwoch kehrt er in die Stube zurück, um sich wieder seinen Studien zuzuwenden. Wenn er später daran zurückdenkt, wird ein Lächeln über sein Gesicht huschen. Mehr nicht. Das aber bereits könnte motivierender Anlaß sein, sich mit Alternativen zu beschäftigen.

Ein weiteres Argument für disziplininterne Diversifikation nimmt die Bedingungen empirischer Forschung in den Blick. Wie verschiedene Wissenschaftstheoretiker überzeugend dargelegt haben (z.B. Popper 1969), ist die Produktion von Tatsachen (bzw. von Beobachtungen) sowohl an bestimmte Methoden (z.B. Beobachtungs- oder Meßinstrumente samt deren theoretischer Voraussetzungen) als auch an bestimmte Theorien gebunden, welche erst vorgeben, wo und wie die Tatsachen erkennbar seien. Könnte sich eine Disziplin nur für einen einzigen theoretischen Ansatz erwärmen, so würde die Theorie-Forschungs-Rekursion schnell – da ebenso begeistert wie selbstbestätigend – heißlaufen, um schließlich im eigenen Saft zu schmoren. Theoriebedingt könnten nur bestimmte Tatsachen wahrgenommen werden, die selbstverständlich dann mit dieser Theorie optimal erklärbar wären. Die Produktion anderer Tatsachen dagegen erfordert andere Perspektiven. Lassen wir wieder Feyerabend zu Wort kommen: „Sowohl die Relevanz als auch die widerlegende Kraft entscheidender Tatsachen läßt sich nur mit Hilfe anderer Theorien gewinnen, die zwar den Tatsachen entsprechen, die aber nicht mit der zu prüfenden Auffassung übereinstimmen. Aber wenn das so ist, dann muß sowohl die Erfindung als auch die Artikulation von Alternativen der Produktion widerlegender Tatsachen vorausgehen. Der Empirismus verlangt jedenfalls in einigen seiner mehr raffinierten Fassungen, daß der empirische Gehalt aller unserer Erkenntnisse möglichst groß gemacht werden soll. *Mithin bildet die Erfindung von Alternativen zu der im Zentrum der Diskussion stehenden Auffassung einen wesentlichen Bestandteil der empirischen Methode*" (1986, 46f., Hervorhebung im Original).

Nachgeordnet, aber oft zitiert ist das Kriterium der Einfachheit oder Eleganz von Theorien (Ockhams Rasiermesser). Ein derartiges Kriterium kann jedoch strengge-

---

1   Hören Sie hierzu Edith Piaf: 14 Juillet (Chanson du film „Les Amants de Teruel" auf Emi 1962)

Abb. 3: Begegnung am Fenster: Einladung zum Erleben von Kontrasten

nommen erst hinterher angelegt werden, nachdem ein Phänomenbereich vollständig erforscht und erklärt wurde. Daß ein solcher Punkt aber jemals erreicht werden könnte, gilt bereits im naiven Falsifikationismus als undenkbar, geschweige denn in elaborierteren wissenschaftstheoretischen Konzeptionen. Wie bereits Niels Bohr feststellte, befinden wir uns also immer „vorher", womit Kriterien wie Einfachheit oder Eleganz nie zum Zuge kommen (s. Rosental 1967). Daraus ergeben sich zwei mögliche Konsequenzen: entweder man verzichtet darauf, wie Feyerabend (1986, 22) vorschlägt, oder man bezieht die Kriterien auf einen Vergleich mindestens zweier Theorien mit gleicher Erklärungspotenz und gleichen Explananda, was zu beurteilen seinerseits wieder andere Kriterien voraussetzen würde.

Um die genannten Vorteile wissenschaftlicher Diversifikation allerdings zum Tragen kommen zu lassen, dürfen die kontrastierenden Ansätze weder mit Wahrheiten noch mit Ideologien verwechselt werden. Theorien sind Werkzeuge und keine Glaubensbekenntnisse. Modelle stellen keineswegs Beschreibungen eines „ontologischen wirklichen Arrangements" dar (Richards & von Glasersfeld 1987, 221). Dieser Arbeit liegt daher ein modellistischer und kein ontologischer Systembegriff zugrunde (s. Ropohl 1978), was bedeutet, daß Systeme als kognitive Organisationsinstrumente verstanden werden, die ein Beobachter benutzt, um seine Wirklichkeit zu konstruieren. Systeme sind keine Gegenstände, die real existieren würden, sondern Konstrukte, die einem Beobachter dazu dienen, seine bereits selbst wieder konstruierte oder „errechnete" Wahrnehmung (von Foerster 1981a) zu organisieren.

Was leistet systemisches Denken für die klinische Praxis?

Wenn systemische Theorien als Werkzeuge betrachtet werden, dann stellt sich sofort die Frage: Was kann man damit tun? Welche Vorteile könnte es bieten, diese Werkzeuge zu benutzen? Die Beantwortung derart allgemeiner Fragen wird zunächst einmal von dem Problem abhängen, das man bearbeiten möchte (vgl. Herrmann (1984), der Theorien und Methoden als Problemlösungsmittel versteht). Da sich aber in der Regel nicht nur die benutzten Methoden aus dem Problem ergeben, sondern umgekehrt Probleme in der Regel so konstruiert werden, daß die eben verfügbaren Methoden darauf anwendbar sind (Abb. 4), ließe sich die Fragestellung auch umkehren: Welche Probleme darf ich mir überhaupt leisten? Was darf ich mir als Problem zu stellen trauen, damit ich von den mir verfügbaren Mitteln nicht im Stich gelassen werde? Auf diese Fragen eine Antwort zu geben, ist zwar immer noch fast unseriös, aber im Hinblick auf systemisches Denken dennoch riskierbar: Ich darf mir relativ viel leisten. Systemisches Denken zwingt nicht zu einer vorschnellen Einschränkung oder Ausgrenzung möglicher Problemdefinitionen. Beispielsweise ist es nicht erforderlich, ein Szenario als Ist-Barriere-Soll-Problem (mit unterschiedlichen Aufgabenstellungen, z.B. der Sollzustands-Präzisierung, der Barriereüberwindung etc.) zu beschreiben. Systemisches Denken tritt vielmehr dann auf den Plan, wenn es darum geht, Problemdefinitionen offen zu halten, mehrere Problemdefinitionen nebeneinander (z.B. zu Zwecken des Vergleichs) oder hintereinander zu benutzen (um der Eigendynamik eines Szenarios gerecht zu werden) oder auf ihre jeweiligen Folge- und Nebenwirkungen zu prüfen (s. z.B. Dörner et

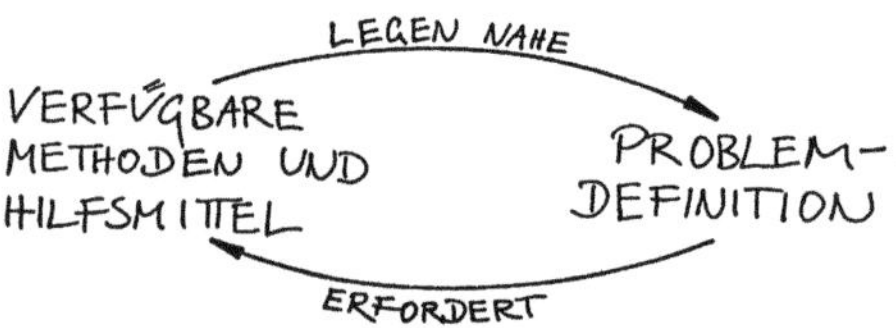

Abb. 4: Das rekursive Verhältnis von Problemen und Lösungsmethoden

al 1983; Dörner 1989). Die Offenheit systemischen Denkens resultiert unter anderem aus dem Versuch, sich auf die Komplexität und Dynamizität von Szenarien einzulassen. Insofern ist diese Art zu Denken auch in seiner radikalkonstruktivistischen Version vergleichsweise „realistisch". Psychosoziale Praxis beschränkt sich in den seltensten Fällen darauf, Therapieprogramme abzuarbeiten. Selbst Therapie in einem umfassenderen Wortsinn stellt lediglich eine, in seinen Möglichkeiten vielfach überschätzte und von den Helfern hochstilisierte Tätigkeitsform dar. Die meisten Psychologen arbeiten in ambulanten oder institutionellen Kontexten, in denen ihre Tätigkeit am ehesten als Handeln in komplexen, eigendynamischen Systemen charakterisiert werden kann (s. unten). Dieser Tatsache hat die Klinische Psychologie als Wissenschaft ebenso wie als berufsvorbereitende Einrichtung Rechnung zu tragen (s. Kapitel VI). Unrealistisch dagegen wäre ein Ansatz, der wegen seiner empirisierenden Rhetorik oder beengender methodischer Selbstverpflichtung den Handlungs- und Denkspielraum von Praktikern auf die Auswahl und Anwendung bestimmter Treatments einschränken würde, um obendrein die armen Schlucker zu ermahnen, daß sie jetzt eigentlich höchsteffektiv in der Lage sein sollten, bestimmte Vorgaben durch entsprechenden strategischen Input zielsicher zu erreichen (s. Abb. 5). Daß solche psychohygienisch bedenklichen Trivialisierungen auf Input-determinierte Systeme (vgl. von Foersters Unterscheidung zwischen trivialen und nicht-trivialen Systemen, 1984; 1985a,b; 1988) nur Karikaturen sein können, weiß jeder Praktiker. Karikaturen helfen aber manchmal, über eigene ebenso versteckte wie irrationale Phantasien zu lachen (Abb. 6).

Der Vorteil systemischen Denkens liegt nun unter anderem darin, daß es sich nicht um eine Therapieschule handelt. Sonst müßte es Wirklichkeit auf Therapiebedarf hin konstruieren. Der systemische Ansatz, wie er hier verstanden wird, ist keine Therapierichtung, kein Pool von Interventionstechniken und schon gar nicht eine familientherapeutische Schulrichtung. Es handelt sich vielmehr um eine heterogene Perspektive im Sinne von Price (1972), der diesen Begriff für „vorparadigmatische wissenschaftliche Leitkonzeptionen" (cf. Keupp 1976, 63) reserviert. Auch Reiter,

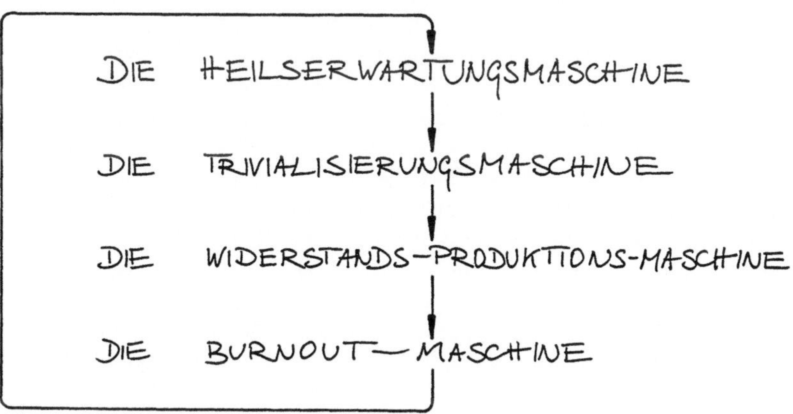

Abb. 5: Von Heilserwartungen zu Burnout und zurück

Abb. 6: Die Trivialisierungsmaschine

Brunner & Reiter-Theil (1988) wählten für ihr Buch den programmatischen Titel: Von der Familientherapie zur systemischen Perspektive. Die Heterogenität der im Fluß befindlichen Perspektive des „Systemischen" (s. Ludewig 1987) bietet sich für eine positive Konnotation an: sie entspricht dem Prinzip der Diversifikation ebenso wie von Foersters ethischem Imperativ (z.B. 1981a, 60): „Handle stets so, daß weitere Möglichkeiten entstehen".

Ein Problem, das sich die Systemtheorien geleistet haben, besteht darin, daß sie sich zu viele Probleme geleistet haben. Sie haben für Ärgernis gesorgt. Mit ihren Instrumentarien (z.B. den Verfahren der Systemmodellierung und der Computer-simulation) haben sie der Industriegesellschaft die Grenzen des Wachstums vor-geführt (Mesarovic & Pestel 1974; Global 2000, 1980), das Scheitern am Versuch, komplexe Systeme zu steuern anschaulich gemacht (Dörner & Reither 1978), grund-sätzliche Probleme der (instruktiven) Intervenierbarkeit in lebende Systeme aufge-zeigt (Maturana 1982; Willke 1983; 1984), die Zielsicherheit und Vorhersehbarkeit des therapeutischen Vorgehens in Frage gestellt (Grawe 1987; 1988), den Sand von Paradoxien in das Getriebe der Wissenschaft gestreut (Schöppe 1989), den Beob-achter ins System eingeführt und ihm damit den archimedischen Punkt der Macht linearer Beeinflussung genommen (Bateson 1981; von Foerster 1985a), der Wissen-schaft mit Komplexitätsstreß gedroht, die Sicherheit von Prognosen sogar in de-terministischen Systemen unterminiert (Bergé, Pomeau & Vidal 1984; Schuster 1988; Martienssen 1989), die Hoffnung auf eindeutige Zuordbarkeit von Erklärungsmo-dellen zu dynamischen Phänomenen geraubt (Verhaltensmodellhaftigkeit ist nicht gleich Strukturmodellhaftigkeit, s. hierzu Dörner 1984) und obendrein der ehrwür-digen Wissenschaft die Brille der Objektivität hinter einer konstruktivistischen Er-kenntnistheorie versteckt. Fazit: „Die Systemtheorie kann wenigstens erklären, warum wir so wenig erklären und voraussagen können" (Martens 1984, 183). Ein enfant terrible, das sich derartige Schandtaten zuschulden kommen läßt, verdient es nicht, geliebt zu werden (Abb. 7)[2]. Es geschieht ihm Recht, wieder im Topf zu sitzen.

Abb. 7: Enfants terribles

Immer noch auf der Suche nach möglichen Motiven, sich mit dem enfant terrible einzulassen, springen uns aus den Nachteilen plötzlich die Vorteile entgegen. Man muß den Spieß nur umdrehen – schon wird deutlich: wir haben nicht mehr so viel, tragen aber auch nicht mehr so schwer. Als Therapeuten wird uns schnell klar: nicht gegensteuern, sondern kooperieren, nicht die Fenster verriegeln, sondern mit ihnen ziehn. Wo die Probleme am größten erscheinen, liegen die Lösungen am nächsten.

Im Falle systemischer Theorien entstehen neue Möglichkeiten gerade dort, wo Grenzen aufgezeigt werden. Wenn klar wird, daß lineale Steuerungsversuche zu nicht viel mehr als zum Magengeschwür des Kontrolleurs führen, dann kann dieser vielleicht, statt wie bisher mehr desselben zu tun, für einen Moment die Kontrolle aufgeben. Wenn klar wird, daß Versuche der Fremdautonomisierung zu Paradoxien führen und instruktive Eingriffe unmöglich sind, dann kann der schweißgebadete Sozialtechniker für einen Moment die Verantwortung abgeben und gerade dadurch die Möglichkeit schaffen, daß die Betroffenen selbst sie übernehmen. Wenn klar wird, daß Objektivität ein problematisches Konstrukt ist, können wir uns fragen, in welcher Weise wir an sozialen Konstruktionsprozessen beteiligt sind und ob es Alternativen zu der jeweils sozial hergestellten Wirklichkeit gibt. Wenn klar wird, daß in komplexen Systemen Fehler schon allein deswegen unvermeidlich sind, weil jede Handlung je nach Kontext, Zeitperspektive, gezogenen Systemgrenzen

---

2   Meine Leseempfehlung hierzu: Ludwig Thoma, Lausbubengeschichten. – Meine Musikempfehlung: F.J. Degenhardt: Spiel nicht mit den Schmuddelkindern (polydor) – Reinhard May: Musikanten sind in der Stadt

und Beurteilern mit hoher Wahrscheinlichkeit sowohl vorteilhafte als auch nachteilige Konsequenzen hat, dann können Prinzipien wie Fehlerfreundlichkeit und Irrtumsfähigkeit wieder zu ihrem Recht kommen. Es ist dann eher die Frage, was zu unterlassen ist, damit aus Fehlern nicht Katastrophen werden (s. Guggenberger 1987; Kleiber & Wehner 1988; Kleiber 1988). Und wenn klar wird, daß Bedingungen wie die der Trivialität (sensu von Foerster), Prognostizierbarkeit oder minimalen Komplexität in Systemen oft nicht gegeben sind, dann kann man von einer abbildenden Diagnostik und einer fremdsteuernden Technologie zu einer selbstorientierenden Strategie übergehen: Ich besinne mich auf mich selbst statt für alle anderen handeln zu wollen, denen Recht zu machen es sowieso nie gleichzeitig möglich ist.

Die systemische Theorie hilft der Praxis gewissermaßen von unten: sie sagt, was alles nicht geht und schafft damit Handlungsspielräume. Das ist paradox, aber auf Paradoxien versteht sie sich ja. Früher glaubte man, Theorien helfen von oben: es sollte deduzierbar sein, was zu tun ist. Diese Illusion jedoch hat uns Westmeyer (1976) nachhaltig zerstört. Die Praxis lebt auch ohne Theorie ganz gut. Theorie kommt systematisch hinter der Praxis. Pragmatisch allerdings schreitet sie – meist zu Legitimationszwecken – oft vorneweg wie der Taferlbub vor dem Festzug, der das Schild trägt, auf dem angekündigt steht, welche Trachten, Wägen oder Blaskapellen als nächstes vorüberziehen. Systematisch erhält die Theorie in deduktionsmythologisch aufgeklärten Zeiten die Funktionen,

(a) Praxis besser verstehen zu helfen,
(b) Praxis heuristisch anzuregen und
(c) Praxis zu kritisieren.

Punkt (c) trifft sich mit Überlegungen zum Theorie-Praxis-Verhältnis in der angewandten Kunst:

„Nicht die Theorie soll in Praxis umgesetzt werden, sondern Theorie soll Praxis überall dort kritisierbar werden lassen, wo diese sich als uneingeschränkt und beherrschend durchsetzt.

Wissen soll nicht in Macht umgesetzt werden, sondern Wissen soll die Macht zügeln, wo diese sich mit dem Anspruch auf Wahrheit als absolut setzt.

Gedanken sollen nicht in Taten angewandt werden, sondern Gedanken sollen die Taten durch Entwicklung von Alternativen einschränken und relativieren.

Ein Fußballspiel ist nicht die Anwendung von Spielregeln, sondern die Spielregeln beschränken die Willkür des Fußballspielens, wodurch es erst zum Spiel wird.

Hausbau ist nicht Anwendung von Architektur, sondern Architekturgedanken kritisieren jeden Hausbau, soweit mit ihm behauptet würde, die perfekte Umsetzung von Bauplänen in den materialen Bau sei Kriterium für leistungsfähige Architektur" (Bazon Brock 1986, 478).

Im übrigen gibt es nicht nur eine praktische (z.B. therapeutische) Praxis, sondern auch eine Praxis des Theoretisierens. Für diese Art Praxis gilt dasselbe: Kritik tut not und eine enfant-terrible-Theorie eignet sich dafür besonders gut. Da diese Theorie ebenso ihre Kritiker braucht (mit einigen ihrer Argumente werden wir uns in dieser Arbeit noch zu beschäftigen haben, s. Kap. IX), gelangen wir durch diese Tür wieder an einen Punkt, an dem wir schon waren: Diversifikation und Rationalität.

Das problematische Kriterium der Nützlichkeit

Aufgefallen dürfte sein, daß die Kategorie der Nützlichkeit bislang noch nicht angeführt wurde, um zur Beschäftigung mit systemischem Denken zu motivieren. Das hat seine guten Gründe. Erstens läßt sich im Moment nicht behaupten, ein systemtheoretisch begründetes Vorgehen sei in irgendeinem klinisch-psychologischen Arbeitsfeld nützlicher als ein anders begründetes Vorgehen. Selbstverständlich ist auch Verhaltenstherapie oder Gesprächspsychotherapie nützlich. Zweitens läßt sich ein und dasselbe konkrete Handeln durch unterschiedliche Theorien erklären und umgekehrt vor demselben Theoriehintergrund eine Mehrzahl konkreter Handlungen rechtfertigen. Der Spielraum wird um so weiter, je abstrakter und/oder heterogener der Theoriehintergrund ist. Beides trifft auf den systemischen Ansatz zu. Zwischen Theorie und Praxis herrscht Mehr-Mehrdeutigkeit. Eben das ist eines der Argumente der deduktionsmythologischen Aufklärung. Drittens wurde vielfach darauf hingewiesen, daß es ohnehin nicht die theoretischen Etiketten sind, die praktischen Erfolg determinieren, sondern ganz andere und für verschiedenste Ansätze ähnliche Faktoren (z.B. Merkmale der Beziehung zwischen Professionellen und Kunden; Erwartungen beider aneinander; Motivationslagen; Merkmale des Kontexts und der Bezugssysteme; s. Frank 1985). Viertens ist nicht unmittelbar evident, was als nützlich und was als nutzlos einzustufen ist. Was heute als nützlich gefeiert wird, kann sich morgen als hochgradig problematisch erweisen. Nützlichkeitsurteile sind in der Regel sehr voraussetzungsreich. Sie beruhen auf bestimmten Kriterien, auf einer bestimmten Zeitperspektive, auf der Abschätzung möglicher Folge- und Nebenwirkungen, auf bestimmten moralischen Werten, auf dem Elaboriertheitsgrad der zugrunde gelegten Systembeschreibung und werden im Hinblick auf die gerade angestrebten Ziele gefällt. All diese Voraussetzungen sind perspektivenabhängig wandelbar. So ist nicht verwunderlich, daß in der Psychotherapieforschung die Suche nach allgemeingültigen Erfolgskriterien erfolglos bleiben mußte. Fünftens schließlich handelt es sich bei Nützlichkeitsurteilen um individuelle oder soziale „Errechnungen" in einem konstruktivistischen Sinne. Die Berufung auf Nützlichkeit von Seiten konstruktivistischer Autoren (z.B. Schmidt 1987b, 41) hat keine bessere Absicherung als irgendein anderes Konstrukt, z.B. das der „Viability" bei von Glasersfeld (1981). Es empfiehlt sich daher, Nützlichkeitsurteile sparsam zu verwenden und deren Voraussetzungen stets anzugeben[3].

---

3   Würde sich die Psychologie auf etwas verlassen, auf das sie sich nicht verlassen darf, will sie als Wissenschaft angesprochen werden, nämlich auf Intuition, so gäbe es in manchen Glücksmomenten sicher Evidenzerlebnisse der Nützlichkeit. So aber ist das Erleben von Nützlichkeit eher in der Literatur zu suchen, dort nämlich, wo es inmitten von Düsternis greifbar wird. Thomas Bernhard, Der Keller:

„Der Herr Podlaha machte mich mit dem Gehilfen (Herbert) und mit dem Lehrling (Karl) bekannt, und er sagte, er wolle über mich und von mir gar nichts wissen, ich solle nur die Formalitäten erledigen und im übrigen *nützlich* sein. Tatsächlich hatte er das Wort *nützlich* plötzlich von sich aus ausgesprochen, ganz ohne Nachdruck, als ob es sich bei dem Wort *nützlich* um ein Lieblingswort von ihm handelte. Für mich war es ein Stichwort. Eine Periode der Nutzlosigkeit hatte ich

Trotzdem haben Praktiker auf ihre eigenen Nützlichkeitsvorstellungen zugeschnittene Erwartungen an systemisches Denken. Zurecht werden einfache therapeutische Prinzipien verlangt. Auch das bietet der Ansatz, z.B. mit dem systemischen Kurztherapiekonzept des Brief Family Therapy Center (BFTC) in Milwaukee (de Shazer et al 1986; de Shazer 1989). Solche Beispiele jedoch – das sei bereits an dieser Stelle angemerkt – dürfen nicht als Kochrezepte mißverstanden werden. Viele Praktiker entwickeln durch jahrelange Erfahrung ihren eigenen Stil, der einfach, plausibel, nicht übermäßig anstrengend und vielleicht auch noch heiter ist. Wer seinen Stil dann vermarktet, gibt ein gutes Beispiel. Ein Beispiel aber ist kein Diktum, das sagt: mach es genauso. Die Funktion von Beispielhaftigkeit besteht vielmehr darin zu zeigen, was einem Menschen unter bestimmten historischen Bedingungen möglich war. Er/sie zeigt, wie er/sie etwas macht und daß es möglich ist. Punkt. (Bazon Brock 1988). Kunst und Meisterschaft zu entwickeln erfordert eigenes und vor allem eigenständiges Tun.

Schaut man jemandem zu, der die Kunst der Einfachheit beherrscht, fragt man sich, ob es dafür notwendig war, Psychologie zu studieren oder eine Therapieausbildung zu machen. Theorie kommt der Kunst der Einfachheit oft schwerfällig dazwischen. Auch das ist ein Argument der deduktionsmythologischen Aufklärung.

Systemische Theoriebildung umgibt in besonderem Maße der Nimbus des Komplizierten. Die Abstraktionslagen systemischer Theorien, ihre Ansprüche an Komplexitätsreduktion (im Gegensatz zu Komplexitätsausblendung) und Dynamizität, sowie ihr Interesse an Paradoxien und Antinomien verhelfen ihnen nicht gerade zum Ruf besonderer Handlungsrelevanz. Hinzu kommen geläufige Mißverständnisse, etwa: systemisch ist, wenn möglichst viele Faktoren berücksichtigt werden, oder die Verwechslung von Konstruktivismus mit Agnostizismus (ein Irrtum, auf den Brunner 1986 hingewiesen hat). Manches ist auch zweischneidig: entwickelt man einen Blick für die perfekte Passung problematischer Muster und die rekursiven Schleifen ihrer Aufrechterhaltung, so läßt man sich davon leicht hypnotisieren, statt einfach die Produktion neuer Muster anzuregen. Diese Sachverhalte legen es nahe, handlungserleichternde Prinzipien im systemischen Denken aufzuspüren. Welche systemischen Sprachspiele eröffnen neue Handlungsspielräume für Praktiker? Wenn es stimmt, daß innere und kommunizierte Sprache einen großen Anteil

Fußnote 3 (Fortsetzung)

> abgeschlossen, schien mir, eine Unglücksperiode, eine fürchterliche Epoche. Zwei Möglichkeiten hatte ich gehabt, das ist mir auch heute noch klar, die eine, mich umzubringen, wozu mir der Mut fehlte, und/oder das Gymnasium zu verlassen, von einem Augenblick auf den andern, ich hatte mich nicht umgebracht und war in die Lehre. Es ging weiter."
> *„Ich wollte von Anfang an nicht nur nützlich sein, ich war nützlich, und meine Nützlichkeit war zur Kenntnis genommen worden,* wie bis zu meinem Eintreten in den Keller meine Nutzlosigkeit zur Kenntnis genommen worden war, so viele Jahre der Nutzlosigkeit habe ich mit meiner Entscheidung, in die Lehre zu gehen, abbrechen können, wie ich alt geworden bin, dachte ich. Und heute weiß ich, daß tatsächlich diese Kellerjahre die nützlichsten Jahre meines Lebens gewesen sind, wie ich weiß, daß die Jahre vorher nicht vollkommen nutzlos gewesen waren, aber damals, bei meinem Eintritt in den Keller und mit dem Aufgenommensein in die Arbeitsgemeinschaft Podlaha, hatte ich hundertprozentig das Gefühl gehabt, daß alles vorher völlig nutzlos gewesen sei" (Hervorhebungen im Original).

an unseren Wirklichkeitskonstruktionen hat, dann ist diese Frage konsequenzen-reich. Sie soll in einem späteren Kapitel (III) noch einmal aufgegriffen werden.

Die bisherigen Ausführungen zum Theorie-Praxis-Verhältnis könnten geeignet sein, die Situation auch auf Seiten der Theorie zu entkrampfen. Theorie stünde nicht mehr unter unmittelbarem Anwendungsdruck. Sie müßte nicht immer mit erhobenem Zeigefinger sogenannte praxisrelevante Idealisierungen vorführen, angesichts derer Praxis doch nur defizitär bleibt. Die Praktiker könnten sich Aggressionen und Schuldgefühle sparen. Den Theoretikern wäre es erlaubt, sich mit dem zu beschäftigen, was sie sowieso mehr interessiert: eben der Theorie. „L'art pour l'art" wäre wieder salonfähig. „Könnten dann nicht endlich die Wahrheit des einen und die Wahrheit des anderen als jeweils gültige Wahrheiten nebeneinander bestehen?" (Ludewig 1988c, 149).

Eignen sich Carnaps Kriterien für Begriffsexplikationen auch zur Beurteilung rationaler Rekonstruktionen der psychosozialen Praxis?

Diese Überlegungen führen uns auf einen Begriff, der bereits diskutiert wurde: den der rationalen Rekonstruktion. Dieser Begriff respektiert die systematische Nachordnung der Theorie mit den oben genannten drei Funktionen für die Praxis. Rekonstruktionen führen nicht vor, sie zeichnen nach. Ihre Durchführbarkeit beruht auf einem Sachverhalt, der den Deduktionsmythologen große Schwierigkeiten bereitete, nämlich der Mehr-Mehrdeutigkeit des Verhältnisses von Theorie und Praxis. Und ihr Wert besteht darin, daß immer mehrere kontrastierende Re-Konstruktionen möglich sind, die in Dialog treten können. Soweit waren wir schon.

Gibt es nun bestimmte Anforderungen, denen rationale Rekonstruktionen genügen sollten? Zwei davon wurden oben genannt. Andere liegen nahe, wenn wir eine Parallele ziehen zwischen der Explikation von Begriffen und der Rekonstruktion von Praxis (vgl. Schiepek 1984a). Im Falle einer Begriffsexplikation soll es darum gehen, „... einen vagen und mehrdeutigen Ausdruck der Alltagssprache zu präzisieren" (Stegmüller 1978, 374). Denselben Anspruch auf Präzisierung erhebt eine rationale Rekonstruktion. Sie versucht ihn einzulösen, indem sie eine theoriegebundene Beschreibung mehrdeutigen (im Sinne von: mehrfach deutbaren) Handelns (bzw. dessen Beschreibung) anfertigt. Carnap, auf den der Vorschlag der Begriffsexplikation zurückgeht, benutzt vier Kriterien, nach denen sich eine solche zu richten habe: Ähnlichkeit (mit dem zu explizierenden Ausdruck), Fruchtbarkeit, Exaktheit, Einfachheit (s. Stegmüller 1978, 373ff.). Eignen sich diese Kriterien auch zur Beurteilung einer systemischen Praxisrekonstruktion? Nehmen wir sie uns der Reihe nach vor.

Ähnlichkeit. Die Anwendung dieses Kriteriums setzt die Feststellung voraus, daß es sich bei jeder Rekonstruktion um eine mehrstellige Relation handelt: eine bestimmte, von einem Beobachter angefertigte Beschreibung (z.B. eines bestimmten Praxisbereichs) wird transformiert in eine andere Beschreibung, die ein Beobachter als Rekonstruktion der Ausgangsbeschreibung akzeptiert oder ablehnt (vgl. Maturanas Definition von „Erklärung", 1982, 238). Durch Rekonstruktionen werden also Beschreibungen (und nicht: Ereignisse, da Ereignisse zu ihrer Feststellung bereits Beschreibungen erfordern, vgl. Reinecker 1982) in andere Beschreibungen übergeführt. Die Anerkennung als „ähnlich" hängt dabei zunächst einmal von der Ausgangsbeschreibung ab. Wenn eine Beschreibung des zu rekonstruierenden Sachverhaltes von einem Beobachter angefertigt wird, der ähnliche Sprachspiele benutzt wie ein anderer Beobachter, der die Rekonstruktion anfertigt, oder wenn gar beide Beobachter identisch sind, ist trivialerweise eine Anerkennung als ähnlich eher zu erwarten als wenn beides nicht der Fall ist. Ein ausgebildeter Verhaltenstherapeut findet sich in einer verhaltenstheoretisch orientierten Rekonstruktion sicher besser wieder als ein Psychoanalytiker, und ein systemischer Familientherapeut verdaut eine in systemtheoretischem Jargon gehaltene Rekonstruktion leichter als eine neopositivistische. Die beste Chance, das Ähnlichkeitskriterium zu erfüllen, hätte ein Praktiker, der seine eigene Praxis rekonstruiert oder diese einfach als Rekonstruktion ihrer selbst definiert. Dell (1986, 55) wäre begeistert: „Die beste Erklärung eines Systems", sagt er, „ist das System selbst."

Deutlich wird nicht nur die Sprach- und Beobachterabhängigkeit des Ähnlichkeitskriteriums, sondern auch seine mögliche, in drohender Inhaltsleere bestehende Absurdität (Abb. 8). Retten könnte man den Ähnlichkeitsanspruch paradoxerweise

Abb. 8: Ähnlichkeit (Rene Magritte, Abb. aus Bazon Brock 1986).

vielleicht am ehesten durch Unähnlichkeit: der Rekonstrukteur und der Praktiker, der seine Praxisbeschreibung der Rekonstruktion anheimstellt, sollten möglichst nicht dieselbe Sprachbildungsanstalt besucht haben. Wenn der Praktiker dann *trotzdem* feststellt: „Ja, in dieser Rekonstruktion erkenne ich meine Arbeit und die damit verbundenen Probleme wieder", so ist damit nicht nur eine Voraussetzung für Ähnlichkeit, sondern auch für Fruchtbarkeit erfüllt.

Fruchtbarkeit. Derartige Wiedererkennensleistungen sind notwendige Voraussetzungen für Fruchtbarkeit. Daraus resultiert eine weitere Relativierung des Ähnlichkeitsanspruchs. Erstens: Dieser Anspruch darf kein objektivierbares Kriterium darstellen, sonst ginge die notwendige Subjektabhängigkeit der Wiedererkennensleistung verloren. Diese Gefahr besteht allerdings nicht: nach welchen subjektunabhängigen Kriterien „Ähnlichkeit" beurteilt werden sollte, ist nicht feststellbar. Zweitens: Eine vollständige Einlösung dieses Anspruchs wäre nicht wünschenswert, denn damit bliebe die mögliche Fruchtbarkeit von Rekonstruktionen auf der Strecke. Voraussetzung dafür ist nämlich nicht nur Wiedererkennen, sondern auch Unähnlichkeit, Kontrast. Informationstheoretisch ausgedrückt muß eine Rekonstruktion Redundanz und Neuheit bereithalten. Ernst von Weizsäcker (1974) identifiziert Erstmaligkeit und Bestätigung als Komponenten pragmatischer Information (s. Abb. 9). Beide Aspekte setzen sich wechselseitig voraus: ohne bestimmte Aspekte bestätigt

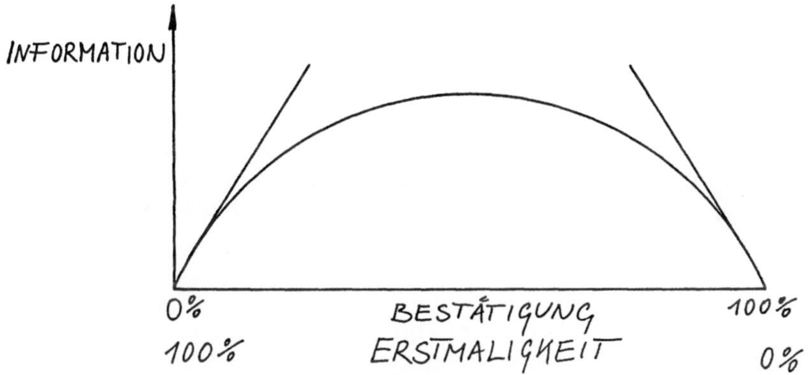

Abb. 9: Die pragmatische Information in Abhängigkeit von Erstmaligkeit und Bestätigung. Skizze der einfachsten Hypothese über den Kurvenverlauf (Abb. aus E. von Weizsäcker 1974).

zu bekommen, besteht für einen Adressaten weder die Bereitschaft noch der Bezugsrahmen für das Erkennen von Kontrastierendem, Erstmaligem. Und umgekehrt: „Erst die Bestätigung gibt der Erstmaligkeit Realität" (E. von Weizsäcker, 1974, 95). Ohne virtuelle Erstmaligkeit wäre jede bestätigende Erfahrung sinnlos. Die rekursive Komplementarität von Erstmaligkeit und Bestätigung (bzw. Stabilität und Wandel, s. Keeney & Ross 1985, 46ff.) wurde von verschiedenen systemischen Autoren auch als ein Merkmal therapeutischen Vorgehens erkannt (z.B. Deissler o.J.).
Die pragmatische Fruchtbarkeit, von der hier die Rede ist, unterscheidet sich von der Fruchtbarkeit einer Begriffsexplikation, die Carnap meint. Er meint damit, „...

daß der fragliche Begriff die Aufstellung möglichst vieler Gesetze gestatten soll"
(Stegmüller 1978, 375). Solche theoriebautechnischen Aspekte der Fruchtbarkeit von
Begriffsexplikationen im Auge zu behalten, soll uns in späteren Teilen dieser Arbeit
ein Anliegen sein, z.B. wenn es darum geht, den Autopoiesebegriff nicht als Grundbegriff einer allgemeinen Theorie selbstreferentieller Systeme einzuführen. (Zu
schnell würde man sich dadurch selbst das Bestandsproblem von Systemen in den
Weg stellen, s. Kapitel IV.) Pragmatische Fruchtbarkeit dagegen erweist sich erst
in der Rezeption bzw. Diskussion einer Rekonstruktion. „Je erfolgreicher Information Information schafft, desto schwieriger wird es, Sender und Empfänger überhaupt zu unterscheiden" (E. von Weizsäcker 1974, 103). Für diese Informations-
schaffung Voraussetzungen zu schaffen, kann als wichtige Anforderung an jede
Rekonstruktion gelten. Diese bestehen im Anschluß an das eben Gesagte einerseits
in der Verständlichkeit (Wiedererkennbarkeit) – das sichert die Rezeption – und
andererseits im Kontrast – das sichert die Diskussion. Fruchtbarkeit, die sich über
Rezeption und Diskussion zu erweisen hat, stellt einen konsequent beobachter-
(bzw. rezipienten-) abhängigen Folgeanspruch an Rekonstruktionen dar. Seine Einlösung erfolgt in individuellen und/oder sozialen Konstruktionsprozessen.

Exaktheit. Dieser Forderung kann nach Carnap dadurch entsprochen werden, „...
daß man den fraglichen Begriff in ein ganzes System wissenschaftlicher Begriffe
einordnet" (Stegmüller 1978, 375). Die Parallele zur Begriffsexplikation besteht für
Praxisrekonstruktionen darin, daß sich ihre Prägnanz und Exaktheit an der konsequenten Beibehaltung eines bestimmten theoretischen und terminologischen Rahmens erweist. Dadurch erhöht sich gleichzeitig ihre Kritisierbarkeit, woraus der
Prozeß der Rekonstruktion seine Rationalität schöpft (siehe oben). Die Gefahr einer
Kollision zwischen Fruchtbarkeits- und Exaktheitsforderung ergibt sich dort, wo
begriffliche Unschärfe oder Metaphorik zur (Selbst-)Interpretation praktischen Handelns für optionenreicher, anregender gehalten wird. Im Falle einer solchen Kollision
– und nicht nur dann! – sei empfohlen, sich auch von ErzählerInnen, Schauspie-
lerInnen oder MusikerInnen anregen zu lassen.

Einfachheit. Eine Begriffsexplikation soll die Forderung nach Einfachheit in einem
doppelten Sinn erfüllen: „Einfachheit in der Definition des Begriffs sowie Einfachheit
der mit diesem Begriff gebildeten Gesetze" (Stegmüller 1978, 375). Dieses Ansinnen
ist löblich, aber nicht zu garantieren. Niemand kann versprechen, daß eine Rekonstruktion (z.B. von Praxis) zu einem einfachen Modell führen wird. Im Gegenteil:
Der Wert systemtheoretisch fundierter Rekonstruktionen ist gerade darin zu erwarten, daß vorschnelle Komplexitätsausblendungen, Trivialisierungen (sensu von
Foerster) oder simplifizierende Idealisierungen nicht vorgenommen werden. Dies
erleichtert gewissermaßen den Wiedererkennungseffekt systemischer Problembe-
schreibungen bei Praktikern. Andererseits ist natürlich Komplexitätsüberflutung
unerwünscht. Zahlreiche Vorgehensweisen der Praxis, z.B. Klassifikation oder die
Abarbeitung vorstrukturierter Therapieprogramme dienen dem Zweck der Komplexitätsreduktion, ja bereits die Existenz psychosozialer Institutionen kann als Versuch gesellschaftlicher Komplexitätsreduktion (vgl. Luhmann 1971a; 1984) verstanden werden (vgl. hierzu die Ausführungen zum medizinischen Krankheitsmodell
in Kapitel II). Für die systemische Modellbildung konkreter Einzelfälle gilt weder

hohe noch niedrige Komplexität der Modelle an sich als erstrebenswert. Günstig ist vielmehr eine Metastrategie, die es erlaubt, die Komplexität von Modellen je nach Zwecksetzung und kognitiver Komplexität des Konstrukteurs zu *variieren* (vgl. die Kriterien zur systemischen Modellbildung in Kapitel II).

Zu berücksichtigen ist ferner, daß jede Beurteilung von Einfachheit auf den Vergleich verfügbarer Rekonstruktionsalternativen eines identischen Ausgangstextes angewiesen ist. Das aber setzt weitere Kriterien und die Identität des Ausgangstextes voraus. Damit wird einerseits das Einfachheitsurteil an die nächste Instanz weitergereicht. Andererseits erfolgt die Anfertigung des Ausgangstextes im wirklichen Leben nicht abgekoppelt von der verfügbaren Rekonstruktionsvariante. Ausgangstext, Rekonstruktion und Praxis selbst stehen in einem rekursiven Verhältnis zu-

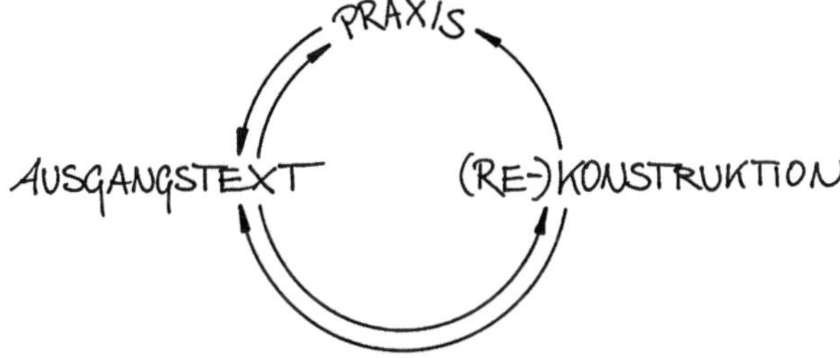

Abb. 10: Das rekursive Verhältnis von Praxis und ihrer (Re-)Konstruktion

einander: sie konstituieren sich wechselseitig (s. Abb. 10). Sobald eine medizinische, verhaltenstherapeutische, sozialtechnizistische, systemische oder sonstige Rekonstruktion verfügbar ist, wird sich jemand finden, der Beifall klatscht und seine Praxis danach orientiert. Eine Rekonstruktion hält uns den Spiegel vor. Auf die Bühne gestellt, soll sie akzentuieren, auf den Punkt bringen, überzeichnen. Doch sofern uns das Stück gefallen hat, werden wir uns mit den handelnden Figuren identifizieren. Mehr noch: Der psychoanalytisch Geschulte wird uns glaubhaft machen, daß wir auch die Konstellationen der Komödie oder Tragödie nachspielen, insbesondere, wenn wir die Vorstellung zusammen mit unseren TeamkollegInnen besucht haben. *Die Praxis rekonstruiert die Rekonstruktion.* Diese Verhältnisse lassen jeden Versuch einer Einfachheitsbeurteilung als undurchführbar erscheinen. Konnte Niels Bohr noch befinden, daß Qualitäten wie Einfachheit oder Eleganz einer Theorie bzw. eines Untersuchungsansatzes deswegen beiseite zu schieben seien, weil sie immer erst hinterher, also nach der nicht eintretenden vollständigen Erforschung eines Bereichs, beurteilt werden könnten (s. oben; vgl. Feyerabend 1986, 22), so wird jetzt deutlich, daß die rekursive Schließung des Verhältnisses von Rekonstruktion und Praxis (und bereits – nicht nur in den Gesellschaftswissenschaften: von Theorie und ihrem Gegenstand) einseitige Qualitätszuschreibungen auf ein an dieser Rekursion beteiligtes Element nicht zuläßt. Die Rekursion schließt darüber hinaus den Beurteiler als Individuum oder als Gemeinschaft ein. Dieser kann nicht anders denn selbsterzeugte Beurteilungen von selbsterzeugten Wirklichkeitskonstruktionen hervorzubringen. Damit aber wird die Psychologie der Urteilsbildung wirksam: kognitive Komplexität, Sympathie, Vorlieben (z.B. für lineale oder zirkuläre Modellvorstellungen), Gruppendruck, der epistemologische Sozialisationshintergrund und anderes kommen ins Spiel.

An die Stelle von objektivierten Maßstäben tritt eine konsequente Rezipientenabhängigkeit der Urteile. Verstehbarkeit und Anschaulichkeit wären Beispiele dafür. Es wird sich mithin jede(r) selbst darüber Rechenschaft ablegen müssen, ob sein (ihr) Einfachheits-, Plausibilitäts-, Qualitäts- oder sonstiges Urteil nicht aus der Selbstbestätigung der eigenen Epistemologie resultiert. Einfach ist so gesehen das, was Sicherheiten nicht gefährdet.

Rationale Rekonstruktion als kommunikativer Konstruktionsprozeß

Zusammenfassend läßt sich feststellen, daß die Carnap'schen Kriterien für Begriffsexplikationen auf die Rekonstruktion psychosozialer Praxis nur sehr bedingt anwendbar sind. Die Rationalität einer rationalen Rekonstruktion ist über diese Kriterien nicht hinreichend zu garantieren. Statt dessen wurde betont, daß Rationalität weder monolithisch gesetzt, noch – z.B. unter Berufung auf irgendwelche Kriterien – einem Produkt der wissenschaftlichen Gemeinschaft per se zu- oder aberkannt werden könne, sondern sich nur im sozialen Prozeß der Rezeption und Diskussion eines solchen Produktes andeutet. Wir verwenden also einen temporalisierten Rationalitätsbegriff. Rationalität entsteht dann, wenn wir in eine kritische, kontroverse und zugleich um Verständnis bemühte Diskussion eintreten – und verschwindet alsbald wieder. Sie deutet sich von neuem an, wenn wir uns erneut dafür anstrengen.

Im Falle einer rationalen Rekonstruktion ist es daher notwendig, diese als *verstehbare* und von bisherigen Versuchen *abweichende Kon*struktion aufzufassen. Beide Merkmale erzwingen nichts, stellen aber dort, wo sie ein Rezipient im speziellen Verhältnis zwischen sich und der Konstruktion als vorhanden zubilligt, Bedingungen für die Möglichkeit rationalitätsstiftender Diskussion dar. Das Präfix „Re-", welches üblicherweise dem Begriff der Konstruktion vorangestellt wird, kann getrost weggelassen werden. Es erfüllt gewissermaßen die Funktion einer historischen Mahntafel, die an die systematische Nachordnung aller Theorie oder theoriegeleiteten Beschreibung gegenüber der Praxis erinnert. In jeder anderen Hinsicht jedoch handelt es sich um *Konstruktion.* Erstens: Im sozialen Prozeß der rekursiven Schließung zwischen Praxis und theoriegeleiteter Beschreibung dieser Praxis vollzieht sich soziale Wirklichkeitskonstruktion (Gergen 1985). Zweitens: Intendiert ist nicht Abbildung, akribisches Abmalen, sondern Akzentuierung, Unterscheidung, Überzeichnung zu didaktischen, abstrahierenden, provokatorischen Zwecken. Nur wo Unterschiede deutlich werden, die Unterschiede machen, entsteht Information. Die Graunuancen der täglichen Praxis fallen nur zu leicht den Schatten der Bedeutungslosigkeit anheim. Es liegt an uns, sie an den Stellen kontrastierend einzufärben, an denen wir Bedeutung hervorbringen wollen (vgl. die Metapher des „bedeutsamen Rauschens" bei Keeney 1983a; Keeney & Ross 1985).

Beim Versuch theoriegeleiteter, sprachlicher Konstruktion psychosozialer Praxis ist ebenso wie in der Therapie völlige Deckungsgleichheit zwischen Ausgangsmaterial und Darstellung weder wünschenswert noch realisierbar. Therapeutisch wird ein

Dialog (oder Multilog) dann, wenn das Problem eben nicht im Verhältnis eins zu eins reproduziert wird, sondern dieser durch Weglassung und Verkürzung an einigen Stellen, durch Präzisierung und Ausgestaltung an anderen Stellen neue Akzente setzt. Aus Reproduktion wird Produktion. Das geschieht ohnehin. Es steht uns nicht die Alternative offen, die sprachliche Wiedergabe des Tatsächlichen zu erzwingen, Konkretheiten festzunageln, Mißverständnisse auszumerzen. Aber es steht uns die Alternative offen, sich darüber zu grämen oder die Unschärfen produktiv zu nutzen. Geschichten, Metaphern, Reframings gewinnen ihre therapeutische Produktivität aus dem Bezug, den der Klient zu seiner Biographie oder zu seinem Problem herstellt und zugleich aus der Differenz, die er hierzu erkennt. Die Geschichte kann verschiedene Wendungen nehmen. Die Metapher läßt mehrere Deutungen zu. Das Reframing vermittelt die Botschaft: es gibt weitere Denkmöglichkeiten (und nicht: Du siehst die Sache falsch, betrachte sie in der hier vorgeschlagenen Weise). Die schlichte Erzählung der Problemlage mit all ihren Details liefert das Material, aus dem die Lösungen sind. Sich nur der Probleme in ihrer Tatsächlichkeit zu vergewissern, sie durch Konkretisierung breit und durch Spekulation tief zu machen, kann in manchen Fällen tröstlich sein, führt aber meistens zu einem resignativen Seufzer: „Ja, ja, genau so ist es. Die Wahrheit und nichts als die Wahrheit."

Sollten wir nicht besser lügen lernen? Bazon Brock (1988) gibt uns diesen Rat, indem er der ästhetischen Differenz zwischen Zeichen und Bezeichnetem huldigt. Die Variation in diesem Verhältnis, der Austausch von Zeichen bedingt die Möglichkeit von Innovation. Sobald durch die Ritzen in den Bollwerken der Realitätsgewißheit Unsicherheiten in der Zuordnung von Ausdruck und Gemeintem dringen, geht es nicht mehr um die binäre Unterscheidung von Verstehen und Nichtverstehen, sondern um die zwischen produktivem und unproduktivem Mißverstehen. Diese These läßt sich aus konstruktivistischer Sicht untermauern (vgl. Köck 1983; Hejl 1986). In welcher Weise nämlich eine Botschaft vom Empfänger verstanden wird, kann der Sender nicht determinieren. Empfänger wie Sender können aus dem selbstreferentiellen Prozessieren ihres neuronalen Systems nicht ausbrechen. Mithin ist kein Rückgriff auf ein Außenkriterium für gesichertes Verstehen denkbar. Die Feststellung der Deckungsgleichheit von gesendetem und empfangenem Signal beruht nicht auf Objektivierung, sondern auf Berichten und Beteuerungen von Seiten der am Kommunikationsprozeß Beteiligten oder auf Beobachtungen des Empfängers nach Absendung des Signals. In jedem Fall müssen also Wahrnehmungen miteinander abgeglichen werden, um zu einem Urteil über gesichertes Verstehen zu gelangen. Die Selbstreferenz psychischen Geschehens wird dabei nicht verlassen, es handelt sich letztlich um Selbstversicherung. Der Unterscheidung von Verstehen und Nichtverstehen fehlt die objektive Grundlage. Zudem wäre eine Absicherung dieser Unterscheidung nicht einmal wünschenswert, da man mit Eineindeutigkeiten, sei es zwischen Botschaft und Verstehen oder zwischen Zeichen und Bezeichnetem ohnehin nichts anfangen kann: Eineindeutigkeit produziert nur Tautologie. Etwas gewagt ausgedrückt könnte man mit Bazon Brock (1988) formulieren, daß Kommunikation nur über das Hervorbringen von produktiven Mißverständnissen funktioniert.

Bedeutung, so wurde festgestellt, entsteht durch Unterscheidung, neue Bedeutung durch Variation von Unterscheidung. Lassen wir uns diesen Sachverhalt ausnahmsweise einmal nicht von Gregory Bateson, sondern von Bazon Brock (1986) vorführen: „Bedeutung steckt nicht in den Dingen wie der Keks in einer Schachtel ... Wir sagen, *Bedeutungen entstehen* für alle Menschen bei jeder Art von Tätigkeit nur *dadurch, daß Menschen in der Lage sind, Dinge voneinander zu unterscheiden*" (S. 147, Hervorhebungen im Original). Als simpelstes Beispiel für den Akt des Unterscheidens führt Bazon Brock die bloße Ausgrenzung durch einen Bilderrahmen an. Die Künstlergruppe Haus-Rucker & Co demonstrierte diesen Vorgang auf der documenta 6 (1977) mittels eines Rahmens, der, an einem Aufbau hängend, vor die Landschaft gehalten wurde. Diesen Akt der Bedeutungszuweisung können Sie leicht selbst vollziehen, indem Sie aus Pappe einen Rahmen ausschneiden und an Ihren Arbeitsplatz mitnehmen. Die Größe des Rahmens ist Ihnen selbst überlassen, somit psychologischer Interpretation zugänglich. Halten Sie Ihren Rahmen vor Objekte, Konstellationen, Ereignisse etc., denen Sie vertraute oder neue Bedeutung geben wollen (s. Abb. 11). Sie können dieses Spiel dadurch erweitern, daß Sie Ihre KollegInnen ebenfalls zur experimentellen Bedeutungszuweisung animieren (z.B. bei der Betrachtung einer Therapiesitzung) und ihre Bilder anschließend besprechen, vergleichen, ausstellen oder ähnliches. Sollten Sie zu jenen Menschen gehören, die mit einem natürlichen Sinn für Real-Satire begnadet sind, können Sie nach kurzer

Abb. 11: Bedeutungs-Bildung mittels eines Rahmens

Übung den Rahmen auch weglassen. Weiter im Text: „Wir können Dinge deswegen voneinander unterscheiden, weil wir in unserer Vorstellung *ein Bild von den Dingen entwickeln und dieses Bild mit einem Namen verkoppeln*. Im Alltag arbeiten wir so, als ob es eine ganz feste Verklammerung zwischen Wort und Bild, zwischen Vorstellung und Name gäbe. In der Alltagssprache werden immer schon Wort und Bild, Vorstellung und Name, *Text und Bildkomplex als Einheit vorgegeben*. Denken Sie an das Beispiel des Käses, der ist für uns nun eben mal mit der Farbe Gelb verbunden. Wenn wir neue Dinge sehen wollen, wenn wir Dinge voneinander unterscheiden wollen, die wir noch nicht kennen, ja, wenn wir durch das Unterscheiden neue Dinge in die Welt bringen, also auch Bedeutungen, dann reißen wir diese Verklammerung auseinander" (S. 152, Hervorhebungen im Original) *„Künstler trennen experimentell, Wissenschaftler trennen systematisch* die im Alltag immer schon vorgegebene Einheit von Anschauung und Begriff, von Vorstellung und Name, um zu neuen Unterscheidungen zu kommen und damit auch zu neuen Bedeutungen" (S. 153, Hervorhebung im Original).

Die Austauschbarkeit von Zeichen und Bezeichnetem erhält in den Bereichen besondere Relevanz, die über die wechselseitige Anregung von Zeichen und Bezeichnetem ihre Weiterentwicklung bewerkstelligen. Eben das ist im Verhältnis von handelnder und sprachlicher Konstruktion von psychosozialer Praxis der Fall. Die optimale, über jede Kritik erhabene Konstruktion würde Gefahr laufen, Beschreibung und handelnde Praxis so zur Deckung zu bringen, daß eine Weiterentwicklung unterbleibt, weil das Motiv der Unzufriedenheit mit der einen oder anderen Seite wegfällt. Auch hier stoßen wir wieder auf das Prinzip der Fehlerfreundlichkeit. Allerdings ist diese Gefahr allein deswegen schon nicht sehr real, weil die psychosoziale Praxis ein zu weites Feld darstellt. Es gibt zu viele verschiedene Formen und Tätigkeitsfelder, als daß alle von einer vereinheitlichenden, systematisierenden Konstruktion eingefangen werden könnten. Das sollte sich kein Ansatz zumuten, er würde sich überfordern. Darin besteht eines (von mehreren) Argumenten für die Diversifikation von Ansätzen in der Klinischen Psychologie. Jede sprachliche Konstruktion von Praxis ist vorgängig bereits auf Beschreibungen angewiesen, die jeder Praktiker je nach Tätigkeitsbereich, Ausbildung usw. anders anfertigen würde. Es ist wie bei einer Reise in einem fremden Land, dessen böswillige Bewohner dem um Orientierung bemühten Wanderer auf eine wiederholt gleich gestellte Frage jedesmal andere Auskünfte geben. Wenn das Ausgangsmaterial nicht stillhält, fallen vereinheitlichende Konstruktionen besonders schwer. Umfassend und langfristig gültige Machwerke drohen uns daher im psychosozialen Bereich wahrscheinlich nicht.

Sprachliche Konstruktion von Praxis soll Kommunikation über Praxis anregen. Eine Zuschreibung, welche irgendeiner Konstruktion aber perfektes, eindeutiges Zutreffen bestätigen würde, hätte den gegenteiligen Effekt. Riskieren wir in dieser Sache eine Analogie zum Verhältnis von Interpretation und literarischem Werk: „Vom kulturellen Verständnis literaturkritischer Interpretationsdiskurse her stellt sich in der Empirischen Literaturwissenschaft die Frage, ob eine wissenschaftliche interpretatorische Ermittlung der richtigen Bedeutung eines literarischen Werkes – gesetzt den Fall, es gäbe sie – für die Entwicklung des Literatursystems überhaupt wünschenswert wäre, wenn man bedenkt, daß sie die Kommunikation über lite-

rarische Kommunikate abschneiden und sich selbst an deren Stelle drängen könnte.
Der Literaturunterricht, in dem in aller Regel die Lehrerinterpretation die Rolle
der richtigen Deutung spielt, zeigt dies überdeutlich: Schlaue Schüler lesen die
Interpretation und nicht mehr den literarischen Text" (Schmidt 1987b, 69).

Das wäre schade. Kommunikation über Praxis und ihre sprachliche Konstruktion
sollte allein schon deswegen stattfinden, weil jede Konstruktion und auch jede
Form von Praxis sowohl Lösungen eröffnet als auch Probleme mit sich bringt. Jede
Konstruktion, die mit dem Anspruch auftritt, Probleme zu lösen, seien diese nun
theoretischer oder praktischer Natur, muß sich vergegenwärtigen, daß Probleme
nur lösbar sind, indem andere Probleme geschaffen werden (Bazon Brock 1988).
Insofern macht sich zunächst einmal verdächtig, wer Lösungen anbietet. Das gilt
für PolitikerInnen, das gilt aber auch für TherapeutInnen und andere Heilsbrin-
gerInnen. Ein wichtiges therapeutisches Prinzip besteht daher in dem Hinweis,
KlientInnen selbst an der Produktion ihrer Lösungen arbeiten zu lassen. Und end-
gültige Lösungen, so lautet ein caveat, stehen nicht zur Verfügung. „Es gibt nur
eine dynamische, evolvierende Problematik" (Jantsch 1982, 369; Ozbekhan 1976).
Wer Lösungen anbietet, gerät zurecht unter Beweisdruck: lohnt sich das, was er
(sie) da vorschlägt, sind nicht die Folgeprobleme größer als die Ausgangsprobleme?
Den flinken Lösungszauberern der siebziger Jahre, die in ein paar Schritten hurtig
von der Problemdefinition zur Evaluation der Lösung voranschritten, glaubt niemand mehr. Das Mißtrauen hat sich genährt aus empirischen Untersuchungen zum
Handeln in eigendynamischen, komplexen Problemsituationen (z.B. Dörner & Reither 1978; Dörner et al 1983) sowie aus systemischen Untersuchungen zur Vernetztheit verschiedener Lebensbereiche (z.B. Vester 1983; 1984). Es reicht aber auch, die
Tageszeitung aufzuschlagen. Systemische Konstruktionen psychosozialer Praxis
kommen eher dem Mißtrauischen entgegen. Nicht die rosa Brille wird gereicht,
sondern – nach Manier der enfants terribles – eine Problemstellung durch eine
andere ersetzt, mit anderen Begriffen, mit vielleicht anderen Konsequenzen.

Die Konsequenzen sprachlicher (Re-)Konstruktionen in
verschiedenen Bereichen der psychosozialen Praxis

In welchen Bereichen sind nun Konsequenzen zu erwarten? Grundsätzlich überall,
denn die verschiedenen Bereiche psychosozialer Praxis, Forschung und Theorie
befinden sich untereinander in Austausch. Tritt in einem Teilbereich eine Veränderung auf, die oberhalb der Wahrnehmungsschwelle eines anderen Teilbereichs liegt,
so steht es diesem frei, sich nach Maßgabe seiner eigenen inneren Logik selbst zu
verändern. Die wechselseitigen Perturbationen können sich über mehrere Teilbereiche hinweg ausbreiten, sich aufschaukeln oder abdämpfen, bis wiederum der
Ausgangspunkt selbst durch einen mehrfach vermittelten Rückkoppelungsprozeß
in den Perturbationsreigen eingebunden wird. Der gesamte psychosoziale Sektor
wird somit zum Zwecke der Verdeutlichung möglicher Konsequenzen einer beliebigen – nicht nur systemischen – (Re-)Konstruktion als rekursiv verbundenes Netz
verschiedener Subsysteme interpretiert (Abb. 12). Derartige Subsysteme könnten
sein: (a) das konkrete psychosoziale Handeln eines (einer) Professionellen (z.B.

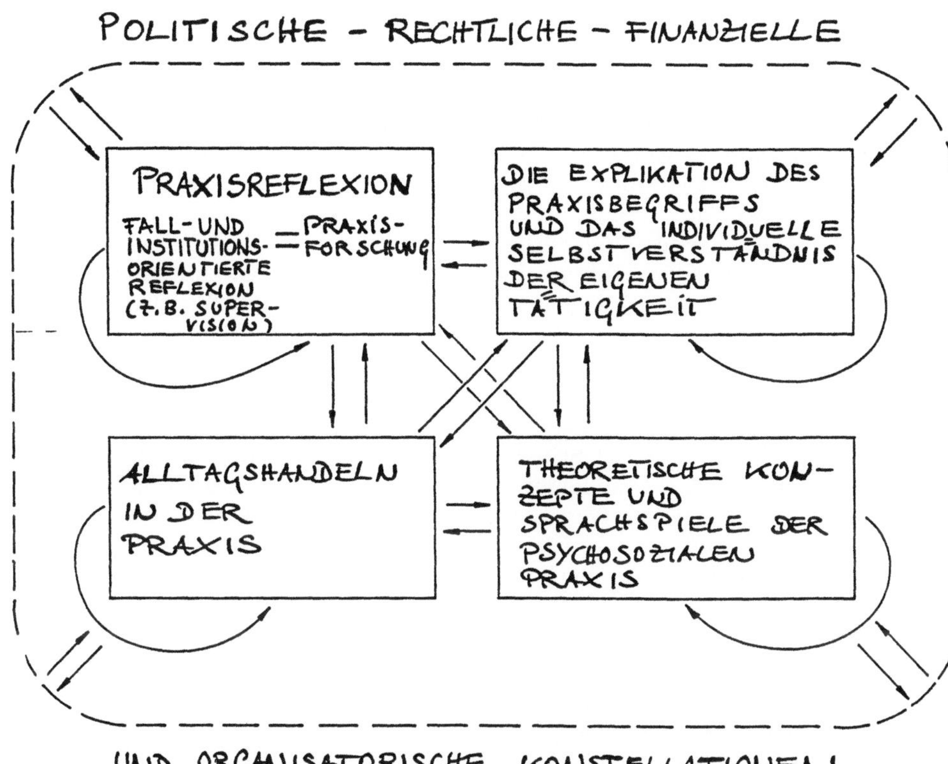

Abb. 12: Verschiedene, sich wechselseitig konstituierende Aspekte psychosozialer Praxis.

Gesprächsführung, Krisenintervention, Therapie), (b) die formelle oder informelle Praxisreflexion (z.B. als einzelfallbezogene Supervision oder als Praxisforschung), (c) die verfügbaren theoretischen Konzepte und Sprachspiele, das Selbstverständnis psychosozialer Tätigkeit der Beteiligten. (d) Diese vier Teilsysteme sind in die Kontexte der öffentlichen Meinung, der Entwicklungen in der scientific community, der politischen, wirtschaftlichen, finanziellen, verwaltungstechnischen Konstellationen etc. (eine Systematisierung verschiedener Rahmenbedingungen psychosozialer Praxis findet sich bei Mackinger 1984, vgl. auch Schiepek 1986, Kap.1) eingebunden.

Jede sprachliche Konstruktion psychosozialer Praxis bedient sich bestimmter theoretischer Konzepte und Sprachspiele, wodurch bisherige Konzepte bestätigt, verändert oder ersetzt werden. Das kann sukzessive oder tumultartig geschehen.

In engem Zusammenhang damit steht die Art und Weise, in der jeder Praktiker den Begriff „psychosoziale Praxis" mit Inhalt füllt. Formal gesehen handelt es sich dabei um eine Begriffsexplikation im Carnap'schen Sinne, psychologisch gewendet um das auf den Begriff gebrachte Selbstverständnis der eigenen Arbeit. Viele Praktiker füllen dieses Selbstverständnis mit einer Charakterisierung der von ihnen bevorzugten Therapievariante.

Sowohl die verfügbaren theoretischen Konzepte als auch die Explikation des Praxisbegriffs haben Konsequenzen für die jeweils realisierte Form der Praxisreflexion und umgekehrt. Mit Praxisreflexion sind hier zwei Tätigkeitsschwerpunkte gemeint: einmal die fall- (bzw. institutions-, problem- usw.) orientierte Praxisreflexion, z.B. als Einzel- oder Teamsupervision, als Vor- oder Nachbereitung von Therapiestunden, als alleiniges oder teamunterstütztes Austüfteln von Interventionen in der Pause (Break) kurz vor Beendigung einer Therapiesitzung etc., zum anderen die methodisch geleitete Praxisreflexion in Form von Praxisforschung. Welchen Zugang man hierzu wählt, hängt sehr deutlich von der jeweiligen Explikation des Praxisbegriffs ab. Man kann Praxis von außen beobachten, wobei das Kriterium der internen Validität hochgehalten wird, man kann in Praxis eintauchen und diese als Kontext für diverse Fragestellungen nutzen, wobei das Kriterium der ökologischen Validität hochgehalten wird (vgl. Schiepek 1984b), man kann ethnomethodologisch vorgehen und sich durch Teilnahme für das Geschehen im Feld sensibilisieren (Fengler & Fengler 1980; Legewie 1983; Walraff 1985). Einer von mehreren weiteren Zugängen besteht schließlich darin, Praxisforschung als reflexive und supervidierte Selbstthematisierung von Praxistätigkeit durch die Praktiker selbst zu betreiben (Schiepek 1988c). Dadurch entstehen weiße Löcher in schwarzen Kästen (Willke 1987a), aber – zumindest in einem ersten Schritt – keine generalisierbaren Befunde.

Das konkrete Handeln im beruflichen Alltag empfängt von den anderen Subsystemen Impulse, ja es erscheint geradezu davon geprägt zu sein, ob und welche Supervisionsmöglichkeiten zur Verfügung stehen, welche theoretischen Konzepte aktuell sind, wo und wie das Geld herkommt und so weiter. Berichte über die organisatorischen und gruppendynamischen Konsequenzen einer konzeptionellen Umstellung z.B. einer Beratungsstelle auf Familientherapie (Jellouschek 1982) oder eines schulpsychologischen Dienstes auf systemisch-familienorientiertes Arbeiten (Schug, Hahn & Krämmerer 1985) machen dies deutlich. Zugleich ist es gerade die alltägliche Praxis, die am stärksten in den Sog von selbstvergessener Eigendynamik, Selbstaktualisierung und Anschlußdruck hineinzieht. Der Terminkalender ist voll und der nächste Klient wartet schon vor der Tür. Die ersehnte Verschnaufpause kommt manchmal erst durch die Vernetzung mit den anderen genannten Aspekten zustande, etwa dann, wenn sich die Praxis Supervision, Konzeptionsüberlegungen oder Fortbildung in den Terminkalender schreibt.

Diese Abstraktion einzelner Teilbereiche des psychosozialen Sektors mit ihren interaktionellen und selbstrückbezüglichen Prozessen[4] soll einen Eindruck von den

---

4   Stellt man sich die einzelnen Teilbereiche und ihre Vernetzung als individuum- und/oder institutionsspezifisch ausgestaltbar vor, so kann soziale Ordnungsbildung (z.B. die Durchsetzung eines therapeutischen Paradigmas) als Resonanzphänomen mehrerer solcher Systeme entstehen. Das Einschwingen auf ein gemeinsames Muster könnte mit Krohn & Küppers (1989) als Realisierung einer „Eigenlösung" eines Teams (analog zu den dort diskutierten Forschungsgruppen) oder mit Haken (1981) als „Versklavung" (ein etwas unglücklicher Begriff) interpretiert werden. Phänomenologisch beobachtbar wäre die Ordnungsbildung z.B. an der ähnlichen Organisation mehrerer Beratungsstellen, an der Ähnlichkeit des Therapieablaufs und des Therapeutenverhaltens, an der Identität der theoretischen Konzepte, auf die man sich beruft, an der Verdichtung persönlicher Kontakte zwischen den betroffenen Stellen etc.

möglichen Konsequenzen sprachlicher (Re-)Konstruktionen vermitteln. Evident ist die Abhängigkeit dieser Konsequenzen von den Teilnehmern des Systems: was nicht zur Kenntnis genommen wird, bleibt ohne Folgen. Finanzielle oder organisatorische Ereignisse sind da deutlich penetranter. Sie können das Schema auch für sich selbst und ihren Tätigkeitsbereich ausfüllen. Wie sieht das in Ihrem Kopf, in Ihrem Herzen, in Ihrer Einrichtung aus? Welche Wechselwirkungen gibt es? Über eine Diskussion derartiger Fragen läßt sich in ihrem Team ein Klärungsprozeß des eigenen Selbstverständnisses einleiten.

Anhand dieses Schemas wird noch ein zweiter, eher formaler Gesichtspunkt deutlich. Die Veranschaulichung möglicher Konsequenzen einer beliebigen sprachlichen (Re-)Konstruktion psychosozialer Praxis bediente sich bereits eines rudimentären systemischen Denkmodells. Die Rede war von Vernetzung, Subsystemen, Aufschaukelung, Dämpfung und selbstrückbezüglichen Prozessen. Welche Inhalte dabei prozessiert werden, ist davon zunächst unabhängig. Denkbar wäre z.B. eine systemische Untersuchung der Konsequenzen eines verhaltenstherapeutischen Selbstverständnisses von Praxis in einer konkreten Institution, etwa mit den Mitteln der idiographischen Systemmodellierung (Schiepek 1986). Die hierbei benutzte systemtheoretische Sprache verhält sich also „meta" zu den behandelten Inhalten. Wenn nun eine derartige Metasprache zur Untersuchung der Konsequenzen einer systemischen (Re-)Konstruktion von Praxis herangezogen wird, hat man zwischen Sprache und Metasprache zu unterscheiden. Eine dritte Ebene käme hinzu, wenn es sich bei dieser Praxis in der Darstellung der jeweiligen Praktiker um systemische Therapie handeln würde. Deren Darstellung (Ausgangstext) könnte dann in systemischer Sprache (re-)konstruiert werden (Metasprache), wobei die Konsequenzen dieser systemischen (Re-)Konstruktion in einer systemischen Sprache (bzw. mittels systemischer Modellbildung) beschreibbar wären (Meta-Metasprache). Da sich verschiedene Systemtheorien wegen ihrer formalen Sprache und ihres Abstraktionsgrades besonders gut zu solchen hierarchischen Verschachtelungen nach dem Prinzip russischer Puppen eignen, sollte besonders sorgfältig auf die „logische Buchhaltung" (Ludewig 1986) geachtet werden. Geht der Überblick verloren, liegen logische Paradoxien nahe.

Über Therapie hinaus: Psychosoziale Praxis als Handeln in komplexen Systemen

Bisher wurde eine Struktur vorgeführt, deren Zweck in der Veranschaulichung von Konsequenzen beliebiger sprachlicher (Re-)Konstruktionen von Praxis besteht. Worin nun die speziellen Konsequenzen einer systemischen Konstruktion zu suchen sind, damit werden wir uns in späteren Kapiteln dieser Arbeit befassen. Auf einen Punkt sei allerdings bereits an dieser Stelle hingewiesen. Er betrifft die Begriffsexplikation von „Praxis", die, wie oben kritisch vermerkt wurde, allzu häufig als „Therapie" erfolgt. Auch systemisch denkende KollegInnen vollziehen diese (implizite) Begriffsexplikation und definieren sich damit als TherapeutInnen. Geläufig ist vor allem die Selbstfestlegung auf Familientherapie, welche historisch aus der Tatsache verständlich wird, daß systemisches Denken insbesondere auf dem Weg über die Familientherapie in die psychosoziale Praxis gelangt ist. Die Familientherapie in ihren verschiedenen Varianten brachte enorme Erweiterungen des therapeutischen Handlungsspielraums mit sich (vgl. Schneider 1983; Boscolo et al 1988), kann aber ebenso zu einer Zurechtstutzung des eigenen Tätigkeits- und Blickfeldes führen: dann nämlich, wenn ein potentielles Problem auf Biegen und Brechen familientherapiefähig gemacht werden muß, damit es überhaupt bearbeitbar wird. Da Problemsysteme (sensu Ludewig 1988a) unter solchen Bedingungen immer in Familien identifiziert werden, betreibt man dadurch schneller Pathologisierung als man glaubt, insbesondere wenn man nach einem Konzept vorgeht, das die Teilnahme aller Familienmitglieder zwingend macht. Dieser Einwand gilt nicht nur für Therapieformen, die sich per definitionem auf bestimmte soziale Konstellationen festlegen, wie Familien- oder Paartherapie, er gilt generell für die Selbstfestlegung von PraktikerInnen auf Therapie. Hinzu kommt, daß viele KollegInnen primär gar nicht therapeutisch tätig sind, sondern eine Vielzahl von Aufgaben zu bewältigen haben. Diese können sein: Diagnostik, Begutachtung, Beratung, Supervision, Betreuung, Beziehungen aufbauen, Konfliktgespräche führen, beide Füße auf den Boden bringen, kompetent sein oder zumindest so wirken, Anforderungen auf die Reihe bringen oder abwehren, sich einen Aufgabenbereich schaffen, Anerkennung und Status bekommen, sich ins Spiel bringen oder heraushalten und schlichtweg: überleben.

Selbst wenn Therapie zur primären Aufgabe einer PraktikerIn gehört, liegt das vorgeschaltete Problem oft darin, die Voraussetzungen und die Motivation dazu zu schaffen. Nur allzu leicht passiert es, daß sich Professionelle wohl zuständig fühlen und angesichts der von ihnen erkannten Therapienotwendigkeit auch stark engagieren, aber trotzdem – oder gerade deswegen – nicht zum Zug kommen. Andere sind am Zug oder die Betroffenen wollen nicht. Unter praxiserfahrenen TherapeutInnen gibt es den Spruch, daß das Wesentliche einer Therapie im Vorfeld passiere. Wenn KlientInnen erst einmal entschlossen seien, tatsächlich an ihrer Lebensführung etwas zu verändern, dann sei Therapie weder besonders schwierig noch komme es auf eine ganz bestimmte Vorgehensweise an. Das ist wohl etwas überzeichnet, aber wenn es nicht wahr ist, dann doch wenigstens lehrreich erfunden.

Aus diesen Gründen sei hier eine Begriffsexplikation von Praxis vorgeschlagen, die nicht auf Therapie einengt. *Psychosoziale Praxis* soll ganz allgemein *als Handeln in komplexen, eigendynamischen Systemen* verstanden werden. Eine derartige Explikation erweitert Handlungsspielräume. Selbst für den Fall, in dem ein Beobachter unser Tun als Therapie bezeichnen könnte, mag es hilfreich sein, auch andere Optionen wie „Diagnostik" oder „Beratung" zur Verfügung zu haben. „Therapie" legt den, der uns gegenübertritt, schon zu sehr auf ihr Kompliment: „Krankheit" fest. Die hier vorgeschlagene Explikation erweitert Handlungsspielräume zusätzlich, indem sie der Klinischen Psychologie erschließt, was über die Probleme und Chancen des Handelns in komplexen, eigendynamischen Systemen gewußt werden kann. Sie charakterisiert unsere Tätigkeitsfelder als vernetzt, unbestimmt, komplex, schwer prognostizierbar, zieloffen, polytelisch (s. Dörner et al 1983; Kaimer 1986; Schiepek 1986). Sie packt uns hart an, denn es wäre natürlich einfacher, Probleme über Klassifikation und zuordbare Intervention abzuarbeiten. Sie ist realistisch, aber nicht nett. Sie erinnert uns an früher, als sich viele von uns Gedanken machten über die Schwierigkeiten, die es mit sich bringt, psychosoziale Praxis über die Engführung auf Therapie nach dem Vorbild der medizinischen Krankenversorgung zu organisieren (s. die Broschüre der Arbeitsgemeinschaft für Verhaltensmodifikation 1982). Sie schafft Verbindungen zur Gemeindepsychologie, der systemisches Denken in besonderer Weise nahesteht (vgl. O'Connor & Lubin 1984; Kommer & Röhrle 1983; Dörner 1987). Und sie macht uns ein Geschenk, indem sie nahelegt, bereits während der Ausbildung Erfahrungen mit komplexen, dynamischen Systemen zu sammeln. Das kann in Praktika geschehen, die länger sind als die für PsychologiestudentInnen vorgeschriebenen zweimal sechs Wochen, das kann im Rahmen eines praxisbegleitenden Postgraduiertenstudiums geschehen. Gemeint ist jedoch ein Geschenk, das nicht erst eine Studienreform voraussetzt, nämlich die Wiederentdeckung des Planspiels. Von allen künstlich herstellbaren Situationen erreicht das Planspiel die größte Realitätsnähe, die deutlichste Ich-Involviertheit, die erfahrbarste Dynamizität. Zudem eignet es sich aufgrund seiner methodischen Transparenz par excellence als Untersuchungsparadigma für Selbstorganisationsprozesse in komplexen sozialen Systemen. Wir werden dem Planspiel ein eigenes Kapitel (VI) widmen.

Therapie

Trotz der genannten Einwände kann natürlich eine Explikation des Praxisbegriffs, die über Therapie läuft, nicht unerwähnt bleiben. Sie prägt das Selbstverständnis vieler PsychologInnen. Eben deshalb wird unter dem Therapiebegriff ein großes Spektrum dessen, was PsychologInnen überhaupt tun, subsumiert. Der Begriff verliert damit an Prägnanz. Baumann, Hecht & Mackinger (1984, 3) betonen, daß eine „eindeutige und allseits akzeptierte Definition" von Psychotherapie nicht vorliegt, zählen aber gleichzeitig eine Reihe von Bestimmungsstücken auf. Diese Bestimmungsstücke betonen die Geplantheit, Zielorientiertheit und Professionalität therapeutischer Maßnahmen, womit sie kompatibel sind mit der von Westmeyer (1978) vorgeschlagenen Explikation von Therapie als Anwendung technologischer Regeln. Sie eignen sich jedoch nicht zur Charakterisierung von Laientherapie, berücksichtigen die vor allem von PraktikerInnen unternommenen Versuche zu wenig, Therapie nicht nur als Technik, sondern auch als Kunst zu verstehen (im Sinne von (a) handwerklichem Können, (b) intuitivem Handeln und (c) einem nach ästhetischen Gesichtspunkten beurteilbaren sozialen Ereignis; vgl. Stierlin 1983) und haben Probleme damit, neuere theoretische und methodische Ansätze, in denen Psychotherapie als selbstorganisierender Prozeß gefaßt wird (z.B. Ciompi 1986; Grawe 1986b; 1987; 1988; Schneider 1987; 1988; Simon 1987), der Kategorie „Psychotherapie" zuzuordnen. Damit laufen sie Gefahr, die Klinische Psychologie von Teilen der aktuellen Forschung abzukoppeln.

Keiner Explikation, darin ist Baumann, Hecht & Mackinger (1984) zuzustimmen, dürfte es gelingen, alle Aspekte des weiten Feldes Psychotherapie auf einen allseits akzeptierbaren Nenner zu bringen. Unter diesen Bedingungen sind Explikationen wünschenswert, und zwar vor allem dann, wenn sie nicht alles wollen und nichts erreichen, sondern wenn sie Akzente setzen. Jede Begriffsexplikation steht im Kontext bestimmter Begriffe und Theorien, das ist in Carnaps Kriterium der Exaktheit sogar explizit gefordert. Universalitätsansprüche werden also ersetzt durch die Selbsteinschränkung auf eine begrifflich-theoretische Kontextualisierung der jeweiligen Explikation.

Ein Kontext, in dem es sich innerhalb eines systemischen Ansatzes lohnt, über Therapie zu diskutieren, ist die Theorie selbstreferentieller Systeme. *Therapie* kann darin expliziert werden *als dynamisiertes Schaffen von Bedingungen für die Möglichkeit von **Selbstorganisation**prozessen in psychischen und sozialen Systemen* (vgl. Schiepek 1987; Schiepek & Kaimer 1988; Schneider 1989; Goudsmit 1989a,b). Der dadurch erwartbare Gewinn besteht in der Einordnung der Psychotherapieforschung in einen umfassenderen Theorierahmen sowie in ihrer Anschlußfähigkeit an die sozialwissenschaftliche Selbstorganisationsforschung. Damit einher geht die Erwartung, nicht nur zu einer Theorie systemischer Therapie, sondern genereller zu einer systemischen Theorie von Therapie zu gelangen (vgl. die Vorschläge hierzu bei Grawe 1986b; Kriz 1987).

Ebenso wie die therapeutische Praxis eine Tätigkeitsvariante psychosozialer Praxis darstellt, so fügt sich die genannte Explikation von Therapie in die umfassendere Charakterisierung von psychosozialer Praxis als Handeln in komplexen, eigendynamischen Systemen ein. Therapie ist ebenso wie verschiedene andere Tätigkeitsformen darauf angewiesen, Bedingungen für die Möglichkeit von Selbstorganisation zu schaffen. Die St-Gallener Schule nennt dies z.B. als wesentliches Merkmal des Managements komplexer Systeme (auch ein Tätigkeitsbereich psychosozialer Praxis) (Malik 1984a,b; Malik & Probst 1984). In der Management-Kybernetik evolutionärer Systeme (Malik 1984a) würde die Ermöglichung von Selbstorganisation sogar zu großen Teilen mit komplexitätsbewältigendem Handeln generell zusammenfallen.

Um einen Zuschnitt auf Therapie zu gewährleisten, müßte diese inhaltliche Explikation noch um formal-organisatorische Aspekte ergänzt werden, die als spezifisch für Therapie erachtet werden. Hierbei können wir uns auf Ludewig (1987, 159f.) berufen, der das soziale System „Therapie" dann als gegeben betrachtet, wenn „(1) mindestens ein Individuum in bezug auf ein anderes die Rolle des Therapeuten übernimmt, d.h. nach den wie auch immer gesellschaftlich definierten Erwartungen an diese Rolle handelt;
(2) mindestens ein anderes Individuum, das einen oder mehrere Aspekte seiner Existenz als Problem definiert, die zum Therapeuten reziproke Patientenrolle (Klient, Kunde) übernimmt, d.h. die Rolle desjenigen, der
(3) innerhalb einer begrenzten Zeitspanne seine Probleme zum Thema der Beziehung zum Therapeuten macht". Die zeitliche Begrenzung soll Therapie von verschiedenen Dauerbeziehungen, z.B. Betreuung oder Pflege unterscheiden.

Soweit ein kurzer Verweis auf die speziellen Konsequenzen einer systemischen Konstruktion psychosozialer Wirklichkeit, welche die Begriffe „psychosoziale Praxis" und „Therapie" betreffen.

Gibt es ein systemisches Paradigma in der Psychologie?

Vielfältige weitere Konsequenzen liegen vor oder sind entwicklungsfähig. Nur einige, nicht alle können in den folgenden Kapiteln angesprochen werden. Herausgreifen werden wir neben Theoriegrundlagen einen Vergleich verschiedener Methoden systemischer Modellbildung (Kapitel II), einen Blick auf die geänderte Funktion von Zielen in der Therapie (Kapitel III), eine Diskussion systemischer Krankheits- und Gesundheitskonzepte (Kapitel II, 7) und ein Beispiel für die Computersimulation eines dynamischen Modells zur Depressionsentwicklung (Kapitel VII). Trotz heftiger Bewegungen im Theoriesektor und auch einiger neuerer Impulse in Richtung einer systemischen Methodologie (z.B. Brunner 1986; Atkinson & Heath 1987; Reiter & Steiner 1988; von Schlippe & Schweitzer 1988; Schiepek 1986; 1988a,b), die inzwischen zu einer optimistischeren Beurteilung als vor wenigen Jahren (s. Brunner 1986; Schiepek 1986) Anlaß geben, besteht für die systemische Methodik noch immer ein Bedarf an Empirisierungskonzepten, vor allem was die Theorie selbstreferentieller Systeme (z.B. Luhmann 1984; 1985; Haferkamp & Schmid 1987) betrifft. Einige Vorschläge sollen bei allen Vorbehalten auch hierzu gemacht werden (vgl. Brunner & Schiepek 1989).

Ob nun mit all den Konsequenzen, die in dieser Arbeit nur zu einem kleinen Teil thematisiert werden, jedoch die einschlägige Literatur der letzten Jahre füllen, ein Paradigmenwechsel verbunden ist oder nicht, mag dahingestellt bleiben. Luhmann (1987a) jedenfalls verhält sich zurückhaltend, auch wenn „.... das Ausmaß und die Radikalität der theoretischen Umstellungen" (S. 308) vor allem im Umfeld der Theorie selbstreferentieller Systeme einen Paradigmenwechsel vermuten lassen. „Aber es handelt sich nicht um eine wissenschaftliche 'Revolution', wenn das heißen soll, daß sich eine neuartige Grundeinsicht plötzlich, also schnell, durchsetzt" (S. 308). Vieles braucht Zeit, es bleiben Vorbehalte, Zweifel und die Empirie folgt der Theorie langsam und weniger spektakulär.

Bereits vor einigen Jahren hat sich Stella Reiter-Theil (1984) kenntnisreich mit der Frage nach dem paradigmatischen Status der Systemtheorien sowie der systemorientierten Familientherapie beschäftigt. Die dabei zum Ausdruck kommende Heterogenität der Auffassungen entspricht der Heterogenität der Systemtheorien selbst, wie sie weiter oben in einem Zitat von Lenk (1978) deutlich wurde. Die Uneinheitlichkeit der Einschätzungen widerlegt jedenfalls bereits Einschätzungen, welche den Siegeszug irgendeines Paradigmas in der Psychologie verkünden. Für die systemorientierte Familientherapie kann entlang der von Masterman (1974) vorgeschlagenen Unterscheidung zwischen metaphysischem (generelle Abstraktionen, Weltanschauung), soziologischem und konstruiertem (Methodologie, Methodik) Paradigma noch am ehesten das Vorliegen eines soziologischen Paradigmas geltend gemacht werden, was, etwas profan ausgedrückt, nicht viel anderes bedeutet als daß sich Leute dafür interessieren. Wohltuend vorsichtig äußert sich Welter-Enderlin (1980), die in der euphorischen Rhetorik des Paradigmenwechselns, besonders wenn diese in vorwissenschaftlichen Phasen erklingt, bereits die Gefahr des Dogmatismus erkennt. Müßten wir ein Resümee ziehen, wäre die Situation in der Psychologie am treffendsten mit dem Verdikt „vorparadigmatisch, da hauptsächlich mit Schulen- und Meinungsstreit beschäftigt" zu charakterisieren, wie dies Yates schon 1975 tat.

Glücklicherweise müssen wir aber kein Resümee ziehen, deshalb halten wir uns am Besten aus der inflationären Paradigmen-Rhetorik heraus. Paradigmen lassen sich durch noch so heftiges Wortgeklingel nicht herbeidefinieren; ihr Vorliegen ist nur aus der historischen Retrospektive zu beurteilen. Tatsächlich handelte es sich bei Kuhns vielzitiertem Buch zur Struktur wissenschaftlicher Revolutionen um eine wissenschafts*historische* Arbeit. Stellen wir fest, daß eine Motivierung zur Auseinandersetzung mit systemischem Denken über das Versprechen auf ein neues Paradigma nicht zu gewährleisten ist. Statt dessen gilt das Versprechen, die Paradigmen-Rhetorik für den ganzen Rest dieser Arbeit nicht mehr aufzugreifen.

Um am Schluß dieses Kapitels jedoch eine positive Erwartungshaltung nahezubringen, beziehen wir uns im Hinblick auf die genannten Konsequenzen einer systemischen Konstruktion psychosozialer Wirklichkeit noch einmal auf Luhmann (1987a, 307): „Es geht vor allem um ein Ausprobieren: wie es wäre, wenn ...“

II Systemische Modellbildung im Vergleich

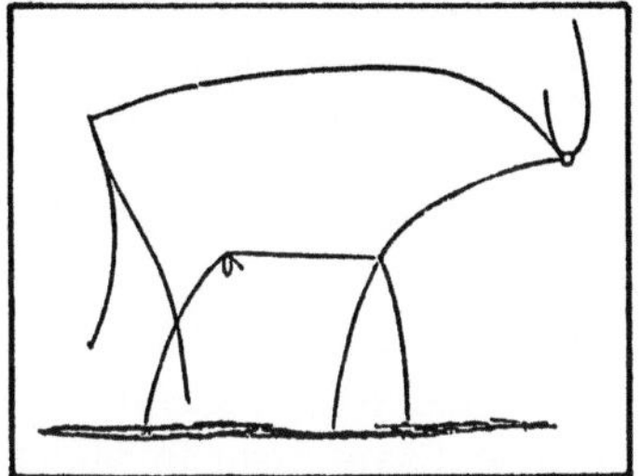

Vorweg: Dieses Kapitel beansprucht nicht, ein Kompendium zur Diagnostik von Mehrpersonen-Konstellationen vorzulegen. Das zu tun, wäre unnötige Wiederholung. Verschiedene, auch deutschsprachige Publikationen der letzten Jahre vermitteln bereits einen Überblick über die Methodenvielfalt der Familien- (z.B. Brunner 1984; Cierpka 1987a; Kruse 1984; Keeney 1983b) und Partnerschaftsdiagnostik (z.B. Scholz 1987). Zudem befaßt sich dieses Kapitel nicht mit Diagnostik im Sinne von Datengenerierungsmethoden, sondern mit einer exemplarischen Auswahl von Ansätzen, komplexe, dynamische Systeme in Form von Modellen zu rekonstruieren. Diese Modellierungs-Ansätze sollen mittels einer Reihe von Kriterien kritisch beurteilt werden.

Dabei wird es gerade in einer Phase, in der sich systemische Ansätze von der Gleichsetzung mit Familientherapie lösen (vgl. Reiter, Ahlers & Hinsch 1989), darum gehen, Lebensgemeinschaften wie Familien oder Paare nicht in platter Weise mit dem System-Begriff zu versehen, um dann die geläufigen und zum Teil durchaus bewährten Methoden der Familien- und Partnerschaftsdiagnostik unter dem unscharfen Etikett des „Systemischen" weiterzuführen. Damit wäre weder für die systemische Terminologie noch für die Familiendiagnostik ein Gewinn verbunden (s. Massey 1985; Kötter 1986; Kriz 1988): „Observing social units larger than the individual does not necessarily mean one is viewing a system; i.e., 'system' isn't equivalent to 'social organization'. It is possible ... to observe a family and never see the family system" (Keeney 1979, 119).

1 Kontroverse Einschätzungen der Bedeutung von Modellen in der therapeutischen Praxis

Vorschläge zur systemischen Modellbildung treffen im Moment im Bereich der psychosozialen Praxis auf eine kontroverse Beurteilungslage. Einerseits kann Selbstmodellierung bzw. – was in diesem Fall synonym ist – Selbstbeschreibung in reflexiven Sozialsystemen (sensu Luhmann) als ubiquitäres Phänomen gelten. Reflexion meint, daß soziale Systeme sich an sich selbst in Differenz zu ihrer Umwelt orientieren (Luhmann 1984, 617-623). „Ein System", so Luhmann, „das sich selbst reproduzieren kann, muß sich selbst beobachten und beschreiben können" (a.a.O., 619). Die in allen sozialen Systemen auf der Ebene seiner Operationen mitlaufende Selbstbeobachtung wird dann zur Selbstbeschreibung, „wenn sie semantische Artefakte produziert, auf die sich weitere Kommunikationen beziehen können und mit denen die Einheit des Systems bezeichnet wird" (a.a.O., 618). Luhmann nennt zwei Bedarfsfälle, in denen ein soziales System die Sonderleistung der Reflexion in Anspruch nehmen muß: einmal, wenn es eine bestimmte Handlung als die des Systems auszeichnen will, somit das System daran bindet, und zum anderen, wenn es seine Identität über latente Phasen, in denen seine Mitglieder nicht in Kontakt zueinander stehen, aufrechterhalten will. Da in Therapien bestimmte Ereignisse als Produkte der eben dort stattfindenden Kommunikation thematisierbar sein müssen (Metakommunikation), kann der erste Bedarfsfall als gegeben gelten. Auch die zweite Bedingung ist im Rahmen der ambulanten Psychotherapie die Regel, da die Sitzungen ja nur in Intervallen stattfinden. Therapeutische Sozialsysteme sind also, so halten wir fest, auf rudimentäre Formen der Selbstbeschreibung angewiesen.

Andererseits haben sich elaboriertere Systembeschreibungen, insbesondere wenn sie als Diagnostik firmieren, mit einer Reihe kritischer Einwände auseinanderzusetzen. Diagnostische Modelle sind zwar meist nicht als Selbstbeschreibungen eines therapeutischen Sozialsystems gedacht, sondern im Gegenteil als Fremdbeschreibungen der KlientInnen. In jedem Fall aber handelt es sich um Beschreibungen von Personen oder Personenkonstellationen, die in der Kommunikation zwischen Professionellen und KlientInnen angefertigt werden. Eben diese Beschreibungen sind unser Thema.

Einwände gegen „Diagnostik" treffen vor allem die im Begriff der Diagnostik mittransportierten Objektivitätsansprüche. „Systemische Diagnostik – das ist ein Widerspruch in sich. Eine systemische Konstruktion von Wirklichkeit verträgt sich nicht mit den Ansprüchen von Diagnostik an Objektivität, dem Anspruch, etwas losgelöst vom Beobachter gesichert festzuhalten" (von Schlippe 1986b, 1). Interpretiert man Therapie als den Versuch, kommunikative Problem-Systeme aufzulösen (s. Ludewig 1987; 1988a), muß jede Festschreibung eines Status quo sogar als kontraproduktiv gelten. Aussagen über Einzelpersonen oder über Kommunikationsstrukturen sind nicht nur beobachter- und systemrelativ, sondern dienen lediglich als Sprungbrett für die Erzeugung neuer Formen der Selbstbeobachtung, mithin der Kommunikation (s. Ludewig 1987, 168ff.; Deissler o.J.). Es entspricht durchaus auch unserer eigenen Erfahrung in systemischen Kurzzeittherapien, daß diagnostikorientierte Gesprächsphasen die Aufmerksamkeit und die Kommunikation zu sehr auf Probleme festlegen, statt neue Möglichkeiten der Wirklichkeitsgestaltung anzuregen. Hinzu kommen Kritikpunkte an diagnostischen Vorgehensweisen, wie sie von Seiten der Psychiatriekritik, der Labeling-Perspektive oder der frühen Verhaltenstherapie (s. Ullman & Krasner 1965) formuliert wurden (für eine Zusammenstellung von Kritikpunkten an psychologischen und psychiatrischen Diagnostikkonzepten aus systemischer Sicht s. Schiepek 1986, 59ff.). Im Bereich der systemischen Therapie wurde daher auf den Begriff der Diagnostik weitgehend verzichtet. Man kann diese Einwände nun mit dem Diagnostikverzicht in der Klientenzentrierten Gesprächstherapie der 50er Jahre vergleichen und darauf verweisen, daß die Gesprächstherapeuten ihre Position nicht durchzuhalten vermochten. Fünfzehn Jahre später traten sie als Hauptvertreter eines neuen Diagnostikbooms in der Klinischen Psychologie auf (s. Bommert & Hockel 1981; Zielke 1982). Man kann in diesen Einwänden aber auch einen hinreichenden Anlaß erkennen für ein konstruktivistisches und systemrelatives Verständnis systemischer Modellbildung (vgl. Schiepek & Kaimer 1988) oder – noch konsequenter – für den Verzicht auf jede Form diagnostischer Modellbildung (s. Ludewig 1987 oder de Shazer 1988a,b). Systemische Modellbildung hätte dann vor allem noch wissenschaftliche Aufgaben zu erfüllen. Tatsächlich, würde ich meinen, ist darin eine ihrer hauptsächlichen Betätigungsfelder zu sehen. Vor diesem Hintergrund müssen Modellbildungsansätze auch beurteilt werden.

Das Problem ist nur, daß die therapeutische Praxis diesem puristischen Standpunkt nicht ganz treu bleiben kann. Die Mitglieder eines sozialen Systems machen sich permanent Bilder von den jeweils anderen Interaktionspartnern, was die Sozialpsychologie der Personenwahrnehmung und des Ersteindrucks hinreichend belegt hat (s. z.B. Frey 1978). KlientInnen vermitteln „naive" Erklärungsmodelle und TherapeutInnen generieren zumindest implizite Hypothesen über das therapeutische Geschehen (Selvini Palazzoli et al. 1981). Reflexive Therapiesysteme müssen auf Selbstbeschreibungen zurückgreifen, um ihre Identität zu konstituieren (s. oben). Und schließlich aktivieren vor allem dynamische und anschauliche Formen der Selbstbeschreibung, wie sie in Skulpturen oder in der durch zirkuläres Fragen angeregten Kommunikation zum Ausdruck kommen jene Betroffenheit, die neue Chancen der Beziehungsgestaltung eröffnet. Das alles ist in Therapien gewissermaßen selbstverständlich und muß nicht mit dem Begriff der Diagnostik belegt werden (vgl. Ludewig 1987, 170). Aber es zeigt, daß die Problematik therapieinterner Modellbildung nicht ad acta gelegt werden kann, zumal Problemanalyse und Diagnostik in anderen Therapieansätzen Hochkonjunktur haben.

2 Können systemische Modelle „ganzheitlich" sein?

In verschiedenen Publikationen wird die Auffassung vertreten, systemische Beschreibungen könnten – oder sollten zumindest – Systeme in ihrer „Ganzheitlichkeit" erfassen. Keeney (1979) zitiert Bateson mit der Aussage, ein Verständnis von Phänomenen erfordere den „context of all *completed* circuits which are relevant to it" (S 120, Hervorhebung im Original). Selvini Palazzoli et al. (1981) erwarten vom therapeutischen Team, daß ihre Hypothesen zur Familiendynamik systemisch sein sollten, was bedeutet, daß sie „alle Komponenten der Familie umfassen" (S 128). Nichts leichter als das. Man muß nur ein System als sein eigenes Modell definieren (Dell 1986), und schon hat man das umfassendste Modell, das vorstellbar ist. Es repräsentiert das System mit Stumpf und Stiel, ohne jede Abstriche.

Daraus wird sofort die Absurdität der Ganzheitlichkeits-Rhetorik deutlich. Zurecht greift sie Kraiker (1986) in einem polemischen Artikel mit dem Titel „Quarks und Superquarks. Grundprinzipien der Neuen Psychotherapie" an – womit er sich übrigens gleichzeitig gegen den Neo-Physikalismus in verschiedenen sozialwissenschaftlichen Bereichen wendet. Quarks und Superquarks, Moleküle und Organe, physiologische Reaktionen, Gefühle, Gedanken, Beziehungen und alle Familienfotos sind nicht umfassend repräsentierbar. Was man von einem Modell erwartet, ist nicht eine Höchstzahl an Teilen oder maximale Unübersichtlichkeit nach dem Motto: je mehr, desto besser, sondern Abstraktion und Vereinfachung. Insbesondere im Fall der Selbstbeschreibung müssen psychische und soziale Systeme z.B. aus Gründen von Zeitdruck oder weil sie letztlich ihre Selbstmodellierung nicht um den Prozeß der Selbstbeschreibung komplettieren können, von Vollständigkeitsstandards abrücken. „Das System produziert ein und reagiert auf ein unscharfes Bild seiner selbst" (Luhmann 1984, 51).

Zur Richtigstellung sei allerdings an dieser Stelle eingefügt, daß das systemische Postulat, „Diagnoseaussagen sollen sich auf das betreffende System als Ganzes beziehen" (Brunner 1985, 339), an den entsprechenden Literaturstellen spezifiziert wird. Brunner (a.a.O.) bezieht es auf ein *soziales* System als Einheit, welches – in Anlehnung an die Definition von Hejl (1985) oder Maturana (1980) und im Unterschied zu Luhmann (1984) – die beteiligten Personen mit ihren kommunikativen Relationen umfaßt. Selvini-Palazzoli et al. (1981) und Keeney (1979) geht es um das kommunikative Netzwerk, in dem die „symptomatische" Kommunikation einen funktionalen Stellenwert erhält. Obwohl – ich gebe es zu – die Zitate aus dem Zusammenhang gerissen sind, sollte man doch mit der Ganzheitlichkeits-Rhetorik vorsichtiger umgehen. Ein Charakteristikum sowohl wissenschaftlicher wie pragmatischer Modelle besteht nämlich darin, daß sie selektiv, perspektivisch und zweckorientiert sind (wobei es natürlich auch ästhetische und kontemplative „Zwecksetzungen" gibt, vgl. Abb. 13).

Stachowiak (1979, 131ff.) weist Modellen folgende Merkmale zu:

(a) *Abbildungsmerkmal,* was hier nicht im Sinne eines Abbildrealismus, sondern als erkenntnis- oder zweckorientierte Wirklichkeitskonstruktion verstanden wird;

(b) *Verkürzungsmerkmal*: Modelle erfassen niemals alle Attribute des durch sie repräsentierten Originals, sondern nur solche, die den Modellerschaffern relevant erscheinen (vgl. Abb. 14);

(c) *pragmatisches Merkmal*: „Modelle (sind) ... ihren Originalen nicht per se eindeutig zugeordnet. Sie erfüllen ihre Ersetzungsfunktion (1) für bestimmte – erkennende und/oder handelnde, modellbenutzende – Subjekte, (2) innerhalb bestimmter Zeit-

Abb. 13: Modellerzeuger mit Original und Modell: Der Genius (Picasso) und die Geiß (Abb. aus art, Februar 1988).

Abb. 14: Abstraktionsschritte. Lithographiefolge „Der Stier", Pablo Picasso 1945/46 (Abb. aus Rau 1974)

intervalle und (3) unter Einschränkung auf bestimmte gedankliche oder tatsächliche Operationen."

Parallelen zu Korzybskis (1933) Prinzipien der allgemeinen Semantik sind offensichtlich (vgl. Reinecker 1983). Das Prinzip der *Nichtidentität* betont den grundsätzlichen Unterschied zwischen Modell (Karte) und Original (Territorium): Die Karte ist nicht das Territorium. Das Prinzip der *Nichtvollständigkeit* besagt, „... daß die Karte nicht alle Merkmale, die das Territorium kennzeichnen, wiedergeben kann" (s. Dell 1986, S. 38). Korzybskis 3. Prinzip thematisiert die *Selbstreflexivität*. „Die ideale Karte eines Territoriums müßte die Karte selbst einschließen, wenn die Karte Teil des Territoriums wäre. [Beschreibungen werden] ... Teil eben dieser Welt, die sie zu beschreiben suchen, so daß sie selbstrückbezüglich auf sich selbst zurückfallen!" (Dell 1986, S. 39; vgl. auch das Prinzip der Selbstähnlichkeit von Fraktalen, s. Kapitel VI, Abb. 5). Klinische Wirklichkeitskonstruktion muß mithin die Bedingungen ihrer Erzeugung mitkonstruieren. Der Beobachter muß sich mitdenken. Jede Wirklichkeitskonstruktion, auch solche zu wissenschaftlichen Zwecken, ist relativ bezüglich des Beobachters bzw. sozialer Systeme mehrerer Beobachter (s. Brunner 1985, 344f.).

3 Die Beobachter-Relativität der Modellbildung

Es ist nicht das Original, das sein Modell erzeugt. Modelle werden von Beobachtern produziert. Selbst im Falle der Selbstbeschreibung ist es nicht der Handelnde, sondern die Person in ihrer Funktion als Beobachter, welche die Selbstbeschreibung anfertigt. Insofern sind Modelle vollständig beobachterabhängig: was den Zweck ihrer Konstruktion betrifft, mit welchen Konstruktionsmethoden sie erzeugt werden, wie ihr Auflösungsgrad gewählt wird, worin ihre Datenbasis besteht, wo die Konstruktion ihren Ausgangspunkt nimmt (z.B. von welchem Problem oder ob überhaupt von einem Problem), welche Gütekriterien anzulegen sind und welche ästhetische Beurteilung das Modell findet. Darüber hinaus müssen wir davon ausgehen, daß nicht nur *Modelle* artifizielle Produkte sind, sondern die Interaktion mit dem Beobachter bereits das *Original* verändert. Das hat schon bei physikalischen Objekten seine Gründe in den Meßoperationen, mittels derer ein Beobachter (und damit schon: Intervenierender) in das Objekt eingreift, erst recht aber bei psychischen und sozialen Systemen, deren Verhalten erst aufgrund spezifischer Interaktionen mit dem System erkennbar ist. „We don't study nature, we investigate the investigator's relationship to nature", stellt der Ökologe May (1975) fest (cf. Keeney 1979, 122). Bestimmte Stabilitätsmerkmale sozialer Systeme (vgl. von Schlippes Regeln 2.Ordnung, 1986a,b) zeigen sich möglicherweise erst in (therapeutisch induzierten) Krisenphasen eines Systems (vgl. von Schlippe & Schweitzer 1988). Selbst aber wenn man sich jeder Intervention zu enthalten versucht (z.B. zum Zwecke sog. nicht-reaktiver Messungen), entscheidet die Selektivität des Beobachters über die Datenbasis der Modellbildung. Die in der psychosozialen Praxis angefertigten Beschreibungen beruhen so gut wie immer auf der Funktionseinheit von Beobachtung und Intervention, so daß sich der Beobachter konsequenterweise in seine Beschreibung des Systems, dessen Teil er geworden ist, einbeziehen müßte (vgl. Brunner 1985, 344f.). Der Selbsteinbezug der Beobachtung in die beobachteten Prozesse führt dabei zu Regreßproblemen, die nur durch Abbruch, nicht aber durch „Einfangen" per Fortsetzung beseitigt (nicht: gelöst) werden können. Die noch erheblichere Einflußnahme auf das Original geschieht aber – zumindest in bewußtseinsfähigen Systemen – dadurch, daß das Modell bekannt wird bzw. die Modellkonstruktion selbst der Beobachtung zugänglich ist. Diese Möglichkeit, die Korzybski (1933) in seinem Prinzip der Selbstreflexivität anspricht, reicht aus, um in psychischen und sozialen Systemen die „Gültigkeit" jedes Modells aus den Angeln zu heben – was man sich natürlich auch umgekehrt therapeutisch zu Nutze machen kann. Nimmt man die bisher angeführten Argumente zusammen, so läßt sich anmerken, daß Modellbildung in reflexionsfähigen Systemen eher zu deren Wandel als zu deren Abbildung beiträgt.

Diese systemtheoretischen Überlegungen liefern lediglich eine Begründung für etwas nach, was in den unterschiedlichsten Praxisformen der Psychotherapie ohnehin üblich ist, nämlich die TherapeutIn als Konstruierende und Intervenierende mitzudenken. Auf der Grundlage der Unterscheidbarkeit zwischen eigenen Reaktionen auf sich selbst und auf die jeweils andere Person kann sich die TherapeutIn als Spiegel benutzen. Obgleich diese Unterscheidbarkeit eine höchst gewagte Annahme darstellt, soll sie in berufsqualifizierender Selbsterkenntnis erreichbar sein. Ihre Eigenanalyse soll die PsychoanalytikerIn befähigen, die Dynamik von Übertragung und Gegenübertragung als therapeutisches Agens wirksam werden zu lassen. Die GesprächstherapeutIn setzt sich als Seismograph für die Gefühlsregungen der KlientIn ein, um dieser zur Abklärung ihrer emotionalen und gedanklichen Zustände zu verhelfen. Die Plananalyse beansprucht, die interaktionellen Pläne einer KlientIn nicht nur auf der Grundlage von beobachtbarem Verhalten zu erschließen, sondern auch ausgelöste Handlungsimpulse oder -hemmungen, gefühlsmäßige Anmutungen und eigene Beziehungsangebote der TherapeutIn zu berücksichtigen (s. Caspar

& Grawe 1982; Caspar 1989). Fragen, die sich in Therapien immer wieder stellen, sind etwa: Welche impliziten oder expliziten Erwartungen sehe ich von Seiten der KlientIn, ihrer Bezugspersonen oder von Zuweisenden (s. Selvini Palazzoli et al. 1983) an mich gestellt? Welche Handlungsoptionen mit welchen möglichen Konsequenzen stehen mir offen? Welche Ressourcen stehen der von mir geführten Therapie zur Verfügung? Kann ich mit kollegialer oder institutioneller Unterstützung (z.B. in Form von Supervision) rechnen? Letztlich: Fühle ich mich wohl bei dem, was ich tue? etc.

Derartige Fragen beanspruchen die Fremd- und Selbstbeobachtungsleistung jeder TherapeutIn.Sie zeigen, wie weit die praktische Arbeit davon entfernt ist, sich auf „objektive Diagnostik" zurückziehen zu können. Daher müssen „Maßgaben nach Objektivität, Reliabilität und Validität in den diagnostischen Verfahren ... relativ bleiben" (Cierpka 1987b, 2). Im Gegenteil ist für praktische Zwecke von der Gleichschaltung persönlicher Wahrnehmungsfähigkeiten oder anders ausgedrückt: von der Maximierung der Interobserver-Übereinstimmung wesentlich weniger Gewinn zu erwarten als von der Reichhaltigkeit des „multiocular viewing", wie es in konstruktiven Teamgesprächen zustande kommt. Erst die Kontrastierung von Perspektiven erzeugt in der Therapie wie im Team die Unterschiede, die Unterschiede machen – und mithin relevante Informationen (s. Simon 1988b).

Aus der Erkenntnis heraus, wie sehr die von einem Diagnostiker gestellte Diagnose immer nur *seine* Diagnose sein kann, welche zudem leicht ein verfängliches und für die therapeutische Arbeit hinderliches Eigenleben entwickelt, versucht die Praxis vor allem in neuerer Zeit, Problem- und Systemkonstruktionen klein zu halten. Das „surplus meaning" einer diagnostischen Beschreibung ist ja in der Regel nicht das Wissen, das unmittelbar in hilfreiches Handeln umgesetzt werden kann (vgl. hierzu kritisch Kaminski 1988), sondern muß selbst erst wieder kommunikativ und kognitiv weiterverarbeitet werden. Sobald also in einer Therapie „entdeckt" worden ist, daß eine Familie zu rigide Generationsgrenzen „hat", muß mit diesem „Sachverhalt", um den man vorher noch nicht wußte, irgendetwas angefangen werden. Zunächst hat man damit einmal ein neues Problem und nichts weiter. Vor allem in Kurzzeittherapien orientieren sich PraktikerInnen daher möglichst – soweit ethisch vertretbar – nur am Auftrag der KlientIn und – psychohygienisch sinnvoll – am eigenen Wohlergehen (vgl. Hennig & Knödler 1985, sowie zum Motiv der Neugier der TherapeutIn: Cecchin 1988).

4 Die Ökologisierung der Diagnostik

Neben diesem pragmatischen Rückzug, der wohl nichts anderes widerspiegelt als die ewige Wiederkehr des alten Unbehagens an der Diagnostik – von Pulver, Lang & Schmid (1978) pointiert auf die Frage gebracht: Ist Diagnostik verantwortbar? –, sind in den letzten Jahren auch noch andere Tendenzen erkennbar. Eine davon besteht in der Entwicklung ökologischer Ansätze in der psychologischen Diagnostik. Diese Tendenz geht im Vergleich zum Rückzug aus der Diagnostik in eine andere, in die *entgegengesetzte* Richtung. Sie zeichnet sich dadurch aus, die zwischenmenschlichen, materiellen und ideellen Lebensverhältnisse von Individuen verstärkt zu berücksichtigen (s. Kaminski 1988). Sie verdanken ihre Aktualisierung einerseits ökologischen Konzepten in den psychologischen Grundlagentheorien (z.B. Graumann 1978; Mogel 1984; Miller 1986) sowie in der Klinischen (z.B. Kaminski 1978; O'Connor & Lubin 1984; Schiepek 1985; Tretter 1987) und Gemeindepsychologie (Kommer & Röhrle 1983; O'Connor & Lubin 1984), andererseits auch dem Unbehagen an der traditionellen, in ihren psychiatrisch-taxonomischen, eigenschafts-, trait- und testdiagnostischen, ja sogar funktional-verhaltensanalytischen Varianten individuumszentrierten Diagnostik (Kaminski 1988; Schiepek 1986, 59ff.). Forschung wie Diagnostik sollte zum Verständnis des „natürlichen Funktionierens" von Organismen in ihren „natürlichen" Lebensumständen beitragen – was in einer fast vollständig kulturell und technisch hergestellten Welt durchaus nostalgisch klingt. Das Kriterium der „ökologischen Validität" machte Furore. Verschiedene Analyseeinheiten der Subjekt-Umgebungs-Vernetzung wurden vorgeschlagen (z.B. das Konzept des „Behavior Setting", Barker & Schoggen 1973). In Übereinstimmung mit der biologischen Ökologie (z.B. Odum 1983) fand besonders in der klinischen Literatur der Begriff des Ökosystems bzw. Humanökosystems Verbreitung, der allerdings oft hemdsärmlig und inflationär benutzt wurde (für eine Charakterisierung dieses Konstrukts s. Schiepek 1986, 36ff.). Die bisher auf Selektions- und Modifikationsstrategien eingegrenzte Passungs-Frage zwischen Subjekt und Kontext konnte mit der Einführung des System-Begriffs in das ökopsychologische Denken sowohl vielfältiger behandelt als auch von einseitigem Veränderungsdruck befreit werden. Obzwar die klassischen diagnostischen Aufgaben der Selektionsentscheidung und Modifikationsvorbereitung damit nicht überflüssig werden, geht es der klinischen Praxis nicht mehr um die einseitige Auswahl von Individuen für kategorial definierte Umwelten, um die Zuordnung von Treatments zu Individuen oder um die Anpassung von Umweltmerkmalen an diagnostizierte Erfordernisse von Personen. In den Fokus rücken stattdessen dynamische Betrachtungsweisen der Ko-Ontogenese zwischen Individuum und Ökosystem bzw. zwischen mehreren Ökosystemen (vgl. den Begriff des Hyperzyklus bei Eigen & Schuster 1977; Jantsch 1982).

Im Zusammenhang mit unserem Thema interessant sind ökologische Ansätze auch deshalb, weil sie über einen breiten Erfahrungsschatz an Techniken der Modellbildung komplexer, dynamischer Systeme verfügen. Seit der Formulierung einfacher Differentialgleichungsmodelle zur Dynamik von konkurrierenden Populationen und Räuber-Beute-Systemen in den zwanziger Jahren (sog. Lotka-Volterra-Gleichungen s. Odum 1983 Bd. 1, 343ff.) wurden diese Techniken zunehmend elaborierter (s. z.B. May 1975; 1980). Zur Anwendung kommen verschiedenste Methoden: von der Heurismenbildung über graphische Veranschaulichungen lediglich qualitativ erfaßter Zusammenhänge bis zu den in der Populationsdynamik geläufigen Computersimulationen und mathematischen Formalisierungen.

Ein Unterschied zu familiendiagnostischen Modellen besteht dabei darin, daß diese die wenigen beteiligten Personen mit ihren kommunikativen Beziehungen zueinander darzustellen versuchen, während Ökosysteme über zu viele Individuen meist mehrerer Populationen verfügen, als daß jedes einzelne repräsentierbar wäre. Ökosysteme gelten als „middle-number-systems" (Weinberg 1975): „These are cases where there are too few parts to average their behavior reliably and too many parts to manage each separately with its own equation" (Allen & Starr 1982, XI). Ökologische Modelle arbeiten unter diesen Bedingungen mit der Verwendung von

meßbaren Variablen, die sie zueinander in (meist mathematische) Beziehungen setzen. Beispiele für solche Variablen sind: Populationsdichte, Biomasse, Geburts- und
Sterberaten, Konzentrationen verschiedener Substanzen (z.B. Sauerstoff, Stickstoff,
Kalzium) etc. Analog hierzu geht in der Klinischen Psychologie die Methode der
idiographischen Systemmodellierung (Schiepek 1986; 1987 sowie unten in diesem
Kapitel, Abschnitt 6.7) davon aus, als Elemente rekursiv vernetzter Modelle nicht
Personen oder kommunikative Einzelereignisse, sondern Variablen zu wählen. In
Übereinstimmung mit dem interdisziplinären Ansatz der Humanökologie (s. Odum
1983 Bd. 2, 719ff.; Trudewind 1978; Schiepek 1986, 39f.) wird es damit möglich,
Hypothesen und Variablen aus unterschiedlichen Disziplinen (z.B. aus Biologie,
Physiologie, Psychologie, Soziologie) in diese Modelle zu integrieren.

Halbach (1979,1; 1978) stellt in einer Graphik (Abb. 15) die einzelnen analysierenden
und synthetisierenden Arbeitsschritte der ökologischen Modellbildung dar. Deutlich
wird dabei die in der Ökologie versuchte Integration von Reduktionismus und
Holismus (Odum 1977; Ropohl 1978, 32). Teilkomponenten und -strukturen sollen
zwar je einzeln untersuchbar sein, erhalten ihre Relevanz aber erst im Systemzusammenhang.

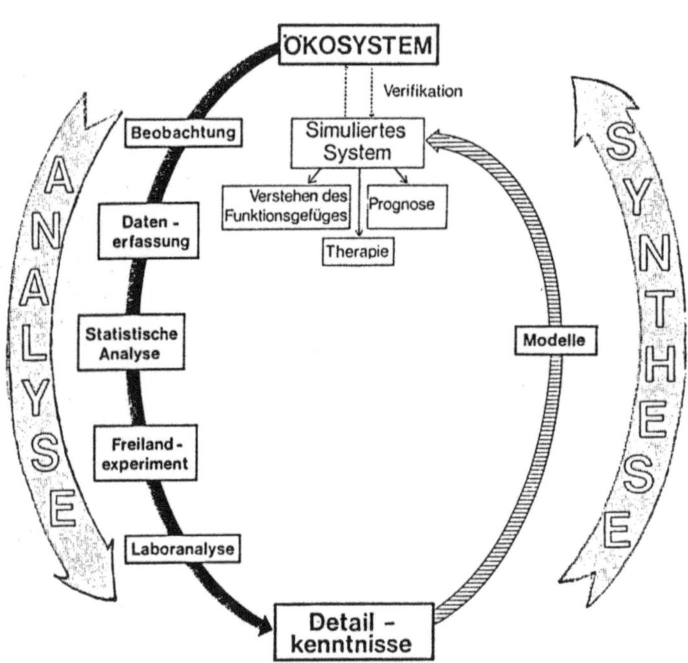

Abb. 15: Ökosystemforschung besteht aus Schritten der Analyse und der Synthese. Die Analyse führt
über Beobachtung, Datenerfassung, statistische Analyse, Freilandexperiment und Laboranalyse zu Detailkenntnissen, welche mittels Modellen wieder zu einem artifiziellen System synthetisiert werden
müssen. Mittels empirischem Vergleich mit dem natürlichen Ökosystem soll die „Güte" des simulierten
Systems ermittelt werden (zu den Problemen der Validierbarkeit von Simulationsmodellen s. allerdings
unten, Kapitel VII).

5 Beurteilungskriterien systemischer Modelle

Die eben vorgestellte methodologische Skizze nach Halbach (1978) kann auch in der Psychologie als idealtypisch für das Vorgehen wissenschaftlicher, nicht jedoch praktisch-diagnostischer Modellbildung gelten. Insofern systemische Modelle zu wissenschaftlichen Zwecken konstruiert werden, haben sie sich den Regeln der scientific community zu unterwerfen. An erster Stelle rangieren dabei nach wie vor Reliabilität und Validität. Aber selbst wenn man sich besten Willens zeigt, diese Kriterien zu erfüllen, sieht man sich erheblichen Problemen gegenüber. Diese betreffen zum Beispiel die Übereinstimmungsüberprüfung von Modell und Original (verstanden als dynamisches, möglicherweise sogar chaotisches System, s. hierzu Kapitel VII), die Prognostizierbarkeit solcher dynamischer Originale (s. hierzu Kapitel III) sowie erkenntnistheoretische Fragen (s. oben).

Trotz der skeptischen Haltung vor allem systemisch orientierter Praktiker werden Modelle nicht nur zu wissenschaftlichen Zwecken, sondern auch in der psychosozialen Praxis benutzt. Dies geschieht jedoch kaum mit der Absicht, veridikale Abbildungen einer Realität zu schaffen; vielmehr soll die therapeutische Kommunikation dadurch Impulse erhalten.

Kriterienlisten müssen daher unterschiedlichsten Modellkonstruktions-Anlässen ebenso gerecht werden wie den verschiedenen Arten von Modellen. Dies bedeutet jedoch, nicht in allen dargestellten Fällen alle Kriterien sinnvoll anlegen zu können. Die folgende Liste erhebt zudem keinen Anspruch auf Vollständigkeit, sondern beinhaltet lediglich Vorschläge für einige Beurteilungskriterien systemischer Modellbildung.

(1) *Verständlichkeit.* Bietet das Modell eine verständliche Darstellung der repräsentierten Sachverhalte? Ermöglicht es unmittelbare Evidenzerlebnisse oder hält sich zumindest der Einarbeitungsaufwand in angemessenen Grenzen? Dabei ist zu berücksichtigen, daß Modelle für Außenstehende immer komplizierter erscheinen als für die Konstrukteure selbst, welche diese in der Regel ja zu *eigenen* Anwendungszwecken erstellen.

(2) *Einstellbare Komplexität.* Läßt sich die Komplexität von Modellen flexibel handhaben? Bezogen auf den Anwendungszweck zu hoch angesetzte Komplexität kann genauso hinderlich sein wie ein zu einfaches, simplifizierendes Modell. Am günstigsten ist es, den Komplexitätsgrad je nach Bedarf am Einzelfall orientiert festzulegen.

(3) *Aufwand.* Wie groß ist der Datengenerierungs- und Konstruktionsaufwand eines Modells? Natürlich: Je geringer, desto besser, ceteris paribus.

(4) *Beeinträchtigung durch die Datenerhebung.* Führt die Datenerhebung zu Beeinträchtigungen z.B. des Therapieklimas oder der Aufmerksamkeit und Motivation der Klienten? Wird der Therapieprozeß gestört?

(5) *Veränderbarkeit.* Läßt sich ein Modell nach seiner konstruktiven Fertigstellung noch, und zwar leicht verändern? Ist es geeignet, sich dem Fortgang des Geschehens

flexibel anzupassen? Ungünstig wäre es, wenn sich die KonstrukteurIn in ihr eigenes Modell verlieben würde und sie es daher nicht mehr aufgeben möchte. Das kann z.B. geschehen, wenn die Konstruktion allzu aufwendig war, wenn das Modell zu „schön" ausfällt oder irgendwie zwingend „wahr" erscheint. Modelle sollen Hilfsmittel bleiben, die man ohne Bedenken modifiziert oder über Bord wirft. Bleiben sie das nicht, so entwickeln sie leicht ein despotisches Eigenleben.

(6) *Dynamizität*. Handelt es sich um eine statische Zustandsdarstellung oder ist das Modell prozessual angelegt? Prozeßhaftigkeit erreicht ein Modell noch nicht durch die Benennung von Phasen- bzw. Stufenabfolgen. Erforderlich ist vielmehr eine rekursiv vernetzte Struktur, was die symbolische Repräsentation des Modells betrifft, oder die Möglichkeit, die Komponenten des Modellsystems, welche auch Personen sein können, irgendwie in Interaktion treten zu lassen. Daraus resultiert die Dynamizität eines Modells, wie sie etwa zur Beurteilung der Stabilitätseigenschaften eines Systems unabdingbar ist.

(7) *Referenzebenen*. Berücksichtigt das Modell eine oder mehrere Referenzebenen mehrstufig emergenter Systeme (z.B. biologische, psychische, soziale Prozesse)? Beinhaltet es z.B. nur die kommunikativen Beziehungen zwischen Personen oder macht es Angaben darüber, wie kommunikative und psychische oder psychische und physiologische Prozesse ineinandergreifen?

(8) *Objektsprachliche Festlegung vs. Metastrategie*. Ist ein Modell bereits objektsprachlich vorformuliert, was bedeutet, daß die darin enthaltenen Konstrukte und Relationen festliegen? Oder existieren lediglich Konstruktionsregeln im Sinne einer Metastrategie, die es dem Einzelfall überlassen, mit welchen Konstrukten, Hypothesen und Relationierungen man arbeiten möchte (vgl. Schiepek & Kaimer 1988)? Objektsprachlich vorformulierte Modelle sind zwar einfacher herstellbar, da sie nur noch auf den Einzelfall hin konkretisiert werden müssen, zwingen diesen aber stärker in vorgeformte Denkschemata. Idiographische, also in jedem Einzelfall neu konstruierte Modelle sind zwar aufwendiger zu produzieren, dafür aber flexibler und für Hypothesen aus unterschiedlichen Theorien und Disziplinen offen.

(9) *Empirische Absicherung*. Gibt es eine empirische Basis oder ist das Modell eher spekulativ? Die empirische Basis kann dabei sowohl in quantitativen als auch in qualitativen Daten bestehen, wobei wissenschaftliche Gütekriterien wie Auswertungseindeutigkeit, Reliabilität und Validität (z.B. Konstruktvalidität) ihre Berechtigung haben. Eine Bevorzugung von quantitativen gegenüber qualitativen Daten scheint nicht sinnvoll, da die für dynamische Modelle notwendigen langen Zeitreihen unter Praxisbedingungen ohnehin nur schwer zu erhalten sind. Qualitative Daten dagegen fallen leichter an.

Das Kriterium der empirischen Absicherung spielt insbesondere für wissenschaftliche Modelle eine Rolle, während therapeutisch nutzbare Modelle mindestens genauso viele hypothetische, phantastische und dem Faktischen widersprechende Aspekte enthalten sollten wie empirisch abgesicherte. Aber selbst wissenschaftliche Modelle sind nie ganz spekulationsfrei, denn sie beruhen *auch* auf (allerdings methodisch kontrollierten) Interpretationsleistungen. Daten alleine formen sich nicht zu Modellen.

(10) *Formalisierungsgrad*. Als formalisiert können solche Modelle gelten, die entweder in Form von Computersimulationen oder in mathematischer Darstellungsweise (z.B. in Gleichungen oder Gleichungssystemen) vorliegen. Obwohl sozialwissenschaftliche Modelle üblicherweise einen geringen Formalisierungsgrad aufweisen, stellt sich trotzdem die Frage, ob sie zumindest entsprechende Voraussetzungen, wie z.B. Dynamizität, mitbringen.

(11) *Visualisierung*. Verwenden Modelle Anschauungshilfen oder liegen sie nur verbal codiert (z.B. als Text oder Computerprogramm) vor? Anschauungshilfen können in sehr vielfältiger Weise vermittelt werden, z.B. in Form von Graphiken (Vester & von Hesler 1980; Schiepek 1986, 140), dreidimensionalen Objekten, Visualisierungen von Variablenverläufen oder Ereignisabfolgen unter Berücksichtigung der Zeitdimension (z.B. auf dem Computerbildschirm), aber auch als Eindrücke, die über mehrere Sinneskanäle erfahrbar sind, wie in Skulpturen, dramaturgischen Darstellungen oder Planspielen.

(12) *Lösungsorientierung vs. Problemorientierung*. Konzentrieren sich Modelle auf jene Bedingungen, die an der Entstehung, Fortsetzung oder Intensivierung von Problemen beteiligt sind oder richten sie ihr Augenmerk auf Alternativen, Ressourcen, Lösungen, neue Denk- und Wahrnehmungsmöglichkeiten (vgl. das Konzept des Reframing)? Rekonstruieren sie den Weg in die Sackgasse oder eröffnen sie Auswege?

(13) *Berücksichtigung des gesellschaftlichen und ökologischen Umfeldes*. Beschränkt sich die Analyse auf die Intrasystem-Dynamik der gerade interessierenden Einheit (z.B. Individuum, Paar, Familie, Institution) oder berücksichtigt sie Aspekte wie Lebenslagen, Wohn- und Arbeitsverhältnisse, kulturelle Hintergründe, ökonomische Gegebenheiten, ökologische Krisen, globale Bedrohungen und Risiken, etc. (s. Dreier 1980; Greitemeyer 1984; Massey 1985; Beck 1986; 1988; Cramer 1988)?

(14) *Einbezug des Beobachters*. Sieht die Modellkonstruktion vor, die Funktion der Therapie bzw. der Diagnostik innerhalb eines Systems zu berücksichtigen? Es mag bedeutsam sein zu verstehen, welche Funktionen eine psychosoziale Dienstleistung oder eine psychosoziale Institution für Klienten, Auftraggeber oder in der politischen Szenerie erfüllen soll, besonders wenn mehrere Institutionen beteiligt sind, die sich gegenseitig blockieren können. Ist die Modellbildung in der Lage, die Tatsache der Modellbildung und ihre Beobachtbarkeit reflexiv in das Modell hereinzuholen? Können die psychologischen, interaktionellen, theoretischen und epistemologischen Voraussetzungen des/der Beobachter(s) mitbedacht werden?

(15) *Artikulationshilfe*. Bietet die Methode der Modellerzeugung die Chance, daß sie von den daran beteiligten Personen (z.B. PraktikerInnen, KlientInnen) als Artikulationshilfe ihrer Vorstellungen, zur Reflexion ihrer Situation oder zur Generierung neuer Ideen benutzt werden kann (emanzipatorischer Aspekt)? Ein Paradebeispiel in dieser Richtung wäre die Methode der Zukunftswerkstätten (s. Jungk & Müllert 1981 sowie Kapitel III). Oder handelt es sich um Verfahren, mit denen – da nur für die Hand der ExpertIn geschaffen – gewissermaßen über die Köpfe der Betroffenen hinweg geredet, gedacht und geplant wird?

(16) *Vermeidung linealer Schuldzuschreibungen.* Eröffnet ein Modell Dialoge, indem es z.B. auf die gemeinsamen Beiträge an der Schaffung sozialer Wirklichkeiten und unterschiedliche (aber nicht: gute oder schlechte, wahre oder falsche) Perspektiven verschiedener Personen thematisiert? Das Gegenteil bestünde darin, mit dem Finger auf jemanden zu zeigen, nachdem er (sie) vorher mit einem kategorialen Verdikt belegt wurde (Prototyp: die schizophrenogene Mutter).

(17) *Vermeidung von pathologisierenden oder theoretischen Einordnungen.* ModellbenutzerInnen legen sich selbst aufs Kreuz, wenn sie bestimmte Normalitäts- oder Idealitätsannahmen am wissenschaftlichen Fahnenmast hochziehen, denen gegenüber konkrete Einzelpersonen und Sozietäten nur defizitär abschneiden können. Beispiele hierfür wären: die berühmte „fully functioning person"; Aussagen wie: „Familien versuchen immer, ihre Homöostase aufrechtzuerhalten"; „Familien *müssen* in bestimmten Lebensphasen gleichgewichtsverlagernde bzw. stabilisierende Anpassungsleistungen vollbringen"; „eine Einzelperson oder Familie habe diese oder jene Lebensphase nicht bewältigt". Derartige Aussagen legen Schablonen individueller oder familiärer Normalbiographien an, die, wie verschiedene soziologische Untersuchungen zeigen, heute mehr denn je in Auflösung begriffen sind. Die lebenslange Bindungsfamilie z.B. konkurriert mit der Vertragsfamilie auf Zeit (vgl. Beck 1986). Und ein Schlagertext charakterisiert die Verhältnisse mit dem Bonmot: Wer nicht spinnt, ist nicht normal.

(18) *Produktivität und Handlungsrelevanz.* Kann man von einem Modell Impulse für die praktische Tätigkeit (z.B. die Therapie) erwarten oder bleibt es bloße Feststellung: so ist es – bzw. vielmehr: so könnte es vermutlich sein? Dieses Kriterium schließt an die traditionelle Kritik der (psycho-)therapeutischen Irrelevanz kategorialer nosologischer Einordnungen an. Die Modellkonstruktion ist danach zu beurteilen, ob sie zur Generierung neuer Hypothesen und Ideen anregt, ob daraus Handlungsmöglichkeiten erkennbar werden und ob sie die Chance eröffnet, mit Handlungsvarianten zu experimentieren (z.B. im Rahmen von Computersimulationen, Skulpturierungen oder Planspielen). Ein derartiges Ansinnen an die Modellbildung weicht erheblich von ihrer Einordnung in das binäre Schema von „wahr" und „falsch" ab.

(19) *Kommunikative Anschlußfähigkeit.* Kann das kommunikative Geschehen z.B. einer Therapie auf das Modell Bezug nehmen, um davon Impulse zu erhalten? Wie ist die therapeutische Reaktivität des Modells einzuschätzen? Lassen sich nicht nur die ExpertInnen, sondern auch andere InteraktionsteilnehmerInnen davon in konstruktiver Weise beeindrucken, wie z.B. bei der Durchführung einer Familienskulptur zu erwarten? Das ist vor allem dann der Fall, wenn Modelle der reflexiven Selbstbeschreibung sozialer Systeme dienen. In der Therapiepraxis ist übrigens die Unterscheidung zwischen der „Abbildungsfunktion" von Diagnostik und deren „strategisch"-kommunikativem Einsatz traditionell geläufig (vgl. Hennig & Knödler 1985).

(20) *Ästhetische Kriterien.* S. hierzu Ludewig (1988d) sowie den Anhang am Ende dieses Kapitels.

6 Kritische Beurteilung verschiedener Formen systemischer Modellbildung

Die folgende Darstellung geht davon aus, daß sich die Modellbildung, soweit sie in therapeutischen Systemen stattfindet, zwischen den – allerdings nicht voneinander unabhängigen – Polen der *distanzierten Fremdmodellierung* und der *reflexiven Selbstmodellierung* bewegt (vgl. oben, Abschnitt 1). Diese Unterscheidung fällt nicht mit der Unterscheidung zwischen Fremdbeobachtungs- und Selbstberichtsmethoden (s. Cierpka 1987b, 12; Cromwell, Olson & Fournier 1984) zusammen, da es sich hierbei lediglich um eine Einteilung von Datenerhebungsverfahren handelt. Unabhängig davon, ob der Bezugsrahmen der DatenlieferantIn innen (Insider-Perspektive) oder außen (Outsider-Perspektive) liegt, können die erzeugten Daten die Grundlage für ein nur der TherapeutIn verfügbares Modell bilden, welches im sozialen System der Therapie kein Thema werden soll. Umgekehrt können per Fremdbeobachtung gewonnene Befunde in ein kommunikatives System einfließen und als Selbstbeschreibung behandelt werden, ja es reicht bereits die Beobachtung der Fremdbeobachtung, um Prozesse der Selbstbeobachtung in Gang zu setzen: Was werden die Forscher über uns feststellen? Sind wir so, wie die Diagnostiker über uns denken könnten?

Dies zeigt, daß die Pole der Fremd- und Selbstmodellierung nicht unabhängig voneinander sind. Jede TeilnehmerIn eines sozialen Systems kann gewissermaßen eine mentale Fotographie des Geschehens anfertigen (also heimlich die Position des außenstehenden Beobachters einnehmen) und sich dann mit dem „Film" agentengleich davonstehlen, um beim nächsten Mal so zu tun, als wäre nichts gewesen. Gleichzeitig ist die Jagd nach diesen heimlichen Fotographien ihr versteckter und sogar unverhohlener Austausch eines der Lieblingsspiele jeder Gruppe.

Fremdbeobachtung und mithin Fremdmodellierung durch Gruppenmitglieder ruht auf dem basso continuo der selbstreferentiellen Selbstbeobachtung auf (vgl. Willke 1987c). Nur gibt es Methoden, welche dies zu umgehen versuchen, indem sie die Fremdbeobachtung personell und zeitlich vom System trennen – die Videotechnik macht das möglich –, und es gibt Methoden, welche die Selbstbeobachtung potenzieren (z.B. Skulpturmethoden) oder zum Daseinsgrund eines sozialen Systems erheben (z.B. Selbsterfahrungsgruppen). Die beiden methodischen Zugangsweisen müssen sich nicht ausschließen.

6.1 Kategoriale Einordnungen

Als Beispiel distanzierter Fremdbeschreibung können Versuche gewertet werden, Mehrpersonenkonstellationen in Problemkategorien einzuordnen. In einem ansonsten sehr praxisnahen Buch zur systemischen Familienmedizin regt Glenn (1984) Bemühungen in diese Richtung an, wobei er sich eine Erweiterung eines multiaxialen Kodierschlüssels nach dem Vorbild des DSM-III auf familiäre Pathologien vorstellt. Dieser Vorschlag wird allerdings nicht einmal Glenns eigenem Anliegen gerecht, der in interessanten Fallbeispielen aus dem Erfahrungsbereich einer allgemeinärztlichen Praxis auf die Verschränkung zwischen Erkrankungen von Familienmitgliedern, der Familiendynamik und dem medizinischen Versorgungssystem aufmerksam macht (vgl. Kriterium 13: Berücksichtigung des gesellschaftlichen und ökologischen Umfeldes). Taxonomien stellen im übrigen keine systemischen Modelle dar, denn sie lassen grundlegende Merkmale wie Rekursivität und Dynamizität vermissen. Zu einem „systemic approach" der Diagnostik wird Glenns Ansatz nur durch einen Kunstgriff: er definiert Familien als Systeme und betreibt dann eine (taxonomische) Diagnostik dieser „Systeme". Gehen wir die in Abschnitt 5 vorgelegte Kriterienliste durch, so finden wir von Taxonomien höchstens Kriterium 3 (geringer Aufwand) und 1 (Verständlichkeit) erfüllt, wobei man auch hinsichtlich der Verständlichkeit noch fragen könnte, was man durch die taxonomische Einordnung einer Familie an Verständnis gewonnen hat. Beeinträchtigungen durch die Datenerhebung (Kriterium 4) und vor allem durch das Endresultat sind trotzdem möglich. Erheblich verletzt werden z.B. Kriterium 17 (Vermeidung pathologisierender Einordnungen), Kriterium 15 (eine kategoriale Einordnung ist für eine Familie wohl das Gegenteil einer Artikulationshilfe); Kriterium 12 (Problem- statt Lösungsorientierung); Kriterium 6 (Kategorien sind statische Aussagen) und Kriterium 5 (Etikettierungen bekommt man bekanntlich nur schwer wieder los). Die therapeutische Handlungsrelevanz (Kriterium 18) von familiendiagnostischen Kategorien dürfte zunächst nicht höher sein als diejenige individualdiagnostischer Kategorien. Im Gegenteil. Individualdiagnostische Taxonomien erweisen sich in der Psychiatrie am ehesten noch bei der medikamentösen Indikationsstellung als handlungsrelevant. Im Bereich der Psychotherapie wird damit jedoch ein Rezeptdenken gefördert: im Falle von X nehme man Y. Am leichtesten dürfte Kriterium 9 (empirische Absicherung) erfüllbar sein, denn Interrater-Übereinstimmungen lassen sich für kategoriale Einordnungen durchaus herstellen. Zwei weitere Gegenargumente treffen schließlich erstens die multiaxiale Klassifikation, bei der es sich um additive Aufzählungen verschiedener Phänomene handelt, die selbst erst wieder erklärungs- und bezugsbedürftig wären, und zweitens den fehlenden Bezug zu sozialwissenschaftlichen Theorien der Familiendynamik.

6.2 Skalierungsverfahren mittels Fragebögen (z.B. Circumplex-Modell, FKS)

Verfahren, welche Mehrpersonenkonstellationen (z.B. Familien) bestimmte Skalenwerte zuordnen, stellen ebenfalls im engeren Sinne keine systemischen Modelle dar. Einschätzungen, z.B. das Circumplex-Modell würde die „komplexen Zusammenhänge von Paar- und Familiensystemen" operationalisieren und dabei „die Familie als Gesamtsystem betrachten" (Thomas 1987, 280) beruhen ähnlich wie im Falle kategorialer Einordnungen auf einem Kunstgriff: man bezeichnet eine Mehrpersonenkonstellation als System und ordnet ihm einen globalen Kennwert zu. Diese Kennwerte resultieren in der Regel aus den individuellen Fragebogeneinschätzungen der „System"-Mitglieder. Nach der Kombination der Fragebögenresultate zu einem Gesamtwert erhält man eine von den Individuen abstrahierte Beurteilung des „Gesamtsystems".

Das Circumplex-Modell nach Olson und Mitarbeitern (Olson, Sprenkle & Russell 1979; Olson, Russell & Sprenkle 1980; Russell 1979) legt über verschiedene familiäre Kommunikationsformen ein zweidimensionales Raster, aufgespannt von den Dimensionen „Kohäsion" und „Adaptabilität" (Abb. 16). Sehr niedrige bzw. sehr hohe Kohäsion korrespondiert mit losgelösten, emotional distanzierten bzw. verstrickten, allzu abhängigen Beziehungen, sehr niedrige bzw. sehr hohe Adaptabilität mit chaotischen, sprunghaften bzw. rigiden, änderungsunfähigen Beziehungen. Die beiden Dimensionen sind in jeweils vier Abschnitte eingeteilt, aus deren Kombination 16 Quadranten resultieren. Olson postuliert zwischen dem effizienten Funktionieren einer Familie und den Ausprägungsgraden der bipolaren Dimensionen einen kurvilinearen Zusammenhang, womit die jeweiligen Extreme pathologische Abweichungen definieren. Als zusätzliche Dimension wurde später die der „Kommunikation" eingeführt (Thomas 1987, 261), wobei angenommen wird, daß Paare oder Familien mit positiven Kommunikationsstilen sowohl eher im „gesunden Zentrum" des Modells zu finden seien als auch ihre Position auf den Dimensionen Kohäsion und Adaptabilität im kommunikativen Austausch leichter verändern können. Es handelt sich also um eine bewegungserleichternde Dimension. Auf nähere Darstellungen des Ansatzes sei hier verzichtet, da er schon in vielen Publikationen dargestellt wurde. Ausführliche Erläuterungen sowie Operationalisierungen der Skalen finden sich bei Thomas (1987), von Schlippe (1986a) und in der angeführten Originalliteratur.

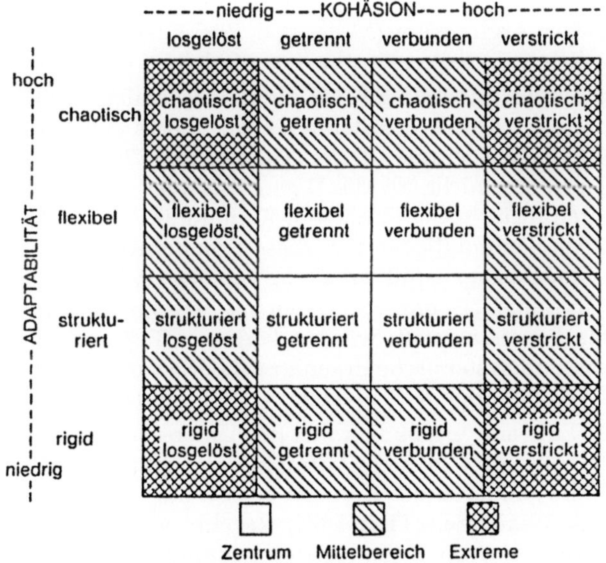

Abb. 16: Das Circumplex-Modell. Die Kombination der beiden Dimensionen „Kohäsion" und „Adaptabilität" erzeugt 16 Klassen von Beziehungsmustern, die in Paaren oder Familien festgestellt werden können (Abb. aus Thomas 1987).

Die Empirisierung des Modells beruht auf einem für wissenschaftliche und diagnostische Zwecke konzipierten Fragebogen, dem FACES (Family Adaptability and Cohesion Evaluation Scales). Er mißt das Real- und Idealbild, das sich Familienmitglieder von ihrer Familie machen. Seine ursprüngliche Variante FACES I wurde zweimal überarbeitet (bezeichnet mit den Ziffern II und III), wobei sowohl theoretische Kritik (z.B. am Autonomiekonzept der Adaptabilitätsdimension, s. Beavers & Voeller 1982) als auch praktische Vereinfachungen (z.B. hinsichtlich der Subskalen und der Itemanzahl) berücksichtigt wurden. Eine deutschsprachige Version des FACES II liegt vor (FamilienFrageBogen „FFB", s. von Schlippe 1986a; Thomas 1987). Ebenso existieren Ratinginstrumente, mittels derer die familiäre Kommunikation von einer Outsider-Perspektive beurteilt werden kann, nämlich das SIM-FAM-Interaktionsspiel (Sprenkle & Olson 1978; Russell 1980) und die Clinical Rating Scale (CRS; Olson 1978).

Die empirische Basis (Kriterium 9) des Circumplex-Modells kann unterschiedlich beurteilt werden. Der FACES II und III erreicht immerhin ausreichende Werte für interne Konsistenz (zwischen .7 und .9) und Konstruktvalidität (ermittelt über Faktorenanalysen). Erheblich niedriger erwiesen sich teilweise die Trennschärfekoeffizienten der deutschsprachigen Version (s. von Schlippe 1986a; Thomas 1987, 273).

Auch liegen Befunde vor, welche von der Zweifaktorenstruktur des Modells abweichen. Die angenommene Unabhängigkeit der Dimensionen wurde weder für den FACES II noch für den FFB bestätigt. Genannt werden Korrelationen von .60 bis .79 zwischen den beiden Dimensionen. Erst der FACES III machte die Empirie gefügig, indem er die Korrelation auf .03 senkte (Thomas 1987, 268). Angezweifelt wurde auch die Kurvilinearitätsannahme zwischen Adaptabilität und familiärer Funktionstüchtigkeit, und zwar mit theoretischen (v.a. psychoanalytischen, Beavers & Voeller 1983) wie mit empirischen Argumenten (Miller et al. 1985; Green, Kolevzon & Vosler 1985). Nahegelegt wurde stattdessen ein lineares Modell.

Validierungsversuche des Circumplex-Modells führten zu abweichenden Resultaten. Von verschiedenen Autoren wurde die Feststellung laut, daß es sich „nicht mit der klinischen Realität der Familientherapie" decke (Thomas 1987, 265; Beavers & Voeller 1983). Das erstaunt insofern nicht, als die Datenbasis aller familiendiagnostischen Fragebogenverfahren nicht in der familiären Kommunikation besteht, sondern in der Meinung der Familienmitglieder *über* diese Kommunikation oder – noch deutlicher – in deren Fragebogenausfüllverhalten. Thomas (1987, 281) bezweifelt daher, ob durch die Zusammenfassung von Daten aus Selbstberichtinstrumenten überhaupt systemische Prozesse erfaßt werden können. „Testtheoretisch orientierte Fragebogenmethodik und systemische Erkenntnistheorie sind inkompatibel", stellen darüber hinaus von Schlippe & Schweitzer (1988) lapidar fest.

Ein gravierender theoretischer Einwand ergibt sich aus der Unterscheidung zwischen kommunikativen Regeln erster und zweiter Ordnung (von Schlippe 1986a,b; von Schlippe & Schweitzer 1988; vgl. hierzu das Konzept der Lösungen erster und zweiter Ordnung bei Watzlawick, Weakland & Fisch 1974). Regeln zweiter Ordnung bezeichnen dabei die Veränderbarkeit von Regeln erster Ordnung. Insofern die Dimension der Adaptabilität diese Unterscheidung nicht vorsieht, vermischt sie zwei verschiedene logische Ebenen. Es ist nämlich vorstellbar, daß eine Familie sprunghaft wechselnde Interaktionsstile sowie Regel- und Disziplinlosigkeit prak-

tiziert, was als Merkmal höchster, also „chaotischer" Adaptabilität im Sinne des
Modells gilt, gleichzeitig aber nicht in der Lage ist, dieses Kommunikationsmuster
zu verändern, indem sie sich selbst mehr Struktur und Stabilität verleiht. Die Familie
verändert sich ständig, ohne sich zu verändern. Adaptabilität auf der Ebene der
Regeln erster Ordnung sagt somit auch nichts über die Veränderbarkeit des Ko-
häsionszustands einer Familie aus. Von Schlippe & Schweitzer (1988) schlagen als
Lösung vor, das Gesamt der Regeln erster Ordnung als *Struktur* einer Mehrpersonenkonstellation zu bezeichnen, wobei sie eine emotionale (bezogen auf Kohäsion,
Binnengrenzen, Außengrenzen) von einer funktionalen Struktur (bezogen auf Rollen
und Aufgabenverteilungen) trennen. Der Begriff der *Adaptabilität* bzw. des adaptiven
Potentials bliebe dann für das Gesamt der Regeln zweiter Ordnung reserviert, welches entsprechend zur Struktur in eine emotionale und eine funktionale Adaptabilität differenziert würde. Die Struktur wäre der Beobachtung in „ruhigen Zeiten"
zugänglich, die Adaptabilität dagegen könnte nur in Krisenzeiten, in denen Regeln
erster Ordnung in Frage stehen, beurteilt werden.

Die Paar- und Familiendiagnostik nach dem Circumplex-Modell kann nach weiteren
der in Abschnitt 5 genannten Kriterien beurteilt werden. Hinsichtlich der Verständlichkeit des Modells (Kriterium 1) fällt eine klare Beurteilung allerdings schwer.
Einerseits klingen die Dimensionen des Modells einschließlich ihrer Unterteilungen
plausibel, so daß der Plazierung einer Mehrpersonenkonstellation innerhalb des
Modells eine gewisse Evidenz zukommt. Positionszuweisungen in ein- oder mehr-
dimensionalen Skalierungen sind zudem kognitiv leicht zu erfassen. Berücksichtigt
man andererseits aber die begrifflichen und theoretischen Unstimmigkeiten der
Konstrukte (s. z.B. Beavers & Voeller 1983; von Schlippe & Schweitzer 1988), so
wird das, was zunächst verständlich scheint, doch erheblich fragwürdiger. Die Komplexität des Modells (Kriterium 2) erweist sich als nicht einstellbar und gering,
denn das Endergebnis besteht letztlich in einer Skalenzuordnung. Differenzierungs-
möglichkeiten stehen lediglich über die Berücksichtigung der Subskalen der Fragebögen zur Verfügung. Der Durchführungsaufwand (Kriterium 3) beträgt nach
Thomas (1987) für den FACES II 20-30 Minuten pro Durchgang, wobei einer für
die Real- und einer für die Ideal-Version vorgesehen ist. Für das SIMFAM-Inter-
aktionsspiel ist der Aufwand größer, da sich die Familie auf eine künstliche Kri-
seninduktion einlassen muß. Ob dadurch Beeinträchtigungen für die Familie entstehen (Kriterium 4), hängt vom psychologischen Geschick der VersuchsleiterIn
ab. Die Prozesse im Interaktionsspiel können auch therapeutisch aufgegriffen und
weiterbearbeitet werden. Beeinträchtigungen durch die Fragebogenbearbeitung sind
vor allem dann zu erwarten, wenn sich die Probanden zu Selbstpathologisierungen
anregen lassen oder wenn die Fragebogendiagnostik mit dem therapeutischen Ansatz inkompatibel ist, was etwa bei stark lösungsorientierten Kurztherapieansätzen
(z.B. de Shazer 1985; 1989) der Fall wäre. Die Veränderbarkeit der Plazierung eines
Paares oder einer Familie im Modell (Kriterium 5) setzt Meßwiederholungen voraus,
wobei von der Annahme ausgegangen wird, daß Familien in ihrem Lebenszyklus
oder nach erfolgreichen Therapien im Modell „wandern" (Thomas 1987, 262). Trotzdem prägen sich natürlich Etikette wie „rigid verstrickte Familie" im Bewußtsein
der TherapeutIn und mehr noch: der KlientInnen ein. Eine Verflüssigung fällt möglicherweise ebenso schwer wie bei psychiatrischen Diagnosen. Dynamizität im Sinne
des Kriteriums 6 liegt nicht vor, bestenfalls ist durch wiederholte Vorgabe eine

Abfolge von Phasen identifizierbar. Das Modell bezieht sich auf eine soziale Referenzebene (vgl. Kriterium 7), d.h. es charakterisiert interaktionelle Muster. Zu deren Einordnung bedient es sich bestimmter objektsprachlicher Festlegungen (Kriterium 8), wie sie z.B. mit den Bezeichnungen der Dimensionen und den Subskalen des FACES gegeben sind.

Nach Kriterium 12 erweist sich das Circumplex-Modell ausschließlich problemorientiert. Für Familien bzw. Paare, die nicht in das „gesunde Zentrum" des Modells fallen, hält es ein Etikett, aber keine Lösungsperspektiven bereit. Gesellschaftliche und ökologische Lebensbedingungen (Kriterium 13) werden nicht thematisiert. Für ein Mitdenken des Beobachters oder eine Relativierung auf diesen (Kriterium 14) ist kein Raum vorgesehen. Eine Artikulationshilfe (Kriterium 15), die sich auch als therapeutisch anschlußfähig erweist (Kriterium 19), bietet höchstens die behutsame Durchführung eines Krisenexperiments nach der SIMFAM-Methode. Insgesamt ist das Modell stark von theoretischen Einordnungen geprägt (vgl. Kriterium 17), die festlegen, wie funktionstüchtige Mehrpersonenkonstellationen ihre Beziehungen gestalten sollten. Pathologisierungen bleiben daher nicht aus, zumal die Methode ja dazu geeignet sein soll, klinisch auffällige von klinisch unauffälligen Familien zu unterscheiden.

Diese eher kritische Beurteilung des Circumplex-Modells kommt unter anderem dadurch zustande, daß auch therapeutische Kriterien daran angelegt wurden. Für reine Forschungszwecke mag es dennoch bei geeigneten Fragestellungen gewinnbringend sein, nach diesem Konzept zu arbeiten. Gleiches gilt für die zahlreichen existierenden Fragebogenmethoden zur Familiendiagnostik (für einen Überblick s. Cierpka 1987a), aus denen exemplarisch noch die Familienklimaskalen (FKS) nach Schneewind und Mitarbeitern herausgegriffen werden sollen (Schneewind 1987). Dabei handelt es sich um eine deutsche Adaptation der von Moos (1974) vorgelegten Family Environment Scale. Die FKS umfaßt 10 Subskalen, nämlich Zusammenhalt der Familienmitglieder, Gefühlsoffenheit und Spontaneität, Neigung zu Konflikten, Selbständigkeit, Leistungsorientierung, kulturelle Orientierung, aktive Freizeitgestaltung, religiöse Orientierung, Organisation und Regelung der Verantwortlichkeiten, Kontrolle und Verbindlichkeit von Regeln. Für die Items der FKS konnten drei Sekundärfaktoren identifiziert werden (Faktor I: positiv-emotionales Klima, Faktor II: anregendes Klima, Faktor III: normativ-autoritatives Klima). Die FKS liegen in je einer Version für Mütter, Väter und Kinder vor, und zwar sowohl für die Real- als auch für die Idealeinschätzung des Familienlebens. Zufriedenstellende Testgütekriterien liegen vor. Der Fragebogen erlaubt es, mittels der genannten Skalen Familienprofile zu erstellen und auf diese Weise auch Familien untereinander zu vergleichen.

Das Verfahren hat seinen Schwerpunkt im Einsatz als Forschungsinstrument. Für diese Zwecksetzungen leistet es eine verständliche, visuell anschauliche Darstellung (vgl. Kriterium 1 und 11) verschiedener Aspekte des Familienklimas. Obwohl natürlich auch die FKS in entsprechenden Zeitabständen mehrmals vorgelegt werden können, womit Wandlungen über die Zeit erkennbar sein sollen, handelt es sich nicht um ein dynamisches Modell (Kriterium 6). Wäre es dies, müßte es in der Lage sein, prozessuale Veränderungen des Familienklimas aus intrasystemischen Dynamiken oder aus System-Umwelt-Interaktionen zu erklären. Weder Anliegen

noch Möglichkeit ist es für die FKS, gesellschaftliche und ökologische Umgebungsbedingungen oder gar den Beobachter mit dessen Konstruktionsbedingungen einzubeziehen (Kriterium 13 und 14). Das Verfahren ist angetreten, eine distanzierte
Abbildung von hohem Abstraktionsgrad anzufertigen, für die sich Kriterien wie
kommunikative Anschlußfähigkeit (19), Handlungsrelevanz (18) oder die Frage nach
dem emanzipatorischen Wert (15) erübrigen. Umgekehrt muß man aber auch aner-
kennen, daß die FKS keine Schuldzuschreibungen (16) transportieren oder deutliche
Pathologisierungen vornehmen (17). Die Familie wird nicht durch theoretische Konzepte in die Enge getrieben, wenngleich natürlich kulturelle Normen implizit enthalten sind: Selbständigkeit ist besser als Unselbständigkeit, Gefühlsoffenheit besser
als Verschlossenheit, und kulturelle Orientierung besser als kulturelle Desorientie-
rung.

6.3 Die Alltagssprache als Hilfsmittel der Selbst- und Fremdbeschreibung

Noch vor jeder Wissenschaft findet die Beschreibung von Beziehungswirklichkeiten
wie von individuellen Befindlichkeiten in der Alltagssprache statt. Fotos, Skulpturen, musikalische Interpretationen wären ebenso möglich, nur werden sie erheblich
seltener benutzt. Therapie ist auf die Alltagssprache angewiesen. Sie ist hinreichend
universell, konkret und vage zugleich, stringent wenn es sein muß, doch auch
jederzeit offen für Widersprüche, ja für Paradoxien. Erzählungen, Metaphern, Analogien, Schlagworte, Berichte: all das kann der verbalen Modellierung dienen. Es
prägt sich ein, vor allem wenn bildlich-metaphorisch gesprochen wird, es ist aber
auch flüchtig, auflösbar, ersetzbar, differenzierbar, komprimierbar, knetbar (vgl. Kriterium 5). Deshalb läßt sich in der Therapie so gut damit arbeiten (zur therapeutischen Arbeit mit Metaphern s. z.B. Steiner & Hinsch 1988).

Das Elend der Alltagssprache, zumindest in vielen Sprachen des westlichen Kul-
turkreises, liegt in den durch sie vermittelten Zwängen zu linealem Denken (vgl.
Shands 1971; Selvini-Palazzoli et al. 1985, 56ff.; Bateson 1982, 80). Satzstrukturen,
die Subjekt, Prädikat und Objekt sowie gerichtete Wirkverhältnisse von vorher auf
nachher vorgeben, machen es schwer, zirkuläre Prozesse zu beschreiben. Versuche,
sich diesen Zwängen zu widersetzen, bewegen sich leicht in Paradoxienähe. Spitzt
man z.B. den Mechanismus der negativen Rückkoppelung auf eine binäre Schreib-
weise zu, so klingt das wie folgt: Wenn A, dann B, und wenn nicht A, dann nicht
B. Aber: Wenn B, dann nicht A, und wenn nicht B, dann A. Beide Behauptungen
müssen in ihrer Gegenläufigkeit aufrechterhalten werden, wobei die naheliegende
Paradoxie über die zeitliche Sequenzierung des Widerspruchs (A und B schließen
sich ein; A und B schließen sich aus) vermieden wird (s. Abb. 17).

Die Benutzung der Alltagssprache im Kontext der Therapie bleibt allerdings von
diesen Problemen weitgehend unbeeindruckt. Dabei ist selbstverständlich die Sprache selbst noch kein Modell, sondern nur Hilfsmittel für deren Erzeugung. Sprachliche Modelle, die aus der therapeutischen Konversation heraus entstehen bzw.
von den KlientInnen selbst erfunden werden (vgl. Kriterium 15), erweisen sich oft
als äußerst knapp und anschaulich (vgl. Kriterium 1). Eine Klientin charakterisiert
die Lebenssituation mit ihrem 8-jährigen Sohn und ihrem Freund mit den Worten:

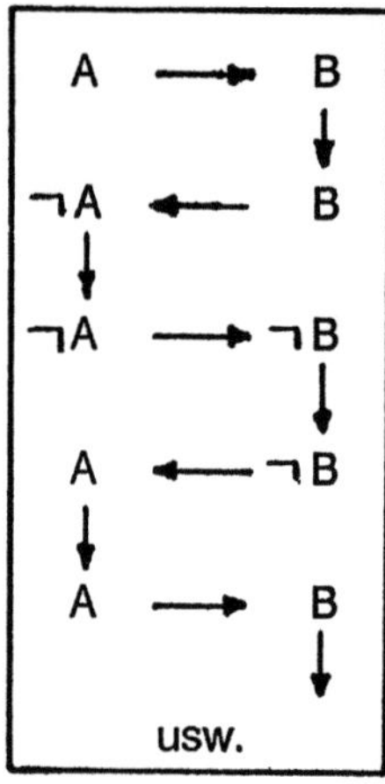

Abb. 17: Die Auflösung von Widersprüchen in der Zeit.

„Es ist so, als ob ich zwei Kinder hätte, die hocken auf der Erde, spielen miteinander und ich muß kochen" (vgl. Raeithel 1985, 63). Der Begriff „Modell" müßte für solche Kurzcharakterisierungen wohl eher mit einem Anführungszeichen versehen werden. Raeithel (1985) spricht dennoch von diskursiven Modellen, deren therapeutische Relevanz darin besteht, daß sie in der therapeutischen Konversation auftauchen und sich mit dieser verändern können. Sie sind „flüchtig" (Raeithel 1985) insofern, als sie Ausgangspunkt für Neubewertungen, Umgestaltungen, Handlungsentschlüsse oder Selbst- bzw. Fremdbildveränderungen werden können (vgl. Kriterium 18 und 19).

KlientInnen und therapeutische Systeme benutzen die Alltagssprache zu ihrer Selbstbeschreibung, sei es in detaillierten Schilderungen oder in sog. „just-so-stories". Aber auch die Fremdbeschreibung therapeutischer Systeme ist, z.B. im Rahmen von Fallberichten in einem Team, auf alltagssprachliche Darstellungen angewiesen. Es gilt sogar oft die Wertung: je weniger Fachjargon, desto besser. Solche Fremdbeschreibungen weiten die Darstellungsmöglichkeiten formalisierter Modelle erheblich in Richtung Anschaulichkeit aus, können aber umgekehrt nicht als wissenschaftlich bezeichnet werden.

6.4 Plananalyse und schematheoretische Fallkonzeption

Die Methode der Plananalyse dient der individuellen Fallrekonstruktion. Sie beruht auf der Annahme, daß menschliches Verhalten eine Funktion von Plänen ist, die bewußt-intentional sein, aber auch unbewußt bleiben können. Der terminologisch an Miller, Galanter & Pribram (1973) angelehnte Begriff des Plans beinhaltet Zielkomponenten und Operationskomponenten. Die Operationskomponenten umfassen die dem Individuum zur Verfügung stehenden Mittel, das im jeweiligen Plan genannte Ziel zu erreichen (Caspar 1989). Wie in den meisten Handlungstheorien wird davon ausgegangen, daß Pläne hierarchisch organisiert sind: die jeweils übergeordneten Pläne sind vergleichsweise abstrakter und allgemeiner, die jeweils untergeordneten beinhalten Ausdifferenzierungen und Konkretisierungen. Sie geben an, wie das übergeordnete Ziel über Teilziele erreicht werden könne, z.B.: „Verschaff Dir menschliche Zuwendung" → „erwirb Dir Anerkennung" → „erbringe berufliche Top-Leistungen" → „setze alles in einen Vertragsabschluß". Pläne werden nach dieser Methode in Form von Selbstinstruktionen formuliert, wie sie in einem inneren Dialog auftreten könnten. Ob sie tatsächlich auftreten, entzieht sich meist der Nachprüfung. Das ist jedoch nicht tragisch, da Pläne aus dem konkreten verbalen und nonverbalen Verhalten einer Person *erschlossen* werden. Die Methode geht zunächst von sehr verhaltensnahen Plänen aus. Eine KlientIn zuckt z.B. auf die Fragen der TherapeutIn hin mit den Schultern und antwortet: „ich weiß nicht, geben Sie mir doch einen Rat"; der unmittelbar dazugehörige Plan könnte lauten: „zucke mit den Schultern", „vermeide es, diese Fragen zu beantworten". Eine Hypothese zu den motivational allgemeineren Zielen hinter diesem Verhalten könnte etwa in dem Plan bestehen: „lege Dich nicht fest", oder, noch allgemeiner: „zeige Dich hilflos; versuche, der TherapeutIn die Verantwortung für das, was in der Therapie geschieht, zu übergeben".

Regeln für das methodische Vorgehen bestehen darin, (a) Pläne immer als vorläufige Hypothesen zu behandeln, die von neu hinzukommenden Daten gestützt oder in Frage gestellt werden, (b) hierarchisch höhere Planhypothesen nur sehr zurückhaltend und bei wiederholtem Auftreten stützender Daten zu riskieren, und (c) in Induktions-Deduktions-Zyklen vorzugehen. Das Resultat des Vorgehens besteht in einem hierarchischen Netz von Plänen, wobei jedes konkrete Verhalten üblicherweise von mehreren Plänen bestimmt wird (Mehrfachdetermination). Abb. 18 zeigt einen Ausschnitt aus einer umfangreicheren Planstruktur, Abb. 19 eine für depressive KlientInnen „typische" Planstruktur. Ausführlichere Erläuterungen zum Vorgehen finden sich in Caspar & Grawe (1982) sowie in Caspar (1986; 1989).

Schön und gut, werden Sie sagen, aber darin ist nicht einmal ansatzweise der Versuch einer systemischen Modellbildung erkennbar. Richtig. Dennoch gibt es Gründe, die es auch aus systemischer Sicht nicht uninteressant erscheinen lassen, sich mit diesem Konzept zu beschäftigen. Bleiben wir vorher noch einen Augenblick bei Ihrem Einwand.

Tatsächlich entstammt das Konzept der Plananalyse keinem systemischen Kontext. Unter seinem früheren Namen „Vertikale Verhaltensanalyse" (Grawe & Dziewas 1977) firmierte es als Versuch, zur „horizontalen", also auf der Verkettung von Reiz (S), Reaktion (R) und Konsequenz (C) beruhenden Verhaltensanalyse eine Alternative zu entwickeln. Letztere konnte nämlich nicht erklären, wieso sich KlientInnen z.B. im Rahmen von Therapiegruppen immer wieder auf ähnliche Interaktionsmuster einließen, ja diese offenbar sogar aktiv herstellten. Eine Antwort bestand nun im Konzept von irgendwie erworbenen, im psychischen Haushalt jedenfalls relevanten Plänen, welche interaktionelles Verhalten steuern sollten. Die Herstellung von Beziehungsmustern sei eine Funktion interaktioneller Pläne. Damit hatte man eine Erklärung *und* ein Diagnoseinstrument gewonnen.

Der Preis dafür bestand zunächst in dem Verdacht, wieder in die Nähe der mit der funktionalen Verhaltensanalyse überwunden geglaubten Traitdiagnostik, der Feststellung also relativ stabiler Persönlichkeitszüge geraten zu sein. Dieser Verdacht

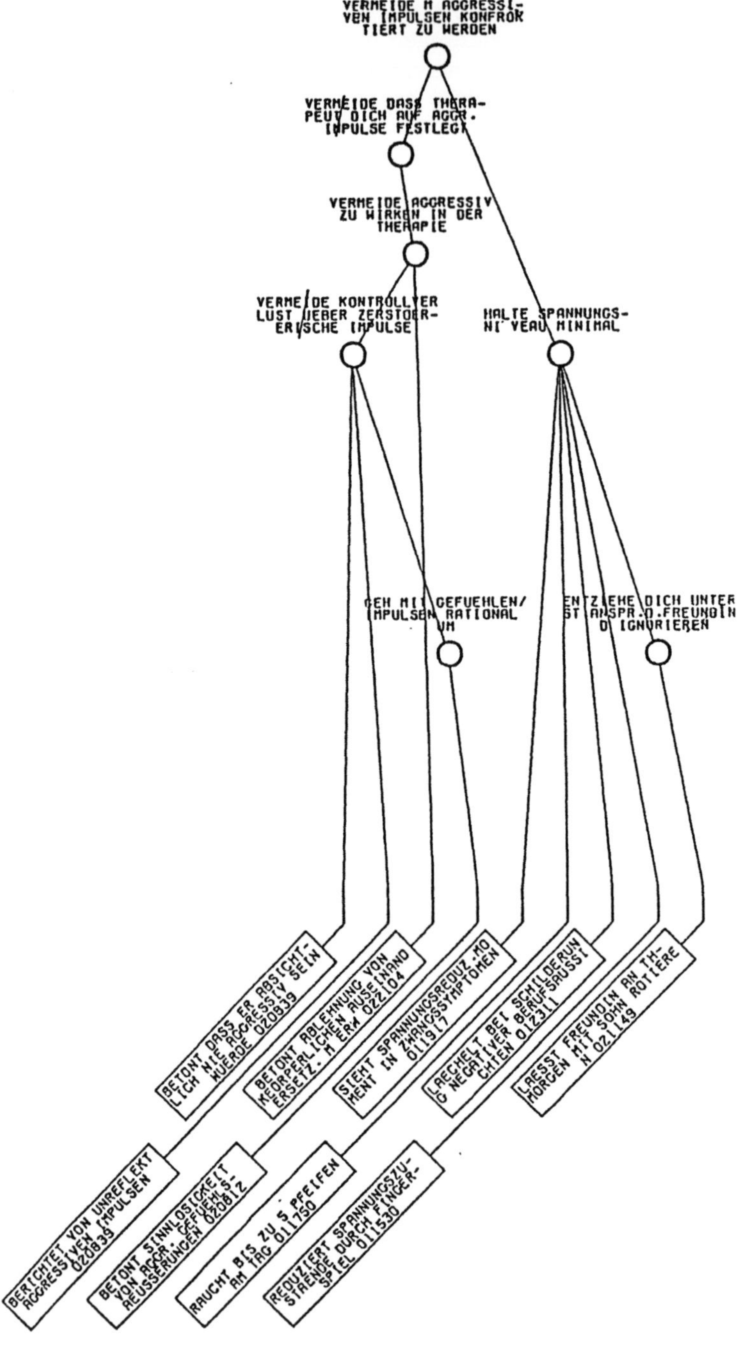

Abb. 18: Ausschnitt aus einer Planstruktur. Die Abb. gibt einen Plan mit mehreren Zielen, Mitteln zur Zielerreichung und konkreten Verhaltensweisen (Indikatoren) wieder (Abb. aus Grawe 1986b).

Abb. 19: Eine bei depressiven KlientInnen häufig „gefundene" oder besser: konstruierte Planstruktur (Abb. aus Caspar 1989).

ist durchaus nicht aus der Luft gegriffen, denn die ebenso aufwendig rekonstruierten wie aufwendig gezeichneten Planhierarchien widersetzen sich in der Regel ihrer vorschnellen Beseitigung, um sie bei nächster Gelegenheit wieder neu und ganz anders zu erstellen (vgl. Kriterium 5). Sie hängen der TherapeutIn gewissermaßen als Wesensaussage über die KlientIn nach. Die bisher von der Berner Gruppe vorgelegten theoretischen wie fallbezogenen Darstellungen des Verfahrens vermitteln den Eindruck, daß es sich bei den Plänen mittlerer und höherer Hierarchiestufe um überdauernde Bedürfnisse bzw. Ziele einer Person handle.

Ein weiterer Einwand könnte in der „Weichheit" des Verfahrens bestehen, der es für wissenschaftliche Zwecke fragwürdig macht. Dem kann aber entgegengetreten werden (s. Kriterium 9). Sicher liefert die Plananalyse keine „harten" Daten, wie man sie von physiologischen Messungen oder systematischen Verhaltensbeobachtungen zumindest erhofft. In der Handhabung des Verfahrens kommen geübte Personen aber, so zeigt unsere eigene Erfahrung wie auch die des Teams um Klaus Grawe in Bern, zu erstaunlich übereinstimmenden Ergebnissen, bis hin zur Wortwahl bei der Formulierung von Plänen. In einer Studie von Schütz (1989) ergaben sich Interraterreliabilitäten von .61 bis .85. Verschiedene detaillierte Einzelfalluntersuchungen nutzten die Plananalyse zur Rekonstruktion der Beziehungs- und Lebensgestaltung von KlientInnen (z.B. Caspar 1984; 1986), so daß ihr wissenschaftlicher Wert als erwiesen gelten kann (s. Caspar 1984).

Die Plananalyse erschöpft sich nicht in der Konstruktion einer hierarchischen Planstruktur, sondern bezieht weitere Informationen in eine umfassendere verbale Darstellung der Lebenspraxis eines Individuums ein (s. Grawe 1986b; Caspar 1986).

Dennoch ist die hierarchische Anordnung von Plänen ihr zentrales Hilfsmittel. Dies hat zur Folge, daß „... die Plananalyse selber nur strukturelle Aspekte differenziert zu erfassen vermag" (Caspar 1986). Die lineale, von oben nach unten laufende Strukturierung vermittelt ein relativ statisches Persönlichkeitsverständnis (vgl. Kriterium 6). Aus sich selbst heraus ist sie nicht in der Lage, Prozesse zu modellieren. Dazu wäre es notwendig, eine heterarchische, also rekursiv vernetzte Struktur zwischen den Elementen des Modells einzuführen. Erst mittels ineinandergreifender Rückkoppelungsschleifen könnte dann dynamisches Verhalten reproduziert werden (vgl. Kapitel VII).

Die Plananalyse trifft eine objektsprachliche Festlegung, indem sie ausschließlich mit dem Konstrukt des „Plans" operiert (vgl. Kriterium 8). Andere Konstrukte sind als mögliche Modellkomponenten nicht vorgesehen. Trotz ihres Anspruchs, Aspekte zwischenmenschlicher Beziehungsgestaltung zu erfassen, bleibt sie somit sehr individuumzentriert. Sie repräsentiert persönlichkeitsspezifische, mithin auf der Ebene psychischen Geschehens angesiedelte Bedürfnisstrukturen (vgl. Kriterium 7). Aspekte des gesellschaftlichen und ökologischen Umfelds finden konzeptuell keinen Platz (Kriterium 13), werden aber in umfassenderen Schilderungen der Lebenssituation von KlientInnen, auf die z.B. Caspar (1986; 1989) Wert legt, mitberücksichtigt. Der Ansatz diagnostiziert einen psychischen Ist-Zustand, beinhaltet also zunächst noch keine Perspektiven auf mögliche Lösungen (vgl. Kriterium 12).

Nach diesen Kritikpunkten dürfte es Ihnen noch unverständlicher sein als vorher, warum dieser Ansatz in einem Kapitel über systemische Modellbildung behandelt wird. Ich möchte Ihre Geduld nicht länger strapazieren. Hier die Gründe: Erstens gibt es auch einige positive Punkte zu erwähnen, zweitens erhielt die Plananalyse neuerdings einen interessanten methodischen Stellenwert bei der Erfassung intrapsychischer Schemata (s. Grawe 1986b; 1987; Wüthrich 1987) und drittens existieren Möglichkeiten einer Weiterentwicklung in Richtung prozessualer Analysen der interpersonellen Beziehungsdramaturgie.

(1) Das Verfahren weist einige therapierelevante Vorteile auf. Es ist z.B. in Form einer Planhierarchie leicht zu visualisieren (Kriterium 11) und ohne größere Schwierigkeiten verständlich zu machen (Kriterium 1). Deshalb ist es in bestimmten Fällen sogar dazu geeignet, daß KlientInnen ihre eigene Plananalyse durchführen. Sie können sich damit selbst einen Einblick in die Grundmuster ihrer Beziehungsgestaltung verschaffen, wofür v.a. auch Beobachtungen außerhalb der Therapiesitzungen bedeutsam sind.

Gelingt dies, erfüllt die Plananalyse die Funktion einer Artikulations- und Verständnishilfe (Kriterium 15). Diese Funktion, nämlich einen Einblick in die (therapeutische) Beziehungsdramaturgie zu vermitteln, kommt ihr aber in erster Linie für TherapeutInnen zu. Bereits die üblichen Durchführungsanweisungen sensibilisieren eine TherapeutIn für Emotionen und Handlungstendenzen, die sie angesichts des interaktionellen Verhaltens einer KlientIn verspürt. Entsprechende Fragen lauten z.B.: „Wozu fühlen Sie sich durch das Beziehungsangebot der KlientIn aufgefordert? Was würden Sie angesichts dieses Beziehungsangebots auf keinen Fall tun wollen, was läge am entferntesten? Welche Gefühle löst die KlientIn in Ihnen aus?" Solche Fragen dienen sowohl dazu, Pläne zu erschließen, als auch dazu, eigene Handlungs- und Gefühlsbereitschaften zu erkennen. Der idiosynkratische Aspekt daran wird besonders aus dem Vergleich mit anderen Personen deutlich, etwa wenn Plananalysen im Team durchgeführt und die Ergebnisse verglichen werden. Die relevante Information resultiert dabei nicht aus den Übereinstimmungen, sondern aus den Abweichungen. Erschlossene Pläne sind in besonders evidenter Form das Resultat individueller Konstruktionsleistungen. So gesehen erfüllt die Plananalyse Kriterium 14: Einbezug des Beobachters. Es läßt sich nach den emotionalen, kognitiven und interaktionellen Bedingungen dieser individuellen Konstruktionsleistungen fragen.

Die Plananalyse kann natürlich auch umgekehrt auf die TherapeutIn selbst angewandt werden. Damit ist ein sehr unmittelbarer Zugang zu Selbsterfahrungsprozessen wie auch zum Verständnis des Klientenverhaltens gegeben. Denn es ist sowohl die Beziehungsgestaltung der TherapeutIn eine Funktion der Beziehungsgestaltung der KlientIn als auch umgekehrt.

Für die Plananalyse gibt es zwei nützliche Anwendungsfälle. Der eine besteht im Bereich der Ausbildung, innerhalb derer angehende TherapeutInnen ihre interpersonellen Wahrnehmungstendenzen, ihre emotionalen Reaktionsmuster sowie ihre Verhaltensbereitschaften und persönlichen Grenzen kennenlernen sollen. Der andere häufige Anwendungsfall ist gegeben, wenn Krisen in der Therapeut-Klient-Beziehung auftreten. Der Ansatz vermutet, daß solche Krisen aus einer Verletzung wichtiger Pläne, also interaktioneller Bedürfnisse der KlientIn resultieren. Die therapeutische Handlungsrelevanz der Plananalyse (vgl. Kriterium 18) besteht mithin darin zu hypothetisieren, auf welche interaktionellen Pläne einer KlientIn man sich einzustellen habe. Daran schließt unter anderem das Vorgehen der Interaktionellen Psychotherapie (Sullivan 1953; Grawe 1986b) an, welches, grob gesprochen, auf der Basis der Bestätigung bestimmter Pläne andere, für das Zustandekommen psychischen – was fast immer auch heißt: zwischenmenschlichen – Leidens relevante Pläne irritiert. Im Rahmen dieser Art von Therapie kann die Plananalyse sogar als Standarddiagnostikum verwendet werden.

Weitere Vorteile des Verfahrens bestehen darin, daß Produktionsaufwand und Komplexität im Bedarfsfall gering gehalten werden können (vgl. Kriterium 2 und 3). Planhierarchien müssen speziell für die Praxis nicht überdimensional ausfallen, wogegen Forschungsanalysen oft sehr detailliert und akribisch wirken. Es ist bemerkenswert, aus welch kurzen Zeitstichproben bereits zentrale Pläne erkennbar werden. Das Verfahren hält zudem keine speziell pathologisierenden (Kriterium 17) oder beschuldigenden (Kriterium 16) Einordnungen bereit. Im Gegenteil erwies es sich auch für außerklinische Zwecke als fruchtbar. Die bereits erwähnte Studie von Schütz (1989) beispielsweise untersuchte mittels Plananalyse die Selbstdarstellungsstrategien von Politikern im Wahlkampf.

(2) Die vorwiegend statische Betrachtungsweise der Plananalyse wurde in den letzten Jahren hinübergerettet in den wesentlich dynamischeren Ansatz der schematheoretischen Fallkonzeption. Dynamisch ist dieser Ansatz vor allem auf der theoretischen Ebene, welche die Produktion und Reproduktion von Schemata nach dem Vorbild autopoietischer Prozesse (Maturana), dissipativer Strukturen (Prigogine) oder kognitiv-emotionaler Äquilibrationsprozesse (Piaget) konzipiert (s. Ciompi

1986; Grawe 1986b; 1987; 1988; Wüthrich 1987; für eine Einordnung des Schema-Konstrukts in die Theorie selbstreferentieller (psychischer) Systeme s. Kapitel IV). Aus dem Verständnisrahmen dieser Ansätze heraus wird deutlich, daß Schemata keine erlebnisresistenten Traits darstellen, sondern sich im Strom psychischen Prozessierens und seinen Erfahrungskontexten permanent auflösen, neukonstituieren oder restabilisieren (vgl. Kapitel IV: Schemata als Eigenbehavior selbstreferentieller psychischer Prozesse). Schemata vermitteln zwischen Erleben und Handeln – in der Terminologie des Interaktionismus könnte man auch sagen: zwischen Innen und Außen. „Da Schemata als Individuums-Umgebungs-Transaktionen konzipiert werden, enthalten sie gleichzeitig eine interaktionelle und eine intrapsychische Betrachtungsweise: Konflikte können sowohl aus dem Erleben und Verhalten des Klienten erschlossen, als auch als Resultat der Lebensgeschichte des Klienten aufgefaßt werden, in der sich Schemata in einem dialektischen Prozeß von Assimilation und Akkomodation herausgebildet haben" (Wüthrich 1987, 29).

Schematheoretische Fallkonzeptionen dienen nun der Rekonstruktion eben dieser diachronen und synchronen Aspekte psychischer Erlebnisverarbeitung. Sie orientieren sich an folgenden Gesichtspunkten, unter denen die Lebensgestaltung einer KlientIn betrachtet wird:

– zwischenmenschliche Beziehungen (Besonderheiten, wiederkehrende Muster etc.)
– Selbstbild
– (negative) emotionale Schemata (das sind solche, die auf das Vermeiden unangenehmer emotionaler Zustände bzw. Erfahrungen ausgerichtet sind)
– zentrale Konflikte
– Symptome, Probleme, Beschwerden
– Veränderungen (Wandel in den Lebensverhältnissen, selbstinitiierte oder mittels fremder Hilfe zustandegekommene Veränderungen) (s. Wüthrich a.a.O., 29).

Bei der Erarbeitung derartiger idiographischer Fallkonzeptionen liefern Plananalysen wichtige Zwischenresultate. Der Beitrag von Plänen besteht einerseits in der Bezeichnung der Ziel- und Handlungskomponente eines Schemas, andererseits und darüber hinaus in der Formulierung von dessen Etikett bzw. Überschrift (s. Abb. 20). Neben den (instrumentellen) Plänen finden bei der Beschreibung von Schemata verschiedene andere Aspekte Berücksichtigung, nämlich die mit ihrer Aktualisierung verbundenen Situationen, Gefühle, Bewältigungsversuche und lebensgeschichtlichen Hintergründe. Beispiele für schematheoretische Fallkonzeptionen, mit deren Hilfe Veränderungsprozesse in der Psychotherapie (übrigens: unabhängig von der Schulrichtung) nachvollziehbar gemacht werden, entwickelt Wüthrich (a.a.O.).

(3) Da interaktionelle Pläne Indikatoren für emotionale Schemata darstellen, bieten sie sich in der Praxis oft als Elemente idiographischer Systemmodelle an. Sowohl die Verfahren der Plan- und Schemaanalyse als auch das der rekursiven Systemmodellierung (Schiepek 1986) sind idiographische, d.h. zur Einzelfallrekonstruktion gedachte Methoden. Von daher wären sie geeignet, sich gegenseitig zu ergänzen (vgl. Caspar 1989), zumal sie von ihrer Konzeption nicht symmetrisch, sondern komplementär zueinander angelegt sind:

Negatives emotionales Schema

"Vermeide vor Therapeut mit Schwächen dazustehen"

Situation:	Therapeut spricht die näheren Umstände bei Wohnortwechsel an
Gefühl:	Scham/Spannung
Bewältigungsversuch:	lächelt bagatellisierend betont, er müsse sich von seinen Eltern ablösen
Lebensgeschichtlicher Hintergrund:	unangenehme Erinnerung an Lebenskonstellation in früher Kindheit: - erlebte Mutter als "ausgelaugt", zurückweisend, kontrollierend - erinnert sich, daß er sich v.a. gegenüber Mutter kaum je unkontrolliert geben konnte (z.B. quengeln, sich verwöhnen lassen etc.) - hat oft vermittelt bei Spannungen zwischen den Eltern

Abb. 20: Beispiel für die Repräsentation eines negativen emotionalen Schemas (nach Wüthrich 1987, 27).

(a) Die Plan- und Schemaanalyse konzentriert sich inhaltlich auf intrapsychische Phänomene bzw. die Lebens- und Beziehungsgestaltung einer Person. Die System-modellierung ergänzt diese Perspektive, indem sie auf die Vernetzung der Lebens- und Beziehungsgestaltung zweier oder mehrerer Personen aufmerksam macht und zudem in der Lage ist, nicht-psychologische Aspekte wie die der ökologischen Lebensbedingungen oder biologischer Prozesse einzubeziehen.

(b) Dieser Einbezug geschieht nicht additiv, wie es in der Schemaanalyse durch die Aneinanderreihung von Situations-, Gefühls- und anderer Frames den Eindruck erweckt, sondern in Form rekursiver Vernetzungen. Die statischen Hierarchien der Plananalyse könnten in heterarchische Verknüpfungen übergehen.

(c) Es wäre sicher verkürzt, Kommunikation nur als Funktion interaktioneller Pläne (und umgekehrt) zu betrachten. Diese Sichtweise sollte ergänzt werden um eine Darstellungsweise, welche es erlaubt, auf einer anderen Ebene Kommunikation als eine Funktion von Kommunikation (und umgekehrt) zu verstehen (vgl. die Theorie selbstreferentieller kommunikativer Systeme, Luhmann 1984).

(d) Plan- und Schemaanalyse sind *Methoden* zur Generierung fallbezogener Hypo-thesen, die Systemmodellierung dagegen ist eine *Metamethode* zur Vernetzung der-artiger Hypothesen.

Mit diesem Vorschlag erschöpft sich allerdings das Entwicklungspotential der Plan-analyse noch nicht. Bisher eher als Produktionsverfahren statischer Psychogramme genutzt, hat sie sich selbst in unnötiger Weise eingeschränkt. Denn es böte sich an, individuelle Planstrukturen und Schemata in ihrer interindividuellen Passung zu betrachten. Der Blick richtet sich dabei auf komplementäre Muster, welche das persönliche Ausgangsmaterial und die psychischen Randbedingungen kommuni-kativer Eigendynamik beinhalten. Komplimentaritäten wären in mehrfacher Hin-

(a) Prinzip

Person A	Person B
positive Selbstschemata, ausgerichtet auf die Herstellung emotional befriedigender Zustände und auf Aktivitäten, die mit positiven Aspekten des eigenen Selbstbilds kongruent sind	**positive Selbstschemata,** ausgerichtet auf die Herstellung emotional befriedigender Zustände und auf Aktivitäten, die mit positiven Aspekten des eigenen Selbstbilds kongruent sind
negative emotionale Schemata, auf die Vermeidung unangenehmer emotionaler Zustände ausgerichtet	**negative emotionale Schemata,** auf die Vermeidung unangenehmer emotionaler Zustände ausgerichtet

(b) Beispiel

Ehefrau	Ehemann
- übernehme die Verantwortung für die Familie - versuche, unabhängig von Deinem Partner zu sein - zeig Dich stark und nicht als typisches "Weibchen"	- engagiere Dich außerhalb der Familie - überlasse Deiner Partnerin viele Verantwortungsbereiche - gib Dich frei und ungebunden
- vermeide Abhängigkeiten, um nicht die Erfahrung zu machen, daß Du im Stich gelassen wirst - gib Dich nicht als jemand, der umsorgt und geborgen sein will, damit Du nicht eine Zurückweisung dieser Bedürfnisse erlebst.	- vermeide es, eigenständige Entscheidungen zu treffen - lasse Dich nicht auf eine Konkurrenzsituation ein, um nicht den kürzeren zu ziehen - vermeide es, Sorge und Verantwortung für jemand zu übernehmen, um nicht daran zu scheitern oder zu stark vereinnahmt zu werden

Abb. 21: Die interpersonelle Komplementarität von Schemastrukturen. (a) Allgemeine Darstellung, (b) Beispiel aus einer therapeutischen Fallkonzeption.

Bemerkenswert ist, daß positive wie negative emotionale Schemata in komplementärer Weise zueinander passen. Die negativen emotionalen Schemata jedoch definieren einen Bereich nicht gelebter Anteile, die psychisches Leiden bedingen, sobald man sich der damit verbundenen Persönlichkeitseinschränkungen und unbefriedigten Bedürfnisse gewahr wird. So kann es sein, daß die Erfüllung dieser Bedürfnisse vom Partner eingefordert wird, dort aber auf dessen eigene negative Schemata trifft und bedrohlich wirkt. Im Beispiel: Der Wunsch nach Geborgenheit richtet sich an den Partner, was bei ihm Angst vor Verantwortung und Verbindlichkeit aktiviert. Somit bleibt der Wunsch unbefriedigt, ganz im Sinne der eigenen negativen Schemata, vor deren Hintergrund die Erfüllung des Wunsches ja angstauslösend wäre (z.B. Angst vor Abhängigkeit und Kontrollverlust). Mögliche Bedrohungen werden im Zaum gehalten, aber auf Kosten eines Gefühls von Unzufriedenheit, verweigerten Wünschen und Schuldzuschreibungen.

Wenn die Geschichte mit den negativen emotionalen Schemata zutrifft, dann mag Thomas Bernhard (1975, 25) recht haben:

„hätten wir nicht die Fähigkeit uns abzulenken

geehrter Herr

müßten wir zugeben

daß wir überhaupt nicht mehr existierten

die Existenz ist wohlgemerkt immer

Ablenkung von der Existenz

dadurch existieren wir

daß wir uns von unserem Existieren ablenken"

sicht erkennbar, nämlich zwischen positiven und negativen emotionalen Schemata innerhalb einer Person, zwischen den positiven Schemata von ego und den positiven Schemata von alter, zwischen den negativen Schemata von ego und den negativen Schemata von alter, schließlich überkreuzt zwischen den positiven Schemata von ego und den negativen Schemata von alter und vice versa (s. Abb. 21). Diese Betrachtungsweise hätte deutliche Ähnlichkeiten mit der Kollusionsanalyse von Partnerschaften nach Willi (z.B. 1975).

Darüber hinaus läge es nahe, die Plananalyse als Instrument zur Erfassung sequentieller Interaktionsprozesse zu nutzen. Statt weitverzweigte Planhierarchien auf der Grundlage ausgedehnter Zeitstichproben zu entwerfen, könnte man Abfolgen kurzer Interaktionsausschnitte (in der Größenordnung einiger Sekunden bis maximal einiger Minuten) nach dem Auftreten von Plänen absuchen. Damit wären verschiedene Vorteile verbunden. Erstens richtet die Plananalyse wie kaum ein anderes Verfahren die Aufmerksamkeit auf non- und paraverbale Aspekte der Kommunikation (z.B. Gestik, Mimik, Körperhaltung, Kleidung, Blickkontakt, Stimmfärbung, Sprachmelodie). Der Vorwurf, nonverbale Aspekte kämen bei den oft sehr stark auf Sprache ausgerichteten systemischen Analysen kommunikativer Prozesse zu kurz, bliebe an dieser Stelle gegenstandslos. Zweitens wäre es im Hinblick auf eine reliable Erfassungsmethodik sogar leichter, nur jeweils kurze Sequenzen zu analysieren. Drittens könnten mit einer Sequentiellen Plananalyse die interaktionellen Abstimmungsprozesse zwischen Personen nicht nur in Form statischer Komplimentaritäten (s. Abb. 21), sondern als dynamische Beziehungsdramaturgie untersucht werden. Die alte Theatermetapher feierte wieder fröhliche Urständ. Viertens hätte man damit eine Methodik an der Hand, Veränderungen dieser Beziehungsdramaturgie innerhalb und zwischen therapeutischen Sitzungen festzustellen. Fünftens wäre dies prinzipiell unabhängig davon, wieviele Personen sich an einer Interaktion beteiligen. Und sechstens fände die Methode als Sequentielle Plananalyse eine noch engere Anknüpfung an Theorien selbstorganisierender Systeme, da Ordnungszustände (bzw. Ordnungsauflösungen) von Beziehungsmustern aus der Abfolge interaktioneller Pläne erkennbar werden sollten. Nach einer entsprechenden Klassifikation der auftretenden Pläne ließen sich deren Koordinations- und Abfolgemuster sogar mathematisch weiterverarbeiten, z.B. mit Hilfe sog. Markoff-Prozesse, also der Analyse von Übergangswahrscheinlichkeiten. Wir haben die Sequentielle Plananalyse daher als eine von mehreren Methoden für die Entwicklung einer sozialwissenschaftlichen Synergetik vorgeschlagen (Schiepek & Kaimer 1989, wo auch Hinweise auf Validierungsmöglichkeiten gegeben werden). Auf diesem Wege könnte die Koevolution von intrapsychischen Prozessen (Aktivierung und Wandel von Schemata) mit Prozessen der interpersonellen Beziehungsgestaltung einer empirischen Rekonstruktion zugänglich gemacht werden.

6.5 Strukturschaubilder nach Minuchin

Eine in der Familientherapie geläufige Darstellungsweise von zwischenmenschlichen Beziehungsmustern besteht in den von Minuchin vorgeschlagenen Strukturschaubildern (s. ausführlicher Martin & Cierpka 1987; von Schlippe 1986c, 50ff.;

Hennig & Knödler 1985, 35ff.). Da das Konzept den meisten LeserInnen bekannt sein dürfte, beschränken wir uns hier auf eine Illustration durch ein kurzes Beispiel (Abb. 22).

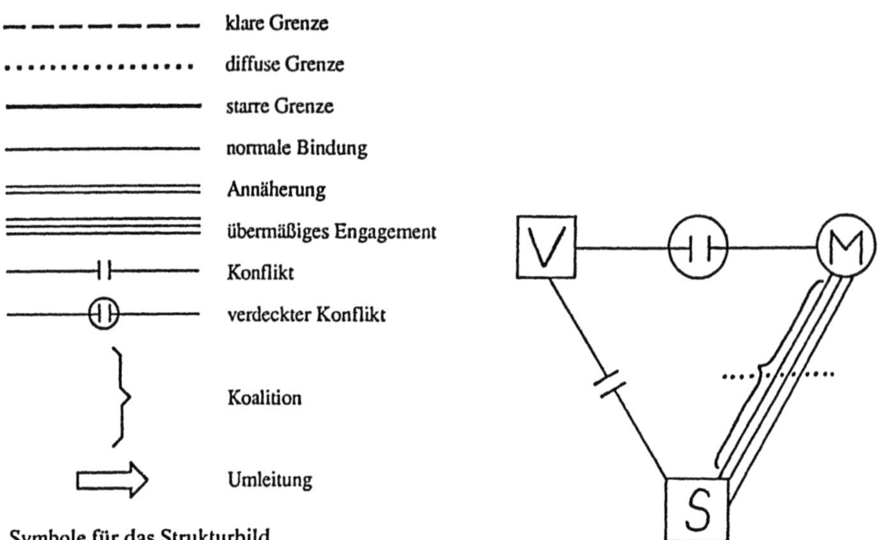

Symbole für das Strukturbild

Abb. 22: Die Darstellung einer ödipalen Situation in Form eines Strukturschaubildes: offener Konflikt zwischen Sohn und Vater, Koalition und starkes emotionales Engagement zwischen Mutter und Sohn, zudem ein verdeckter Konflikt zwischen Vater und Mutter (sie trauen sich z.B. die Situation nicht offen anzusprechen). Diese Konstellation erfüllt die Merkmale einer Triangulation (s. Hennig & Knödler 1985, 64f.).

Anders als das ursprüngliche Konzept der Plananalyse setzen Minuchins Strukturschaubilder immer mehrere Personen zueinander in Beziehung. Meist handelt es sich dabei um die Mitglieder einer Familie. Das Verfahren ist aber auch dazu geeignet, die Strukturen anderer Kleingruppen zu veranschaulichen, wobei es sich aufgrund der verschiedenen Relationierungsmöglichkeiten differenzierter erweist als z.B. die Netzdarstellung des Soziogramms. Minuchin geht davon aus, daß bestimmte strukturelle Merkmale speziell von Familien bedenklichen oder gar pathologischen Stellenwert haben, z.B. zu diffuse oder zu starre Beziehungsgrenzen, das Vorliegen von Triangulationen (was bedeutet, daß ein Kind eine signifikante Funktion z.B. bei der Spannungsbewältigung zwischen den Eltern erhält), verdeckte Konflikte oder emotionales Überengagement in der Beziehung zweier Familienmitglieder. Der strukturelle Ansatz unterstellt mithin ein idealtypisches Funktionsmuster, demgegenüber Abweichungen als therapiebedürftig gelten. Es nimmt also explizit normative und pathologisierende Einordnungen vor (vgl. dagegen Kriterium 17), womit auch zumindest implizite Schuldzuschreibungen verbunden sind (vgl. Kriterium 16), sollte es den Eltern doch gelingen, flexible, klare Grenzen zwischen den Generationen herzustellen oder Konfliktumleitungen nicht zu benötigen. Da aber die strukturelle Familientherapie Strategien bereithält, diese Normabweichungen wieder einzurenken, erweisen sich die Modelle für TherapeutInnen, die nach diesem Ansatz arbeiten, unmittelbar handlungsrelevant (Kriterium 18). Hinzu kommt, daß derartige Strukturmodelle ja nicht aus dem hohlen Bauch entstehen, sondern ihrer Konstruktion ausführliche Familieninterviews vorausgehen (für einen Leitfaden dieser Interviews s. Martin & Cierpka 1987; Hennig & Knödler 1985).

Vorteile des Verfahrens bestehen in seiner unmittelbaren Anschaulichkeit (Kriterium 1), die durch die graphische Visualisierung (Kriterium 11) unterstützt wird. Der Aufwand für die Skizzierung ist gering (Kriterium 3), was es immerhin möglich macht, die Modelle wieder aufzugeben und einer geänderten Beziehungskonstellation anzupassen (Kriterium 5). Die Darstellungsform ist in sich konsistent, da als Komponenten nur Personen auftauchen und als Relationen nur kommunikative bzw. Beziehungsqualitäten. Beeinträchtigungen durch die Datenerhebung treten in aller Regel nicht auf (Kriterium 4), insofern nämlich Datengenerierung und therapeutisches Interview zusammenfallen. Es sind also keine zusätzlichen diagnostischen Prozeduren wie Tests, Fragebögen etc. erforderlich. Im Gegenteil werden die Beziehungskonstellationen von Anfang an zum Thema der strukturellen Therapie gemacht, so daß ihre Veranschaulichung z.B. über die räumliche Verteilung der Familienmitglieder (Sitzordnung) auch zur familiären Selbsttransparenz beiträgt (vgl. Kriterium 15: Artikulationshilfe). Den TherapeutInnen bleibt es überlassen, ob sie die Darstellung als Objektivierung der familiären Beziehungsrealität interpretieren oder als Produkt gemeinsamer sozialer Konstruktion. Je nachdem können sie sich in das Modell mit einbeziehen oder nicht (vgl. Kriterium 14). Minuchin jedenfalls geht davon aus, daß „das Verhalten des Therapeuten, der mit einer Familie arbeitet, Teil des Kontextes (wird); Therapeut und Familie bilden ein neues System" (von Schlippe 1986c, 50).

Als Nachteil dieser Art Modellierung fällt zunächst auf, daß es sich um eine sehr statische Beschreibungsform handelt (vgl. Kriterium 6). Insofern bleibt unverständlich, warum von Schlippe (1986c, 56) von einer Prozeßdiagnostik spricht. Prozessual ist daran lediglich der Zyklus zwischen den Vermutungen und deren kommunikativer Selbstbestätigung seitens der TherapeutIn (von einer Hypothesentestung im engeren Sinne kann angesichts der Beteiligung der TherapeutIn am Prozeß nicht gesprochen werden). Dynamiken lassen sich damit jedenfalls nicht nachzeichnen. Da die Modellierung auch keine rekursiven Vernetzungen vorsieht, dürfte ihre Bezeichnung als systemisches Verfahren letztlich nicht gerechtfertigt sein. Terminologisch erweist sich das Konzept mehr einer Familien-Kommunikationstheorie als einem systemischen Ansatz verwandt, z.B. was den Begriff der „Grenze" betrifft. Mit diesem Begriff sind weder Sinn-Grenzen sensu Luhmann, noch Vernetzungsgrenzen zwischen System und Umwelt (s. Schiepek 1986, 134) noch autonome Ränder autopoietischer Prozesse (s. an der Heiden, Roth & Schwegler 1985) gemeint, sondern bestimmte Formen der Beziehungsgestaltung (s. Böse & Schiepek 1989). Rigide, undurchlässige Grenzen zwischen Familienmitgliedern bezeichnen somit die Art und Weise ihres Umgangs miteinander, eventuell sogar eine Form besonderer Verstrickung (Bosch, cf. von Schlippe 1986c, 51).

Die Strukturdarstellung eignet sich besonders für emotional dicht interagierende Kleingruppen, idealerweise für Familien. Umfangreichere Organisationen wie z.B. Betriebe sind damit ebensowenig zu erfassen wie die gesellschaftlichen und ökologischen Randbedingungen des Familienlebens (Kriterium 13). Das Verfahren wird selbst schon bei größeren Familien unhandlich, man denke etwa an bäuerliche

Lebensgemeinschaften mit mehreren Kindern, Knechten, Mägden und zahlreichen Anverwandten. Zudem bleibt es auf einer einfachen Ebene der Beschreibung kommunikativer Mehrpersonenkonstellationen stehen, nämlich dort, wo die Elemente Personen und die Relationen Kommunikationen sind. Eine Relationierung zwischen Kommunikationen (z.B. „auf anschreien folgt weinen") oder eine Relationierung zwischen Kommunikationsrelationen (z.B. „auf anschreien erfolgt häufiger weinen als zurückschreien") (s. Kriz 1985, 230ff.) findet nicht statt.

Auf diesem Auflösungsniveau hat das Modell keine Möglichkeiten, etwa intrapsychische Prozesse mitzuberücksichtigen (vgl. Kriterium 7) oder aber gröber aufzulösen, um unter bestimmten Gesichtspunkten von den einzelnen Personen zu abstrahieren. Was fehlt, ist die flexible Handhabbarkeit der Modellkomplexität (vgl. Kriterium 2).

6.6 Strukturanalyse von Lern- und Leistungsstörungen nach Betz und Breuninger

Speziell zur Erklärung von Lern- und Leistungsstörungen haben Betz & Breuninger (1987) eine Darstellungsform entwickelt, welche die an der Entstehung und Aufrechterhaltung von Lernstörungen beteiligten Teufelskreise verdeutlicht (s. Abb. 23;

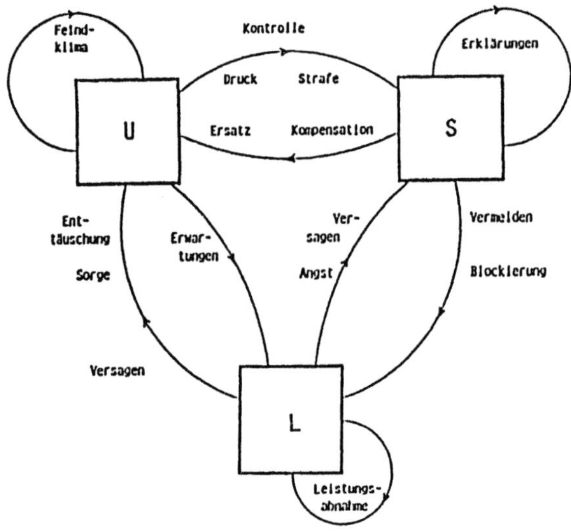

Abb. 23: Negative Lernstruktur, welche die Bedingungen für die Entstehung und Aufrechterhaltung von Lern- und Leistungsstörungen beinhaltet. U: Umwelt; S: Schüler; L: Leistung (aus Betz & Breuninger 1987, 46). Eine Konkretisierung für einen Einzelfall s. Abb. 24.

Kriterium 1 und 11). Die Autoren führen den Leser an den Bauzaun und gewähren ihm einen Blick auf die Baustelle der Legasthenie. Dies geschieht in einem reich illustrierten Vortragstext, der gleichzeitig eine der schönsten und verständlichsten Einführungen in vernetztes Denken vermittelt, der meines Wissens in der psychosozialen Literatur existiert. Sein Titel klingt didaktisch wie therapeutisch durchdacht: „Wie mache ich Legastheniker?" (vgl. die in Therapien oft gestellte Frage: was müßten Sie dazu tun, um das Problem noch schlimmer zu machen als es ist?). Das Resultat der über den Vortragstext hinausgehenden Analysen besteht in einem Strukturschaubild, das im Einzelfall mit den konkreten Gegebenheiten einer Problemsituation gefüllt werden kann (s. Abb. 24). Indem das Modell einen formalen Rahmen vorgibt, erleichtert es die Einzelfallanalyse. Die Komplexität des Modells ist damit zwar festgelegt (vgl. Kriterium 2), doch kommt diese Vorgabe der einfacheren Handhabbarkeit sowie der didaktischen Vermittlung systemischen Denkens zugute. Am Rahmenmodell orientierte idiographische Analysen können bei Elternabenden, in Legasthenietrainingsgruppen mit Eltern und in der Lehrerfortbildung (Betz 1988) eingesetzt werden. Das Vorgehen entspricht daher Kriterium 15 (Artikulationshilfe), weil Eltern und Lehrer die Art ihrer konkreten Beteiligung an der Problementstehung und -aufrechterhaltung nachvollziehen können. Das macht betroffen, ohne aber einseitige Schuldzuschreibungen zu vermitteln (Kriterium 16). Im Gegenteil ist die systemische Einzelfallanalyse ein erster Schritt für die daran anschließende Arbeit mit Schülern, Eltern und Lehrern (s. Kriterium 18: Handlungsrelevanz; Kriterium 19: kommunikative Anschlußfähigkeit). Der größte Teil des Manuals von Betz und Breuninger beschreibt ein aufeinander abgestimmtes Programm zur Elternarbeit, Gruppentherapie mit Schülern und Rechtschreibbetreuung von Seiten der Lehrer. Das Programm zeigt, daß systemisch orientierte psychosoziale Praxis nicht unbedingt Familientherapie sein muß, sondern verschiedene Elemente aus unterschiedlichen Richtungen (in diesem Fall z.B. didaktische Vermittlung, lernpsychologische Prinzipien, kreative Spiele) einbeziehen kann.

Das Modell bleibt nicht dabei stehen, problemerzeugende Teufelskreise nachzuzeichnen, sondern stellt diesen auch lösungsorientierte Rekursionen (circuli virtuosi bzw. kreative Zirkel, s. Varela 1981) gegenüber (s. Abb. 25), entlang derer neue Handlungsmöglichkeiten im Umgang von Eltern, Kindern und Lehrern erprobt werden können (Kriterium 12). Eine Beeinträchtigung durch die Datenerhebung (Kriterium 4) ist insofern nicht zu erwarten, als die Datenbasis in den Schilderungen von Eltern und Lehrern besteht, wie sie bei Fortbildungsveranstaltungen oder in Elterngruppen gegeben werden. Die empirische Absicherung (Kriterium 9) der Einzelfallmodelle ist daher schwer zu beurteilen, doch dürfte sie nicht schlechter sein als diejenige qualitativer Interviews oder von Fragebogenerhebungen, zumal Eltern und Lehrer in den genannten Anwendungskontexten ein Eigeninteresse an einer validen Berichterstattung haben können. Der Einbezug der Beobachter (z.B. Eltern und Lehrer) in das Modell ist explizit vorgesehen(vgl. Kriterium 14), da sie die systemische (Re-)Konstruktion auf ihre eigene Situation anwenden. Damit erleben die Beteiligten erst die Art ihrer Vernetzung, die vorher zwar wirksam, aber nicht thematisiert gewesen sein mag. Die Modellierung schafft eine reflexive (d.h. das System als System thematisierende) Systembeschreibung, welche ein Sozialsystem – hoffentlich: ein konstruktiv kooperierendes Sozialsystem – erzeugt und diesem Identität gibt. Die psychologischen und sozialen Bedingungen der Modellkonstruktion selbst werden allerdings nicht näher reflektiert.

Der Strukturvorgabe des Modells gelingt es, intrapsychische und interpersonelle Dynamiken aufeinander zu beziehen. Indem es mit Konstrukten und nicht mit

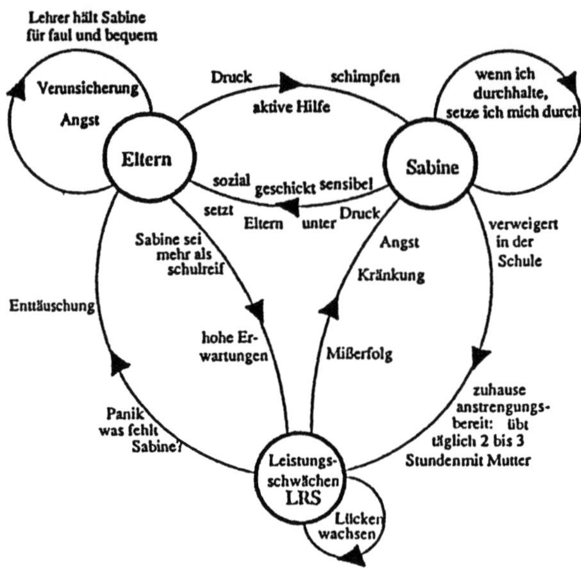

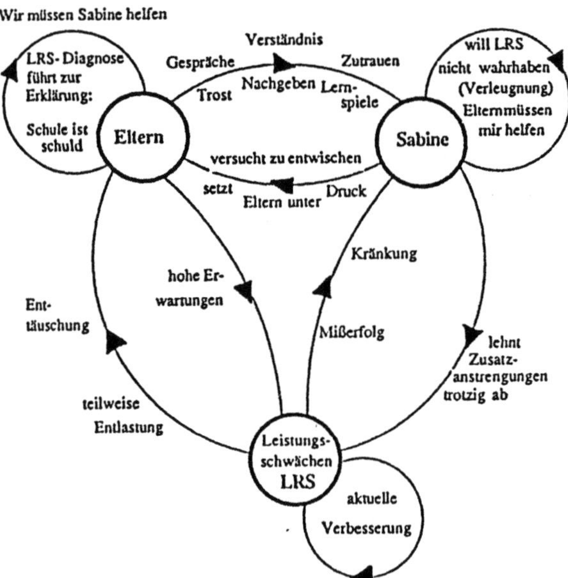

Abb. 24: Konkretisierung für einen Einzelfall. Zwei verschiedene Phasen in der Entwicklung einer Lese-Rechtschreib-Schwäche (aus Betz & Breuninger 1987, 80).

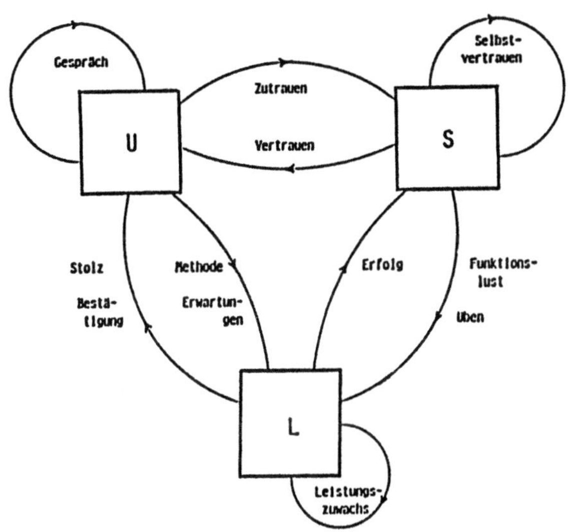

Abb. 25: Positive Lernstruktur, welche eine Vernetzung günstiger Lernbedingungen beschreibt.

Personen als Einheiten operiert, wird es gegenüber reinen Personenverknüpfungen sowohl flexibler als auch – was die Anzahl der beteiligten Gruppierungen angeht – breiter. Dies ist besonders bei schulpsychologischen Problemkonstellationen relevant, da sich diese meist zwischen dem betroffenen Kind, seiner Familie, der Lehrer-Schüler-Interaktion, der Gruppendynamik im Klassenzimmer, der Institution Schule und eventuell noch zugeschalteten Behörden aufspannen.

Die rekursive Struktur des Modells macht die Entwicklungsdynamik eines Problems nachvollziehbar (Kriterium 6), wenngleich diese nur eine einfache Eskalation (Problemintensivierung bzw. -stabilisierung) vorsieht. Komplexere Dynamiken würden wahrscheinlich auch komplexere Strukturen voraussetzen, es sei denn, man führt – wie im Falle des deterministischen Chaos – den Nachweis, wie aus niederkomplexen Produktionsstrukturen hochkomplexe Dynamiken resultieren können.

Zusammenfassend kann aus dem Modellierungsvorschlag von Betz und Breuninger folgendes gelernt werden:
- Es beteiligen sich meist mehrere Personen daran, eine Lernstörung zu produzieren.
- Diese Produktion erfordert nur ganz „normale" psychologische und soziologische Prozesse, um zu dem entsprechenden Etikett zu führen. Eine pathologische Lokalisation der „Störung" ist nicht erforderlich (vgl. Kriterium 17).
- Sie beruht auf keiner speziellen „Ursache". Wenn man schon von Ursachen reden will, dann ist die Systemkohärenz (Dell 1986) bzw. die Lernstruktur als Ganze die „Ursache".
- Die Vernetzung des Systems zeigt mehrere Ansatzpunkte für Veränderungen auf: Elternarbeit, Aufbau des Selbstwertgefühls der Kinder, Übungen etc.
- Die Verdeutlichung der eigenen Beteiligung an der Problemerzeugung könnte dazu geeignet sein, Eltern und Lehrer auch zur Beteiligung an der Problemlösung zu motivieren.

– Relevant sind dabei nicht die Einzelhandlungen der Beteiligten, sondern nur „Handlungen im Kontext". So werden z.B. gutgemeinte „Fördermaßnahmen" des Lehrers im Kontext von Vermeidungstendenzen und Mißerfolgserwartungen des Schülers leicht als Schikane wahrgenommen (s. Abb. 26).

Abb. 26: Erklärung siehe Abb.26 (aus Betz & Breuninger 1987, 17).

Trotz der genannten Vorteile bleiben verschiedene Kritikpunkte, die jedoch den pädagogischen Wert des Modells nicht schmälern. Der Haupteinwand ist nämlich vorwiegend theoretischer Natur. Er betrifft die Verletzung der „logischen Buchhaltung" der verschiedenen Arten von Systemelementen. Das Modell beinhaltet zum einen theoretische Konstrukte wie „Selbstwertgefühl" oder „Leistung", zum anderen „Personen", schließlich ein Abstraktum wie „die Umwelt" (s. Abb. 23). Entweder man setzt Konstrukte bzw. Variablen zueinander in Beziehung, dann können keine Personen (repräsentiert durch Namen wie Karsten, Sabine, Johannes) auftauchen. Zudem können die Relationen zwischen den Konstrukten nicht noch einmal in Konstrukten (z.B. „Erfolg", „Erwartungen", „Vertrauen") bestehen. Oder man setzt Personen zueinander in Beziehung, wie in Minuchins Strukturbildern, dann muß es eben *dabei* bleiben. In keinem Fall aber kann ein Modell seine Umwelt mit in das Modell hineinnehmen. Ein Modell (im Sinne einer abstrakten Repräsentation) hat im Gegensatz zu einem natürlichen (z.B. biologischen, psychischen oder sozialen) System keine Umwelt, zu der es in einem Verhältnis von Austausch oder Abgrenzung stehen könnte. Alles, was relevant werden soll, muß im Modell explizit repräsentiert sein. Was nicht repräsentiert ist, existiert nicht: es ist nicht Umwelt, sondern unzugängliches Restuniversum. Insofern mit „Umwelt" aber konkrete Personen oder Prozesse gemeint sind, sollten diese benannt und der modelleigenen Logik entsprechend einbezogen werden.

Für wissenschaftliche Zwecke problematisch ist die strukturelle Festlegung des Modells. Gerade bei der Untersuchung schulpsychologisch relevanter Phänomene wie Schulangst, Leistungsversagen oder vor allem chronifiziertem Schulschwänzen spielen oft intrapsychische, sozial-kommunikative und institutionelle Bedingungen eine Rolle. Diese Bedingungen sollten flexibel, d.h. je nach ihrer Bedeutung im Einzelfall erfaßt werden können, zumal sie sich über verschiedene Gruppierungen wie Familie, Lehrer, Mitschüler, Schulamt, Schulpsychologischer Dienst, eventuell noch Jugendamt, medizinische Einrichtungen oder andere Stellen erstrecken. In einem ersten Schritt könnte man die Art der Bedingungen kombiniert mit den beteiligten Gruppierungen bzw. Personen zu einem Raster aufspannen, um die konkreten Ereignisse, die in Zusammenhang mit einem bestimmten Einzelfall erkennbar sind, einzutragen (vgl. hierzu die von Mackinger 1984 vorgeschlagene Matrix von Einflußfaktoren auf die therapeutische Tätigkeit in stationären Einrichtungen). Beispiel: Die Zelle „intrapsychische Bedingungen des Lehrers" könnte z.B. dessen Enttäuschung über die nicht seiner Erwartung entsprechende Resonanz des Schülers auf Fördermaßnahmen beinhalten. („In den wenigen Tagen, an denen (der sonst abwesende) Franz in der Schule ist, bemühe ich mich besonders um ihn, um ihm die Schule attraktiv zu machen. Er aber reagiert nicht und baut offenbar eine Beziehung zu mir auf. Auch die Eltern melden sich auf meine Einladung zu einem gemeinsamen Gespräch nicht.")

Über die Rasterung hinaus könnte man in einem zweiten Schritt nach den Vernetzungen zwischen den einzelnen Zellen fragen: Wer richtet an wen welche Botschaften? Welche Mitteilungen lösen bei wem welche Aktivitäten, Gedanken, Gefühle aus? Welche Zuständigkeiten, Rechtsverhältnisse, Randbedingungen betreffen wen? etc. In einer Analyse mehrerer Einzelfälle von längerfristigem Schulschwänzen kamen wir dabei zu folgenden Feststellungen (in Zusammenarbeit mit dem Schulpsychologischen Dienst der Stadt Darmstadt, H. Kämmerer, R. Hahn, R. Schug, noch unveröffentlicht):

(a) Es gibt in der Regel mehrere Beteiligte. Neben dem schwänzenden Schüler und seiner Familie sind es vor allem Institutionen, die disziplinierend oder fürsorglich tätig werden (z.B. Schulpsychologischer Dienst, Schulamt, Beratungslehrer, zusätzliche psychologische Beratungsstellen).

(b) Diese Beteiligten interagieren oft zeitverschoben oder indirekt (über mehrere Ecken, indem implizite Erwartungen erfüllt oder nicht erfüllt werden, indem Zuständigkeiten weitergereicht werden); auch existieren sternförmige Kontaktformen: eine Familie steht mit mehreren Beratungs- oder Verwaltungsstellen in Kontakt, ohne daß diese zusammenarbeiten würden. Direkte Kommunikation dagegen fehlt oft, so daß z.B. Helferkonferenzen (s. Schweitzer 1987) hilfreich sein könnten.

(c) Hinter den direkten und expliziten Botschaften sind implizite, verdeckte Mitteilungen zu vermuten, welche den Verlauf des Problemmanagements prägen (z.B. explizit: „übernehmen Sie den Schüler X in Einzeltherapie" – implizit: „ersparen Sie es mir, disziplinierende Maßnahmen zu ergreifen"; oder explizit: „fertigen Sie mir ein Gutachten zum Fall X an" – implizit: „entlasten Sie mich von der Verantwortung für weitere Entscheidungen"). Die Unterscheidung zwischen expliziter und impliziter Mitteilung hat Ähnlichkeiten mit Watzlawicks Unterscheidung zwischen Inhalts- und Beziehungsebene, deckt sich aber nicht vollständig damit.

(d) Der ursprüngliche Anlaß für die Entwicklung des vernetzten Problem-Systems (sensu Ludewig 1987; 1988a) kürzt sich leicht heraus. Das System kümmert sich gewissermaßen um sein eigenes Funktionieren, so daß ihm der/die betroffene SchülerIn leicht aus den Augen gerät. Es wird telefoniert, begutachtet, verwarnt, Stellung bezogen, angehört, Kontakt hergestellt, beraten, ohne daß sich grundsätzlich am ausgedünnten Schulbesuch etwas ändert. Dieses Systemverhalten erinnert an Heinz von Foersters (1985a; 1988) Eigenbehavior, auf das ein System unabhängig von seinem Ausgangspunkt zusteuert.

(e) Die Familien, in denen längerfristig schulschwänzende Kinder bzw. Jugendliche lebten, erwiesen sich in den von uns recherchierten Einzelfällen oft von gravierenderen Life-events (z.B. Tod eines Elternteils, mehrere Umzüge) geprägt und/oder unvollständig (z.B. durch Scheidung, Tod oder längerfristige Abwesenheit eines Elternteils).

(f) In vielen Fällen scheint Schulschwänzen eine Art „Offenbarungseid" (R. Hahn) zu provozieren, denn Schulbesuch läßt sich nicht erzwingen und Polizeimaßnahmen sind spektakulär, aber selten. Andererseits: Schulbesuch „muß" sein. Je mehr sie sich das zu Herzen nehmen, um so hilfloser fühlen sich alle, zunächst die Eltern, dann die Helfer.

Diese Punkte sind vorläufig nur als Hypothesen zu behandeln, die in weiteren Untersuchungen geprüft werden sollen. Interessant ist dabei vor allem die Frage nach möglichen „Bifurkationsparametern", die den Ausschlag dafür geben könnten, ob sich ein Problem-System „Schulschwänzen" stabilisiert oder frühzeitig wieder auflöst. Geplante Methoden sind Dokumentenanalyse, Interviews mit den Beteiligten, idiographische Systemmodellierung (s. nächsten Abschnitt) sowie die Überprüfung spezieller Interventionen wie Helferkonferenzen und „realistische" Planspiele, d.h. Planspiele, in denen die Beteiligten, ausgehend von ihrer eigenen Situation, alternative Handlungsmöglichkeiten erproben (s. Kapitel VI).

6.7 Idiographische Systemmodellierung

Anders als die bisher vorgestellten Ansätze stellt dieses Vorgehen eine *Metastrategie* der Modellbildung dar. Modelle sind dabei als abstrakte, rekursive Systeme zu fassen, deren Komponenten erst im Einzelfall festgelegt werden. Ihre Wahl orientiert sich am Auflösungsgrad und an den Referenzebenen des Modells. Es handelt sich bei diesen Komponenten nicht um materielle Entitäten (Personen, Bäume, Häuser) oder um Kommunikationen, sondern um begriffliche Komponenten bzw. um Konstrukte. Die Auswahl der Konstrukte geschieht zusammen mit den Bezugstheorien, die zur Formulierung von Teilhypothesen des Modells herangezogen werden. Diese Teilhypothesen setzen Konstrukte über „Wenn-dann-Aussagen" oder mathematisch präzisere Funktionen in Relation. Den Hintergrund für die Generierung von Teilhypothesen des Systemmodells liefern Theorien und Befunde verschiedener Disziplinen. Somit bringen Teilhypothesen unterschiedliche theoretische Perspektiven in ein Systemmodell ein (vgl. Abb. 70 in Kapitel VII). Sie stellen *lineale Teilbögen* eines umfassenderen rekursiven Hypothesennetzes dar, d.h. sie sind „... als Annäherungen an umfassendere rekursive Muster zu verstehen" (Keeney 1983a; vgl. Dell 1986, 110). Damit ist ein interdisziplinärer Zugang sowie die Berücksichtigung mehrerer Systemebenen gewährleistet. Die Komponenten sollten zumindest prinzipiell über Verlaufsindikatoren operationalisierbar sein. Da ein Systemmodell meist mehrere Komponenten enthält, besteht seine Datenbasis in einem polygraphenartigen Verlauf mehrerer Variablen, wobei jede Komponente durch mindestens eine Variable repräsentiert ist.

Ein Systemmodell, bestehend aus der rekursiven Vernetzung von Teilhypothesen, formuliert unterschiedlich genau präzisierte Kovariationen zwischen den System-

komponenten. Dies bedeutet, daß die Relationen (a) nicht als Materie-, Energie-
oder Informationsflüsse zu verstehen sind und (b) Widersprüche nicht vorkommen,
womit diese Art der Modellbildung mit dem Konzept der Passung bzw. Kohärenz
nach Dell (1986) kompatibel ist. („Widerspruch" oder „Konflikt" sind Begriffe, die
intrapsychisches Erleben bezeichnen und somit als Komponenten in ein Systemmodell eingehen könnten.) Wie die konkrete Struktur eines Systemmodells aussieht,
ebenso welche inhaltlichen Hypothesen zur Modellbildung herangezogen werden,
hat man im Einzelfall zu entscheiden. Das richtet sich nach dem „Territorium"
(Paar, Familie, Schulklasse etc.), den beobachteten und nun zu rekonstruierenden
Dynamiken und den Zwecksetzungen der Modellbildung (z.B. therapiebezogene
Wirklichkeitskonstruktion, wissenschaftliche Fragestellung).

Die Metastrategie enthält folgende Vorgaben:

(a) kybernetische Formprinzipien zur Strukturbildung (z.B. positive/negative
Rüchkkoppelung, Identifizierung puffernder oder beschleunigender Komponenten,
Grenz- und Schwellenwerte etc.), die als Darstellungsmittel der Modellkonstruktion
dienen. Sie dürfen keineswegs mit einer reifizierenden Unterstellung irgendwelcher
„homöostatischer" oder „destabilisierender" Tendenzen eines Systems verwechselt
werden (s. Dell 1986).

(b) Eine Reihe von einleitenden Fragen, um einen Überblick über die Muster und
Vernetzungen eines Territoriums zu bekommen und

(c) zahlreiche Kriterien zur Auswahl von Teilhypothesen sowie zur Konstruktion
von Systemgrenzen bzw. zum Abbruch der Modellbildung.

Eine detaillierte Beschreibung des Vorgehens findet sich in Schiepek (1986) (mit
Beispielen), weshalb an dieser Stelle auf eine ausführlichere Darstellung verzichtet
wird.

Würde jetzt der Versuch unternommen, eine selbst entwickelte Form der systemischen Modellbildung an selbstgewählten Kriterien zu messen, spräche das sicher
nicht für guten Stil. Auch das soll daher unterbleiben. Vielmehr möchte ich Sie,
liebe Leserin und lieber Leser, auffordern, diese Beurteilung selbst vorzunehmen,
oder, besser noch, Ihre eigenen Kriterien daran anzulegen.

Immerhin will ich es mir gestatten, einige Kritikpunkte zu formulieren. Systemmodelle erwiesen sich nämlich in ihren üppigen, ja barocken Spielarten als zu
kompliziert. Daran ändert auch der eindringliche Hinweis, sie seien keine Kunst-
produkte für den Betrachter, sondern Veranschaulichungs- und Orientierungshilfen
nur für die Modellkonstrukteure selbst, nichts grundsätzliches. Kategoriale Einordnungen z.B. sind trotzdem einfacher. Und hat man einmal ein Bild mit vielen Vernetzungen hervorgebracht, beginnt man vielleicht, es für schön oder zutreffend zu
halten, und kann sich nicht mehr davon lösen, bleibt daran kleben, sieht keine
Denkalternativen mehr, wie sie auch möglich gewesen wären, hätte man nur von
Anfang an einen anderen Weg der Wirklichkeitskonstruktion eingeschlagen. Systeme sind perfekt, sagen Autoren wie Ludewig oder Dell, was jedesmal, wenn Systemmodelle entstehen, von neuem vorexerziert wird. Statt also anspruchsvolle
Systemgemälde zu schaffen, sollten wir uns wie Architektur- oder Kunststudent-
Innen des Skizzenblocks befleißigen, um das Kybernetische an den vielen Details,
wie sie uns an jeder Straßenecke und in jeder Zeitungsnotiz begegnen, herauszu-
arbeiten. Der *kybernetische Skizzenblock* könnte uns Hilfsmittel sein, systemisches,

vernetztes Denken einzuüben. Behende Zeichnungen aus dem Handgelenk sind diesem Vorhaben dienlicher als große Produktionen voller Mühsal und Schweiß. Ebenso wie Zeichner können sich psychosoziale Praktiker darin schulen, die Dinge von verschiedenen Seiten, in unterschiedlichen Stellungen, aus mehreren Perspektiven wahrzunehmen. Und ebenso wie Künstler werden psychosoziale Praktiker im Laufe ihrer systemischen Studien einen eigenen, persönlichen Stil entwickeln.

Die Perfektion, mit der Probleme in ihre Kontexte hineingewoben sind, regt zur Stilisierung an: zur Hochstilisierung der Teufelskreise. Sensibilisiert für die endlosen Schleifen der Ausweglosigkeit begeben wir uns mit allen Sinnen hinein in die Details der Lebensführung (s. Abb. 27, Tafel im Anhang), bereit zum Verständnis dafür, warum die Lage nur so und nicht anders sein kann. Im Zusammenspiel der Muster, im Wiedererkennen von Selbstähnlichkeiten, im schwierigen Gegen-Miteinander der Akteure gewinnt das Leid seine Schönheit. Nur: was dann? Fehlt uns nicht die Energie, die wir in die Konstruktion von Problemen investiert haben, für die Konstruktion von Lösungen? Und sind nicht Lösungen, im Vergleich etwa mit der Komplexität von Problemen, oft frappierend einfach (s. de Shazer 1985; 1989)? Man denke an das Ei des Kolumbus.

Sollte das der Fall sein, so böte es sich an, den kybernetischen Skizzenblock einmal anders herum zu halten. Nicht die Frage, wie sich rekursive Schleifen zu Problemen festbohren wird uns dann beschäftigen, sondern die Suche nach den Ausnahmen, Ressourcen und Glücksmomenten, die sich zu einem neuen rekursiven Muster ausbauen lassen. So etwas wird meist *erfunden* und *gefunden* zugleich (s. Steiner & Hinsch 1988). Ein wenig theoretischer ausgedrückt könnte man sagen, daß es um die Herstellung von Ansatzpunkten (Ausgangsfluktuationen) für – bezogen auf das Problemmuster – abweichungsverstärkende Feedbackprozesse (deviation amplifying feedback) geht.

Mit den KlientInnen zusammen entwickelte rekursive Modelle bestimmter Lebenssituationen machen leicht deutlich, wie hilfreich es für sie sein kann, diese Ansatzpunkte selbst zu bestimmen. Herzuwarten, bis sich einmal eine gute Gelegenheit bieten wird, ist meistens deswegen unproduktiv, weil sie selbst eventuell aktiv zur Verhinderung solcher Gelegenheiten beitragen (vgl. obige Argumentation im Rahmen der Schematheorie). Die Verdeutlichung, wie zirkulär angelegte Regresse von notwendigen Voraussetzungen dafür, einen ersten Schritt zu tun, jeden Ausweg verbauen, kann, vermittelt durch die motivational wirksame Emotion des Ärgers (H. Weber, pers. Mitteilung; vgl. das Konzept des konstruktiven Selbstärgers bei Farrelly & Brandsma 1986), zu entscheidenden Impulsen verhelfen. Beispiel: Im Rahmen einer Paartherapie, bei der es um Sexualprobleme ging, wurde dem Paar deutlich, daß sie in einem Zirkel der Selbstverhinderung gefangen waren (Abb. 28): Nervtötende Streitigkeiten mit der Großfamilie am Bauernhof des jungen Mannes machten beide für die sexuellen Schwierigkeiten zumindest mitverantwortlich (z.B. über permanent angestaute Aggressionen, Streß, Unausgeglichenheit). Solange sie aber nicht wußten, ob sie zusammen ein befriedigendes Sexualleben führen könnten, wäre die Zukunft ihrer Beziehung und damit die Möglichkeit einer (Ein-)Heirat (der jungen Frau in den Hof) nicht zu klären. Das aber wiederum wäre notwendig, um die Zuständigkeits- und Beziehungsverhältnisse am Hof engagiert zu besprechen und im Sinne des jungen Paares zu entscheiden. Solange das aber nicht ent-

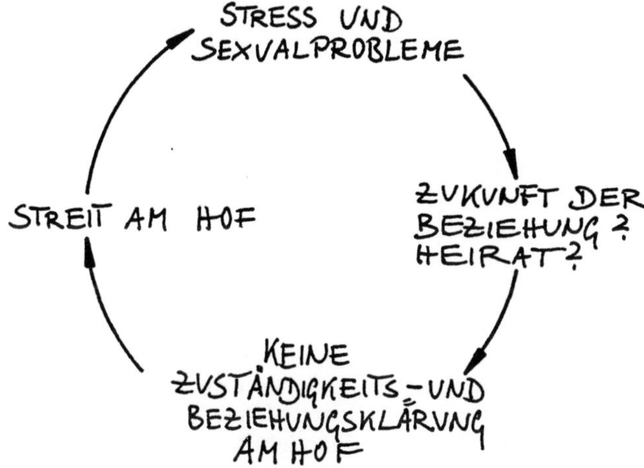

Abb. 28: Teufelskreis von Voraussetzungen, der einen ersten Schritt in Richtug Veränderung verhindert.

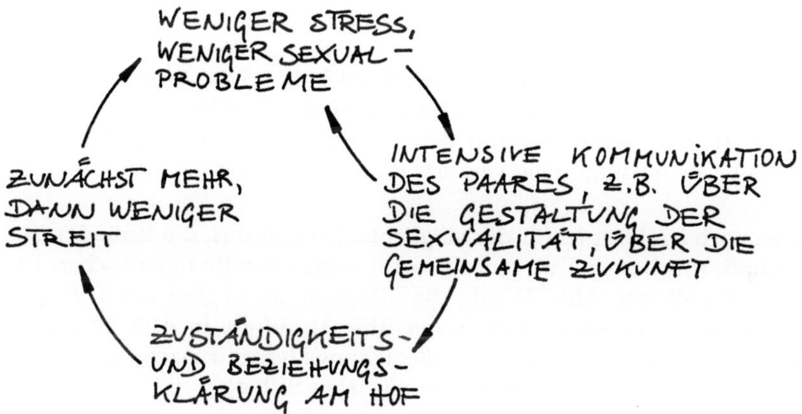

Abb. 29: Der in einen kreativen Zirkel umgewandelte Teufelskreis.

schieden sei, würde der Streit am Hof weitergehen. So ihre Wirklichkeitskonstruktion, die, einmal explizit gemacht, Betroffenheit auslöste. Sie entschieden sich für eine Beziehungsklärung am Hof, die ihnen am dringlichsten erschien. Darin bestand offenbar ein Unterschied, der im System produktiv weiterprozessiert wurde. Die vehement ausgefochtene Beziehungsklärung schaffte Erleichterungen, die zeitlich mit einem für beide erfreulichen „Ereignis" auf sexuellem Gebiet zusammenfiel: sie konnten zum ersten Mal miteinander schlafen. Der bis dahin in der Therapie noch nicht angesprochene Bereich der Sexualität wurde ab jetzt Thema der Therapie, und aus dem Teufelskreis ein kreativer Zirkel (s. Abb. 29).

Dies ist bereits ein Beispiel für die diskursive Nutzung (vereinfachter) idiographischer Systemmodelle (vgl. Raeithel 1985). Deutlicher noch belegt das Kapitel V zur „Systemforschung aus der Sicht des Subjekts" die Möglichkeit, eigene Lebensbedingungen diskursiv zu klären, und zwar anhand subjektiver Systemkonstruktionen des Problembereichs „Burn-out" bei therapeutisch tätigen Klinischen Psychologen.

Eine andere konzeptionelle Weiterentwicklung besteht in der bereits angesprochenen (Abschnitt 6.4) stärkeren Integration der idiographischen Systemmodellierung mit schematheoretischen Konzepten. Versuchen wir, die in letzter Zeit von uns erstellten Systemmodelle nach einem allgemeinen Muster zu durchforsten, so stellen wir fest, daß auf der individuellen Ebene die Schemastrukturen der KlientInnen (erschlossen mittels Plananalyse) eine zentrale Rolle spielen. Handelt es sich beispielsweise um Modelle von Paarbeziehungen, so gruppieren sich die individuellen Schemastrukturen der Partner um die komplementäre Darstellung ihrer grundlegenden Beziehungsmuster und -definition (z.B.: die gezeigte Unsicherheit und Entschlußangst von Partner A provoziert entschiedenes Handeln von Partner B, was kurzfristig Entlastung und Reduktion der Entschlußangst vermittelt; sobald aber damit auch die Entscheidungsbereitschaft von B abnimmt, vergrößert sich die Unsicherheit von A wieder, etc.). Davon können Interaktionsmuster unterschieden werden, die als Lösungs- oder Ausbruchsversuche aus dem Fliegenglas der von mindestens einem Partner als unbefriedigend erlebten Beziehungsdefinition interpretierbar sind (vgl. das Denkmodell der Palo-Alto-Gruppe: Probleme bestehen meist aus den Lösungsversuchen von problematisierten Zuständen). In diese intra- und interpersonelle Kybernetik sind als weiterer Bereich die „Symptome" mit ihren spezifischen Rückkoppelungsmechanismen und kybernetischen Funktionen eingebunden. All dies ist dann seinerseits mit den entsprechenden ökologischen und gesellschaftlichen Lebensbedingungen vernetzt (vgl. Abb. 30 und 32, Tafeln im Anhang).

Abschließend sei noch ein Beispiel für die Möglichkeit vorgeführt, die Veränderung der Systemdynamik (in diesem Fall: eines Paares) nach einer therapeutischen Intervention zu repräsentieren. Abb. 31 gibt die Situation am Beginn der Therapie wieder, Abb. 32 bezieht das Systemmodell von Abb. 31 auf die in Abb. 30 dargestellten Bereiche, und Abb. 33 beschreibt die Beziehungsdynamik nach einer Intervention einige Sitzungen später (s. hierzu die nächsten Seiten).

6.8 Computersimulation

Eine ausführliche Diskussion der Möglichkeiten und Grenzen von Computersimulationen dynamischer Systeme findet sich in Kapitel VII. Der/die LeserIn sei auf dieses Kapitel verwiesen. Berücksichtigen möge man dabei, daß Computersimulationen in erster Linie wissenschaftlichen Zwecken dienen, weshalb die genannten, teilweise sehr praxisbezogenen Beurteilungskriterien systemischer Modellbildung nur eingeschränkt darauf anwendbar sind.

Mathematische Modellbildungsversuche (nonlinearer) dynamischer Systeme existieren im Bereich der Psychologie noch kaum (für Beispiele aus den Naturwissenschaften s. die Beiträge in Gerok 1989a). Einen Versuch in diese Richtung un-

BERUF ♂
SELBSTKONZEPT ♂
ÄNGSTE ♂
UMZÜGE
ENTSCHLUSS-ANGST ♀
ENTSCHEIDUNGEN ♂
TECHNISCHE LÖSUNGEN
HILFLOSIGKEIT ♂
SELBST-UNSICHERHEIT
SELBSTVERWIRKLICHUNG ♀
KONFLIKT
BEDEUTUNG VON SICHERHEIT ♀
UNZUFRIEDENHEIT ♀
SICH UNVERSTANDEN FÜHLEN ♀
SCHULD-ZUSCHREIBUNG ♀
ÄRGER ♀
SEX
STREIT
SENSIBILISIERUNG ♀

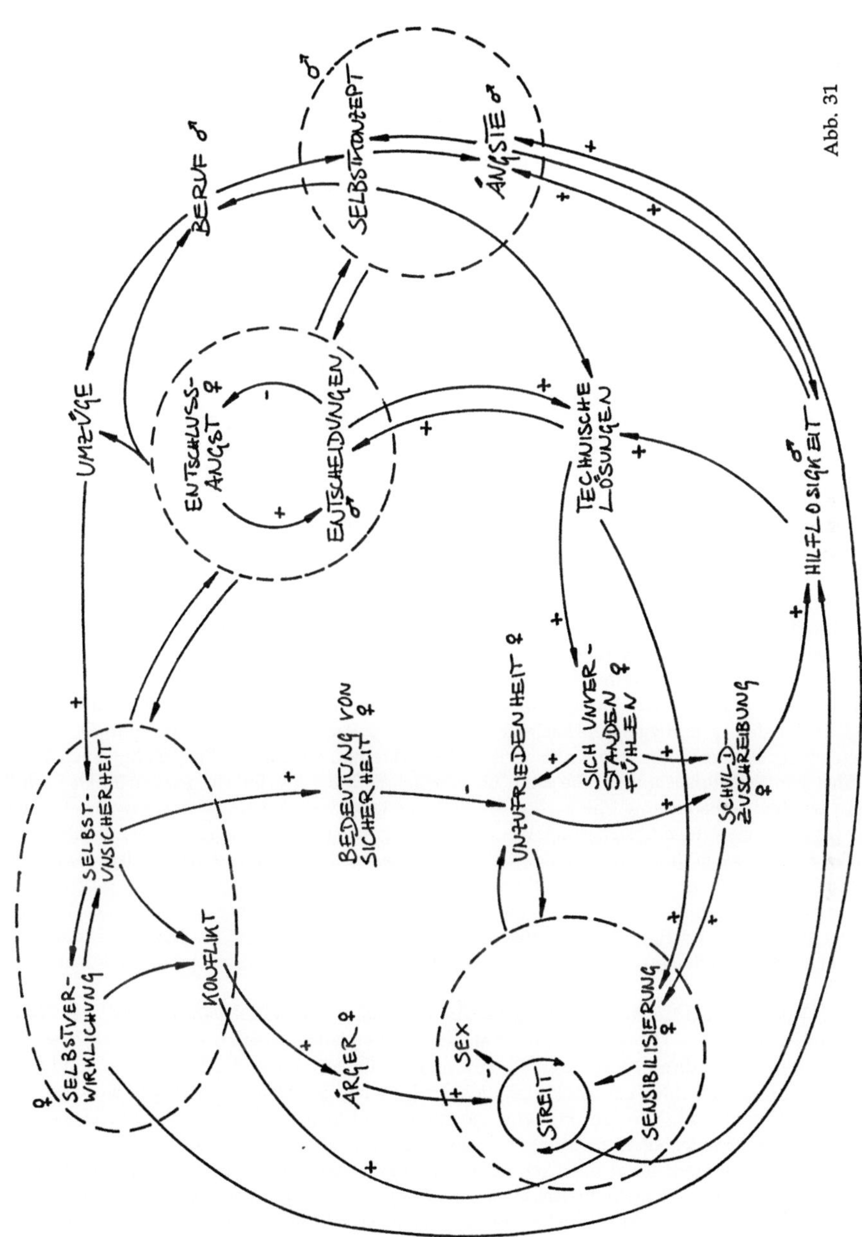

Abb. 31

Abb. 31: Beispiel für ein idiographisches Systemmodell aus einer Paartherapie (Herr und Frau St.). Dargestellt ist die Systemdynamik zu Beginn der Therapie. Als zentrales Beziehungsmuster wurde von beiden die Komplementarität von Entschlußangst bei Frau St. und der Bereitschaft, Entscheidungen zu treffen bei Herrn St. geschildert. Stellt sich Frau St. unsicher dar bzw. nimmt sie Herr St. entsprechend wahr, so fällt er Entscheidungen, übernimmt die Verantwortung und plant für beide. Das entlastet Frau St., womit sich bei ihr aktuelle Unsicherheitsgefühle reduzieren.

Dieses Beziehungsmuster hat Verbindungen zur individuellen Psychodynamik bzw. Schemastruktur der Partner. Bei Frau St. steht es in sich gegenseitig aufrechterhaltender Wechselwirkung mit dem von ihr erlebten Konflikt zwischen Selbstunsicherheit und Selbstverwirklichungstendenzen. Die Art, wie sie sich eigenständige Entscheidungen vom Leibe hält, macht ihr ihre eigene Selbstunsicherheit immer wieder deutlich. Gleichzeitig strebt sie mehr Selbstverwirklichung und Sicherheit an. Sie würde sich gern als selbständige, emanzipierte Frau sehen, die beruflich ihren Weg geht und sich politisch engagiert. Ihre früheren persönlichen Ideale gibt es noch, doch fühlt sich Frau St. im Moment an deren Realisierung gehindert. Der Bedarf nach Selbstverwirklichung und die erlebte Selbstunsicherheit verleihen sich wechselseitig scharfe Konturen, die sich als Konflikt ins Gedanken- und Gefühlsleben einbrennen.

Aber auch bei Herrn St. hat das Beziehungsmuster deutliche Verbindungen mit individuellen Anteilen. Sein Selbstkonzept wird geleitet von Plänen wie: „Drücke Dich nicht vor Entscheidungen", „Zeige, daß Du Probleme lösen kannst", „Zeige Dich allen Situationen gewachsen", „Sei beruflich erfolgreich", „Sei ein fürsorglicher und beschützender Ehemann", „Versuche, Anerkennung zu gewinnen". Die Rückseite dieses Selbstkonzepts bilden negative emotionale Schemata, die sich darauf beziehen, an diesen Plänen zu scheitern. Darauf richten sich seine Ängste. Was seine Frau betrifft, so fühlt er sich vor allem durch ihre Selbstverwirklichungstendenzen bedroht, hinter denen er die Gefahr wittert, eventuell verlassen zu werden – ein höchstbedrohlicher Gedanke. Zumindest aber erkennt er darin Ausbruchstendenzen aus dem, was er in einer Partnerschaft realisieren möchte und seiner Frau auch bieten kann. Sei Selbstverständnis und seine zentralen erfolgsorientierten Pläne unterstützen sein berufliches Engagement, welches wiederum sein Selbstverständnis (Selbst-Schemata) prägt. Berufliche Erfolge, die sich einstellen, machen Umzüge zwischen verschiedenen STädten Süddeutschlands erforderlich. Als Verkaufsmanager eines großen Elektronikunternehmens wird von ihm verlangt, angesichts der neuen und immer verantwortungsvolleren Tätigkeitsgebiete räumlich flexibel zu sein. Sowohl die berufliche Orientierung von Herrn St. als auch die Umzüge, die ausschließlich beruflich motiviert sind, werden überhaupt erst möglich vor dem grundlegenden Beziehungsmuster des Paares: Frau St. macht mit. Da speziell sie an den jeweils neuen Wohnorten keine sozialen Kontakte hat, verstärken die Umzüge auch immer ihre Gefühle von Selbstunsicherheit. Sie kann im wörtlichen Sinne nie Terrain gewinnen. Das erhöht umgekehrt wieder die Bedeutung, die verfügbare Sicherheiten für sie haben, allen voran ihre Ehe und die damit gegebene materielle Absicherung. Wenn diese Sicherheitswünsche gerade wieder die Oberhand haben, was z.B. oft nach Umzügen der Fall ist, so reduziert sich auch ihre Unzufriedenheit mit der Ehe. Zufriedener damit, ist sie toleranter ihrem Mann gegenüber. Trennungsgedanken treten wieder in den Hintergrund. Es kommt seltener zu Streitigkeiten, ermöglicht, daß beide sich auch sexuell wieder aufeinander einstellen und Spaß daran haben. Auf der anderen Seite gibt es Phasen, in denen ihr Sicherheiten weniger bedeuten. Dann läuft die Spirale zwischen Streit und Unzufriedenheit in die eskalierende Richtung.

Gespeist wird die Unzufriedenheit von Frau St. aus dem häufigen Gefühl heraus, von ihrem Mann nicht verstanden zu werden. Oft regelt er für sie etwas, was sie glaubt selber zu können, gibt Ratschläge oder Erklärungen, die in ihren Augen unnötig sind, nimmt ihr etwas aus der Hand, womit sie selber Erfahrungen sammeln möchte (z.B. ganz alltäglich im Umgang mit neuen Küchengeräten oder beim Ausfüllen von Formularen). Vor dem Hintergrund seiner zentralen Pläne bzw. seines Selbstkonzepts bietet Herr St. also eher technische Lösungen, zumindest kommt das bei Frau St. so an. Technische Lösungen erfordern übrigens meist Entscheidungen, die umgekehrt technische Lösungen begünstigen. Frau St. dagegen würde sich mehr Freiraum, weniger Bevormundung, mehr Anerkennung ihrer Fähigkeiten, mehr Verständnis für ihre Unsicherheit und gleichzeitig für ihre individuellen Pläne wünschen. Auf dieser Ebene aber treffen sie sich nicht. Frau St. fühlt sich unverstanden, was sie extern, nämlich auf ihren Mann attribuiert: ihn trifft die Schuld. Damit aber kann er schlecht umgehen, zumal Frau St. ja auch nicht artikuliert, was sie innerlich bewegt. Gespräche, die für beide bedrohlich werden könnten, finden nicht statt, darüber herrscht ein verdeckter Konsens. (Für ihn kann damit eine Pro-

Abb. 31 (Fortsetzung)

vokation von Ängsten und Selbstzweifeln vermieden werden, für sie die Situation, daß ihr plötzlich
Freiräume eröffnet würden, von denen sie sich überfordert fühlte.)
Schuldzuschreibungen ebenso wie Streit lösen bei Herrn St. Hilflosigkeitsgefühle aus, die sich ihrerseits
mit seinen grundlegenden Ängsten rückkoppeln. Fühlt sich Herr St. jedoch hilflos, so reagiert er mit
den ihm naheliegenden Verhaltensmustern, die unter der Bezeichnung „technische Lösungen" geführt
werden. Frau St. ihrerseits reagiert gegenüber diesen Verhaltensmustern sehr sensibel, sie wird zunehmend allergischer gegenüber allem möglichen Verhalten ihres Mannes („schon wieder Bevormundungen,
Ratschläge, Kontrollen"), zumal externe Schuldzuschreibungen („ich werde von meinem Mann unselb-
ständig gehalten") die Rechtfertigungsgrundlage schaffen. Ihre Sensibilisierung wird aus der intrapsychischen Dynamik durch den allgegenwärtigen Konflikt zwischen Selbstverwirklichungswunsch und
Selbstunsicherheit genährt, der in verschiedensten Situationen aktiviert wird. Dieser Konflikt führt
auch zu Ärgergefühlen über alles mögliche, nicht zuletzt über sich selbst. Frau St. fehlt es durchaus
nicht an einem intuitiven Gespür dafür, daß sie sich immer wieder selbst blockiert. Ärgergefühle und
eine hohe Wahrscheinlichkeit dafür, daß Verhaltensweisen ihres Mannes bei ihr in emotional heiße
Wahrnehmungskategorien einrasten (Sensibilisierung) sind denn auch ein geeigneter Boden für häufige
Streitigkeiten, aus denen Herr St. sich wiederum „hilflos" zurückzuziehen versucht.

Abb. 32 siehe Farbtafel

Abb. 33: Modell der Systemdynamik nach einigen Therapiesitzungen, speziell einer bestimmten Intervention. Diese sah eine Intensivierung des realisierten komplementären Beziehungsmusters vor. (Man
könnte das als paradoxe Intervention bezeichnen.) Herr St. ließ sich darauf ein, noch mehr zu entscheiden
und seiner Frau noch mehr Verantwortung abzunehmen, bis hin zu kleinen alltäglichen Details. Frau
St. ließ sich darauf ein, ihrem Mann noch mehr Verantwortung zu übergeben und noch mehr Entscheidungen bzw. Hilfestellungen abzuverlangen. Da es sich aber um eine therapeutische Verschreibung
handelte, entfiel die Notwendigkeit, darüber zu streiten und sich dafür zu beschuldigen. Beide taten
es ja auf Geheiß der TherapeutIn. Sie machten zwar während der Zeit dieser Hausaufgabe nichts sehr
viel anderes als das, was sie immer machten, jetzt aber als bewußte und für ihren Geschmack über-
zeichnete Inszenierung. Die Automatismen waren unterbrochen, wie etwa in der bekannten Geschichte,
daß man einen versierten Tennisspieler irritieren könne, indem man sich – möglichst kurz vor dem
Wettkampf – alle Bewegungsphasen seiner so vortrefflichen Vorhandschläge erklären läßt. Es gelang
den beiden also, gewissermaßen einen Schritt zurückzutreten und ihr Treiben aus der Distanz zu betrachten. Über diese Beobachtungen kamen sie ins Gespräch, was man „Metakommunikation" zu nennen
pflegt. Vor allem Herr St. sprach darüber, wie anstrengend es doch sei, die Position des verantwortlichen
Entscheiders durchzuhalten. Das Beziehungsmuster brennt Frau St. einen Moment lang nicht mehr als
eigenes Versagen ins Selbstbewußtsein, was ihren inneren Konflikt etwas entschärft. Sie muß sich weniger
ärgern in dieser Zeit. Indem sie sich auf die gemeinsame Hausaufgabe einläßt und Herr St. vorläufig
keine Ausbruchsversuche seiner Frau befürchten muß, unterbricht die therapeutische Verschreibung
den Bogen von ihren Selbstverwirklichungswünschen zu seinen Konflikt- und Verlustängsten. Das
wirkt sich auf die Hilflosigkeit aus: er kann mehr Sicherheit zeigen. Vor allem aber reduziert sich eine
Motivationsquelle für die Aufrechterhaltung des Beziehungsmusters, so daß die Hausaufgabe für Herrn
St. um so anstrengender wird. Die in Gang gekommene Metakommunikation hilft zusätzlich, auf Hilf-
losigkeitsreaktionen verzichten zu können: es ist jetzt möglich, über Probleme zu reden, vor denen
man vorher die Flucht ergriff. Damit werden auch „technische Lösungen" seltener, und Frau St. fühlt
sich besser verstanden. Eine chronische Quelle für die Unzufriedenheit mit ihrer Ehe wird vorerst
einmal zugedreht. Dafür taucht ein neues Thema auf, das bisher fein säuberlich vermieden worden
war, die Frage nämlich, ob und unter welchen Bedingungen sie ihre Beziehung überhaupt fortsetzen
wollen. Die neu möglichen Gespräche über die Art ihres Umgang miteinander gaben den Startschuß
für diese grundsätzliche Problematisierung. Die Therapie hat sich damit nicht nur ein neues Thema
geschaffen, sondern auch eine offenere Art der Auseinandersetzung. Der bisher vorherrschende Ton
der Klage wird von einem Ton gefaßter Betroffenheit abgelöst.

ÄNGSTE ♂
ANSTRENGUNG ♂
THERAPEUT. VERSCHREIBUNG
ENTSCHLUSS-ANGST ♀
ENTSCHEIDUNGEN ♂
META-KOMMUNIKATION
TECHNISCHE LÖSUNGEN ♂
HILFLOSIGKEIT ♂
SELBST-VERSICHERHEIT
PROBLEMATISIERUNG DER BEZIEHUNG
UNZUFRIEDENHEIT ♀
SICH UNVERSTANDEN FÜHLEN ♀
SCHULD-ZUSCHREIBUNG ♀
SELBST-VERWIRKLICHUNG
KONFLIKT
ÄRGER
STREIT

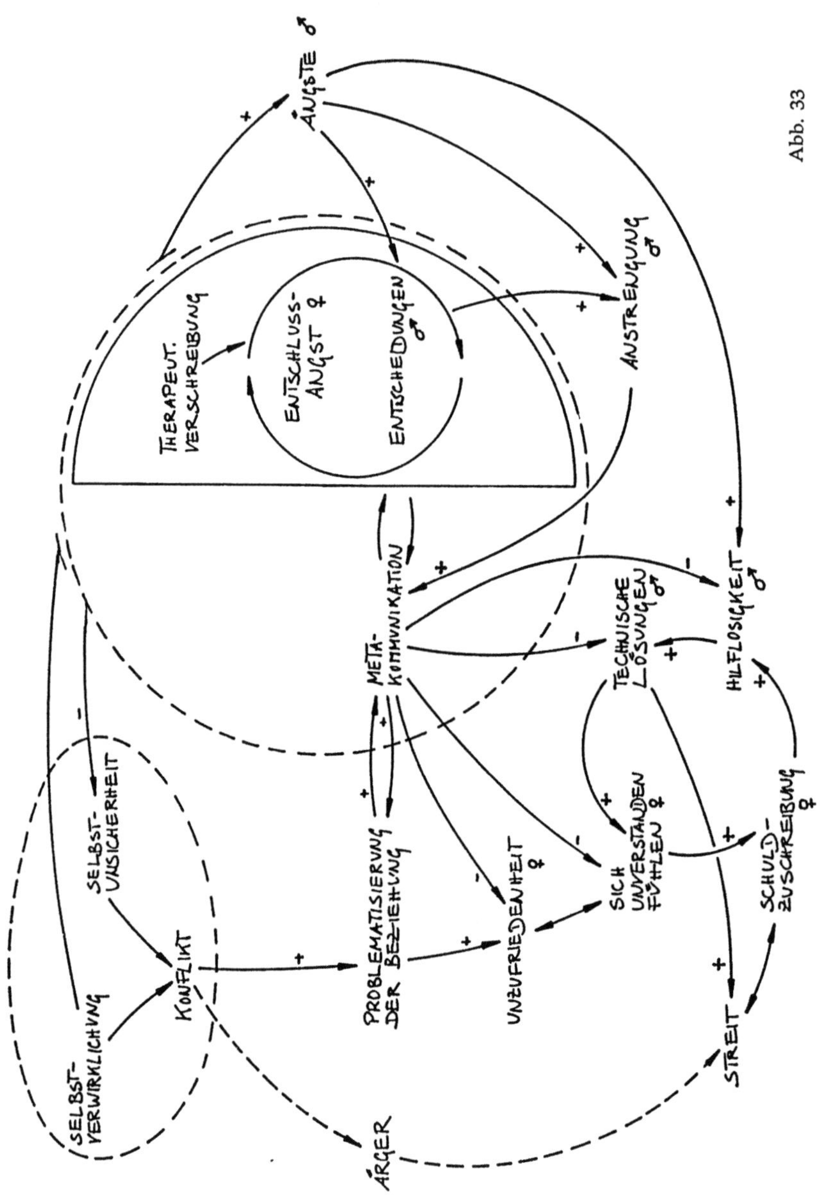

Abb. 33

ternehmen W. Tschacher & E.J. Brunner (1989) im Rahmen des geplanten Forschungsprojekts „Sozialwissenschaftliche Synergetik" (Brunner & Schiepek 1989). Dabei wird es um eine Analyse kontinuierlich beobachtbarer Variablen (Nähe-Distanz-Regulation, Herzraten und Atemvolumen von TeilnehmerInnen an Gruppenprozessen) nach Methoden der mathematischen Chaostheorie (s. z.B. Bergé, Pomeau & Vidal 1984; Schuster 1988) gehen.

6.9 Prozeßanalyse kommunikativer Systeme (PAKS)

Dieser Abschnitt beinhaltet einen Vorschlag, dessen Realisierung noch aussteht[1]. Es soll der Versuch unternommen werden, ein Erfassungsinstrument für kommunikative Prozesse zu entwickeln, das sich an den Prinzipien der Theorie selbstreferentieller (Sozial-) Systeme nach Luhmann (1984) orientiert. Seine Zielsetzungen sind zunächst rein wissenschaftlicher Natur. Folgende der eben genannten Kriterien dienen dabei als Direktiven: (a) Geringe Beeinträchtigung durch die Datenerhebung, so daß z.B. bei der Erfassung therapeutischer Kommunikationsprozesse keine Zusatzbelastung auf die KlientInnen zukommt (Kriterium 4). Die Codierungen sollen auf der Grundlage von Videoaufzeichnungen therapeutischer Sitzungen vorgenommen werden. Zusätzliche (mündliche oder schriftliche) Befragungen sind nicht notwendig. (b) Veränderbarkeit der Modelle (Kriterium 5) und Dynamizität (Kriterium 6). Beides soll dadurch gewährleistet werden, daß nur Einzelereignisse kodiert werden, die auftreten und wieder verschwinden (Temporalisierung). Von Interesse sind die prozessualen Ordnungsmuster dieser temporalisierten Einzelereignisse, wie sie sich im Laufe einer oder mehrerer Kommunikationssituationen bilden und auflösen. Es geht also nicht darum, irgendwelche Systemzustände festzuhalten. (c) Das Verfahren macht zur Bezeichnung der Codierungseinheiten (Items) objektsprachliche Festlegungen auf der sozial-kommunikativen Referenzebene erforderlich (vgl. die Kriterien 7 und 8). (d) Bedeutsames Anliegen ist die empirische Absicherung (Kriterium 9) sowohl des Instrumentes selbst, was über verschiedene Validierungsschritte gewährleistet werden soll (s. Schiepek & Kaimer 1989), als auch der mit dem Instrument erhobenen Daten, wozu eine präzise Operationalisierung der Codierungseinheiten sowie eine hinreichend hohe Inter-Observerreliabilität sichergestellt werden muß. (e) Das sequentielle (und eventuell auch gleichzeitige) Auftreten der Codierungseinheiten soll computergestützt aufgezeichnet und am Bildschirm optisch dargestellt werden (vgl. Kriterium 10: Formalisierungsgrad und Kriterium 11: Visualisierung). Weiter soll es einer Analyse mittels entsprechender mathematischer Methoden (z.B. Markoff-Prozesse) sowie einer künstlichen Reproduktion durch Simulationsprogramme zugänglich sein.

Das ist der Anspruch. Worin besteht das Verfahren nun inhaltlich? Am besten läßt sich dies wohl durch eine Vorstellung der bisher diskutierten Items zeigen. Die

---

1 Diese erfolgt im Rahmen des Teilprojekts III des Forschungsprogramms „Sozialwissenschaftliche Synergetik" (Brunner & Schiepek 1989). Die Ideen für dieses Verfahren entstammen der projektvorbereitenden Arbeitsgruppe an der Universität Bamberg (R. Böse, B. Fricke, U. Hoefer, P. Kaimer, G. Schiepek) sowie dem Teilantrag II von A. Schöppe.

Items bezeichnen kommunikative Operationen, also jene Impulse und Weichenstellungen, die den Fortgang kommunikativer Prozesse sichern. Eine Kommunikation vereint möglicherweise, ja sogar in der Regel, mehrere kommunikative Operationen (z.B. kann (!) die Aussage „Wie meinst Du das?" das Verstehen der vorangegangenen Mitteilung anzweifeln und gleichzeitig eine Erwartung an den anderen richten, nämlich die nach einer näheren Erklärung), weshalb die Items als Zeichen eines Zeichensystems geführt werden. Sie werden also codiert, wenn und sooft sie auftreten. Zeitgleiche Mehrfachkodierungen sind explizit zugelassen. Eventuell ist erst aus zeitsynchronen Itemkonstellationen das Auftreten des folgenden Items prognostizierbar.

Die Items bezeichnen nicht eine abgeschlossene Kommunikation oder einen Kommunikationsakt als ganzen, wie etwa im Falle kategorialer Zuordnungen zu den exklusiven Kategorien eines Kategoriensystems. Dazu wäre eine operationale Definition von Handlungseinheiten oder gar von „Kommunikationen" notwendig, was mit erheblichen empirischen und grundsätzlichen Problemen behaftet ist. (Wir kommen darauf zurück.) Der üblicherweise in der Sozialforschung eingeschlagene Ausweg besteht darin, Kodierungen auf Zeittaktbasis vorzunehmen, womit man sich aber die Probleme sinnvoller zeitlicher Auflösung einkauft.

Bisher wurden folgende kommunikative Operationen als mögliche Items der Prozeßanalyse kommunikativer Systeme (PAKS) diskutiert:

(1) *Annahme vs. Ablehnung.* Kommunikation macht ein Angebot bzw. vermittelt eine Handlungszumutung (Luhmann 1984, 212). Der Adressat kann dieses Angebot aufgreifen oder zurückweisen. „Jede Kommunikation lädt zum Protest ein" (a.a.O., 238) und: „Jedes ausgesprochene Wort erregt den Gegensinn" (Goethe, cf. Luhmann a.a.O., 204). Eine dritte Möglichkeit wäre, das Angebot vorläufig in der Schwebe zu halten. Der Operationalisierung müßte es gelingen, das Repertoire an zustimmenden, ablehnenden oder Weder-Noch-Ausdrucksformen zu überblicken.

Ausgehend von der in jedem Kommunikationsvorgang eingebauten Möglichkeit zur Negation „können wir ein Elementarereignis von Kommunikation definieren als kleinste noch negierbare Einheit. ... Jeder Satz, jedes Verlangen eröffnet viele Möglichkeiten der Negation: nicht dies, sondern das; nicht so; nicht jetzt; usw." (a.a.O., 212).

(2) *Selektion von Selektionszusammenhängen.* Eine spezialisierte oder vielmehr: eine generalisierte Form von Annahme oder Ablehnung richtet sich auf die Themenkomplexe, denen die einzelnen Kommunikationsbeiträge zugeordnet sind. Ich kann einem Einzelbeitrag widersprechen („Nein, nein, der Ferrari fährt viel schneller als der Porsche!") und eben damit signalisieren, daß ich an der Fortsetzung des Themas (z.B. „Autos") interessiert bin. Die Differenz von Themen und Beiträgen fungiert als Bedingung der Möglichkeit, daß Kommunikation zum Prozeß werden kann: „Kommunikationszusammenhänge müssen durch Themen geordnet werden, auf die sich Beiträge zum Thema beziehen können. Themen überdauern Beiträge, sie fassen verschiedene Beiträge zu einem länger dauernden, kurzfristigen oder auch langfristigen Sinnzusammenhang zusammen. Über einige Themen kann man ewig, über andere fast endlos reden. Auch reguliert sich über Themen, wer was beitragen

kann. Themen diskriminieren die Beiträge und damit auch die Beiträger" (Luhmann 1984, 213). Die in jeder Kommunikation stattfindende Selektion wirkt somit „doppelselektiv: sie wählt unter den zur Wahl stehenden Möglichkeiten diese (und nicht andere); und sie wählt einen Möglichkeitsbereich, ein 'Woraus' der Selektion, in dem erst sich eine bestimmbare Zahl von Alternativen mit deutlichen Tendenzen für bestimmte Optionen abzeichnen" (Luhmann 1984, 188). Wenn dem so ist, so wird es für dieses Item genügen, eine intendierte *Abweichung* vom aktuellen Selektionszusammenhang des kommunikativen Geschehens zu bezeichnen.

(3) *Bestätigung vs. Nicht-Bestätigung des Verstehens.* Vor jeder Annahme oder Ablehnung noch stellt sich die Frage, ob Ego (der Adressat) die Mitteilung von Alter (des Senders) überhaupt verstanden hat. Wir werden daher nach einer Operation Ausschau halten, die dieses Verständnis (bzw. sein Ausbleiben) signalisiert. Hieran zeigt sich die Bedeutung von Itemkombinationen, denn man kann etwas ablehnen (vgl. Item 1 und 2), gerade weil man es nicht verstanden hat, ja es gibt sogar ein „aggressives Nichtverstehen". Erst das Verstehen vervollständigt eine Kommunikation: „Begreift man Kommunikation als Synthese dreier Selektionen, als Einheit aus Information, Mitteilung und Verstehen, so ist die Kommunikation realisiert, wenn und soweit das Verstehen zustandekommt" (Luhmann 1984, 203).

(4) *Bezug auf die Information vs. Bezug auf die Mitteilung.* Ausgehend von der eben zitierten dreifachen Selektivität des Kommunikationsbegriffs steht es Ego nun frei, eher auf die von Alter selektierte Information oder auf die von ihm realisierte Mitteilungsform zu reagieren. Ego kann für sein Verständnis auch die Differenz von Information und Mitteilung in Anspruch nehmen: ich verstehe was gemeint ist, obwohl es Alter schlecht ausgedrückt hat. Besonders in therapeutischen Kontexten mag die Unterscheidung zwischen Information und Mitteilung bedeutsam werden. Es kommt dort manchmal mehr darauf an, wie etwas zum Ausdruck gebracht wird, als *was* das ist.

(5) *Identität vs. Unterscheidung.* Identität bezeichnet die Annahme unterscheidbarer Bezeichnungsmöglichkeiten als ununterscheidbar. Das muß in der Kommunikation expliziert werden, sonst kann man ja – zumal als Beobachter – nicht wissen, welche potentielle Unterscheidung die Identität konstituiert. Demgegenüber setzt jede Identität bereits eine Unterscheidung voraus, durch die sie nämlich von etwas anderem abgehoben und damit konstituiert wird (vgl. Spencer-Browns „distinction and indication"). Unterscheidungen sind wesentliche Akte in einem kommunikativen System, denn sie erzeugen die Information, die darin prozessiert wird (vgl. Simon 1988a,b). Vor allem in Therapien spielt die Neueinführung von Unterschieden eine große Rolle, denn dort geht es vielfach um Differenzierungen von bisher als Einheit Behandeltem, um Ausnahmen von vorher ewig Eintönigem, um Reframings, neue Denkmodelle und um Brüche in den Redeautomatismen. Insbesondere kommt es darauf an, ob Unterschiede weitergeführt werden, es sich also um Unterschiede handelt, die Unterschiede machen, oder ob sie alsbald wieder zur Identität kollabieren.

(6) *Reflexivität vs. basale Selbstreferenz*. Dieses Item unterscheidet danach, ob Kommunikation als bloßes Anschlußhandeln fungiert (basale Selbstreferenz) oder ob über die Kommunikation selbst kommuniziert wird (prozessuale Selbstreferenz bzw. Reflexivität, s. Miller 1987). Basale Selbstreferenz meint, „daß der Prozeß aus Elementen (Ereignissen) bestehen muß, die durch Einbeziehung ihres Zusammenhangs mit anderen Elementen desselben Prozesses auf sich selbst Bezug nehmen" (Luhmann 1984, 199). Davon ausgehend, daß vor allem im Bereich sprachlicher Kommunikation die nächste Stufe, nämlich Kommunikation über Kommunikation sehr leicht verfügbar ist (z.B. immer dann erfolgt, wenn sich die Teilnehmer über das Verstehen einer Mitteilung vergewissern wollen), bedarf es unter Umständen sogar besonderer Sperren, um reflexive Rückwendungen auszuschließen. „Solche Sperren rasten ein bei bewußt metaphorischem Wort- oder Bildgebrauch, bei beabsichtigten Zweideutigkeiten, bei Paradoxien, bei humorvollen, witzigen Wendungen. Solche Sprachformen übermitteln zugleich das Signal, daß eine Rückfrage nach dem Warum und Wieso keinen Sinn hat. Sie funktionieren nur im Moment – oder sie funktionieren überhaupt nicht" (a.a.O., 211).

Im Falle reflexiver Kommunikation dagegen wird „die Kommunikation selbst als Information behandelt und zum Gegenstand von Mitteilungen gemacht. Dies ist ohne Sprache kaum möglich. ... Erst Sprache sichert Reflexivität im Sinne einer jederzeit vorhandenen, relativ problemlos verfügbaren, nicht weiter erstaunlichen Möglichkeit, den Kommunikationsprozeß auf sich selbst zurückzubeziehen" (a.a.O., 210ff.). Dabei kann im Hinblick auf die Analyse von Therapieprozessen noch danach unterschieden werden, ob der zeitliche Rückgriff auf Kommunikationsereignisse in der momentan laufenden oder einer früheren Sitzung erfolgt.

(7) *Reflexion*. Diese Art der Selbstreferenz wird dadurch erreicht, daß soziale Systeme sich an sich selbst in Differenz zu ihrer Umwelt orientieren (a.a.O., 617). Es geht also nicht, wie bei der Reflexivität, um die Leitdifferenz von Vorher/Nachher der Prozesse, sondern um diejenige von System und Umwelt (Selbstreferenz als Systemreferenz, s. Miller 1987, 192). Reflexion wird dann benötigt, wenn zu Zwecken der Selbstbeobachtung und Selbstbeschreibung eines sozialen Systems die Einheit des Systems bezeichnet werden soll. „Diese Therapie hier" im Gegensatz zu früher erlebten Therapien, „wir" im Gegensatz zu anderen, „unsere Art der Beziehungsgestaltung" im Gegensatz zu den Beziehungsmustern am Arbeitsplatz.

(8) *Erwartungen, Unterstellungen*. Erwartungen sind in sozialen Systemen strukturbildendes Moment schlechthin (man vergleiche die zentrale Stellung des Erwartungsbegriffs in verschiedenen Definitionen des Konstrukts der „sozialen Rolle"). Diverse Phasenmodelle der Psychotherapie (z.B. Kanfer & Grimm 1981) messen denn auch dem Aushandeln von Erwartungen bzw. der Rollenklärung große Bedeutung bei (was kann die Therapie leisten, was nicht; wer soll welchen Beitrag bringen; was soll in den Sitzungen geschehen, etc.). Es geht darum, von vornherein auszuschließen, was später der therapeutischen Arbeit in die Quere kommen könnte. Die implizite oder explizite Mitteilung von Erwartungen produziert die Regeln, welche fortan Möglichkeitsspielräume einschränken sollen. Jede Form der Thematisierung von Regeln fällt daher unter dieses Item. „Das, was (nach den entsprechenden Einschränkungen, G.S.) übrig bleibt, wird dann eben erwartet; ihm kommt

der Verdichtungsgewinn zugute" (Luhmann 1984, 397). Bedeutsam ist, daß in sozialen Situationen das Erwarten reflexiv werden muß: „Ego muß erwarten können, was Alter von ihm erwartet, um sein eigenes Erwarten und Verhalten mit den Erwartungen des anderen abstimmen zu können" (a.a.O., 412). Mittels Erwartungserwartungen und der Unterstellung von Unterstellungen gewinnt das kommunikative System eine gewisse Selbsttransparenz (vgl. Willke 1987a sowie Kapitel IV).

Erwartungen richten sich nicht nur auf Einzelereignisse bzw. -verhaltensweisen. Vielmehr sind Identifikationen verfügbar, welche geeignet sind, Erwartungszusammenhänge zu bündeln. Luhmann nennt: Personen, Rollen, Programme und Werte (a.a.O., 429ff.). (Personen: „Als Personen sind hier nicht psychische Systeme gemeint, geschweige denn ganze Menschen. Eine Person wird vielmehr konstituiert, um Verhaltenserwartungen ordnen zu können, die durch sie und nur durch sie eingelöst werden können. Jemand kann für sich selbst und für andere Person sein. Das Personsein erfordert, daß man mit Hilfe seines psychischen Systems und seines Körpers Erwartungen an sich zieht und bindet, und wiederum: Selbsterwartungen und Fremderwartungen. Je mehr und je verschiedenartigere Erwartungen auf diese Weise individualisiert werden, um so komplexer ist die Person." Rolle: „Eine Rolle ist zwar noch dem Umfang nach auf das zugeschnitten, was ein Einzelmensch leisten kann, ist aber gegenüber der individuellen Person sowohl spezieller als auch allgemeiner gefaßt. Es geht immer nur um einen Ausschnitt des Verhaltens eines Menschen, der als Rolle erwartet wird, andererseits um eine Einheit, die von vielen und auswechselbaren Menschen wahrgenommen werden kann: um die Rolle eines Patienten, eines Lehrers, eines Opernsängers, einer Mutter, eines Sanitäters usw." Programm: „Ein Programm ist ein Komplex von Bedingungen der Richtigkeit (und das heißt: der sozialen Abnehmbarkeit) des Verhaltens. Die Programmebene verselbständigt sich gegenüber der Rollenebene, wenn es auf genau diesen Abstraktionsgewinn ankommt, wenn also das Verhalten von mehr als einer Person geregelt und erwartbar gemacht werden muß. So ist eine chirurgische Operation heute nicht nur Rollenleistung, sondern ein Programm." Werte: „Werte sind allgemeine, einzeln symbolisierte Gesichtspunkte des Vorziehens von Zuständen oder Ereignissen.").

(9) *Kontingenz vs. Notwendigkeit.* Diese Unterscheidung bezieht sich darauf, inwieweit Ereignisse oder Strukturen auch als anders möglich behandelt werden oder eben nicht. Sofern es KlientInnen darum geht, Handlungs- und Wahrnehmungsmuster zunächst zu lockern (vgl. Stierlins Begriff der Verflüssigung, 1988) und dann neu zu konstituieren, wird genau diese Dimension therapierelevant. Als Hinweis auf Kontingenz können alle Äußerungen gelten, die Handlungs- und Denkvarianten zu Gegebenem beinhalten („Gestern habe ich mal etwas anderes ausprobiert ..."; „Von dieser Seite betrachtet scheint mir ..."; „Was wäre, wenn nicht ich, sondern meine Frau ...").

(10) *Zurechnung auf Systemtypen.* Vor allem in therapeutischen Kontexten macht es einen großen Unterschied, ob Ereignisse auf biologische, psychische oder sozialkommunikative Referenzebenen bezogen werden und von dorther ihre Erklärung finden sollen (Attributionen; vgl. das Konzept des Health-Belief-Modells in der Verhaltenstherapie, Reinecker 1987a). Je nachdem, um welche Art von Therapie es sich handelt, sind die dazu passenden Zurechnungsmodi gefragt: werden Medi-

kamente geboten, sollte die KlientIn an biologische Ursachen ihres Leidens glauben; wird Familientherapie gemacht, muß das Problem natürlich auf die Beziehungsebene transformiert und dort behandelt werden.

Verschiedene andere, theoretisch weniger anspruchsvolle Items könnten in die PAKS einbezogen werden, z.B.:

(11) *Personenbezug* innerhalb/außerhalb des sozialen Systems. Auf welche Person bezieht sich eine Kommunikation: auf den Redner selbst, auf ein anderes Mitglied des therapeutischen Systems, auf eine Person außerhalb des therapeutischen Systems?

(12) *Aktualgenese vs. Historiogenese.* Referieren Erklärungen – bezogen auf das zu erklärende Ereignis – auf damit simultane, aktuelle Ereignisse (Aktualgenese) oder auf zeitlich zurückliegende Ereignisse (z.B. Kindheitstraumen)?

(13) *Fragen vs. Aussagen.*

(14) *Lösungs- vs. Problemorientierung.* Richtet sich eine Mitteilung auf Aspekte von Problemen bzw. Klagen, etwa zum Zwecke ihrer Detaillierung, Erklärung, Vertiefung, Ausweitung, oder auf Aspekte, die als nicht-problematisch vorgestellt werden (Fähigkeiten, Ressourcen, Ausnahmen, Auswege, Perspektiven, die aus der Problematik herausführen könnten)?

(15) *Thematisierung von Gedanken, Emotionen, Sprechinhalten, Handlungen, Sachverhalten* durch die beteiligten Personen.

Insbesondere die Items 1 bis 10 weisen einen sehr hohen Abstraktionsgrad auf. Ihre Operationalisierung wird sicher noch einige Probleme aufwerfen, soll aber im Vorfeld eines Projekts zur „Sozialwissenschaftlichen Synergetik" (Schiepek & Kaimer 1989) in Angriff genommen werden. Die PAKS (Prozeßanalyse kommunikativer Systeme) ist innerhalb dieses Projekts zur Untersuchung kommunikativer Prozesse in systemischen Kurzzeittherapien (Einzel- und Mehrpersonentherapien) vorgesehen. An dieser Stelle ging es vor allem um die Einordnung der Items in den Kontext von Luhmanns Theorie selbstreferentieller Sozialsysteme, um ihren Konstruktbezug also.

Die in den Items benannten kommunikativen Operationen sollen in ihrem zeitgleichen und sequentiellen Auftreten codiert werden, so daß entsprechende Konstellationsabfolgen resultieren, die am Computerbildschirm visualisierbar sind. Zwischen den Operationen lassen sich Übergangswahrscheinlichkeiten berechnen, was bedeutet, daß das mathematische Instrumentarium von Markoff-Prozessen darauf anwendbar ist. Markoff-Analysen eignen sich zur Modellierung von zeitdiskret aufgezeichneten Daten. Indem sie die stochastischen Aspekte dynamischer Phänomene repräsentieren, liegt ein bedeutendes Anwendungsfeld in der mathematischen Modellierung von Selbstorganisationsprozessen dynamischer Systeme (s. Nicolis & Prigogine 1987, 202-260; Haken 1983, 69-103). Auch zur Interaktionssequenzanalyse im Bereich der Psychotherapie wurden sie bereits eingesetzt (s. Leistikow 1977).

Ordnungszustände sind dabei aus den Wahrscheinlichkeitsverteilungen in den Übergangsmatrizen zwischen den Items sowie aus den Abfolgemustern über Items bzw. Itemkonstellationen hinweg erkennbar. Computergestützt lassen sich wiederkehrende Itemkonstellationen und -abfolgen identifizieren (und auch simulieren). Diese können als Indikatoren für dynamische Ordnungsmuster gelten. Bedeutsam ist weiterhin die Möglichkeit, informationstheoretische Ordnungsmaße auf die Übergangsmatrizen anzuwenden (z.B. Maße relativer Entropie bzw. Negentropie, s. von Foerster 1985a, 115-130). Auf dieser Basis können dann Phasen hoher oder niedriger dynamischer Ordnung identifiziert werden, die wiederum mit bestimmten inhaltlichen Aspekten des Geschehens in Zusammenhang stehen mögen.

Bei alldem handelt es sich wohlgemerkt um einen Vorschlag, dessen Einlösbarkeit aber unter anderem deswegen gewisse Chancen hat, weil er eine zentrale Krux zu umgehen versucht. Diese besteht in der Operationalisierung des Luhmann'schen Kommunikationsbegriffs. Die beobachtbaren kommunikativen Operationen der PAKS stehen lediglich als Indikatoren für das Kommunikationsgeschehen, das in seiner Gesamtheit auch verdeckte, unzugängliche Anteile (z.B. Selektion von Information, Selektion von Verstehen) aufweist. Wir verlassen uns also auf das, was verbal oder nonverbal mitgeteilt wird. Die PAKS ist ein Instrument ohne doppelten Boden und eignet sich daher besonders zur Untersuchung von Therapien, bei denen die Beteiligten das Wesentliche nicht im Unausgesprochenen, Verborgenen vermuten, sondern in dem, was offen mitgeteilt wird (vgl. das Konzept des BFTC, de Shazer 1985; 1989; de Shazer et al. 1986).

Nicht beabsichtigt ist selbstverständlich, Luhmanns Theorie sozialer Systeme zu operationalisieren. Das wäre allein schon aufgrund des dort durchgehaltenen Komplexitäts- und Abstraktionsgrades vermessen. Bereits in Teilbereichen entzieht sich die Theorie der Operationalisierung, z.B. am elementaren Konstitutionspunkt sozialer Systeme: der Kommunikation. Aus dem Postulat, daß jede Kommunikation als Einheit der Selektion von Information, Mitteilung und Verstehen aufzufassen sei, ergibt sich, „daß Kommunikation nicht direkt beobachtet, sondern nur erschlossen werden kann" (Luhmann 1984, 226). Kommunikation kommt zwischen Individuen zustande. Und wann ein kommunikativer Akt durch Verstehen abgeschlossen ist, oder vielmehr umgekehrt durch Verstehen erst als solcher ermöglicht wurde, ist zeitlich nicht identifizierbar. „Um beobachtet werden oder um sich selbst beobachten zu können, muß ein Kommunikationssystem deshalb als Handlungssystem ausgeflaggt werden. ... Erst durch Handlung wird die Kommunikation als einfaches Ereignis an einem Zeitpunkt fixiert" (a.a.O., 226f.). Das vereinfacht einiges, vor allem weil sich Handlungen innerhalb sozialer Systeme auf Einzelpersonen zurechnen lassen. Es lassen sich jetzt Urheber und Adressaten der Kommunikation identifizieren. Aber das Operationalisierungsproblem ist damit nicht gelöst, denn „Handlungen werden durch Zurechnungsprozesse konstituiert. Sie kommen dadurch zustande, daß Selektionen ... auf Systeme zugerechnet werden" (z.B. mit den Semantiken von „Absicht", „Motiv", „Interesse"). „Es kommt ... darauf an, daß ... Adressaten für weitere Kommunikation, Anschlußpunkte für weiteres Handeln festgelegt werden" (a.a.O., 228). Handlungen entstehen also – konsequent soziologisch gedacht – innerhalb des kommunikativen Prozessierens eines sozialen Systems und sind mithin auch nur von innen, durch die Teilnehmer selbst, identifizierbar (vgl. den Ansatz des symbolischen Interaktionismus). Das führt die Methodik an einen Scheidepunkt. Entweder man betreibt ausschließlich Forschung aus der Sicht des teilnehmenden Subjekts. Das aber trifft auf Probleme der Mitteilbarkeit, denn bei der späteren Rekonstruktion hat das Subjekt den Kontext des sozialen Systems verlassen und agiert als Fremdbeobachter. Bedeutungen entstehen nun neu, und zwar zwischen ihm und dem Interviewer bzw. zwischen ihm und dem Aufzeichnungsmedium. Oder man versucht eine Operationalisierung beobachtbarer Operationen und riskiert damit den Vorwurf dualistischer Objektivierung. Der in diesem Abschnitt unterbreitete Vorschlag muß mit diesem Risiko leben.

6.10 Methoden reflexiver Selbstrepräsentation

Unter dieser Überschrift möchte ich Verfahren zusammenfassen, die üblicherweise nicht zusammengefaßt werden. Sie weisen jedoch alle ein hervorstechendes Merkmal auf, das diesen Schritt rechtfertigt. Es besteht darin, daß die Mitglieder eines sozialen Systems auf die von ihnen selbst angefertigte Beschreibung ihrer Beziehungen zueinander reagieren können und sollen. Die Feststellungen über die Beziehungswirklichkeit werden also von den Beteiligten, z.B. den Mitgliedern einer Familie selbst getroffen und kommunikativ weiterverarbeitet, womit sich ihre Beziehungswirklichkeit gleichzeitig verändert. Das ist etwa im Prozeß des zirkulären Fragens, bei Familienskulpturierungen oder bei anderen Formen symbolischer Selbstdarstellungen von Gruppen oder Familien der Fall.

Die genannten Techniken verbindet die Absicht, nicht tatsächliche Gegebenheiten abzubilden, sondern neue Möglichkeiten der Beziehungsgestaltung anzuregen. Die Intention ist also primär eine therapeutische, keine diagnostische. Relevante Beurteilungskriterien sind vor allem Verständlichkeit (1), geringer Aufwand (2), Veränderbarkeit der fertigen Modelle (diese befinden sich permanent im Fluß, 5), Dynamizität (6), sozialkommunikative Referenzebene (7), Lösungsorientierung (12), teilweise auch Einbezug des Beobachters als Fragesteller (14, „observing himself as an investigating observer", Tomm o.J., 4). Die Techniken beabsichtigen, eine Artikulationshilfe zu bieten, denn eine Familie kann sich Klarheit über ihre inneren Beziehungen verschaffen, die wohl gelebt, aber bisher vielleicht noch nicht deutlich gemacht wurden (15), wobei die Techniken so angelegt sind, daß einseitige Schuld- oder Verantwortungszuweisungen auf eine Person ebenso vermieden werden (16) wie pathologisierende Einordnungen eines Familienmitglieds (17). Die Techniken erweisen sich als therapeutisch produktiv (18), indem sie kommunikative Anschlußfähigkeit erzeugen (19).

6.10.1 Zirkuläres Fragen .

Beispiele für zirkuläre Fragen wären etwa: Wenn Tanja lange für ihre Hausaufgaben braucht, wer ist dann eher zur Stelle, um ihr zu helfen, Mutter oder Vater? Was denkst Du, Karin (Tochter), wer aus der Familie war über Großmutters Ohnmachtsanfall am stärksten beunruhigt? Wer verbringt mehr Zeit damit, das Boot instandzusetzen, der Vater oder der Sohn? Gab es vor Elviras Unfall mehr Streit zwischen den Geschwistern als nachher? Wem war es am wichtigsten, in die Therapie zu kommen? Was glaubst Du, Karin, erwartet Dein Vater von einer Therapie? etc.

Zirkulärem Fragen kommt es darauf an, Unterschiede deutlich zu machen. Diese Unterschiede können sich auf ein zeitliches Vorher/Nachher, auf verschiedene Wahrnehmungen, Annahmen, Wünsche oder Verhaltensweisen der beteiligten Personen, oder auf Differenzen zwischen Bedeutung und Handlung, zwischen Kontexten oder zwischen verschiedenen Arten der Beziehungsgestaltung richten. Tomm (o.J.; 1987b) entwickelt eine detaillierte Klassifikation möglicher zirkulärer Fragen. Zirkularität bedeutet in diesem Zusammenhang, daß (a) Information nur aus Unterschieden bzw. wahrnehmbare Ereignisse nur aus der Kontrastierung mit anderen Ereignissen generierbar sind und (b) Wirklichkeitskonstruktionen dadurch entstehen, daß Fragen und Antworten zwischen den Beteiligten (Interviewer und Interviewte) hin- und herzirkulieren, wobei sie aufgegriffen, verändert, ausgebaut, ergänzt werden: Unterschiede, die Unterschiede machen (s. Selvini Palazzoli et al. 1981; Penn 1983; Tomm 1984; 1988; o.J.).

Je nachdem, ob sie eher zu Orientierungszwecken oder mit therapeutischer Veränderungsintention gestellt werden, unterscheidet Tomm (1988) zwischen zirkulären und reflexiven Fragen. Diese stellt er linealen und strategischen Fragen gegenüber (s. Abb. 34).

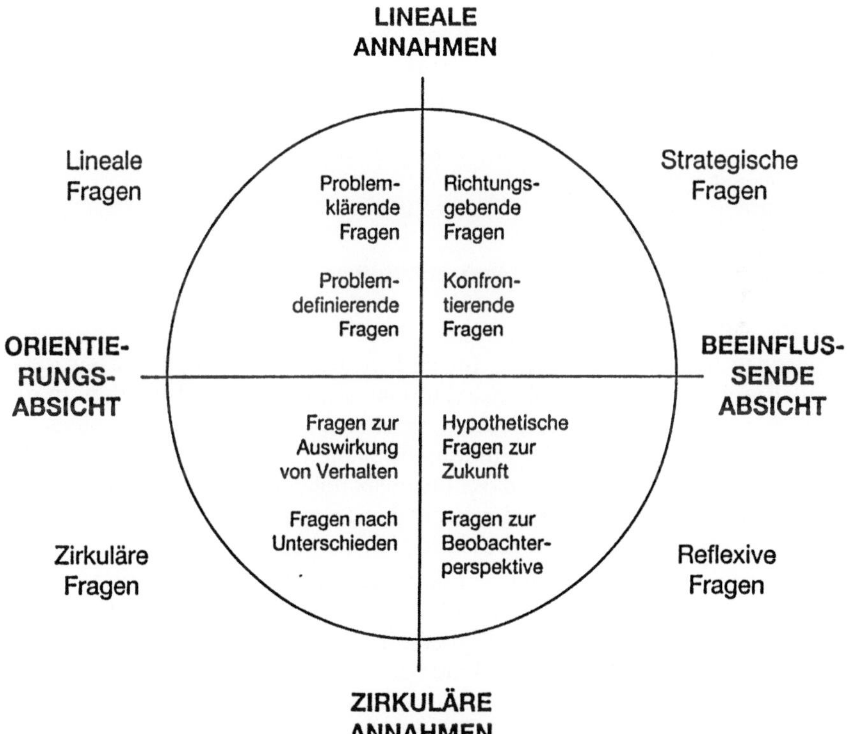

Abb. 34: Gegenüberstellung von vier verschiedenen Fragetypen (nach Tomm 1988; Abb. aus Tomm 1989).

Lineale Fragen haben gemäß dieser Einteilung explorativen Charakter. Es geht um Problemdefinitionen und -erklärungen unter linealen Prämissen (z.B.: Welches Problem führt sie in die Therapie? Wer tat wann und wo was, wie und warum?).

Zirkuläre Fragen verfolgen ebenfalls explorative Zwecke, aber unter zirkulären Prämissen. Im Mittelpunkt stehen die „patterns that connect", Muster also, die Personen, Handlungen, Gefühle, Ideen etc. aufeinander beziehen (Was tun Sie, wenn Ihre Frau Ihnen vermittelt, wie sehr sie in Sorge ist? Wer glaubst Du beunruhigt sich über Deine Schulleistungen mehr, Dein Vater oder Deine Mutter?).

Strategische Fragen beabsichtigen eine unmittelbare Einflußnahme auf das Verhalten der Klienten, wobei die lineale Annahme direkter Beeinflußbarkeit (instruktiver Interaktion) implizit im Hintergrund steht. Somit handelt es sich eher um in Fragen verpackte Aufforderungen (z.B.: Was hindert Sie daran, mehr Zeit in die Prüfungsvorbereitungen zu investieren? Wann werden Sie (endlich) Verantwortung für Ihr Leben übernehmen und sich um einen Job kümmern?). Die Schwerpunkte dieses Fragetyps liegen im Bereich direktiver Führung oder unmittelbarer Konfrontation.

Reflexive Fragen schließlich sollen Veränderungen anstoßen, indem der Therapeut neue Perspektiven eröffnet, die entsprechend den Möglichkeiten einer Familie weiterprozessiert werden (z.B.: Wenn diese Depression plötzlich verschwinden würde, was würde sich in Ihrer Familie verändern (vgl. de Shazers „miracle question")? Wenn sie nun in ihrer Beziehung einige alte, unerledigte Angelegenheiten mitschleppen, wer wird als erste(r) dazu bereit sein, dieses heiße Eisen anzupacken?). Betont sei, daß keine dieser vier idealtypischen Fragekategorien prinzipiell zu bevorzugen ist. Vielmehr kann jeder Typus entsprechend der jeweiligen Zwecksetzung und Therapiesituation seine Verwendung finden. Vor allem macht nicht (allein) der Wortlaut die Musik, sondern der Ton, in dem sich der emotionale Hintergrund der Frageabsicht ausdrückt. Eine detaillierte Indikationsdiskussion der Fragevarianten findet sich bei Tomm (1988).

6.10.2 Symbolisch dargestellte Selbstrepräsentationen

Weitere Formen reflexiver Selbstrepräsentation bedienen sich über das gesprochene Wort hinaus noch anderer Hilfsmittel. Im einfachsten Fall können das ein paar Münzen sein, durch die Beziehungskonstellationen veranschaulicht werden. In der Größe einer Münze drückt sich die Bedeutung einer Bezugsperson oder eines Tätigkeitsbereichs aus, im Abstand die emotionale Nähe oder Distanz zwischen der KlientIn und ihren Bezugspersonen bzw. Lebensbereichen (s. Raeithel 1985). Die Münzen lassen sich austauschen und verschieben, um mögliche Veränderungen im Leben der KlientIn hypothetisch durchzuspielen.

In ähnlicher Weise, wenn auch mit etwas perfekterem Material, arbeitet die Methode des Familienbretts nach Ludewig et al. (1983; s. auch Arnold, Engelbrecht-Philipp & Joraschky 1987, 195ff.). Die Familienmitglieder haben Holzfiguren zur Verfügung, mit denen sie die Beziehungskonstellationen in ihrer Familie nachstellen sollen. Das Ergebnis läßt sich ebenso wie das Interaktionsverhalten der Modellproduzenten interpretieren und zum Ausgangspunkt für die therapeutische Konversation nehmen. Mit möglichen Veränderungen der Familienkonstellation kann experimentiert werden.

C. Hennig (persönliche Mitteilung) arbeitet an einem Familienspiel, das Familien innerhalb und außerhalb von Therapien dazu nutzen können, verschiedene, im Spiel auftretende Lebensaufgaben, Schwierigkeiten und Beziehungskrisen (vermittelt durch Koalitionsstrategien und Ereigniskarten) zu meistern. Gespräche über die Lebens- und Beziehungsverhältnisse in der eigenen Familie liegen dabei natürlich nahe.

Über die genannten Methoden hinaus bietet sich praktisch jedes weitere Hilfsmittel an, um Beziehungen zu veranschaulichen, z.B. Soziogrammdarstellungen mit Papier und Bleistift, Zeichnungen von Tieren (Familie in Tieren), Puppen, die Materialien des Szenotests, Rollenspiele mit und ohne Requisiten und Kostüme. Dem Erfinden von Inszenierungsvarianten sind keine Grenzen gesetzt.

Bei den damit möglichen Szenarien handelt es sich um flüchtige Modelle, die von den Beteiligten entworfen und transformiert oder wieder aufgegeben werden. Steht dabei die sprachliche Vermittlung im Vordergrund, so bezeichnet sie Raeithel (1985) als diskursive Modelle, werden hauptsächlich Handlungen oder pantomimische Ausdrucksformen benutzt, so spricht er von dramatischen Modellen. Deren Bedeutungsgehalt liegt nicht in verbalen Darstellungen, sondern in ihrer „szenischen Information" (Argelander 1970).

6.10.3 Skulpturierungsverfahren

Als Paradebeispiel für dramatische Modelle dürfte wohl die in der Familientherapie vielbenützte Methode der Familienskulpturierung gelten (s. Konstantine 1978; Schweitzer & Weber 1983; Arnold, Engelbrecht-Philipp & Joraschky 1987). Durchführungshinweise und praktische Beispiele finden sich unter anderem in den genannten Publikationen. Bei der Stellung einer Skulptur können die Teilnehmer den Raum sowohl in seiner flächigen als auch in seiner vertikalen Ausdehnung benutzen, um Nähe-Distanz-Verhältnisse ebenso wie Über- oder Unterordnungsverhältnisse zu verdeutlichen. Stühle und Tische dienen dabei als Podeste. Die gerade agierende FamilienbildhauerIn bittet die Teilnehmer auch, entsprechende Körperhaltungen einzunehmen, die ihrer Ansicht nach typisch für deren Lebens- und Beziehungsgefühl in der Familie (bzw. Gruppe) sind. Die Teilnehmer können sich später über das mit ihrer Körperhaltung und Position verbundene Gefühl verbal austauschen. Daraus entstehen oft therapeutisch sehr fruchtbare Diskrepanzen, z.B. zwischen erlebter und gewünschter Beziehungsgestaltung, zwischen den Wahrnehmungsweisen ein und derselben Skulptur durch die verschiedenen Beteiligten, oder zwischen Körperausdruck und beschriebenem Erleben.

Ein drastisches Beispiel für letzteres lieferte einmal eine Skulptur, bei der die Tochter ihre Eltern in folgender Haltung positionierte: der Vater mußte leicht in die Hocke gehen und den nach vorne gebeugten Oberkörper mit den Händen auf den Knien abstützen, was man wohl als eher unbequeme Haltung bezeichnen könnte. Die Mutter wurde dahinter auf ein Podest gestellt, wobei sie bei aufrechter Körperhaltung die Arme in die Hüften spreizen sollte. Ihr Kommentar aus dieser Position heraus war, an den Vater gerichtet: „Ich habe das Gefühl, du fällst mir immer in den Rücken."

Die Technik der Familienskulpturierung kann in unterschiedlichen Abwandlungen benutzt werden, je nachdem, was gerade im Mittelpunkt der therapeutischen Arbeit steht. Indem etwa mehrere Familienmitglieder aufgefordert werden, ihre Sicht des Beziehungsgefüges darzustellen, lassen sich die verschiedenen Perspektiven kontrastieren und vergleichen. Auch kann antizipiert werden, was es für die Familie bedeuten würde, wenn Mitglieder hinzukämen (z.B. durch Heirat oder Geburt eines Kindes) oder weggingen (z.B. durch Tod, Trennung oder Verselbständigung eines erwachsenen Kindes). Ängstigende Ereignisse in der Zukunft mögen damit eher bewältigbar erscheinen. Überhaupt lassen sich verschiedene mögliche Beziehungskonstellationen durchspielen, verschiedene Nähe-Distanz-Verhältnisse ausprobieren oder gemeinsam gewünschte Ideal-Konfigurationen entwerfen (wobei sich natürlich die Frage unmittelbar anschließt, was konkret dazu getan werden kann, wünschenswerte Neugestaltungen der Beziehungsverhältnisse auch zu realisieren). Diese und andere Abwandlungen der Technik (s. ausführlicher Schweitzer & Weber 1983, 117ff.) beziehen auch die Zeitperspektive familien- und gruppendynamischer Veränderungen ein. Aus der Skulptur wird eine Choreographie, ein Tanz oder eine Beziehungsdramaturgie – je nachdem, welcher Metapher man den Vorzug geben will.

Mit Blick auf den Unterschied zwischen sprachlich-digitalen und ikonisch-figurativen Darstellungsformen nennen Schweitzer & Weber (1983, 114f.) drei weitere Vorteile der Skulpturierungsmethode:

„1. Als ein mehr prozeßhafter Vorgang 'unterläuft' sie viele der uns bekannten, an Sprache gebundenen Abwehrphänomene, wie Rationalisierung und Intellektualisierung und ermöglicht ein rasches Vordringen zu zentralen Konflikten und tieferliegenden abgewehrten Gefühlen.

2. Sie ermöglicht über sonst in der Familientherapie weniger benutzte Wahrnehmungskanäle, z.B. den kinästhetischen oder visuellen (s. Bandler & Grinder 1975), andere Zugänge zu den basalen Familienprozessen und erlaubt, diese sinnlichkonkret zu erleben. Diese neuen Informationen über die interpersonale Landschaft wirken wieder zurück auf die inneren Bilder der einzelnen Familienmitglieder und verändern so deren Epistemologie. Dieses Bild kann auch durch Darüber-Reden als Information nicht mehr leicht gelöscht werden.

3. Raum-zeitliche Metaphern stellen, weil archaischer, ein eher 'universelleres' Kommunikationsmedium als die Sprache dar (Scheflen 1972; Konstantine 1978). Die Bedeutung solcher Metaphern kann von verschiedenen Familienmitgliedern leicht gemeinsam verstanden und akzeptiert werden, und der Therapieprozeß wird dadurch fokussiert und intensiviert."

6.11 Das Planspiel

Da es sich hierbei um ein Verfahren handelt, dessen eminente Praxis- und Forschungsrelevanz speziell von systemisch orientierten Praktikern noch kaum nutzbar gemacht wurde, möchte ich es etwas ausführlicher darstellen. Zu diesem Zweck sei dem Thema „Planspiel" ein eigenes Kapitel (VI) gewidmet.

7 Gibt es ein systemisches Krankheitsmodell?

In diesem Kapitel befaßten wir uns mit einer Auswahl sehr heterogener Ansätze, die Dynamik von Mehrpersonen-Systemen zu modellieren. Im Anschluß daran läge nun die Frage nahe, ob sich diese Verfahren in ein umfassendes systemisches Krankheitskonzept einordnen lassen. Gibt es also ein systemisches Rahmenmodell psychischer, psychosozialer und psychosomatischer Probleme? Um es vorwegzunehmen – die Antwort lautet: nein. Ebenso wie einzelfallorientierte Modelle erweisen sich die in der systemtheoretischen Literatur gehandelten Krankheitsmodelle als selektiv, perspektivisch und zweckgebunden. Je nach Theoriehintergrund und Arbeitsschwerpunkt werden andere Konzepte verwendet, was übrigens als Indiz gegen die Existenz eines einheitlichen systemischen Paradigmas im psychosozialen Sektor zu werten ist. Im Sinne des an verschiedenen Stellen (z.B. Verhaltensmedizin, Systemtheorie) in Gang gekommenen interdisziplinären Diskurses wäre es auch durchweg hinderlich, einen monolithischen Klotz in die Landschaft zu setzen, der, ständig eingehüllt von dichten ideologischen Wolken, zwangsläufig zum Schauplatz von Angriffs- und Verteidigungsgefechten werden müßte.

7.1 Die veränderten Voraussetzungen der Krankheitsmodell-Diskussion

Die Gräben laufen im Moment quer durch die einzelnen Disziplinen, so daß sich das Freund-Feind-Denken der siebziger Jahre, in denen sich ein medizinisches und ein sozialwissenschaftliches Krankheitsmodell gegenüberstanden, erübrigt. Bereits damals war nur schwer zu verorten, worin *das* medizinische Modell nun genau bestehen sollte, konnten doch differenzierte Arbeiten die Konturen unterschiedlicher Krankheitskonzepte in der Medizin nachzeichnen. Noch schwerer fällt heute die Charakterisierung eines einheitlichen medizinischen Krankheitsmodells. Beispielsweise hat der Graben zwischen Schulmedizin und Ganzheitsmedizin deutlich an Ausprägung gewonnen, dessen Anfänge, so F. Hartmann (1987), sich aber entlang der Begriffsdifferenz von Systema und Holon[2] bis in die Antike zurückverfolgen lassen.

In dem Maße, indem sich ganzheits- bzw. alternativmedizinische Konzepte ihrerseits ausdifferenzierten, Anregungen aus anderen Kulturkreisen (z.B. der chinesischen Medizin) aufnahmen, sich Schwerpunkte suchten (z.B. im Bereich der Ernährung, der Ökologie, der Akupunktur, der Seelenkunde, der Kräutermedizin) und unterschiedliche Oppositions- bzw. Amalgamierungsbeziehungen mit der traditionellen Schulmedizin eingingen, entwickelten sich auch in der Medizin verschiedene Strömungen. Das Phänomen, weswegen die Psychowissenschaften oft von außen ihre Ernsthaftigkeit in Frage gestellt sahen, nämlich ihre Meinungsvielfalt, reproduzierte

---

2   „Systema ist ... das Gebilde, das Ganze als Inbegriff, eine Gesamtheit, eine Gestalt, aber eben das durch Zusammenstellen, Ordnen Aufgebaute. To Holon indessen, wie Plato es in Bezug auf die hippokratische Methode im 'Phaidros' beispielhaft ausführt, ist ein dem Erkennen und Handeln als synthetisches Urteil vorgegebenes Ganzes" (F. Hartmann 1987).

sich nun in der Medizin. Verschiedene Einstellungen, persönliche Erfahrungen, Glaubenshaltungen, Argumente und Gegenargumente, Expertisen und Gegenexpertisen entfalten sich nicht *gegen*, sondern *mit* dem Fortschreiten der Naturwissenschaften (ein Beispiel von vielen: der Streit um die Schädlichkeit quecksilberhaltiger Zahneinlagen).

Mehr als andere Wissenschaften ist die Medizin in Prozesse reflexiver Verwissenschaftlichung eingebunden (Beck 1986; 1988). Sie hat sich nun mit den Folgelasten ihrer Praxis zu konfrontieren (Beispiele: gegen Antisepsis resistente Bakterienstämme in Krankenhäusern; Medikamentenabhängigkeit in weiten Kreisen der Bevölkerung, besonders bei älteren Menschen; Auflösung von Wissensbeständen, Können, Infrastrukturen und Eigenverantwortlichkeit für die Erhaltung bzw. Wiederherstellung der Gesundheit; etc., s. Vester 1984; Illich 1987; Keupp 1976). Die interne Standortdiversifikation beschleunigte sich zusätzlich durch den externen Druck der Medizinkritik, die sich in vielen Kreisen der Bevölkerung kenntnisreich verbreitet. Ins Kreuzfeuer gerieten – unter anderem – die engen, allzu engen Verstrickungen mit der Pharmaindustrie.

Aber auch an anderen Stellen, nämlich in der psychosozialen Versorgung, durchziehen Gräben die Disziplin, etwa dort, wo traditionelle Psychiatrie, Sozialpsychiatrie und – neuerdings wieder vermehrt und verstärkt – biologische Psychiatrie aneinander geraten. An Reformbewegungen ebenso wie an der neuen Orthodoxie (man denke z.B. an die Wiederbelebung der psychiatrischen Klassifikation) beteilig(t)en sich Ärzte und Psychologen gemeinsam. Ich möchte damit nicht über berufsständische Unterschiede hinwegargumentieren, doch ist sicher auch die Medizin nicht der monolithische Block schlechthin. Das Verenden der Reformbewegungen, drohende Arbeitslosigkeit auch für Ärzte, Kritik und Gegenkritik an der richtigen oder falschen Stelle: all das schlägt Schneisen, die nicht nur entlang der Disziplingrenzen laufen. Es entstehen vielleicht neue Kooperationschancen, mit Sicherheit aber sind im Vergleich zur Krankheitsmodelldiskussion der siebziger Jahre völlig geänderte Denkvoraussetzungen geschaffen. Wir können also für die Diskussion eines systemischen Krankheitsmodells nicht mehr die gleichen Wegmarkierungen erwarten wie damals, als die Sozialwissenschaft gegen die Medizin antrat.

Es ist notwendig, sich auf geänderte Voraussetzungen einzustellen, denn Krankheitsmodelldiskussionen dienen dem Zweck, die jeweils aktuellen politischen, sozialen und berufsfeldspezifischen Bedingungen im Hinblick auf neue Möglichkeiten der psychosozialen Versorgung auszuloten, wachsame Kritik an den herrschenden Praxisformen voranzutreiben und neue Theorieentwicklungen einzuarbeiten. Die Diskussion sollte daher kontinuierlich oder zumindest in regelmäßigen Zeitabständen fortgesetzt werden, und zwar im interdiziplinären Austausch. Mehrere Ebenen der Auseinandersetzung sind davon betroffen (Keupp 1988):

1. *Erklärungsansätze in den Einzelwissenschaften.* Hierbei geht es um die Konkurrenz, Ausdifferenzierung oder Integration von Theorien zu verschiedenen Formen oder Aspekten von Krankheitsprozessen (z.B. Psychoneuroimmunologie, Streßforschung, Familiendynamik, Sozialökologie, Krankheitskarrieremodelle etc.).

2. *Konkurrenz der Zuständigkeiten, Professionen und Pfründe.* Verhandelt werden natürlich nicht nur abstrakte Modelle, sondern auch Zuständigkeiten und damit finanzielle Ressourcen und mehr denn je: Arbeitsplätze. In der Geschichte erwies

sich bisher die Konkurrenz um Zuständigkeiten für psychische Probleme bzw. soziale Auffälligkeiten als Konkurrenz zwischen Professionen: Polizei/Psychiatrie, Religion/Medizin, Psychologie/Medizin. Zukünftig dürften weitere Leitdifferenzen, die z.B. über KV-Zulassung oder Verbandszugehörigkeiten definiert sind, hinzukommen.

3. *Konsequenzen für die Gesundheits- und Sozialpolitik.* Offensichtlich haben die Konzepte Auswirkungen auf die Organisation der psychosozialen Praxis. In den siebziger Jahren etwa wurden Prinzipien wie Dezentralisierung, Verkleinerung psychiatrischer Institutionen, multidisziplinäre Teamarbeit etc. nicht nur propagiert, sondern zumindest ansatzweise auch realisiert. Davon, welche Krankheitsmodelle gerade politisch plausibel zu machen sind bzw. in die Landschaft passen, hängt es unter anderem ab, welche Versorgungsprojekte (nicht zuletzt: finanzielle) Unterstützung finden.

4. *Ideologiekritik.* Die Frage ist, inwieweit es den jeweiligen Krankheitsmodellen gelingt, die gesellschaftlichen Funktionen von Konzepten wie „Krankheit" oder „Abweichung" zu thematisieren. In früheren Diskussionen wurde z.B. deutlich, daß die Übertragung bio-medizinischer Modelle auf psychosoziale Probleme zur Verschleierung dieser Funktionen geeignet ist. Die Diskussion hat also Aspekte sozialer Kontrolle, Normalitäts- bzw. Normendefinitionen und Interessen gesellschaftlicher Gruppierungen mit einzubeziehen. „Die Hauptmotivation für die Kontroverse um das Krankheitsmodell war eine kulturrevolutionäre Infragestellung des Normalitätsverständnisses, das die bürgerliche Gesellschaft auf die Tagesordnung gesetzt hat. Die diversen fachlichen und professionellen Spezialdiskurse, die sich aus dieser Strömungsdynamik gespeist haben, haben deren Grundintention reduktionistisch verkürzt, für Partialinteressen ausgebeutet" (Keupp 1988, schriftliche Argumentationsskizze zum Vortrag, S. 1).

Diese vier Ebenen machen die Bedeutung von Krankheitsmodellen sowie die Notwendigkeit ihrer kritischen Diskussion deutlich.

7.2 Aus funktional-struktureller Sicht: Das Konzept der „Krankheit" als Hilfsmittel sozialer Komplexitätsreduktion

Es gilt zu unterscheiden zwischen Entwürfen für systemische Krankheitsmodelle einerseits und dem mit systemtheoretischen Mitteln geführten Diskurs *über* Krankheiten andererseits. Eine Variante dieses Diskurses betrifft die gesellschaftliche Funktion der medizinischen Kategorie „Krankheit". Hierzu existieren Hypothesen wie: „Kontrolle abweichenden Verhaltens", „Zur-Verfügung-Stellen von individuellen Schonräumen", etc. Eine weitere wesentliche Funktion könnte man in der Reduktion sozialer Komplexität vermuten. Speziell in Luhmanns Funktionalem Strukturalismus (z.B. 1971 a, b; 1978a; 1984; zum Begriff s. z.B. Willke 1982, 4f.; Böse & Schiepek 1989) besteht eine zentrale Notwendigkeit für soziale Systeme darin, Umwelt- wie Systemkomplexität zu bewältigen. Hierzu leistet die medizinische Krankheits-Kategorie einen hervorragenden Beitrag, indem sie nämlich die Zurechnung bestimmter Phänomene auf ein organisches Substrat bzw. biologische Funktionen vornimmt. Damit wird das Geschehen individualisiert und gleichzeitig sozial eingegrenzt, mit-

hin der Bearbeitung durch eine bestimmte Profession zugänglich, an bestimmte
zuständige Institutionen delegierbar und der Verantwortung des Betroffenen weitgehend entzogen – er kann sich zurücklegen und zum „Patient" werden, wenn er
nur bei der Anwendung der Heilungsverfahren kooperiert (vgl. Parsons 1951). Der
entscheidende Punkt besteht für soziale Systeme darin, daß eine ganz andere Referenzebene, eben die biologische, bemüht wird. Die Zurechnung erfolgt also auf
die Umwelt sozialer Systeme, und zwar auf eine spezielle, nämlich organismisch-
biologische Umwelt. Das System kann sich auf das Verhältnis zu dieser Umwelt
einrichten, indem es z.B. die Strukturen eines medizinischen Versorgungssystems
(und auch: eines Forschungssystems, das sich historisch in einen analytisch-naturwissenschaftlichen Reduktionismus einfügt) ausbildet.

Das Konstitutionsverhältnis ist dabei doppelseitig zu verstehen: bestimmte Umwelten geben Anlaß für die Konstitution entsprechender Strukturen, und diese wiederum bestimmen, was überhaupt als Umwelt wahrnehmbar wird. Komplexitätsreduktion bedeutet mithin für ein soziales System (a) Herstellung einer bestimmten
„Diskontinuität zwischen System und Umwelt" (Reduktion ungeordneter Umweltkomplexität) und (b) „systemimmanente Selektivität der Struktur im Verhältnis zu
den kombinatorischen Möglichkeiten der Elemente"[3] (Aufbau geordneter Systemkomplexität) (Luhmann 1978a, 19). Struktur bedeutet: Verfügbarkeit bestimmter
Reduktionsvorgaben (z.B. über Erwartungen, Regeln) für die Beliebigkeit der Kom-
binations- und Anschlußmöglichkeiten von Handlungen bzw. Kommunikationen.

Medizinische Versorgungsstrukturen entsprechen dieser Definition in geradezu pro-
totypischer Weise: sie reglementieren, wie mit Phänomenen umzugehen ist, sobald
man diese nur als „Krankheit" bezeichnet (z.B. zu Zwecken von Erklärung, Behandlung, Entlastung, Verwaltung, Versicherung etc.). Bietet man der Maschinerie
Gelegenheit zum Einhaken, schon läuft eine mehr oder weniger perfekte Organisation von Aktionen, Zuständigkeiten, Programmen, Verhaltenserwartungen etc.
ab. Funktioniert die Organisation verläßlich, so kann man sich ihr im Falle von
Verletzungen, akuten Krankheitszuständen (medizinische Notfälle), Überforderun-
gen (Kurbehandlungen) oder Gebrechlichkeit (Pflegemaßnahmen) vertrauensvoll
überantworten. Das also ist ganz konkret gemeint, wenn von der komplexitätsre-
duzierenden Funktion des organmedizinischen Krankheitsbegriffs die Rede ist. Und
je besser es gelingt, auch für psychische Probleme eine rein organmedizinische
Krankheitsordnung zu etablieren, desto besser läßt sich diese – in vieler Hinsicht,
das sei ausdrücklich betont: sinnvolle – Funktion auch in den psychosozialen Bereich
hinüberretten.

Sobald aber neben biologischen noch psychische oder soziale Referenzebenen hinzukommen, gelingt die systemexterne Zurechnung nicht mehr ungebrochen. Die
Verhältnisse werden erheblich komplexer. Man muß dann danach fragen, ob nicht
das individuelle oder soziale Dazutun den Krankheitsverlauf in problematischer
Weise beeinflußt oder gar an der Entstehung von Krankheiten beteiligt ist. Gibt es
eine soziale Konstruktion von Krankheiten (s. Freidson 1970; Berger & Luckmann

---

3   Als Elemente (bzw. in der Terminologie von Kapitel IV: basale Komponenten) führt Luhmann in
    früheren Arbeiten „Handlungen", ab 1984 „Kommunikationen".

1970)? In welcher Weise tragen soziale Definitionsprozesse, Benachteiligung, Entfremdung, Stigmatisierung, Entsolidarisierung etc. zur Entstehung von Krankheiten bei? Diese und viele andere Fragen werden natürlich – und zwar seit langem – gestellt, nicht nur was psychische und Verhaltensauffälligkeiten betrifft, sondern auch im Hinblick auf sämtliche, üblicherweise theoretisch wie therapeutisch rein organisch behandelten Krankheiten. Daran beteiligt sind unter anderem Disziplinen wie Medizinsoziologie, Psychologie, Psychiatrie, Psychosomatik und Verhaltensmedizin, in neuerer Zeit auch die verschiedenen Teildisziplinen der Sozio- und Psychobiologie (z.B. Psychoneuroimmunologie).

Wenn dem Krankheits-Diskurs damit die Entgrenzung droht, sich also psychische und soziale Systeme selbst mitthematisieren müßten, sobald von Krankheit die Rede ist, dürfte die Kategorie der Krankheit eigentlich überhaupt nicht mehr in der Lage sein, sozial komplexitätsreduzierend zu funktionieren. Insofern Sozietäten aber darauf zurückgreifen wollen, müssen sie so tun „als ob". Sie müssen die Selbstthematisierung der sozialen Referenzebene aktiv eindämmen, z.B. mit organmedizinischen Argumenten, oder dort, wo das z.B. aufgrund unmittelbarer Evidenzen oder wissenschaftlicher Befunde nicht gelingt, die Versorgung auch nichtorganischer Probleme nach dem Prinzip der medizinischen Definitionsmodalitäten und Organisationsstrukturen einrichten oder beides. Dagegen könnte man eine Reihe wissenschaftlicher und politischer Argumente geltend machen, wie sie aus der gesundheitspolitischen Diskussion bekannt sind. Wie so oft, stand und steht hier Wissenschaft der Wissenschaft gegenüber. Trotzdem ist ein Großteil der psychosozialen Versorgung nach dem Vorbild der (organ-)medizinischen Versorgung organisiert. Und schließlich braucht der Einbezug zwischenmenschlicher und sozialstruktureller Aspekte des Krankheitsgeschehens in den *wissenschaftlichen* Diskurs noch lange keine Konsequenzen für den alltäglichen, konkreten Umgang mit auftretenden körperlichen oder psychischen Problemen zu haben. Dies zeigt allein schon die Finanzierungssituation für Paar- und Familientherapien (s. Reiter, Ahlers & Hinsch 1989).

An dieser Stelle müßten nun Detailanalysen folgen, um zu erfahren, wie sich bestehende Versorgungssysteme etabliert und stabilisiert haben. Für unsere Zwecke mag es jedoch genügen, auf die sozialen Konstitutionsbedingungen organismischer oder anderer Krankheitskonzepte hingewiesen zu haben (vgl. Keupp 1976). Wenn im Anschluß an derartige Analysen nämlich deutlich wird, welche Funktionen Krankheitsmodelle und die darauf gegründeten Strukturen erfüllen, läßt sich nach den Folgelasten einerseits, nach möglichen *funktionalen Äquivalenten* andererseits fragen (z.B.: Muß es sein, sich als „krank" einstufen zu lassen, um in den Genuß einer Paartherapie zu kommen?) Darin liegt das kritische – und keineswegs nur herrschaftsstabilisierende, wie Habermas (1971b) Luhmann gegenüber vermutet – Potential funktional-struktureller Analysen.

Gerade die Hypothese gesellschaftlicher Komplexitätsreduktion macht auf ein zugespitztes Dilemma aufmerksam: Sozietäten können die genannte Funktion vor allem dann in Anspruch nehmen, wenn eine *fremd*referentielle Zurechnung des (Krankheits-)Geschehens auf biologische (oder höchstens noch: individuell psychische) Prozesse gesichert ist. Dieser Zurechnungsbedarf läßt sich allerdings nicht decken, er beruht auf einem Phantom. Bereits sehr viele organische Krankheiten verweisen auf Gifte in der Nahrung, auf Schadstoffkonzentrationen in der Luft, auf belastende Lebensbedingungen am Arbeitsplatz, in Schule und Freizeit, auf PVC-Böden, Schulstreß, Lacke, Holzlasuren, Spraydosen und iatrogene Schädigungen. Nichts ist mehr sicher, und sofort fragt man (kritisch) nach den Experten, die dafür zuständig sind, nach den zulässigen Grenzwerten, nach den Politikern, nach neuen Lebensstilen und Heilslehren, nach der Industrie und ihren vorhandenen oder nicht vorhandenen Filteranlagen, nach den neuen Medikamenten, nach (meist fehlenden) Finanzierungsmöglichkeiten, nach der Landwirtschaft, dem sterbenden Wald und Boden, nach Diäten oder Anti-Diäten, nach Psychotherapie, nach dem medizinischen Versorgungssystem, usw. usw., in manchen Fällen auch nach den eigenen Lebensgewohnheiten. In einem zweiten Schritt ist erst recht nichts mehr sicher. Für psychische bzw. soziale Probleme gilt dies natürlich auch und verstärkt (vgl. die zahlreichen sozialwissenschaftlichen Analysen psychischer „Krankheiten", Keupp 1972a, b; 1976; Reinecker 1978b; sowie die dort angeführte Literatur). Organisches wie psychisches Leiden fungiert als Anlaß für eine umfassende Selbstthematisierung der Gesellschaft. Fast alle gesellschaftlichen Subsysteme stellen sich selbst und vor allem wechselseitig in Frage, kritisieren und verdächtigen sich. Von Komplexitätsreduktion keine Spur. Einfache, individuell zurechenbare Krankheitskonzepte haben ausgedient, was symmetrisch dazu den Bedarf danach steigert sowie eine Versorgungspraxis des „als ob" in Frage stellt und bestätigt zugleich. Eine paradoxe Situation.

Mit dieser Situation nun muß sich jede Diskussion über systemische „Krankheits"-Modelle auseinandersetzen, was vor allem bedeutet, daß sie nicht unpolitisch sein kann.

7.3 Systemische Krankheitskonzeptionen

Wenn man danach fahndet, welche systemtheoretisch begründbaren Krankheitsmodelle in der einschlägigen Literatur zu finden sind, so trifft man je nach Anwendungs- oder Forschungsbereich auf unterschiedliche Ansätze. Dabei wird meist sowohl der *prozessuale* als auch der *relationale* Aspekt des Krankheitsgeschehens betont. „Krankheit" einschließlich der individuellen und sozialen Umgangsformen damit (Vorgeschichte, Bemerken erster Anzeichen, Definition, Hilfestellungen und Therapie, Bewältigungsversuche, Annahme oder der Distanzierung von der „Krankheit" etc.) sei als Prozeß zu verstehen. Relational ist dieser Prozeß insofern, als jede Störung sowohl eines Beobachters (bzw. deren mehrerer) mit bestimmten Wahrnehmungs- und Wertungsschablonen bedarf, um überhaupt festgestellt zu werden (wobei hier auch die Möglichkeit zur Selbstbeobachtung bedeutsam ist), als auch nur bezüglich einer bestimmten materiellen oder sozialen Umwelt des betroffenen Systems zustandekommt bzw. auffällt (vgl. Simon 1988b, 119ff.). Insbesondere psychische „Krankheiten" sind also keine ontologischen Entitäten, sondern umweltrelative, psychisch und sozial mitkonstituierte Prozesse. Es wäre angesichts dieser grundlegend zirkulären Situation daher korrekt, den Begriff der „Krankheit" nur in Anführungszeichen zu benutzen (Keupp 1976; Dell 1986).

(a) Diesbezüglich ebenso konsequent wie therapeutisch praktikabel faßt Ludewig (1987; 1988a) psychische und soziale Auffälligkeiten, die in Mehrpersonenkonstellationen (z.B. einer Familie) zum Problem werden, als soziale „Problem-Systeme". Damit bezieht er sich konsequent auf die Ebene des *inter*personellen Geschehens der daran beteiligten Mitglieder, selbst wenn das Problem einer Einzelperson zugeschrieben wird. Therapeutisches Ziel ist die Auflösung des Problem-Systems. Im Vergleich zu früheren familientherapeutischen Konzeptionen, die das Problem als Funktion des sozialen Systems interpretierten, verläuft der damit gewählte Weg gerade *andersherum*: vom Problem zum dadurch konstituierten kommunikativen System. Dies scheint sinnvoll, da wissenschaftlich seriös und ohne Schuldzuschreibungen gangbar. Denn bis heute fand die sogenannte „Spezifitätshypothese", der Versuch also, „bestimmten Symptomen oder Syndromen eines Familienmitgliedes bestimmte eindeutige Strukturen oder Prozesse in der Familie zuzuweisen" keine Bestätigung (Reiter, Ahlers & Hinsch 1989, 1). Mit Recht setzten sich aufgrund der in dieser Hypothese enthaltenen Schuldzuschreibungen vor allem Angehörigenverbände massiv zur Wehr.

(b) Simon (1988b) definiert Krankheiten generell über die „Einschränkung der Anpassungsfähigkeit" eines lebenden Systems. „Im Prinzip unterscheiden sich Krankheitsprozesse nicht von anderen Entwicklungs- und Lernprozessen lebender Systeme. Sie stellen Krisen dar, in deren Verlauf versucht wird, auf neue Umwelten mit bestehenden Mitteln zu reagieren ... Man kann Krankheitsprozesse also im Sinne der Streßdefinition von Selye allgemein als Anpassungsreaktion verstehen: der Körper versucht mit seinen eigenen, ihm verfügbaren Mitteln, ein Problem der System-Umwelt-Anpassung zu lösen" (S. 114f.) Dabei stehen grundsätzlich zwei Möglichkeiten zur Verfügung: Assimilation und Akkomodation. Richten wir unser Interesse wieder speziell auf psychische Probleme, so finden wir eindeutige Parallelen zur Schema-Theorie und zur Interaktionellen Psychotherapie (Grawe 1986b sowie unten Kapitel IV und in diesem Kapitel Abschnitt 6.4). Auch hier wird psychisches Leiden aus einer unglücklichen „Passung" individueller Schemata zur mitmenschlichen Umwelt konzipiert, wobei die Therapie auf Assimilations- und insbesondere Akkomodationsprozessen (vgl. Piaget 1976) beruht.

(c) Im Gegensatz zu Simon (a.a.O.), der von einer binären, sprunghaften Unterscheidung zwischen Gesundheit und Krankheit ausgeht, stellen für Hesch (1987) Gesundsein und Kranksein aus endokrinologischer Perspektive keine fest abgegrenzten Räume dar, sondern durchdringen sich in ihren Grenzflächen. Es handelt sich in seiner Darstellung um „dynamische Zustände unterschiedlicher biologischer Informationsübertragung". „Die Grenzen eines Raumes für Gesundsein und ... Kranksein lassen sich subjektiv festmachen am physiologischen Verhalten eines Individuums in seiner Umgebung. Dieses wird (auf einer ersten Parameterebene, G.S.) bestimmt durch Informationsverarbeitung über die apperzeptiven Systeme (Sinnesorgane), durch welche ein Individuum mit seiner Umwelt kommuniziert. Auf dieser Ebene spielt das neuroendokrine System in Verbindung mit dem darin vernetzten Immunsystem die Hauptrolle. Eine begrenzte Zahl von externen Regel- und Störeingängen moduliert die Grenzen dieser Räume (1. Sinneseindrücke über Augen, Nase, Ohr, Gleichgewichtsorgan und Haut; 2. Inkorporation von Energie, Mediatoren, Flüssigkeit und lebender Organismen über den Gastrointestinaltrakt und 3. Aufnahme von Gasen, organischer und anorganischer Pollution und lebender Organismen über das Bronchialsystem). ... Danach ist Gesundsein und Kranksein etwas, was sich dynamisch in diesen Räumen entwickelt. Jeder Parameter der Regel-

und Störeingänge ist über Informationssysteme, die letztlich alle Hormonmediatoren als Informanden benutzen, mit den anderen vernetzt." Speziell für endokrinologische Krankheiten bemühen sich Hesch und Mitarbeiter um Phasenraumanalysen biochemischer Prozesse, bei denen verschiedene Formen von Dynamiken (unterschieden vor allem nach regulär-periodischen und chaotischen Dynamiken) bestimmten Zustandsformen von Gesundheit und Krankheit zugeordnet werden könnten (vgl. Mackey & an der Heiden 1982; verschiedene Arbeiten in Rensing, an der Heiden & Mackey 1987 sowie zur Erklärung des Prinzips Abb. 60 in Kapitel VII). Insbesondere Gerok (1989b) macht darauf aufmerksam, daß zur Aufrechterhaltung der Gesundheit ein filigranes Zusammenspiel von Ordnung und Chaos biologischer Prozesse notwendig ist, während Krankheit oft mit einem einseitigen Abkippen in erstarrte Ordnung oder ungesteuertes Chaos derartiger Prozesse einhergeht. Interessant an diesen Analysen ist die Tatsache, daß es Parameterbereiche gibt, innerhalb derer eine nur geringfügige Veränderung eines Parameters zu deutlich verändertem Systemverhalten führt (Bifurkationen). Damit bestünde die Möglichkeit, durch artifizielle Modulation der Parameterräume Krankheitszustände zu beeinflussen.

Auf weiteren Parameterebenen berücksichtigt Hesch biologische und sozialkulturelle Umwelten in ihrer Wirkung auf neuroendokrine Informationssysteme (vermittelt über individuell reifende kortikohypothalamische Regelkreise), sowie darüber hinaus eine dynamische Makroebene, auf der evolutionäre Prozesse, klimatische Bedingungen, Schadstoffbelastungen oder radioaktive Strahlungen eine Rolle spielen. „Das individuelle Gesundsein und der Übergang zu Kranksein resultieren also aus der dynamischen Topographie des Individuums in den es umgebenden biologischen Räumen und der Beziehung zwischen individuellem Verhalten in der Auseinandersetzung mit dem Gesamtverhalten der Gesellschaft und der von ihr aufgebauten Kultur" (Hesch 1987, 8).

Anhand dieser drei Beispiele aus der neueren Literatur konnte deutlich werden, wie unterschiedliche Arbeitsbereiche (z.B. Familientherapie und Endokrinologie) mit unterschiedlichen systemtheoretischen Modellen (z.B. aus der Soziologie oder aus der Mathematik und Biologie) verschiedene Störungskonzepte entwickeln. Jede Disziplin greift Aspekte des weiten Feldes der Systemtheorien auf, um sie für sich nutzbar zu machen. Das ist sinnvoll, und es sollten m.E. die Unterschiede eher akzentuiert als integrativ glattgebügelt werden. Ebenso wie auf der konzeptuellen Ebene scheint mir auch im Bereich der Therapie- und Versorgungsformen das evolutionäre Prinzip der Diversifikation (s. Dreitzel & Jaeggi 1987) sinnvoll und realistisch.

7.4 Die therapeutische Leichtfüßigkeit im Umgang mit Störungskonzepten

Innerhalb der systemisch orientierten psychosozialen Praxis gibt es zwar verschiedene Störungskonzeptionen, nicht jedoch eine Krankheitsmodelldiskussion. Dies muß als Manko gelten, da deshalb auch die für jede Art psychosozialer Praxis bedeutsame Diskussion eigener Normalitätsvorstellungen und impliziter Normierungsfunktionen nicht auf breiter Basis stattfindet. Im Bereich systemischer Therapien wäre dies aber gerade deshalb wichtig, weil die therapeutische Praxis sehr pragmatisch und flexibel mit der sprachlichen Etikettierung der von den KlientInnen angebotenen Probleme umgeht. Die leichtfüßige Praxis erfordert die aufmerksame Kritik.

Diese undogmatische Art, Bezeichnungen zu verwenden, beinhaltet übrigens m.E. eine ebenso therapieerfahrene wie konsequent konstruktivistische Antwort auf die Frage nach den Störungsmodellen. Die Praxis will nicht wissen: was ist das nun genau? sondern: wie sollen wir das Problem nennen, damit wir andere oder neue Handlungsoptionen erhalten? „Im Kontext einer systemischen Therapie geht es um Auflösungen und Neuordnungen von Bedeutungen, da neue Bedeutungen mit neuen Lösungsmöglichkeiten verbunden sind" (Reiter, Ahlers & Hinsch 1989, 8). Die Bezeichnung „Krankheit" entbindet meist von der eigenen Zuständigkeit für das Problem und übergibt es der ExpertIn (die dann umgekehrt erst mühsam der KlientIn wieder ihre eigenverantwortlichen Anteile klar machen muß). Besonders deutlich ist im Bereich der stationären Psychiatrie erfahrbar, wie der Unterschied zwischen ominöser Krankheit (d.h. Unverantwortlichkeit, Abgabe von Zuständigkeiten an das Pflegepersonal) und Eigenverantwortlichkeit zum täglichen Gegenstand therapeutischer Auseinandersetzungen werden kann. „Jay Haley hat bei als schizophren diagnostizierten Jugendlichen den entgegengesetzten Weg eingeschlagen. Er nahm vom Verhalten des Jugendlichen das Etikett 'krank' weg und setzte statt dessen die Bedeutung 'faul und frech'. Das erhöhte natürlich die Spannung in der Familie, zeigte aber gleichzeitig Lösungsmöglichkeiten auf, da das Verhalten jetzt zum erzieherischen Problem wurde. Solange der Jugendliche 'schizophren' war, konnten sich die Eltern nur mit der Bedeutung 'Krankheit' abfinden und darauf einstellen. Durch die Bedeutung 'frech und faul' konnten sich die Eltern wieder als kompetente Veränderer begreifen" (Reiter, Ahlers & Hinsch 1989, 7).

Nicht (nur) das Problem, sondern seine konzeptuell-begriffliche Einordnung bestimmt also wesentlich, wie in familiären und therapeutischen Kontexten damit umgegangen wird. Da sich bei KlientInnen häufig eine rekursive Stabilisierung zwischen Lebenspraxis und Problembenennung herausgebildet hat, sollte man „therapeutische Krankheitsmodelldiskussionen" zwar undogmatisch, aber behutsam führen. Bezeichnungen lassen sich nicht so leicht austauschen, auch wenn man als TherapeutIn glaubt, die therapeutisch nützlicheren, zutreffenderen oder besseren Sprachspiele anbieten zu können. Oft sogar haben Problem-, speziell Krankheitsbezeichnungen den Stellenwert von „global frames" (de Shazer 1988a bzw. 1989) erreicht, welche persönlich wichtigen Aspekten der Lebensführung Bedeutung und Sinn geben.

Krankheitskonzepte erzeugen eine „soziale Realität"; sie wirken als „imaginärer Interaktionspartner" (Simon 1988b, 339 ff.), den man therapeutisch in Rechnung stellen muß. Er ist in der Lage, „eigenverantwortliches Handeln" in „krankheitsbedingte Symptome" zu verwandeln. Besonders mit dem Auftreten psychischer „Krankheiten" können sich folglich Schuldzuschreibungen auf Personen weitgehend erübrigen, da jetzt die „Krankheit" „schuld" ist. Beurteilungen nach dem Maßstab von „gut" oder „schlecht" verlieren ihre Berechtigung. Die „Krankheit" kann als der große Außenfeind innerfamiliären Frieden bringen und als Trösterin auftreten: was noch vorher zur Kränkung Anlaß gab, ist jetzt krankheitsbedingtes

Verhalten. Das aber hat auch Nachteile: es entwertet jedes Verhalten, macht es zweideutig. „Was immer ein als krank definiertes Familienmitglied macht, es kann stets entsprechend zweier Deutungsrahmen interpretiert werden: als Handlung oder als Symptom" (a.a.O., 341). Notwendige Konflikte und die Austragung von Interessengegensätzen werden dadurch unterminiert. Es besteht die Gefahr, daß zwischenmenschliche Weiterentwicklungen unterbleiben.

„Alles in allem erfüllt 'die Krankheit' als *imaginärer Interaktionspartner* dieselben Funktionen, welche die *imaginäre Zahl i* in [bestimmten] ... Gleichungen erfüllt; sie ermöglicht es, dort weiter zu 'rechnen', wo das Gleichungssystem, durch das Menschen ihre Realität errechnen, Gefahr läuft, sich in Paradoxien zu verstricken. Ob es die 'Krankheit' wirklich gibt oder nicht, spielt keine Rolle: wenn man so tut, *als ob* es sie gäbe, ergeben sich neue Konstellationen, die alle Widersprüche auflösen" (a.a.O., 342, Hervorhebungen im Original).

Die Kunst der Therapie besteht nun diesbezüglich darin, diese Realität des „als ob", die für EinzelklientInnen, Paare oder Familien sinnvoll und bedeutsam geworden ist, in die Konversation einzubeziehen, um neue Bedeutungen zu generieren. Diese Art von pragmatischer Krankheitsmodelldiskussion sollte man neben den theoretisch-konzeptuellen sowie den praxis- und normenkritischen Varianten nicht vernachlässigen.

Anhang

Sicher werden Sie sich gefragt haben, liebe Leserin und lieber Leser, warum es dem zwanzigsten Kriterium (s. oben Abschnitt 5) in diesem Kapitel ergehen mußte wie der dreizehnten Fee im Märchen: sie wurde vergessen oder bewußt vernachlässigt oder beides. Keine der diskutierten Modellbildungsvarianten fand hinsichtlich ihres ästhetischen Wertes Beachtung. Da aber Ästhetik immer nur *subjektive* Ästhetik sein kann – denn was sollte objektive Ästhetik anderes sein als Anmaßung –, haben wir es in bezug auf dieses Kriterium mit Wittgenstein gehalten: worüber man nicht reden kann, muß man schweigen. Treffender noch wäre eine Abwandlung dieses Spruchs: worüber man nicht in verallgemeinerter Form urteilen kann, darüber sollte man derartige Urteile unterlassen. Das bedeutet nämlich keineswegs, daß nicht Sie, liebe Leserin und lieber Leser, ihre eigenen ästhetischen Urteile anlegen und vor allem: diskutieren könnten. Verstehen Sie das als Aufforderung, hierüber in Konversation zu treten. Gerade weil sich Ästhetik jeder Objektivierung widersetzt, öffnet sie sich der Kommunikation. Subjektive Ästhetik ist zugleich kommunikative Ästhetik.

III Ziele und kein Ende ...
Probleme zielorientierter Planung im Lichte systemtheoretischer Erkenntnisse

Im Bereich zielorientierter Planungsbemühungen ist es systemischem Denken erfolgreich gelungen, Probleme zu schaffen, wo vorher keine waren. Es entspricht somit Bazon Brocks (1986) Ansinnen an Theorie: Theorie solle Praxis kritisieren, damit diese nicht übermütig werde.

Im Netz der Ziele

Die Welt der Zielentwerfer und Planer war solange in Ordnung, als sie annehmen konnten, daß die von ihnen gewünschten Soll-Zustände von einem Ist-Zustand aus durch die Überwindung dazwischenliegender Barrieren zu erreichen seien. Entsprechende Problemlösekonzepte nach dem Ist-Barriere-Soll-Schema boten der Psychotherapie lange Zeit eine verbindliche Handlungsanleitung: „Alle Therapeuten unterschiedlichster Schulen beabsichtigen die Realisierung spezifischer Bedingungen, die geeignet sind, eine psychische Störung von einem definierten Ist-Zustand in einen definierten Soll-Zustand umzuwandeln" (Grunwald 1976, 111). Unter dieser Prämisse konnten sich Therapeuten damit beschäftigen, wie man es therapietechnisch anzustellen habe, Klienten zur Formulierung von Zielen zu bewegen (s. Schmelzer 1983). Seitens der Wissenschaftstheorie wurde die Feststellung, daß Soll-Sätze nicht aus Seins-Sätzen, oder anders gesagt: normative Aussagen nicht aus deskriptiven Aussagen ableitbar seien, zum Ausgangspunkt kritischer Analysen der Wertimplikationen von Therapiezielen (s. Ludwig 1982). So kann man es den damaligen Problemlöse-Ansätzen durchaus zugutehalten, die Debatte um Therapieziele in Gang gebracht zu haben. Danach aber beginnen die Probleme.

Zunächst sieht die Entwicklung nach einer einfachen Verkomplizierung aus. Statt *einem* Ziel sind es ja oft zwei, drei oder mehrere, die man wünscht. Und wünscht man alle gleichzeitig, geht es einem leicht wie dem Fischer im Märchen: man sitzt am Ende wieder in dem Topf, den man vorher zu verlassen trachtete. Ein möglicher Grund dafür besteht darin, daß sich Ziele widersprechen können. Die Annäherung an ein Ziel muß möglicherweise mit dem Verzicht auf ein anderes erkauft werden. Derartige Zielkontradiktionen sind geeignet, handlungsunfähig zu machen, wenn es nicht gelingt, Entscheidungen vorzunehmen und Kompromisse einzugehen (Zielbalancierung, s. Dörner et al. 1983, 38, 48f.).

Abb. 35: „Zielorientiertes Vorgehen"

Zielvielfalt (Polytelie) stellt sich bereits ein, wenn global formulierte Ziele ("es soll mir nach der Therapie besser gehen") in Teilziele untergliedert werden. Die aufgedröselten Ziele müssen wieder in eine Reihe gebracht werden, nach der sie abgearbeitet werden sollen (Zielhierarchisierung). Um den Grad der Zielerreichung feststellen zu können, wäre es dabei günstig, Ziele bzw. kritische Variablen zu quantifizieren. Polytelie stellt sich aber erst recht ein, wenn man den Szenarien, in denen man agiert, strukturelle Zusammenhänge unterstellt. Der Versuch, Zusammenhänge zwischen Systembereichen zu erfassen (Dimensionalisierung, s. Dörner et al. 1983, 38), führt fast zwangsläufig zu Widersprüchen. Man gerät in die Fallstricke der Vernetztheit. Die Orientierung kann sich nach verschiedenen Fragen richten: Welche Systembereiche sind besonders bedeutsam? Welche Prioritäten kann man entsprechend deren subjektiver Wichtigkeit und aktuellen Dringlichkeit setzen (Schwerpunktbildung)? Gibt es Systemkomponenten, die sich besonders schnell in gefährliche Ausprägungen hinein entwickeln könnten, so daß hier unverzügliches Handeln angezeigt ist?

Kein Ziel darf demnach für sich allein betrachtet werden. Teilstrukturen und Komponenten weisen Vernetzungen auf, die allen augenscheinlichen Verbesserungen in Teilbereichen gegenüber mißtrauisch machen, könnten sie sich doch für andere Teilbereiche höchst nachteilig auswirken. Anstelle isolierter und oft widersprüchlicher Einzelziele werden, so scheint es, prospektive Entwürfe kybernetisch gedachter Zielsysteme erforderlich (Vester 1984, 88ff.).

Bis hierher hat die Sache mit den Soll-Zuständen zwar eine Komplizierung erfahren, wirkt aber bei vermehrter Anstrengung noch bewältigbar.

Grundsätzlichere Bedenken kommen auf, wenn nach den Konsequenzen des Übergangs von linealer zu rekursiver Komplexität gefragt wird. Zielentwürfe mögen kompliziert sein: solange das Szenario stillhält, können immerhin über Entscheidungsregeln und kurskorrigierende Feedbackschleifen (nach dem Modell der TOTE-Einheiten bzw. des klassischen Regelkreises) zielannähernde Steuerungsleistungen vorgenommen werden. Doch hat man sich zu vergegenwärtigen, daß die Leitlinien von hier nach dort „in selbstreferentielle Zirkel hineinfingiert (sind) – sozusagen als künstlich begradigte Strecken, die aus praktischen Gründen als endlich behandelt werden" (Luhmann 1984, 651). Jeder Schritt entlang der künstlich-begradigten Strecken mag daher Folge- und Nebenwirkungen zeitigen, welche ihrerseits die Ausgangslage für den nächsten Schritt verschieben. Daraus erwächst der Anspruch, sich für diese Folge- und Nebenwirkungen zu sensibilisieren, wobei aufgrund von Begrenzungen des zeitlichen Erwartungshorizonts, der Weite möglicher Vernetzungen und der vielfältigen kontraintuitiven Effektbrechungen die diagnostischen Kapazitäten des Handelnden schnell überfordert sein dürften.

Vorher noch steht aber die Entscheidung an, ob man sich von erkennbaren Folge- und Nebenwirkungen überhaupt beeindrucken lassen sollte. Wo gehobelt wird, fallen Späne und – so könnte man ergänzen – auch Schweißtropfen. Wer dies negiert bzw. sich von potentiellen Nebeneffekten allzu leicht kopfscheu machen läßt, wird nicht sehr weit kommen, weder in der Therapie noch sonstwo. Gewisse Nebenwirkungen wie z.B. Anstrengung, zeitlicher Aufwand, Kritik, Anerkennung, Investitionen müssen wohl in Kauf genommen werden.

Umgekehrt sind gerade Planungen problematisch, die sich trotz erkennbarer Rückwirkungen als unkorrigierbar erweisen. Lernunfähigkeit kann gefährlich werden. Auf Einzelpersonen bezogen entsteht daraus der Eindruck, jemand gehe über Leichen oder erweise sich zumindest in neurotischer Weise auf ein bestimmtes Ziel fixiert. In Therapien ereignen sich daher nicht nur Prozesse der Zielannäherung, sondern auch solche der Zielauflösung. Dem Wunsch einer schüchternen Klientin, eine große Operettendiva zu werden, kann ein Therapeut – will er sich nicht als Gesangslehrer betätigen – dadurch entsprechen, daß er ihre Selbstwert- und Kompetenzvoraussetzungen für eigenständige Zielannäherungen zum Thema macht. Mit wachsendem Selbstwertgefühl mag es der Klientin jedoch überflüssig erscheinen, Operettendiva zu werden, da sie die gewünschte Zuwendung auch unterhalb der Bühne bekommt. (Vielleicht entscheidet sie sich später noch einmal neu für ihr Ziel, jetzt aber nicht mehr aus Motiven Adler'scher Komplexverarbeitung.)

Auf Institutionen oder politische Systeme bezogen entsteht aus der Korrektur*un*fähigkeit von Zielen der Eindruck von Kompetenzmangel und darüber hinaus: Verantwortungslosigkeit. Am Beispiel kapitalintensiver Großprojekte (Rhein-Main-Donau-Kanal; Wiederaufbereitungsanlage Wackersdorf, etc.) läßt sich meist gut nachvollziehen, wie es eine Verzahnung selbstinitiierter Sachzwänge erschwert, aus der Analyse von Folge- und Nebenwirkungen Konsequenzen zu ziehen. Nachdem die Weichen in Form von Kapitaleinsatz, Auftragsvergaben, Arbeitsbeginn, öffentlicher Selbstverpflichtung zu argumentativ „bestgestützten" Zielsetzungen, usw. gestellt wurden, kann man scheinbar nicht mehr zurück. Die Berichterstattung über das Anhörungsverfahren zur WAA in Neunburg vorm Wald (August 1988) legte davon beredtes Zeugnis ab[1].

Gemäß dem Prinzip der Fehlerfreundlichkeit (Kleiber & Wehner 1988) müßten Ziele kontinuierlich zur Disposition stehen. Zeigt es sich, daß Folge- und Nebenwirkungen unbedacht blieben oder in Folge zielorientierter Maßnahmen neu auftauchen, verschiebt dies die Ausgangslage der Planung. Guggenberger (1987) spricht von einem Menschenrecht auf Irrtum. Je langfristiger jedoch Planungen vorgenommen werden, je zentralisierter, bürgerferner oder anonymer diese erfolgen, je anhaltender die Folgen von Maßnahmen sind (Paradebeispiel: Produktion radioaktiven Materials) und je schwerer Konsequenzen veränderbar erscheinen, desto ferner rückt dieses Menschenrecht. Der Gegenvorschlag, Fern- und Nebenwirkungen ihrerseits wieder zu kontrollieren, scheint in einem unendlichen Regreß zu enden. Obzwar zum Weg einer Wissenschaft auserkoren, die jetzt reflexiv auf eine von ihr (mit-) erzeugte Welt trifft (vgl. die Analyse der „reflexiven Verwissenschaftlichung" bei Beck 1986; 1988), muß dieser Weg zu einer Potenzierung neuer Fern- und Nebenwirkungen der zu ihrer Kontrolle eingesetzten Gegengifte führen. Die Folge ist, daß Kontrolltechnologien mit den rekursiven Wirkungsverzweigungen dieser Kontrolltechnologien in einem Hyperzyklus expandieren. Komplexe, dynamische Systeme – so lautet ein Fazit – entziehen sich letztlich dem steuernden Zugriff, der

---

1 Nachdem einige Monate später dieses Großprojekt nun doch gestoppt wurde, zeigen sich die Folgen unsensibler Planung deutlicher denn je: die Schäden betreffen die Natur, den Steuerzahler, die politische Kultur eines Landes, die zwischenmenschlichen Beziehungen einer Region, etc.

sie in einen bestimmten Zielzustand manövrieren will. „Alle 'regulativen Ideen' bleiben daher Projektionen; sie gelten nur so, als ob sie gelten würden, und dies, weil dies als Notlösung benötigt wird" (Luhmann 1984, 651).

Das Prinzip der Fehlerfreundlichkeit zu berücksichtigen fällt leichter, wenn Planung und Realisierung nicht hintereinander, sondern gleichzeitig erfolgen. Die Dialektik zwischen Entwurf und Realisierung, zwischen Ziel und Mittel erhebt nämlich Kurskorrekturen zum Programm. Zielentwurf und Herstellung befinden sich in einem wechselseitigen Abstimmungsprozeß. Eben darin besteht das Prinzip des dialektischen oder zirkulären Problemlösens (Dörner 1976; s. auch Schiepek 1986, 118f.): das Ziel entsteht mit dem Produkt. Auf den ersten Blick sieht dieses Vorgehen komplizierter aus, denn es entbehrt der eindeutigen Vorgabe. Auf den zweiten Blick aber ist es flexibler, kreativer, denn es ist nicht von Vorgaben belastet. Es gilt nichts durchzusetzen, sondern zu gestalten. Statt sich an künftigen Soll-Zuständen, also am Produkt zu orientieren, erhebt sich die Frage nach den Kriterien, Werten und Gestalt-Prinzipien des Gestaltungsprozesses selbst.

Was uns die Ziel-Rhetorik vermittelt

Die Formulierung von Zielen beruht – soweit sie nicht in bloßen Utopien sich erschöpfen – auf der Annahme kausaler Funktionalität. Ziele unterstellen ihre Erreichbarkeit mittels bestimmter technischer Maßnahmen. So wie man unter Berücksichtigung bestimmter Antezedensbedingungen vom Explanans zum Explanandum schließen könne, könne man unter Herstellung bestimmter Randbedingungen von Ist nach Soll agieren. Ziele transportieren somit den Glauben an Machbarkeit und Fortschritt. Sie sind der Bohrer, der technische Entwicklungen vorantreibt, aber nicht, weil er ihre Gestaltung antizipiert, sondern weil er rückwirkend legitimiert, was ohnehin geschieht. Was machbar ist, soll auch angezielt werden. Die gegenwärtige Gegenwart hat weniger Legitimationspotential als die gegenwärtige Zukunft (s. Luhmann 1984, 15), vor allem wenn diese den Nimbus des Fortschritts für sich in Anspruch nehmen kann. Fortschritt als „die in die *Unzuständigkeit* hineininstitutionalisierte Gesellschaftsveränderung" (Beck 1986, 345) braucht ihrerseits Konkretisierungen in Form von Zielen, um weiterhin glaubwürdig zu wirken (vgl. Illich 1983).

Aber nicht nur auf der Ebene gesellschaftlichen Wandels vermitteln Ziele den Glauben an Machbarkeit, sondern auch im individuellen Bereich. Der Entwurf von Zielen muß natürlich ihrer Realisierbarkeit ein gewisses Vorschußvertrauen entgegenbringen. Davon leben Therapieformen, welche mit konkreten Planungen arbeiten. Die Wechselwirkung von Lebensentwurf und Verwirklichungseifer stärkt die Autonomiegefühle und die Veränderungsmotivation des Klienten. „Jeder ist seines eigenen Glückes Schmied", lautet die Botschaft fast aller therapeutischen Schulen der westlichen Zivilisation. In dieser Hinsicht fügt sich Psychotherapie nahtlos in die gesellschaftlichen Verhältnisse von Individualisierung und Freisetzung (Beck 1986; Keupp 1987) ein. (Das kann man als Vorwurf lesen, ist aber nicht zwingend als solcher gemeint: entsprechend des vielzitierten Jiu-Jitsu-Prinzips ist der therapeutische Prozeß natürlich auch an dieser Stelle darauf angewiesen, die Energien biographischer und lebensweltlicher Motivationslagen zu nutzen.) In dem Maße, in dem Solidargemeinschaften an Bedeutung verlieren und die Verbindlichkeit tradierter Lebensvollzüge erodiert, hat das Individuum einzutreten: für sich selbst, für seine Lebenspläne, für deren Gelingen und Mißraten. Die Ideologie der Chancenmaximierung und Autonomisierung lädt jetzt die Bürde auf den Einzelnen ab. Gefragt sind Tugenden wie (noch mehr) Entscheidungsfähigkeit, (noch mehr) Informationskapazität, (noch mehr) Flexibilität, (noch mehr) kritisches Bewußtsein. Selbst der Umgang mit globalen ökologischen Krisen wird dem Individuum aufgebürdet. Entsprechende Broschüren, entsprechende Informationen und entsprechende Vorkehrungen können es Dir ermöglichen, in Zeiten organisierter Unverantwortlichkeit (Beck 1988) und gesamtgesellschaftlichen Reparaturdienstverhaltens (Cramer 1988) gesund zu bleiben. Die synchrone Mitteilung der sich verabschiedenden staatlichen Verantwortung und der sich anbietenden Psychotherapie lautet: zwing Dich selbst; tu es selbst; Du kannst, wenn Du nur willst (Cramer 1988).

Die Nachfrage nach Orientierung steigt unter diesen Bedingungen. Die mit Freisetzungsprozessen wachsende Komplexität, in diesem Falle vor allem als Kontingenz erfahrbar, findet ihre Eingrenzung mittels sozialer Einbindungen (in Frage kommen Sekten oder rigide politische Parteien) oder in der Festlegung individueller Ziele. Diese Aufgabe übernimmt unter anderem die Psychotherapie. Sie eignet sich hierzu in besonderer Weise, denn parallel zu gesellschaftlichen Individualisierungs- und Freisetzungsschüben hat sie eine theoretische Entwicklung von der biographischen Rückschau (repräsentiert von tiefenpsychologischen Schulen) hin zu zielorientierten Problemlöseansätzen vollzogen. Die Frage nach dem „Woher" wurde von der Frage nach dem „Wohin" abgelöst und trifft damit den Orientierungsbedarf vieler KlientInnen. Die Logik der Individualisierung bleibt dabei besonders dann erhalten, wenn die Formulierung von Zielen zugleich ihre Erreichbarkeit mittels technisch-kausaler Funktionalität zusichert. Sobald aber Zweifel aufkommen, ob das, was so einfach aussieht, nämlich die Linie von Ist nach Soll, sich nicht im Netz von Neben- und Folgewirkungen verfangen oder am Mißverhältnis von Wünschen und Ressourcen scheitern wird (vgl. hierzu bereits Durkheims Anomietheorie 1975), beginnen die Sicherheitsgarantien von Zielen zu schwanken. Mit dem Glauben an kausale Funktionalität geht auch der Glaube an die Erreichbarkeit von Zielen unter. Damit aber setzt eine Suche nach möglichen funktionalen Äquivalenten zu ihren Orientierungs-, Sicherheits- und Legitimationsaufgaben ein.

Probleme der Prognostizierbarkeit dynamischer Systeme

Warum aber sollten Ziele technisch nicht herstellbar sein? Gibt es doch immer wieder Beispiele für Ziele, die erreicht wurden. Der Einwand richtet sich allerdings nicht gegen prinzipielle Realisierungschancen von Zielen, sondern meldet Zweifel an der plangerechten Steuerbarkeit komplexer, dynamischer Systeme an (s. Dörner & Reither 1978; Willke 1983; 1984). Eine Voraussetzung hierfür bestünde in der Vorhersagbarkeit von Systementwicklungen, vor deren Hintergrund zielgerichtete Maßnahmen mit ebenfalls vorhersehbarem Ausgang eingeleitet werden könnten. Gerade diese Voraussetzung aber ist höchst voraussetzungsreich und keinesfalls zu garantieren, da die Prognostizierbarkeit komplexer, dynamischer Systeme erheblichen Einschränkungen unterliegt (s. Willke 1983; Martens 1984; Schiepek 1987).

Zunächst hängt jede Prognose vom gewünschten Auflösungsgrad (begnügt man sich mit allgemeinen Trendaussagen oder sollen Systemzustände im Detail vorhergesagt werden?) und von der Zeitperspektive ab. Dann aber kommen weitere Faktoren ins Spiel, z.B.

- der Komplexitätsgrad eines Systems. Je komplexer ein System, desto schwieriger dürften sich Vorhersagen erweisen.
- die Menge an verfügbarem Wissen über die Strukturen und Dynamiken eines Systems. Es läßt sich nur schwer abschätzen, ob die für eine Prognose bestgeeigneten Variablen und Parameter erfaßt wurden. Dabei ist gleichzeitig zu berücksichtigen, daß große Mengen an Information möglicherweise die verfügbaren Verarbeitungskapazitäten überschreiten und daher unberücksichtigt bleiben.
- die Stabilitätsbedingungen eines Systems. In Phasen relativer Stabilität (minimale Schwankungen, Auftreten einfacher Grenzzyklen) fallen Vorhersagen leichter als bei Instabilität. Unter Instabilitätsbedingungen können dynamische Katastrophen auftreten (Kippeffekte), deren Auftreten und deren dynamische Konsequenzen aus dem vorher stabilisierten Systemverhalten nicht abschätzbar sind. In destabilisierten Systemzuständen (z.B. an Phasenübergängen bzw. bei Erreichen von Bifurkationspunkten relevanter Parameter) erhalten Zufallsfluktuationen große Bedeutung, die unter anderen Bedingungen hinwegstabilisiert worden wären.
- die Kontraintuitivität des Verhaltens dynamischer Systeme. Verschätzt man sich schon bei der Vorhersage einfacher exponentieller Verläufe oder bei der Steuerung von Maschinen, die lediglich nach dem Prinzip negativer Rückkoppelung funktionieren (s. Reichert & Dörner 1988) mäßig bis erheblich, scheitern intuitive Extrapolationen an nonlinearen Dynamiken fast regelmäßig. Auch statistisch abgesicherte Extrapolationen gelingen oft nicht, da sich Systemverhalten sprunghaft ändern oder neuorganisieren kann (s. z.B. die Theorie dynamischer Katastrophen, Zeeman 1977; Reither 1988).
- die Grenzen des menschlichen Verstandes, komplexe Dynamiken zu verstehen. Es fällt schwer, Wirkungsvernetzungen, zeitverzögerte Effekte, rekursive Prozesse oder nicht-lineare Entwicklungen einzuschätzen. K. Lorenz spricht von „angeborenen Lehrmeistern": phylogenetisch verwurzelte Verrechnungsschemata, welche komplexe Zusammenhänge auf einfache Ursache-Wirkungs-Beziehungen, einfache Zweckzuschreibungen, einfache Zeitvorstellungen reduzieren (s. Riedl 1982; Willke 1983, 27). Hinzu kommt der Effekt des „blinden Flecks": wir können die blinden Flecken unserer Wirklichkeitskonstruktion selbst nicht wahrnehmen. Sie erscheinen nicht als Löcher oder Verzerrungen, sie erscheinen überhaupt nicht (von Foerster 1981a; 1984).
- die Mängel der Meßgenauigkeit (im Falle quantitativer Systembeschreibung), die bei iterativen Berechnungen von Zustandsfolgen zu erheblichen Abweichungen führen können (s. Dörner 1983);
- der Sachverhalt des deterministischen Chaos: selbst vollständig determinierte (physikalische oder mathematisch formalisierte) nonlineare Systeme erweisen sich unter bestimmten Bedingungen als prinzipiell unprognostizierbar (s. Mackey & an der Heiden 1982; Bergé, Pomeau & Vidal 1984; Crutchfield et al. 1987; Schuster 1988).

- die sensible Abhängigkeit der (chaotischen) Systemdynamik von ihren Anfangsbedingungen: Chaotische Systeme potenzieren minimale Abweichungen der Ausgangsbedingungen, so daß kleine Unterschiede (z.B. solche, die auf Meßungenauigkeiten zurückgehen) völlig verschiedene dynamische Muster aufweisen können (s. Nicolis & Prigogine 1987, 262ff.; Martienssen 1989).
- die Eigenart nicht-trivialer „Maschinen" (von Foerster 1984; 1988), deren Funktionsprinzip lebenden und vor allem bewußtseinsfähigen Systemen unterstellt
  werden kann. Während bei trivialen Systemen die Input-Zustände nach einer
  gleichbleibenden Transformationsfunktion in Output-Zustände übersetzt werden,
  verändert sich bei nicht-trivialen Systemen mit den Output-Zuständen auch die
  Struktur (bzw. die Transformationsregeln) des Systems. Nicht-triviale Maschinen
  interagieren mit sich selbst, so daß sie auch dann, „wenn sie determiniert operieren
  und selbst wenn sie nur über wenige Arten von Input und Output verfügen, so
  viele Zustände annehmen können, daß sie nicht berechnet werden können und
  ihr Verhalten nicht prognostiziert werden kann" (Luhmann 1985, 412).
- die vielfachen Brechungen, mit denen Ereignisse und Handlungen zwischen Systemen (Individuen, Gruppen) und zwischen Emergenzebenen selektiert, absorbiert, weitergereicht oder verändert werden (s. Willke 1978; sowie das Konzept
  der Interpenetration bei Luhmann 1984). Was aus ursprünglich zielorientiert gemeintem Handeln entsteht, sobald andere Personen, Gruppierungen oder Sy-
  stemregeln betroffen sind, läßt sich schwer abschätzen (vgl. K. Valentins „Buch-
  binder Wanninger").
- schließlich die Frage, wie verläßlich die Gesetzmäßigkeiten sind, auf die man
  sich zur zielorientierten (Selbst- oder Fremd-)Steuerung psychischer oder sozialer
  Systeme stützen möchte. Psychologische „Gesetzmäßigkeiten" jedenfalls sind –
  sobald solche als Hintergrund absichtsvollen Handelns vermutet werden – selbstreflexiv zu unterlaufen (Bungard 1980). Nehme ich wahr, daß ich positiv kon-
  ditioniert werden soll, kann ich mitmachen, mich wehren oder den Konditionierer
  an der Nase herumführen. Wird Reaktanz erwartet, werde ich auf die *Erwartung*
  reagieren und höchstens zusätzlich auf das Ereignis, das Reaktanz auslösen sollte.
  Sollte ich nur das Teuere und Unerreichbare schätzen, kann aus der Feststellung
  der Aberwitzigkeit dieser Annahme nun das Einfache und Naheliegende besondere Wertschätzung erfahren.

Konstruktive und evolutionäre Planungsstrategien

Trotz dieser Bedenken gegen Planung und Steuerung komplexer, dynamischer Systeme wird natürlich allenthalben geplant, ja es scheint der Gedanke, ohne Planung
auskommen zu wollen, völlig absurd (vgl. hierzu H.M. Enzensberger: „Unregierbarkeit. Notizen aus dem Kanzleramt", 1982). Die Tätigkeit des Planens selbst gilt
als bedeutsam, denn sie trennt diejenigen, die mitmachen dürfen, denen also Kompetenz und Mitspracherecht zugestanden wird, von denen, die nicht mitmachen
dürfen. Planungen kanalisieren Denkmöglichkeiten. Sie haben Konsequenzen, die
im Falle sozialer oder politischer Planungen Personen betreffen, für die sie Fakten
schaffen. Es scheint alles plan- und machbar, doch statt Möglichkeitsräume zu erweitern, findet damit ein Netz von Maßnahmen aller Art seine Rechtfertigung:

Bau- und Polizeimaßnahmen, Fürsorge-, Präventions- und Sicherheitsmaßnahmen. „Die Zukunft" meint Robert Jungk „scheint immer weniger offen, immer mehr von selbsthervorgerufenen Zwängen verstellt. Veränderung des Veränderten wird fast oder ganz unmöglich" (1988, 53; vgl. Beck 1988). Planung ist aus den genannten Gründen schwierig, *Ver*planung deswegen jedoch keineswegs ausgeschlossen. Planungsbedingte Fakten, Entscheidungen und Antizipationen (man denke an die berühmten „selbsterfüllenden Prophezeihungen") schränken Möglichkeitsräume ein. Bezogen auf Therapie formuliert von Foerster drastisch: „Eine zielorientierte Therapie würde rechts und links die Entwicklungsmöglichkeiten der Familie kastrieren" (Interview in Simon 1988a, 123). Aber selbst wenn das nicht der Fall sein sollte, prägt die Anfertigung von Planungen das soziale Klima: es werden Hoffnungen einerseits, Befürchtungen andererseits genährt, immer jedoch der Eigendynamik unbeeinflußter Selbstorganisationsprozesse mißtraut (für ein Gegenbeispiel s. das Konzept des evolutionären Managements, Malik 1984a). Die Paradoxie lautet: Je mehr der Machbarkeit obliegt, desto kleiner werden die Handlungsspielräume.

Um mögliche Folgeprobleme zielorientierter Maßnahmen und damit Restriktionen zu verhindern, schlägt Vester (1984, 88) vor, statt unverbundener Einzelziele kybernetisch sinnvolle, vernetzte Zielsysteme zu entwickeln. Das Vorgehen antizipiert zukünftige Probleme, welche die Entwicklungschancen eines Systems einschränken könnten (z.B. eine weitere Verschlechterung der Wasserqualität bzw. Wassermangel), und fragt nach den momentanen Bedingungen dafür, daß uns diese Probleme erspart blieben. Statt dann zu reagieren, wenn das Problem aufgetreten ist (Reparaturdienstverhalten) geht es darum, „wie man es vermeiden können wird. In einer Art Zeitumkehr tastet man sich nun schrittweise rückwärts, bis man bei der heutigen Situation angelangt ist" (Vester 1984, 89). Die Kenntnis von Systemzusammenhängen soll dabei helfen, dieses Rückwärtstasten zu bewerkstelligen und die Vernetzungen zwischen zukunftsorientierten Zielen und momentanen Handlungsmöglichkeiten zu verfolgen. Über diese Vernetzungen wird man eventuell zu Ansatzpunkten gelangen, die inhaltlich mit den angestrebten Zielzuständen auf den ersten Blick wenig zu tun haben (vgl. auch das Vorgehen „guter" Versuchspersonen in der Lohhausen-Studie, Dörner et al. 1983).

Diese von Vester (1984) angebotene Vorgehensweise scheint sinnvoll zu sein, wenn es gilt Vorkehrungen zu treffen, um zukünftige Ressourcen nicht zu gefährden. Im Hinblick auf Therapie bestünde eine Parallele darin, jetzt eine streng zielorientierte Maßnahme zu ergreifen (z.B. ein Training sozialer Kompetenzen), um später weitere Handlungsspielräume verfügbar zu haben. Das Ziel ist dabei negativ formuliert: eine Gefährdung von Lebens- oder Handlungsmöglichkeiten soll nicht eintreten. Die darüber hinausgehende Erwartung, komplexe Systeme von einem Ausgangszustand in einen positiv formulierten kybernetischen Zielzustand hinein zu manövrieren, ist darin nicht enthalten und dürfte auch angesichts des oben Gesagten kaum zu realisieren sein. Dunn (1971) bezeichnet den Entwurf prospektiver Zielsysteme in allen Bereichen, in denen man nicht mit einer langfristig stabilisierten ökologischen Klimax rechnen kann, als „utopisches Konstruieren". Denn selbst wenn eine angezielte Prozeßstruktur herstellbar wäre, würde ihre Konstantsetzung Weiterentwicklungen ausschließen. Ob Zielsysteme geradlinig oder über Umwege erreicht werden sollen ändert nichts daran, „daß auf diese Weise die Werte der Zukunft vergewaltigt werden, denn sie sind rational nicht vorhersehbar." Evolutionsgerecht wäre es dagegen, „schöpferische Prozesse möglichst frei miteinander in Wechselwirkung treten und ihre eigene Ordnung finden zu lassen" (Jantsch 1982, 367). Dieses Prinzip des „evolutionären Experimentierens" hat dann seine Berechtigung, wenn es sich tatsächlich um Experimente mit raum-zeitlich eingrenzbaren Effekten, und nicht um die Schaffung von Tatsachen mit langfristig bedrohlichen und umfassenden Folgen handelt. Jantsch (1982) dagegen interpretiert dieses Prinzip an manchen Stellen eher als Freibrief für sorgloses Hantieren mit globalen Risiken (z.B. Atomanlagen), was hier ausdrücklich nicht nachvollzogen wird.

Unter der Voraussetzung, daß das Prinzip des evolutionären Experimentierens mit dem der Fehlerfreundlichkeit zusammenfällt, beinhaltet es für Bereiche wie Therapie, Institutionsentwicklung oder Management wertvolle Anregungen: „In einem prozeßorientierten Management wäre die Rolle des Managers die eines Katalysators. Er hätte ... die in die richtige Richtung laufenden Prozesse zu verlängern, während er ergebnislose Prozesse nach einiger Zeit unterbrechen ... müßte." Dabei werden Ziele „... mit der Erfahrung der auf sie ausgerichteten Prozesse laufend modifiziert, ... verändert oder überhaupt aufgegeben ... In dieser offenen Art von Planung liegen – wie in jeder offenen Evolution – Ziel und Zweck nicht am Ende eines Weges in die Zukunft, sondern sind eins mit dem Beschreiten dieses Weges" (Jantsch 1982, 367f.; vgl. hierzu für die Psychotherapie Grawe 1987; 1988; für die Management-Theorie Malik 1984a, b; Malik & Probst 1984).

Die Zieloffenheit selbstreferentieller Systeme

Aus den Konzepten evolutionärer Systementwicklung einerseits, aus dem wachsenden Verständnis für die Probleme zielgerichteter Steuerungs- und Kontrolleingriffe in dynamische Systeme andererseits (s. Forrester 1971; Bateson 1981; Maturana 1982; Willke 1983) ergibt sich die Vorstellung eines *zieloffenen* Prozessierens dieser Systeme. Ziele spielen dabei als *gegenwärtige* Zukunft, als Erwartungen oder als Vergleichsmatrizen der gewünschten mit den aktuellen Entwicklungen eine Rolle. Sie beeinflussen die momentanen Selektionen innerhalb eines Systems. Das Prozessieren sozialer oder psychischer Systeme selbst ist jedoch nicht an Zwecke gebunden: „Kommunikation hat keinen Zweck, keine immanente Entelechie. Sie geschieht oder geschieht nicht" (Luhmann 1988a, 14). Zwar ereignen sich zweckorientierte Episoden, aber die Systeme bestehen in der Regel über das Erreichen oder Nicht-Erreichen von Zielen hinaus. (Wenn sich ein soziales System mit dem Erreichen eines Ziels auflösen soll, wie in Therapien vorgesehen, muß dies meist zusätzlich vereinbart werden.) Soziologische Analysen zeigen, daß sich die Identität sozialer Systeme nicht aus Zwecken oder Zielen herleiten läßt (Luhmann 1973; Willke 1987b). Insofern aber Ziele die Kriterien der Selektivität selbstreferentieller Prozesse mitbestimmen, tragen sie zur Identitätsbildung eines sozialen (und auch psychischen) Systems zumindest bei. Identität entsteht, „wenn ein System seine Operationen unter selbstdefinierte und kontrollierte Kriterien der Selektivität bringt" (Willke 1987b, 268).

Speziell die Theorie selbstreferentieller Systeme hat bislang auf den Zielbegriff kaum Bezug genommen. Denn sobald Soll-Werte nicht – wie im klassischen Regelkreis-

Modell – von außen gesetzt, sondern aus den autonomen Prozessen des Systems heraus konstituiert werden, ist ihre Orientierungsfunktion nicht mehr dominant. Es muß jetzt umgekehrt gefragt werden, unter welchen systeminternen Bedingungen Ziele zustandekommen und welchen Prozessen sie ihr Überdauern verdanken. Systeme konstituieren Ziele. Solange der Bestand eines Systems gesichert ist, können Ziele sich wandeln. Dafür werden aber nicht hierarchisch übergeordnete Ziele verantwortlich gemacht, sondern die gesamte heterarchische Interaktion der Komponenten eines Systems. Insofern sind Systeme zieloffen.

Den Hintergrund für die Enthaltsamkeit der Selbstreferenz-Theorien gegenüber der Zielrhetorik kann man in Maturanas Strukturdeterminismus vermuten. Maturana läßt sich als Biologe von der naturwissenschaftlichen Ambition leiten, die Strukturen und Prozesse eines Organismus aus der Interaktion seiner Komponenten zu erklären (mechanistische Erklärung), ohne – in Abhebung von vitalistischen Erklärungen – irgendwelche zusätzlichen Kräfte oder Zielstrebigkeiten beanspruchen zu müssen[2] (s. Dell 1984; von Glasersfeld 1987, 414f.). Ziele kommen bei Maturana erst auf der Ebene des Beobachters ins Spiel: er unterstellt einem Organismus, dessen Verhalten er als zielgerichtet beschreibt, bestimmte Ziele, z.B. um dieses Verhalten plausibel zu machen. Derartige Beschreibungen können natürlich auch zur Beschreibung des eigenen Verhaltens dienen: ich erlebe mich dann als Beobachter meiner selbst als zielstrebig handelnd.

Der Übergang vom Input-Output-Modell zum Autonomie-Modell (Varela 1979; Maturana 1982; Reiter & Steiner 1986a) hat Ziele sowohl als Erklärungsprinzipien wie als Regulatoren entbehrlich gemacht. Im Input-Output-Modell ging es noch darum, den Input so zu wählen, daß der gewünschte, d.h. angezielte Output zustande kommt. Mit Maturana könnte man sagen, es handelte sich um den Versuch einer instruktiven, d.h. inputdeterminierten Interaktion mit dem System zu allopoietischen Zwecken. Im Autonomie-Modell dagegen verschob sich das Interesse von den *Produkten* eines (in diesem Kontext: lebenden) Systems auf die *Organisationsprinzipien* seiner Autopoiese. Ein lebendes System hält, so die Argumentation biologischen Ursprungs, seine Autopoiese nicht deswegen aufrecht, weil es bestimmte Ziele zu erreichen gilt, sondern weil die Voraussetzungen einer autopoietischen Organisation und entsprechender Lebensbedingungen im Medium, mit dem es sich in struktureller Koppelung befindet, gegeben sind.

Insoweit Konzept-Derivate der Autopoiese in die Psychologie übernommen wurden (s. z.B. Ciompi 1982; 1986; Grawe 1986b; 1987; 1988), relativierte sich auch dort die Bedeutung, die man der *Steuerungsfunktion* von Zielen zugewiesen hatte (nicht dagegen die Bedeutung z.B. der Kommunikation über Ziele). Wurden Ziele ursprünglich gebraucht, um psychisches Funktionieren aus dem behavioristischen Umweltdeterminismus oder aus dem psychoanalytischen Triebkessel in den Bereich eigenaktiven, bewußten Handelns hinüberzuretten, so beginnt jetzt die Selbstgewißheit des (kopf-)gesteuerten, zielorientierten Kalküls auch aus emotionspsycho-

---

2   Diese Intention „mechanistischer" Erklärungen geht bereits auf den Chemiker Robert Boyle zurück, der 1682 den Begriff des „Mechanismus" vorschlug, um damit eine komplexe Ordnung zu bezeichnen, welche die metaphysische Annahme einer eigenen vis vitalis oder vis medicatrix naturae überflüssig machen sollte (vgl. Hartmann 1987).

logischen (s. z.B. Mandl & Huber 1983; Laux & Weber 1988) und schematheoretischen
Gründen etwas kleinlauter zu tönen. Sicher trägt sich die Euphorie zweckrationalen
Handelns in Zeiten größeren Machbarkeitsglaubens besser als in Zeiten der Un-
übersichtlichkeit (Habermas 1985) und der zutage tretenden Fallstricke.

Die Reflexivität von Planungsprozessen

Bedeutsam bleiben jedoch allemal die Konsequenzen des aktuellen Vollzugs von
Planungs- und Zielsetzungsakten. Soziale wie psychische System planen für sich
selbst, was bedeutet, „daß die Planung in dem System, das sich plant, *beobachtet
wird*" (Luhmann 1984, 635, Hervorhebung im Original). Der Versuch, deren Beobachtbarkeit zu verhindern, ja bereits der Verdacht eines solchen Versuchs führt
eher zur Potenzierung als zur Auflösung der damit verbundenen Probleme. Kein
System ist nur von Planung absorbiert, was bedeutet, daß Kapazitäten für die Beobachtung der Planung zur Verfügung stehen. Dies um so eher, als Planung Betroffene, potentielle Verlierer wie potentielle Gewinner erzeugt. „Das System reagiert
im Falle von Planung deshalb nicht nur auf die erreichten Zustände, auf Erfolge
und Mißerfolge der Planung, sondern auch auf die Planung selbst. Es erzeugt,
wenn es plant, Vollzug und Widerstand zugleich" (Luhmann 1984, 635). Die politische Dimension dieser Feststellung braucht nicht eigens hervorgehoben zu werden.
Ergänzt könnte sie allerdings um die Beobachtung werden, daß das System auch
auf Nicht-Planung reagiert. Gemeint ist nicht nur einfache Enttäuschung – ein mir
bedeutsam erscheinendes Problem wird von zuständiger Seite nicht aufgegriffen –,
sondern die Tatsache, daß sich konsequenzenreiche Entwicklungen ereignen (z.B.
im Bereich der Humangenetik, der Technologieinnovation, der Schadstoffproduk-
tion), ohne daß politische Instanzen vorher auch nur den Versuch einer Planung,
Kontrolle oder Risikoabschätzung unternommen hätten. Politik kann häufig nur
noch reagieren und nachträglich legitimieren, was sie weder verantworten konnte
noch wollte. Der Staat zieht sich zurück, stellt Cramer (1988) fest. Beck legt eine
Analyse dieser Situation unter Schlagworten wie „Subpolitisierung" (1986) oder
„organisierte Unverantwortlichkeit" (1988) vor. Schließlich beobachtet das System
auch, wo Planung nur vorgetäuscht wird. Ein Beispiel liefern die Alles-im-Griff-
Parolen anläßlich der regelmäßig auftretenden Störfälle in Atomanlagen.
Nimmt man all dies zusammen, so wird verständlich, warum Planer immer mehr
unter Druck geraten. Sie müssen nicht nur rechtfertigen, *was* sie planen – und dies
unter zunehmend komplexeren und widersprüchlichen Gesichtspunkten –, sondern
sich auch mit dem Zweifel konfrontieren, ob sie das überhaupt können oder ob
Planung nicht schon prinzipiell zum Scheitern verurteilt sei. Planung muß sich an
der Komplexität des Systems, und zwar, wenn man die Vernetzungsdichte, die
Gewalt möglicher Rückwirkungen und die gesellschaftliche wie physikalisch-chemische Rekursivität der Szenarien berücksichtigt, an einer *zunehmenden* Komplexität
orientieren. Um diese Orientierung zu bewerkstelligen, beruht Planung auf der
Herstellung eines Modells des von der Planung betroffenen Systems (Conant &
Ashby 1970). Es führt also „eine vereinfachte Version der Komplexität des Systems
in das System" ein (Luhmann 1984, 636). Bei dieser Zweitausgabe der Komplexität

des Systems muß es sich zwangsläufig um eine Vereinfachung handeln, da kein System eine vollständige Selbstbeschreibung anfertigen kann. Jedes System reagiert auf unscharfe Bilder seiner selbst, dies allein schon aufgrund der Regreßproblematik reflexiver Selbsterkenntnis. Daher wird es auch leichtfallen, auf Mängel und Lücken in den Planungsgrundlagen hinzuweisen. Nicht die Frage, ob diese Lücken bei verbesserter Planung doch noch zu schließen seien – man kann sie in letzter Konsequenz wohl mit „nein" beantworten –, sondern die Frage, welche Konsequenzen daraus zu ziehen sind, drängt sich auf. Wird mangelnde Planungsrationalität von politischer Durchsetzungsaktivität abgelöst? Oder sollte man auf Projekte (z.B. großtechnische Anlagen) mit unklarer Risikoeinschätzung oder kontroversen Wertprioritäten gänzlich verzichten? Im Bereich der Psychotherapie hat Westmeyer (1979; 1984) die Rationalitätsgrundlagen von Interventionsplanungen erheblich relativiert, was einerseits zu vermehrter Toleranz, andererseits zu einem Bedarf an Methoden der Risikokalkulierung therapeutischer Vorgehensweisen (Willke 1988a) führen müßte.

Die Komplexitätszunahme im Falle von Planung resultiert weiterhin daraus, daß sich die zugrunde gelegte Selbstbeschreibung des Systems an der Zukunft orientiert (Luhmann 1984, 637). Das eröffnet Möglichkeiten, indem man sich vom Vorgesehenen einfach distanzieren kann. Man kann sich entscheiden, ob man an den zukünftigen, geplanten Szenarien mitmachen will oder nicht. Diese Art von Möglichkeitserweiterung ist allerdings nicht unbedingt im Sinne der Planer. Andererseits schränken Zukunftsperspektiven ein, und zwar nicht nur, wenn man sich als Opfer der Planungen anderer fühlt, sondern auch wenn man selbst plant. Mehrere Vorhaben können zueinander in Widerspruch geraten: ich möchte in Urlaub fahren, muß aber um zukünftiger Sicherheiten willen eine Zusatzqualifikation erwerben, deren Vorbereitung keinen Urlaub zuläßt. Luhmann nennt daher die gegenwärtige Zukunft einen „Widerspruchsmultiplikator" (1984, 515), im Gegensatz etwa zur Perspektive zukünftiger Gegenwarten. Die Annahme, daß morgen auch noch ein Tag ist, ermöglicht es, das, was nicht gleichzeitig geschehen kann, zu entzerren: ich kann heute meine Arbeit beenden und morgen in Urlaub fahren, was mich vielleicht sogar noch bei der Arbeit beflügelt. „Zeit", so meint Luhmann (1984, 515), und man könnte ergänzen: auch zielorientierte Planung, „hat also offenbar ein widersprüchliches Verhältnis zu Widersprüchen: sie vermehrt und vermindert sie ... Die eine Zeitperspektive setzt unter Druck, die andere erlöst oder lockert zumindest die Spannung."

Je breiter die gegenwärtigen Zukünfte angelegt sind, desto größer kann der Druck werden. Die Widerspruchsmultiplikation durch Zeit führt zur Problemmultiplikation, wenn man den Anspruch erhebt, die Widersprüche etwa durch bewußte Entscheidung lösen zu wollen. Kosten-Nutzen-Rechnungen präsentieren – zumindest auch – die negativen Aspekte des Handelns: Aufwand, Zeit, Geld, psychische Kosten, Seelenheilsgefährdung (s. Lehner, Meran & Möller 1980). „Man braucht dann nur Entscheidungsmaximen wie die, daß die Kosten mindestens gedeckt sein müssen oder daß unter vergleichbaren Handlungen die kostengünstigste gewählt werden sollte – und schon scheiden Unmengen von Handlungen aus dem Bereich der wählbaren Möglichkeiten aus" (Luhmann 1984, 520). Das erklärt die paradoxe Beobachtung, daß manche Menschen, die sich in motivational stark engagierter Weise mit ihrer Zukunft befassen, gleichzeitig Schwierigkeiten haben, konkret zu handeln.

Therapeutisch ließe sich dabei der Aspekt zukünftiger Gegenwart stärker betonen, der es ermöglicht, einzelne Schritte (vor allem: einen ersten Schritt) sukzessive abzuarbeiten und *gleichzeitig* den Eindruck gegenwärtiger Zukunft (z.B. die Bedeutsamkeit verschiedener Ziele) entkrampfen: „... Sorgt euch nicht um euer Leben und darum, daß ihr etwas zu essen habt, noch um eueren Leib und darum, daß ihr etwas anzuziehen habt. ... Wer von euch kann mit all seiner Sorge sein Leben auch nur um eine kleine Zeitspanne verlängern? ... Lernt von den Lilien, die auf dem Feld wachsen: Sie arbeiten nicht und spinnen nicht. Doch ich sage euch: Selbst Salomo war in all seiner Pracht nicht gekleidet wie eine von ihnen" (Matthäus 6, 19-34).

Gegenwartsbezogene und insbesondere zukunftsorientierte Selbstbeschreibungen eines Systems erzeugen Komplexität, indem neue, in der Planung nicht vorgesehene Reaktionsmöglichkeiten auftreten. Die komplexitätserzeugende Orientierung eines Systems an seiner eigenen Komplexität bezeichnet man dabei als *Hyperkomplexität* (Luhmann 1984, 637). Dies zu berücksichtigen ist für Planungsstrategien möglich; allerdings kann sich auch eine reflexive Planung der Planung nicht der Beobachtbarkeit entziehen. Die Differenz von Planung und Beobachtung läßt sich vielleicht einige Male hin- und herspiegeln, nicht jedoch eliminieren. Sollte der Verdacht aufkommen, daß dies versucht wird, schärft das vielmehr die Sensibilität der Beobachtung. Darauf wurde bereits hingewiesen. Planung wird unter Bedingungen ihrer Beobachtbarkeit als kontingent erlebt. Zum einen sind Ziele von Wertentscheidungen abhängig, zum anderen ist die Darstellung des Systems im System höchst unsicher: sie wird dem kontinuierlichen Strom des selbstreferentiellen Prozessierens von Gedanken (Planung als intrapsychisches Geschehen) oder Kommunikationen (Planung als soziales Geschehen) überantwortet.

In dieser Kontingenz wird zunächst erfahrbar, daß Ziele nur bedingt aus der Selbstbeschreibung eines Systems ableitbar sind, also von der Diagnose auf das Ziel zu schließen ist (s. Ludwig 1982), daß aber umgekehrt das Ziel durchaus die Selbstbeschreibung beeinflußt. Das Ziel formt das diagnostische Modell. Ganz abstrakt scheint das einleuchtend: in Stachowiaks Modelltheorie (1973; 1978) wird die Modellkonstruktion explizit von ihren Zwecksetzungen abhängig gemacht. Auch in der psychotherapeutischen Problemanalyse gestalten sich diagnostische Modelle sinnvollerweise je nach Zielsetzung und Arbeitsschwerpunkt der Therapie, aber auch nach Ausbildungsschwerpunkt der jeweiligen TherapeutIn anders (Schiepek 1986, 92ff.). Prekär wird diese Kontingenz nur in naturwissenschaftlichen und politischen Systembeschreibungen: ein anderer Auftraggeber, ein anderes Institut, ein anderes Gutachten? (s. Beck 1988).

Zielfestsetzungen und Systembeschreibungen – so erfährt man speziell in der therapeutischen Interaktion – beziehen sich rekursiv aufeinander. Die Auswahl von Ansatzpunkten, von denen die diagnostische Wirklichkeitskonstruktion ihren Ausgang nimmt, ebenso wie die Wahl bestimmter Datenerhebungsmethoden, setzt bereits Ziel- und Wertentscheidungen voraus (Ludwig 1982, 29). In der anderen Richtung konstituieren sich Ziele erst vor dem Hintergrund von Beschreibungen. Selbst völlig offene Zielzustände erfordern ein Minimum an Orientierung, von der aus eine Konkretisierung der Ziele möglich wird.

Ziele sind keine existierenden psychischen oder sozialen Tatsachen. Techniken der „Zielfindung" fördern also keine schon an sich vorhandenen Wunsch-Gegebenheiten zutage, sondern sind Beschreibungen für eine konsensuelle Schaffung von Wirklichkeit. Ziele sind, so gesehen, Ergebnisse interpersoneller Konstruktionsprozesse.

In der Auseinandersetzung zwischen Habermas und Luhmann (1971) schlagen wir uns diesbezüglich auf die Seite von Luhmann: durch Freisetzung von Kommunikation läßt sich kein Ziel erreichen. Sowohl die Erzeugung eines Ziels als auch der Versuch, diesem Ziel näherzukommen muß sich in sozialen Systemen dem Kriterium kommunikativer Anschlußfähigkeit stellen. Was wirksam werden will, muß verstehbar und verhandelbar sein, setzt sich damit aber verschiedensten Mißverständnissen und Widersprüchen aus, bis es als Konsens wieder auftauchen kann. Habermas (1971b, 240ff.) dagegen erhofft sich Möglichkeiten für die Begründung von Normen und Wahrheiten durch Freisetzung von Kommunikation. In seiner Sprechakttheorie (1971a) ist eine ideale Sprechsituation vorgesehen, in der sich Kommunikation von allem Menschlichen, Allzumenschlichen befreit, um sich als herrschaftsfreier Diskurs zu erheben. Das Wahre oder normativ Richtige würde sich dann kraft seiner Wahrheit oder Legitimität durchsetzen. Insofern man sich auf diese Idealisierungen jedoch nicht einläßt, erscheinen Ziele und die damit verbunden Normen sehr fragil. Man wird nicht darauf vertrauen, daß sie in herrschaftsfreiem und rationalem Diskurs zustande kamen, daher als richtungsweisend gelten können. Eher wird man nach den Seilzügen und Bühnengerüsten schauen wollen, an denen die leuchtenden Ziele und Werte hochgebunden sind. Und man wird sich fragen, ob die Konstruktion die ganze Spielzeit über trägt.

Sicher können Ziele als Selektionsmaßstab zur Komplexitätsbewältigung dienen. Unter Berücksichtigung der Zeitdimension macht ein System die Wahl seiner Operationen von der Aussicht auf künftige Zustände abhängig. Finalisierungen ordnen die Fülle gegenwärtiger Operationen durch eine damit gegebene Zukunftsperspektive (Luhmann 1984, 632). Diese Orientierungsfunktion wurde auch im Rahmen der Therapiezieldiskussion verschiedentlich hervorgehoben: „Zielinhalte sind eine der notwendigen Entscheidungsgrundlagen bei der Indikationsstellung und Therapieplanung", und folglich: „Zielinhalte sollen als Kriterien zur Therapiekontrolle dienen" (Ludwig 1982, 13; Grawe 1978; Perrez 1980). Umgekehrt aber ist nach den Bedingungen für den Konsens zu fragen, denen Ziele ihre Orientierungsfunktion verdanken. Die Theorie selbstreferentieller Systeme sieht keine Normierungen und Sollwerte von außen vor. Alles, was sich als verbindlich halten kann, erfordert seine ständige Reproduktion aus den kontinuierlich erfolgenden Selektionen prozessualer Selbstreferenz.

Transparenz und Intransparenz von Zielformulierungen

Mit zunehmender Kontingenz – dem mitlaufenden Verweis also auf mögliches Anderssein – büßen Ziele ihre Legitimationsfunktion ein. Besonders vage und „positiv" formulierte Ziele eignen sich dazu, verschiedenste Operationen zu rechtfertigen. Der Zweck heilige die Mittel, sagt man. Ziele geraten unter diesem Gesichtspunkt in ein verdächtiges Äquivalenzverhältnis zu Ideologien; ebenso wie diese sind sie zur Neutralisierung unerwünschter Handlungsfolgen geeignet (Habermas 1971b, 258). Für ein hehres Ziel müsse, so fügt man meist hinzu: vorübergehend, dies oder jenes in Kauf genommen werden. Das nährt den Verdacht, der wiederum den Zielkonsens untergräbt. Es ist üblich geworden, hinter wohlklingenden Parolen ihr glattes Gegenteil zu vermuten, und das nicht nur im Wahlkampf. Für die Psychotherapie, die sich mit dem Schlagwort des weichen Anpassungsmechanismus konfrontiert sieht (s. Keupp 1987, 33f., 61f.), formuliert Belschner (1976, 40): „Unter dem Deckmantel der Aussage, der Patient sei auf dem Weg zur 'Selbstverwirklichung' und 'Selbstbestimmung', wird er an die herrschenden Standards angepaßt." Grubitzsch (1987) kommt in einer Analyse zu dem Schluß, daß auch unter der Vorgabe eines sozialwissenschaftlichen Krankheitsmodells und enthierarchisierter Therapieformen in partnerschaftlichen Settings die „Individualisierung psychischer Krankheit" – immer als Merkmal eines medizinischen Krankheitsmodells gehandelt –, nicht aufgehoben sei. Sie sei „lediglich *verlagert* und gerade dadurch noch folgenträchtiger geworden für die Betroffenen, als sie je war" (S. 55, Hervorhebung im Original).

Die Sensibilität gegenüber Absichtserklärungen sollte unter diesen Bedingungen zunehmen. Darin ist die Aufgabe von Ziel-, Norm- und Ideologiekritik zu sehen. Diese Kritik wiederum legitimiert sich daraus, daß Zielen und Normen nicht nur Offenlegungsfunktion zugebilligt wird: „Das Aufstellen von Therapiezielen dient der inhaltlichen Offenlegung und Reflexion der angestrebten Werte und Normen in der Therapie und ist somit ein Mittel zur Reduktion der Macht und Kontrolle des Therapeuten" (Ludwig 1982, 13; Keupp & Bergold 1972). Gleichzeitig kann Zielen und Absichten eine Verschleierungsfunktion unterstellt werden. Ziele wie „Selbstverwirklichung" und „Genußfähigkeit" beispielsweise können sehr Gegensätzliches bedeuten. Zum einen: sich gegen Zwänge und Anpassungstendenzen zur Wehr setzen; sich die Philosophie des „carpe diem" und die Anekdote zur Unterminierung der Arbeitsmoral zueigen machen. Zum anderen: sich auf Karriere und Leistungsbereitschaft einlassen; die konsumvermittelte Freiheit von schnellen Autos, Herrenparfums und Abenteuerreisen erleben. Dazwischen und daneben gibt es sicher weitere Interpretationsmöglichkeiten (für eine Offenlegung immanenter Widerspruchskonstellationen des psychosozialen Feldes s. Keupp 1987, 15ff.). Man wird also genau hinsehen müssen, wer in welchem Kontext wem gegenüber welche Ziele feilbietet. Verschleiernd können Ziele aber auch wirken, weil nach ihrer Verkündigung trotzdem noch vieles möglich ist. Die Bedeutung von Finalisierungen als Ordnungs- und Selektionsmaßstab für die Operationen eines Systems wird leicht überschätzt. Das systemtheoretische Prinzip der Äquifinalität (von Bertalanffy 1968) räumt Systemen im Gegenteil verschiedene, funktional äquivalente Wege zur Zielerreichung ein. Wohlklingende Ziele rechtfertigen möglicherweise eine problematische Praxis. Und selbst eine untadelige Praxis kann – ohne jede Absicht und zumal in dynamischen Szenarien – hochproblematische Folgen haben. An ihren Früchten werdet ihr sie erkennen, sagt man auch. „Wir müssen den Wert einer geplanten Maßnahme in ihr selbst und gleichzeitig mit ihr selbst finden" meint Bateson (1981, 221). Um dies aber zu leisten, muß Ziel- und Normkritik durch Systemanalyse ergänzt werden.

Die therapeutische Bedeutung von Zielen als Kommunikationsanlaß

Nun konnte die bisherige Analyse leicht als Demolierung jeglicher zielorientierten Planung gelesen werden. Nicht jedoch ihre Demolierung war beabsichtigt, sondern eine Sensibilisierung für die damit verbundenen Probleme. Die Frage, ob man ganz auf zielorientierte Kommunikation verzichten sollte, scheint mir daher allein schon deshalb verfehlt, weil Menschen die Zukunft als Zeithorizont in ihr Denken einbeziehen. Darauf richten sie ihre Träume, Wünsche und Phantasien, aber auch ihre Ängste. Eher sinnvoll dürfte die Frage nach der Bedeutung sein, die zielorientierter Kommunikation z.B. in therapeutischen Prozessen jetzt noch zukommen kann und, eng darauf bezogen, ob es funktionale Äquivalente zur technologischen Zielorientierung mit Machbarkeitsanspruch gibt.

Zunächst läßt sich festhalten, daß eine Unterhaltung über persönliche Ziele ebenso wie eine Unterhaltung über Kochrezepte oder das Wetter natürlich Kommunikation darstellt. Es dürfte sich – was in Therapien ja gewünscht wird – sogar um eine relativ anschlußsichere Kommunikation handeln, da sich jede(r) als Betroffene(r) erlebt, sobald es um die Gestaltung der eigenen Zukunft geht – dies um so eher, je mehr eigene Vorstellungen und eigenes Dazutun in den Mittelpunkt rücken (s. Jungk & Müllert 1981). Der Entwurf zukünftiger Szenarien regt an, liefert interessanten Gesprächsstoff. Persönliche Ziele sind, so könnte man in Anlehnung an Bazon Brock (1986, 379) sagen, eine Thematisierung von ästhetischem Wert: „Es gibt ein erstaunlich einfaches Kriterium für die Gestaltungsqualität von Produkten, nämlich die Frage, ob Ihnen zum Produkt viel einfällt oder eher weniger als nichts. Je mehr Ihnen einfällt, was am Produkt interessant auffällt, desto leistungsfähiger ist das *Objekt als Medium der Kommunikation*. Und daran bemißt sich sein ästhetischer Wert" (Bazon Brock 1986, 380, Hervorhebung im Original). Allein ihre Bedeutung als Medium der Kommunikation sollte Zielen ihren Stellenwert in der therapeutischen Konversation sichern.

Sofern KlientInnen häufig in Gedanken und Gefühlen befangen sind, welche um unaufgelöste Vergangenheiten oder ausweglose Gegenwarten kreisen, können zukunftsorientierte Phantasien sogar zu einer Unterbrechung dieser Automatismen führen. Die Technik des zirkulären bzw. reflexiven Fragens (Selvini-Palazzoli et al. 1981; Penn 1983; Tomm o.J.; 1987a,b) berücksichtigt diesen Aspekt, indem sie mittels Fragen der Form „was wäre, wenn" dazu anregt, hypothetische Beziehungsgestaltungen durchzuspielen. Daraus können Handlungsalternativen zu den momentanen Denk- und Verhaltensmustern entstehen. Entscheidend ist dabei, daß es nicht um Selbstfestlegungen eines kommunikativen Systems auf zukünftige Strukturen geht, sondern vorerst um die *Auflösung* bzw. *Verflüssigung* aktueller Muster (vgl. Stierlin 1988) bei gleichzeitiger Vergewisserung durch verfügbare Sicherheiten (Gleichgewicht des Verhältnisses von Information und Bestätigung, s. von Weizsäcker 1974, Keeney & Ross 1985; Deissler o.J.).

Die Technik der Vorwärts-Koppelung (Feed-Forward, Penn 1986) möchte mittels geeigneter Fragen die momentane Selbstbeschreibung eines Systems mit hypothetischen bzw. zukünftigen Selbstbeschreibungen rückkoppeln, um dadurch die Entwicklung neuer Beziehungsmuster zu triggern. Ziele können dabei unter motivational günstigen Voraussetzungen wie Fluktuationen wirken, welche die Entstehung neuer Ordnungszustände in sozialen oder psychischen Systemen anregen (s. Haken 1984, 38; Dell & Goolishian 1981); unter anderen Bedingungen mögen sie allerdings eher den erlebten Druck steigern und eine resignative Haltung verstärken (s. die obigen Bemerkungen zur Widerspruchsmultiplikation durch Ziele).

Zukunftsfragen sollen geeignet sein, Perspektiven zu eröffnen und den Blick auf die in einem System angelegten Entwicklungsmöglichkeiten zu richten (Penn 1986). Hierfür ist die positive Konnotation des aktuellen Kontexts hilfreich, denn, so betont Penn (1986, 209), „ein negativ definierter Kontext 'geht einem nach' (z.B.: 'Ich werde Sie nie leiden können' oder: 'Er hat mich im Stich gelassen'), während ein positiv definierter Kontext immer die Wahl läßt, ihn zugunsten eines anderen aufzugeben (z.B.: 'Wenn Sie mich gern gemocht haben, dann werden andere mich wohl auch mögen')." Die Kommunikation über zukünftige Beziehungs- oder Lebensverhältnisse schafft einen erweiterten Kontext um den gegenwärtig geltenden Kontext herum, womit sie gleichzeitig den aktuellen Systemzustand relativiert (Penn 1986, 209). Die Erzeugung eines Kontexts des Kontexts („Veränderungen in der Art, wie der Handlungs- und Erfahrungsstrom zusammen mit den Veränderungen in der Verwendung von Kontext-Markierungen in Kontexte unterteilt oder interpunktiert wird", Bateson 1981, 379) entspricht dem Typus des Lernens II nach Bateson (1981, 378ff.). Dabei wird eben das zur Methode gemacht, was dem Sicherheitsbedarf von Systemplanungen immer in die Quere kommt, nämlich die Beobachtbarkeit der Selbstbeschreibung eines Systems durch das System selbst. Es können hierzu unterschiedliche Perspektiven eingenommen, Vergleiche mit alternativen Entwürfen angestellt oder verschiedene Varianten erprobt werden. Besonders die Technik der Skulpturierung (s. z.B. Schweitzer & Weber 1983) setzt darauf, daß eine Mehrpersonen-Konstellation auf ihre leibhaftige Selbstbeschreibung reagiert und dadurch ihrer Beziehungs-Dramaturgie neue Spielarten erschließt.

Die Thematisierung von Zielen erfüllt eine Reihe weiterer Funktionen in der therapeutischen Konversation:

- Allein die Beschäftigung mit der Zukunft kann schon beruhigen, weil dadurch ihre Offenheit nicht mehr so stark ängstigt. Denn es „gilt wesentlich, daß der Gegenstand der Angst ein Nichts ist" (Kierkegaard 1965, 77; Original 1844). Therapeutisch bedeutsam ist es dabei, neben Wünschenswertem auch Befürchtungen anzusprechen.
- Der Austausch persönlicher Zukunftsvorstellungen vermittelt in Paar- und Familientherapien Informationen über die aktuelle Befindlichkeit der einzelnen Mitglieder. Die „gegenwärtige Zukunft" in den Köpfen der Beteiligten bietet vielleicht Überraschungen, in jedem Fall aber Gesprächsstoff. Wenn man das so sieht, dann beunruhigt auch die Tatsache weniger, daß verschiedene Familienmitglieder unterschiedliche Problem- und Zielvorstellungen haben können. Man muß keine gemeinsame Definition erzwingen. Die therapeutische Konversation lebt vielmehr unter anderem davon, daß jeder seine eigenen Ansichten über das Problem zur Diskussion stellen darf. Problemdefinitionen sind ebenso wie Mitgliedschaften in einem kommunikativen Problemsystem veränderlich (s. Goolishian & Anderson 1988; Ludewig 1988a).
- Antworten auf Zukunftsfragen beinhalten nicht nur Vorstellungen über die Zukunft, sondern sie informieren und explizieren auch gegenwärtige Vorstellungen

über Beziehungsmuster, erwartete Stabilitäten oder Veränderungskapazitäten eines Paares oder einer Familie (Penn 1986, 207).

– Die Thematisierung zukünftiger Ereignisse kann dominante Kommunikationsregeln – zumindest kurzfristig – außer Kraft setzen. Es muß immerhin einen Moment lang nachgedacht werden. Zudem erhält jedes Mitglied die Chance, einen neuartigen Selbstentwurf einzubringen. Wer sich bisher klein und eingebunden zeigte, mag sich groß und unabhängig vorwegnehmen. Es entstehen Augenblicke der Überraschung.

– Die Betonung individueller Zukunftspläne dekomponiert Sozialsysteme, deren Mitglieder sich stark aneinander gebunden erleben. Die Individualität wird herausgestrichen. Unter Bedingungen organisierter Komplexität (Weaver 1978) gilt, daß das Ganze *weniger* ist als die Summe seiner Teile, da erst eine Beschränkung der Möglichkeiten der Teile auf die realisierte Konfiguration des Ganzen diesem emergente Qualitäten verleiht (Willke 1983, 32). Betrachtet man in diesem Fall die Mitglieder als Teile des Systems, so kann sich aus der Erweiterung ihrer individuellen Spielräume eine Neukonfiguration des Sozialsystems mit veränderten Qualitäten ergeben.

– Die Vergegenwärtigung zukünftiger Lebenssituationen und Aufgaben vermittelt ebenso wie die Frage nach den hierfür notwendigen Vorbereitungen einen Eindruck von den Problemlösekapazitäten einer KlientIn bzw. einer Familie (Penn 1986).

– Zukunftsfragen erschweren eine fatalistische Haltung, während vergangenheitsbezogene Problemdarstellungen dazu einladen, sich als Opfer seines Schicksals zu erleben. Besonders Fragen, die es bereits als gesichert annehmen, *daß* eine Veränderung in gewünschter Richtung eintreten wird und sich nur noch um Zeitpunkte und Modalitäten dieser Veränderung kümmern, vermitteln Zuversicht (Penn 1986, 210). „Change is not only possible, but inevitable" meint de Shazer (1985). Beispiele: Wer in ihrer Familie wird als erster Anzeichen einer Veränderung bemerken? Wann (nicht: ob überhaupt) werden Sie zum ersten Mal wieder ihr Haus verlassen können? Wie wird Ihr Partner darauf reagieren? Woran werden Sie selbst (bzw. jemand anderer) erste Anzeichen einer Veränderung erkennen?

Bedeutsam an der therapeutischen Thematisierung von Zukunft ist nicht, daß Zielzustände entworfen werden, die dann genau so, wie sie geplant waren, erreicht werden müßten. Auch geht es nicht darum, Fragen faktisch zutreffend zu beantworten. Vielmehr sollen Anstöße zur Veränderung gegeben werden, indem ein fiktives „Anderssein" motivationale Energien freisetzt. In diesem Punkt finden wir eine Parallele zu den Voraussetzungen künstlerischer Gestaltung:

„Das, was gestaltet wird, ist nämlich immer das Ideal; irgendein Ideal, ein wahres oder ein eingebildetes, darzustellen, ist das Ziel aller Kunst. Man könnte mit nur geringer Übertreibung den Satz aufstellen: nur was einer nicht ist, vermag er in eine künstlerische Form zu bringen. ... Was wir sind, interessiert uns nicht, ja wir bemerken es zumeist gar nicht, weil wir keine Distanz dazu nehmen können. ... Das Schöne ist immer das 'Anderswo', das 'Hier' lockt niemals, weil wir da eben 'sowieso' sind. Nur jenes zweite Ich, das wir nicht sind, jenes traumhafte zweite Gesicht, das uns in gesteigerten Zuständen der Selbstentrückung erscheint, löst unsere Kräfte, befruchtet unsere Phantasie, reizt unsere Unruhe. Ja man kann sogar noch weiter gehen und sagen: dieser 'Andere', dieses 'Anderswo' ist viel mehr unser ureigenstes Selbst als jener philiströse Herr oder jene satte Dame, die ihren toten Leib durch die Straßen und Zimmer spazieren führen. Dieser unser dämonischer Doppelgänger, unsere Komplementseele, die legitime und wahrhaft herrschberechtigte Schwester unserer Alltagsseele, bricht hervor, wenn der Mensch sich auf die ebenso reizvollen wie gefährlichen Pfade der Kunst begibt, und am stärksten im Schauspieler, der nie etwas anderes zu gestalten vermag als jenen unheimlichen 'Anderen'" (Friedell 1985, 172ff.).

Eine andere Parallele zwischen Zielentwürfen und künstlerischer Gestaltung besteht über den Begriff des *Kommunikationsdesigns* (Bazon Brock 1986, 350-355, 365). Sozio- bzw. Kommunikationsdesign geht von der Annahme aus, daß sich die Herstellung künstlerischer Produkte nicht in den Produkten selbst erschöpft, sondern in das Handeln und Erleben von Menschen eingreift. Christos Großprojekte beispielsweise erhalten ihre Bedeutung mindestens ebenso aus der dafür notwendigen Begeisterung zahlreicher Mitarbeiter, der Überzeugungsleistung bei Behörden, der Koordination vieler Einzelschritte oder der technischen Realisierung wie aus dem Ergebnis (s. Abb. 36) (s. Bazon Brock 1986, 366f.). (Bekannt geworden sind dann allerdings eher die verpackten Schlösser oder abgedeckten Meeresflächen.) Ähnlich verhält es sich beim Entwurf und der Realisierung von Zielen: es kommt auf das Engagement an, die Erfahrungen im Vorfeld, die Zusammenarbeit der Beteiligten, die Proben und weniger auf die Aufführung. Im Gegenteil können Produkte, die – vor allem im politischen und technologischen Bereich – irreversible Verhältnisse schaffen, weiteres „evolutionäres Experimentieren" verhindern.

So mögen wohl Ziele dazu geeignet sein, Handlungen motivational aufzuwerten, indem sie diese an die Bedeutung ihres Zwecks anbinden. Und die Vergänglichkeit von Handlungen tritt einen Moment lang zurück, wenn ihr das Bleibende das Zwecks aufgeprägt wird (vgl. Luhmann 1968, 8; Caspar 1989, 45). Doch von erreichten Zielen sollte nichts Ehernes, Überdauerndes erwartet werden, von erfüllten Wünschen kein bleibendes Glück. Denn das wäre Kitsch.

Die Idee der Zukunftswerkstatt

Ein Beispiel dafür, wie man Planungsprozesse nicht nur produktorientiert, sondern gemäß der Idee des Kommunikationsdesigns anstiften kann, stellen die von Robert Jungk initiierten Zukunftswerkstätten dar (Jungk & Müllert 1981). Ihr Grundgedanke besteht in der Demokratisierung der Zukunftsgestaltung. Beschränkten sich bisher langfristige Planungen, die Lebensbedingungen auf viele Jahre hinaus festzulegen beabsichtgten, auf kleine, aber einflußreiche Gruppierungen, die damit ihre Wertvorstellungen und Interessen durchsetzen konnten, so sollten mit den Zukunftswerkstätten basisnahe Artikulationsforen geschaffen werden. Betroffene sollten sich Gelegenheiten einräumen, den Prognosen und Projekten der Verfügenden eigene Zukunftsvorstellungen entgegenzusetzen. Die Thematik von Zukunftswerkstätten konzentriert sich häufig auf lokale oder regionale Probleme, wobei sich, so Jungk & Müllert (a.a.O., 19), auch bei bisher politisch wenig sensibilisierten TeilnehmerInnen der Blick über das Nahe und Konkrete hinaus auf umfassendere

Abb. 36: Oben: Zum Verschnüren der Pont-Neuf (Paris) mit 40000 m^2 Stoff und elf Kilomter Seil engagierte Christo Bergführer aus den französischen Alpen. Unten: Das fertige Produkt.

politische Zusammenhänge zu richten beginnt. Die TeilnehmerInnen machen die Erfahrung, daß ihre Erfahrung gefragt ist, auch ohne ExpertIn zu sein. Sie beteiligen sich an kollektiven Phantasien und regen dadurch ihre eigene Phantasie an.

Zukunftswerkstätten gehen von einem konkreten Problem oder einer konkreten Fragestellung aus, z.B.: Siedlungsgestaltung durch die Bewohner dieser Siedlung; Verkehrsplanung in einem Stadtteil; Probleme der und Alternativen zur Computerisierung des Krankenhausbetriebs; gemeindenahe Umorientierung der psychiatrischen Versorgung eines Bezirkskrankenhauses; neue Formen der Seminargestaltung.

In einem ersten Schritt äußern die TeilnehmerInnen Unmut, Kritik und negative Erfahrungen zum Thema der Werkstatt. Die momentanen Verhältnisse und Entwicklungen werden aufs Korn genommen (Kritikphase). Daran schließt sich eine Phantasiephase an, in der auf die vorgebrachte Kritik mit eigenen Wünschen, Ideen und Vorschlägen geantwortet wird. Es findet eine Auswahl interessanter Einfälle statt, welche in Kleingruppen zu „utopischen Entwürfen" ausgearbeitet werden. Entscheidend ist dabei, die Phantasie durch den Verweis auf realistische Sachzwänge, Machtverhältnisse oder sonstige Einschränkungen nicht zu beschneiden. Die Berücksichtigung derartiger Gegebenheiten erfolgt schließlich in der Verwirklichungsphase, in der die TeilnehmerInnen ihre Entwürfe auf Durchführungschancen hin prüfen und sich mit den Voraussetzungen für die Überwindung von Hindernissen befassen. Der Abschluß kann darin bestehen, eine konkrete Aktion oder ein Projekt zu planen. Jungk & Müllert (a.a.O.) geben eine ausführliche Anleitung zur Durchführung von Zukunftswerkstätten, welche übrigens ohne großen materiellen oder personellen Aufwand machbar sind.

Happenings dieser Art verwirklichen Kommunikationsdesign in Reinkultur. Ähnlich den Prämissen des evolutionären Managements (Malik 1984a,b) beabsichtigen sie zentralisierte, expertokratische Planung in diversifizierte, dezentrale Strukturen zu überführen, fremdverantwortete zu selbstverantwortlicher Lebens- und Umweltgestaltung zu machen und die verkrustete „Rationalität" linealer Planung der Kreativität der Betroffenen zu übergeben. Das sind natürlich Schlagworte, doch eignet sich das Konzept der Zukunftswerkstätten aufgrund seiner einfachen Praktizierbarkeit tatsächlich, in verschiedensten Bereichen angewandt zu werden. Zum Beispiel ließe es sich in Familien-, Paar- und Einzeltherapien einbauen: meine (unsere) persönliche Zukunftswerkstatt. Die von Jungk & Müllert (a.a.O.) berichteten Erfahrungen der TeilnehmerInnen entsprechen durchaus therapeutisch wünschbaren Effekten: Entwicklung von Selbstvertrauen und Selbstverantwortung, Zuhören-Können, gemeinschaftliches Gestalten, sich artikulieren lernen, sich als aktive, partizipierende Person statt als Opfer erleben, bisher noch unbedachte Möglichkeiten entdecken, usw. Außer im therapeutischen Kontext könnten Zukunftswerkstätten zur Vorbereitung von Innovationen oder zur Bewältigung von Krisen in psychosozialen Einrichtungen eingesetzt werden. Weitere Nutzungsbereiche bestünden in der Entwicklung neuer Seminarformen an Universitäten, im Rahmen von Fortbildungsveranstaltungen für die Mitarbeiter verschiedenster, nicht nur psychosozialer Institutionen und anderes mehr.

Ähnliche Funktionen für die Zukunftsgestaltung können Planspiele übernehmen (s. hierzu Kapitel VI). Planspiele realisieren gewissermaßen eine Life-Simulation der Dynamik komplexer Szenarien. Hierzu werden am Beginn des Spiels bestimmte Rollenkonstellationen und Randbedingungen festgelegt, von denen aus das Geschehen seinen Lauf nimmt. Die TeilnehmerInnen können dann erfahren, welche Handlungsspielräume sie sich innerhalb der Vorgaben schaffen können (oder wie sie im Spiel sogar die Vorgaben ändern können) und wo sie in die Eigendynamik des Systems hineingeraten. Ausführliche Nachbesprechungen sind vorgesehen. Auf diese Weise lassen sich z.B. mögliche Probleme oder unerwartete Chancen antizipieren, die mit institutionellen Veränderungen einhergehen. Es handelt sich um realitäts- und erlebnisnahe Experimente, die sowohl zur Konsequenzen- und Risikoabschätzung als auch zur Ideengenerierung für fast alle Arten sozial-kommunikativer Innovationen (z.B. neue Formen der Kooperation; Schaffung einer neuen Institution; Umgestaltung von Tätigkeitsdefinitionen; Vorbereitung von Interventionen) dienen. Mit Planspielen lassen sich Zukunftswerkstätten besonders in deren letzter Phase kombinieren, wenn es um die Vorbereitung konkreter Projekte geht. Geplante Aktionen und Projekte zunächst in einem Planspiel zu simulieren erfordert es nämlich, vorab eine mindestens rudimentäre Systemanalyse (s. Dörner et al. 1983) zu erstellen. Man muß wissen, mit welchen Personen man es zu tun haben

Abb. 37: „Gestern war ich in der Komödie, Theater St. Lukas, die mir viel Freude gemacht hat, ich sah ein extemporiertes Stück in Masken, mit viel Naturell, Energie und Bravour aufgeführt, ... Mit unglaublicher Abwechselung unterhielt es mehr als drei Stunden, die Zuschauer spielen mit, und die Menge verschmilzt mit dem Theater in ein Ganzes" (J.W. Goethe 1786).
„Ein guter italienischer Schauspieler ist ein Mensch von echter Substanz; er spielt mehr mit Hilfe seiner Phantasie, denn mit Hilfe des Gedächtnisses; er denkt sich erst im Verlauf des Spieles alles aus, was er sagt; er ist imstande, sich seinem Partner anzupassen, das heißt, seine eigenen Worte und Handlungen so gut mit dessen Worten und Handlungen in Einklang zu bringen, daß er blitzartig mit dem Spiel und den Bewegungen reagiert, zu denen jener ihn herausfordert" (E. Gherardi 1694).
(Aus Esrig 1985, S 11 und 277; Abb. aus Doll & Erken 1985).

wird, wie deren Aufgaben und Interessen verteilt sind, in welchem rechtlichen und politischen Rahmen sie sich bewegen und welche Ressourcen man ausschöpfen kann. Die Vorbereitung wie die Durchführung von Planspielen vermittelt einen Zugewinn an Kompetenz und Wissen innerhalb des gerade interessierenden Handlungsfeldes.

Eine historische Parallele zum innovationsorientierten Planspiel besteht in bestimmten Varianten der commedia dell'arte, welche den Spielern und auch den Zuschauern die Handlungsgestaltung überlassen. Ausgehend lediglich von den Charakteren der teilnehmenden Rollen entwickelt sich das Spiel aus dem Stegreif. Erschöpft sich die Handlung an irgendeinem Punkt oder gerät sie in eine unerwünschte Richtung, können die Akteure aus dem Spiel heraustreten, um den weiteren Verlauf zu beratschlagen. Zudem ist es möglich, daß sich Zuschauer spontan am Geschehen beteiligen (s. Abb. 37). Diese Art des darstellenden Spiels verwirklicht also den Prototyp eines zieloffenen, kommunikativen Systems.

Die Funktion von Zielen für die Therapie

Betrachten wir abschließend einige (an verschiedenen Stellen bereits genannte) Funktionen von (Therapie-)Zielen, so wird deutlich, daß ihr kommunikativer Wert erheblich sinken würde, wenn ihre aktive Erreichbarkeit nicht mehr angenommen werden könnte. Der Verhandlungswert von Zielen beruht auf dem Thomas-Theorem: What people believe to be real is real in its consequences. Die Chance der Erreichbarkeit zielorientierter Erwartungen, z.B. über den Mechanismus selbsterfüllender Prophezeihungen, rechtfertigt es erst, mit ihnen zu kalkulieren. Und unsere „ideellen Werte (sehen wir) wohl doch erst wirksam werden, wenn wir in höchstmöglicher Weise auf die Zukunft Einfluß nehmen können" (Bazon Brock 1986, 376). Dennoch ist es nicht die Faktizität der Zielerreichung, welche Ziele zu ihrer kommunikativen und psychischen Wirkung verhilft, sondern die Möglichkeit zur Vorstellung (nicht: Prognose) zukünftiger Zustände und die Versicherung, für oder gegen ihr Eintreten tätig zu werden.

(a) Die Konstruktion alternativer Wirklichkeiten motiviert. Ziele erhalten mithin die Chance, in psychischen und kommunikativen Selbstorganisationsprozessen als Katalysator wirksam zu werden. Darin besteht eine mögliche Erklärung des von Ludwig (1982) angesprochenen therapeutischen Effekts von Zielformulierungen. Ihre motivationale Zugwirkung entfalten Ziele offenbar besonders, wenn sie positiv und plastisch modelliert werden. Statt nicht mehr depressiv sein: nächstes Jahr eine Weltreise mit angebbaren Stationen machen. Zahlreiche Fragetechniken beabsichtigen die positive Ausgestaltung von Zielen, z.B.: Wenn wir in dieser Therapie erfolgreich zusammenarbeiten, wie wird für Sie dann das konkrete Ergebnis aussehen? Wie werden Sie dieses Ergebnis der Person X schildern?

Die von de Shazer (1985, 81ff.) vorgeschlagene Kristallkugel-Technik beispielsweise dient neben der Erinnerungsaktivierung früherer angenehmer und erfolgreicher Situationen der Konkretisierung von Zielzuständen. Die KlientIn soll sich in einer imaginären Glaskugel die veränderten Reaktionen ihrer Bezugspersonen auf eigene

Verhaltensänderungen vorstellen. Veränderte Erwartungen, so wird angenommen, koppeln wiederum auf das gezeigte Verhalten zurück. Die Kristallkugel-Technik eignet sich insgesamt zur Autosuggestion erfolgreicher Lebensbewältigung, was verdeutlicht, daß sich derartige motivationsschaffende Imaginationsübungen grundsätzlich von Bemühungen um treffsichere Prognosen unterscheiden.

Eine andere Möglichkeit der Zielkonkretisierung besteht in der sog. Wunder-Frage (miracle-question): Nehmen wir an, in einer Nacht würde sich ihr Problem durch ein Wunder lösen. Woran würden Sie dies am nächsten Morgen bzw. im Verlauf des nächsten Tages merken? Was wäre anders als vorher? Woran würden es verschiedene andere Personen (z.B. Ihre Frau, Ihre Kinder, Ihre Arbeitskollegen) merken, die von dem Wunder noch nichts wissen? Derartige Fragen zur Zielkonkretisierung sind auch im Rahmen der verhaltenstherapeutischen Zielklärung üblich (vgl. Kanfer, Reinecker & Schmelzer 1990). Schmelzer (1983) betont dabei die motivierende Wirkung der Anknüpfung von Therapiezielen an die current concerns (z.B. Klinger 1978) einer Person.

Ein ebenfalls in der Verhaltenstherapie beliebtes Verfahren ist die sog. Goal-Attainment-Skalierung (GAS, s. ursprünglich Kiresuk & Sherman 1968; Minsel 1982, 166ff.), welche sogar eine Quantifizierung der individuellen Zielannäherung und somit eine Kontrolle des Behandlungsfortschritts erlauben soll. Hierzu muß das Zielverhalten in verschiedenen Problembereichen so operationalisiert werden, „daß es quantitativ und eindimensional erfaßbar ist" (Minsel 1982, 166). Dann werden neben dem am wahrscheinlichsten zu erwartenden Verhaltensergebnis in abgestufter Form zwei günstigere und zwei ungünstigere Ergebnisvarianten festgelegt und später mit den beobachtbaren Verhaltensweisen verglichen. Obwohl das GAS-Verfahren angesichts der Probleme zielgerichteter Steuerbarkeit dynamischer Systeme lineal und holzschnittartig wirkt, sollte es als Beispiel für Bemühungen um die Konkretisierung von Zielzuständen genannt werden. Es mag ja durchaus sein, daß die vorläufige Behandlung zieloffener Systeme als zielgeschlossen und damit – was die Ziele betrifft – als geradlinig anvisierbar derart zur Komplexitätsreduktion beiträgt, daß sie therapeutisch nützliche Aktionen beflügelt. Immerhin zeigt die Goal-Attainment-Skalierung, wie Ziele als Vergleichsmaßstäbe für die Therapieevaluation zu benützen sind (vgl. Ludwig 1982).

(b) Ziele sollen Normen und Werte sozialer Systeme transparent machen, mithin auch therapeutische Transparenz schaffen. Indem Ziele neben Normen und Werten oft noch die Funktionsprinzipien der Zielerreichung mittransportieren, eignen sie sich, so die Hoffnung, als Ansatzpunkt für kritische Analysen. Ein Beispiel für eine positionsoffenbarende Zielformulierung aus dem Bereich der neueren Familientherapie liefern Goolishian & Anderson (1988, 213): „Die Systeme, mit denen wir arbeiten, existieren nur in der Sprache, und deshalb existieren auch Probleme nur in der Sprache. Das Ziel der Therapie liegt nicht darin, Lösungen für Probleme zu finden, sondern an einem Prozeß teilzunehmen, in dessen Verlauf eine Sprache entwickelt wird, in der das Problem nicht mehr existiert" (vgl. hierzu auch Ludewig 1987; 1988a). Von solchen Positionsbestimmungen ausgehend kann man nach Argumenten suchen, um Konsens oder Dissens zu begründen.

Doch dabei wird deutlich, daß man mit derart abstrakten Zielformulierungen noch nicht sehr viel anfangen kann. Nähere Erläuterungen wären notwendig – man müßte schon den ganzen Artikel lesen, aus dem das Zitat stammt –, und Konkretisierungen auf den Einzelfall. Selbst dann aber weiß man noch nicht, wie die konkrete therapeutische Arbeit aussieht. Wenn man das aber wüßte, bliebe immer noch die Frage, ob diese therapeutische Arbeit der Erreichung dieses Ziels angemessen ist. Ebenso wie gegenüber Theorien besteht ja auch zwischen Zielen und Praxis ein mehr-mehrdeutiges Verhältnis: ein Ziel läßt verschiedene Formen von Praxis zu (Äquifinalität), und eine Form von Praxis kann verschiedenen Zielen dienen (Polytelie). Trotz gleichbleibender Praxis wird es damit möglich, die Werbetafel mit der Zielaufschrift ab und zu dem Zeitgeist anzupassen.

Auf Zielformulierungen allein läßt sich Norm-, Werte- und Ideologiekritik nicht gründen. Wie sehr Ziele neben Offenlegungs- auch Verschleierungsfunktion übernehmen, wurde bereits dargelegt: mit der Rhetorik der Selbstverwirklichung finden Maßnahmen der sanften Kontrolle ebenso wie die der fürsorglichen Belagerung ihre Rechtfertigung (s. Keupp 1987, 110ff.). Gerade das Vertrauenswürdigste, so könnte man folgern, verdient das tiefste Mißtrauen.

Da Ziele jedoch als Widerspruchsmultiplikator wirken können, stellt ihre Explizierung zumindest *eine* Voraussetzung für kritische Analysen dar. Erst diachrone und synchrone Zielkontradiktionen machen auf Widersprüche zwischen Handlungen aufmerksam, während sich diese für sich genommen nur als entweder anschlußfähig oder nicht erweisen. Systeme produzieren keine Widersprüche, alle erzeugten Komponenten existieren, ohne sich gegenseitig zu verhindern – sonst würden sie eben nicht existieren (s. Dell 1986). Widersprüche (eine Beobachterkategorie!) treten aber auf, sobald Beobachter Ziele, Absichten und Interessen unterstellen bzw. für sich in Anspruch nehmen. Und daran entzündet sich die Kritik.

(c) Ziele sollen als Orientierungslinie für die Selbstregulation von Systemen dienen. Sie unterstützen in sozialen Systemen die Handlungsabstimmung der beteiligen Systemmitglieder, indem sie – als Absichtserklärungen eingeführt – Hypothesen über die Funktionsweise des jeweils anderen nahelegen (vgl. die Kybernetik der black boxes, Willke 1987a und Kapitel IV. Zwar geben Ziele noch nicht preis, unter welchen Bedingungen das intervenierte System sich beeindrucken lassen wird: Selbstbekenntnisse zu bestimmten Zielen machen aus operational abgeschlossenen noch keine instruktiven Systeme. Aber immerhin bieten sie dem alter (z.B. der TherapeutIn) Gelegenheit, Hypothesen aufzustellen: Wenn eine KlientIn beteuert, ein bestimmtes Ziel erreichen zu wollen, dann ist eine Motivationslage anzunehmen, die eine bestimmte Hausaufgabe rechtfertigt. Bestätigt die KlientIn, daß die Hausaufgabe ganz im Sinne der Erreichung ihres Zieles ist (vgl. das Konzept des „yesset"), wird die TherapeutIn erwarten, daß die Hausaufgabe durchgeführt wird. Das ist zwar trotzdem nicht sicher, aber es reicht aus, um die Differenz von Erwartung und Enttäuschung im System zu etablieren (vgl. von Glasersfeld 1987, 415). Ziele konstituieren diese Differenz und tragen damit zur Selektionsverstärkung in sozialen Systemen bei. Finalisierungen stellen eine Möglichkeit dar, Selektionen zu ordnen, womit sie Kommunikationen prozessual verbinden: „Prozesse entstehen durch Selektionsverstärkung, also durch zeitliche Einschränkung der Freiheitsgrade von Elementen ... Die Grundform aller prozessualen Selektivität ist immer: Selektion von Selektion" (Luhmann 1984, 610). Auf diesem Weg unterstützen Ziele selbstreferentielle Systeme dabei, sich auf (vorläufige) Dauer zu stellen. Dies aber nur solange, wie das System die zielbezogene Art der Selektionsverstärkung und gleichzeitig: der Komplexitätsreduktion mitmacht. Davon war bereits die Rede.

Prozessuale Reflexivität ihrerseits reicht zur Konstitution von Systemidentität nicht aus. Identitätsbildung ist auf Reflexion angewiesen, also auf „die Einführung der Differenz von System und Umwelt in das System". Reflexion bedeutet somit, daß „Systemreferenz und Selbstreferenz zusammenfallen" (Luhmann 1984, 617). Ziele können das erleichtern, aber nicht garantieren. Bedeutsamer hierfür sind wohl Anlässe der Selbstabgrenzung gegenüber der Umwelt, der Bestandserhaltung oder -bedrohung, der Attribution auf System oder Umwelt.

(d) Aufgrund der Möglichkeit, durch die bloße Angabe von Zielen bereits Handlungen legitimieren zu können, sowie aufgrund der Bedeutung, welche (innerhalb und außerhalb von Therapien) der Teilnahme an zielbezogener Kommunikation zugemessen wird (s. oben), läge es nahe, Zielen die Funktion eines *Kommunikationsmediums* zuzuschreiben. Kommunikationsmedien dienen dazu, den zweifelhaften Erfolg von Kommunikationen abzusichern, d.h. zur Annahme von Kommunikationsangeboten zu motivieren (Luhmann 1984, 218ff.). „Von Kommunikations*medien* wollen wir immer dann sprechen, wenn *durch die Art der Selektion zur Annahme motiviert wird*, wenn also die Selektionsweise zugleich als Motivationsstruktur fungiert" (Luhmann 1971c, 345, Hervorhebung im Original). Die Thematisierung von Zielen in einer therapeutischen Sitzung beispielsweise erweitert die Chancen aussichtsreicher Kommunikation, die Antizipation von Erfolg hält die Teilnehmer bei der Stange. Zielentwürfe – und mit der Hoffnung auf deren Erfüllung: Erfolgserwartungen – spielen in Therapien eine bedeutende Rolle (Kanfer, Reinecker & Schmelzer 1990), indem sie Kommunikation vor Abbruch schützen. Auch nach außen vergrößert die Kommunikation von Zielen die Chance, Therapie fortsetzen zu dürfen. Die Genehmigung weiterer Therapiestunden durch die Krankenkasse beispielsweise erfordert die Angabe all dessen, was noch erreicht werden könnte. Unterschiedliche gesellschaftliche Teilsysteme haben sich spezifische evolutionäre Errungenschaften geschaffen, um zur Fortsetzung der darin laufenden Prozesse zu motivieren, mithin „Unwahrscheinliches in Wahrscheinliches zu transformieren": das Wirtschaftssystem z.B. das Medium „Geld", das Wissenschaftssystem das Medium „Wahrheit", das Politiksystem das Medium „Macht" (s. Luhmann 1971c, 346; 1975, 170-192; 1984, 222f.). Verschiedene Systeme verfügen also über generalisierte Symbolisierungen des Zusammenhangs von Selektion und Motivation, welche nach Luhmann (z.B. 1984, 222) als „symbolisch generalisierte Kommunikationsmedien" bezeichnet werden.

Wenngleich Ziele innerhalb wie außerhalb von Therapiesitzungen die kommunikative Anschlußfähigkeit erhöhen, darf dennoch bezweifelt werden, ob sie ein *symbolisch generalisiertes* Kommunikationsmedium darstellen. Erstens gibt es noch andere Quasi-Garanten, welche therapeutische Kommunikation zur Annahme motivieren: je nach Therapieform z.B. Einsicht, Erlebnisintensität oder Symptomerleichterung. Zudem müssen Ziele sehr idiosynkratisch gestaltet werden, damit sie motivierend wirken. Wenn es sich also um ein Kommunikationsmedium im hier definierten Sinne handelt, dann sicher um kein „symbolisch generalisiertes" (wie etwa

typischerweise Geld). Zweitens möchte Psychotherapie wie Erziehung nicht nur
erfolgreiche (d.h. anschlußfähige) Kommunikation sein (s. Luhmann 1984, 628),
sondern etwas anderes. Unabhängig davon, was das sein soll (z.B. Persönlichkeits-
veränderung, Problemlösung, Auflösung kommunikativer Problemsysteme, Krank-
heitsbehandlung etc.), geht es ihr nicht nur um die Perpetuierung von Kommunikation. Im Gegenteil bemühen sich vor allem Kurztherapieansätze darum, den therapeutischen Kontakt zeitlich zu begrenzen. Minimale Interventionen erweisen sich
oft als wirksamer oder zumindest weniger schädlich als lange Abhängigkeitsver-
hältnisse. Drittens schließlich verlieren auch die brilliantesten Ziele ihren Effekt
als Kommunikationsmedium, wenn nicht irgendwann etwas eintritt, das die KlientInnen als Erfolg interpretieren können. Im Fall von Psychotherapie büßen Ziele
sogar in der Regel ihren meist nicht mehr erneuerbaren kommunikativen Wert ein:
sei es daß Erfolg eintritt, sei es, daß Erfolg ausbleibt.

Unabhängig aber von der Binnenstruktur des therapeutischen Geschehens ist es
der Therapie als gesellschaftlicher Institution gelungen, sich an symbolisch generalisierte Kommunikationsmedien anzuschließen. Grundlegende Werte erfüllen diese Funktion. Indem Therapie die Einlösung von Werten – speziell der Individualisierung und der Postmoderne – verspricht, sichert sie ihren gesellschaftlichen
Bestand. Die im Therapieangebot vermittelten Werte (Ziele) motivieren potentielle
Kunden, sich darauf einzulassen.

Auf der Suche nach funktionalen Äquivalenten zur Ziel-Rhetorik

Die Frage nach funktionalen Äquivalenten von Zielen wird dort bedeutsam, wo
Ziele entweder nicht existieren oder deren Erreichbarkeit erheblich angezweifelt
wird. Ziele existieren dort nicht, wo sie, wie etwa im Prozeß des dialektischen
oder zirkulären Problemlösens, erst mit der Herstellung eines Produkts entstehen.
Daß dies bei der künstlerischen Gestaltung (Dörner 1976), der diagnostischen Modellbildung (Schiepek 1986) und auch der Therapie (Deissler spricht mit einer blu-
migen Wortneuschöpfung von „systemischer Poietologie") durchaus üblich ist, wurde bereits betont. Orientierungsfunktion übernehmen dabei explizierbare oder intuitive Gestalt- und Gestaltungsprinzipien, kybernetische Kriterien (für die systemische Modellbildung) sowie pragmatische, ethische und ästhetische Kriterien (vgl.
Ludewig 1988d; Keeney 1983a).

Die Annahme, Ziele könnten durch entsprechende Handlungen erreicht werden,
wirkt in manchen Situationen handlungserleichternd. Wo sich nun Zweifel an der
technischen Herstellbarkeit von Zielzuständen breit gemacht haben, entsteht Bedarf
nach funktionalen Äquivalenten. *Ein* mögliches Äquivalent beruht, wie ja die Rhetorik der Zielorientierung selbst, auf Sprache. Es besteht in der Einführung *hand-
lungsermöglichender Sprachspiele* für die psychosoziale Praxis. Handlungsermöglichende Sprachspiele sollte jede PraktikerIn bzw. jedes Team für sich selbst erfinden,
denn was für den einen (die eine) nützlich ist, muß es für den anderen (die andere)
noch lange nicht sein. Die Angebote aus der systemischen Theorie und Therapie
(s. Böse & Schiepek 1989) mögen dabei Anregungen liefern, wobei nicht nur die
Fachterminologie, sondern auch Metaphern und Bilder aus verschiedenen Lebens-

bereichen Verwendung finden können. Ein Vorteil systemischer Sprachspiele ist darin erkennbar, PraktikerInnen vom Druck technischer Steuerbarkeitsillusionen zu befreien. Er (sie) kann sich eher als Mitglied denn als Kontrolleur eines Systems fühlen. Die Rhetorik der Zielorientierung dagegen setzt den permanenten Stachel, mit noch mehr Kompetenz, Einsatz, Technik oder mit der (noch nicht gefundenen) neuen Formel müßte das Ziel doch erreichbar sein. Dadurch aber wird das Scheitern vorbereitet.

Ein Beispiel für die Erweiterung von Möglichkeitsräumen durch Sprache besteht im Vorschlag des Mailänder Teams, im Rahmen von Mehrpersonen-Therapien ein bestimmtes Verhalten nicht als Ausdruck des inneren Wesens einer Person, sondern als kommunikative Mitteilung zu verstehen. Die Sprachregelung lautet: statt jemand *ist* depressiv – nun: jemand *zeigt* gegenüber einer anderen Person depressives Verhalten (Tomm 1984).

Ein anderes Beispiel liefert der Verzicht auf den Widerstands-Begriff (s. Dell 1986; de Shazer 1984; 1986). Die mit diesem Begriff unterstellte Kooperations-Unwilligkeit bindet Kooperationsmöglichkeiten seitens der TherapeutIn. Da Widerstand für das Nicht-Eintreten einer auf eine Intervention erwarteten Reaktion steht, muß in dieser Denkschiene eine(r) verlieren: entweder die KlientIn, da renitent, oder die TherapeutIn, da unfähig. Alternativen könnten sein: Kooperation als konstruktiver Generalkontrast zur gesamten Widerstands-, Unwilligkeits- und Unfähigkeitsrhetorik (s. de Shazer 1985; 1986); Autonomie (sensu Varela), um die Eigenständigkeit und instruktive Unbeeinflußbarkeit von KlientInnen zu betonen; Selbstdefinition als KlientIn (Kanfer, Workshopmitteilung), um die Freiheit einer Person anzudeuten, sich vom Klienten- in den Zivilstand zurückdefinieren zu können; die Unterscheidung zwischen visitor, complainant und customer (de Shazer 1988a; 1989), um die Therapie in nicht-abwertender Weise für verschiedene Motivationslagen einer KlientIn offenzuhalten.

Weitere Beispiele für handlungsermöglichende Sprachspiele sind in den Angeboten des Reframing und der positiven Konnotation enthalten, die beide von dem Druck befreien, ein „Symptom" umgehend beseitigen zu müssen (wodurch es möglicherweise noch belastender erlebt wird). Stattdessen eröffnen sie Chancen, indem sie das „Symptom" für die Therapie nutzbar machen. Exemplarisch genannt seien noch Begriffe wie Anregung (evtl. Verstörung, für kritische Einwände gegenüber diesem Begriff s. jedoch Böse & Schiepek 1989) statt Intervention; (Neu-)Kontextualisierung statt Feststellung kontextunabhängiger Fakten; Schaffen von „Bedingungen für die Möglichkeit" statt Technik-Anwendung; empowerment (Rappaport 1985) – ein Begriff, der die Widersprüche der psychosozialen Arbeit assoziativ bereithält –, statt Hilfe oder Prävention; evolutionäres Management statt der Trias: Prognose, Planung, Steuerung.

Betont sei abschließend, daß natürlich nicht nur Sprachspiele dazu geeignet sind, Handlungsmöglichkeiten zu erweitern, sondern hierfür sämtliche materiellen wie personellen Ressourcen in Betracht gezogen werden müssen. Die Gestalt des eigenen Möglichkeitsraumes auszuloten und zu erweitern ist im Bereich der psychosozialen Praxis traditionelles Anliegen der Selbsterfahrung, welche die Beobachtung der eigenen Wirklichkeitskonstruktionen, der Beziehungsangebote, des Handlungs- und Erlebnisrepertoires sowie der favorisierten Werte vor dem Hintergrund der eigenen Biographie zum kommunikativen Thema macht.

Epilog: Menschenbildannahmen

Nicht nur die Formulierung von Zielen, auch jede Diskussion *über* Ziele beinhaltet
Werturteile, insbesondere Menschenbildannahmen. Ich möchte daher einige dieser
im abgeschlossenen Kapitel mittransportierten Annahmen, soweit sie für den hier
vertretenen systemischen Ansatz relevant sind, benennen. Von einem einheitlichen
„systemischen" Menschenbild kann angesichts der Heterogenität des Feldes jedoch
nicht die Rede sein. Im folgenden nehme ich Bezug auf einen Diskussionsvorschlag
in Schiepek (1988d).

Individuen werden darin (1) als *autonome* Lebewesen betrachtet (zum Begriff der
Autonomie s. Varela 1979; Böse & Schiepek 1989), womit sich ein systemisches
Menschenbild von einem reinen Umweltdeterminismus absetzt. Für medizinische,
pädagogische und psychotherapeutische Interventionen bedeutet dies, daß sie nur
auf der Grundlage systeminterner Selbstregulations- und Selbstorganisationsprozesse wirksam werden können.

(2) Individuen sind auf strukturelle Koppelungen mit ihrem Medium, speziell mit
anderen Individuen angewiesen. Der Erhalt der biologischen Autopoiese erfordert
Materie- und Energieaustausch mit der Umgebung (vgl. von Bertalanffys „Fließ-
gleichgewicht"), ebenso wie die Entwicklung und Differenzierung psychischer Systeme die Herstellung sozialer Beziehungen erfordert. Weder soziale noch psychische Systeme (im Sinne der Theorie selbstreferentieller Systeme) sind ohne wech-
selseitiges Interpenetrationsverhältnis denkbar.
Die Punkte (1) und (2) verdeutlichen bereits, daß einerseits Autonomie nicht mit
Isolation verwechselt werden darf, andererseits Menschen nicht als Konditionie-
rungsprodukte oder als Marionetten der sozialen Beziehungsdynamik, z.B. einer
Familie, zu sehen sind.

(3) Der Mensch verwirklicht verschiedene *emergente* Phänomenbereiche, nämlich
physikalisch-chemische, biologische, psychische und soziale (vgl. Weiss 1970; Bunge
1980; Wuketits 1988). Diese Emergenzbereiche bedingen sich wechselseitig, wenngleich die Selbstreferenz eines Systemtyps Komponenten eines anderen Systemtyps
nicht unmittelbar in ihr Prozessieren hineinnehmen kann.

(4) Der Mensch lebt entsprechend dieser Emergenzbereiche in verschiedenen Le-
bensräumen. Ökologisch gesprochen handelt es sich dabei um sog. Hypervolu-
mennischen, mit denen er seine Passungen realisiert. Diese Nischen sind formbar,
was bedeutet, daß der Mensch weder in biologischer noch in sozialer Hinsicht von
einseitigen Anpassungsleistungen an die Umwelt abhängig ist (vgl. Roth 1982; 1986;
von Glasersfeld 1981; Álberch 1982). Doch können diese biologischen und soziologischen Nischen sich auch verabschieden oder mit großer, nicht mehr bewältig-
barer Geschwindigkeit verändern. Gesellschaften wie Einzelindividuen stehen momentan unter dem Eindruck dieses Geschehens. Autopoiesis, so das Fazit, ist nicht
gleichzusetzen mit autistischer Monadenhaftigkeit. Ihre Verwirklichung braucht Lebensraum, ebenso wie soziale Inszenierungen entsprechende Bühnenräume brau-

chen. Bei diesen Räumen handelt es sich sowohl in physikalisch-chemischer, biologischer, psychischer als auch sozialer Hinsicht um vom Menschen selbst hergestellte bzw. psychisch und kulturell vermittelte Nischen (s. Beck 1986; 1988).

(5) Ein systemisches Menschenbild betont das kohärente, selbstreferentielle Operieren des „Systems Mensch", was einseitige Prioritäten bestimmter Steuerungsinstanzen (z.B. eine kognitive Kopfsteuerung, eine impulshafte Es-Steuerung, eine vollständige Programmierung durch DNS-Strukturen) ausschließt (vgl. Bateson 1981; Maturana 1982; Roth 1986). Kein rekursiv vernetztes, dynamisches System ist von einem Teil aus steuerbar, weshalb „Selbstkontrolle" in einem strengen Wortsinn in lebenden Systemen nicht vorkommt[3].

(6) Wir betrachten das Funktionieren des Menschen als erkennende (d.h. informationserzeugende, konstruierende), fühlende und wollende Einheit, welche verschiedene Möglichkeiten realisieren und darin kreativ sein kann, seine Autopoiese und seine Umweltpassung zu verwirklichen.

(7) In der Selbstreferenz des Operierens des neuronalen (Roth 1987) wie des psychischen Systems (Luhmann 1985) ist die Fähigkeit zu Selbst- und Fremdreflexion bereits angelegt (vgl. das Verhältnis der Begriffe Selbstreferenz, Reflexivität und Reflexion bei Luhmann 1984). Die Annahme psychologischer oder sozialer „Gesetze" bzw. Regelhaftigkeiten, wie sie von Seiten der Wissenschaft vertreten werden, ist daher in jedem Einzelfall ebenso hinterfragbar wie unterlaufbar. Selbst- und Fremdreflexion ist natürlich auch Basis für Selbst- und Fremdkritik.

(8) Menschen bringen in ihrer Interaktion gemeinsame Wirklichkeiten hervor, wodurch erlebbare soziale und auch materielle Realitäten geschaffen werden. Diese Realitäten weisen als Produkte sozialer Synergetik ihre Eigendynamik auf, sind also in der Regel durch das Handeln von Einzelpersonen nicht unmittelbar zu beeinflussen (zum Verhältnis von individuellem Handeln und sozialer Aggregation bzw. Emergenz s. Willke 1978). Einzelpersonen können sich daher machtlos fühlen. Umgekehrt sind soziale „Realitäten" das Ergebnis ihrer Reproduktion durch soziale Interaktionen (und nicht etwa naturgegeben, notwendig, ethisch überlegen, rational zwingend etc.), somit prinzipiell jederzeit veränderbar oder auflösbar. Änderung ist im Spiel selbst, gewissermaßen durch verändertes Ko-Driften oder durch In-Frage-Stellen der impliziten Handlungsvorgaben möglich.

(9) Sprache formt die Hervorbringung psychischer und sozialer Wirklichkeiten in bedeutender Weise, indem sie Unterscheidungen und Denkmuster zur Verfügung stellt, die sich selbst bestätigen können. Dennoch lassen sich menschliche Lebenswirklichkeiten ebenso wie menschliches Leiden nicht auf sprachliche Konstruktionen reduzieren. Wir konstruieren unsere Wirklichkeit mit allen Sinnen, und vor allem nicht nur als rezeptiv Erlebende, sondern indem wir Hand anlegen. Der

---

3   Es sei darauf hingewiesen, daß der verhaltenstherapeutische Selbstkontroll-Begriff mit ganz anderen Theorieprämissen operiert und mit dem hier verwendeten Begriff nicht identisch ist.

Definitionsidealismus der Labeling-Perspektive, aber auch – parallel dazu – der Rückzug auf rein sprachliche Problemsysteme (s. Ludewig 1987; 1988a) führt hier zu erheblichen Verkürzungen (s. Keupp 1986; 1987, 133).

(10) Der Mensch ist (auch) als geschichtliches und kulturelles Wesen zu verstehen. Damit übergibt er sein Handeln wie seine Selbstinterpretationen (z.B. Menschenbilder) der historischen und sozialen Relativität. Diese Position tritt vor allem einem naturwissenschaftlichen Objektivismus in der Klinischen Psychologie entgegen: „Die Hauptströmungen von Psychiatrie und Klinischer Psychologie haben in ihrer Professions- und Wissenschaftsgeschichte immer wieder neu Anläufe unternommen, sich dem Strudel des soziohistorischen Relativismus durch die Etablierung als zeitlos gültig angesehener Beurteilungsmaßstäbe zu entziehen" (Keupp 1987, 125).

(11) Derartige Maßstäbe existieren nicht. (Das kann so apodiktisch gesagt werden, weil alle hier genannten Menschenbildannahmen selbstverständlich nur als Diskussionsvorschlag angeboten werden.) Ein systemisches Menschenbild beruht nicht auf einer letzten Wahrheit, einem verbindlichen Sinn, einer gültigen Rationalität oder einem ultimativen Ziel. Solche Verbindlichkeiten erwiesen sich oft als der Sand, mit dem in den Augen Menschen in die Kriege zogen. Jeder Sinn, jedes Ziel etc. muß als individuelle oder soziale Konstruktion ethisch und politisch verantwortet werden.

(12) Jede(r) kann das, was er zu verantworten hat, letztlich nur für sich selbst verantworten. Das schließt Interventionen, welche viele Betroffene oder zeitlich langanhaltende Folgewirkungen erzeugen ebenso aus wie Expansionstendenzen materieller und ideeller Güter oder zentralistische Steuerungsbemühungen. Stattdessen sollte eine Ethik der Bescheidenheit, der minimalen Interventionen und der relativ autonomen Selbstverwaltung gelten.

(13) Sinn, Ziele, Lebensstile, Normen etc. sind sozial hergestellt, daher bezugsgruppen- und zeitrelativ. Zieht man den Vorhang partikularistischen Sinns beiseite, blickt man in den Abgrund.

(14) Jede(r) nimmt die Leitdifferenzen in Anspruch, die ihm (ihr) für die Konstruktion seiner (ihrer) Wirklichkeit bedeutsam erscheinen. So können die hier vorgeschlagenen Menschenbildannahmen wohl kritisch auf ihren feministischen oder patriarchalischen Ideologiegehalt hin abgeklopft werden, schlagen sich jedoch nicht absichtlich auf die eine oder andere Seite. Daß allein dies schon verdächtig macht, ist mir klar. Als Mann kann und will ich allerdings keine explizit feministische Feder schwingen, weshalb ich auf die engagierten Arbeiten von Marianne Krüll (z.B. 1986; 1989) zu einer feministischen Perspektive auf systemische Ansätze verweise.

(15) Systemische Menschenbildannahmen gestalten ein Wesen, das an seine Grenzen gestoßen ist: an die Grenzen der Transparenz, der Rationalität, der Machbarkeit, der Planbarkeit, selbst der Einsichtsfähigkeit in diese Grenzen. Politisch gesehen kommen für Psychologen die Grenzen des Sozialstaats und der Arbeitsmarktsitua-

tion hinzu. Der Mensch dieses Menschenbildes hat nicht das Leuchten des Aufklärers in den Augen, nicht den Impetus des Technikers, nicht den Elan des Weltverbesserers. Er ist aktiv – natürlich, sollte er als lebendes System denn passiv sein?, aber das Schlagwort der „zielgerichteten Aktivität" steht nicht mehr ganz oben auf der Liste, so wie in den psychologischen Menschenbildern der vergangenen Jahrzehnte.

(16) Darin aber liegen die Chancen. Wir haben unser Handeln nicht mehr nach Expansions- und Durchschlagskraft zu beurteilen, sondern nach der Begrenzbarkeit seiner Folgen, nach sozialer und ökologischer Verträglichkeit und nach möglichen Risiken. Die alte Aktivität ist nicht an die Passivität verlorengegangen, sondern hat sich unmerklich in Re-Aktivität auf die Folgen und Nebenfolgen der Aktivität verwandelt. Die Kostenseite dominiert die Szenerie: globale ökologische Krisen (s. Beck 1988).

(17) Außer an pragmatischen Kriterien orientiert der Mensch im systemischen Entwurf sich verstärkt an ethischen und ästhetischen Kriterien. Was die Ästhetik betrifft, liegt das nicht nur an Werten wie Kontemplations- und Genußfähigkeit, die auch in der Therapie Bedeutung erlangt haben (s. Lutz 1983). Vor allem die Positionen des sozialen und epistemologischen Konstruktivismus vermitteln eine Parallele zwischen Wirklichkeitskonstruktion und Kunstschaffen (z.B. zur Dramaturgie und Theaterarbeit).

(18) Ein systemisches Menschenbild verzichtet auf ein Optimierungsmodell, also auf Annahmen darüber, wie eine „fully functioning person" optimal zu funktionieren und wie ihre optimale Umweltanpassung auszusehen habe. Es beinhaltet auch keine Parallelen zu Maschinen oder Computern, wie sie etwa in kognitiven Theorien oder in Handlungstheorien hergestellt werden. Das Autopoiese-Konzept entbindet weiterhin von irgendwelchen Annahmen über Ziele, die sich das Individuum wie die Wurst an der Angel vor die Nase hängen müßte, oder über Motive, die von hinten schieben, damit überhaupt was geht. Auch müssen wir den Menschen nicht in Analogie zu zielstrebigen Managern, rationalen Mini-Wissenschaftlern oder naiven Attributionstheoretikern konstruieren.

(19) Menschenbilder sind vor dem Hintergrund kultureller und soziohistorischer Gegebenheiten zu beurteilen, denen sie ihre Möglichkeit verdanken. Insbesondere ist danach zu fragen, ob sie ein Bemühen zeigen, sich historischen Herausforderungen zu stellen. Die zentrale Herausforderung für ein systemisches Menschenbild dürfte wohl in den globalen ökologischen Krisen bestehen, welche die Gesamtheit menschlicher Lebensverhältnisse zu einer Neubestimmung zwingen.

IV Die Theorie selbstreferentieller Systeme im Anwendungsbereich psychischer Prozesse und die Folgen für die Psychotherapie

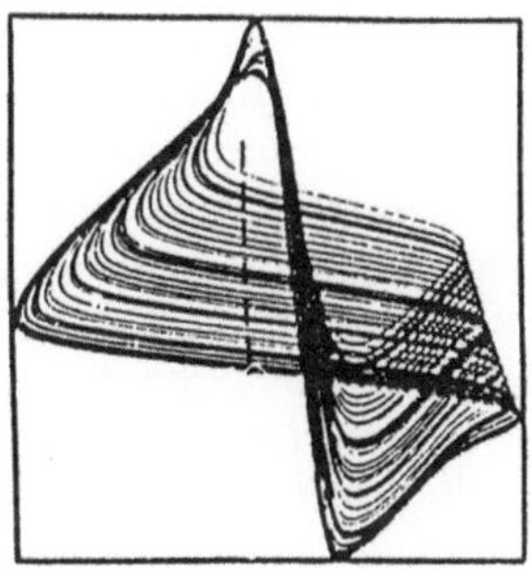

1 Ausgangsproblematik

Die in diesem Kapitel angestellten Überlegungen werden uns vor die Frage führen, wie man sich das Funktionieren therapeutischer Interventionen vorstellen kann, oder – mit anderen Worten – worin die Bedingungen für die Möglichkeit von Verhaltensänderungen, mehr noch: erwünschter Verhaltensänderungen eines Klienten bestehen. Die Lektüre der bisherigen Ausführungen hat uns ebenso wie die tägliche Therapiepraxis darauf vorbereitet, daß wir an dieser Stelle mit einem Problem zu rechnen haben: das Problem der Intervenierbarkeit in nicht durch Input determinierbare Systeme. Die Sachlage ist paradox, und tatsächlich bescheinigt Sigmund Freud einer Profession, die sich dieses Paradoxon zur professionellen Aufgabe macht (z.B. Psychotherapeuten), die Ausübung eines „unmöglichen Berufs".

Alltagspraktisch wird dieses Paradoxon üblicherweise dadurch außen vor gehalten, daß man als Therapeut Erfahrungen macht, wie Klienten auf eigene Verhaltensvorgaben wahrscheinlich reagieren. Die prinzipiellen Gegebenheiten der Nicht-Instruierbarkeit, der Autonomie, der wechselseitigen Intransparenz der sich gegenübertretenden psychischen Systeme und der doppelten Kontingenz ihrer Handlungsmöglichkeiten (Luhmann 1984; 1985; Willke 1987a,c) werden einerseits durch die strukturellen Vorgaben der Therapiesituation (das raum-zeitlich-kommunikative Setting), andererseits durch die Verfügbarkeit persönlicher Erfahrung in Form technologischer Regeln aufgefangen: Wie gestalte ich die Eröffnung, um eine gute Beziehung und eine möglichst hohe „motivation to change" (Kanfer) beim Klienten zu erreichen? Wie muß ich fragen, um eine möglichst konkrete und verhaltensnahe Beschreibung des Problems zu bekommen? Wie induziere ich eine Trance? Wie leite ich eine Konfrontation ein, um einem Klienten z.B. seine andauernde Vermeidungshaltung deutlich zu machen? etc., etc. Zu all diesen Fragen, seien sie nun Standard oder entlegene Eventualität therapeutischer Praxis, gibt die eigene Erfahrung und die Erfahrung anderer (vermittelt über Workshops, kollegiale Supervision, Lektüre, etc.) eine zwar vorläufige, aber tendenziell immer sicherere und differenziertere Antwort. Die Grundstruktur der praxisrelevanten Fragen lautet: was tue ich, wenn ...?, wobei beide Seiten der Frage natürlich stark ausdifferenziert werden können: nach Klientenmerkmalen, Situationsmerkmalen, Bezugspersonenkonstellationen usw. auf der Bedingungsseite und nach verschiedenen Handlungskomponenten (z.B. Vermittlung von Wertschätzung und Sicherheit an die Person des Klienten bei gleichzeitiger gezielter Demonstration von Langeweile angesichts wiederholter automatisierter Rédestereotypien) auf der Seite der therapeutischen Aktion.

Die Praxis entledigt sich also der Paradoxie der Intervenierbarkeit, indem sie sich verhält, „als ob" Therapie nach dem Schema Input (Intervention) – System (Klient) – Output (Therapieeffekt) funktionieren würde, oder – in der Terminologie Heinz von Foersters – durch Trivialisierung. Die Paradoxie wird dadurch allerdings nicht aufgelöst, sondern lediglich zu rein pragmatischen Zwecken in der Schwebe gehalten, „invisibilisiert" (Barel 1983, 468; vgl. auch Luhmann 1987b). Daß dies aber nachhaltig und effektiv geschah, zeigt sich in der Tatsache, daß die Ausgangsfrage nach den Problemen therapeutischer Intervenierbarkeit in komplexe, eigendynamische, speziell aber selbstreferentiell-geschlossene Systeme für viele Kollegen ungewöhnlich klingt, fremd, sogar störend. Im Bereich der Psychotherapie war es denn auch ein Jurist und Soziologe, der sie mit aller gebotenen Schärfe auf die Tagesordnung der Klinischen Psychologie setzte: Helmut Willke (1983; 1984; 1987a,c; 1988a,b). Die Klinische Psychologie selbst folgte bislang eher der Argumentation der Praxis. Westmeyer hat 1978 in Übereinstimmung mit dem eben skizzierten pragmatischen Selbstverständnis therapeutischen Handelns dieses als Technologie, als Anwendung technologischer Regeln rekonstruiert. Psychologen und Sozialarbeiter organisieren ihre Erfahrungsbildung und Kompetenzerweiterung über weite Strecken nach diesem Muster von Treatment und Effekt und auch die Psychotherapieforschung folgt dem Schematismus der Treatment-Effekt-Kombinatorik. Für die Pragmatik der Praxis hat sich das weitgehend bewährt.

Für die Theorie der Praxis aber ist es bedeutsam, die Problematik der Intervenierbarkeit etwas schärfer in den Blick zu nehmen. Die Klinische Psychologie als Wissenschaft möchte ja einen Beitrag zur besseren Orientierung in ihrem Gegenstandsbereich leisten (Reinecker 1990), und die Planung und Durchführung zielgerichteter Handlungen zur Behebung psychischen und/oder physischen Leidens ist zweifellos einer ihrer zentralen Gegenstände. Am einfachsten mag diese Orientierung gefallen sein, solange man auch im Bereich der Theorie von einem strengen Umweltdeterminismus ausgehen konnte: der Input determiniert den Output. Diese uneingeschränkte Betrachtung des Menschen als „triviale Maschine" (von Foerster 1984; 1985b; 1987a; 1988) gelang allerdings nur innerhalb eines radikalen, d.h. metaphysischen Behaviorismus, der hinsichtlich seiner Breitenwirkung deutlich begrenzt blieb. Die empirischen Kontraevidenzen waren unübersehbar (s. z.B. zusammenfassend Mahoney 1974; Hartig 1973; Groeben & Scheele 1977; Reinecker 1978a; 1983), was auch zu veränderten theoretischen Modellen (z.B. kognitive Mediationsmodelle; Selbstkontrollmodelle, s. die eben genannte Literatur) führte. Immerhin hatte aber offenbar der radikalbehavioristische Umweltdeterminismus einen derart tiefen Eindruck hinterlassen, daß man dem Individuum nicht mehr zutraute, sich gegenüber der Umwelt autonom zu verhalten. Wenn es über Verstärker kontrollierbar sein sollte, konnte es nicht gleichzeitig nicht von Verstärkern kontrollierbar sein. Genau das aber beobachtete man und versuchte es im Rahmen von Selbstkontrollprogrammen sogar zu fördern. Damit war das Paradoxon der Selbstkontrolle geboren: das Individuum ist, was es nicht ist, nämlich autonom, unabhängig von Umweltvorgaben. In diesem Paradoxon, das ist mein Eindruck, hat sich die klinisch-psychologische Interventionstheorie festgefahren. Sie oszilliert hin und her zwischen Fremd- und Selbstkontrolle, zwischen Expertendominanz und Expertenunabhängigkeit des Klienten, zwischen erwartetem Treatmenteffekt und eigenwilligem „Widerstand", zwischen informatorischem Input und internen Filter-, Selektions- und Informationsverarbeitungsprozessen. Am liebsten trifft man sich in der Mitte: ein bißchen Fremdwirkung (z.B. durch das Treatment), ein bißchen Selbstbestimmung. Diese Unschlüssigkeit wirkt über die Therapietheorie hinaus auf Diskussionen der Macht, der Machbarkeit und der Ethik in der Therapie. Das Motiv, an derartigen Amalgamierungsmodellen festzuhalten, liefert vielleicht die Befürchtung, mit ihrer Aufgabe auch die Steuerbarkeit und Planbarkeit therapeutischen Vorgehens zu verlieren. „Nothing goes" wäre die Folge. Daß anders gearbeitete Modelle, welche die Position der Selbstregulation radikalisieren, nicht zu dieser Konsequenz führen müssen, soll im folgenden gezeigt werden.

2 Grundstruktur einer Theorie selbstreferentieller Systeme

Nachstehende Ausführungen verstehen sich lediglich als Theorieskizze, die weiteren Ausarbeitungen zu einer Systemtheorie der Therapie bedarf. Sie beruht im wesentlichen auf den Arbeiten von Maturana (z.B. 1982), Varela (z.B. 1979), von Foerster (z.B. 1985a), Luhmann (z.B. 1984; 1985) und Willke (z.B. 1987a,b,c; 1989), s. weiterhin auch Zeleny (1981b), Hejl (1982), Ulrich & Probst (1984), Dumouchel & Dupuy (1983). Deutlich wird aber bereits jetzt, daß der Ansatz einer Ausarbeitung für psychische Systeme zugänglich ist (vgl. z.B. Ciompi 1982; 1986; Luhmann 1984, Kap. 7; 1985; 1988b; Schiepek 1989). Im Anschluß an die Theorieskizze werden in Punkt 3 die Konsequenzen für die Probleme therapeutischer Intervenierbarkeit und der Selbstregulation diskutiert.

2.1 Begriffliche Grundlagen

Die neuere Systemtheorie operiert mit einem System-Begriff, der sich durch besondere Universalität auszeichnet. Ausgehend von der Zellbiologie wurde er abstrahiert, verallgemeinert und mit Zusatzkonditionen versehen, die es erlaubten, ihn auch im Bereich sozialer und psychischer Systeme fruchtbar anzuwenden. Es handelt sich um eine Definitionsvariante, die Systeme als selbstreferentielle Prozesse temporalisierter Komponenten faßt.

Der Begriff der **Selbstreferenz** meint dabei, daß die Komponenten eines Systems zyklisch derart miteinander interagieren, daß sie an der Generierung weiterer Komponenten konstitutiv teilhaben (an der Heiden, Roth & Schwegler 1985). (In der Terminologie von Luhmann 1984 handelt es sich dabei um sog. basale Selbstreferenz; vgl. auch Miller 1987). Diese Prozesse der Erzeugung von Komponenten haben ihr Vorbild in chemischen auto- und crosskatalytischen Kreisläufen (s. Abb. 38 und 39). Selbstreferentielle Prozesse hat man sich als operational abgeschlossen vorzu-

Abb. 38: Autokatalyse. Ein Molekül katalysiert unmittelbar seine eigene Bildung, z.B. A+2X → 3X: in Gegenwart von Molekülen X wird ein Molekül A in ein Molekül X umgewandelt.

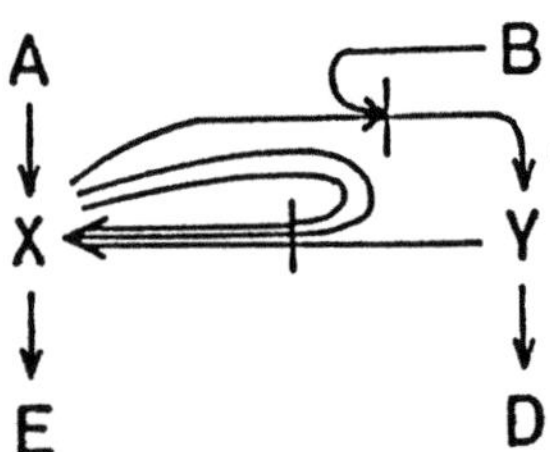

Abb. 39: Crosskatalyse. Moleküle X werden aus Molekülen Y und Moleküle Y aus X produziert, z.B. 2X+Y → 3X, B+X → Y+D. Dargestellt ist das Reaktionsschema des Brüsselators.

stellen. **Operationale Schließung** bedeutet, daß die Komponenten eines Systems zyklisch nur mit sich selbst interagieren, um weitere Komponenten zu erzeugen und nicht etwa in unmittelbarer Weise mit Elementen außerhalb des Systems.

Eine **Komponente** ist ein konstitutives Teil eines Systems, das nicht unabhängig von diesem System – also elementar – existiert, sondern (a) erst im Kontext der Interaktionen innerhalb eines Systems erzeugt wird und dann an weiteren Interaktionen von Komponenten teilhat, und (b) spezifisch ist für bestimmte Systeme und damit zur Art eines Systems korrespondiert. Die Unterscheidung, mit der ein bestimmter Systemtyp eingeführt wird, legt also auch die Art der konstitutiven Komponenten fest. Für biologische Zellen können dies etwa Biomoleküle sein, für psychische Systeme Kognitions-Emotions-Einheiten, und für soziale Systeme Kommunikationen.

Die **Temporalisierung** der Komponenten bedeutet, daß diese zeitabhängig sind, also nur für eine bestimmte Dauer existieren. In biologischen Zellen etwa werden die entsprechenden molekularen Bestandteile aus niedermolekularen Bestandteilen synthetisiert, zu einem späteren Zeitpunkt aber auch wieder abgebaut und über die Zellmembran ausgeschieden. Insofern sind lebende Systeme natürlich materiell und energetisch offen. Es gilt für sie die Theorie der Thermodynamik offener, gleichgewichtsferner Systeme (Prigogine & Stengers 1981; Nicolis & Prigogine 1987). Was bleibt, ist nicht das materielle Substrat, sondern das Organisationsprinzip der selbstreferentiell ablaufenden Prozesse. Die Komponenten psychischer und sozialer Systeme sind insofern temporalisiert, als Gedanken, Gefühle oder kommunikative Akte nicht endlos festgehalten, sondern immer wieder neu produziert bzw. reproduziert werden.

Zusammenfassend könnte man also folgende Definition des Systembegriffs wagen **(Selbstreferenz-Begriff)**:

Ein **System** ist ein sich selbst relationierendes Gebilde, wobei die Relationierung über Prozesse der Selbstreferenz temporalisierter Komponenten erfolgt. Diese Prozesse produzieren, reproduzieren und verändern die strukturellen Muster des Systems.

Die aktuellen Prozesse in einem derartigen System sind von seinen geschichtlich gewordenen, aber momentan aktuellen Prozeßkonstellationen abhängig, und nicht unmittelbar von der jeweiligen Umweltsituation. Sie sind also keiner linealen Umweltdetermination zugänglich. Insofern sind diese Systeme autonom (Varela 1979; 1987). Erst die **Autonomie**, die mit der Selbstreferentialität derartiger Systeme gegeben ist, stellt die Bedingung für die Möglichkeit eines spezifischen Umweltkontaktes dar. Erst wenn wir nicht mehr von einer linealen Beeinflußbarkeit von außen ausgehen, wird die Frage interessant, wie sich autonome Systeme zu anderen Systemen in ihrer Umgebung in Beziehung setzen. Wir werden also neben dem Begriff der Autonomie noch denjenigen der **spezifischen System-Umwelt-Differenz** in Anspruch nehmen.

Obwohl in den bisherigen Überlegungen natürlich vieles enthalten ist, was aus der Theorie der Autopoiese stammt, halte ich es für sinnvoll, den Autopoiesebegriff zunächst nicht in das zentrale Begriffsinventar aufzunehmen. Meine Bedenken beruhen dabei weniger auf den Schwierigkeiten, einen ursprünglich biologischen Begriff in psychischen oder sozialen Zusammenhängen zu verwenden, sondern auf der mit diesem Begriff eingehandelten Notwendigkeit, Systeme als homöostatisch zu betrachten. Autopoietische Systeme halten homöostatisch ihre Organisation aufrecht, oder sie beenden ihre Autopoiese. Deshalb scheint mir Maturanas Organisationsbegriff zu restriktiv und nicht gleichbedeutend mit dem Verständnis von Organisation, wie es für die Erklärung von Selbstorganisations-Phänomenen (z.B. Unordnungs-Ordnungs- oder Ordnungs-Ordnungs-Übergängen) geeignet ist. Eine Veränderung der Organisation eines Systems stellt – wenn man Maturana folgt – sofort den Weiterbestand eines Systems infrage. Mir scheint es dagegen eher sinnvoll, das Problem des Systembestandes und das Problem interner Ordnungsbildung (bzw. Ordnungswandels) begrifflich unabhängig fassen zu können, und dann in ihrem wechselseitigen Bezug aufeinander detailliert zu diskutieren.

Wollte man den Autopoiese-Begriff von dem bei Maturana bedeutsamen Homöostase-Postulat befreien und damit einem autopoietischen System auch Ordnungs- und Organisationswandel zugestehen, dann könnte man mit Luhmann oder Teubner (1987) trotzdem weiterhin von „Autopoiese" reden (worin ich allerdings keinen bedeutsamen Streitwert erkenne, da es sich ja nur um Begriffskonventionen handelt).

Mit den bisher geschaffenen Voraussetzungen können wir uns folgenden Selbstorganisations-Begriff schaffen: **Selbstorganisation** meint die spontane Produktion, Reproduktion und Veränderung prozessualer Muster (d.h. Konstellations- und Produktionsfolgen bestimmter Komponenten) in einem System bzw. kohärenter Verhaltensmuster aufeinander bezogener Systeme (an der Heiden, Roth & Schwegler 1985). „Spontan" bedeutet dabei: nicht durch Eingriffe von Seiten der Umwelt determiniert. Erst nach der Einführung des Konzepts der operationalen Schließung kann die Bedeutung der Umwelt für Selbstorganisationsprozesse richtig gewürdigt werden. Jetzt kann nämlich nach den Ressourcen gefragt werden, die ein System für seine Selbstorganisation braucht, jetzt kann nach seinen spezifischen Umweltkontakten gefragt werden, und jetzt kann gefragt werden, welche Ereignisse in der Umwelt eines Systems von diesem als Anregungen aufgenommen, neutralisiert oder potenziert werden. Die Umwelt stellt spezifische Randbedingungen zur Verfügung, welche vom Prozeß der Selbstorganisation selbst selektiert werden. Insofern kann Selbstorganisation auch über die Interdependenz von Prozeß- und Randbedingungen definiert werden (vgl. Küppers 1986, 98).

Der hier eingeführte Ordnungsbegriff im Sinne eines prozessualen Musters ist praktisch synonym mit dem Begriff des **Eigenbehaviors** bei Heinz von Foerster (1985a). Man kann diese prozessualen Muster auch als **Strukturen** bezeichnen, wenn man sich bewußt hält, daß es sich dabei nicht um statische Formen, sondern um eine – man könnte sagen: aktive – Reproduktion von Komponenten oder von Interaktionen zwischen Komponenten handelt. Sekundär können diese Strukturen natürlich einem Beobachter als materiell fixiert erscheinen – man denke an eine Pflanze, bei der man die Stellung der Einzelteile zueinander beschreiben und analysieren kann. Ein soziales System kann sich selbst über Mauern, Gebäude, Schilder, Kleidung usw. statisch fixierte Strukturen verleihen und diese zu Kommunikationsvoraussetzungen machen. Eine Struktur ist also gewissermaßen die zeitliche Fixierung eines irreversiblen Prozeßmusters mittels symbolischer oder materieller Vorgaben (z.B. Selbstbeschreibungen, Erwartungen).

Wesentliche Voraussetzung für jede Form der Ordnungsbildung in selbstreferentiellen Prozessen ist das Prinzip der **Selektivität**. Es schließen jeweils nur bestimmte Komponenten an bestimmte andere Komponenten an. Die jeweils aktuelle Struktur und die jeweilige Bezugsetzung zur Umwelt üben eine selektive Wirkung auf die möglichen Anschlußprozesse aus. Es kann nicht alles mit allem verbunden werden. Über Selektion entsteht geordnete Komplexität (Luhmann 1978a; 1984). Destabilisierung oder Stabilisierung von – hier immer – prozessualer Ordnung hängt also von der Verstärkung bestimmter Selektionen, von der Verfügbarkeit bestimmter Komponenten, über deren Interaktion weitere Komponenten produziert werden, von spezifischen System-Umwelt-Kontakten, von bestimmten Ressourcen und ähnlichem ab. Statt also statische Strukturen zum Ausgangspunkt zu nehmen, um dann zu fragen, warum Unordnung überhaupt möglich ist, wählen wir den umgekehrten Weg. Uns geht es darum zu untersuchen, wie autonome Systeme sich zu kohärenten Verhaltensmustern zusammenfinden, wie subjektiv sichere Kommunikationsabläufe möglich sind und wie Ordnung entsteht und sich aufrecht erhält. Wir setzen also nicht Umweltdeterminismus und funktionierende Kommunikation voraus, sondern halten gerade die Ausbildung stabiler psychischer, sozialer und umweltbezogener Strukturen für erklärungsbedürftig.

Dieses bisher noch sehr sparsame und abstrakte Theoriegerüst muß nun für verschiedene Systemtypen präzisiert, mit Zusatzannahmen angereichert und mit Inhalt gefüllt werden. Wir könnten uns diesbezüglich eine Vorstellung zueigen machen, die analog ist zur strukturalistischen Theorienauffassung, wie sie zunächst von Sneed und später von Stegmüller (1973; 1979) ausgearbeitet wurde. Gemäß dieser Auffassung besteht eine Theorie nicht – wie in der Aussagenkonzeption angenommen – aus einer aufeinander bezogenen Menge empirisch prüfbarer Gesetzesannahmen, sondern aus einem formalen Theoriekern, der die zentralen Strukturprinzipien der Theorie enthält. Dieser Strukturkern ist selbst keiner direkten empirischen Prüfung zugänglich, muß aber für konkrete Anwendungsbereiche mit Zusatzannahmen und Nebenbedingungen erweitert und präzisiert werden. Dann erst kann geprüft werden, ob sich dieser erweiterte Strukturkern zu Erklärungs- und Handlungszwecken in bestimmten Anwendungsbereichen eignet. Es wird also nicht geprüft, ob die Theorie wahr ist, sondern ob ein bestimmter Phänomenbereich unter Verwendung einer bestimmten Kernerweiterung als intendierter Anwendungsbereich zugelassen werden kann oder nicht. Ist das nicht der Fall, so kann (a) eine andere Kernerweiterung versucht werden, oder, scheitert dies mehrfach, (b) der jeweilige Phänomenbereich als mögliche intendierte Anwendung der Theorie ausgeschlossen werden.

Für unsere Zwecke scheinen mir zwei Stufen der Präzisierung notwendig:

(1) Eine Präzisierung hinsichtlich bestimmter Systemtypen, also etwa biologischer (biochemischer), neuronaler, psychischer oder sozialer Systeme und

(2) hinsichtlich konkreter Anwendungsgebiete, etwa in den Bereichen der Einzeltherapie, Mehrpersonentherapie, Gruppendynamik oder Schulpsychologie. Hierbei könnte es durchaus zwingend werden, mehrere Systemtypen (z.B. psychische oder soziale Systeme) in ihrem aufeinander bezogenen Prozessieren zu berücksichtigen.

Eine Präzisierung hinsichtlich bestimmter Systemtypen müßte in erster Linie festlegen, um welche Arten von Komponenten, basalen Operationen und Selektionsmechanismen es sich jeweils handelt.

Bei einer Anwendung der Theorie selbstreferentieller Systeme auf biologische Systeme auf zellulärem Auflösungsgrad könnte man die Komponenten als Biomoleküle, die basalen Operationen als biochemische Reaktionen und die Selektionsmodi als Ausschluß verschiedenster, unter den momentanen intrazellulären Bedingungen nicht möglicher chemischer Verbindungen verstehen.

2.2 Psychische Systeme

In Anlehnung an Ciompi (1986) und Piaget (1976) könnte man als Komponenten psychischer Systeme Kognitions-Emotions-Einheiten wählen. Wir gehen dabei davon aus, daß eine völlig emotionsfreie Kognition genausowenig sinnvoll oder realistisch ist wie eine Emotion, die nicht zumindest prinzipiell und in vager Form wahrnehmbar oder erlebbar wäre. Die künstliche Trennung zwischen Kognition und Emotion wird damit aufgegeben, womit wir uns auch das Problem ersparen, beide nachträglich vermittels komplizierter Konstruktionen wieder zusammenfügen zu müssen. Die basale Operation psychischer Systeme besteht in der Produktion bzw. Reproduktion von Kognitions-Emotions-Einheiten, wobei diese Produktion nicht anders erlebbar ist denn selbst wieder als Kognitions-Emotions-Einheit. Das Denken des Denkens oder das Erleben des Erlebens tritt selbst wieder als Denken oder Erleben ins Bewußtsein. Die im psychischen System verfügbaren Selektionsmodi bestimmen sich aus der Interaktion der gerade aktualisierten und verfügbaren anderen Komponenten. Unterscheidungen werden also z.B. unter Einsatz anderer verfügbarer Unterscheidungsmöglichkeiten vollzogen. Indem also Unterscheidungen aufeinander angewendet werden, entstehen weitere Unterscheidungen. Das Operieren mittels Differenzschemata, einschließlich der Bezeichnung einer der beiden unterschiedenen Seiten, nennt Luhmann „Beobachtung" (vgl. Spencer-Brown: distinction and indication). Die Selbstreferenz des psychischen Prozessierens, d.h. die Produktion von Kognitions-Emotions-Einheiten erfolgt auf der Basis permanenter Selbstbeobachtung, woraus sich die inhaltliche Qualifizierung von Kognitions-Emotions-Einheiten und mithin des psychischen Erlebens ergibt (vgl. Luhmann 1985). Grundsätzlich steht dabei immer die Möglichkeit offen, auf Fremdreferenz oder auf Selbstreferenz zu rekurrieren. „Fremdreferenz" meint dabei die Bezugnahme auf den Gegenstand, auf den intendierten Inhalt einer Kognitions-Emotions-Einheit; „Selbstreferenz" meint in diesem Sinne die Bezugnahme auf die Bedingungen und den Vollzug des psychischen Prozessierens selbst.

Da wir den Begriff „Selbstreferenz" nun für unterschiedliche Sachverhalte benutzt haben, sollen mit Luhmann drei Arten von Selbstreferenz unterschieden werden. (Für das Verständnis des folgenden Zitats ist zu berücksichtigen, daß Luhmann anschaulicher, aber enger von „Gedanken" statt von „Kognitions-Emotions-Einheiten", und von „Bewußtsein" statt von „psychischem System" spricht.) Die Unterscheidung betrifft „1. die Selbstreferenz auf der Ebene der Gedankenereignisse, die darin bestehen, daß jeder Gedanke sich selbst nur als anderer der anderen vollziehen kann; 2. die Selbstreferenz der Beobachtung, die darin besteht, daß die Beobachtung die Einheit des Bewußtseins anhand anderer Gedanken als Einheit der Differenz von Fremdreferenz und Selbstreferenz rekonstruiert; und 3. die in dieser Differenz zur Bezeichnung freigegebene Selbstreferenz im Unterschied zur Fremdreferenz, mit deren Hilfe das Bewußtsein sich selbst zur Reflexion seiner Identität bringen kann. Mit diesen Unterscheidungen der dies beobachtenden Theorie läßt sich begreiflich machen, daß das Bewußtsein sich zwar mit einer laufenden Kombination und Rekombination von Selbstreferenz und Fremdreferenz befaßt, sich aber zugleich durch die Reproduktion von Gedanken daran hindert, sich an die Welt oder an sich selbst zu verlieren. Jeder Gedanke stellt diese Frage neu, weil er sie für sich selbst nicht stellen und entscheiden kann, und jeder Gedanke stellt diese Frage neu, weil er nur im Kontext anderer Gedanken diese beobachten und sich selbst bestimmen kann. Jeder Gedanke gewinnt für sich selbst die Freiheit zurück, im Rahmen der Beobachtung eines anderen Gedankens (Vorstellung) von Fremdreferenz zu Selbstreferenz bzw. von Selbstreferenz zu Fremdreferenz überzugehen ('crossing')." (1985, 411).

Das psychische System entwickelt Differenzierungen, die weitere Differenzierungen erzeugen können. Wichtig ist dabei die Anwendung von Negationen. Bestimmte Kognitions-Emotions-Einheiten schaffen den Denk-, Wahrnehmungs- oder Gefühlskontext für die Einordnung weiterer Kognitions-Emotions-Einheiten. Ich nehme einen bellenden Hund wahr und habe das Gefühl von Angst. Das ist möglicherweise Produkt klassischer Konditionierung. Ich nehme eine bestimmte Kommunikations- oder Lernsituation wahr, und denke mir: Hier ist dieses oder jenes Lernmuster bzw. diese oder jene Lernstrategie gefragt. Das wäre Lernen II nach Bateson. Ich sehe einen bellenden Hund, habe Angst und ärgere mich: Ich hatte mir doch diesmal vorgenommen, mutiger zu sein. Hieraus wird deutlich, daß Emotionen auch dadurch entstehen, daß sie selbstreferentiell thematisierbar sind. Luhmann (1984) spricht hierbei von prozessualer Selbstreferenz oder Reflexivität, denn es liegt in diesem Fall die Unterscheidung von Vorher und Nachher der elementaren Ereignisse zugrunde. „Von Reflexivität soll immer dann die Rede sein, wenn ein Prozeß als das Selbst fungiert, auf das die ihm zugehörige Operation der Referenz sich bezieht" (a.a.O., 601). So kann im Vollzug eines psychischen Prozesses über den psychischen Prozeß nachgedacht (bzw. sich darüber geärgert, gefreut, etc.) werden. Ich kann meine Angst wahrnehmen, sie mit anderen Kognitions-Emotions-Einheiten – etwa solchen, die ich als Absichten bezeichne – in Beziehung setzen, und mit neuen, mir in dieser Konstellation eben verfügbaren Kognitions-Emotions-Einheiten reagieren. Deutlich wird, daß das psychische System auf die neuronalen Prozesse der Wahrnehmung und die physiologischen Prozesse der Handlungsausführung angewiesen ist, selbst aber in sich operational abgeschlossen abläuft.

Es kommen darin keine neuronalen Impulse und keine Hormone vor, sondern nur Kognitions-Emotions-Einheiten, die sich aufeinander beziehen. Sicherheit in meinem Umgang mit der Umwelt, also im System-Umwelt-Bezug, entwickle ich aus der internen Koordination von Kognitions-Emotions-Einheiten. Mein visuelles Bild des Tisches, auf dem ich schreibe, erlebe ich identisch wieder, wenn ich die Augen schließe und wieder öffne. Dies kann ich im Kontext einer Überprüfung nach der Leitdifferenz Realität/Halluzination als Bestätigung der Realität verbuchen. Ich kann den Tisch auch abtasten, anheben oder verschieben. Er ist genau dort glatt, wo ich die Tischplatte sehe, und er fühlt sich genau dort eckig an, wo ich die Ecken sehe. Ich fühle den Tisch genauso schwer und beim Verschieben genauso widerständig, wie ein Tisch seiner Größenordnung sein sollte. Ich bestätige damit meine Wahrnehmung des Tisches – er ist eben „real" –, und ich bestätige mir zugleich die Sicherheit und Konsistenz meiner Wahrnehmung. Ich habe weder Grund am Tisch, noch an mir selbst zu zweifeln. Wir können aus einer Theorie selbstreferentieller Systeme das Erleben von unmittelbar „realistischer" Wahrnehmung erklären. Verfüge ich nun über die Unterscheidung von Erleben und Handeln, wobei ich beiden Kategorien bestimmte Kognitions-Emotions-Einheiten zuordnen kann, so kann ich mich auch konsistent als aktives, umweltveränderndes Subjekt erleben. Ich spüre, wie ich den Schraubenzieher drehe, ich spüre den Widerstand, und ich spüre die Anspannung meiner Muskeln. Gleichzeitig sehe ich, wie sich der Schraubenzieher dreht, wie sich meine Hände bewegen, wie sich die Schraube dreht, und wie die Schraube langsam in der Wand verschwindet. Die Koordination dieser Kognitions-Emotions-Einheiten kann ich als „Schrauben" oder allgemeiner: als aktives Tun bezeichnen.

Im Rahmen dieses Theoriemodells läßt sich auch ein Verständnis für Äquilibrationsprozesse im Sinne von Piaget gewinnen. Assimilation hat mit der Verfügbarkeit bestimmter Unterscheidungen und mit der erlebten Sicherheit dieser Unterscheidungen zu tun. Wenn ich den Gegenstand vor mir anschaue, aufschlage, betaste, bestätigt er auf allen Sinnesmodalitäten die mir verfügbare Kategorie eines Buches. Assimilation bestätigt mich in meiner Beziehung zum Gegenstand. Akkomodation nun setzt eine Infragestellung der entsprechend der Unterscheidung erlebten bisherigen Konsistenz voraus. Ich habe einen Gegenstand vor mir, der aussieht wie ein Buch, dessen Umschlag bedruckt ist wie der eines Buches, sich aber nicht aufschlagen läßt, und wenn ich ihn hochhebe, wesentlich leichter ist als ein Buch. Ich muß nun, um eine Veränderung – und zunächst einmal: eine Verunsicherung – meiner Kategorie des Buches vornehmen zu können, auf Sicherheit zurückgreifen können. Ich muß mir sicher sein, daß mich meine einzelnen Sinne nicht trügen, und ich muß mir sicher sein, daß ich nicht spinne. Dieses Prinzip der Verunsicherung auf der Basis von umfassenderen Sicherheiten wird in der Psychotherapie wesentlich. Zum anderen muß ich, um eine Akkomodation durchführen zu können, eine andere Unterscheidung verfügbar haben, die meine inkonsistente Erfahrung wieder konsistent macht. Habe ich etwa die Unterscheidung zwischen einem Buch und einer Buchattrappe verfügbar, so stimmt die Sache wieder. Ich bin mir einmal mehr sicher, meine Sinne trügen mich nicht, ich spinne nicht, und das ist eine Buchattrappe für einen deutschen Wohnzimmerschrank.

Innerhalb des selbstreferentiellen Prozessierens von Kognitions-Emotions-Einheiten ist es natürlich ohne weiteres möglich, daß sich Kognitions-Emotions-Einheiten selbst thematisieren. Im Sinne des Re-entry-Konzepts von Spencer-Brown (1979) kann sich das Prozessieren des psychischen Systems in sich selbst hineinnehmen. Ob ich die Inhalte meiner Kognitions-Emotions-Einheiten oder die Art der Abfolge thematisiere, hängt z.B. von den mir verfügbaren Beobachtungs- und Bewertungskategorien ab. Selbstbewußtsein ist im Rahmen selbstreferentieller Prozesse ein fast natürliches Phänomen. Die Unterscheidung von Fremd- und Selbstbewußtsein hängt von der gerade gemachten Zurechnung ab: *Erlebe* ich etwas, so verleihe ich einer Kognitions-Emotions-Einheit gewissermaßen eine Zuschreibung nach außen (Luhmann 1971b). Die Zuschreibung erfolgt auf die Umwelt meines psychischen Systems, was natürlich auch mein biologischer Körper sein kann (Fremdreferenz). Selbstbewußtsein dagegen setzt eine Zuschreibung auf die eigene (Mit-)Verursachung von Kognitions-Emotions-Einheiten bei der Produktion weiterer Kognitions-

Emotions-Einheiten, mithin auf das psychische System selbst voraus (Selbstreferenz im Sinne von Punkt 3 des obigen Zitats von Luhmann). In diesem Falle ist das Selbst das System, dem die selbstreferentielle Operation sich zurechnet, wobei sie die Unterscheidung von System und Umwelt beansprucht. Luhmann (1984) spricht hierbei von Reflexion bzw. Systemreferenz.

An dieser Stelle kommt ein wesentlicher strukturbildender Mechanismus bewußtseinsfähiger, selbstreferentieller Systeme ins Spiel, nämlich die Möglichkeit, über Selbstbeschreibungen zu verfügen: „Selbstreferentielle Systeme können sich selbst beobachten. Sie können ihre eigenen Operationen auf die eigene Identität richten, indem sie eine Differenz zugrundelegen, mit deren Hilfe sich die eigene Identität von anderem unterscheiden läßt. Dies mag ad hoc und aus wechselndem Anlaß mit sehr unterschiedlichen Unterscheidungen geschehen. Sobald ein Bedarf aufkommt, Selbstbeobachtung durch strukturelle Vorgaben zu steuern und sie nicht ganz der jeweiligen Situation zu überlassen, wollen wir von Selbstbeschreibungen sprechen. Die Beschreibung fixiert eine Struktur, einen 'Text' für mögliche Beobachtungen, die dadurch geführt und besser erinnert, besser tradiert, besser aneinander angeschlossen werden können. 'Freie', okkasionelle Selbstbeobachtungen werden dadurch nicht ausgeschlossen, aber marginalisiert. Gelgentliche Beobachtungen bilden dann einen 'variety pool' für die Auswahl von Selbstbeschreibungen, die in der Ideenevolution getestet und traditionsfest fixiert werden" (Luhmann 1987b, 161).

Aus dem bisher Gesagten dürfte klar geworden sein, daß die Annahme eines **Gedächtnisses** im psychischen System sinnvoll ist. Durch die Berücksichtigung der neueren Gedächtnisforschung können weitere Zusatzannahmen für einen erweiterten Strukturkern einer Theorie psychischer Systeme beigebracht werden, was allerdings hier nicht weiter ausgeführt werden soll. (Gedächtnis könnte man sich z.B. als prozessual wandelbares Muster von Selektionspräferenzen bei den selbstreferentiellen Anschlußprozessen zwischen Kognitions-Emotions-Einheiten vorstellen.)

Der Erwerb von **Sprache** steigert die Zahl der verfügbaren Unterscheidungen, so daß komplexere kognitive Operationen und Denkfiguren möglich werden. Vor allem stellt Sprache die Reflexivität psychischer Prozesse sicher, d.h. die Möglichkeit, daß sie sich selbst thematisieren können. Die Sprache vermittelt verschiedene Abfolgemuster von Kognitions-Emotions-Einheiten und trägt vor allem wesentlich zur Verständigung von Individuen bei. Die Koordination psychischer Systeme im Bereich der Sprache ist eine wichtige Grundlage der strukturellen Koppelung von Individuen. Die Verfügbarkeit bildlicher Repräsentation und vor allem von sprachlichen Etikettierungen ermöglicht Ordnung und Selbst-Versicherung innerhalb des psychischen Prozessierens. Ebenso wie Annahmen über die Funktionsweise des Gedächtnisses leisten auch Annahmen über die Funktion der Sprache einen wichtigen Beitrag zur Strukturerweiterung einer auf psychische Prozesse zugeschnittenen Theorie selbstreferentieller Systeme.

Eine Struktur, so wurde oben gesagt, beruhe auf der Stabilisierung eines dynamischen Prozesses, womit – auf psychische Systeme bezogen – in ähnlicher Weise ablaufende Konstellationen und Produktionsmuster von Emotions-Kognitions-Einheiten gemeint sind. Es handelt sich also um die dynamische Stabilität selbstreferentieller Operationen, was man mit Heinz von Foerster (1985a) auch als Eigenbehavior des selbstreferentiellen Prozessierens bezeichnen könnte. Ein derartiges Eigenbehavior kann dann – gewissermaßen als zusätzliche strukturbildende Maßnahme – eine je spezifisch gewählte Form der Selbstbeschreibung für sich in Anspruch nehmen.

Darin ist die Annahme einer exakten Prognose für jeden zukünftigen Zeitpunkt des Prozesses natürlich nicht enthalten. Die Vorstellung ist hier analog zu einem dynamischen Prozeß, der bezüglich seiner genauen Abfolge von Lokalisationspunkten im Phasenraum nicht vorhersehbar ist, d.h. also durchaus chaotisches Verhalten zeigen kann, in seinem Gesamtverhalten aber dennoch einen in bestimmter Weise geformten, wenn auch seltsamen Attraktor repräsentiert.

Haben wir den Strukturbegriff über das Konzept des Eigenbehaviors psychischen Prozessierens eingeführt, so läßt sich nun der für eine Theorie psychischer Systeme wichtige Begriff des Schemas definieren. Ein **Schema** ist ein Ordnungsmuster des Prozessierens psychischer Komponenten, das unter bestimmten Ausgangsbedingungen (über in ähnlicher Weise vorgenommene Selektionen von Kognitions-Emotions-Einheiten) reproduziert wird. Es handelt sich also um sich selbst reproduzierende Ordnungsmuster, die sich unter bestimmten Ausgangsbedingungen einstellen. Zum Beispiel: Bestimmte zwischenmenschliche Situationen werden immer wieder in ähnlicher Weise interpretiert und erlebt. Bestimmte Wahrnehmungen werden zur Wahrnehmung konstanter Objekte stabilisiert und mit bestimmten Bezeichnungen oder bildlichen Repräsentationen versehen.

Ein Schema ist mithin nichts Statisches, an sich Vorhandenes, sondern der Begriff für ein Eigenbehavior psychischen Prozessierens, welches sich durch dieses Prozessieren selbst – also durch die darin ablaufenden Selektionen, Differenzierungen, Reflexivitäten und Systemreferenzen – stabilisieren oder transformieren kann. Die Transformation intrapsychischer Schemata erfordert Selektionsverstärkungen, die zunächst einmal zur Destabilisierung, zur Verunsicherung in Teilbereichen des psychischen Prozessierens führen. Dies entspricht dem Konzept der „Ordnung durch Fluktuation" (vgl. hierzu die obige Darstellung von Äquilibrationsprozessen.)

Als zentrales **Selbst-Schema** könnte man ein umfassenderes Schema bezeichnen, das identitätsstiftende Unterscheidungen bereithält, in welche ein psychisches System diejenigen Schemata einordnet, welche Aspekte der eigenen Identität und seiner Bezüge zur Umwelt thematisieren. Ich möchte auf Ähnlichkeiten zum Konzept des Selbst und zum Konzept der Veränderung bei Kriz (1987b) aufmerksam machen: „Das Selbst", so schreibt Kriz, „ist die relativ stabile Struktur eines dynamisch-prozessualen Systems, dessen Elemente kurzlebige Kommunikationen sind (analytisch trennbar in afferente 'Wahrnehmungen', efferentes 'Verhalten/Handlungen' und selbstreferentielles 'Erleben/Bewußtsein/Denken'). Veränderung ist als Selbstorganisationsprozeß zu sehen, der unter bestimmten Bedingungen angeregt wird, eine neue, aber kohärente Struktur zu verwirklichen, die – von außen betrachtet(!) – als bessere Adaptation des Systems an die Umgebungsbedingungen (relativ zu seinen autonomen Strukturen) gesehen werden kann." Der Unterschied zu dem hier vorgestellten Konzept besteht darin, daß (a) Veränderung über Selbstorganisationsprozesse nicht unbedingt zu einer besseren Adaptation des Systems an die Umwelt führen müssen. Dies wäre eine zu restriktive Annahme, zudem handelt man sich damit zu früh, d.h. bereits auf der Theorieebene, das Problem der Beurteilung von besserer oder schlechterer Adaptation ein. (b) Die hier vorgeschlagene Theoriekonzeption versucht, die Unterscheidung zwischen psychischen und sozialen Systemen klar durchzuhalten. Beide Systemtypen müssen sich daher konsequenterweise als Umwelt füreinander behandeln. Das Selbst kann also nicht aus Kommunikationen bestehen, da diese konstitutive Komponenten sozialer – und nicht psychischer – Systeme sind. Zudem beruht die hier vorgeschlagene Theoriekonzeption auf der konsequenten Beibehaltung des Prinzips der operationalen Schließung, das bei Kriz aufgebrochen wird.

2.3 Soziale Systeme

Auch soziale Systeme lassen sich über Selbstreferenz temporalisierter Komponenten definieren. Die für soziale Systeme konstitutiven Komponenten sind zeitlich begrenzt existierende, kommunikative Akte bzw. Kommunikationen, definiert über die Einheit der Selektion von Mitteilung, Information und Verstehen. Was diese ebenso wie viele andere zentrale Annahmen einer Theorie sozialer Systeme betrifft, können wir auf Luhmann (z.B. 1984) verweisen.

Auch in sozialen Systemen kann das selbstreferentielle Prozessieren kommunikativer Komponenten zu bestimmten Formen von Eigenbehavior führen: Beziehungsmuster stabilisieren sich, soziale Strukturen entstehen. Auch die Beziehungsmuster in Paaren oder Familien oder die sozialen Strukturen in Gruppen oder Organisationen sind keine starren Festlegungen, sondern ein Prozeß: sie bedürfen der ständigen Reproduktion. Für diese Reproduktions- ebenso wie für Transformationsprozesse sozialer Ordnungsstrukturen spielen sprachliche Unterscheidungen eine wichtige Rolle: damit lassen sich bestimmte Unterscheidungen auf Dauer stellen oder reifizieren, sowie Metakommunikation herstellen.

Psychische und soziale Systeme sind eng aufeinander bezogen. Sie brauchen sich gegenseitig, um sich zu konstituieren. Die wechselseitige Koordination psychischer Systeme ist in unserem Theorierahmen nur vorstellbar, wenn sich die psychischen Systeme in sich selbst koordinieren, d.h. Wahrnehmungen (also auf die Umwelt zugerechnetes Erleben) aufeinander beziehen, wobei sowohl die Wahrnehmung des eigenen Verhaltens, des eigenen Sprechens, als auch die Wahrnehmung des Verhaltens anderer Personen intern als Kognitions-Emotions-Einheiten verrechnet werden. Gleichzeitig koordiniert sich das kommunikative System, indem sich Kommunikationen aufeinander beziehen. Psychische und soziale Systeme können sich im Laufe ihres Prozessierens aufeinander abstimmen, sie können sich koordinieren und spezifische Passungen erzeugen. Letztlich aber sind sie Umwelt füreinander. Wir können also durchaus beschreiben, wie die Ko-Evolution verschiedener psychischer Systeme und wie die Ko-Evolution von sozialen und psychischen Systemen auf jeweils unterschiedlichen Ebenen verläuft. Systemtheorie in der hier vorgeschlagenen Version schließt somit keineswegs aus, soziale und psychische Systeme gleichzeitig zu betrachten.

Soziale Prozesse können z.B. psychische oder biologische Prozesse zu Zwecken der Zuschreibung in Anspruch nehmen: Die seltsame Art der Kommunikation mit

Herrn A. erkläre sich daraus, daß er „geisteskrank" sei. Damit verläßt man die unmittelbare Begegnung mit ihm; er selbst und auch ich als Interaktionspartner haben in der kommunikativen Auseinandersetzung nichts mehr zu rechtfertigen, weil eine andere, die psychische oder biologische Referenzebene der Krankheit, die Verantwortung übernimmt (vgl. Simon 1988b, 339ff.). Die Umkehrung davon könnte mit der Hypothese formuliert werden, daß Therapiegruppen dann produktiv sind, wenn der Rückgriff auf andere Referenzebenen (z.B. das psychische Funktionieren der Teilnehmer via tiefenpsychologischer Interpretationen) nicht sogleich erfolgt, der Kommunikation also nicht vorschnell Ausbruchsmöglichkeiten und Hintertürchen geöffnet werden.

Auch können psychische Prozesse soziale Prozesse zu Zwecken der Zuschreibung in Anspruch nehmen: Hier ist die Gesellschaft schuld oder schlecht funktionierende Kommunikation. Eine andere Hypothese könnte etwa lauten: Komplexitätsreduktion funktioniert für psychische und soziale Prozesse dann gut, wenn Zuschreibungen auf Referenzebenen außerhalb des eigenen Systems möglich sind. Kognitions-Emotions-Einheiten gelten dann als besonders sicher, wenn sie als Ergebnis biologisch einwandfrei funktionierender Wahrnehmung oder gar „real" existierender Außenwelt behandelt werden. Das soziale System der Krankenversorgung funktioniert dann gut, wenn Krankheit auf biologische Prozesse, auf biologische Anomalie zurechenbar ist. Die Komplexitätsreduktion, die der Krankheitsbegriff leistet, leistet er, weil er ein unzweifelhaft diagnostizierbares Faktum außerhalb der sozialen Referenzebene, nämlich „biologische Krankheit", in Anspruch nehmen kann. Wenn ein anderer – z.B. ein sozialwissenschaftlicher – Krankheitsbegriff soziale Prozesse selbst thematisiert, wird vieles komplizierter. Dann könnte man z.B. sagen, daß Kommunikation – etwa allein die Feststellung von Krankheit – Krankheit erzeugt (vgl. hierzu ausführlicher Kapitel II, 7.2).

Trotz der vielfältigen Abstimmungen zwischen psychischen und sozialen Prozessen müssen wir uns darüber im klaren sein, daß es sich um stratifiziert autonome Prozesse handelt. Kein Gedanke, kein Gefühl kann direkt in Kommunikationsprozesse eingreifen, und keine Kommunikation, keine Mitteilung kann gewissermaßen von außen Gedanken machen oder steuern.

Die hier vorgeschlagene Theorie selbstreferentieller Systeme ist kompatibel mit einer konstruktivistischen Erkenntnistheorie. Dies hat seinen Grund im Prinzip der operationalen Schließung. Egal, ob man von neuronalen oder psychischen Systemen ausgeht: jedes Individuum erzeugt über interne Prozesse seine eigene Wirklichkeit. Heinz von Foerster hat für die Tatsache, daß Systeme nicht unabhängig vom Beobachter existieren, sondern im Beobachtungs- und Beschreibungsprozeß konstituiert werden, die Bezeichnung Kybernetik zweiter Ordnung geprägt. Nun sind Beobachter, zumindest im alltäglichen Leben, nicht distanzierte Beobachter, sondern unmittelbar Beteiligte. Die beteiligten Beobachter erzeugen die Systeme, an denen sie beteiligt sind, durch ihre Wirklichkeitskonstruktionen und durch die Mitteilung ihrer Wirklichkeitskonstruktionen selbst. Selbst- und Fremdbeschreibungen werden, indem sie in psychisches und soziales Prozessieren hineingenommen werden, für das weitere Prozessieren dieser Systeme relevant.

3 Folgerungen für das Problem der therapeutischen Intervenierbarkeit und der Selbstregulation psychischer Systeme

Mit Hilfe der bisher entwickelten Theoriegrundlagen kann es gelingen, das Ausgangsproblem jeder therapeutischen, bzw. allgemeiner: jeder zielgerichteten Intervention prägnanter zu fassen: Wenn es zutrifft, daß psychische wie soziale Systeme autonom sind, d.h. der Eigengesetzlichkeit ihrer selbstreferentiellen Operationsweise folgend operieren, dann determiniert nicht die Umwelt die Selektion von Systemzuständen, sondern das System selektiert die für es relevanten Umweltereignisse. Autonomie bedeutet in diesem Sinne, daß ein System unabhängig ist „von seiner Umwelt hinsichtlich der Tiefenstruktur seiner Selbststeuerung und seiner daraus folgenden rekursiven Operationsweise. Es ist abhängig von seiner Umwelt hinsichtlich der Konstellationen und Ereignisse, aus denen es Informationen und Bedeutungen ableiten kann, welche die Selbstbezüglichkeit seiner Operationen interpunktieren und anreichern. Und es ist abhängig davon, in dieser Abhängigkeit unabhängig zu sein" (Willke 1987c, 341). Unter diesen Voraussetzungen entzieht sich das System jeder „zugriffssicheren linearen Außensteuerung, weil externe Anstöße nur dann Wirkungen zeitigen, wenn sie in Informationen transformiert werden können, das heißt auf den Monitoren des Systems gemäß den eigenen Leitdifferenzen als relevante Distinktionen auftauchen" (Willke 1987c, 355). Therapeuten müssen also die hochgradige Riskiertheit ihres Ansinnens zugestehen, was sicher keinem Praktiker schwerfallen wird. Sie agieren in einem durch ihr Handeln nicht kontrollierbaren und kalkulierbaren Feld.

Damit entsteht die Notwendigkeit für jene Vorkehrungen, die sich die therapeutische Praxis geschaffen hat, um sich selbst Anhaltspunkte bei der Navigation zu geben (Diagnostik, Gesprächsführungstechniken, Erfahrung, Evaluation des Vorgehens). Insbesondere wird die Bedeutung einer relativ rationalen Rechtfertigung des therapeutischen Vorgehens deutlich (vgl. Westmeyer 1979; 1984): es handelt sich um Versuche der (empirisch abgestützten) Risikoabschätzung und gleichzeitig der kollegialen Unterstützung. Westmeyers Konzept legt hohe klinische Sensibilität an den Tag, wenn es in dieser Situation nicht als Entscheidungskalkül, sondern als Forum klinisch-psychologischer Erwägungskultur gedacht ist. Es läßt neben Argumenten der empirischen Absicherung technologischer Regeln Raum für die persönliche Reflexion des Therapeuten, seine Kompetenzeinschätzung, die Beurteilung der Therapeut-Klient-Beziehung, etc. Ohne es zu explizieren, beinhaltet Westmeyers Verhandlungsmodell ein Wissen darüber, daß es sich bei der Problematik zielgerichteter Intervention um eine grundlegende Paradoxie handelt, das mit dem Hinweis auf (noch) defizitäre Technologie oder (noch) nicht hinreichendes differentielles Indikationswissen nicht vollständig aufgefangen werden kann. Gleichzeitig macht Westmeyer deutlich, daß man aus dieser Paradoxie nicht einfach aussteigen kann, indem man Therapieeffekte der Beliebigkeit anheimstellt. Der Anspruch ethisch und wissenschaftlich ernstzunehmender Therapie besteht zweifellos darin, Intervention als zielgerichtete Kommunikation zu betreiben. „Zielgerichtet ist eine Kommunikation dann, wenn eine bestimmte Wirkung beim Kommunikationspartner in das Kalkül der Kommunikation einbezogen ist" (Willke 1987c, 333). So gesehen greifen alle Vorschläge zu kurz, Therapie nur als „Tanz" oder als „meaningful noise" für den Klienten zu beschreiben. Auch und gerade eine konsequent systemtheoretische Analyse muß über derartige Metaphern hinausgehen. Erste Schritte dahin bestehen (a) in der Einsicht, daß therapeutische Intervention die Autonomie des intervenierten Systems (mehr noch: dessen Eigenwilligkeit, Eigensprachlichkeit, Eigenzeitlichkeit) zu respektieren hat, da sonst, so lehrt die Praxis, auch der Intervenierende nicht respektiert wird, und (b) darin, die „unsichtbar gewordene Unwahrscheinlichkeit" (Willke 1987c, 333) gelingender Intervention, ja von Kommunikation ganz generell, einschließlich der „prekären Bedingungen ihrer Möglichkeit" (a.a.O.) sichtbar zu machen.

Diese Einsichten führen jedoch nicht – so stellten wir fest – zu einem Ausweichen auf vage Rückzugsformeln, wie etwa „nothing goes" oder Therapie als Driften im Zufallsfluß. Es wäre ein Zeichen schlechter Theorie, wenn sie statt zur Erklärung zur Auflösung ihres Gegenstandes beitragen würde. Wir halten daher – paradoxieverschärfend – an einem Verständnis von Psychotherapie fest, das diese als geplante Maßnahme mit Änderungsabsicht, bezogen auf psychische Beeinträchtigungen, Leidenszustände etc. definiert, die mit psychologischen Mitteln durchgeführt wird und empirisch auf ihre Wirksamkeit hin überprüfbar ist (vgl. Baumann, Hecht & Mackinger 1984). Gleichzeitig aber wissen wir, daß Psychotherapie nichts anderes leisten kann als einen kommunikativen Prozeß zu realisieren, der die Bedingungen für die Möglichkeit von Selbstorganisation (d.h. von Strukturwandel, Strukturauflösung, Veränderung von Selbstbeschreibungen, Austausch von Operationsregeln etc., vgl. Bateson 1981) psychischer und/oder sozialer Systeme bereitstellt.

3.1 Die Kybernetik der „black boxes"

Wie kann sich das Sozialsystem „Psychotherapie" eine Chance vermitteln, die in der Definition von Baumann, Hecht und Mackinger genannten verschärften Ansprüche an Risikokalkulation und Zielgerichtetheit zu erfüllen? Will der Therapeut nicht ins Blinde hinein agieren, muß er sich wohl irgendeine Form von Verständnis für das zu intervenierende System verschaffen. Es stellt sich also die Frage, wie aus der strukturellen Koppelung (Maturana 1982) operational abgeschlossener psychischer Systeme Verständnis und Transparenz entstehen kann. Es ist ja zunächst einmal von der Null-Hypothese einer black-box-Interaktion auszugehen, was bedeutet, daß sich psychische Systeme zu Beginn einer Interaktion unter der Bedingung wechselseitiger Intransparenz gegenübertreten. „Kein Bewußtsein kann die Totalität seiner Systembedingungen als Prämissen oder als Gegenstände seiner eigenen Operationen ins System wiedereinführen. Alter ego heißt demnach: er ist für mich ebenso intransparent, wie ich selbst es für mich bin" (Luhmann 1985, 405). Gibt es ein Entrinnen?

Die Kybernetik der black boxes (Glanville 1982; Willke 1987a) macht einen Vorschlag: Er besteht darin, über Kommunikation (nach außen) und Selbstbeobachtung (nach innen) eine dritte, „white box" aufzubauen. Diese entsteht über Interaktionen, die voraussetzen, daß eine black box die andere beobachtet und Hypothesen über ihre Funktionsweise bzw. ihre Art, sich an der Interaktion zu beteiligen, erstellt. Sowohl die von den Beteiligten angebotenen Kommunikationen als auch die gewagten

Hypothesen sind eingangs hochgradig unsicher. Es scheint, als ob die Interaktion solche Unsicherheiten nur vervielfältigen könne. Was sich zeigt ist jedoch, daß sich aus der Kombinatorik von Unsicherheiten Sicherheiten gewinnen lassen. Wechselseitige Intransparenz wird langsam durch Unterstellungen und unterstellte Unterstellungen ersetzt „bis hin zu dem Punkt, an dem die erprobten Unterstellungen eine Strategie des 'Als-ob' tragfähig machen" (Willke 1987a, 103). Die Erhellung der dritten box erfolgt somit durch die Anfertigung von vorläufigen Arbeitshypothesen („working descriptions", Glanville 1982), welche zur Erklärung und vor allem zur Orientierung des eigenen Handelns innerhalb der Interaktion für ausreichend erachtet werden. Die in iterativen Rekursionen gedanklich und kommunikativ hin- und hergespielten Annahmen verfestigen sich schließlich einerseits zu Vorstellungen über das Funktionieren der jeweils anderen black box, andererseits zu Erwartungen und Erwartungserwartungen im Interaktionsprozeß, die als Sicherheiten behandelt werden. „Diese sind deshalb so verläßlich, weil es sich um wechselseitig stabilisierte, das Interaktionssystem reproduzierende Systembeschreibungen handelt, um 'Eigen-behavior' im Sinne sich selbst erfüllender Lösungen von Systemgleichungen mit mehreren Unbekannten" (Willke 1987a, 104; vgl. Glanville 1982, 6f.; von Foerster 1985a).

Bedeutsam ist dabei die Feststellung, daß es sich um *gemeinsam hergestellte Äquivalenzstrukturen* (Weick 1985, 130f.) zur Überbrückung von operativer Abgeschlossenheit handelt und nicht um eine Abbildung von kommunikativer oder psychischer Realität. Indem die mitlaufende Selbstbeobachtung einer black box darauf angewiesen ist, ihren eigenen selbstreferentiellen Zusammenhang aufzubauen, lebt sie unter Ausschluß der Möglichkeit, die Funktionsweise der anderen black box zu „durchschauen" (im Sinne von „identisch reproduzieren"). Hinzu kommt, daß Selbst- wie Fremdbeschreibungen per Selektion komplexitätsreduzierend vorgehen, also das jeweils beschriebene System vereinfacht modellieren (Luhmann 1986a, 255). Im Bereich selbstreferentiellen Prozessierens kann daher grundsätzlich angezweifelt werden, ob es gelingt, Sinn (wie er z.B. in einem psychischen oder auch in einem gesellschaftlichen Teilsystem prozessiert wird) durch „Übersetzung" (in ein anderes Teilsystem) identisch zu reproduzieren (Giegel 1987, 220). Stattdessen haben selbstreferentielle black boxes die Chance, aus ihrer Interaktion neue white boxes zum Leuchten zu bringen.

Die Entstehung der Äquivalenzstruktur der „white box" nimmt also keine anderen Arten von Operationen in Anspruch, wie sie jedem psychischen System bei der Begegnung mit einem anderen psychischen System zur Verfügung stehen: Beobachtung und Teilnahme an Kommunikation (Luhmann 1985, 404). Therapeuten haben sich darin allerdings spezifische Kompetenzen erworben. Ihre Teilnahme an der Kommunikation, oder mit anderen Worten: ihre Gesprächsführung geschieht so, daß der Fokus der Aufmerksamkeit auf die Klienten gerichtet ist, daß diese sich mit der Möglichkeit, ja sogar mit der Aufforderung konfrontiert sehen, über sich zu berichten, über ihre Vergangenheit, Gegenwart, Zukunft, ihre Probleme, Leiden, Ziele, Fähigkeiten, Erlebnisse, Beziehungen etc., je nach Nachfrage des Therapeuten. Diese Asymmetrie ist Grundmerkmal jeder therapeutischen Beziehung, wird dann aber je nach Therapieform anders ausgedeutet und kommunikativ genutzt, z.B. als Bedingung für das Zustandekommen von Übertragung und Projektion, als Differenz von Reden und empathischem Zuhören, als Aufforderung zur

Eigenverantwortlichkeit des Klienten, als Hilfsmittel zur Steigerung der Bedeutsamkeit des Therapeuten, usw. Die in der Kommunikation entstehende Transparenz gerät unter diesen Umständen eher einseitig, die „white box" wird gewissermaßen schief ausgeleuchtet. Was zustandekommt, ist die (mehr oder weniger deutliche) Transparenz des Klienten für sich selbst und für den Therapeuten. Darin liegt eine der Grundbedingungen für die Dienstleistung „Psychotherapie", aber auch ein Grund für ihre Riskiertheit aus Klientenperspektive, ein Anlaß für Ängste und für den Dauerverdacht auf Manipulation.

3.2 „Verstehen" als Interventionsvoraussetzung

Die therapeutische Kompetenz im Bereich des Beobachtens spezifiziert sich auf die Operation des „Verstehens". Voraussetzung dafür ist natürlich zunächst die Sensibilisierung der Fremdbeobachtung, um etwa Idiosynkrasien der Sprache, non- und paraverbale Ausdruckssignale, sprachliche Inhalte und motorische Begleitbewegungen zu registrieren. Darüber hinaus bedeutet „Verstehen" aber „Beobachtung im Hinblick auf die Handhabung von Selbstreferenz" (Luhmann 1986b). Die Operation des Verstehens wird im Rahmen von Therapie an mehreren Stellen bedeutsam.

(1) Zunächst wird es für den Therapeuten darum gehen zu verstehen, wie sich der Klient zu seiner eigenen Umwelt in Beziehung setzt, wie er sich in seiner Welt sieht und worin seine Welt besteht. Das kann und muß natürlich nicht umfassend verstanden werden, ist aber immerhin insoweit unverzichtbar, als der Therapeut und das kommunikative System der Therapie zur Umwelt des Klienten gehören, zu der dieser sich verhält. „Wenn man überlegt, wie es möglich ist, 'im Hinblick auf Selbstreferenz' zu beobachten, dann kann die Antwort jetzt nur lauten, daß man beobachten muß, wie das beobachtete System für sich selbst die Differenz von System und Umwelt handhabt. Oder in etwas anderer Formulierung: wie es sich selbst in Differenz zu seiner Umwelt handhabt. Die Leitdifferenz, die das Verstehen als Beobachtung ermöglicht, ist mithin die System/Umwelt-Differenz eines anderen Systems. Vom verstehenden System ist damit eine eigentümliche Reflexivität von System/Umwelt-Unterscheidungen verlangt. Es muß die Wiedereinführung dieser Unterscheidung in ihren eigenen Bereich doppelt handhaben. Es legt die eigene Systemreferenz zugrunde und bleibt in allem Verstehen dadurch unaufhebbar systemrelativ. Es führt (1) in das System dieser Unterscheidung diese Unterscheidung ein, das heißt: es orientiert die eigene Operation an der Differenz des eigenen Systems zu seiner Umwelt (denn sonst würde es sich selbst mit dem zu verstehenden System verwechseln). Es führt aber zugleich (2) in die Umwelt dieser primären Unterscheidung eine zweite System/Umwelt-Differenz ein, nämlich die eines anderen Systems. Es versteht in seiner Umwelt ein anderes System aus dessen Umweltbezügen heraus. ... Ein ständiges Hin- und Hergleiten des Schwerpunktes und in diesem Sinne eine Art Eigenbeweglichkeit, eine Art Vibration des Verstehensprozesses ist notwendig, weil nur so das erreicht wird, was diese Art der Beobachtung vor allen anderen auszeichnet: daß das verstehende System sich selbst als Moment in der Umwelt des verstandenen Systems erfahren kann. Das verstehende System identifiziert sich selbst dann gleichsam in doppelter Verkleinerung:

als eines unter vielen anderen in der Umwelt eines Systems unter vielen anderen in seiner Umwelt. Es sieht am anderen, wie es in Konkurrenz mit anderen Eindrucksquellen auf es wirkt. Der Lehrer hebt den Stock und sieht, wie die Schüler sich ducken und wie einer grinst, weil er meint, sicher zu sein, nicht gemeint zu sein" (Luhmann 1986b, 80f.).

(2) Ein weiterer, für den therapeutischen Prozeß bedeutsamer Bezugspunkt des Verstehens ist das soziale System der therapeutischen Kommunikation. Da sich im hier verwendeten Theorierahmen Kommunikation über die Trias Mitteilung, Information und Verstehen konstituiert, ist Verstehen eine notwendige Bedingung für das Zustandekommen von Kommunikation. Als „verstanden" gilt dabei alles, was für verstanden gehalten wird, auch wenn es mißverstanden wurde. Eine Absicherung kann nur über weitere Kommunikation erfolgen, auch auf die Gefahr hin, daß sich dadurch das Mißverstehen erweitert. Therapie gehört jedoch zu denjenigen sozialen Unterfangen, die die Zuverlässigkeit des Verstehens besonders hoch veranschlagen. Sie will sich absichern, daß auch gemeint ist, was gesagt wurde. Die Schulung des Zuhörens, des Interpretierens oder vielmehr: des Nicht-über-das-Gemeinte-hinaus-Interpretierens, der Empathie, der Reverbalisationskunst, des Beim-Wort-Nehmens, schließlich die in der therapeutischen Kommunikation leicht verfügbare Rekursionsschleife der Metakommunikation sind Beispiele für solche Absicherungsstrategien. Ironisch überspitzt, aber nicht ganz unzutreffend attestiert Luhmann (1986b, 114) der therapeutischen Ordnung, daß hier „mit der Wahl der Formen sozialer Kommunikation ein Allround-Verstehen zelebriert (wird). Es ist die soziale Norm, nichts nicht verstehen zu können, und diese Norm duldet keine anderen Normen neben sich. Die Geselligkeit hatte ihren Sanktionsmodus in der Lächerlichkeit. Die therapeutische Gemeinschaft beargwöhnt den, der sich entrüstet, und reagiert mit Analyse."

Reicht in anderen Kommunikationskontexten das Verstehen der Information, so richtet sich das therapeutische Verstehen auf Information *und* Mitteilung. Es geht nicht nur darum, was mitgeteilt wurde, sondern auch darum, wie, wann, was nicht etc. Insofern Therapie – in diesem Punkt Intimbeziehungen wie Familie oder Partnerschaft ähnlich – die Thematisierung der gesamten Person erlaubt, d.h. keine Aspekte der Lebensgestaltung ausschließt, kommt es also neben dem Verstehen der laufenden Kommunikation auch auf das Verstehen des Klienten als Person an. Aber auch der Klient ist umgekehrt an einem Verstehen des Therapeuten interessiert, an seinen Mitteilungen, an der Information, die er daraus konstruiert, aber auch an der Person des Therapeuten, daran, wie er seine Selbstreferenz handhabt, insbesondere in Bezug auf ihn, den Klienten. Denn es ist „sein" Therapeut, mit dem sich Erwartungen, Hoffnungen, Bedeutungen, Emotionen verbinden. Asymmetrisch wird das Verhältnis wieder, wenn es um die Probleme des Mitteilenden geht, das Verstehen des Adressaten sicherzustellen. Diesbezüglich kann sich der Klient durch Unterstellung von „Verstehenskompetenz" (eine Kombination aus Fachwissen, Erfahrung und Zuhören-Können) gegenüber dem Therapeuten absichern und braucht sich nicht weiter darum zu kümmern.

Anders der Therapeut. Wissend, daß seine Mitteilung nicht das Verstehen determiniert, muß er versuchen, das Verstehen des Klienten zu verstehen. Er wird sich nicht nur darum bemühen, das Verstehen der Mitteilung abzusichern. Hierfür gibt es verschiedene Methoden: sachliche Klarheit der Darstellung von Information, Redundanz, Formulierung im Denk- und Sprachstil des Klienten, Kybernetik (zu deutsch: „Abwarten, was geschieht, und dann auf die Effekte reagieren") (vgl. Luhmann 1986b, 105ff.). Es geht vor allem auch darum – und das ist ein Spezialthema der Psychotherapie –, die Art des Verstehens zu verstehen: Handelt es sich um eine nur intellektuelle Einsicht? Sind Emotionen damit verbunden, z.B. „konstruktiver Selbstärger" (Farrelly & Brandsma 1986)? Sind Bilder (ikonische Repräsentationen) oder (nur) Worte (verbale Repräsentationen) damit verbunden? Ist der Klient betroffen? Wurden Handlungsbereitschaften aktiviert oder nicht? Wurde ein „Yes-Set" erzeugt? An dieser Stelle zweigt eine breite Spezialdiskussion der Psychotherapiepraxis und -forschung ab, die insbesondere von Seiten der Hypnotherapie und der Informationsverarbeitungsforschung angeregt wurde (vgl. z.B. Revenstorf 1985).

Therapeuten haben im Hinblick auf den Anspruch, psychische Systeme zu verstehen, also bezüglich ihrer Handhabung von Selbstreferenz zu beobachten, mit zwei Problemen zu kämpfen.

Erstens absorbiert üblicherweise die Aufrechterhaltung sozialer Systeme die Aufmerksamkeit der Beteiligten. Es besteht ein permanenter Anforderungsdruck, zu Zwecken der Systemreproduktion Kommunikation an Kommunikation anzuschließen. Man kann daher, insbesondere wenn man sich auf die Inhalte konzentrieren will, ein gegenläufiges Verhältnis zwischen dem Verstehen der Selbstreferenz des sozialen Systems und dem der psychischen Systeme der daran beteiligten Individuen annehmen. „Die Ergiebigkeit von Kommunikation in bezug auf ihren Informationsgehalt kann gerade eine vollständige Neutralisierung aller partikularen Bezüge auf den Mitteilenden selbst erfordern. Man denke an das Postulat intersubjektiv zwingender Gewißheit in der Methodologie der Wissenschaften und an entsprechende Wahrheitslehren" (Luhmann 1986b, 96).

Ein zweites Problem besteht in der Gegenläufigkeit von Selbstverstehen und Fremdverstehen: „In dem Maße, als man sich bemüht, sich selbst als Umwelt des anderen in Rechnung zu stellen, um diesen zu verstehen, gibt man das Selbstverstehen auf (denn man ist für sich selbst nicht Umwelt eines anderen), und ebenso schließt das Bemühen um verstehende Selbstbeobachtung aus, daß das Ergebnis dieser Bemühung das Verstehen des anderen erleichtert. Je höher die Ansprüche an Verstehen getrieben werden, desto einschneidender macht sich die vorgängige Wahl einer Systemreferenz geltend" (Luhmann 1986b, 82). Das wäre nicht weiter schlimm, ginge es nicht in der Therapie für den Therapeuten auch darum, das eigene Verstehen zu verstehen, es auf potentielles, meist sehr persönlich motiviertes und daher systematisches Mißverstehen zu prüfen, also Fremdverstehen durch Selbstverstehen zu kontrollieren. Therapieausbildungen versuchen deshalb, die Gegenläufigkeit von Fremd- und Selbstverstehen in ein Steigerungsverhältnis zu transformieren.

Für beide Probleme haben die Arrangements des Therapiekontextes (über die verschiedenen Schulrichtungen hinweg) Vorkehrungen getroffen: Ad eins. Wenn die Selbstreferenz des psychischen Systems des Klienten Thema des kommunikativen Systems der Therapie wird, dann koinzidiert die Konzentration auf den Inhalt mit der Konzentration auf den Mitteilenden bzw. Adressaten weitgehend, jedoch nicht vollständig. Es gilt als zu trainierende Anforderung an die kognitive Komplexität (bzw. emotionale Sensibilität) des Therapeuten, seine Aufmerksamkeit außer auf Mitteilung und Information auch auf das psychische System des Klienten und auf das, was gerade nicht mitgeteilt wird, zu richten. Dabei läuft er permanent auf dem schmalen Grad zwischen Verstehen und Mißverstehen, Interpretation und Fehlinterpretation. Ein weiteres therapietypisches Arrangement besteht (oft, nicht immer) darin, die Redeanteile quantitativ und qualitativ (tendenziell) asymmetrisch zu verteilen: der Klient redet (mehr), der Therapeut hört (mehr) zu, der Klient antwortet, der Therapeut fragt. Zudem besteht in gewissen Fällen die Möglichkeit, die Beobachtungsleistung auf mehrere Personen zu verteilen, z.B. mittels Life-Supervision oder videounterstützter Supervision.

Ad zwei. Das Selbstverstehen des Therapeuten soll sein Fremdverstehen unterstützen. Dies geschieht unter anderem durch die Bereitschaft des Therapeuten, sich selbst auf seine Handlungs- und Gefühlstendenzen in der Interaktion mit dem Klienten hin zu beobachten und dieses Beobachtete auf der Grundlage von Selbstverstehen bzw. Selbstkenntnis nach „eigenen Anteilen" (d.h. bekannten Anschlußmustern von Kognitions-Emotions-Einheiten seines psychischen Prozessierens) und kommunikativen Zumutungen seitens des Klienten zu sortieren. Diese Form der Herauspartialisierung des eigenen Beobachtungsmodus, für deren Gelingen es im übrigen keine Sicherheiten gibt, soll ein „veridikaleres" Bild dessen liefern, wie das psychische System des Klienten seine eigene Selbstreferenz handhabt. Hilfsmittel hierfür sind verschiedene Formen der Selbsterfahrung, insbesondere der Selbstthematisierung des Therapeuten (z.B. Eigentherapie, Supervision).

(3) Die Operation des Verstehens wird in der Therapie schließlich noch in einer dritten Hinsicht bedeutsam, nämlich als Selbstverstehen des Klienten. Selbstverstehen bedeutet sowohl für Therapeuten wie für Klienten die Beobachtung bzw. Beschreibung der aktuellen Handhabung der eigenen Selbstreferenz (und mithin: Systemrefenz) mit dem Verweis auf eine potentiell anders mögliche Form dieser Handhabung. Mit dieser Bezugnahme auf Kontingenz gehen wir mit Willke über Luhmanns Verstehens-Begriff hinaus. „Erst die interne Rekonstruktion einer Selbstbeschreibung und die damit verbundene reflexive Distanz zu einer bestimmten, festgelgten Ausprägung derselben schafft die Möglichkeit, aus der Differenz möglicher Selbstbeschreibungen eines Systems die Informationen zu gewinnen, welche durch Verfremden Verstehen produzieren" (Willke 1987c, 344). Es kommt dabei also nicht darauf an, daß ein System sich umfassend versteht, etwa nach dem Motto: je mehr Selbstverstehen, je mehr „Einsicht", desto mehr therapeutischer Gewinn, sondern darauf, daß das Selbstverstehen kontingente Optionen schafft für andere Operationsmodi des psychischen Prozessierens, der Selbstbeschreibung, der System-Umwelt-Beziehung. Umfassendes Verstehen muß ohnehin als irreal gelten, denn eine „isomorphe Modellbildung des Systems im System" ist logisch ausgeschlossen (a.a.O.). Selbstverstehen ist vielmehr dann therapeutisch produktiv, wenn es im Sinne der Heuristik der „reflektierenden Abstraktion" (Grawe 1986b) die Kontingenz, das Auch-anders-sein-Können der bisher üblichen, hochgradig automatisierten und zudem schmerzlichen Handhabung der Selbstreferenz des psychischen Systems deutlich macht. Ein besonders bedeutsamer Aspekt dieser Selbstreferenz ist in der Systemreferenz, in der Gestaltung und Beobachtung der System-Umwelt-Differenz zu erkennen, da Klienten oft nicht nur an sich, sondern an sich

in Beziehung zu anderen leiden. Selbstverstehen funktioniert dabei gewissermaßen als Hinzuschaltung einer Selbstbeobachtungsschleife, die das automatisierte Operieren psychischer Selbstreferenz und Selbstbeobachtung in Frage stellt.

Die Verfügbarkeit neuer Optionen des psychischen Prozessierens, d.h. des inneren und äußeren Anschlußhandelns sowie der Selbstbeschreibung, stellt sicher eine der zentralen Voraussetzungen jeder Veränderung dar, die über den kontigenzgenerierenden Mechanismus des Selbstverstehens vermittelt wird. „Und diese interne Verzögerung des Anschlußzwangs für Operationen ergibt die Freiheitsgrade, die in der Operationsweise eine Auswahl aus kontingenten Optionen erlaubt" (Willke 1987c, 357).

Diese Auswahl ist aber höchst voraussetzungsreich.

Erstens ist jede Kontingenzproduktion, jede Steigerung von Freiheitsgraden mit Angst und Unsicherheit verbunden. Destabilisierung erfordert daher auch Stabilität, die in der Therapie z.B. über die Selbstidentifikation mit positiven, stabilen Attributen des psychischen Systems (Frage an den Klienten: Was in Ihrem Leben ist in Ordnung, soll sich durch die Therapie nicht verändern? vgl. de Shazers „First Formula Session Task"), durch Sicherheiten in der Umwelt und in den Lebensbedingungen (Krisenzeiten eignen sich schlecht für Therapie, da Therapie oft selbst kriseninduzierend wirkt), und insbesondere durch die Sicherheit einer tragfähigen Therapeut-Klient-Beziehung vermittelt werden kann.

Zweitens darf nicht nur Vertrautes (wenn auch Leidvolles) in Frage gestellt werden, sondern es müssen auch alternative Optionen des inneren und äußeren Anschlußhandelns sowie der Selbstbeschreibung konkret verfügbar sein. Hier sind Anregungen aus der Umwelt des Klienten gefragt, Anregungen eventuell auch durch den Therapeuten, Phantasie, aber auch reales Experimentieren, z.B. im Alltag, im geschützten Rahmen einer Gruppe oder in der therapeutischen Kommunikation selbst. Sicher handelt es sich nicht um einen einfachen Akt des Ersetzens, sondern eher um einen evolutionären Prozeß: Variation, Selektion, Stabilisierung, mit vielfach eingebauten Revisionsmöglichkeiten. In jedem Fall erweist sich diese Stelle hochsensibel für schädigende Effekte der Therapie: Selbstverstehen und mithin: Selbstinfragestellung ohne Verwirklichung alternativer Optionen hinterläßt einen Trümmerhaufen, angesichts dessen der Klient nur noch deutlicher als bisher weiß, daß es so nicht weitergehen kann, was er alles falsch macht, und eventuell noch, warum.

Drittens muß die Wahl und die Realisation alternativer Optionen motiviert sein. Die Motivation erfolgt zum Beispiel über den anschaulichen Entwurf von Zielzuständen, über bisherige positive Erfahrungen mit der Wahl neuer Handlungsalternativen und Selbstbeschreibungen, über die mit der Umstellung verbundene Anstrengung (im Sinne einer „effort justification"), schließlich über die Kompatibilität der Veränderung mit den beibehaltenen Strukturen des psychischen Systems (Prozeßmuster bzw. Schemata, Selbstbeschreibungen, Formen der Grenzstabilisierung zwischen System und Umwelt, etc.). Motivationale Voraussetzung ist also unter anderem die Integrierbarkeit der neuen Option in das System.

Viertens ist eine Intervention „erst vollendet, wenn sie den Austausch funktional äquivalenter Wirklichkeitsbereiche bewirkt hat. Und es sind die hohen Anforderungen an *funktionale Äquivalenz,* welche Interventionen so schwierig machen" (Willke 1987c, 357; Hervorhebung im Original). Zweifellos. Daher gilt es in Therapien vorher zu prüfen, welche Folge- und Nebenprobleme mit dem Austausch von Optionen verbunden sein können. Probleme haben in der persönlichen und sozialen Welt des Klienten eine Funktion, einen biographischen Sinn, der auch durch die neue Option bedient werden will. Klienten lassen sich auf Interventionen erfahrungsgemäß nur ein, wenn die zu erwartenden Veränderungen den Erwartungen an funktionale Äquivalenz entspricht. Dieses Kriterium gilt selbst dann noch, wenn die Veränderung bereits erprobt wurde. Wird es nicht erfüllt, kommt es zu „Rückfällen".

Erst wenn diese Punkte – und eventuell noch weitere, hier nicht genannte – erfüllt sind, wird die Auswahl von Optionen auch vollzogen, mit anderen Worten: Einsicht und Vorsatz in Handeln umgesetzt.

3.3 Selbstthematisierung des Therapeuten und Supervision

Kein anderes soziales System als das der Psychotherapie sensibilisiert sich in vergleichbarem Ausmaß auf seine innere Umwelt der daran beteiligten psychischen Systeme. Üblicherweise wirken die Irritationen, das Flackern und Züngeln des assoziativ lose und im Vergleich mit Kommunikation viel schneller operierenden Bewußtseins auf die Treffsicherheit der kommunikativen Anschlußhandlungen eher störend. Das kennt man aus jeder Konferenz: Unkonzentriertheit, Unwissenheit, Nervosität, assoziatives Querschießen, aber auch zuviel persönlicher Stil und Eigenwilligkeit der Teilnehmer erschweren den Fortgang der Verhandlung. In der Therapie wird genau dieses dann zum Thema. Umgekehrt ist natürlich das, was in der Therapie verhandelt wird, insbesondere für das psychische System des Klienten höchst bedeutsam, denn es geht um es selbst. Die wechselseitige Penetrierbarkeit psychischer und sozialer Selbstreferenz ist enorm. Eben darin ist eine Bedingung für die Möglichkeit zielgerichteter Intervenierbarkeit zu erkennen.

Psychische Systeme sind unter den genannten Umständen leichter beeindruckbar als im Kontext der Alltagskommunikation, aber umgekehrt auch leichter „verletzlich". Um Schäden durch unsensible Aktionen zu vermeiden, aber auch, um die Momente besonderer Aufnahmebereitschaft des Klienten für spezifische Interventionen zu erkennen (zur Bedeutung der Aufnahmebereitschaft s. Ambühl & Grawe 1988; 1989) ist es daher für den Therapeuten erforderlich, sich in Fremdbeobachtung und Fremdverstehen zu schulen, was gleichzeitig bedeutet, sich in Selbstbeobachtung und Selbstverstehen zu schulen. Denn nur über Vergleiche lassen sich Unterschiede wahrnehmen. Die Überprüfung der eigenen Identität, die Beobachtung der eigenen Selbstbeschreibung ist Voraussetzung dafür zu verstehen, daß andere andere Identitäten ausgeprägt haben, andere Selbstbeschreibungen anfertigen. Oder aber: Die Feststellung der Intransparenz des eigenen Bewußtseins macht die Intransparenz des anderen Bewußtseins verständlich (Luhmann 1985, 405).

Spezifizierte Erfahrung von Ähnlichkeit, z.B. sich selbst schon einmal in der Rolle des Klienten erfahren zu haben, und generalisiertes Zulassen von Differenz – ich weiß, daß meine Erfahrungen und Selbstbeschreibungen meine eigenen sind und andere daher selbst in vergleichbaren Situationen ganz andere Wirklichkeiten vorfinden – kann sich, etwas pathetisch gesagt, zu verständnisvoller Toleranz kombinieren. Die eigenen Präferenzordnungen des Denkens und Handelns müssen nicht die des anderen sein. Das gilt es als Therapeut verstanden zu haben, wofür jedoch das abstrakte Wissen um Autonomie, Eigengesetzlichkeit und Eigendynamik selbstreferentieller Systeme kein Garant ist. Voraussetzungsreichere Formen der Selbstkenntnis sind erforderlich. Diese können über Selbstthematisierungen erworben werden, wie sie in jedem persönlichen Nachdeken über sich selbst stattfinden. Für Therapeuten aber sind diese Selbstthematisierungen in Form von Ausbildung und Supervision gewissermaßen verschärft verfügbar, denn (a) betreffen sie eigenes Erleben und Handeln in sozialen Situationen, (b) spezielles Erleben und spezielles Handeln in speziellen sozialen Situationen, nämlich der Therapie (geläufiges Beispiel: die ärgerliche Ungeduld angesichts depressiv-träger Interaktionsmuster) und (c) ist ein alter ego dazu notwendig, die Selbstthematisierung zu fokussieren, damit sie nicht in vage Spekulationen nach dem Motto „Wer bin ich eigentlich?" abgleitet und sich dabei verfehlt.

Die Arrangements von Supervision und Selbstthematisierung, Teamreflexion, mitlaufender Selbstbeobachtung bei der therapeutischen Fremdbeobachtung sind es also, die dem therapeutischen Geschehen hohe Irrtumsabsicherung und geradezu seismographische Sensibilität für alles und jedes vermitteln wollen. Gleichzeitig steigt damit aber auch die Irrtumswahrscheinlichkeit. Hochgetriebenes Verstehen impliziert hochgetriebenes Mißverstehen, und jede Einschachtelung von Kontexten zu Zwecken der Irrtumsabsicherung bedeutet Komplexitätszunahme: Therapeut und Klient im Kontext des Sozialsystems „Therapie", im Kontext der Beobachtung durch ein Team, eventuell noch im Kontext von externer Supervision. Kurzzeittherapieansätze haben darauf pragmatisch mit der Anwendung relativ einfacher Beobachtungsschemata reagiert, zudem mit dem Verdikt, nicht „zwischen den Zeilen zu lesen", also nicht über das Gesagte hinaus zu interpretieren. Psychotherapie bleibt aber immer in dem Dilemma verhaftet, das Wesentliche entweder in dem zu vermuten, was mitgeteilt wird, oder in dem, was nicht mitgeteilt wird (letzteres mit der Konsequenz: mutmaßen oder weiterfragen). Darin ist nicht etwa nur ein Erbe der Psychoanalyse zu sehen, sondern die Widerspiegelung des grundlegenden Sachverhalts, daß die **kommunikative** Selbstreferenz der Therapie ihr Interesse auf die Beobachtung und Veränderung eines **psychischen** Systems abgerichtet hat, ja sogar seine Fortsetzbarkeit und Existenzberechtigung davon abhängig macht, gleichzeitig aber auf nichts anderes rekurrieren kann als auf sich selbst, also auf Kommunikation, somit beinhart auf das angewiesen ist, was mitgeteilt wurde, ohne die geringste Chance eines direkten Zugriffs auf psychische Systeme in seiner Umwelt. Darüber setzt sich keine Supervision dieser Welt hinweg. Es gibt daher Supervisionsarrangements, die ihren Auftrag etwas weniger anspruchsvoll eher im Sinne von Praxisanleitung definieren, in dem sie dem Therapeuten einen „variety pool" von Handlungs- und Beschreibungsideen zur Verfügung stellen, z.B. um eine als festgefahren erlebte, sich ident reproduzierende Selbstreferenz des therapeutischen Systems mit neuen Anschlußoptionen zu versorgen. Eine zusätzliche Funktion von Supervision besteht darüber hinaus in der kollegialen Absicherung des Vorgehens, bzw. im begründeten Ausschluß von Alternativen (Selektions- oder Indikationsaspekt) nach dem Vorbild des Westmeyer'schen Verhandlungsmodells.

3.4 Therapie als Kontextsteuerung

Bisher haben wir einige Voraussetzungen diskutiert, auf die das Sozialsystem Therapie zurückgreifen kann, wenn es sich an die paradoxe Aufgabe macht, die es
sich selbst aufgegeben hat: zielgerichtet in Systeme zu intervenieren, die einer zielgerichteten Intervention nicht zugänglich sind. Wir hatten daran festgehalten, daß
Therapie mehr sein kann und will, als ein unspezifisches Ereignis in der Umwelt
des intervenierten Systems, das stattfindet, ohne zu wissen, was geschieht, blind,
ohne Gespür für Risiken und Chancen, und ansonsten alles dem (den) Klienten
überläßt. Wir wollten vom Therapieprozeß mehr erwarten als ein Abwarten, bis
sich die Evolution der belastenden Verhältnisse von selbst einstellt (wobei hochgradig unklar bliebe, wohin sich die Evolution der Verhältnisse bewegen würde
und wie sie antizipierbare zukünftige Schwierigkeiten berücksichtigen sollte), mehr
als eine Haltung des „laissez faire" oder des „muddling through".

Wie soll man sich nun eine Therapie vorstellen, die diesem Anspruch gerecht werden
kann, und welche Mittel hat sie zur Verfügung? Darauf soll abschließend in einigen
Punkten eine Antwort versucht werden.

Zunächst ist zu berücksichtigen, daß sich nach dem Obsoletwerden von Prinzipien
der hierarchischen Steuerung und der Input-Determinierung ein Wandel von Fremdsteuerungsmodellen zu Modellen der **Kontextsteuerung** vollzogen hat (Willke
1987d). Kontextsteuerung meint die „Konditionalisierung von Kontextbedingungen", die als externe Anregungen des internen Prozessierens eines selbstreferentiellen System fungieren und mithin die „Bedingungen der Möglichkeit einer kontrollierten Anregung zur Selbständerung autonomer Systeme" darstellen (Willke
1989). Das intervenierende System ist für die Bereitstellung dieser kontrollierten
Anregung und für die Gestaltung des Kontextes verantwortlich. Das ist alles. Mehr
kann es nicht tun, aber darin liegt die ganze Erfahrung und Kunst der Therapie.
Und für das Gelingen von Kontextsteuerung lassen sich durchaus Bedingungen
angeben:

(1) Damit diese Anregungen überhaupt wahrgenommen werden, müssen sie in
einer Sprache angeboten werden, die das intervenierte System (sei es nun ein soziales
oder ein psychisches System) versteht. Sie müssen mit den dort geläufigen Differenzschemata operieren, um psychisch oder sozial anschlußfähig zu sein.

(2) Das intervenierende System muß zu verstehen versuchen, was das intervenierte
System verstehen kann, d.h. es muß „aus der Beobachtung eines Systems auf dessen
Operationsmodus und Selbstbeschreibung schließen". Dieses „über Verstehen geleitete Zusammenspiel autonomer Akteure" ist die Voraussetzung dafür, daß die
Wahrscheinlichkeit einer „Transformation eines Umweltereignisses in interne Semantik" über bloßen Zufall hinausgeht (vgl. Willke 1989, 138).

(3) Es ist beim intervenierten System ein relativ hohes Maß an Akzeptanz diesen
externen Anregungen und Kontextbedingungen gegenüber erforderlich. Man kann
davon ausgehen, daß psychische und soziale Systeme Kommunikationsangebote
daraufhin beobachten, ob diese mit den eigenen Selbstbeschreibungen, Identitäten,

Differenzschemata übereinstimmen, ja sogar die Systeme, denen diese Angebote zugerechnet werden, auf ihre Absichten hin zu verstehen versuchen. Das Ergebnis dieser mitlaufenden Prüfung entscheidet in Therapien sehr wesentlich über die Akzeptanzbereitschaft und über die Qualität der Therapeut-Klient-Beziehung. Drei häufige Anlässe des Mißlingens sind dabei (aus der Perspektive des Klienten): Sich-nicht-verstanden-Fühlen, großer erlebter Veränderungsdruck (nicht so sein dürfen, wie man ist) und Verdacht auf Manipulationsabsicht.

(4) Akzeptanzbereitschaft, mehr noch: Vertrauen muß als eine zentrale Voraussetzung für therapeutische Kontextsteuerung gelten. Wie sonst könnte man sich vorstellen, daß Systeme bereit sein sollten, Destabilisierungen mit im Prinzip nicht vorhersehbarer Restabilisierung neuer Ordnungszustände zu riskieren? Vertrauen wirkt zudem in erheblichem Maße komplexitätsreduzierend: auf was man vertraut, muß man nicht mehr laufend beobachten, prüfen, hinterfragen. Vertrauen in das Setting und den Therapeuten bedeutet daher, die Aufmerksamkeit auf sich und auf das Risiko einer Veränderung richten zu können (in psychologischer Terminologie: der Klient kann Kontrollbemühungen über die Situation teilweise abgeben).

(5) Vertrauensbildend wirkt (a) die Bestätigung psychischer Schemata, während eines oder wenige andere sich einer Destabilisierung aussetzen, (b) Orientierungsmöglichkeit an positiven Alternativen (Bedeutung der Zielformulierung), (c) die Stabilität der Therapeut-Klient-Beziehung, (d) die Verfügbarkeit persönlicher Sicherheitssignale innerhalb und außerhalb des therapeutischen Settings.

(6) Die externen Anregungen müssen zwar verstehbar, aber auch hinreichend ungewöhnlich, kontrastreich, schillernd sein, um nicht sofort in die Automatismen der laufenden Selbstreferenz eingebaut und damit als bedeutungslos abgetan zu werden. Mögliche Einbausperren bestehen z.B. darin, verbale und ikonische (bildliche) Repräsentationen gleichzeitig zu bemühen (z.B. durch Methaphern, Bilder, Geschichten), Vagheiten offenzulassen, etwas ungewöhnliche Stimmungslagen herzustellen (Tranceinduktion), nicht sofort einordbare Informationen zu generieren (z.B. in Form zirkulären Fragens), unmittelbare Evidenzerlebnisse durch Aktivitäten, Skulpturen etc. zu ermöglichen, deutliche Emotionen zu provozieren, mit Paradoxien zu arbeiten.

(7) Es geht also darum, Unterschiede erfahrbar zu machen, die für den Klienten auch tatsächlich Unterschiede machen. Alles andere wird an bestehende Schemata assimiliert bzw. als bekannt, aber untauglich abgelegt („entwertet"). Nur Umweltkontakte, die Unterschiede markieren, lassen sich zur Interdependenzunterbrechung der laufenden Selbstreferenz, sozusagen als „Stoppregeln und Neuanstöße" (Willke 1989, 129) verwenden. Therapeutische Kontextsteuerung bedeutet dosierte Diskrepanzverstärkung, die über einen Prozeß des „deviation amplifying feedback" zur Destabilisierung und Neuorganisation psychischer bzw. sozialer Ordnungsmuster führt (vgl. z.B. de Shazer: Ausnahmen als Ansatzpunkte für die Entstehung von Lösungsmustern).

(8) In diesem Sinn bedeutet therapeutische Kontextsteuerung die Bereitstellung von Bedingungen für die Möglichkeit der Selbstorganisation psychischer und sozialer Systeme.

(9) Dosierte Diskrepanzverstärkung muß sich am Zeittakt der Autopoiese der intervenierten Systeme orientieren. Es gilt, sich für die Zeitpunkte zu sensibilisieren, an denen im Vergleich zu anderen Zeitpunkten eine relativ größere Anschlußflexibilität der Selbstreferenz besteht.

(10) Psychischer und sozialer Strukturwandel muß kompatibel sein mit den Bedingungen, innerhalb derer er erfolgt (als da sind: Selbstbeschreibungen und Identitäten eines Systems; andere Strukturen; Umweltbedingungen), ansonsten werden die neu entstehenden Strukturen bereits in statu nascendi wieder hinwegselektioniert. Es ist zu vermuten, daß gerade irreguläre Selbstreferenz, also ungewöhnliche Unterbrechungen, Anschlußunsicherheiten und neuartige Operationsmodi in besonderem Maße die Selbstbeobachtung auf sich ziehen, und zwar nach Leitdifferenzen von Selbstschutz (bedrohlich/nicht bedrohlich) und Brauchbarkeit (nützlich/nicht nützlich), sowie zusätzlich nach Maßgabe der Erwartungserwartung von Systemen, deren relevanter Umwelt sich das intervenierte System zurechnet (Beobachtungsdifferenz: erwünschte/unerwünschte Änderung). In jedem Fall weiß sich der Klient zur relevanten Umwelt des Therapeuten gehörig, was für diesen wiederum bedeutet, die Erwartungserwartungen des Klienten in Rechnung stellen zu müssen (z.B.: übe ich für den Klienten zu viel/zu wenig Änderungsdruck aus? etc.).

(11) Geänderte Operationsmodi bzw. Handlungs- und Erlebnisweisen müssen in der Regel hochanspruchsvollen funktionalen Äquivalenzvergleichen mit den aufgegebenen Operationsmodi standhalten. Solche Äquivalenzvergleiche sollten daher *vor* irgendwelchen Interventionsversuchen Gegenstand therapeutischer Kommunikation werden (konkret geht es um die Einbindung einer therapeutischen Veränderung in die persönlichen und sozialen Lebenszusammenhänge, um Aufwands-, Nutzen- und Risikoabschätzungen im Vergleich zum status quo).

(12) Therapien sind „konsensentlastete Diskurse" (Eichmann 1989; Willke 1989); sie sind also frei davon, einen Konsens über irgendwelche Auffassungen, Vertragsabschlüsse oder ähnliches erzielen zu müssen, zu dessen Erreichung die Übereinstimmung unterschiedlicher Eigeninteressen der beteiligten Parteien erforderlich wäre. Therapien sind selbstverständlich auch keine Verkaufsgespräche, in denen der Therapeut den Klienten von Heilslehren, Lebensstilen, Problemlösepraktiken, Schulmeinungen etc. zu überzeugen hätte.

(13) Systemische Diskurse in der Therapie beabsichtigen daher auch nicht, divergierende Rationalitäten und Interessen aufeinander zu beziehen. Aber sie verfügen über Mittel, psychischen und sozialen Systemen die Chance zu eröffnen, ihr Verhältnis zur Umwelt (insbesondere zu anderen Systemen in dieser Umwelt) in geänderter Form zu beschreiben und zu gestalten. Voraussetzung hierfür ist die Durchführung „transferentieller Operationen" (Braten 1984), die über ein Oszillieren zwi-

schen Selbst- und Fremdreferenz den Überstieg ermöglichen, sich selbst und sein Operieren als Umwelt eines anderen Systems zu begreifen. Gemeint ist also die Fähigkeit eines Systems, „sich selbst mit den Augen seiner Umwelt und hineinversetzt in die Situation seiner eigenen Umwelt zu beobachten" (Willke 1989, 48), was bedeutet, versuchsweise einmal die Brille einer anderen Operationslogik und fremder Leitdifferenzen aufzusetzen. Transferentielle Operationen kann man übrigens nicht nur verbal oder in der Vorstellung durchexerzieren, sondern auch im Rollenspiel (vgl. die Techniken der „fixed role therapy" (Kelly 1955) oder mittels reflexiver bzw. zirkulärer Fragen (Tomm 1987a,b; 1988). Der Effekt sollte nicht nur in einem besseren Verständnis füreinander, sondern in der „Verflüssigung" (Stierlin 1988) festgefahrener Situations- und Selbstbeschreibungen liegen.

(14) Derart anspruchsvolle Operationen beruhen wiederum auf der Fähigkeit zur Reflexion, d.h. auf der Fähigkeit psychischer und sozialer Systeme, ihre Selbstbeobachtung an der Differenz System/Umwelt zu orientieren (Systemreferenz, vgl. Luhmann 1984). „Reflexion in diesem Sinne ist eine gesteigerte Form der Selbstreferenz, in welcher der Rückbezug eines Systems sich intentional auf seine Identität und deren Wirkungen in seiner Umwelt richtet" (Willke 1989, 121; Teubner & Willke 1984, 14ff.).

(15) Therapie produziert gezielte Gelegenheiten für Reflexion und transferentielle Operationen, indem sie die konkrete Kommunikation zwischen Therapeut und Klient heranzieht, um metakommunikativ darauf zu rekurrieren, oder indem sie bestimmte problemtypische Kommunikationssituationen außerhalb der Therapie thematisiert.

(16) Das Ergebnis kann in einer geänderten Selbst- und Realitätssicht, oder mit anderen Worten: in Transjunktionen (G. Günther) bestehen. Nicht nur umgepolte Indizierungen innerhalb beibehaltener Leitdifferenzen, sondern einen Austausch der Leitdifferenzen der Selbst- und Weltbeobachtung (bzw. -beschreibung) soll es geben. Darin ist auch Grundlage und Resultat geänderten Verhaltens zu sehen.

Soweit einige Bedingungen und Prinzipien von Psychotherapie, die hier konsequent als Kontextsteuerung interpretiert wurde. Die Darstellung versuchte, einige Grundsatzprobleme therapeutischer Intervenierbarkeit mit den Mitteln der Theorie selbstreferentieller Systeme nachzuvollziehen. Nicht behandelt wurden Spezialprobleme der Mehrpersonentherapie und der Arbeit mit einem Team hinter der Einwegscheibe, ebensowenig Probleme spezifischer Interventionsstrategien einzelner Therapierichtungen. Selbstverständlich ging es auch nicht darum, eine neue Therapieform vorzuschlagen. Der Kenner der Arbeiten Klaus Grawes (z.B. 1986b; Ambühl & Grawe 1988; 1989) wird an mehreren Stellen der zurückliegenden Ausführungen Parallelen zu den von ihm beschriebenen therapeutischen Heuristiken entdeckt haben (z.B. die der reflektierenden Abstraktion, der Emotionsverarbeitung, der Beziehungsgestaltung, der Berücksichtigung der Aufnahmebereitschaft des Klienten). Dies sollte nicht nur Zufall gewesen sein.

3.5 Das Prinzip der Selbstregulation nach Kanfer

Bemerkenswert sind sicher auch die Übereinstimmungen mit der Selbstregulations-Theorie nach F.H. Kanfer (z.B. 1986; Kanfer & Hagerman 1981; Kanfer, Reinecker & Schmelzer 1990). Um begründen zu können, wie ein psychisches System sich überhaupt dazu in die Lage versetzen kann, Prozesse der Selbstregulation einzuleiten, muß er auf ähnliche Funktionsprinzipien zurückgreifen, wie sie in diesem Kapitel oder bei Luhmann (1985) beschrieben wurden. Tatsächlich spricht Kanfer (1986, 8) vom „continuous flow of recursiveness", ohne dies aber zum Anlaß für eine theoretische Basisanalyse zu nehmen. Vielmehr legt er die Ansprüche an seine Theorie wie an seinen Gegenstand sehr hoch. Was die Theorie betrifft, geht es ihm nicht nur um das Prozessieren des psychischen Systems (β-Variablen) sowie um das Verhältnis von System und Umwelt (α-Variablen), sondern auch um das Verhältnis zu den biologischen Prozessen eines Organismus (γ-Variablen). Selbstregulation meint bei Kanfer den Operationsmodus der Selbstregulation eines psychischen Systems *und* die Regulation der Interdependenz von α, β und γ. Letzteres führt – wenn tatsächlich Regulation und nicht nur paralleles Prozessieren gemeint ist – vor den theoretisch hochkomplexen Sachverhalt der hyperzyklischen Koppelung von Systemen völlig unterschiedlichen Typs (biologische, psychische, soziale Systeme). Was den Gegenstand psychischer Selbstregulation betrifft, zielt Kanfer auf eine Funktionssteigerung ab, die einsetzt, sobald Schwierigkeiten der Zielerreichung erkannt werden (Kanfer 1986, 2). Ereignen sich derartige Selbstreferenzunterbrechungen, werden Zusatzschleifen der Selbstbeobachtung und Selbstbewertung aktiviert, welche die inneren Verrechnungsprozesse im Idealfall derart verändern, daß neue Optionen für die Anschlußproduktion von Kognitions-Emotions-Einheiten entstehen, daß Selbst- und Fremdreferenzoszillationen angeregt werden und eine Kohärenzsteigerung des ansonsten selbstvergessen vor sich hin prozessierenden Systems erfolgt. Im ungünstigen Fall beobachtet die Selbstbeobachtung das ohnehin schon bekannte Prozessieren von Kognitions-Emotions-Einheiten und reagiert mit Selbstentwertung: das System erweist sich nicht nur als unfähig, sich anders als bisher zu verhalten, es beobachtet sich auch noch beim Versagen. Beide Fälle zusammen machen deutlich, daß Selbstregulation sowohl Mittel als auch Ansatzpunkt von Bemühungen um Funktionsoptimierung (z.B. Therapie) sein kann (s. Kanfer, Reinecker & Schmelzer 1990).

Halten wir fest:

(a) Selbstregulation psychischer Systeme beruht auf Operationsprinzipien, wie sie in der Theorie selbstreferentieller Systeme beschrieben werden (Selbstreferenz und Selbstbeobachtung, zudem auf Reflexion und transferentiellen Operationen).

(b) Grundlegend ist dabei der Gedanke, daß psychische Prozesse sich auf sich selbst beziehen können.

(c) Weder „Selbstregulation" noch „Selbstkontrolle" (ein anderer, bei Kanfer zentraler Begriff, vgl. auch Hartig 1973; Reinecker 1978a) arbeiten mit Erklärungsprinzipien hierarchischer, linealer Kontrolle: „Such a focus does not imply a hierarchical structure among various psychological ... processes" (Kanfer 1986, 24).

(d) Selbstregulation wird psychischen Systemen abverlangt, wenn sie ihre Intentionalität nicht durchsetzen können. Dabei kommt es zu einem vermehrten Wechsel zwischen Fremd- und Selbstbezüglichkeit (d.h. Selbstbeobachtung und Selbstthematisierung des Prozessierens des Systems durch das System).

(e) Derartige Anlässe führen zu einer Kohärenzsteigerung der psychischen Selbstreferenz, indem Prozesse des Handelns und Erlebens, der Selbst- und Fremdreferenz intensiver aufeinander bezogen werden (in Anlehnung an G. Teubners (1987) Prinzip der Selbstreferenz- und Autonomiesteigerung durch Episodenverknüpfung).

(f) Intentionalitätskrisen, in denen ein System Prozesse der Selbstregulation aktiviert, können auf diesem Weg zu vermehrtem Selbst-Bewußtsein und zur Ausbildung von Identität beitragen.

(g) Im Falle des Erfolgs können Autonomiegewinne (hier im psychologischen Sinne gemeint) und Gewinne der self-efficacy (Bandura 1977) resultieren.

Mit den in diesem Kapitel vorgeführten Entwicklungen einer Therapietheorie haben wir versucht, die Paradoxien der Selbstkontrolle und der Intervenierbarkeit durch Verschärfung zu entschärfen. Wir machten als Bedingung für die Möglichkeit von Intervention konsequent den Respekt vor der Autonomie selbstreferentieller Systeme geltend. Daß der Topos der Selbstreferenz seinerseits natürlich paradoxiegenerierend wirkt, ist bekannt (s. Luhmann 1984; 1985; 1986b). Wo derartige Paradoxien für die Praxis und Theorie der Therapie virulent werden, muß sich in weiteren Ausarbeitungen einer Systemtheorie der Therapie zeigen.

V Systemforschung aus der Sicht des Subjekts: Dialog-konsensuelle Rekonstruktion der Bedingungen von Burnout bei klinisch-psychologischen Praktikern

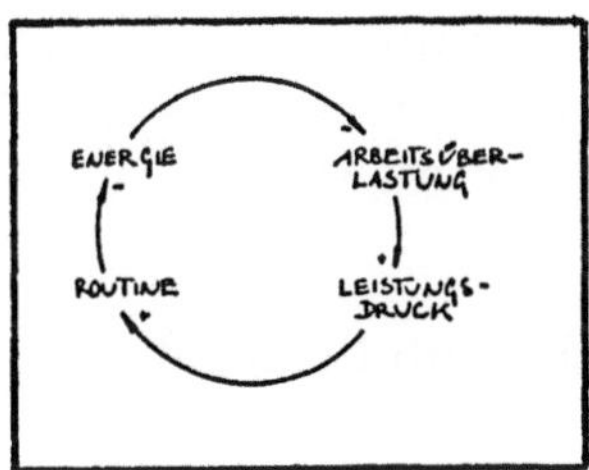

Systemische Theorien genießen den zweifelhaften Ruf, eine spezialisierte Materie für einen interessierten und eingeweihten Personenkreis darzustellen. Der Frage, ob sich systemisches Denken trotz dieses Rufs dazu eignet, mit seiner Hilfe qualitative Forschung aus der „Sicht des Subjekts" zu betreiben, soll in diesem Kapitel nachgegangen werden. Zunächst klingt das Unterfangen sicher nach einem Widerspruch in sich, müßten doch die Personen, für deren lebensweltliche Sichtweise man sich interessiert, systemisches Denken gewissermaßen als ihre eigene, natürliche Epistemologie bereithalten. Das dürfte kaum zu erwarten sein. Andererseits käme es auf einen Versuch an, ob nicht Strukturierungshilfen – und jede Form der Befragung vermittelt Strukturierungshilfen –, die in Form rekursiver Modelle angeboten werden, dem eigenen Denken der Interviewpartner (in unserem Fall: Klinische Psychologen) besonders nahe kommen und daher als nützliches Artikulationsmedium bereitwillig aufgegriffen werden. Sehen wir zu.

Verschiedene Konzeptualisierungsversuche von Burnout

Der Burnout-Begriff ist heute weitverbreitet und findet in vielfältiger Weise Verwendung. Offenbar wurde die rasche Popularisierung des Begriffs durch seine Bildhaftigkeit gefördert: viele Menschen in helfenden Berufen behaupten von sich, zu irgendeinem Zeitpunkt schon einmal ausgebrannt gewesen zu sein.

Mit dieser Popularisierung verbunden ist eine gewisse Unschärfe des Begriffs, die sich auch in der wissenschaftlichen Auseinandersetzung mit dem Phänomen niederschlägt. Es existieren vergleichbar viele Ansätze und Definitionsversuche wie Autoren, die zu diesem Forschungsgegenstand veröffentlicht haben. Die verschiedenen Definitionen unterscheiden sich zum Teil erheblich hinsichtlich ihrer Komplexität und Konkretheit. Bislang liegt jedoch keine allgemein anerkannte Definition vor; allenfalls läßt sich ein Minimalkonsens finden: Es besteht weitgehend Einigkeit darüber, daß Ausbrennen mit einer Beeinträchtigung helfender Tätigkeit, mit Erschöpfungszuständen, reduziertem Engagement und Rückzugstendenzen verbunden ist. Speziell helfende, also vor allem durch Personenbezogenheit und Problemzentrierung charakterisierte Berufe gelten als gefährdet. Denn der Helfer selbst ist das wichtigste Instrument seiner Arbeit.

Je nach der theoretischen Orientierung der einzelnen Autoren wird Burnout unterschiedlich konzipiert. Im Rahmen einer klinisch-therapeutischen Zugangsweise beispielsweise steht die Persönlichkeit des Betroffenen im Vordergrund. So etwa bei Freudenberger (1983), der die psychische Vulnerabilität des Individuums in streßreichen Situationen in den Vordergrund rückt. Sein Burnout-Verständnis läßt sich mit dem Schlagwort „Krankheit des Überengagements" (Cherniss 1982) charakterisieren. Anfällig seien vor allem sehr engagierte Personen, deren unrealistische Erwartungen enttäuscht würden und die sich zu hohe oder überhaupt Belohnungen für das Erreichen ihrer Ziele erhofften. Freudenberger beschreibt Burnout als Übergang von einem empfindsamen Stadium, in dem Erschöpfung, Energieverlust und erhöhte Anstrengung erlebt werden, hin zu einem empfindungslosen Stadium, in dem Langeweile, Gleichgültigkeit und Zynismus als Selbstschutzstrategien einsetzen.

Edelwich & Brodsky (1984), die ebenfalls einen individuumzentrierten Ansatz vertreten, definieren Burnout als Verlust von Energie und Engagement auf der Basis von Desillusionierungserfahrungen. Sie beschreiben einen vierstufigen Prozeß des Ausbrennens, der von der Phase idealistischer Begeisterung, gekennzeichnet durch unrealistische Erwartungen und Überidentifikation des Helfers mit dem Klienten, über eine Phase der Stagnation und Ernüchterung zur Phase der Frustration, in der sich der Betroffene die grundlegende Frage nach dem Sinn seiner Betätigung stellt, schließlich zur Phase der Apathie führt. Apathie wird als Abwehrmechanismus gegen langandauernde Frustrationen interpretiert.

Sozialpsychologische Ansätze, wie sie z.B. von Pines, Aronson & Kafry (1985) oder Maslach & Jackson (1984) vertreten werden, betrachten Burnout als Resultat der Interaktion von individuellen und Umweltfaktoren. Hierbei steht vor allem die Analyse von Organisations- und Arbeitsbedingungen (s. auch Cherniss 1982) sowie sozial-gesellschaftlicher Bedingungen (Cherniss & Krantz 1983; Karger 1981) im Vordergrund.

Maslach, deren Konzept sich durch eine breite empirische Fundierung auszeichnet, entwickelte 1981 zusammen mit S. Jackson das 'Maslach-Burnout-Inventory'. Diesem Fragebogen liegen folgende Faktoren zugrunde:

1. *Emotional exhaustion.* Das Erleben ist von Überforderung, Erschöpfung und Energiemangel geprägt. Die emotionalen Ressourcen sind erschöpft. Um emotionale Distanz zu schaffen, werden Klientenkontakte reduziert; die Arbeit wird nur noch routinemäßig verrichtet.

2. *Depersonalisation.* Depersonalisation ist durch negative Reaktionen auf den Klienten gekennzeichnet. Dem Helfer gelingt es nicht mehr, eine verständnisvolle und fürsorgliche Haltung aufrechtzuerhalten. Er reagiert mit Schuldzuschreibungen, Etikettierungen und einer ablehnenden, abwertenden Haltung auf den Klienten.

3. *Reduced personal accomplishment.* Reduzierte persönliche Leistungsfähigkeit wird von Gefühlen der Unzulänglichkeit und von Kompetenzzweifeln begleitet. Die Folge des Ausbrennens besteht in einem physischen und psychischen Rückzug des Helfers. Die kontinuierliche Überbeanspruchung und die daraus resultierende emotionale Erschöpfung verhindern eine erfolgreiche Streßbewältigung.

Maslach bezieht sich in ihrem Ansatz auf zwei verwandte Konzepte aus der Psychologie der medizinischen Praxis, nämlich das Konzept des 'detached concern' von Lief & Fox (1963) sowie das Konzept der 'dehumanisation in self-defence' von Zimbardo (1970).

In der Vernachlässigung situationaler Faktoren bei gleichzeitig starker Konzentration auf die eigene Person und ihre Fehler (sog. 'fundamental attribution error') sieht Maslach eine wichtige Bedingung für die Entwicklung von Burnout.

In verschiedene Burnout-Modelle werden Ergebnisse aus der Streßforschung und aus sozialpsychologischen Theorien einbezogen. So konzipieren Bramhall & Ezell (1981) sowie Daley (1979) ihr Burnout-Verständnis in Analogie zum Drei-Phasen-Modell der Streßreaktion von Selye. Sie definieren Burnout als Reaktion auf arbeitsbezogenen Streß, der sich mit der Intensität und der Dauer des Stressreizes verändert (Daley 1979).

Harrison (1983) betont in Anlehnung an Kahns Rollentheorie die Bedeutung von Rollenkonflikten und Rollenambiguität für die Entstehung von Burnout. Er berücksichtigt in seinem sozialen Kompetenz-Modell, ähnlich wie Pines, Aronson & Kafry (1985), auch die Funktion von Attributionsmustern. Mit seinem Modell erhebt er den Anspruch, einen Rahmen zur Integration verschiedener Sichtweisen von Burnout zu bieten. Im Mittelpunkt seiner Überlegungen steht die wahrgenommene Kompetenz und Effektivität des Helfers. Burnout entstehe, wenn die eigene Arbeit zwar hoch bewertet, jedoch nicht als hinreichend effektiv beurteilt werde, d.h. die gesteckten Ziele nicht erreicht würden. Als Folge seiner vergeblichen Bemühungen um effektive Hilfeleistung verliere der Helfer sowohl Motivation als auch self-efficacy in bezug auf seine berufliche Tätigkeit. Determinanten, die umgekehrt für das Zustandekommen von Kompetenz als bedeutsam betrachtet werden, sind die Fähigkeiten des Helfers, seine spezifische Motivationslage, bestimmte Werthaltungen, Umweltbedingungen, welche die Wahrnehmung eigener Kompetenz ermöglichen, institutionelle Bedingungen und last not least die Art der Problematik der betreuten Klienten.

Harrison sowie verschiedene andere Autoren weisen auf die Bedeutung von Attributionsprozessen hin. Könne ein Helfer therapeutische Erfolge seiner Klienten auf sich selbst attribuieren, wirke dies verstärkend auf seine Motivation und self-efficacy (nicht jedoch auf diejenige seiner Klienten). Schreibe er sich jedoch ausbleibende Erfolge bzw. Mißerfolge kontinuierlich selbst zu, begünstige dies die Entwicklung von Burnout.

Auch Cherniss (1982) konzipiert sein Burnout-Verständnis unter Rückgriff auf Theorien aus Streß-Forschung und Sozialpsychologie. Er stützt sich auf das transaktionale Streßkonzept von Lazarus & Launier, auf Seligmans Theorie der 'erlernten Hilflosigkeit' und ebenfalls auf Kahns Ausführungen zum Rollenkonflikt. Cherniss (a.a.O., 18) definiert Burnout allgemein „as a process in which a previously committed professional disengages from his or her work in response to stress and strain experienced in the job". Bemerkenswert ist die detaillierte Analyse des Arbeitsumfeldes (Rollen-, Macht- und normative Strukturen), die Cherniss vornimmt. Im Arbeitsumfeld vermutet er neben individuellen und kulturell-gesellschaftlichen Faktoren eine wichtige Ursache für das Zustandekommen von Burnout.

Als letztes theoretisches Konzept soll das kybernetische Burnout-Modell von Heifetz & Bersani (1983) vorgestellt werden. Die Autoren bieten es als Versuch eines Rahmenmodells für eine „ganzheitliche" Sichtweise des Burnout-Phänomens an. Ihr Anspruch besteht darin, eine Integration von Elementen aus verschiedenen anderen Burnout-Theorien zu leisten. Interessant ist das Modell im Zusammenhang mit der vorliegenden Untersuchung deshalb, weil es sich darum bemüht, den Burnout-Prozeß unter dynamischen Gesichtspunkten zu erklären. Dem „kybernetischen" Burnout-Modell liegt die Annahme zugrunde, daß es einen einheitlichen Kern des Burnout-Prozesses gäbe, der von den anderen Konzepten jedoch nur teilweise erfaßt werde. Burnout entstehe in der Folge von Unterbrechungen eines Prozesses, der in seinem störungsfreien Ablauf zu Erfüllung und Zufriedenheit im Beruf führen sollte. Heifetz und Bersani sehen die motivationalen Bedürfnisse des Helfers, nämlich Wachstum beim Klienten zu fördern und damit selbst persönliches Wachstum zu erreichen, als Grundlage ihres Modells. Als Voraussetzungen für persönliches

Wachstum beziehen sie Faktoren wie klare Zieldefinitionen, Festlegung reliabler Indikatoren für die Zielannäherung sowie Steuerungsstrategien zur Zielannäherung ein, die in einem kybernetischen Prozeß zielgerichtete Aktivitäten ermöglichen und zur Zielerreichung durch Feedbackschleifen und Kurskorrekturen führen sollen. Burnout entstehe, wenn es zu Unterbrechungen oder Störungen im Prozeß der Zielverfolgung komme. Heifetz und Bersani gelingt es dabei, Elemente aus anderen Burnout-Konzepten in ihr Modell der Störungsgenese einzubeziehen (z.B. schlecht definierte Ziele, vgl. Cherniss & Egnatios 1978; Hackman & Oldham 1975; unrealistische Zielsetzungen, vgl. Maslach & Jackson 1978; Freudenberger 1975).

Begründung einer systemtheoretischen Betrachtungsweise von Burnout

Die bisher existierenden theoretischen Burnout-Konzepte bieten ein Bild verwirrender Vielfalt. Ein übergreifender theoretischer Rahmen fehlt. Die gesetzten Schwerpunkte betonen verschiedene Aspekte wie z.B. Persönlichkeitsfaktoren, Tätigkeitsmerkmale, organisatorische und institutionelle Bedingungen. Das Zusammenwirken dieser Variablen bleibt jedoch weitgehend unklar, obwohl deren Interaktion für ein Verständnis von Burnout bedeutsam zu sein scheint. Die Betrachtung von Burnout aus systemtheoretischer Sicht betont dagegen gerade die Vernetzung der Teilaspekte: Burnout soll über die spezifische Relationierung der Komponenten erklärt werden.

In vielen Burnout-Konzeptionen wird versucht, Kategorien von Ursachen und Folgen zu bilden. Dabei wird deutlich, daß eine solche Unterscheidung nicht durchzuhalten ist. Es bleibt weitgehend unklar, was als Ursache, was als Folge und was als „Symptom" von Burnout gelten kann.

Auch das „kybernetische" Modell von Heifetz und Bersani ist noch stark unidirektional ausgerichtet. Seine „Kybernetik" besteht in einer einfachen Regelkreismechanik. Es beinhaltet normative Annahmen darüber, wie ein Prozeß, der zu Zufriedenheit und Erfüllung im Beruf führen solle, zu verlaufen habe. Fehler werden als Störungen auf dem Weg der Zielerreichung gewertet und sind folglich zu vermeiden: sie verursachen Burnout. Warum Störungen dieses Prozesses aber zu Burnout und nicht etwa zu konstruktiven Lösungen, Kurskorrekturen oder Kompetenzverbesserungen führen sollen, erklärt das Modell nicht. Die Kritik muß noch weiter gehen: Ein Prozeß, der Veränderung und Wachstum zum Inhalt hat, jedoch keinen Spielraum für Fehler läßt, ist ein Widerspruch in sich (vgl. Kleiber & Wehner 1988: 'Fehlerfreundlichkeit' als Voraussetzung für Entwicklungsprozesse). Heifetz und Bersani beschränken sich auf ein enges und lineales Prozeßverständnis, das einen vorab festgelegten Verlauf hin zur Erreichung eines vorab festgelegten Zieles impliziert. Es handelt sich also um das Gegenteil von evolutionärer Prozeßhaftigkeit, die ja auf Fehler angewiesen wäre, um daraus zu „lernen"[1].

---

1 Helmut Qualtinger legt einem Menschen, der sich selbst als „der größte Trottel von Wien" bezeichnet, folgenden Gedanken ins Hirn: „Aus Fehlern lernt man, aber ich hab nie Fehler gemacht. Vielleicht war das mein Fehler." (In: Der Ableger, 1978)

Die Prozeßhaftigkeit des Burnout-Phänomens wird auch von vielen anderen Autoren betont. Versuche, bestimmte Phasen dieses Prozesses zu identifizieren und in einer bestimmten Reihenfolge anzuordnen, erwiesen sich dabei als wenig sinnvoll. Erstens sind die Phasen nicht klar voneinander abzugrenzen, zweitens verläuft der Prozeß nicht immer in der vermuteten Abfolge und drittens müssen nicht notwendigerweise alle Burnout-Phasen durchlaufen werden. Der Prozeß des Ausbrennens kann bezüglich Dauer, Intensität und Dynamik individuell stark variieren. Ein systemisches Burnout-Modell sollte sich deshalb bemühen, seine Dynamik nachzuzeichnen, ohne verbindliche Entwicklungsstadien festzulegen. Burnout kann als multidimensionaler Prozeß verstanden werden, dessen Erklärung über die rekursive Vernetzung der beteiligten Variablen möglich ist. Diese fungieren in einem rekursiven System zugleich als „Auslöser", „Symptom" und „Folge" von Burnout.

Die Sicht des Subjekts

Unternimmt man den Versuch, Burnout aus der Sicht betroffener Subjekte zu rekonstruieren, liegt es nahe, mit den Personen, deren Sichtweise interessiert, in Dialog zu treten. Auf diese Weise kann man Auskunft darüber erhalten, wie sie ihre Wirklichkeit konstruieren, welche Aspekte ihnen wichtig oder nebensächlich erscheinen, was sie tun oder unterlassen, um mit der Situation zurechtzukommen, wie sie verschiedene Aspekte bewerten, welche Zusammenhänge sie vermuten, usw. Auftretende Diskrepanzen können im Verlauf des Gesprächs geklärt und Unstimmigkeiten angesprochen werden; sie können sich für das Verständnis sogar als produktiv erweisen (Bergold & Flick 1987b).

Diesem Zugang zur Sicht des Subjekts liegt das 'Verstehen' als methodische Vorgehensweise zugrunde. Eine Handlung oder Äußerung verstehen, heißt, sie in ein Netzwerk von Bedeutungen einzuordnen. (Es sei darauf hingewiesen, daß es sich hier um einen anderen Verstehens-Begriff handelt, als dem in Kapitel IV, 3 benutzten. Der dortige Verstehens-Begriff ordnete sich konsequent in die Theorie selbstreferentieller Systeme ein, während Verstehen hier eine methodische Zugangsweise der qualitativen Erforschung subjektiver Lebenswelten bezeichnet.) Groeben (1986), der sich mit dem Verstehen als wissenschaftliche Erkenntnismethode auseinandersetzt, versucht eine Systematisierung unterschiedlicher Verstehensformen. Dabei kommt seiner Ansicht nach das explizite, systematische, dialogische Verstehen dem Verstehen der Subjektsicht am nächsten. Im dialogischen Verstehensprozeß gewinnen einzelne Aussagen ihre Bedeutung vor dem Hintergrund des idiosynkratischen Ordnungszusammenhangs der befragten Person. Die Bedeutungen sind situations- und persongebunden; sie sind kommunizierbar und können im Dialog zwischen der Person und einem Dialogpartner intersubjektiv vermittelt – oder besser: konstituiert werden (Bergold & Flick 1987b).

Die Erforschung der Subjektsicht impliziert die Notwendigkeit einer individuumadäquaten, deskriptiv-explikativen Darstellung der konkreten Bedeutungen. Diese Darstellung kann z.B. mit Hilfe graphischer Modelle erfolgen. Beabsichtigt ist eine auf Erkenntnis*erweiterung* gerichtete Forschungstätigkeit, nicht jedoch Erkenntnis*sicherung* (vgl. diese Unterscheidung bei Jüttemann 1985).

Desweiteren ergibt sich die Forderung nach einer Rekonstruktions- und Darstellungsform, die das gewonnene Wissen auch für andere Personen, die selbst am Prozeß der Erkenntnisgewinnung nicht teilgenommen haben, transparent und nachvollziehbar macht.

Die Erfassung der Problemsicht von Betroffenen ist der qualitativen Sozialforschung zuzuordnen. Die Bezeichnung „qualitativ" beinhaltet keinen prinzipiellen Verzicht auf Quantifizierung, sondern bezeichnet das Bemühen um ein intersubjektiv nachvollziehbares Verständnis der persönlichen Weltsicht, mithin um Methoden, welche die reine Fremdperspektive des Forschers erweitern (Aschenbach, Billmann-Mahecha & Zitterbarth 1985).

Qualitative Forschung postuliert Offenheit bzw. Voraussetzungsfreiheit im Dialog mit dem Forschungspartner. Gleichzeitig ist jede Art von Forschung auf einen minimalen Grad an Strukturierung des Vorgehens angewiesen. In der Dialektik von Offenheit und Strukturiertheit realisiert sich daher ein wichtiges methodisches Prinzip qualitativer Forschung (s. Hoffmann-Riem 1980; Kleining 1982; Jüttemann 1985). Mit dem Anspruch auf Offenheit verbunden ist die Hoffnung, daß das befragte Subjekt bereit sei, die für es selbst relevanten Bedeutungen und Beziehungen offen zu reflektieren. Dies verlangt, sich im Dialog mit der Person, dessen Sichtweise uns interessiert, einem gemeinsamen Gegenstand anzunähern, ihn zu beschreiben und zu rekonstruieren. „Offenheit des Vorgehens bedeutet hier die Bereitschaft, sich auf einen Prozeß einzulassen, in dessen Verlauf sich durch die Konfrontation mit dem Forschungsgegenstand erst dessen theoretische Strukturierung herausbildet" (Bergold & Breuer 1987, 26).

Nicht zu leugnen ist allerdings auch, daß bereits das Forschungsvorgehen selbst, also die Art der Befragung sowie die vom Forscher ausgehende Strukturierung der Situation die „Sicht des Subjekts" mitbestimmt.

Für die Befragungssituation bedeutet das Prinzip der Offenheit konkret, daß das Subjekt möglichst unbeeinflußt sprechen können sollte und genügend Raum für seine Sichtweisen und Sinndeutungen erhält. Die Dialogsituation muß mithin so gestaltet werden, daß die Person ihre Auffassungen ohne gravierende kommunikative Einschränkungen zum Ausdruck bringen kann. Dazu muß sie eine gewisse Strukturierungsverfügung über die Situation besitzen.

Bei Groeben & Scheele (1977) z.B. wird dies vor dem Hintergrund eines 'epistemologischen Subjektmodells' in eingeschränkter Form dadurch realisiert, daß der Versuchspartner Entscheidungskompetenz bezüglich der Adäquatheit der Rekonstruktion zugesprochen bekommt. Der Untersuchungspartner wird als Experte betrachtet. Voraussetzung hierfür ist eine dialogisch orientierte, kooperative Interaktionsbeziehung zwischen ihm und dem Forscher.

Versuchsaufbau

Der Ausgangspunkt für die Planung der vorliegenden Untersuchung bestand in der Überlegung, eine Methodik zu finden, die es ermöglichen sollte, subjektive Erlebnis- und Erklärungsweisen von Burnout zu erfassen und in geeigneter Weise darzustellen. Dabei geriet uns die Heidelberger Struktur-Lege-Technik (SLT) in den

Blick. Die SLT von Scheele & Groeben (1984; 1988) stellt eine Dialog-Konsens-Methode zur Erhebung subjektiver Theorien mittlerer Reichweite dar. Sie wurde mit dem Anspruch entwickelt, subjektive Theorien von Dialogpartnern zu erfassen, d.h. diese inhaltlich und strukturell zu explizieren und zu präzisieren.

Die Grundidee dieses Verfahrens wurde beibehalten. Es erfolgten jedoch erhebliche Abänderungen in der Durchführung, die sich aufgrund theoretischer Überlegungen, aber auch praktischer Erfahrungen in den Vorversuchen ergaben. Die Abwandlung des Verfahrens sollte den befragten Personen zumindest die Möglichkeit eröffnen, ihr Verständnis von Burnout in Form rekursiv-vernetzter Strukturen wiederzugeben.

Die Methodik des SLT beabsichtigt, subjektive Theorien zu rekonstruieren und sie mit Hilfe eines im Dialog erzielten Konsenses kommunikativ abzusichern. Für Groeben und Scheele bedeutet Dialog-Konsens, daß die Zustimmung des Forschungspartners über die Frage der Adäquatheit der im Dialog zwischen diesem und dem Wissenschaftler gewonnenen Rekonstruktion entscheidet. Diese Zustimmung wird als Validitätskriterium behandelt (Scheele & Groeben 1984). Voraussetzung für die Durchführung des Dialog-Konsenses ist somit die Realisierung einer gleichberechtigten Gesprächssituation.

Mittels kommunikativer Rückversicherung wird die Frage der Rekonstruktionsadäquatheit geprüft. Es geht dabei um die Frage, ob die verbalisierten Kognitionen angemessen als subjektive Theorie rekonstruiert sind, nicht jedoch um Wertungen über deren Realitätsangemessenheit. Die Überprüfung, ob subjektive Theorien tatsächlich in der Lage seien, Handeln bzw. Verhalten zu erklären, könne nicht auf kommunikativem Wege erfolgen. Sie müsse, so die Autoren, mittels der klassischen falsifikatorischen Geltungsprüfung in einem nach- und übergeordneten Verfahren vorgenommen werden (Groeben & Scheele 1977). Man kann davon ausgehen, „daß subjektive Theorien, sowohl im Hinblick auf den Inhalt, als auch auf die Struktur (dem Individuum, G.S.) weder inhaltlich vollständig bewußt, verbalisierbar verfügbar sein müssen, noch daß sie eine vollständig explizite, stringente Form aufweisen müssen" (Scheele & Groeben 1984, 6). Diese Implizitheitsannahme stellt an die Erfassungsmethodik subjektiver Theorien den Anspruch, durch den Rekonstruktionsprozeß deren Explizitheit und Präzisierung zu steigern.

In der SLT wird dies in zwei aufeinanderfolgenden Schritten versucht:

Zunächst erfolgt die *Explikation der Inhalte* mittels eines halbstandardisierten Interviews, das unterschiedliche Fragekategorien (hypothesen-ungerichtete Fragen, hypothesen-gerichtete Fragen, Störfragen) enthält. Ziel des Interviews ist es, die subjektive Erlebnis- und Erklärungsweise von Burnout zu erfassen und in ihrer Komplexität und Dynamik darzustellen. Die Form des explorativen Interviews bietet hierzu dem Forschungspartner genügend Freiraum für die Entwicklung seiner eigenen Sichtweise.

Dementsprechend wurde in der vorliegenden Untersuchung für die Explikation der Inhalte die Form eines offenen, explorativen Interviews gewählt, das (anders als bei Scheele und Groeben vorgesehen) überwiegend mit hypothesen-ungerichteten Fragen arbeitete und dessen Verlauf sich im wesentlichen an den Äußerungen des Forschungspartners orientierte.

In einem zweiten Schritt erfolgt die *Explikation der Theoriestruktur*. Die Struktur-Lege-Technik dient als Grundlage zur Realisierung des Dialog-Konsenses. Der Prozeß des Dialog-Konsenses gliedert sich nun folgendermaßen (vgl. Scheele & Groeben 1988):

Die SLT enthält eine Reihe formaler Relationierungsmöglichkeiten zwischen den vom Forschungspartner genannten Variablen bzw. Konzepten. Mit Hilfe der vorgegebenen Relationen soll die Theoriestruktur expliziert werden. Hierzu ist es notwendig, daß sich der Interviewpartner mit den Konstruktionsregeln der SLT vertraut macht.

Der Versuchsleiter extrahiert zusammenfassend die wichtigsten Konzepte, die im Interview genannt werden, schreibt diese auf Kärtchen und macht selber einen Legeversuch, d.h. er bringt die Inhalte mit Hilfe der in der SLT vorgegebenen formalen Relationen in eine Struktur.

In der nächsten Sitzung werden dem Interviewpartner dann zunächst die Kärtchen mit den extrahierten Konzepten zur Beurteilung vorgelegt. Er überprüft, ob die Konzepte die von ihm ausgeführten Inhalte adäquat wiedergeben. Gegebenenfalls werden sie erweitert oder gekürzt. Danach legt der Interviewpartner möglichst selbständig seine eigene Theoriestruktur.

Abschließend bietet der Versuchsleiter seinen Rekonstruktionsversuch zum Vergleich an, und Interviewpartner wie Versuchsleiter bemühen sich, einen Konsens zwischen den beiden Theoriestrukturen herzustellen. Eventuell erfolgt die Einigung in Form einer Integration beider Theoriestrukturen zu einer dritten Struktur.

Auch bezüglich der Explikation der Theoriestrukturen wurden in der vorliegenden Untersuchung Abänderungen am Vorgehen der SLT vorgenommen. Die formalen Beziehungen zwischen den Konzepten bzw. Variablen, wie sie gemäß der Vorgaben der SLT zulässig sind (s. Scheele & Groeben 1988, 53ff.) produzieren eine statische, lineale Theoriestruktur. Abb. 40 verdeutlicht dies. Zur Darstellung der Dynamik eines rekursiven Modells dagegen sind die vorgegebenen Relationsregeln wenig geeignet. Versteht man Burnout als einen multidimensionalen Prozeß, dessen Erklärung über die rekursive Vernetzung verschiedener Faktoren möglich sein soll, so kann ein Rekonstruktionsverfahren, das nur lineale Variablensequenzen bzw. -kombinationen (im Sinne einer varianzanalytischen Interaktion) zuläßt, nicht befriedigen. Zudem erweisen sich die verschiedenen formalen Beziehungen der SLT (z.B. Über-/Unterordnung, Manifestation, Indikator, Absicht, Voraussetzungen etc.), als zu kompliziert.

In Vorversuchen zeigte sich, daß die Interviewpartner zur Darstellung ihres Strukturschaubildes im wesentlichen nur folgende zwei Relationsformen benutzten:

A $\xrightarrow{+}$ B   A kovariiert mit B; der Zusammenhang ist positiv/gleichsinnig, d.h. je größer A, desto größer B und je kleiner A, desto kleiner B

A $\xrightarrow{-}$ B   A kovariiert mit B; der Zusammenhang ist negativ/gegenläufig, d.h. je größer A, desto kleiner B und je kleiner A, desto größer B

Mit Hilfe dieser zwei Relationsarten können die definitorischen und empirischen Relationen, wie sie in der SLT angeboten werden, reproduziert werden. Gleichzeitig aber gelingt eine Veranschaulichung rekursiver Strukturen, die ein systemisches Verständnis des Untersuchungsgegenstandes auszudrücken erlauben.

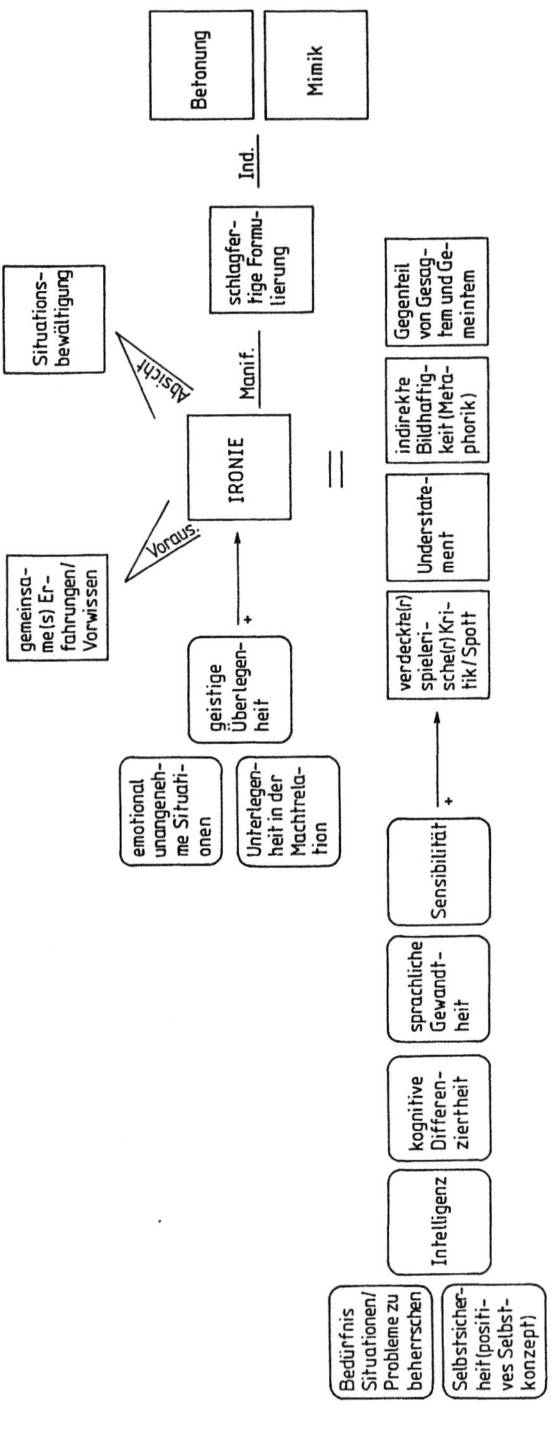

Abb. 40: Beispiel für eine nach der Methode der SLT rekonstruierte Subjektive Theorie zum Thema „Ironie". Die Abbildung soll lediglich zur Veranschaulichung der graphischen Struktur von SLT-Rekonstruktionen dienen.

Eine weitere Abänderung am Vorgehen der SLT betrifft die Durchführung des Dialog-Konsenses. In den Vorversuchen wurde deutlich, daß es aufgrund der Komplexität des Untersuchungsgegenstandes oft nicht möglich war, alle relevanten Inhalte bereits im Interview vollständig zu benennen. Weitere bedeutsame Inhalte kamen den Forschungspartnern erst später, während ihres Strukturlegeversuchs in den Sinn, als beim Versuch .der Darstellung der Theoriestruktur Lücken und Unstimmigkeiten deutlich wurden. Für den Versuchsleiter war es deshalb praktisch unmöglich, nur aufgrund der im Interview erarbeiteten Konzepte einen eigenen kompletten Vorschlag zur Strukturierung der Subjektiven Theorie seines Interviewpartners zu entwickeln. Der Legeversuch des Versuchsleiters kann sich also nur auf Ausschnitte des später vervollständigten Strukturschaubildes beziehen. Fazit: Die inhaltliche Explikation der Subjektiven Theorie verläuft schwerpunktmäßig im Interview (1.Sitzung, Dauer ca. 2 Stunden), setzt sich aber in der Rekonstruktionsphase (2.Sitzung, Dauer ca. 2-4 Stunden) fort.

In den Vorversuchen zeigte sich zudem, daß die Forschungspartner, nachdem sie sich im Interview und in der Rekonstruktionsphase intensiv mit ihrer Subjektiven Theorie beschäftigt hatten, nicht mehr bereit waren, sich auch noch mit dem Strukturschaubild des Versuchsleiters detailliert auseinanderzusetzen, zumal dieses ja nur in unvollständiger Form vorliegen konnte. Aus diesem Grund wurde an dieser Stelle ein Kompromiß eingegangen: Der Versuchsleiter bringt bereits während der Rekonstruktionsphase seine eigenen Konstruktionsausschnitte ein und stellt diese zur Diskussion, sofern er Unterschiede zwischen den beiden Strukturen feststellt. Die Einigung erfolgt also nicht in einem separaten dritten Untersuchungsschritt, sondern bereits während der Rekonstruktionsphase. Der Vergleich findet somit nicht zwischen zwei separat und fertig ausgearbeiteten Theoriestrukturen statt. Von kommunikativer Validierung in einem weiteren Sinne kann jedoch trotzdem noch gesprochen werden, da eine Konsensbildung zwischen Versuchsleiter und Interviewpartner durchgeführt wird.

Die Interviewpartner dieser Untersuchung waren klinisch tätige Psychologen, die entsprechend ihrer Selbsteinschätzung Burnout entweder aktuell erlebten, oder aber retrospektiv über eine oder mehrere zurückliegende Burnout-Phasen berichten konnten. Insgesamt wurden acht klinisch tätige Praktiker (6 Männer, 2 Frauen) im Alter von 28 bis 45 Jahren interviewt, die alle mehrjährige Berufserfahrung hatten. Sie verteilten sich auf fünf verschiedene Praxiseinrichtungen (Drogenklinik; Psychiatrisches Krankenhaus; Erziehungsberatungsstelle; Internat für körperbehinderte Kinder und Jugendliche; Rehabilitationseinrichtung für körperbehinderte Jugendliche). Für ihre Bereitschaft zur Mitarbeit sei ihnen herzlich gedankt.

Exemplarische Darstellung einer Subjektiven Burnout-Theorie

Bemerkenswert ist, daß alle Interviewpartner den Vorschlag des Versuchsleiters, eine dynamische und rekursiv-vernetzte Darstellungsform für ihre Subjektiven Theorien zu benutzen, bereitwillig aufgriffen.

Im folgenden wird die subjektive Theoriekonstruktion eines Interviewpartners exemplarisch vorgeführt. Es betrifft die Bedingungen der Entstehung und der Aufrechterhaltung seines Burnout-Erlebens. Das Modell dieser Person wird sukzessive aufbauend beschrieben, um so ihre Erlebnisqualität und Erklärungsweise nachvollziehbar zu machen. Lediglich die graphische Präsentation wurde für die folgenden Abbildungen „geschönt", z.B. indem die Anzahl der Überschneidungen zwischen den Pfeilen möglichst gering gehalten wurde.

Herr V. ist 37 Jahre alt und arbeitet seit vier Jahren an einer Erziehungsberatungsstelle. Zuvor arbeitete er als Schulpsychologe an einem Berufsschulzentrum. Die Dauer seiner therapeutischen Berufserfahrung beträgt acht Jahre. Seine Klientel an der Erziehungsberatungsstelle besteht aus Kindern, Familien und Eltern mit Eheproblemen.

Herr V. ist Leiter der Stelle. Er arbeitet durchschnittlich 20 Stunden pro Woche mit Klienten, die übrigen 20 Stunden sind mit organisatorischen und Verwaltungsaufgaben, Öffentlichkeitsarbeit, Teambesprechungen, Supervision, sowie mit Vor- und Nachbereitungen von Therapiesitzungen ausgefüllt.

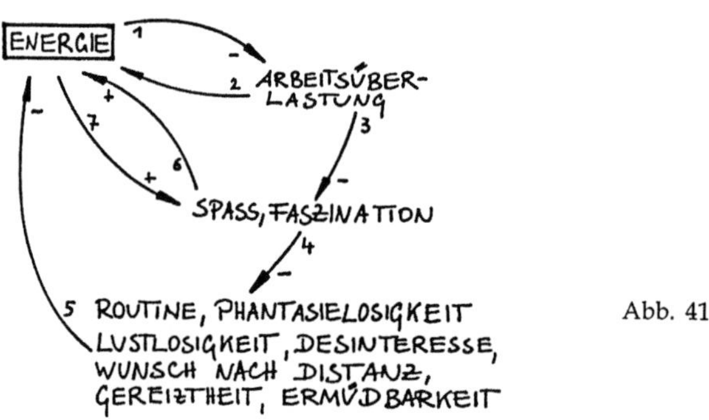

Abb. 41

Abb. 41. Zentraler Punkt im Erleben von Burnout ist für Herrn V. das Maß an Energie, das ihm zur Verfügung steht. Wie gut er das anstehende, grundsätzlich hohe Arbeitspensum bewältigen kann, hängt ab von seinem Energiehaushalt. Ist sein Energieniveau niedrig, kommt es schnell zu Arbeitsüberlastung (1). Diese wirkt zurück auf sein Energieniveau: es fällt weiter ab (2).

Herrn V. macht sein Beruf grundsätzlich Spaß. Er empfindet seine Arbeit als sehr lebendig und ist fasziniert von der Vielseitigkeit und den Möglichkeiten therapeutischen Arbeitens. Gleichzeitig ist er sich aber auch der Grenzen bewußt.

Durch das Erleben von Arbeitsüberlastung wird dieser positive, attraktive Aspekt der Arbeit getrübt (3). An die Stelle von Spaß und Faszination tritt Desinteresse und Routine. Er ist in der Arbeit mit Klienten weniger kreativ, seine Bereitschaft, Neues auszuprobieren, sinkt; Herr V. erlebt sich emotional weniger beteiligt, reagiert gereizt und ermüdet schnell (4).

Verspürt er bei der Arbeit Routine anstatt Spaß, wirkt dies abschwächend auf sein Energieniveau (5, 6), mit der Folge, daß er seine Arbeit noch weniger befriedigend erlebt (7). Wird durch den Einfluß anderer Faktoren der Energiehaushalt aufgebes-

sert und damit Arbeitsüberlastung nur in vermindertem Maße spürbar (1), reduzieren sich auch negative Aspekte wie Phantasielosigkeit, Desinteresse und Routine
(4): die Arbeit macht Spaß (7, 3) und bringt eine Erhöhung des Energieniveaus mit
sich (6).

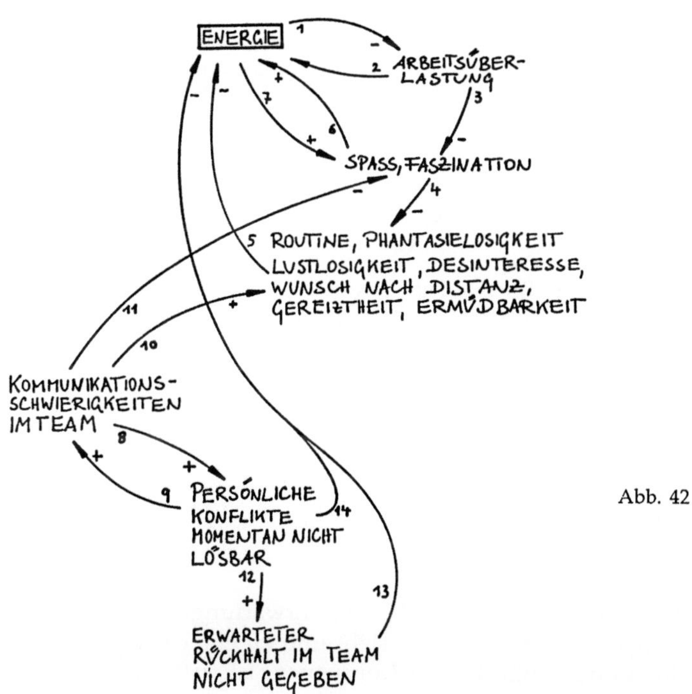

Abb. 42

Abb. 42. Eine wichtige Rolle im Erleben von Burnout spielt das Team, das von
Herrn V. als eher energie- und initiativlos beschrieben wird. Es wirkt auf ihn häufig
belastend und lähmend. Die Situation im Team ist durch Kommunikationsschwie-
rigkeiten mit den daraus resultierenden Konflikten gekennzeichnet (8). Es entsteht
ein Kreislauf: je weniger die Verständigung der Teammitglieder untereinander funktioniert, desto mehr Konflikte entstehen (8), welche die Kommunikation wiederum
erschweren (9). Die Folge: Konflikte können nicht mehr gelöst werden, die Situation
scheint festgefahren.

Je schwieriger die Kommunikation im Team wird, desto gereizter reagiert Herr V.
und um so weniger Spaß hat er an seiner Arbeit (10, 11). Herr V. erkennt, daß der
Rückhalt durch das Team und damit verbunden die erwartete Unterstützung für
die Arbeit nicht gegeben sind (12). Die Enttäuschung darüber sowie die ständigen
Auseinandersetzungen sind für ihn Faktoren, die Anstrengung bedeuten und damit
Energie kosten (13, 14).

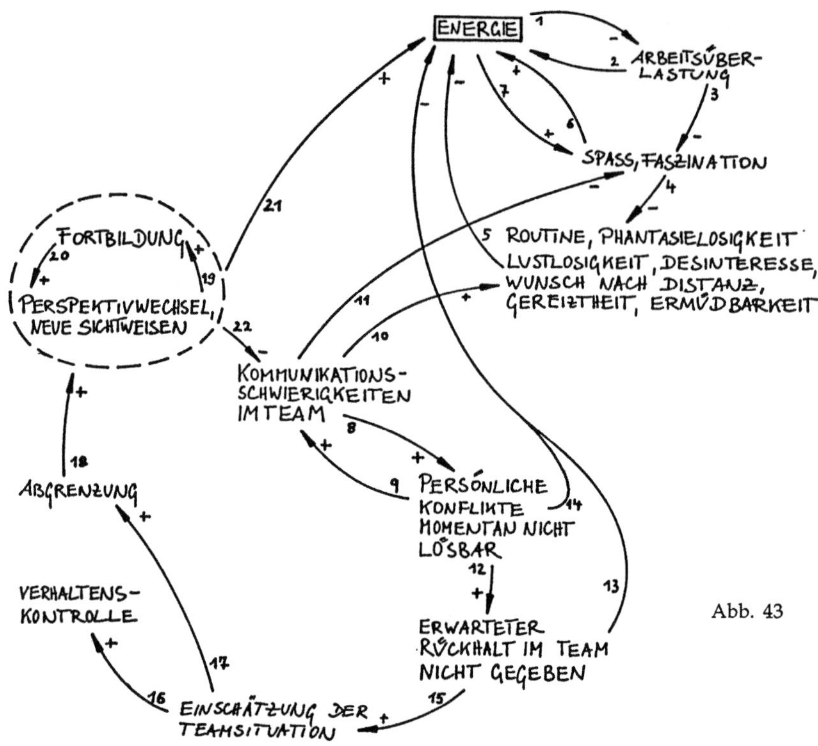

Abb. 43. Dies führt schließlich dazu, daß Herr V. seine Erwartungen an das Team reduziert, damit auch weniger Enttäuschungen erlebt und zu einer realistischeren Einschätzung der Teamsituation gelangt (15). Die Konsequenz ist, daß er sein eigenes Verhalten stärker kontrolliert (16), sich weniger auf Kämpfe und Auseinandersetzungen einläßt und sich stärker abgrenzt (17).

Durch die stärkere Abgrenzung zum Team, erlebt er sich offener für neue Sichtweisen der Dinge, für neue Perspektiven (18). Sein Interesse an Fortbildungen (19), die ihm die Möglichkeit bieten, sich neue Perspektiven zu erarbeiten, wächst (20). Anregungen und Ideen bedeuten für Herrn V. einen Energieanstieg (21) und damit verbunden ein Mehr an Faszination und Spaß. Gleichzeitig wirkt er damit indirekt Routinetendenzen entgegen. Positiv ist auch der Effekt auf die Teamsituation: durch neue Perspektiven von Herrn V., die sich zum einen auf seine Arbeit beziehen, zum anderen für ihn aber auch einen Ausstieg aus dem eingefahrenen Teufelskreis im Team ermöglichen, entspannt sich die Teamsituation deutlich (22).

Insgesamt stellt das Bemühen um neue Sichtweisen eine seiner wichtigsten Bewältigungsstrategien dar. Sie ist wirksam, greift an verschiedenen zentralen Stellen des Systems und ist auf vielfältige Weise zu realisieren. Fortbildungen sind dabei für Herrn V. nur eine Möglichkeit, zu neuen Perspektiven zu gelangen. Daneben gibt es noch zahlreiche andere: Gespräche mit Freunden z.B. bedeuten für ihn Unterstützung, zu mehr Klarheit bezüglich der Teamsituation zu gelangen, zudem verschiedene anregende Kontakte, Literatur und anderes mehr.

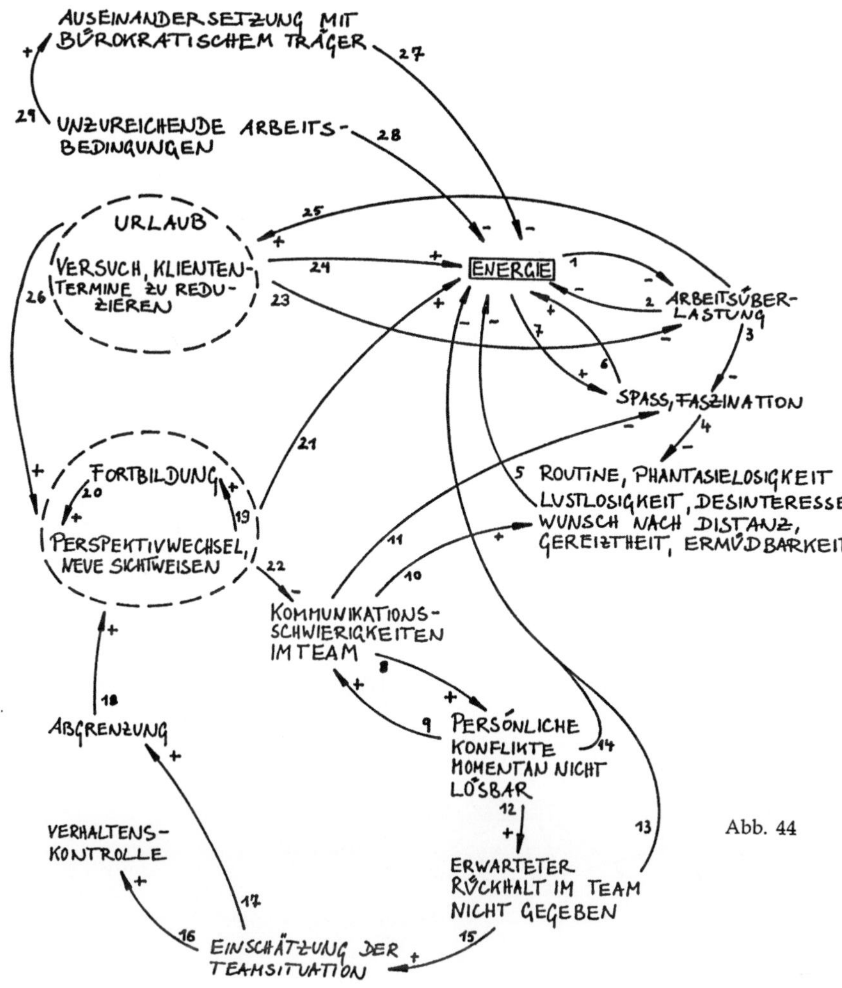

Abb. 44. Eine weitere Möglichkeit, Arbeitsüberlastung und Energieverschleiß entgegenzuwirken, stellt der Versuch dar, Kliententermine zu reduzieren (23, 24), was grundsätzlich schwierig ist, da die Beratungsstelle großen Zulauf hat und personell unzureichend besetzt ist.

Übersteigt die Arbeitsüberlastung ein gewisses Maß, ist Herr V. gezwungen, einen Weg zu finden, der ihm möglichst schnell Freiräume schafft (25). Er sucht nach Strategien, die kurzfristig Entlastung bringen. Urlaube dagegen können zwar nur durch längerfristige Planung realisiert werden, sind von ihrer Wirkung her aber effektiver und länger anhaltend. Urlaub hat im Laufe der Jahre für Herrn V. an Bedeutung gewonnen. Diese Möglichkeit, Distanz zu bekommen (26), sich zu erholen und Energie zu tanken (24) wurde im Vergleich zu den ersten Jahren seiner Berufstätigkeit immer wichtiger.

Durch die Reduktion von Terminen nimmt die Arbeitsüberlastung zunächst ab (23), was zur Folge hat, daß der Druck, sich Freiräume zu schaffen, ebenfalls abnimmt. Infolgedessen wird Herr V. wieder mehr Termine an Klienten vergeben (25), auch neue Klienten aufnehmen: die Arbeitsüberlastung steigt wieder an (23).

Der Bereich Organisation/Verwaltung ist ebenfalls durch kräftezehrende Auseinandersetzungen gekennzeichnet (27). Herrn V. wird deutlich, daß für den Träger der Beratungsstelle nicht die Qualität der therapeutischen Arbeit im Vordergrund steht, sondern unflexible, bürokratische Regeln. Die unzureichenden Arbeitsbedingungen, wozu neben der zu geringen personellen Besetzung z.B. auch die ungünstige Lage der Therapieräume zählt, die massive Störungen durch Lärm auf den Gängen mit sich bringt, führen zu ständigen energieverschleißenden Auseinandersetzungen und Kämpfen um nur minimal günstigere Rahmenbedingungen für die Arbeit (28, 29).

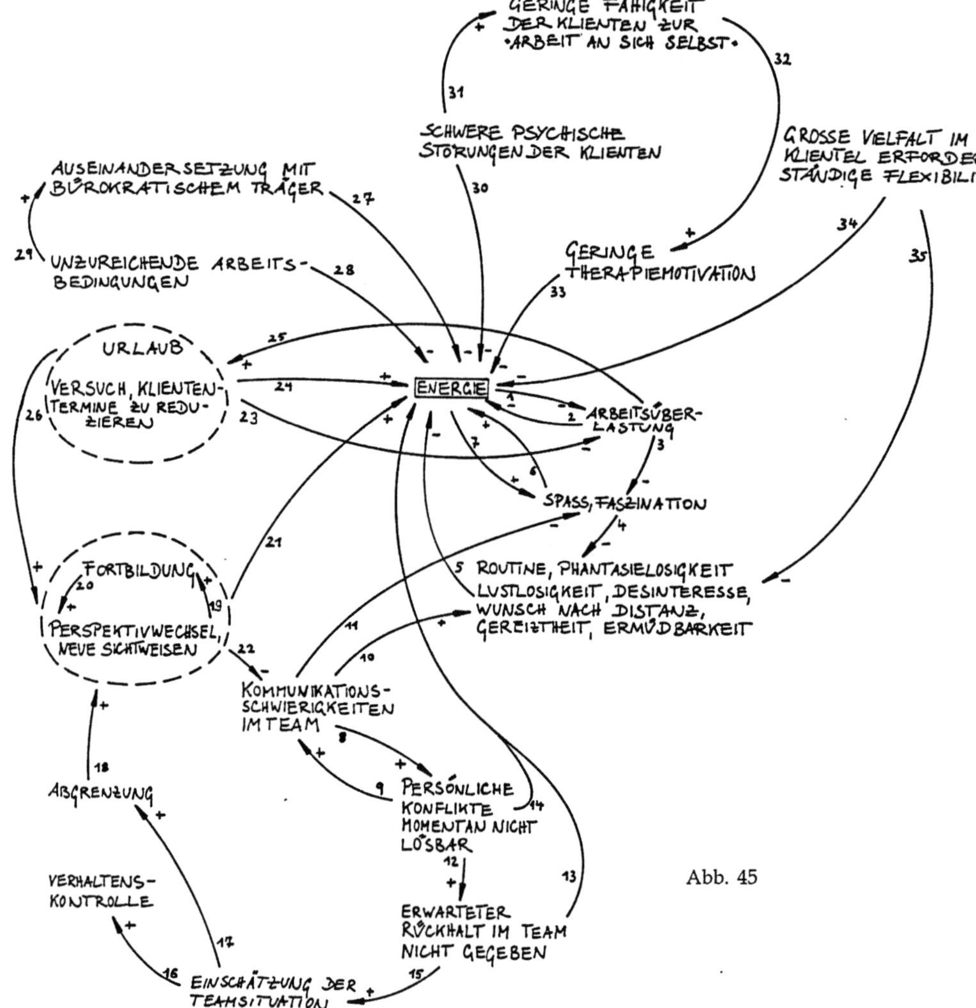

Abb. 45

Abb. 45. Die therapeutische Arbeit mit Klienten erlebt Herr V. eher unproblematisch. Die Tatsache, daß viele seiner Klienten mit schweren psychischen Störungen zu ihm kommen, bedeutet für ihn aber, daß er viel Energie investieren muß (30). Herr V. vermißt bei seinen Klienten – abhängig vom Schweregrad der Störung – therapieförderliche Reflexionsfähigkeiten und Veränderungsmotivation (31). Deren gesamte Lebenssituation erlaube nur sehr schlechte Prognosen für Therapieerfolge (32), was für Herrn V. erhöhten Energieeinsatz bedeutet (33).

Insgesamt erfordert die große Vielfalt der Klientel ständige Flexibilität, was zum einen Energie kostet (34), zum anderen aber auch Abwechslung bedeutet und Herausforderungen stellt. Dies wiederum wirkt Routinetendenzen entgegen (35) und kommt somit indirekt seinem Energiehaushalt zugute.

Abb. 46. Ein weiterer, sehr wichtiger Bestandteil des Burnout-Prozesses besteht in der intrapsychischen Dynamik. Herr V. fühlt sich in der therapeutischen Arbeit mit Klienten stark emotional beteiligt, vor allem dann, wenn durch die Klientenproblematik eigene Anteile aktiviert werden (36). Sein Engagement nimmt dann zu (37, 38). Dies hat zunächst einen direkten positiven Einfluß auf seinen Energiehaushalt (39), wirkt indirekt aber negativ auf ihn zurück, wenn durch die Klientenproblematik seine Tendenz zu therapeutischem Perfektionismus aktiviert wird (40). Als Folge davon treten Kompetenzängste auf (41). Das Erleben dieser Kompetenzängste – für Herrn V. einer der zentralsten Punkte im Burnout-Erleben – hat Einfluß auf eine ganze Reihe anderer, bereits beschriebener Variablen: Die bestehenden Teamschwierigkeiten werden verstärkt, wenn sich Herr V. unsicher fühlt und an seinen Fähigkeiten zweifelt. Er wird empfindlich und mißtrauisch, so daß die Kommunikation im Team zusätzlich erschwert wird (42). Je unsicherer er ist, desto weniger Spaß hat er an der Arbeit (43). Er gerät unter Leistungsdruck (44), was die positive Erlebnisqualität der Arbeit weiter schwächt (45).

Je mehr Leistungsdruck, desto eher kommt es zu Arbeitsüberlastungen (46), die rückwirkend den Leistungsdruck verstärken (47). Gereiztheit, Lustlosigkeit und der Wunsch nach Distanz (48) nehmen zu, was sich wiederum verstärkend auf die Zweifel an der eigenen Kompetenz (49) rückkoppelt.

Abb. 47. Überschreiten diese Kompetenzängste nun einen bestimmten Schwellenwert, entsteht das Gefühl von Sinnlosigkeit (50). Auch dies ist für Herrn V. eine ganz zentrale Entwicklung im Erleben von Burnout, was durch die starke Vernetzung dieses Erlebnisaspekts mit anderen Variablen deutlich wird. Seine Bedeutung ergibt sich auch aus der Wertigkeit, die diese Variable für Herrn V. besitzt.

Sinnlosigkeitsgefühle wirken verstärkend auf Routinetendenzen (51) und abschwächend auf ein positives Erleben der Arbeit (52). Je weniger befriedigend die Arbeit ist, desto stärker wird umgekehrt das Gefühl von Sinnlosigkeit (53). Die Folge für Herrn V. besteht in einem Rückzug ins Privatleben (54), gekennzeichnet durch ein starkes Bedürfnis nach Ruhe, durch Initiativlosigkeit und Müdigkeit sowie dem Wunsch nach Distanz. Mit Rückzug reagiert Herr V. auch dann, wenn er seine Arbeit als langweilig und ermüdend erlebt (55). Mit diesem Rückzug geht ihm ein wichtiger Ausgleich, nämlich die Möglichkeit, ein befriedigendes, anregendes Privatleben als Energiequelle zu nutzen, verloren.

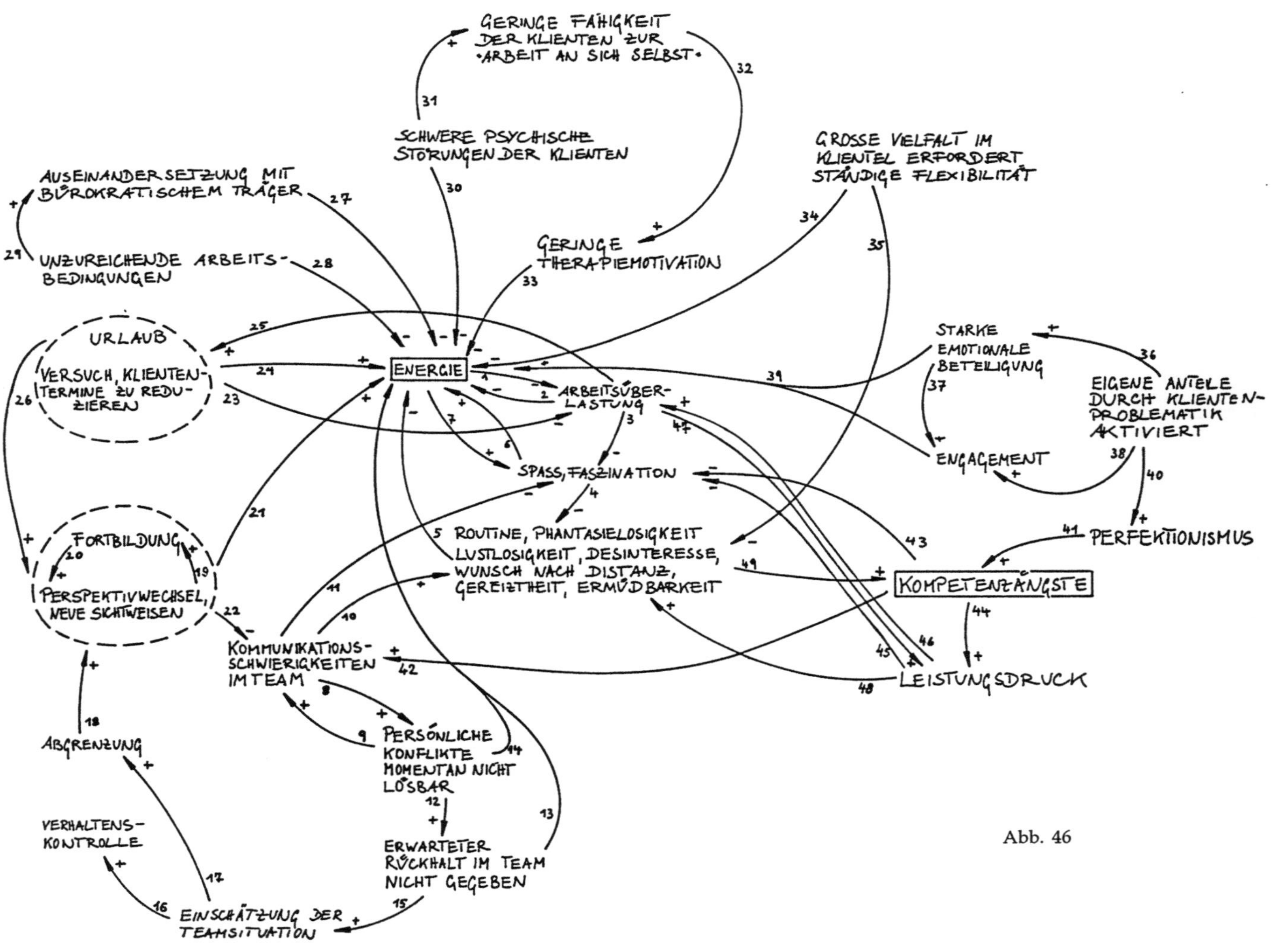

GERINGE FÄHIGKEIT DER KLIENTEN ZUR "ARBEIT AN SICH SELBST"
SCHWERE PSYCHISCHE STÖRUNGEN DER KLIENTEN
GROSSE VIELFALT IM KLIENTEL ERFORDERT STÄNDIGE FLEXIBILITÄT
AUSEINANDERSETZUNG MIT BÜROKRATISCHEM TRÄGER
UNZUREICHENDE ARBEITS-BEDINGUNGEN
GERINGE THERAPIEMOTIVATION
URLAUB
VERSUCH, KLIENTEN-TERMINE ZU REDUZIEREN
ENERGIE
ARBEITSÜBER-LASTUNG
STARKE EMOTIONALE BETEILIGUNG
EIGENE ANTEILE DURCH KLIENTEN-PROBLEMATIK AKTIVIERT
ENGAGEMENT
SPASS, FASZINATION
PERFEKTIONISMUS
FORTBILDUNG
PERSPEKTIVWECHSEL, NEUE SICHTWEISEN
ROUTINE, PHANTASIELOSIGKEIT LUSTLOSIGKEIT, DESINTERESSE, WUNSCH NACH DISTANZ, GEREIZTHEIT, ERMÜDBARKEIT
KOMPETENZÄNGSTE
KOMMUNIKATIONS-SCHWIERIGKEITEN IM TEAM
LEISTUNGSDRUCK
ABGRENZUNG
PERSÖNLICHE KONFLIKTE MOMENTAN NICHT LÖSBAR
VERHALTENS-KONTROLLE
ERWARTETER RÜCKHALT IM TEAM NICHT GEGEBEN
EINSCHÄTZUNG DER TEAMSITUATION

Abb. 46

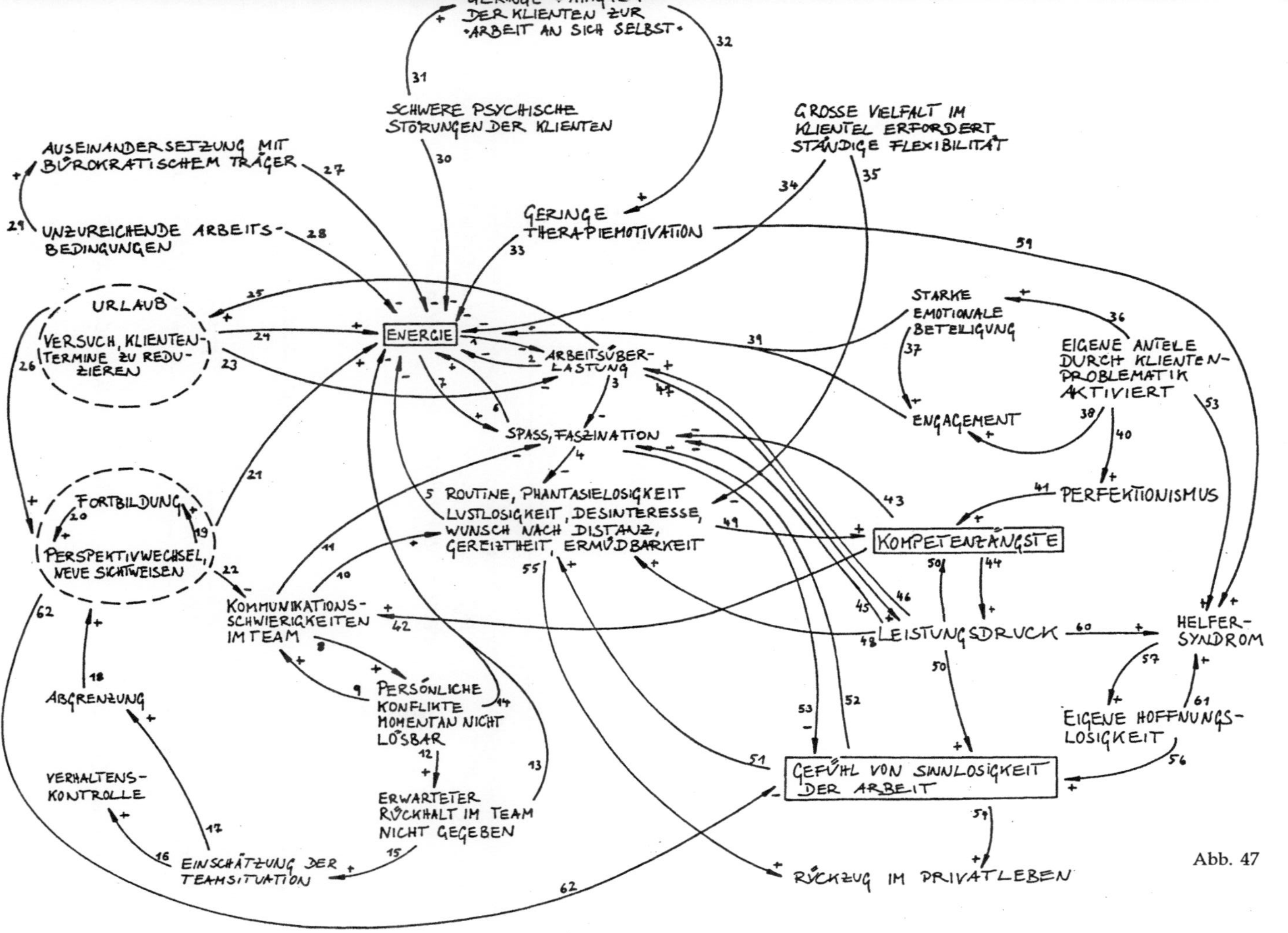

GERINGE FÄHIGKEIT DER KLIENTEN ZUR "ARBEIT AN SICH SELBST"
SCHWERE PSYCHISCHE STÖRUNGEN DER KLIENTEN
GROSSE VIELFALT IM KLIENTEL ERFORDERT STÄNDIGE FLEXIBILITÄT
AUSEINANDERSETZUNG MIT BÜROKRATISCHEM TRÄGER
UNZUREICHENDE ARBEITS-BEDINGUNGEN
GERINGE THERAPIEMOTIVATION
URLAUB
VERSUCH, KLIENTEN-TERMINE ZU REDUZIEREN
ENERGIE
ARBEITSÜBERLASTUNG
STARKE EMOTIONALE BETEILIGUNG
EIGENE ANTEILE DURCH KLIENTEN-PROBLEMATIK AKTIVIERT
ENGAGEMENT
PERFEKTIONISMUS
SPASS, FASZINATION
FORTBILDUNG
PERSPEKTIVWECHSEL, NEUE SICHTWEISEN
ROUTINE, PHANTASIELOSIGKEIT, LUSTLOSIGKEIT, DESINTERESSE, WUNSCH NACH DISTANZ, GEREIZTHEIT, ERMÜDBARKEIT
KOMPETENZÄNGSTE
KOMMUNIKATIONS-SCHWIERIGKEITEN IM TEAM
LEISTUNGSDRUCK
HELFER-SYNDROM
ABGRENZUNG
PERSÖNLICHE KONFLIKTE MOMENTAN NICHT LÖSBAR
EIGENE HOFFNUNGS-LOSIGKEIT
VERHALTENS-KONTROLLE
ERWARTETER RÜCKHALT IM TEAM NICHT GEGEBEN
GEFÜHL VON SINNLOSIGKEIT DER ARBEIT
EINSCHÄTZUNG DER TEAMSITUATION
RÜCKZUG IM PRIVATLEBEN

Abb. 47

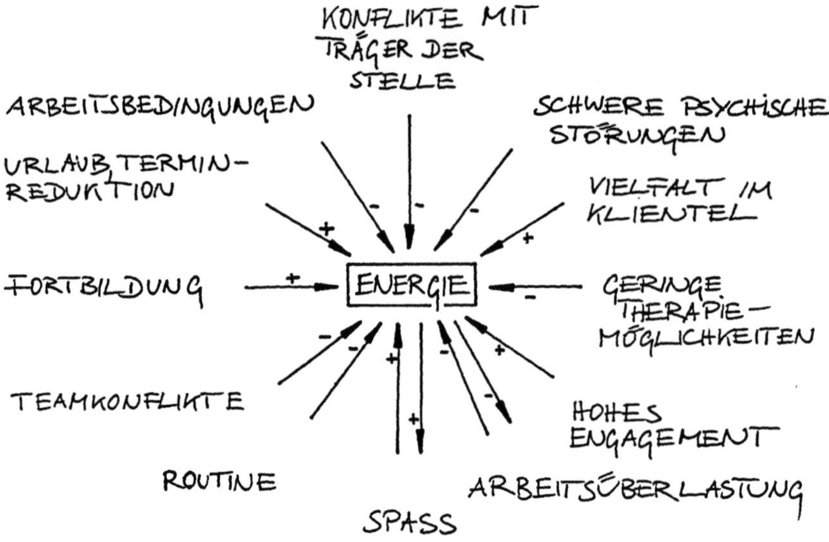

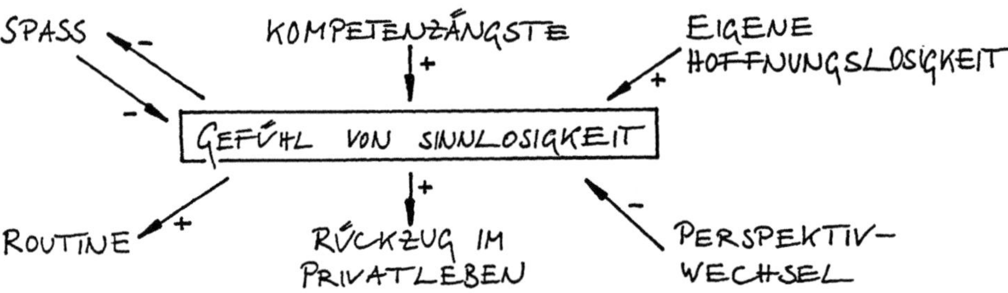

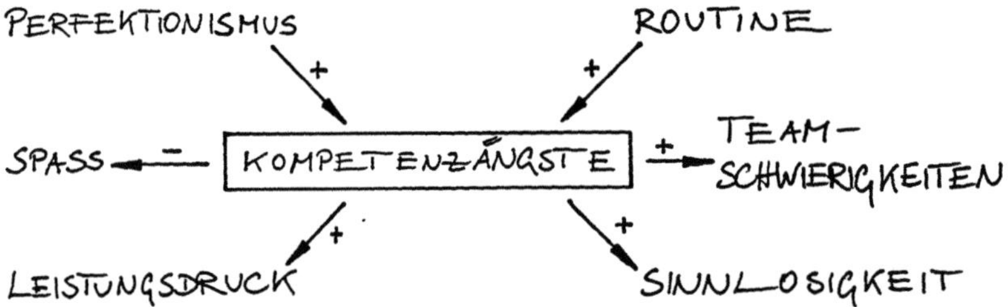

Abb. 48: Unmittelbare Dependenzen und Effekte der drei zentralen Erlebnisbereiche von Burnout bei Herrn V.

Gefühle von Sinnlosigkeit resultieren nicht nur unmittelbar aus dem Erleben von Kompetenzangst. Eine wichtige Rolle bei der Entstehung dieses Gefühls spielt auch das Erleben von Hoffnungslosigkeit (56). Diese Hoffnungslosigkeit empfindet Herr V., wenn seine „Helfertendenzen" aktiviert werden (57). Das geschieht vor allem dann, wenn Herr V. sich durch die Klientenproblematik persönlich angesprochen fühlt (58), oder er mit Klienten arbeitet, die ihm sehr unmotiviert vorkommen (59). Gerät Herr V. unter Druck, helfen zu müssen, und übernimmt er die gesamte Verantwortung für den Klienten – seine Tendenz, unter Leistungsdruck zu geraten, leistet diesem Prozeß Vorschub (60) – spürt er sehr schnell, wie hoffnungslos diese Versuche sind (57). Je mehr Hoffnungslosigkeit Herr V. aber spürt, desto stärker wird sein Druck, helfen zu müssen (61). Herr V. wird zum „hilflosen Helfer". Das Gefühl von Sinnlosigkeit steht am Ende dieser Entwicklung.

Eine Möglichkeit, aus diesem Kreislauf auszusteigen, besteht für ihn darin, Abstand zu gewinnen und auf diese Weise zu einer veränderten Sicht der Dinge zu gelangen (62).

Vergegenwärtigen wir uns noch einmal die von Herrn V. als zentral bezeichneten Bereiche seines Burnout-Erlebens („Energie", „Gefühl von Sinnlosigkeit" und „Kompetenzängste") einschließlich der Bereiche bzw. Variablen, die er als unmittelbar darauf einwirkend oder davon abhängig erlebt (Abb. 48).

Versucht man, die Struktur der Subjektiven Theorie von Herrn V. (Abb. 47) zu vereinfachen, indem die darin enthaltenen Variablen und Konzepte zu umfassenderen Bereichen zusammengefaßt werden, erhält man Abb. 49. Die in Abb. 49 genannten Bereiche entsprechen Schwerpunkten, wie sie auch in der Burnout-Literatur häufig auftauchen: Problem (Wie manifestiert sich Burnout?); intrapsychische Dynamik (Welche psychischen Prozesse sind erlebbar und tragen zur Entwicklung von Burnout bei?); Klienten; Team; institutionelle Bedingungen; Bewältigungsformen. Diese Bereiche sprach der Versuchsleiter während des Interviews in Form von sehr offen gehaltenen Fragen an, so daß der Interviewpartner entscheiden konnte, ob sie in seinem Fall von Bedeutung sind oder nicht. Die Auswahl dieser

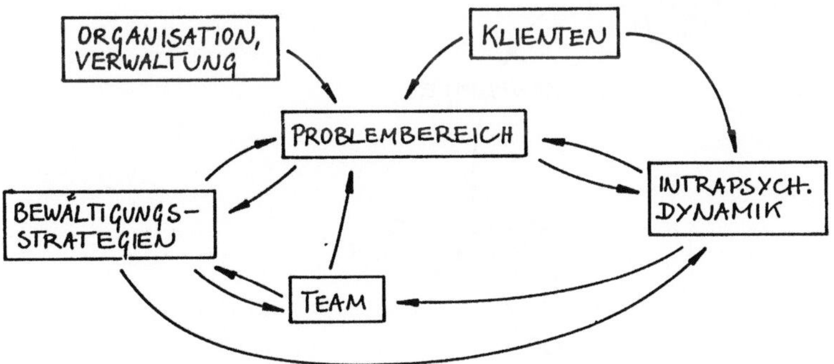

Abb. 49: Zusammenfassung verschiedener Variablen zu sechs Bereichen einschließlich ihrer Interdependenzen.

Bereiche macht die individuellen Schwerpunktsetzungen des jeweiligen Interviewpartners deutlich.

Möchte man sich einen Überblick über die wesentlichsten, in Abb. 47 enthaltenen Rückkoppelungskreise verschaffen, betrachte man Abb. 50.

Die Zusammenfassung dieser einzelnen Rückkoppelungskreise (Abb. 51) erlaubt eine vereinfachte Version von Abb. 47.

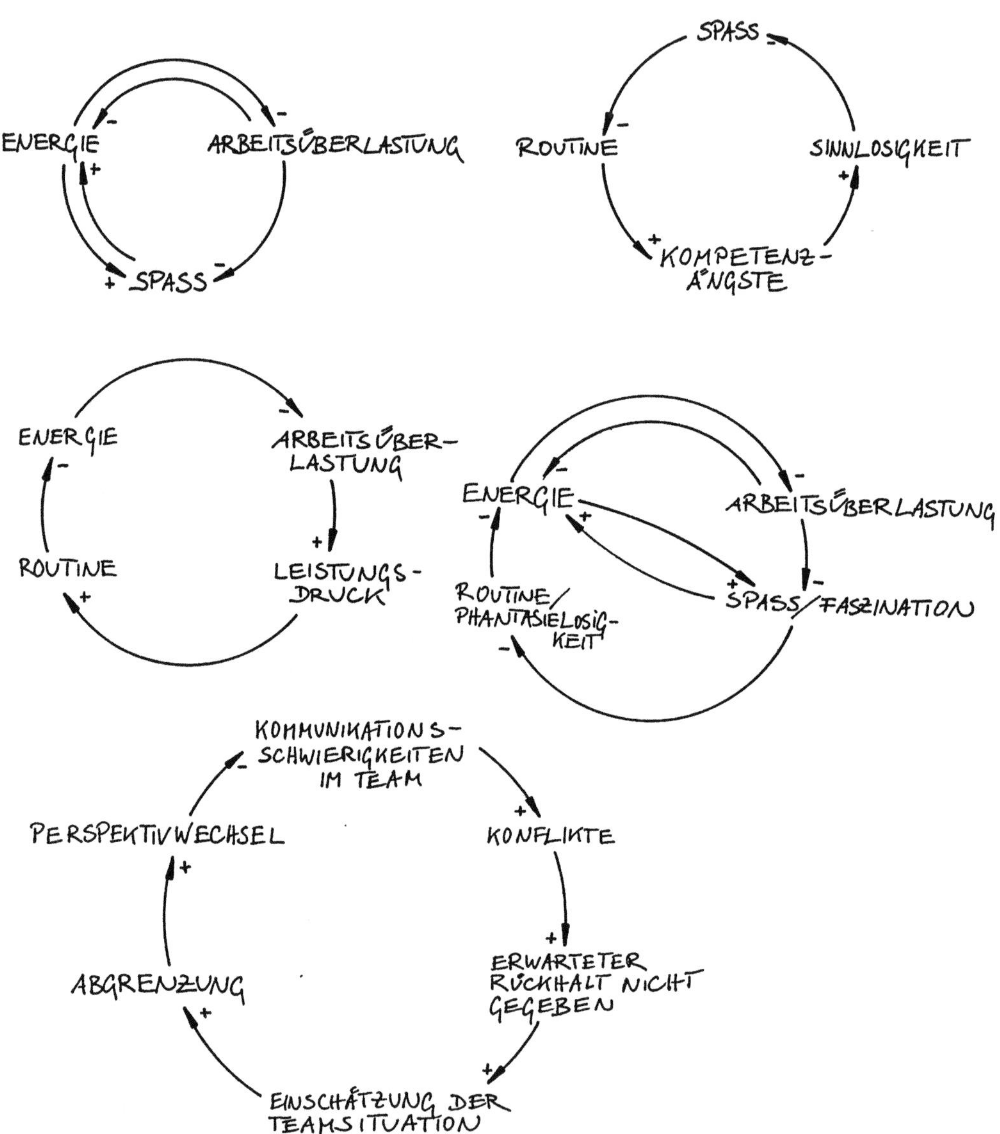

Abb. 50: Aus Abb.47 herausgegriffene Rekursionsschleifen.

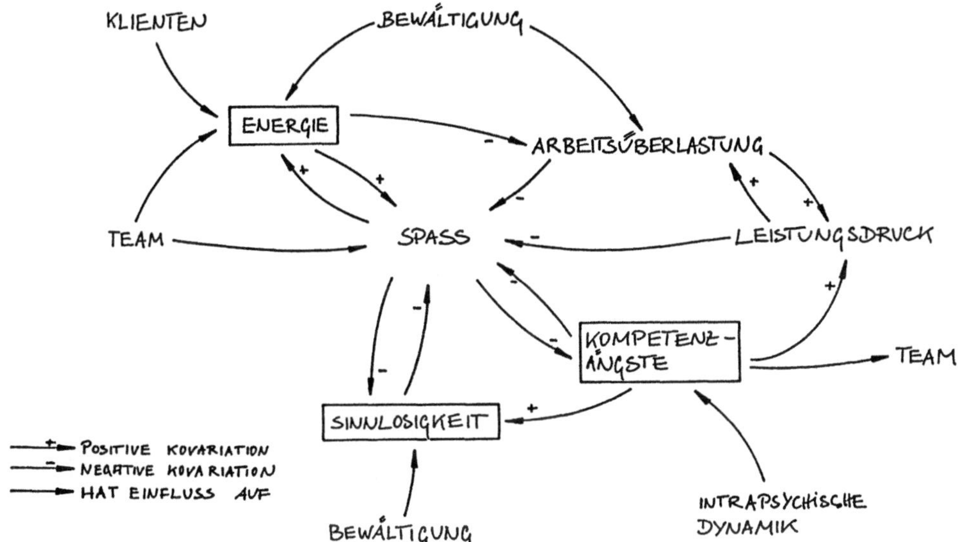

Abb. 51: Kombination der in Abb.50 dargestellten Rekursionsschleifen unter Vernachlässigung und Ergänzung einiger weniger Variablen.

Versuch einer reduktiven Kombination Subjektiver Theorien

Aus dem Vergleich der von allen acht Interviewpartnern erhaltenen subjektiven Theoriemodelle wird auf der Grundlage der Komponenten und Relationen, die übereinstimmend in den acht Modellen aufzufinden waren, die Dynamik von Burnout in einem theoretischen Minimalmodell (Abb. 52) nachzuzeichnen versucht.

Das Modell ist nicht das Ergebnis einer Aggregation im strengen Sinne. Hierzu wären festgelegte Aggregationsregeln Voraussetzung. Es wird vielmehr auf der Basis der gefundenen Gemeinsamkeiten sowie theoretischer Überlegungen erstellt und ist somit als Diskussionsvorschlag zu verstehen.

In diesem Modell (Abb. 52) nimmt das Konzept der „Energie" eine zentrale Stellung ein: Burnout ist verbunden mit einer Reduktion des Energieniveaus. Dies kann sich individuell sehr unterschiedlich äußern, z.B. in Erschöpfung, Müdigkeit, vermehrter Anstrengung oder dem Gefühl, durchhalten zu müssen. Das Maß an Energie, das einer Person zur Verfügung steht, ist u.a. abhängig von der erlebten Zufriedenheit bzw. Unzufriedenheit mit verschiedenen Lebensbereichen, z.B. der Arbeit. Zufriedenheit bringt eine Erhöhung des Energieniveaus mit sich; Unzufriedenheit, Gereiztheit und Anspannung wirken, zumindest längerfristig, lähmend (1).

Leistungskongruenz, d.h. die Übereinstimmung von Ansprüchen und deren Erfüllung stellt eine direkte Energiequelle dar (2) und wirkt verstärkend auf das Gefühl der Zufriedenheit (3). In dem Maße, in dem sich eine Diskrepanz zwischen den Anforderungen/Ansprüchen und ihrer Realisierbarkeit auftut, entsteht Unzufrie-

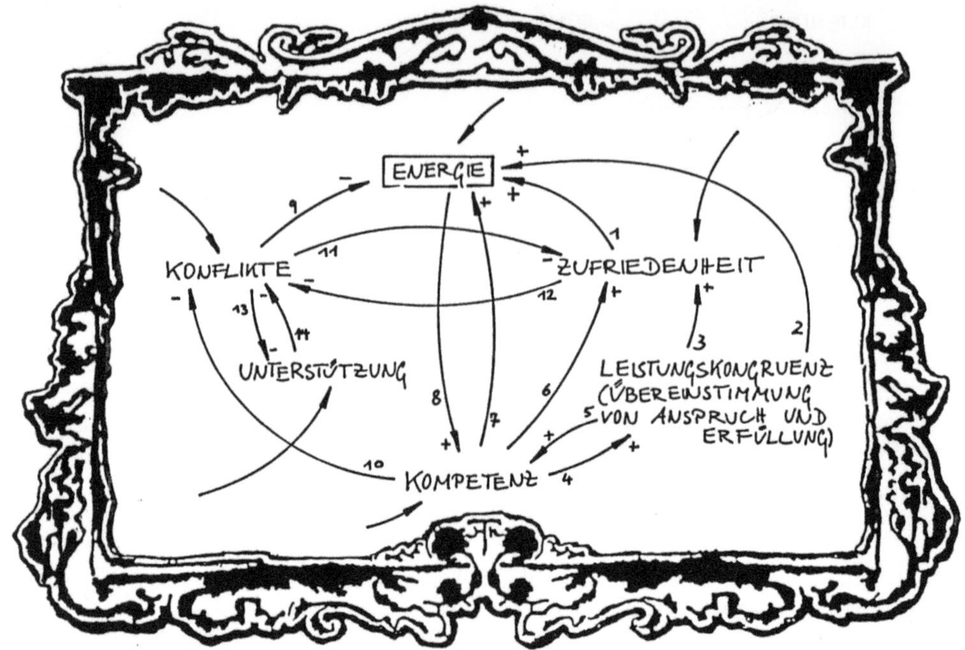

Abb. 52: Ein reduziertes Extrakt, gewonnen aus den Übereinstimmungen von acht verschiedenen Subjektiven Theorien zur Burnout-Entwicklung.

denheit und Lustlosigkeit. Daraus resultiert umgekehrt eine Reduktion des Energieniveaus.

Eine positive Rückkoppelung besteht zwischen der Kompetenz einer Person und ihrer Leistungskongruenz: Erweist sich die eigene Kompetenz als hoch, können Anforderungen erfüllt werden und die Person wird ihren eigenen Ansprüchen gerecht. Dies wiederum erhöht rückwirkend die Kompetenz. Je geringer eine Person ihre eigenen Kompetenzen beurteilt – wobei es gleichgültig ist, ob jemand intersubjektiv übereinstimmend geringe Kompetenz zeigt oder eine Fehleinschätzung durch die betreffende Person selbst vorliegt –, desto weniger ist es möglich, Leistungskongruenz zu erlangen. Je weniger dies geschieht, desto geringer wird die eigene Kompetenz beurteilt (4, 5). Eine weitere Folge davon ist das Gefühl von Unzufriedenheit bzw. im Falle einer positiven Kompetenzeinschätzung: Zufriedenheit (6).

Die eigene Kompetenzeinschätzung hat aber auch unmittelbare Auswirkungen auf das Energieniveau: je geringer sie ist, desto eher wird Energielosigkeit erlebt, und mit wachsender Energielosigkeit reduziert sich das Kompetenzgefühl weiter. Hohe Kompetenzeinschätzung dagegen wirkt motivierend und bringt Energie. Mit einer Erhöhung des Energieniveaus wiederum können die eigenen Fähigkeiten besser aktiviert und eingesetzt werden (7, 8).

Durchläuft man diese Rückkoppelungsschleifen in ihrer Kombination, wird die Dynamik des Prozesses noch deutlicher: Ein hohes Energieniveau hat einen Anstieg des eigenen Kompetenzgefühls zur Folge und erhöht rückwirkend das Energieniveau. Aus einer hohen Kompetenzeinschätzung resultiert Zufriedenheit, und Zufriedenheit bringt Energie. Mit ansteigendem Energieniveau verstärkt sich die positive Kompetenzeinschätzung und je höher die eigene Kompetenz, desto eher wird Leistungskongruenz erreicht. Leistungskongruenz bringt direkt Energie, verstärkt aber auch das Gefühl von Zufriedenheit, und Zufriedenheit hat einen weiteren Anstieg des Energieniveaus zur Folge usw.

Ebenso wie sich die Variablen in diesem positiven Rückkoppelungskreis gegenseitig aufschaukeln bzw. auf einem bestimmten Niveau stabilisieren können, können sie sich auch gegenseitig niedrighalten: Sinkt das Energieniveau, erlebt die betreffende Person also Energielosigkeit und Erschöpfung, schwächt dies das Gefühl eigener Kompetenz. Dies führt zu Unzufriedenheit und schließlich zu einem weiteren Energieabfall, der die eigene Kompetenzeinschätzung noch geringer werden läßt. Geringe Kompetenzeinschätzung wirkt unmittelbar auf das Energieniveau zurück, es fällt weiter ab. Je geringer die eigene Kompetenz erlebt wird, desto weniger wird Leistungskongruenz erreicht. Die Folgen sind verstärkte Unzufriedenheit und eine weitere Reduktion des Energieniveaus usw.

Eine weitere wichtige Rolle im Burnout-Prozeß spielen Konflikte. Sie sind immer mit einem erhöhten Energieeinsatz verbunden und bewirken so einen Abfall des Energieniveaus (9). Konflikte bedeuten zusätzliche Belastung, gleichgültig, ob es sich dabei um Konflikte mit Mitarbeitern, Klienten oder um intrapsychische Konflikte handelt. Selbst wenn sie nicht unterschwellig gehalten (was meistens sehr anstrengend ist), sondern offen ausgetragen werden, erfordert dies psychischen Aufwand.

Mit einer geringen Kompetenzeinschätzung und der damit verbundenen Unsicherheit erhöht sich die Wahrscheinlichkeit von Konflikten, während eigene Sicherheiten im Zusammenhang mit einer hohen Kompetenzeinschätzung Konflikte zumindest weniger wahrscheinlich machen (10). Das Erleben von Konflikten ist in der Regel mit Unzufriedenheit verbunden. Diese Unzufriedenheit birgt neues Konfliktpotential (11, 12). Eine weitere negative Auswirkung bestehender Konflikte ist in einer damit möglicherweise verbundenen Reduktion von Unterstützung zu sehen (13). Persönliche wie fachliche Unterstützung ist jedoch für die Bewältigung der alltäglichen Belastungen von großer Bedeutung. Sie stellt eine mittelbare Energiequelle dar (14). Konflikte gefährden die Gewährung dieser Unterstützung, und fällt Unterstützung weg, ist damit auch eine Erhöhung des Konfliktpotentials verbunden (13, 14).

Das hier dargestellte Modell beinhaltet ausschließlich positive Rückkoppelungskreise. Die Komponenten im System schaukeln sich entweder gegenseitig auf oder halten sich gegenseitig niedrig. Verschiedenste, im Modell nicht spezifizierte Einflüsse von außen können jedoch diese jeweils in eine Richtung laufenden Entwicklungen modifizieren.

An dieser Stelle wird noch einmal der Unterschied zwischen Rekonstruktionsadäquatheit und Realitätsangemessenheit deutlich. Das theoretische Minimalmodell (Abb. 52) beinhaltet zwar Dynamiken, die von unseren acht Interviewpartnern häu-

fig genannt wurden. Doch ob rekursive Modelle, die ausschließlich positive Feedbackschleifen enthalten, sehr plausibel sind, mag bezweifelt werden (vgl. die Argumentation in Kapitel VII). Möglicherweise handelt es sich dabei um ein Artefakt
der Fragestellung, denn es wurde danach gefragt, wie sich die Interviewpartner
die Entstehung bzw. die Aufrechterhaltung von Burnout erklären, nicht jedoch nach
den Bedingungen, unter denen es sich wieder auflöst. Zudem bleibt die Frage nach
der Angemessenheit der vorgenommenen „Modellaggregation" offen: wir wissen
nicht, ob die interviewten Psychologen auch dem aus ihren subjektiven Theorie-
konstruktionen gewonnenen Reduktionsmodell zustimmen würden.

Abschließende methodische Überlegungen

Die für die Untersuchung gewählte Form des offenen Interviews hat sich für die
Erhebung subjektiver Sichtweisen bewährt. Die hauptsächliche Verwendung von
Fragen als Einstiegs- und Anregungshilfen sowie ein weitgehender Verzicht auf
eine Strukturierung durch vorab festgelegte Fragen ließen dem Interviewpartner
genügend Raum, sein Burnout-Verständnis zu entwickeln bzw. dieses im Laufe
des Gesprächs zu präzisieren. Dem Postulat der Offenheit wurde hier also weitgehend Rechnung getragen, wenngleich völlige Offenheit und damit auch: völlige
Unstrukturiertheit praktisch nicht realisierbar sein dürften. Die Möglichkeit, Zusammenhänge in Form rekursiver Vernetzungen darzustellen, bietet Anregungen,
erweitert den Blick auf die Arbeits- und Lebenssituation und läßt noch Spielräume
in der konkreten Ausgestaltung. Trotzdem sind darin natürlich Vorgaben enthalten,
auf die einzulassen aber unsere Interviewpartner bereit waren. Verschiedene Äußerungen, welche die Forschungsdialoge als hilfreich für ein besseres Verständnis
aktueller oder früherer Lebenssituationen werteten, bestätigten dies.

Eine andere Bestätigung dafür, daß die Chance zu rekursiv-vernetztem Denken
über Burnout von den Befragten nicht als unangemessene Einengung erlebt wird,
lieferte eine Fragebogenuntersuchung (Weigl-Müller 1989), die explizit *nicht* vor
einem systemtheoretischen Hintergrund konzipiert war. In dieser Untersuchung
formulierten 27.3 % der 65 befragten Personen Hypothesen über Vernetzungen von
am Burnout-Prozeß beteiligten Variablen. Genannt werden auch Aspekte, die in
unserem „aggregierten" Reduktionsmodell enthalten sind. Zur Charakterisierung
des Problembereichs Burnout bezeichneten 97.8 % der Befragten ihr emotionales
Erleben mit Begriffen wie Unzufriedenheit, Gereiztheit, Anspannung, depressive
Stimmung und Abgestumpftheit. Als wichtigstes Merkmal wurde von 68.9 % der
Befragten ein geringes Energieniveau genannt. Auch fanden sich Selbsteinschät-
zungen eines hohen Anspruchsniveaus (29.5 %) bei gleichzeitiger geringer Kompetenzeinschätzung (36.4 %), sowie Aussagen über innere Konflikte (36.4 %).

Hierzu noch einige Zitate aus den Antworten der schriftlich befragten Psychologen:

„Konflikte und Spannungen nahmen äußerlich (institutionelle Bedingungen) und
innerlich (körperlich) zu. Wegen des dauernden 'Eingespanntseins' konnte ich nicht
mehr abschalten, mein Horizont wurde immer mehr eingegrenzt."

„Tägliches Beschäftigen mit den Problemen anderer kostet mich oft zuviel Kraft,
um mich dann noch mit persönlichen Problemen, insbesondere dem Lebenspartner

wirkungsvoll auseinandersetzen zu wollen. Ansteigen persönlicher Probleme bringt zunächst eine zeitlang eine Erhöhung und sensibleres Engagement in meiner Arbeit, das dann zum 'Ausgebranntsein' führt, wenn ich über längere Zeit hinweg meine persönlichen Probleme nicht befriedigend lösen kann."

„Wenn private Probleme die Bedeutung des Arbeitsalltags kompensatorisch überhöhen, dann werden zu lange, zu viele persönliche Kräfte am Arbeitsplatz eingebracht, mit der Folge größerer Enttäuschungen und bedeutsamer Mißerfolge."

„Überforderung durch Geburt eines Kindes und fast volle Berufstätigkeit und im familiären wie im beruflichen Bereich hohe Ansprüche führten zu erhöhten Anstrengungen in beiden Bereichen (Familie, Erziehung einerseits, Beruf andererseits), die nicht erfüllbar waren und ein ständiges Gefühl des Ungenügens verursachten."

Abschließend sei darauf hingewiesen, daß eine Fortführung von Untersuchungen, die Burnout als dynamisches System konzipieren, vielversprechend sein dürfte. Ergänzen sollte man die hier unternommene Rekonstruktion der „Sicht des Subjekts" allerdings um zwei weitere Perspektiven:

(a) um die Probleme, die psychosoziale Praktiker mit dem von ihnen kontinuierlich geforderten Handeln in komplexen, vernetzten, dynamischen und intransparenten Szenarien haben (vgl. Kaimer 1986) und die sich zu einer permanenten Überforderungssituation auswachsen können (vgl. hierzu Dörner 1989: Die Logik des Mißlingens).

(b) um gesellschaftliche und sozial-strukturelle Bedingungen der helfenden Berufe (z.B. Massenarbeitslosigkeit und Sozialabbau, Kleiber 1987; Individualisierung der Verantwortung, Beck 1986), welche die Krisen und Antinomien der psychosozialen Praxis verständlich machen (s. z.B. Rappaport 1985; Keupp 1986; 1987). Es kann nicht angehen, Burnout ausschließlich zu subjektivieren und damit dem Einzelindividuum aufzubürden. Nur auf das Subjekt hin zugeschnittene Forschung und „Therapie" wäre nichts als eine reflexive Potenzierung des Phänomens selbst. Burnout ist der auf ein Schlagwort gebrachte Ruf nach Solidarität.

VI Das Planspiel als Lern- und Forschungsfeld

Verglichen mit den in Kapitel II dargestellten Formen systemischer Modellbildung bewegt sich das Planspiel auf einer höheren Komplexitätsstufe. Es handelt sich gewissermaßen um den Prototyp eines dynamischen, selbstorganisierenden Sozialsystems. Weit mehr als die oft im Episodischen verhafteten Rollenspiele entfalten Planspiele ein Szenario, das von den Beteiligten ebenso realitäts- wie ichnah erlebt wird. Planspiele sind Inszenierungen, die sich selbst schreiben. Sie entstehen in jedem Moment aus dem Geschehen selbst heraus.

Man kann es daher als Defizit betrachten, daß sie von Seiten systemisch orientierter Praktiker noch nicht intensiver aufgegriffen wurden.

Schade ist es, aber nicht erstaunlich, nahm die Methode doch ihren Weg von Kriegsspielen innerhalb und außerhalb des militärischen Sandkastens über Managementspiele zu Zwecken von Ausbildung und Innovation im Bereich der Unternehmensführung hinein in die Universitäten (für historische Details s. Cumpelik 1985). Dort wurde sie von Hochschuldidaktik (Reinisch 1975; Bünder et al. 1975; Eilers, Grubert & Reinisch 1975) und Schulpädagogik (Giesecke 1973, 82ff.) aufgegriffen, um Studenten wie Schülern unmittelbar erfahrbares, aktives und politisch handlungsrelevantes Lernen zu ermöglichen. Im Bereich der psychosozialen Praxis waren es eher engagierte Gemeindepsychologen (z.B. die Arbeitsgruppe um Jarg Bergold im Berliner Stadtteil Wedding), die sich des Planspiels bedienten, nicht jedoch Psychotherapeuten. In etwas vereinfachter Form hatte die Methode bereits Eingang in niederbayrische Wirtsstuben gefunden (vgl. S. Zimmerschied 1985: Planspiel in Hidring), während sie von der Psychotherapie verständlicherweise noch immer nicht berücksichtigt wurde. Einerseits hatte man sich hier verstärkt auf Rollenspiele kapriziert, um therapeutische Kompetenzen zu vermitteln, andererseits blieb Therapie – auch und gerade systemische Therapie – auf Gesprächsführung im Kämmerchen beschränkt. Das mag durchaus sinnvoll sein, doch sollte man sich vergegenwärtigen, daß therapeutische und psychosoziale Arbeit verschieden geartete Dinge sind, die sich eventuell sogar behindern können. Therapeutische Arbeit kommt häufig gar nicht zustande, obwohl, ja *weil* verschiedene Institutionen heftig um das Wohl potentieller Klienten bemüht sind. Mit den besten Absichten werden Blockaden errichtet und kommunikative Leerläufe gestartet: Problemsysteme in reinster Form entstehen. Indem Planspiele diese Dynamiken unmittelbar erlebbar machen, kann man sie als *Inszenierungen gegen Therapismus* und als Hilfsmittel beim Erwerb von Kompetenzen für das Handeln in komplexen, psychosozialen Szenarien verstehen. Die These lautet: Solange systemische Ansätze vorwiegend die Arbeitsform der Therapie – sei es nun Familien- oder Einzeltherapie – hofierten, konnten sie mit Planspielen nichts anzufangen wissen.

Theoretisch erhielt die Planspielmethodik u.a. Impulse aus der mathematischen Spieltheorie. Im psychosozialen Sektor erfolgte eine Einordnung in psychologische Handlungstheorien, wobei die Mitspieler als zielorientiert und geplant handelnde Akteure betrachtet wurden (Cumpelik 1985). Auf die Probleme dieser Sichtweise kommen wir noch zurück. Naheliegend wäre zweifellos auch eine systemtheoretische Interpretation des Spielgeschehens als dynamisches, selbstorganisierendes Szenario (s. hierzu Reicherts & Schiepek 1989), welche jedoch meines Wissens noch nicht explizit ausgearbeitet wurde.

Was ist ein Planspiel?

Planspiele nehmen ihren Ausgang von Rollenbeschreibungen, die gleichzeitig die Handlungsspielräume der beteiligten MitspielerInnen festlegen. Innerhalb dieser Spielräume können sie sich frei bewegen, interagieren, kommunizieren und Erfahrungen machen. Es gilt nur die Einschränkung, daß alle konkreten Aktionen vor ihrer Durchführung der Spielleitung mitgeteilt werden. Für diese Spielschrittankündigungen sollten vorgedruckte Meldezettel zur Verfügung stehen (s. Abb. 53). In der Regel sind die MitspielerInnen zu Gruppen zusammengefaßt, die z.B. Familien oder Institutionen repräsentieren.

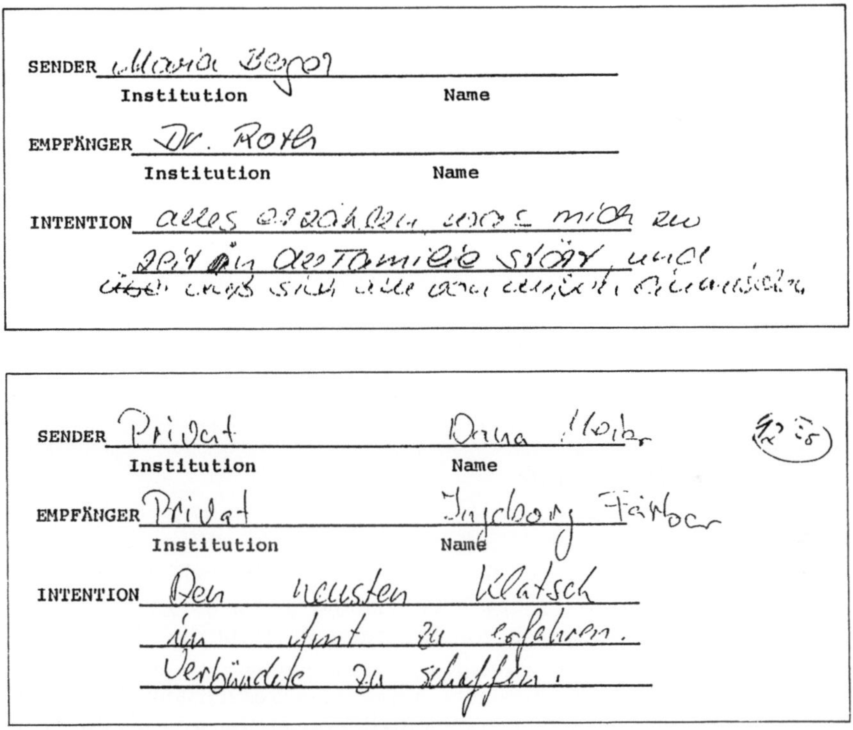
SENDER Maria Berger
Institution Name
EMPFÄNGER Dr. Roth
Institution Name
INTENTION alles erzählen, was mich zur Zeit in der Familie stört, und [illegible]

SENDER Privat Dana Meier
Institution Name
EMPFÄNGER Privat Ingeborg Färber
Institution Name
INTENTION Den neusten Klatsch im Amt zu erfahren. Verbündete zu schaffen.

Abb. 53: Beispiele für Spielschrittankündigungen

In einem Planspiel, das wir (Gisela Ruschig und Günter Schiepek) mit den TeilnehmerInnen der Seminare „Familientherapie II" und „Gemeindepsychologie" an der Universität Bamberg durchgeführt hatten, waren z.B. folgende Rollen bzw. Institutionen beteiligt:

- Familie Berger mit der verwitweten Großmutter Maria Berger, dem Vater Franz Berger, der Mutter Beate Berger, und den Kindern Ruth (12 Jahre) und Andreas (8 Jahre).
- Die Hauptschule mit der Schulleiterin Magdalena Friedrich, der Beratungslehrerin Sarah Reinolds, der Lehrerin von Ruth, Dana Meier und der Lehrerin von Andreas, Petra Zollner.

– Der schulpsychologische Dienst mit ihrem Leiter Franz Weiß, der Schulpsychologin Uta Pierkens und einer Praktikantin, Simone Bernhard.

– Das Jugendamt mit der Sozialarbeiterin Julia Bauer, der Sozialpädagogin Ingeborg Färber und einer Praktikantin Helga Gütlin.

– Der Hausarzt der Familie Berger, Dr. Paul Roth (die Namen sind frei erfunden, die Geschlechterverteilung korrespondiert mit derjenigen der TeilnehmerInnen).

Was die Anzahl der MitspielerInnen betrifft, werden in der Literatur drei bis fünfzehn Spielgruppen zu je zwei bis fünf TeilnehmerInnen als praktikabel bezeichnet (s. Cumpelik 1985, 18). Zu klein angelegte Szenarien entfalten oft nicht die gewünschte Komplexität. Neben den Rolleninstruktionen erhielten die TeilnehmerInnen noch das in Abb. 54 wiedergegebene Hinweisblatt. Das Planspiel fand an einem Freitag von 9.00 h bis 19.30 h statt, wobei aber auch Planspiele von mehreren Tagen Dauer keine Seltenheit sind. Am Freitagabend wurde noch eine kurze Reflexionsphase angehängt, um den wallenden Emotionen Luft zu verschaffen und einen Ausstieg aus den Rollen zu gewährleisten. Der gesamte Samstagvormittag (9.30 h bis 13.00 h) war dann der Auswertung vorbehalten.

Planspiele sind also Life-Simulationen der Beziehungsdynamik mehrerer Personen und Institutionen, die üblicherweise zu Zwecken der Innovation (z.B. Erprobung neuer Kooperationsformen, Institutionsveränderung), Selbsterfahrung oder des Kompetenzerwerbs durchgeführt werden. Hierfür erhält insbesondere die Komponente des Spielerischen an Bedeutung: „Im Spiel sei weitgehend autonomes Lernen unter hoher intrinsischer Motivation möglich, da das Spiel die Chance eröffnet, in einer die Risiken des normalen Lebens nicht enthaltenden künstlichen Situation, die aber dennoch dessen aktuelle Funktionen und Aktivitäten widerspiegelt, solche Fähigkeiten zu entwickeln, die zur Bewältigung der Ernstsituation erforderlich sind" (Reinisch 1975, 3).

Was können Planspiele leisten?

Im Hinblick auf die in Kapitel II,5 erstellte Kriterienliste für Modellierungsmethoden beeindrucken vor allem die Kriterien 6 (Dynamizität), 13 (Berücksichtigung des gesellschaftlichen Umfeldes), 18 (Produktivität/Handlungsrelevanz) und 15 (Artikulationshilfe). Gerade den Anspruch von Kriterium 15 erfüllt die Methode des Planspiels in hervorragender Weise, denn die Beteiligten können sich über die Strukturen und Handlungsspielräume in einem bestimmten Realitätsausschnitt (z.B. Hochschule, psychosoziales Netz in einem Stadtteil, Kooperation von Institutionen in einem konkreten Problemfall) erlebnisnahe Vorstellungen verschaffen, die – mit einem Wort der 70iger Jahre – emanzipatorisch wirken sollen. Die Methode ist lösungsorientiert (Kriterium 12), und zwar nicht nur dort, wo es um Innovationen oder Konfliktbearbeitung geht, sondern auch, wo sich die Beteiligten im Planspiel die Erzeugung von Problemsystemen (Ludewig 1988a) bzw. die soziale Konstruktion psychischen Leidens (Freidson 1970; Berger & Luckmann 1970; Keupp 1976, 165ff.) selbst vorführen. Die Verständlichkeit des Geschehens (Kriterium 1) ist ebenso unmittelbar, nämlich durch Teilnahme gegeben, wie zugleich nicht gegeben, da die Beteiligten ja keinen Überblick über das Gesamtgeschehen haben. Dieser kommt

PLANSPIEL

Hinweise – Hinweise – Hinweise – Hinweise – Hinweise – Hinweise –

Jeder Teilnehmer des Planspiels kann im Rahmen seiner vorgegebenen Rolle frei agieren: er kann beliebig viele Ideen produzieren, die Initiative ergreifen und Taten folgen lassen, aber:

UM EIN TOTALES CHAOS ZU VERMEIDEN
Immer wenn Du zur Aktion schreitest
informiere vorher die Spielleitung

Wir würden uns freuen, wenn Du folgendes weiter berücksichtigen würdest:

In wieweit dieses Planspiel wirklich zum Erleben systemischer Prozesse wird, hängt auch davon ab, inwieweit Du Dich mit der übernommen Rolle identifizierst und Dich in ihr gemäß den Vorgaben engagierst.

Darum laß Dir zunächst Zeit Dich mit Deiner Rolle auseinanderzusetzen:
- Was für eine Person bin ich, welche Merkmale gehören zu mir (Stimmungen, Launen, Probleme, Hobbies ....)?
- Wie kann ich diese Aspekte in konkretes Verhalten umsetzen?
- Welchen Handlungsspielraum habe ich - aber auch welche Freiräume?
- Welche Personen kenne ich, wo bestehen schon Beziehungen, wie sehen diese aus, gibt es noch Variationsmöglichkeiten?
- Kann ich meinen Bezugsrahmen noch erweitern?

Versuche Dir ein möglichst umfassendes Bild von Dir zu machen.
Während des Planspiels bitten wir Dich zu überlegen:

Habe ich wirklich alle Handlungsmöglichkeiten, - mein Repertoire ausgeschöpft - gibt es vielleicht noch Alternativen?
Erinnert sei an die Möglichkeiten erneut Informationen zu sammeln, formelle Kontakte zu arrangieren (Teamgespräche, Einladungen, Vorladungen, Hausbesuche, Erfahrungsaustausch mit externen Stellen unter Einhaltung entsprechender rechtlicher Aspekte usw.) und die Möglichkeit informeller Kontakte (Tratsch, Freizeitkontakte ....).

Deiner Kreativität seien keine Grenzen gesetzt - nur eine:
DIE AUSFÜLLUNG DER ROLLE SOLLTE REALISTISCH SEIN

Eine letzte wichtige Bitte: Während des Rollenspiels die Rollen nicht verlassen, d.h. keine Metakommunikation - Beratungen sind innerhalb der Rollen erlaubt. Wen Du Probleme hast, wende Dich bitte an uns.

Viel Spaß!   die Spielleitung Gisela und Günther

Abb. 54: Hinweisblatt für die TeilnehmerInnen eines Planspiels „Mehrgenerationen-Familie und psychosoziale Versorgung" an der Universität Bamberg erst bei der Nachbesprechung zustande, wofür eine graphische Darstellung der Spielschrittabfolgen von besonderem Wert ist.

Was den Einbezug des Beobachters (Kriterium 14) betrifft, ist das Planspiel sehr variationsreich. Man kann das Geschehen von innen betrachten, indem man mitspielt. Man kann es von außen betrachten, entweder aus der Perspektive der Spielleitung oder – noch distanzierter – aus der Perspektive der WissenschaftlerIn, die Spielschrittabfolgen und andere Dokumente (z.B. Videoaufzeichnungen) analyisert. Für jede MitspielerIn bietet die Nachbesprechung Gelegenheit, aus der Binnen- in die Außenperspektive zu wechseln. Die Beteiligten können dabei ihre Wahrnehmungen, Gefühle und Gedanken untereinander austauschen und das Gesamtgeschehen noch einmal Revue passieren lassen. Eine interessante Variante der Dokumentation von innen führte Jarg Bergold in einem Planspiel zur psychosozialen Versorgung in Wedding ein, bei dem ein Presseteam in seiner Funktion als beteiligte Institution Videoaufzeichnungen über verschiedene Brennpunkte des Geschehens anfertigte (s. Cumpelik 1985).

Die Komplexität des Geschehens ist durch die Vorgaben und die vorgesehene Anzahl der Beteiligten zum Teil regulierbar (Kriterium 2). Sogar während des Spiels kann die Spielleitung noch entzerrend oder komplexitätssteigernd (z.B. durch die Vergabe weiterer Arbeitsaufträge) eingreifen.

Eine Zusatzbeeinträchtigung durch Datenerhebungen entsteht nicht (Kriterium 4). Mitschnitte von Spielszenen per Videogerät oder Tonband bedeuten für die Akteure keinen Aufwand. Allerdings mag es durchaus lästig sein, die Spielschrittankündigungen auszufüllen, welche jedoch für den notwendigen Überblick der Spielleitung gebraucht werden. Aus der Rückmeldung einer Teilnehmerin an unserem Planspiel (Schulpsychologin Uta Pierkens): „Wir sind also vollauf damit beschäftigt, zu agieren, reagieren, interagieren und nach neuen Informationen zu 'gieren' als uns einfällt, daß die Spielleitung ja auch mit kurzen Telegrammen über den Spielverlauf unterhalten sein will. Wie gut, daß wir unsere Praktikantin zu dieser Schreibarbeit verdonnern können! Im Ernst, die Zettelschreiberei war lästig und zeitaufwendig, auf der anderen Seite aber auch sehr sinnvoll, wenn ich an unser abschließendes Schaubild denke.“

Der Vorbereitungs- und Durchführungsaufwand (Kriterium 3) beläuft sich auf mehrere Tage Arbeit, wobei es darauf ankommt, wie lange das Planspiel dauert (ein, zwei oder mehrere Tage) und wie man die Vorbereitungsphase konzipiert. Zum Beispiel ist es etwa im Rahmen eines Projektseminars möglich, daß die TeilnehmerInnen die Rollen- und Institutionscharakteristika selbst in den entsprechenden Institutionen recherchieren und zusammenstellen. Zum psychischen Aufwand der Planspieldurchführung stellt der Darsteller von Dr. Roth fest: „Allen zukünftigen Teilnehmern kann ich nur empfehlen, möglichst ausgeruht in das Planspiel zu gehen, denn das Ganze·ist doch äußerst anstrengend.“

Darüber, welche positiven Effekte Planspiele für die TeilnehmerInnen haben sollen, gibt es in der Literatur weitreichende Vorstellungen. Genannt werden Lernziele wie Team- und Innovationsfähigkeit, Erwerb organisationspsychologischen Handlungswissens, Handlungsfähigkeit in Gruppen und Institutionen oder die Möglichkeit zur Erprobung neuartigen Verhaltens ohne Sanktionsrisiken. Letzteres würde übrigens auch die Nutzung von Planspielen zu therapeutischen Zwecken nahelegen. Dies um so eher, als die Reflexionsphase am Schluß konkrete Selbsterfahrung erlaubt. Ausgangspunkt ist das unmittelbare Tun und Erleben im Planspiel und nicht eine abstrakte Frage vom Stil: „Wer bin ich eigentlich?" Die Selbsterfahrung kann sich z.B. auf Stärken, Schwächen und persönliche Eigenheiten im Umgang mit anderen Personen, Institutionen, Streßsituationen, Autoritäten, eigener und fremder Hilflosigkeit etc. richten.

Einschränkend ist festzustellen, daß es zu den erwarteten Effekten offenbar keine übereinstimmenden empirischen Befunde gibt (Reinisch 1975; Cumpelik 1985). Es steht also nicht fest, was genau man durch die Teilnahme an einem Planspiel lernen kann. „Dies ist darauf zurückzuführen, daß ein Planspiel in seinem Verlauf oder Ergebnis nicht exakt planbar ist; die Selbststeuerung des Lernprozesses durch die Beteiligten eröffnet die Möglichkeit überraschender, schöpferischer Einfälle" (Reinisch 1975, 7). Konkret heißt das: es ist denkbar, daß jemand antritt, um Kooperationsfähigkeit zu lernen, hinterher aber feststellen muß, daß er aufs Heftigste dabei mitgemischt hat, andere zu befetzen und auszutricksen. Es dürfte also sinnvoll sein, auf starre Lernzielkataloge zu verzichten. An diesem Punkt verhält sich das Planspiel wie das richtige Leben: man weiß nicht, was rauskommt. Diese Unkalkulierbarkeit mache das Planspiel für zielorientierten Unterricht unbrauchbar, resümieren verschiedene Kritiker (cf. Reinisch 1975, 5; vgl. jedoch generell zu den Problemen zielorientierten Vorgehens Kapitel III).

Bleiben wir daher bescheiden. Eine logisch zwar triviale, aber praktisch bedeutsame Vermutung über mögliche Effekte könnte darin bestehen, daß man durch die Vorbereitung und Teilnahme an Planspielen vermittelt bekommt, wie man Planspiele durchführt. StudentInnen und PraktikerInnen, die sich durch unmittelbare Erfahrung mit der Methode vertraut machen, können diese später in ihrer eigenen Praxis verwenden, etwa zur Bearbeitung institutioneller Konflikte, Innovationsvorbereitung, Mitarbeiterschulung oder Risikoabschätzung.

Nicht zu hoch gegriffen dürfte auch die Vermutung sein, daß für die TeilnehmerInnen der erste Schritt hin zur „Einsicht in komplexe Wirkungszusammenhänge" (Cumpelik 1985, 8) zunächst einmal in der Erfahrung besteht, wie begrenzt die eigenen Handlungsmöglichkeiten doch sind. Aus der Rückmeldung der Darstellerin von Dana Meier, Lehrerin: „So habe ich mir gleich zu Anfang des Spiels ein Schaubild angefertigt, um meine Position zu den einzelnen Personen im Spiel besser zu überblicken. Eigentlich hätte ich schon hier erkennen müssen, daß ich nur ein kleines Rädchen in der ganzen Maschinerie bin. Mir ist erst im Laufe des Spiels aufgegangen, daß meine alleinigen Beiträge im ganzen Geschehen gesehen nicht den Einfluß hatten, welchen ich mir in meiner Rolle und meiner Person gewünscht hätte."

Erst mit und durch diese Erfahrung eröffnen Planspiele die Chance, „Einblick ... in die Funktionsweise sozialer Systeme zu bekommen, die sich durch die Entscheidungen untereinander abhängiger Organisationen konstituieren" (Prim & Reckman 1975, 20). Insofern diese Organisationen wie im Beispiel des von uns durchgeführten Planspiels von verschiedenen Berufsgruppen gebildet werden, entsteht ein Szenario zur Einübung von interdisziplinärem Handeln. Die TeilnehmerInnen (in unserem Fall PsychologiestudentInnen), müssen sich einerseits selbst mit den Aufgaben und Funktionen der jeweiligen Berufsgruppe auseinandersetzen, um die entsprechende Rolle (z.B. der Sozialarbeiterin, der Schulleiterin, des Arztes) authentisch spielen zu können, andererseits sind sie gefordert, permanent mit Personen verschiedener beruflicher Herkunft zu interagieren. Interdisziplinarität, eines in der Systemtheorie, Verhaltensmedizin und Gemeindepsychologie meistbenutzten Schlagworte, braucht Übungsfelder, um nicht nur Schlagwort zu bleiben.

Im Gegensatz zum Umgang mit computersimulierten Systemen, bei denen es ausreicht, die beabsichtigten Handlungsschritte dem Computer entweder direkt oder über die Vermittlung einer VersuchsleiterIn mitzuteilen, um sie zur Ausführung zu bringen, müssen die Aufgaben im Planspiel eigenhändig erledigt werden. Man kann nicht „tun lassen", man muß alles selber tun. Absichtserklärungen reichen nicht. Denkbar ist, daß jemand einen grandiosen Plan ausheckt, den er aber nicht einmal seinen Mitarbeitern überzeugend vermitteln kann. Ungeschicktes Auftreten, die Wahl eines ungünstigen Zeitpunkts, Vernachlässigung einer Figur, die sich dann auf den Schlips getreten fühlt, Sympathien, Antipathien und andere Imponderabilien mögen Aktionen zum Scheitern verurteilen, die prinzipiell durchführbar oder sogar sinnvoll wären (s. Abb. 55). Man lernt im Planspiel – so eine weitere Vermutung – nicht nur zu denken und zu planen, sondern die konkreten menschlichen, allzumenschlichen Verhältnisse zu berücksichtigen und mit der Wirkung der eigenen Persönlichkeit zu arbeiten und zu kalkulieren. Mit anderen Worten: Selbstdarstellung. Auch das ist eine Erfahrung, die man machen kann: die Wirklichkeit ist oft nicht deswegen so schwierig, weil die Systeme so komplex sind, sondern weil man der (die) ist, der (die) man ist, und kein(e) andere(r).

Abb. 55: Das Schicksal der großen Pläne

Hingewiesen sei auf den didaktischen Wert von Planspielen bei Mitarbeiterfortbildungen in psychosozialen Einrichtungen und im Rahmen von Hochschulseminaren. Meiner Erfahrung nach sind die TeilnehmerInnen sehr motiviert, insofern sie konkrete Parallelen zwischen dem Planspiel-Szenario und ihrer aktuellen oder potentiellen Berufsrealität erkennen. Im Hauptstudiengang Psychologie etwa eignet sich die Methode gut zur Durchführung von Projektseminaren, vor allem wenn die TeilnehmerInnen das notwendige Faktenwissen für den Entwurf des Szenarios selbst bei den Institutionen vor Ort recherchieren. Im Rahmen des jetzt vieldiskutierten dritten Studienabschnitts (Postgraduierten-Studium) böte das Planspiel Gelegenheit zur Kompetenzerweiterung und zur Reflexion der eigenen ersten Berufserfahrungen (Umgang mit KollegInnen, Institutionen etc). Aber man kann auch die Universität selbst als Lerninstitution und Wissenschaftsbetrieb zum Gegenstand von Planspielen machen, wie dies von Hochschuldidaktikern praktiziert wird (s. z.B. Bünder et al. 1975; Eilers, Grubert & Reinisch 1975). Das von Eilers, Grubert und Reinisch zur problemorientierten Einführung in die Volkswirtschaftslehre an der Universität Hamburg angebotene Planspiel gibt unter anderem folgende wissenschaftskritischen Lernziele vor:

„– Erkennen, daß die Ergebnisse wissenschaftlicher Analysen zum Beleg unterschiedlicher Standpunkte verwendet werden.

 – Erkennen, daß Wissenschaft nicht ein apolitischer Raum rationaler Erkenntnis, sondern ein Feld politischer Auseinandersetzungen ist.

 – Entwickeln einer skeptischen Grundeinstellung gegenüber angeblich wertfreien, objektiven wissenschaftlichen Aussagen" (a.a.O., 67; vgl. auch Keupp 1980).

Die praktische Durchführung von Planspielen

(a) Vorbereitung und Einstieg

Für die Gestaltung der *Vorbereitungsphase* eines Planspiels gibt es verschiedene Möglichkeiten. Entweder die Spielleitung legt die Rollenbeschreibungen vor, die TeilnehmerInnen machen sich damit vertraut und beginnen zu spielen. Diese Variante mag sinnvoll sein, wenn die MitspielerInnen (a) wissen, was sie in einem Planspiel erwartet, (b) sich bereits kennen und (c) wenig Zeit für das gesamte Unternehmen zur Verfügung steht (keinesfalls sparen sollte man an der Nachbereitungsphase). Kann man (a) und (b) nicht voraussetzen, muß hierfür in jedem Fall genügend Zeit eingeräumt werden.

Als die bessere Variante wird es meist betrachtet, das Szenario in Zusammenarbeit von Spielern und Spielleitung zu konstruieren (s. Cumpelik 1985, 13). Die TeilnehmerInnen können dadurch die Rollen entsprechend ihren Bedürfnissen ausgestalten und müssen sich nicht an fremde Vorgaben halten. Noch weitreichender, aber auch arbeitsintensiver ist die Variante, bei der das Szenario nach dem Vorbild real existierender Rollen und Institutionen gestaltet wird, wobei die TeilnehmerInnen vor Ort z.B. Interviews mit PraktikerInnen durchführen und andere Informationen einholen.

Eine weitere Variante besteht darin, daß sich PraktikerInnen im Planspiel selbst darstellen. Die Personen und Institutionen sind also „echt", nur die Ausgangssituation bzw. die Spielhandlung entfaltet sich „als ob". Dieses Vorgehen ist z.B. dann sinnvoll, wenn Konflikte innerhalb oder zwischen Einrichtungen bearbeitet oder die möglichen Konsequenzen einer Innovation (z.B. die Angliederung einer neuen Abteilung oder eines neuen Dienstes; Erprobung geänderter Arbeits- bzw. Kooperationsformen) simuliert werden sollen.

Wie verschiedene Autoren (z.B. Reinisch 1975) betonen, sollten die Rollenbeschreibungen so wenig wie möglich einschränkende Vorgaben beinhalten, damit die eigenen Intentionen und Ausgestaltungen der TeilnehmerInnen zum Zug kommen können. Aus der Rückmeldung der Darstellerin von Ruth Berger: „Anfangs fand ich die Rollenbeschreibung ... sehr detailliert, was mich verwirrte, so daß ich erst einmal abwartete, was passierte. ... Im folgenden lösten sich diese Barrieren jedoch schnell auf". Andere dagegen gaben an, daß sie die detaillierten, plastischen Rollenvorgaben eher als nützlich empfanden.

Die TeilnehmerInnen sollten das Gefühl haben, daß die am Ausgangspunkt des Planspiels festgelegten Verhältnisse realistisch sind. Das hebt die Relevanz der zu machenden Erfahrungen und motiviert somit, sich zu engagieren. Ein Beispiel für unrealistische Verhältnisse lieferte unser Planspiel, in dem es eine Schule mit Rektorin und drei Lehrerinnen gab, aber nur zwei Schülerinnen. Ungewöhnlich ist sicher auch die Fokussierung des Geschehens auf nur eine Familie, die, so ins Zentrum der Aufmerksamkeit gerückt, natürlich um so leichter zum Problemfall wird. Ein zweiter oder dritter Ereignisstrang wäre wünschenswert gewesen, um nicht alle Aktivitäten an eine einzige Problematik zu binden. Dadurch könnte unnötige, aber für Planspiele oft typische Hektik vermieden werden.

Bei allen Bemühungen um die Herstellung realistischer Verhältnisse sollte klar sein, daß Planspiele die Realität nicht ersetzen können. Abstraktionen oder gezielte Variationen sind im Gegenteil didaktisch durchaus produktiv. „Das Planspiel bildet die Realität nicht ab, sondern schafft sie als Spielrealität neu ..." (Vagt 1975, 107).

Wichtig ist die konkrete, raum-zeitliche Organisation eines Planspiels. Jede Gruppe (z.B. Familie, Jugendamt) sollte mindestens einen eigenen Raum zur Verfügung haben, der mit einem Telefonanschluß versehen ist. Von Telefonkontakten wird erfahrungsgemäß ausführlich Gebrauch gemacht. Weiterhin sollten Büromaterial, ein Telefonnummernverzeichnis, vorgedruckte Meldezettel, die Planspielinstruktionen und einschlägige Bücher (z.B. zum Nachlesen der Rechtsgrundlagen administrativer Handlungen oder benötigter fachlicher Informationen, etwa über medizinische Krankheitsbilder) bereitliegen, je nach Bedarf (z.B. zur Aufzeichnung gespielter Therapiesitzungen) auch Tonbänder oder Videorekorder. Der Stimmung zuträglich sind Tee- oder Kaffeepausen, wofür natürlich ebenfalls die notwendigen Utensilien vorhanden sein müssen.

Ein spezielles Problem besteht in der Festlegung des Verhältnisses von Spielzeit zu Realzeit. In den seltensten Fällen wird es sich machen lassen, beide identisch zu setzen. Üblicherweise entspricht gemäß Übereinkunft eine bestimmte Realzeit (z.B. drei Stunden) einer wesentlich längeren Spielzeit (z.B. einer Woche), was oft als problematisch erlebt wird. Zitat der Darstellerin von Schulpsychologin Uta Pierkens: „Während unserer halbstündigen Supervision scheinen bei den anderen, gemessen an dem, was passiert ist, Tage vergangen zu sein. Das Problem der Zeiteinteilung wird mir an diesem Punkt besonders klar: Die Diskrepanz zwischen der normalen Dauer der geführten Beratungsgespräche und der vereinbarten, stark gerafften Spielzeit." Um allzu große Hektik zu vermeiden, sollte man lieber auf eine zusätzliche Spielzeiteinheit verzichten (also z.B. nur „zwei" statt „drei Wochen" spielen), um dafür längere Realzeitphasen („eine Woche" entspricht dann z.B. vier statt drei Stunden) zur Verfügung zu haben.

Die Ausgangssituation eines Planspiels kann entweder als Konflikt konzipiert werden, wobei jede der beteiligten Gruppen ihre Interessen durchsetzen soll und/oder will (Beispiel: Konflikt um die Zensur einer Schülerzeitung, s. Giesecke 1973, Tarifkonflikt, s. Eilers, Grubert & Reinisch 1975). Man kann aber auch eine möglichst konfliktfreie Ausgangssituation wählen, etwa wenn es lediglich darum geht, einen erlebnisnahen Einblick in die Funktionszusammenhänge von Organisationen zu gewinnen. Spannungsfelder entstehen meistens von allein. In unserem Planspiel z.B. war den einzelnen Gruppen kein konkretes Spielziel vorgegeben. Die TeilnehmerInnen sollten lediglich Gelegenheit erhalten, ein Gespür für die Eigendynamik komplexer Systeme zu entwickeln.

Die Eigendynamik des Geschehens zeigte sich von allem Anfang an. Noch war jede(r) damit beschäftigt, sich in die Rollen einzustimmen, hatten sich bereits die ersten Kontakte ergeben. „Schon den ersten Zeittakt empfand ich als aufregend. Die Kommunikation war nahezu schlagartig in Gang gekommen" (Zitat der Darstellerin von Mutter Beate Berger). Eher den Empfehlungen der Literatur entsprach die Einarbeitungsphase von Hausarzt Dr. Roth, der als einziger in keine Institution eingebunden war: „Alles um mich herum war bereits voll am rotieren und so beschloß ich, mich erst einmal intensiv mit meiner Rolle auseinanderzusetzen." Wenngleich vielleicht der intensive Einstieg in eine Rolle erst über das konkrete Spiel erfolgen kann, sollte doch sowohl *vor* dem eigentlichen Spielbeginn als auch *innerhalb* des Planspiels (z.B. durch institutionsinterne Zuständigkeitsklärungen) genügend Zeit vorhanden sein, sich mit der Rolle zu beschäftigen.

(b) Absicht und Realität in komplexen, dynamischen Szenarien

Wie sich ein Planspiel nach dem Startschuß entwickeln wird, ist schwer vorhersehbar. Sicher ist nur, daß nichts sicher ist. Das läßt Zweifel aufkommen, ob theoretische Modelle zielgerichteten, geplanten Handelns dem Geschehen in einem Planspiel angemessen sind. Sehr plastisch bekommt man diese Zweifel z.B. in der Arbeit von Cumpelik (1985) vermittelt. In dessen theoretischem Teil findet sich vor dem Hintergrund einer handlungstheoretischen Konzeption folgende Idealisierung: Der Akteur „... stellt also einen detaillierten *Plan* auf, den er unter ständiger Kontrolle der Rückmeldungen ausführt und so den Ausgangszustand seinem Ziel gemäß verändert. Diese Handlung besitzt eine *hierarchisch-sequentielle Struktur*, die von *regulierenden Funktionseinheiten* gesteuert wird. Ist der Wunschzustand erreicht, wird die Handlung beendet" (a.a.O., 35ff., Hervorhebungen im Original). Diese auf eine einzelne Handlungsepisode einer einzelnen Person zugeschnittene Idealisierung beginnt sich bereits in den weiteren theoretischen Ausführungen aufzulösen: „Komplikationen ergeben sich bei der Behandlung gleichzeitig ablaufender Handlungen mit ineinandergreifenden, konkurrierenden oder multifunktionalen Handlungsteilen ..." (a.a.O., 42). Noch deutlicher einige Seiten später: „Durch den Bezug von Handlungen auf einen sich entwickelnden Interaktionskontext muß die Starrheit hierarchisch-sequentieller Auffassungen zwangsläufig gelockert werden. Rückmeldungen können beispielsweise fehlen, andererseits aber auch mehr als nur das augenblicklich angestrebte Teilziel als unerreichbar belegen ..." (a.a.O., 69). Die Auswertung konkreter Planungsschritte der am Planspiel „Psychosoziale Dienste im Wedding" (Cumpelik) beteiligten Gruppierungen läßt den Eindruck entstehen, daß planvolles Handeln eher die Ausnahme denn die Regel sei. „Von Planungstätigkeit kann also keine Rede sein" (S. 117, gemeint ist die Spielgruppe „Arbeitsamt") oder: „Übergreifende Planung ist nicht vorhanden, wenn, wie im Fall der Mutter, die Handlungen überwiegend eine Reaktion auf neueintretende Sachverhalte im fremdbestimmten Rahmen darstellen" (S. 134), und so weiter. Resümee: „Pläne tauchen als geschlossenes Ganzes bei keiner der analysierten Spielgruppen auf" (S. 150). Es „erschöpft sich die Planung fast überall in der Zuordnung von Mitteln oder Aktionsprogrammen, die selbst bei den institutionellen Spielgruppen intern und interinstitutionell selten oder gar nicht koordiniert werden" (S. 151).

Unter diesen Bedingungen nimmt es nicht Wunder, wenn sich die postulierte hierarchisch-sequentielle Struktur von Handlungen nicht auffinden läßt (a.a.O., 152f.). Auch stellt sich die Frage, inwieweit sich in Planspielen der pädagogische Effekt direkter Rückmeldungen des Lernerfolgs an die Akteure einstellt (vgl. Reinisch 1975, 3). Die Rückmeldung von Handlungseffekten muß nämlich mit den in vernetzten Systemen üblichen Umleitungen, Zeitverzögerungen und Nebeneffekten rechnen. Im Planspiel „Wedding" „... bearbeitet das Arbeitsamt bis zum Spielende ergebnislos die Frage nach der Arbeitsfähigkeit der Mutter. Das Wohnungsproblem wird dabei nicht mehr beachtet und taucht erst später wieder als durch die Familienfürsorge selbstentdecktes Problem auf" (Cumpelik 1985, 155).

Die besten Absichten haben nicht immer die gewünschten Folgen. „Alle sichern ihre Kooperationsbereitschaft zu und tun dann genau das Gegenteil" schreibt die Darstellerin von Uta Pierkens über die Erfahrungen des schulpsychologischen Dienstes. In unserem Bamberger Planspiel sind sämtliche Institutionen angetreten, sich um das Wohl der beiden Kinder der Familie Berger zu kümmern. Im Erleben der Kinder stellt sich das aber so dar: „Mein Wunsch war es, auf uns Kinder die nötige Aufmerksamkeit zu lenken, da es mein Eindruck war, daß bislang alle Interventionen von Seiten der Behörden an unseren Wünschen und Ängsten vorbeigegangen waren" (aus dem Erfahrungsbericht der Darstellerin von Ruth Berger).

Anlässe kürzen sich leicht heraus. Kommunikative Systeme kreisen dann um sich selbst und vergessen, worum es ihnen ursprünglich ging: „Insgesamt hat mir das Planspiel in beeindruckender Weise die Vernetztheit und Eigendynamik verschiedener Institutionen vor Augen gestellt, wie ein Problem, das zu Beginn der Auslöser einer ganzen Aktivitätenkette ist, plötzlich nebensächlich wird, die Hilfebemühungen der verschiedenen Institutionen völlig an den Betroffenen vorbeilaufen" (aus dem Erfahrungsbericht der Darstellerin von Uta Pierkens).

(c) Dramatische Entwicklungen: Der Umgang mit Krisen

Dabei wäre es gar nicht notwendig gewesen, soviel Federlesens zu machen. Wir hatten die Rollenbeschreibungen der Familie Berger so konzipiert, daß es auch möglich gewesen wäre, Entwarnung zu geben. Die Probleme der Eltern hätten als von ihnen selbst bewältigbar und die von Sohn Andreas als entwicklungsbedingt und vorübergehend eingeschätzt werden können. Allenfalls hätte eine HelferIn als stabile AnsprechpartnerIn genügt. So aber wäre das Planspiel nicht in Gang gekommen. Die Eskalation des institutionellen Problemsystems hatte schnell dramatische Formen angenommen, was vor allem für Familie Berger zur Belastung wurde. Die beiden Kinder waren ausgerissen, um die Aufmerksamkeit ihrer Eltern auf sich zu lenken. Mutter Beate Berger kam auf eine andere Idee (Zitat aus dem Erfahrungsbericht ihrer Darstellerin): „Das Durcheinander war heillos und ich hatte keinen Plan mehr, wie es weitergehen sollte. Alles schien außer Kontrolle und die einzelnen Rollen hatten sich verselbständigt. Meine eigene Anspannung und Hilflosigkeit brachte mich auf die Idee, einen Zusammenbruch zu simulieren, um mir als Person auch eine 'Pause' zu verschaffen. Dieser 'Zusammenbruch' war auch gleichzeitig eine Wende im Interaktionsverhalten mit Maria (ihrer Schwiegermutter, G.S.) und Franz (ihrem Mann, G.S.). Franz kümmerte sich rührend um mich und auch Maria schien sich um mich zu sorgen."

Diese und andere Schilderungen zeigen, daß es in komplexen Szenarien vorrangig gar nicht darum geht, diese zu beeinflussen oder zu steuern, sondern schlichtweg darum, zu überleben. Sie machen deutlich, wie leicht die Grenzen zwischen Rolle und DarstellerIn überschritten werden. Die Darstellerin von Beate Berger beschreibt eine solche Situation: „Als Bettina (die Darstellerin ihres Bruders Andreas) kurzerhand aus ihrer Rolle ausstieg, bekam ich einen ziemlichen Schrecken und zwar, weil ich fast überfordert war, mit dieser Situation umzugehen, zumal sie mich als Person angriff. Der Grund lag in der Rolle, doch sie machte mich als Person für ihre Wut verantwortlich. Die Rettung sah ich einzig und allein im kurzen Aussteigen aus unseren Rollen."

Um solche Eskalationen abzufangen gibt es die Möglichkeit, in bestimmten Abständen routinemäßig Reflexions- und Beruhigungsphasen einzuschieben (s. z.B. Giesecke 1973, 87; Arbeitsgruppe Planspiel Schulkonflikt Bielefeld 1975, 61). Diese Phasen dienen dem Zweck, interpersonelle oder strukturbedingte Spannungen und Konflikte anzusprechen bzw. wieder einen klaren Kopf zu bekommen. Auch die Kaffeepausen zwischen den Spieleinheiten können bei Bedarf diese Funktion übernehmen. Trotzdem mag es bei Auftreten deutlicherer gruppendynamischer oder persönlicher Spannungen in einigen Fällen ad hoc notwendig werden, den Spielverlauf zu unterbrechen. Die Maxime „Störungen haben Vorrang" gilt auch im Planspiel. Hier ist die Spielleitung als Anlaufstelle gefordert. Die Darstellerin von Beate Berger: „Da ich völlig unsicher war, ob diese Entwicklung noch im Rahmen des Planspiels war, fragte ich kurz bei der Spielleitung nach. Beruhigend wirkte dabei auf mich, daß sie noch die Kontrolle zu haben schien." Zusammen mit der betreffenden DarstellerIn hat die Spielleitung zu klären, ob die aufgetretenen Schwierigkeiten noch innerhalb der Rolle zu bewältigen sind oder ob das Planspiel unterbrochen werden soll.

Unterbrechungen sind auch dann sinnvoll, wenn das Planspiel in einen unproduktiven Zustand hineingeraten ist, der den TeilnehmerInnen nur noch Frustrations-, aber keine Lernerfahrungen mehr bringt. Für diese Entscheidungen braucht die Spielleitung einen Überblick über das Geschehen, der durch die Spielschrittankündigungen zumindest teilweise vermittelt wird. Ein vollständiger Überblick wäre nur dann möglich, wenn die einzelnen Gruppierungen ausschließlich über die Spielleitung kommunizieren dürften. Die „Aktionen" liefen somit auf schriftlichem Weg, ohne direkten Kontakt zwischen den Gruppen. Ein derartiger Vorschlag findet sich z.B. bei Giesecke (1973), der auch eine Genehmigungspflicht der einzelnen Spielschritte durch die Spielleitung vorschlägt. Damit aber verlören Planspiele ihre Lebendigkeit. Warum soll man nicht einmal einen Holzweg einschlagen dürfen, selbst wenn er über mehrere Stationen führt? Würde die Spielleitung Aktionen verbieten, die sie für unsinnig erachtet, kämen damit verbundene Lernerfahrungen nicht zustande. Und was heißt schon Unsinn? Manche Spielschritte klingen vielleicht unsinnig, aber ihre Ausführung im unmittelbaren menschlichen Kontakt mag unerwartete, produktive, hilfreiche Impulse geben. Das Umgekehrte ist natürlich auch möglich. Aus dem Erfahrungsbericht des Darstellers von Dr. Roth: „Den Versuch der Praktikantin vom schulpsychologischen Dienst, eine psychologische Komponente in den Fall 'Andreas Berger' hineinzubringen, habe ich ebenso mit dem Hinweis auf die fehlende Kompetenz ihrerseits abfahren lassen wie den Versuch der Beratungslehrerin, die *mich* bezeichnenderweise ja beide in meiner Praxis aufgesucht hatten." Wäre der Leiter des schulpsychologischen Dienstes selbst gekommen, hätte er anders reagiert, meint „Dr. Roth" in der Nachbesprechung. Es kommt also nicht zuletzt auf die Ausführungsdetails an. Der Ton macht die Musik.

Die Lebendigkeit und Spontaneität des unmittelbaren Kontakts führt Planspielinszenierungen über reine Strategiespiele hinaus, bei denen man die Spielzüge in den Computer ein- oder an die Spielleitung abgibt. Deswegen ist eine vollständige Kontrolle des Spielgeschehens nicht möglich, weshalb den SpielerInnen selbst Notbremsen verfügbar sein müssen. Die Spielleitung sollte für ihre Sorgen und Nöte immer ein offenes Ohr haben. Mit der jeweiligen SpielerIn kann dann geklärt werden, ob eine Spielunterbrechung erforderlich ist oder nicht. Die Spielleitung sollte dabei mitten in allen Turbulenzen ein Gefühl von Ruhe und Sicherheit vermitteln. Eine gewisse therapeutische bzw. gruppendynamische Erfahrung der SpielleiterInnen halte ich als Basiskompetenz für notwendig.

Umgekehrt untergräbt es die Eigenverantwortlichkeit der SpielerInnen, wenn sie sich bei jeder kleinsten Schwierigkeit an den rettenden Rockzipfel der Spielleitung klammern können. Zur Bearbeitung von Problemen gibt es auch die Möglichkeit, daß nicht die DarstellerInnen aus der Rolle aussteigen, sondern ein Mitglied der Spielleitung in das Spiel einsteigt. So wurde ich z.B. von Vater Franz Berger in der Rolle eines Rechtsanwalts in Anspruch genommen, als dieser glaubte, seine Kinder würden von den Lehrerinnen in der Schule festgehalten. Der schulpsychologische Dienst bat mich um ein Supervisionsgespräch, um seine Beziehungen zu den anderen Institutionen zu klären. Die SchulpsychologInnen mußten leidvoll erfahren, daß sie trotz aktiver Kooperationsbemühungen mit allen anderen Beteiligten links liegen gelassen wurden. Sie kamen gar nicht dazu, das zu tun, was sie eigentlich tun wollten: Therapie machen.

(d) Die Eigendynamik des Spielgeschehens

Zum Zeitpunkt dieser Supervision war ein interessantes synergistisches Phänomen zu beobachten. Die SchulpsychologInnen hatten sich selbst bereits die Frage gestellt, ob sie mit ihren permanenten Eigeninitiativen, in das Geschehen hineinzukommen,nicht genau das Gegenteil bewirkten. Nachdem diese Frage im Team diskutiert worden war, gelang es ihnen, sich zunächst einmal entspannt zurückzulehnen und abzuwarten, ob es z.B. von Seiten der LehrerInnen überhaupt irgendwelche Bedürfnisse gab, die an das Team gerichtet waren. Dieser Beschluß erfolgte am Ende des zweiten Spielabschnitts, kurz vor der Pause. Nach der Pause kam zum ersten Mal seit Spielbeginn eine Lehrerin von sich aus auf den Schulpsychologischen Dienst mit der Bitte um ein Gespräch zu. Gleichzeitig hatten auch andere Gruppen kurz vor oder nach der Pause hektiklösende Maßnahmen besprochen, so daß am Beginn des dritten Spielabschnitts eine deutliche Beruhigung im Spielverlauf eintrat, ohne daß die Gruppen sich hierüber koordiniert hätten.

Die Frage: wer ist drinnen? – wer ist draußen? durchzog auch für andere TeilnehmerInnen das Spielgeschehen. Die im Vergleich zum Schulpsychologischen Dienst entgegengesetzte Erfahrung machte der Hausarzt Dr. Roth. Er und wir für ihn hatten am Anfang die Befürchtung, daß er, als einziger in kein Team und keine Familie eingebunden, mutterseelenallein sein Dasein fristen müßte. Doch für ihn, der einen so beschaulichen Einstieg in das Spiel gewählt hatte, kam es ganz anders: „... meine anfängliche Befürchtung, aus dem Rollenspiel ausgeschlossen zu sein (bestand) völlig zu unrecht. Gegen Ende versuchte ich dann sogar, die zunehmende Kontaktflut möglichst einzudämmen" (Zitat aus seinem Erfahrungsbericht). Die Kontaktdichte mit den diversen Institutionen, vor allem mit der Familie Berger, unterscheidet das Schicksal des „Dr. Roth" wesentlich von dem des Arztes im Planspiel „Psychosoziale Versorgung im Wedding", über das Cumpelik (1985) berichtet: „Der niedergelassene Arzt scheitert in seinem Bemühen um Integration in den Bereich der psychosozialen Versorgung, obwohl er Einladungen ausspricht, Zusammenarbeit anbietet, Gesprächsangebote macht, Gespräche führt und alle Konferenzen besucht. Die Zusammenarbeit mit ihm wird ... von allen Institutionen mehr oder weniger abgelehnt" (S. 152).

Neben den bisher erwähnten Erfahrungen des Handelns unter Zeitdruck, Unbestimmtheit und Komplexität konnten die TeilnehmerInnen eine Reihe weiterer Spezifika komplexer, dynamischer Sozialsysteme hautnah erleben. Ein Beispiel ist das Phänomen der Eigenzeit (Bergold 1988): Wandlungen, Prozesse beanspruchen eine ihnen angemessene Zeit, sie lassen sich nur in sehr begrenztem Umfang beschleunigen oder verzögern. Andere Beispiele bestehen etwa im Prinzip der Koevolution der Prozesse (versus direkter Steuerbarkeit des Geschehens von einer Position aus), oder in der Feststellung, welch geringe Bedeutung das protokollarisch tatsächlich Stattgefundene im Gegensatz zu den Wahrnehmungen und Wertungen der beteiligten Beobachter hat.

(e) Die Auswertungsphase

All diese Erfahrungen bleiben in Planspielen aber oft unscharf, solange man noch unmittelbar in das Geschehen eingebunden ist. Vieles wird erst im Laufe der Nach-

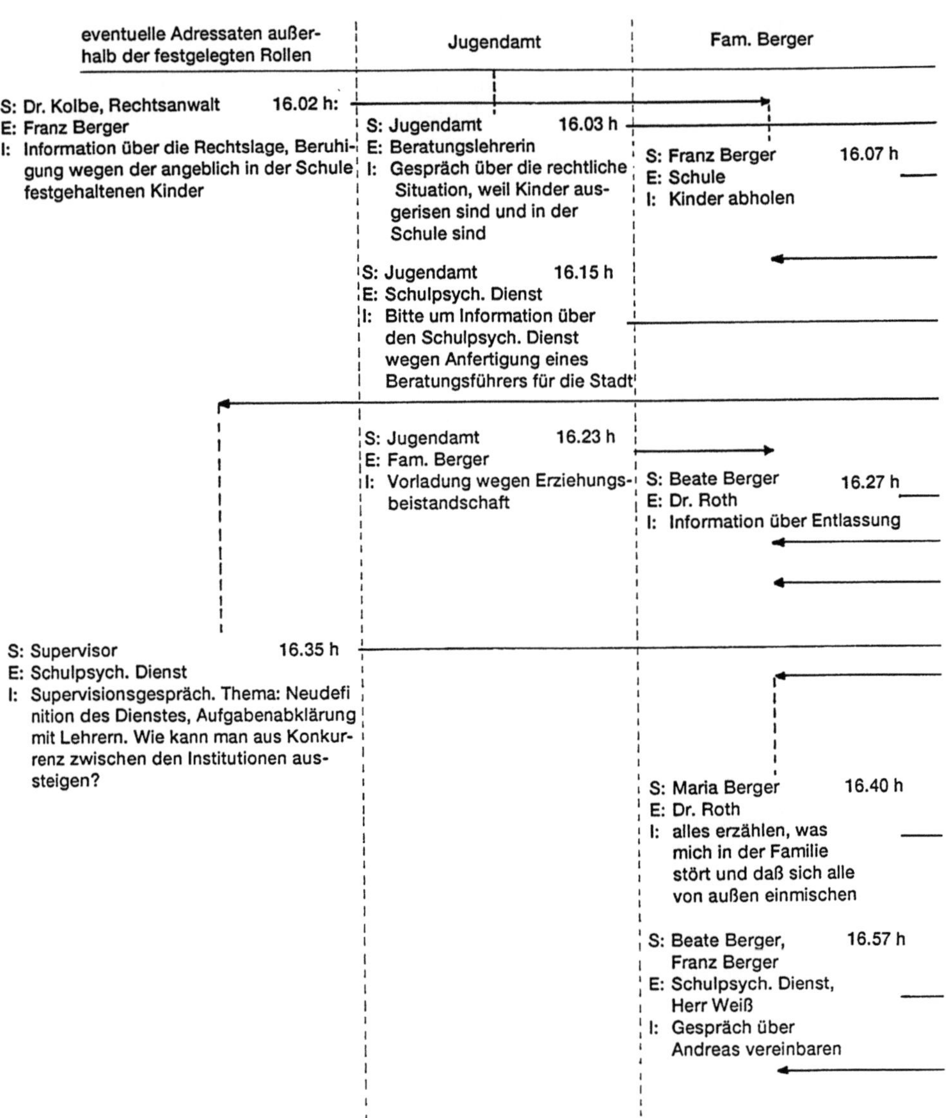

besprechung deutlich. Ein wichtiges Hilfsmittel hierfür stellt die gemeinsame Auswertung der Spielschrittaufzeichnungen dar, die den Spielablauf dokumentieren (s. Abb. 56). Diesen Ablaufdiagrammen ist zu entnehmen, wer wann mit wem Kontakt aufgenommen hat und zu welchem Zweck. Entlang dieser Aufzeichnungen können alle das Spielgeschehen noch einmal Revue passieren lassen und markante Punkte herausgreifen, um sie intensiver zu diskutieren. Weitere Auswertungen können auf der Grundlage dieser Rohdaten vorgenommen werden, z.B. in Form von Spielschritte-Matrizen, die auf einen Blick zeigen, wer von wem wie oft angespielt

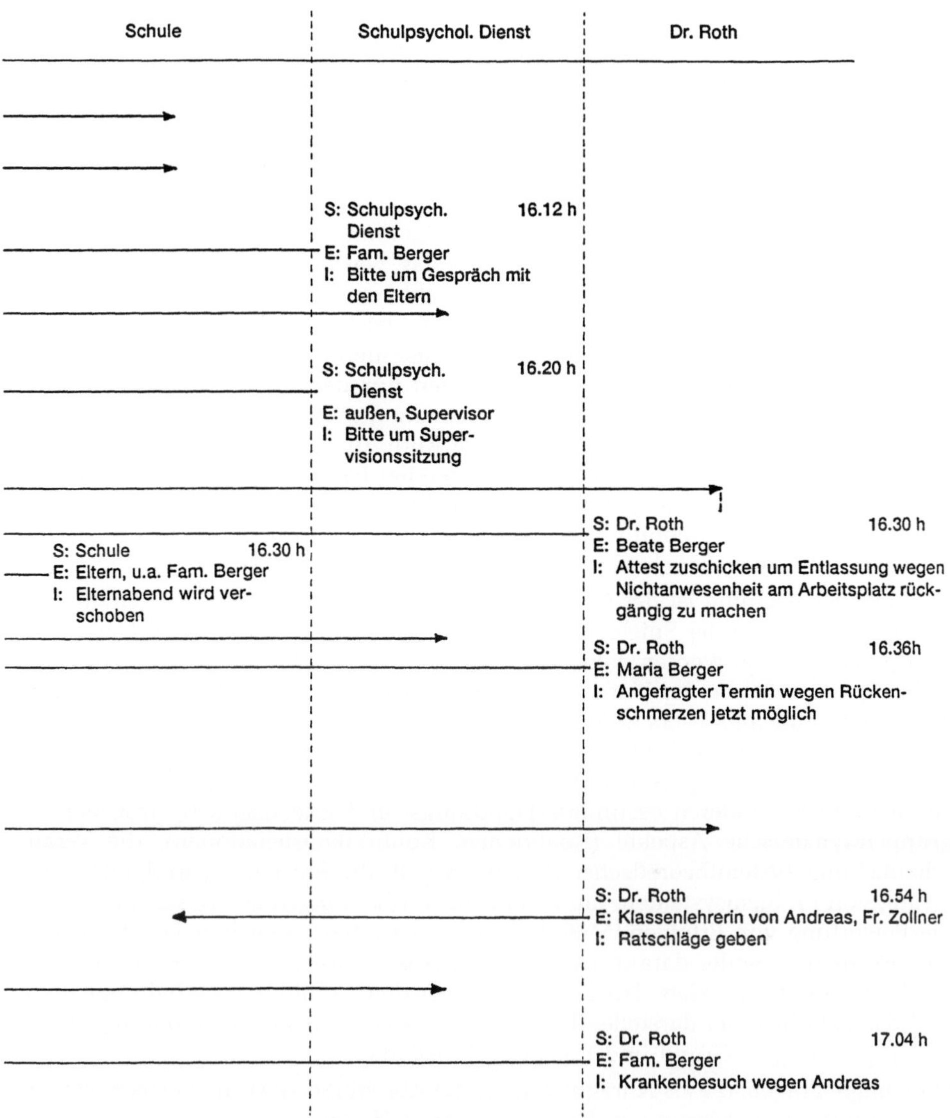

Abb. 56: Ausschnitt aus einer Spielschrittdokumentation. S=Sender, E=Empfänger, I=Intention

wurde. Andere Varianten der Spielschrittdokumentation finden sich z.B. bei Binder et al. (1975, 28ff., dort auch ein Beispiel für eine Spielschritte-Matrix) und bei Cumpelik (1985, Anhang 3/1), für zusätzliche Veranschaulichungsmöglichkeiten der Interaktionen s. Arbeitsgruppe Planspiel Schulkonflikt, Bielefeld (1975).

Hingewiesen sei auf die Grenzen einer weiteren zeitlichen und personellen Feinauflösung der Spielschrittdokumentation. Man stelle sich vor, die Familie Berger müßte über jedes Wort, das zwischen den Ehepartnern oder zwischen Eltern und

Kindern gesprochen wird, Protokoll führen und dieses bei der Spielleitung abliefern. Damit wäre wohl jede Spontaneität des Spielgeschehens blockiert. Machbar und als Reflexionshilfe sinnvoll dagegen sind mündliche oder schriftliche Selbst- und Fremdbildbeschreibungen der TeilnehmerInnen nach Beendigung des Planspiels sowie die Anfertigung von Erfahrungsberichten wie etwa diejenigen, aus denen die in diesem Kapitel immer wieder eingestreuten Zitate stammen.

Noch vor einer detaillierten Spielschrittanalyse sollte jede TeilnehmerIn am Beginn der Auswertungsphase Gelegenheit erhalten, die unmittelbar anstehenden Emotionen zum Ausdruck zu bringen. Wenn jede(r) das, was ihn (sie) gerade am meisten beschäftigt, aussprechen darf, entsteht ein Gefühl von Befreiung sowie eine gewisse Rollendistanz. Erfahrungsgemäß fällt es gar nicht leicht, aus der Rolle auszusteigen und wieder ins „bürgerliche Leben" zurückzukehren. Um so wichtiger ist diese Phase, obwohl damit für viele DarstellerInnen nur der Anfang für eine weitere emotionale wie intellektuelle Auseinandersetzung gemacht ist: „Zusammenfassend kann ich sagen, daß mir das Planspiel, die Ruth zu spielen und auch kindliche Anteile in mir auszuleben, sehr viel Spaß bereitet hat. Andererseits fand ich das Spiel aufregend und anstrengend, was sich nicht zuletzt darin zeigte, daß das Planspiel mir und meiner Freundin noch lange Stoff für interessante Gespräche lieferte" (aus dem Erfahrungsbericht der Darstellerin von Ruth Berger).

Die Nachbesprechung ist der Ort, an dem eine Retrospektive auf die Handlungs- und Erlebnisweisen der SpielerInnen erfolgt. Sie sollte deswegen zeitlich nicht zu knapp veranschlagt werden, konkret etwa auf die Hälfte bis zur vollen Dauer der realen Spielzeit. Wenn das Planspiel also beispielsweise einen Tag lief, beansprucht die Auswertungsphase noch einmal einen halben bis einen ganzen Tag, je nach Intensität und Differenziertheit der Nachbereitung. Schwerpunkte können dabei sowohl Selbsterfahrungsaspekte (wie kam ich mit der Rolle zurecht? Konnte ich bei mir und bei anderen bestimmte Handlungs- und Erlebnismuster feststellen?), gruppendynamische Aspekte (Koalitionen, Konfliktkonstellationen), die Veranschaulichung systemtheoretischer Prinzipien (z.B. die Entstehung und/oder Auflösung von Problemsystemen, raum-zeitliche Verdichtungen des Geschehens) oder die Bewertung von Erfolgen/Mißerfolgen der einzelnen Vorgehensweisen bilden. Die Spielleitung sollte darauf achten, daß Kritik in konstruktiver Form geäußert wird. Das setzt eine klare Trennung zwischen den Gefühlen innerhalb der Rolle und den Gefühlen der darstellenden Person voraus. Niemandem ist damit gedient, sich gegenseitig in Grund und Boden zu kritisieren.

Hier einige Fragen, die als Anregungen für die Abschlußdiskussion verwendet werden können (in Anlehnung an Rieck & Ritter 1975, 99):
- Wurden Änderungen der Rollenvorgaben vorgenommen? Welche?
- Was waren die Ziele der einzelnen Personen und Gruppierungen (Institutionen)? Traten Widersprüche auf (Zielkontradiktionen)?
- Wie kam die Wahl dieser Ziele zustande?
- Veränderten sich die Zielsetzungen?
- Welche offenen und verdeckten Koalitionen, Konfrontationen, Konflikte, Sticheleien waren innerhalb und zwischen den Gruppierungen erkennbar? Welchem Wandel unterlagen sie?
- Gab es im Spielverlauf bestimmte Phasen, Zäsuren, dramatische Höhepunkte oder 'Durchhänger'?

– Gab es Veränderungen in den verfolgten Strategien?
– Welche Ziele konnten erreicht werden, welche nicht?
– Wo lief das Spiel anders als geplant oder vorhergesehen?
– Welche Erfahrungen, Geschehnisse oder Sachverhalte erlebtest Du als besonders erfreulich, hilfreich, klärend etc. oder aber als ärgerlich, hinderlich, verwirrend etc.?
– Gibt es Erfahrungen bzw. Erkenntnisse, die Du auf andere, eventuell „reale" Szenarien oder Tätigkeitsfelder übertragen kannst oder willst?
– Auf welchen Gebieten hast Du Deiner Meinung nach etwas dazugelernt?

Nicht versäumen sollte man es, sich zur konkreten Durchführung und zur Methode des Planspiels Rückmeldungen geben zu lassen, z.B.:
– Welche Mängel hatte das Planspiel?
– Habt Ihr Materialien vermißt? Welche?
– Wie beurteilt Ihr die Methode „Planspiel", um sich mit Fragen des Problem- oder Tätigkeitsfeldes ... vertraut zu machen?
– Hat sich Deiner Meinung nach der Zeit- und Arbeitsaufwand gelohnt?
– Welche Veränderungs- und Verbesserungsvorschläge, welche bestätigenden Rückmeldungen habt Ihr?

Die abschließenden Beurteilungen in den Erfahrungsberichten zu dem schon mehrfach erwähnten Planspiel unterstrichen fast alle die Erlebnisintensität der Teilnahme:

„Rückblickend: ein enormes Spektrum an Eindrücken! – vom totalen Überflüssigsein bis hin zur Schlüsselfigur ... Ich hoffe, daß bald wieder einmal die Möglichkeit besteht, aus einem vollkommen ungewöhnlichen Blickwinkel zu operieren und ungeahnte Entwicklungen zu verfolgen" (Darstellerin der Beratungslehrerin Reinolds).

„Zusammengefaßt würde ich sagen, daß ich noch kaum etwas so intensiv an Spielen oder ähnlichem erlebt habe wie dieses Planspiel. Ich konnte erleben, in einem Geschehen so mitgerissen zu werden, daß es mir an einigen Stellen nicht möglich war, mich innerlich genügend zu distanzieren ... Ich habe den Eindruck gewonnen, daß Planspiele auch gleichzeitig persönliche Beziehungsspiele darstellen" (Darstellerin von Beate Berger).

Dieses letzte Zitat macht noch einmal die psychologische Brisanz der Methode sowie die Notwendigkeit intensiver Spielbetreuung und Nachbereitung deutlich.

Das Planspiel als Forschungsfeld zur Untersuchung von Selbstorganisationsprozessen

Die Dynamik eines Planspiels liefert, so wurde eingangs betont, ein Paradebeispiel für ein selbstorganisierendes System. Aufgrund seiner leichten empirischen Zugänglichkeit könnte man es daher als ideales Untersuchungsparadigma für die sozialwissenschaftliche Selbstorganisationsforschung betrachten (s. Reicherts & Schiepek 1989). Auf die Akteure käme zunächst auch keine weitere Belastung durch die Datenerhebung zu, da die Spielschrittankündigungen ohnehin anfallen, wenngleich deren Anfertigung, wie wir sahen, nicht unbedingt nur helle Freude auslöst.

Im Gegenteil wäre zu überlegen, wie man die Produktion dieser Spielschrittankündigungen noch effizienter und einfacher gestalten könnte. Dieses Ansinnen ließe
sich mit Hilfe kleiner Taschencomputer (z.B. Sharp) realisieren, die bequem in jeder
Hosen- oder Jackentasche Platz finden. Sie würden die Eingabe der laufenden Zeit
sowie des Senders einer Spielintention automatisieren und somit überflüssig machen. Für Personen, die im Umgang mit diesen Taschencomputern geübt sind,
wäre es sogar problemlos möglich, in kurzer Zeit einige Zusatzinformationen ein-
zutippen. Je nach Fragestellung ließen sich dadurch weitere Aspekte des individuellen Planspielerlebens kontinuierlich erfassen. In einem zusammen mit M. Reicherts (Universität Fribourg) geplanten Forschungsprojekt interessieren wir uns z.B.
für das laufende emotionale Befinden und die eingeschlagenen Strategien der Emo-
tions-, speziell der Belastungsverarbeitung der TeilnehmerInnen. Die hierzu notwendige Methodik (Taschencomputer, Software: COMES) liegt bereits in einer erprobten Feldversion vor (Reicherts 1988; Perrez & Reicherts 1988).

Auf diesem Wege gelingt es, individuelle Emotions-, Situations- und Bewältigungs-
einschätzungen in ihrem parallelen Prozessieren mit dem kommunikativen Handlungssystem des Planspiels zu erfassen. Dieses Untersuchungsarrangement ist mithin als Versuch zu werten, die Koevolution psychischer und sozialer Systeme mit
den daran beteiligten Interpenetrationsprozessen (s. Luhmann 1984, 289ff., 367ff.;
s. auch oben Kapitel IV) zu empirisieren.

Da nun jede Person mit einem Taschencomputer ausgestattet wäre, hätte dies auch
Konsequenzen für den Differenziertheitsgrad der Spielschrittdokumentation: es
würde nicht nur jede Gruppierung (wie oben in Abb. 56), sondern jede einzelne
TeilnehmerIn ihre eigenen Aufzeichnungen anfertigen. Die Speicherelemente der
Taschencomputer ließen sich in bestimmten Zeitabständen austauschen und an einen Graphikcomputer anschließen, um ohne große Zeitverzögerung eine graphisch
optimal gestaltete Spielschrittdokumentation zu erhalten.

Wollen wir die in Kapitel IV.2 vorgestellten Theoriegrundlagen für die Untersuchung
von Planspielen nutzbar machen, so läge es nahe, diese als *selbstreferentielle Kom-
munikationssysteme* zu definieren, deren basale empirische Komponenten die einzelnen Spielschritte sind. Bei diesen Komponenten handelt es sich (a) um tempo-
ralisierte, (b) kontingente, d.h. unter anderen Selektionsprämissen auch anders wähl-
bare, (c) sinnhafte (und nicht etwa physikalisch oder biologisch determinierte) Ereignisse, aus deren Interaktion (d) hervorgeht, wie sie aufeinander Bezug nehmen
bzw. aneinander anschließen (Selektivität) (s. Luhmann 1971b; 1978a,b; 1984). Ihre
Operationalisierung erfolgt mit verblüffender Leichtigkeit durch die jeweiligen
Spielschrittankündigungen. Die Spielschrittablaufdarstellungen repräsentieren somit bereits die basale Selbstreferenz des Kommunikationssystems.

Reicht der mit den Spielschrittankündigungen gegebene Auflösungsgrad der Analyse nicht aus, so kann man einen Schritt tiefer eindringen. Dies bietet sich z.B.
an, wenn die Interaktionen zwischen den TeilnehmerInnen sehr komprimiert ab-
laufen, so daß die Spielschrittankündigungen die stattfindenden Verhandlungs- und
Beziehungsdramen bestenfalls in ihren Resultaten wiedergeben. Wir sprechen in
diesem Fall von sogenannten 'kommunikativen Verdichtungsphasen'. Auch und
gerade auf der Ebene personeller Kommunikation kann man Planspiele als selbstreferentielle (Sozial-)Systeme (sensu Luhmann) verstehen. Greift man also aus der

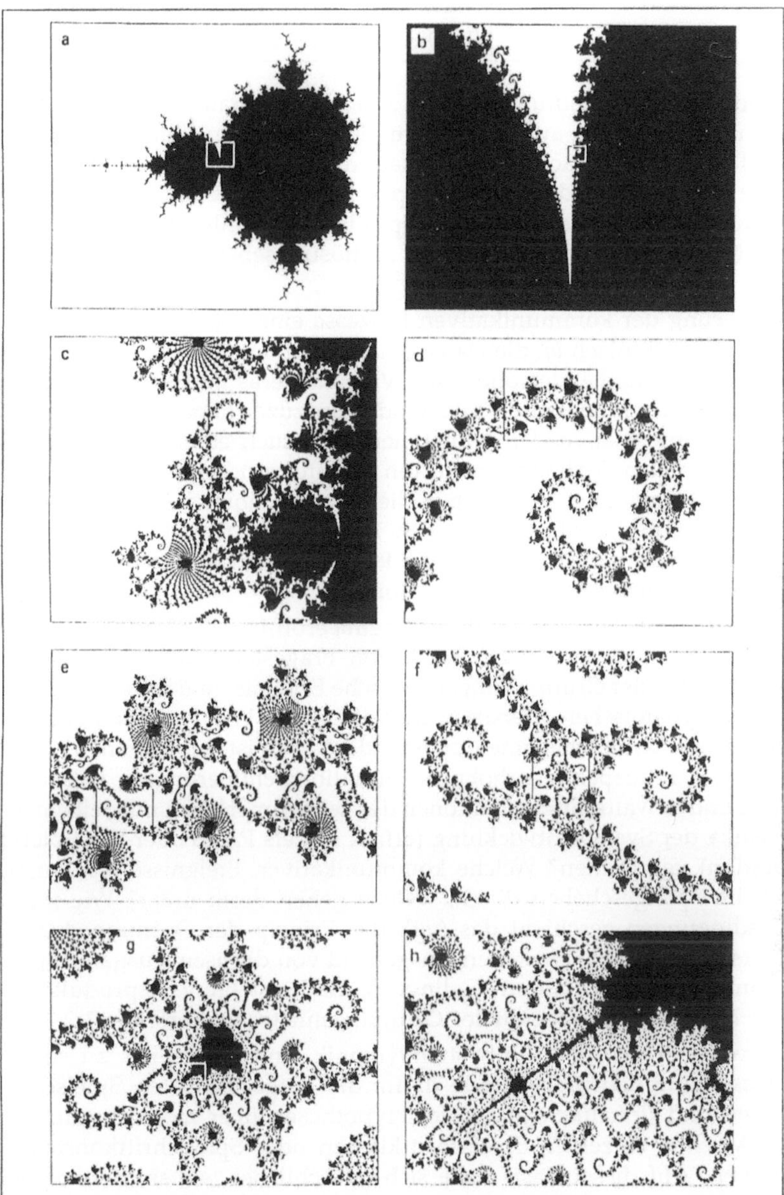

Abb. 57: Selbstähnlichkeit. Wie durch ein Zoom vergrößert erscheint jeweils der Ausschnitt des vorhergehenden im nächsten Bild. Diese Sequenz demonstriert die fundamentale Eigenschaft aller Fraktale – das Prinzip der „Selbstähnlichkeit" bzw. Skaleninvarianz. Dargestellt ist eine Vergrößerungsserie am Rand der Mandelbrot-Menge (aus Peitgen & Jürgens 1989).

Selbstreferenz der Spielhandlungen einen Ausschnitt heraus, um ihn feiner aufzulösen, trifft man wiederum auf selbstreferentielle Prozesse, nämlich auf diejenigen der unmittelbaren Face-to-face-Kommunikation. Bei weiterem Eindringen stößt man dann auf die Selbstreferenz der beteiligten psychischen Systeme. In der Terminologie der Chaostheorie bezeichnet man die Reproduktion ähnlicher prozessualer oder räumlicher Muster auf unterschiedlichen Auflösungsebenen als Selbstähnlichkeit (s. Abb. 57).

Die Empirisierung der kommunikativen Prozesse eines Planspiels ist einfach und schwierig zugleich. Einfach ist die Datengenerierung: man braucht in den verschiedenen Räumen nur Tonbänder oder/und Videokameras mitlaufen lassen, um das Geschehen optisch wie akustisch vollständig aufzuzeichnen. Dies wäre bei entsprechender Vorinformation der TeilnehmerInnen auch ethisch unbedenklich, da es sich bei Planspielen ja ohnehin nicht um private, sondern um öffentliche Situationen handelt. Schwieriger ist dagegen die theorieadäquate Auswertung der anfallenden Daten. Hierfür aber wurden in Kapitel II, 6.9 und 6.4 entsprechende Vorschläge unterbreitet: die Prozeßanalyse kommunikativer Systeme (PAKS) sowie die Sequentielle Plananalyse (näheres s. dort).

Das hier beschriebene Untersuchungsparadigma eröffnet Möglichkeiten für die empirische Bearbeitung einer ganzen Reihe von Fragestellungen. Beispiele: Lassen sich für Individuen oder Gruppierungen typische Erlebnis- und Bearbeitungsformen in komplexen dynamischen Szenarien identifizieren? Wie verhalten sich Erleben und Handeln der TeilnehmerInnen zueinander? Was ist zu erkennen, wenn wir die aktuell oder retrospektiv erhobenen Situationsschilderungen, Belastungseinschätzungen und Bewältigungsintentionen der TeilnehmerInnen mit zeitsynchronen Charakteristika der Systementwicklung (erfaßt mittels PAKS oder der Spielschrittdokumentation) vergleichen? Welche kommunikativen Ereignisse (Fluktuationen) setzen sich im Spielgeschehen durch, welche gehen darin unter? Wie und unter welchen Bedingungen geschieht das (vgl. das Prinzip der Ordnung durch Fluktuation, Jantsch 1982)? Wie entstehen, ausgehend von diffusen Ausgangsbedingungen, bestimmte Systemstrukturen? Gelingt es, die Entstehung, Reproduktion, Auflösung und Neubildung prozessualer Ordnungsmuster zu verfolgen?

Schließlich wäre es ein Ziel, die Systemdynamik eines Planspiels zu simulieren. Eine Voraussetzung hierfür bestünde darin, die aufgezeichneten Spielschritte zu katalogisieren und (inhaltlich plausible) Hypothesen über mögliche Anschlußselektionen zwischen einzelnen Spielschrittklassen oder Spielschrittkonstellationen zu formulieren. Auf dieser Basis ließe sich tatsächliches wie simuliertes Spielgeschehen in Form von Markoff-Prozessen abbilden und auch vergleichen. (Markoff-Prozesse reproduzieren Abfolgemuster von Einzelereignissen bzw. von Ereigniskonstellationen aufgrund von Übergangswahrscheinlichkeiten. Sich wiederholende Abfolgemuster können als prozessuale Ordnungszustände identifiziert werden.) Die Simulationen von Selbstorganisationsprozessen kann natürlich über Spielschrittabfolgen hinaus noch andere sequentiell anfallende Daten, etwa aus der Prozeßanalyse kommunikativer Systeme (PAKS) oder der individuellen Emotionsverarbeitung (COMES) integrieren, um so dem Verständnis der Koevolution sozialer und psychischer Systeme in Planspielen näherzukommen.

VII Als die Theorien laufen lernten ... Ein Simulationsmodell zur Depressionsentwicklung

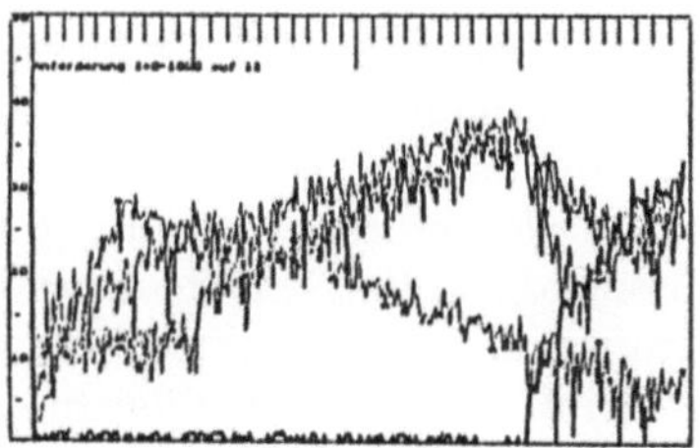

Anliegen systemischer Theoriebildung ist es, Prozesse zu erklären. Eine Möglichkeit, diesem Anliegen näherzukommen, soll im folgenden anhand der Computersimulation eines rekursiven Modells der Depressionsentwicklung vorgestellt werden. Der technische Zugang erfolgt dabei über ein sogenanntes Produktionssystem (Opwis 1988), welches die Bedingungen und Regelhaftigkeiten der Vernetzung zwischen den im Modell enthaltenen Variablen formulierbar macht.

Damit wird selbstverständlich nicht ausgeschlossen, daß verschiedene andere Möglichkeiten der Simulation solcher Dynamiken realisierbar wären. Man denke etwa an das Prinzip der zellulären Automaten, das z.B. Zeleny (Zeleny & Pierre 1976; Zeleny 1981) und Maturana (1982, 157ff.) zur Simulation der autopoietischen Organisation eines selbstherstellenden Prozesses anwandten, an Simulationen mittels Differentialgleichungssystemen, wie sie unter anderem zur Darstellung autokatalytischer chemischer Prozesse (s. z.B. das Brüsselator-Modell bei Nicolis & Prigogine 1977; 1987) benutzt werden (vgl. auch die Simulation schizophrener Verlaufsformen mittels eines Systems diskreter logistischer Gleichungen (Verhulst-Gleichungen) von Schiepek, Schoppek & Tretter 1991), oder an diverse Simulationsstrategien in der Artificial-Intelligence-Forschung (Charniak & McDermott 1985; einen methodischen Überblick zur Simulation dynamischer Systeme vermittelt Bossel 1987, eine umfassende Literaturzusammenstellung liegt von Krause 1988 vor). Die uns interessierende Depressionsentwicklung sollte in Form multipler Zeitreihen visualisierbar werden. Daher schied die Darstellungsform zellulärer Automaten aus, welche sich vor allem zur Produktion von Dynamiken räumlicher Konstellationen bestimmter Komponenten eignet. Auch die Formulierung von Differentialgleichungssystemen stand nicht zur Debatte, da auf mathematischem Niveau präzisierte Hypothesen im Bereich der Depressionsforschung nicht vorliegen. Weitere Alternativen wurden diskutiert, aber aus inhaltlich-psychologischen, programmiertechnischen sowie aus Gründen der Modelltreue – die zu simulierenden Prozesse waren in einem idiographischen Systemmodell repräsentiert (s. Schiepek 1986) – erfolgte die Entscheidung zugunsten einer Anwendung des Produktionssystem-Konzepts.

Dieser relativierende Hinweis zur Methode sei um eine relativierende Bemerkung zum theoretischen Anspruch ergänzt. Die in diesem Kapitel beschriebene Simulation einer Depressionsentwicklung beruht auf einem idiographischen, d.h. anhand eines Einzelfalls gewonnenen und auch auf diesen zugeschnittenen Modell. Aufgrund der nicht ungewöhnlichen Problematik des Klienten, der mir vieles aus seinem Leben erzählte und dem an dieser Stelle herzlich dafür gedankt sei, sowie aufgrund des klinisch-psychologischen Wissens, das zur Generierung der linealen Teilhypothesen des Modells herangezogen wurde, weist dieses zwar verschiedene typische Merkmale neurotischer Depressionen (in DSM-III-Terminologie: Dysthymer Störungen, Kategorie 300.40) auf (s. Billings & Moos 1982; Davison & Neale 1988, 257ff.). Die Absicht, eine Theorie der Depressionsentstehung mit Verallgemeinerungsanspruch daraus zu machen, besteht jedoch nicht. Allenfalls wird eine theoriebautechnische Absicht verfolgt: es soll gezeigt werden, wie Ätiologietheorien konstruiert werden könnten, damit sie Chancen für die Erklärung dynamischer Prozesse erhalten.

Rekursive Modelle als Erklärungsprinzipien dynamischer Prozesse

Die folgenden Ausführungen erschließen sich Pfade, welche ihren Ursprung in einem Vernetzungsbegriff von Systemen nehmen (s. Schiepek 1989). Dieser Vernetzungsbegriff beruht im Gegensatz zum Selbstreferenz-Begriff durchaus auf einer traditionellen Definition, wie etwa der von Hall & Fagen (1968) vorgeschlagenen. Ein System sei demnach eine Menge von Objekten mit Relationen zwischen diesen Objekten. Als Basis für die Konstruktion dynamischer Systemmodelle tauglich wird dieser Begriff, indem man anstelle der Objekte theoriebezogene Konstrukte bzw. nach deren Operationalisierung: Variablen einsetzt, und anstelle der Relationen entweder formale, mathematisierbare Funktionen zwischen den Variablen oder, wie in unserem Falle, Produktionsaussagen, welche die Verläufe der Variablen untereinander in Beziehung setzen. Wesentlich ist die dadurch entstehende Möglichkeit der rekursiven Vernetzung der im Modell enthaltenen Konstrukte bzw. Variablen. Diese rekursive Vernetzung ist die Voraussetzung dafür, daß dynamische Prozesse erklärbar werden, indem das Modell diese Prozesse erzeugt. Die im Modell enthaltenen rekursiven Schleifen werden vielfach durchlaufen, wobei jede Iteration den Zustand der Komponenten (in unserem Fall: die Ausprägung der Variablen) zum Zeitpunkt t in ihren Zustand zum Zeitpunkt t + 1 transformiert. Dieser Zustand ist wiederum Ausgangspunkt des nächsten Modelldurchlaufs usw. (s. Harbordt 1978). Die Erklärung eines Prozesses beruht also auf zwei Schritten:

(1) der Konstruktion einer rekursiven Struktur vernetzter Variablen (Systemmodell)
(2) dem iterativen Durchlaufen dieser rekursiven Struktur.

Dient ein Systemmodell lediglich als Anschauungshilfe, so können die Durchläufe rein mental geschehen, was angesichts der Kontraintuitivität und Komplexität von Systemprozessen aber leicht zu erheblichen Fehleinschätzungen führt. Dient das Modell der Erklärung von gemessenen oder beschriebenen Prozessen mit dem Anspruch auf Quantifizierung der reproduzierten Dynamik, wird an der Computerisierung des Vorgangs kaum ein Weg vorbeiführen. Das Systemmodell muß hierfür den Ansprüchen an einen Formalismus genügen, was bedeutet, die Variablen und deren Relationen in die präzisen syntaktischen Regeln einer Programmiersprache zu übersetzen. Das aber lohnt sich, denn: „Ein guter Formalismus denkt für uns" (B. Russel, cf. von Foerster 1987a, 148). Eine Erklärung dynamischer Phänomene, so können wir festhalten, beruht also auf der Reproduktion dieser Phänomene mittels eines theoretischen Modells.

Diese Auffassung entspricht im wesentlichen derjenigen von Maturana (1982, 238), nach dessen Verständnis eine Erklärung in der Entwicklung begrifflicher oder konkreter Systeme besteht, „... die isomorph sind den (Modellen von) Systemen, die die beobachteten Phänomene erzeugen. Jede Erklärung ist in der Tat stets die bewußte Reproduktion bzw. Neuformulierung eines Systems oder Phänomens, die von einem Beobachter einem anderen Beobachter angeboten wird, der sie akzeptiert oder ablehnt, indem er zugibt bzw. leugnet, daß sie ein Modell des zu erklärenden Systems oder Phänomens ist. Entsprechend stellen wir fest, daß ein System oder Phänomen wissenschaftlich erklärt worden ist, wenn ein Standard-Beobachter akzeptiert, daß die Relationen oder Prozesse, die es als System oder Phänomen einer besonderen Klasse definieren, begrifflich oder konkret reproduziert worden sind.

Ein Beobachter muß bei jeder Erklärung zwei grundlegende Operationen ausführen: (a) die genaue Kennzeichnung (und Abgrenzung) des Systems (der zusammengesetzten Einheit) oder des Phänomens, das erklärt werden soll; (b) die Identifizierung und Abgrenzung der Bestandteile sowie der Relationen zwischen diesen Bestandteilen, die die begriffliche oder konkrete Reproduktion des zu erklärenden Systems oder Phänomens erlauben."

Dieses Erklärungskonzept ist nach Maturana Teil der wissenschaftlichen Methode, die er durch vier grundlegende Operationen charakterisiert:

„(a) Beobachtung eines Phänomens, das als zu erklärendes Problem angesehen wird; (b) Entwicklung einer erklärenden Hypothese in Form eines deterministischen Systems, das ein Phänomen erzeugen kann, welches mit dem beobachteten Phänomen isomorph ist; (c) Generierung eines Zustandes oder Prozesses des Systems, der entsprechend der vorgelegten Hypothese als vorhergesagtes Phänomen beobachtet werden soll; (d) Beobachtung des so vorhergesagten Phänomens" (Maturana 1982, 236f.).

Das Problem der Validierbarkeit von Simulationsmodellen

Ebenso wie der Kritische Rationalismus betont Maturana die Vorhersage und anschließende Beobachtung von Phänomenen als Bestandteile des wissenschaftlichen Vorgehens. Kritisch ist gegenüber einer solchen falsifikationistischen Position gerade im Hinblick auf die Probleme der Validierbarkeit dynamischer Modelle folgendes anzumerken:

Die Konstruktion von Systemmodellen beruht zunächst auf einem Rückblick. Bisher beobachtete Prozesse sollen durch die spezifische, rekursive Relationierung der im Modell enthaltenen Variablen erzeugt werden. Ob damit auch eine Prognose möglich wird, hängt neben der Güte des Modells von der Präzision der erfolgten Messungen, der Genauigkeit der gewünschten Prognose, dem gewünschten Auflösungsgrad, der zeitlichen Ausdehnung der prognostizierten Dynamik und der Anzahl der dafür notwendigen iterativen Modelldurchläufe, der Art der zu erwartenden dynamischen Muster (sind „dynamische Katastrophen" oder Destabilisierungs- und Neuorganisationsprozesse zu erwarten?) sowie verschiedenen anderen Bedingungen ab. Es gibt physikalische Systeme (nämlich solche, die den Bedingungen des deterministischen Chaos genügen), deren Zustände nicht vorhersehbar sind, obwohl die Systeme deterministisch funktionieren (s. Crutchfield et al. 1987; Bergé, Pomeau & Vidal 1984; Mackey & an der Heiden 1982).

Ein grundlegendes Problem besteht weiterhin in der Divergenz von Verhaltensmodellhaftigkeit und Strukturmodellhaftigkeit (Dörner 1984). Es läßt sich zeigen, daß das Verhalten eines Systems durch praktisch beliebig viele eben dieses Verhalten erzeugende Strukturen produzierbar ist, was bedeutet, daß auch eine exakte dynamische Erklärung nichts zur Validierung der dieses Verhalten erzeugenden Struktur beiträgt. Mit anderen Worten: „... aus der Outputübereinstimmung kann man nicht auf Homomorphie schließen" (Harbordt 1978, 154). Ungelöst ist dem vorgelagert noch die Frage, ab wann und nach welchen Kriterien eine empirische und eine simulierte Zeitreihe als hinreichend ähnlich beurteilt werden können (Identität dürfte ohnehin nicht zu erwarten sein), um letztere als Reproduktion und das sie erzeugende Modell als Erklärung der ersteren gelten zu lassen. Der Modelltest rechnet also mit mehr oder weniger starken Abweichungen der simulierten von den empirischen Daten, nur in Ausnahmefällen jedoch mit der problemlosen Situation völliger Übereinstimmung. Bedenkt man zudem, daß empirische Daten zu ihrer Herstellung bestimmter Meßprozeduren bedürfen, so wird verständlich, daß es sich bei einem Modelltest weniger um einen Falsifikationsversuch anhand der Wirklichkeit handelt als vielmehr um eine Konsistenzprüfung von aufgrund unterschiedlicher Prozeduren hergestellten Datenprodukten.

Übereinstimmungsbeurteilungen zwischen empirischen und simulierten Zeitreihen sind aus den genannten Gründen schwierig. Sie hängen ab von den Zwecksetzungen der Simulation, den festgesetzten Toleranzgrenzen, den benutzten Abweichungsmaßen und den Kriterien des Mustervergleichs. Zur Veranschaulichung betrachte man Abbildung 58. Soll die simulierte Zeitreihe den numerischen Werten der empirischen Zeitreihe a möglichst nahe kommen und benutzt man dabei ein Distanzmaß wie die gemittelte quadrierte Abweichung über den gesamten dargestellten Verlauf, so fällt die Entscheidung zugunsten der Geraden b aus. Zieht man nur bestimmte Abschnitte des gesamten Verlaufs in Betracht, liegt die Sinuskurve c

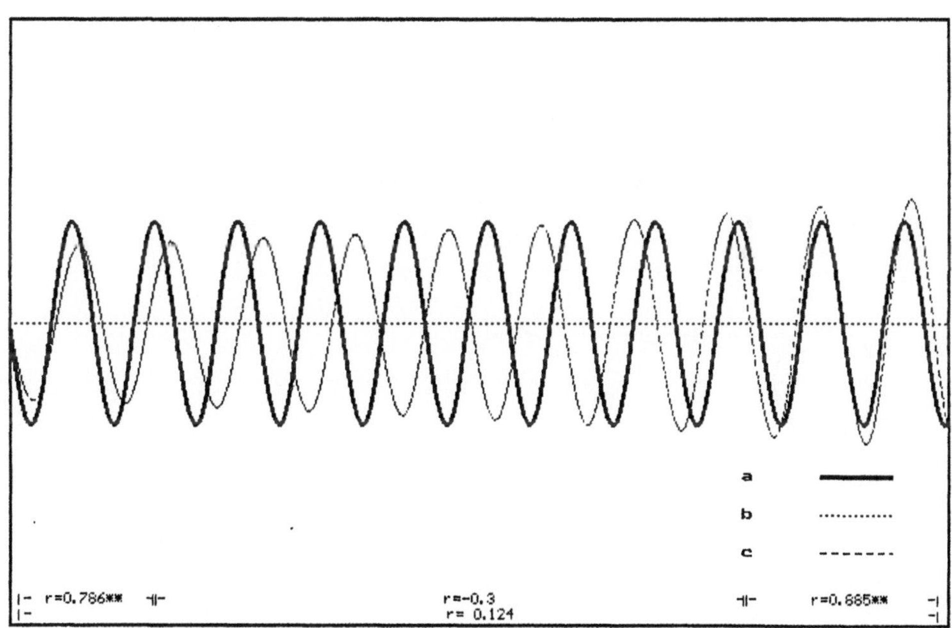

Abb. 58: Veranschaulichung von Problemen der Übereinstimmungsbeurteilung zwischen einer angenommenen empirischen Zeitreihe (fett durchgezogene Kurve) und simulierten Zeitreihen (gestrichelte Linien).

nach dem gleichen Kriterium im ersten und letzten Abschnitt deutlich näher an der empirischen Kurve als die Gerade; im mittleren Abschnitt, der eine negative Korrelation zwischen den beiden Sinusschwingungen aufweist, ist jedoch das Gegenteil der Fall. Interessiert man sich neben der numerischen Abweichung für das Verlaufsmuster, wird man entweder zugestehen, daß die Kurve c eine wesentlich bessere Annäherung an die empirische Kurve a darstellt, weil es sich in beiden Fällen um Sinusschwingungen handelt. Kurve c ist immerhin in der Lage, dieses Muster zu reproduzieren, wenngleich sie wegen ihrer längeren Schwingungsperiode phasenverschoben verläuft. Oder man wird zu der Feststellung gelangen, daß mit Gerade b die Stabilität des Prozesses „erkannt" worden sei, wogegen die Sinusschwingung c eine kontinuierliche Amplitudenzunahme aufweist, was zunehmende Aufschaukelung und Instabilität erwarten läßt. Deutlich wird, daß eine Entscheidung für das eine oder andere Modell gravierende Konsequenzen haben kann.

Weicht das Verhalten des Simulationsmodells vom erwarteten Verhalten ab, so muß dies nicht unbedingt dem Modell anzulasten sein. Völlig unterschiedliches Systemverhalten kommt unter bestimmten Bedingungen nicht nur aufgrund unterschiedlicher Modellstrukturen zustande. Es kann auch Ergebnis von Differenzen in den Ausgangsbedingungen der Variablen- bzw. Parameterwerte sein. Bereits minimale Abweichungen zweier Anfangswerte können im Falle instabiler Systeme derart verstärkt werden, daß die weiteren Verläufe der Variablen sich in keiner Weise mehr gleichen. Ein Beispiel hierfür wäre die Bahninstabilität einer kleinen Kugel, die zwischen einer Ansammlung zufällig verteilter und räumlich fixierter großer Kugeln hin und her reflektiert wird (Lorentz-Modell, s. Prigogine & Stengers 1981, 257f.; Nicolis & Prigogine 1987, 264ff.). Ein solches konservatives dynamisches System weist keine asymptotische Stabilität auf, die ein System zufällige Störungen vergessen ließe. Schon die kleinste Unsicherheit über die Anfangsposition der klei-

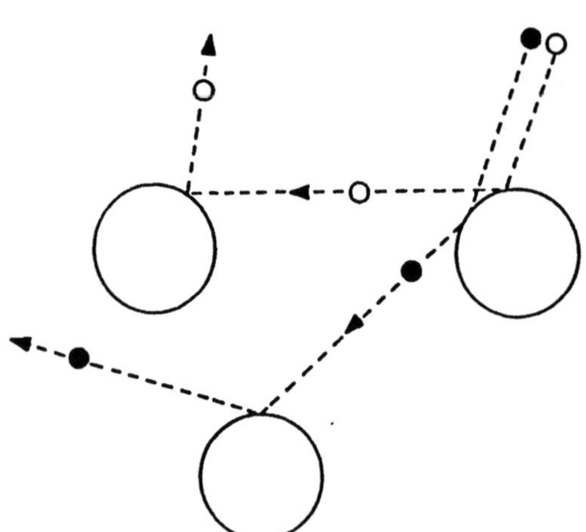

Abb. 59: Schematische Darstellung der Bahninstabilität einer kleinen Kugel, die von großen Kugeln reflektiert wird. Schon die kleinste Unsicherheit über die Anfangsposition der kleinen Kugel macht es unmöglich vorauszusagen, welche der großen Kugeln nach ein paar Stößen getroffen wird.

nen Kugel macht es unmöglich vorauszusagen, welche der großen Kugeln nach ein paar Stößen getroffen wird (s. Abb. 59). Obwohl es sich um deterministische Prozesse handelt, sind allein schon aufgrund von Meßungenauigkeiten in der Bestimmung der Ausgangszustände weitreichende Prognosen unmöglich. Die *sensible Abhängigkeit* der Prozesse *von den Ausgangsbedingungen* ist ein Kriterium für das Vorliegen von deterministischem Chaos (s. Abb. 60). Physikalische Modelle hierfür sind die Hufeisen-Abbildung oder die Bäcker-Transformation (Nicolis & Prigogine 1987).

Die gegenteilige Situation liegt im Falle asymptotischer Stabilität vor, bei der praktisch beliebige Ausgangswerte auf einen bestimmten dynamischen Attraktor hin konvergieren. Ein Beispiel hierfür wäre die Prozedur des Wurzelziehens, die iterativ angewandt von jeder positiven rationalen Zahl aus gegen ihren Eigenwert 1 konvergiert (von Foerster z.B. 1984). Welche Konsequenzen die Wahl unterschiedlicher Ausgangswerte für das jeweilige Systemverhalten hat, muß im Einzelfall geprüft werden. Das ist die Aufgabe von Modelltests.

Produziert ein Modell dynamisches Chaos, d.h. eine Zeitreihe, die sich nicht mehr durch eine regelmäßig wiederkehrende Periodizität auszeichnet, so stößt der Vergleich von empirischer und simulierter Zeitreihe an prinzipielle Grenzen. Identität der Verläufe ist selbst dann nicht zu erwarten, wenn der chaotische Prozeß von einem deterministischen System, etwa einer Differenzendifferentialgleichung erzeugt wurde. Um eine empirische Datenreihe per Simulation identisch zu reproduzieren, wäre einerseits exakte Prognostizierbarkeit, andererseits die Eliminierung stochastischer Anteile in den Verläufen notwendig. Für Zeitreihen psychologischer Prozesse ist beides nicht zu erwarten. Anders als in der Physik, wo Periodizität, Zeitsymmetrie der Trajektorien und makroskopischer Determinismus lange Zeit die Regel, deterministisches Chaos dagegen aufsehenerregende Ausnahme (mit allerdings inzwischen virusartiger Ausbreitungstendenz) war, stellt bei psychologischen Zeitreihen, so könnte eine Hypothese lauten, die Eigenschaft des dynamischen Chaos die Regel dar. Mathematisch saubere Periodizität kommt hierbei selbst in komplizierterer Form praktisch nicht vor. Eine einführende Veranschaulichung des Prinzips des deterministischen Chaos vermittelt Abbildung 60. Eine formale Einführung geben z.B. Bergé, Pomeau & Vidal (1984) und Schuster (1988), eine anschauliche Illustration das GEO-Heft „Chaos und Kreativität" (1990).

Diese Argumente werfen ein düsteres Licht auf die Chancen der Falsifizierbarkeit dynamischer Modelle. Die eben angesprochenen Eigenschaften dynamischer Systeme relativieren die falsifikatorische Aussagekraft von Divergenzen zwischen Simulation und Empirie. Aber selbst wenn falsifikatorisch relevante Abweichungen feststellbar wären, würde sich die Frage stellen, welche Faktoren welchen Beitrag zu diesen Abweichungen leisten (Komplexitätsproblem nach Harbordt 1978, 156). Sind es die Anfangswerte, die angenommenen Randbedingungen, die im Modell festgelegten Parameter-, Grenz- und Schwellenwerte, die vorher zur Parameterschätzung benutzten Daten (Datenfehler)? Oder wurden Variablen falsch verknüpft? Fehlen entscheidende Variablen (Strukturfehler)? Ab einer bestimmten Komplexität der Modelle, die bereits beginnt, sobald es nicht mehr um die Erklärung von Einzelereignissen, sondern von dynamischen Prozessen geht, gerät Komplexität und Falsifizierbarkeit in ein umgekehrt proportionales Verhältnis (vgl. Bischof 1985, 466).

Abb. 60: Veranschaulichung von Phasenübergängen zwischen periodischem und chaotischem Verhalten eines deterministischen Systems.
Die Abbildungen repräsentieren einige numerische Lösungen einer Differentialgleichung mit Zeitverzögerung. Die Grundform dieser Differentialgleichung lautet:

$$\frac{dx}{dt} = p - d$$

Diese Gleichung ist als Produktionsprozeß einer Variable x zu verstehen, welcher einen Produktionsterm p und einen Abbauterm d enthält. Der Produktionsterm ist hier eine zeitverzögerte Funktion (τ repräsentiert die Zeitverzögerung) von x, also $f(x[t-\tau])$, der Abbauterm $ax(t)$ ist linear von x abhängig, wobei a eine bestimmte Konstante darstellt. Daraus ergibt sich:

$$\frac{dx}{dt} = f(x[t-\tau]) - ax(t)$$

Die Variable x könnte z.B. die Konzentration eines bestimmten Zelltyps bei periodischer Hämatopoiese darstellen. Die Gleichung beinhaltet einen gemischten Feedbackprozeß, in dem die Produktionsrate eine positive oder negative Funktion von $x(t-\tau)$ darstellt. Für den Fall der hier gezeigten numerischen Lösungen wurde folgende Funktion $f(x)$ gewählt:

$$f(x) = b\,\frac{x}{1 + x^n}$$

Damit lautet die Differentialgleichung:

$$\frac{dx}{dt} = b\,\frac{x(t-\tau)}{1 + x^n(t-\tau)} - ax(t)$$

Die folgenden Abbildungen beruhen auf approximativen Lösungen, für die a=1, b=2 und τ=2 gilt. Der Wert für n ist jeweils angegeben.
Auf der linken Seite sind (x,t)-Diagramme abgebildet, welche die Abhängigkeit der Variablen x (z.B. die Konzentration roter Blutkörperchen) von der Zeit t in einem Abschnitt $0 \leq t \leq 100$ wiedergeben. Die Zeiteinheit wurde willkürlich gewählt.
Auf der rechten Seite sind die dazugehörigen Quasi-Attraktordarstellungen zu finden, deren Abszisse x=x(t) und deren Ordinate y=x(t-τ) bilden. Senkrecht ist also der um die Verzögerungszeit τ hinter der Zeit t zurückliegende Wert von x aufgetragen. In der Abbildung wurde die Abszisse mit x(1), die Ordinate mit x(2) bezeichnet.
Der Bifurkationsparameter dieses Systems sei n. Bei einem Wert von n=5.04 geht x von einem asymptotisch stationären Zustand bei x=1 in eine stabile Periodizität über. Diese stabile periodische Lösung ist im (x,t)-Diagramm für n=6, im (x(t),x(t-τ))-Diagramm für n=7 dargestellt. In diesem Fall, in dem x(t) periodisch in der Zeit variiert, erhält man eine geschlossene Kurve, wobei ein Umlauf jeweils einer Periode entspricht.
Überschreitet n den Wert von 7.2, ereignet sich eine Periodenverdoppelung (period doubling bifurcation).

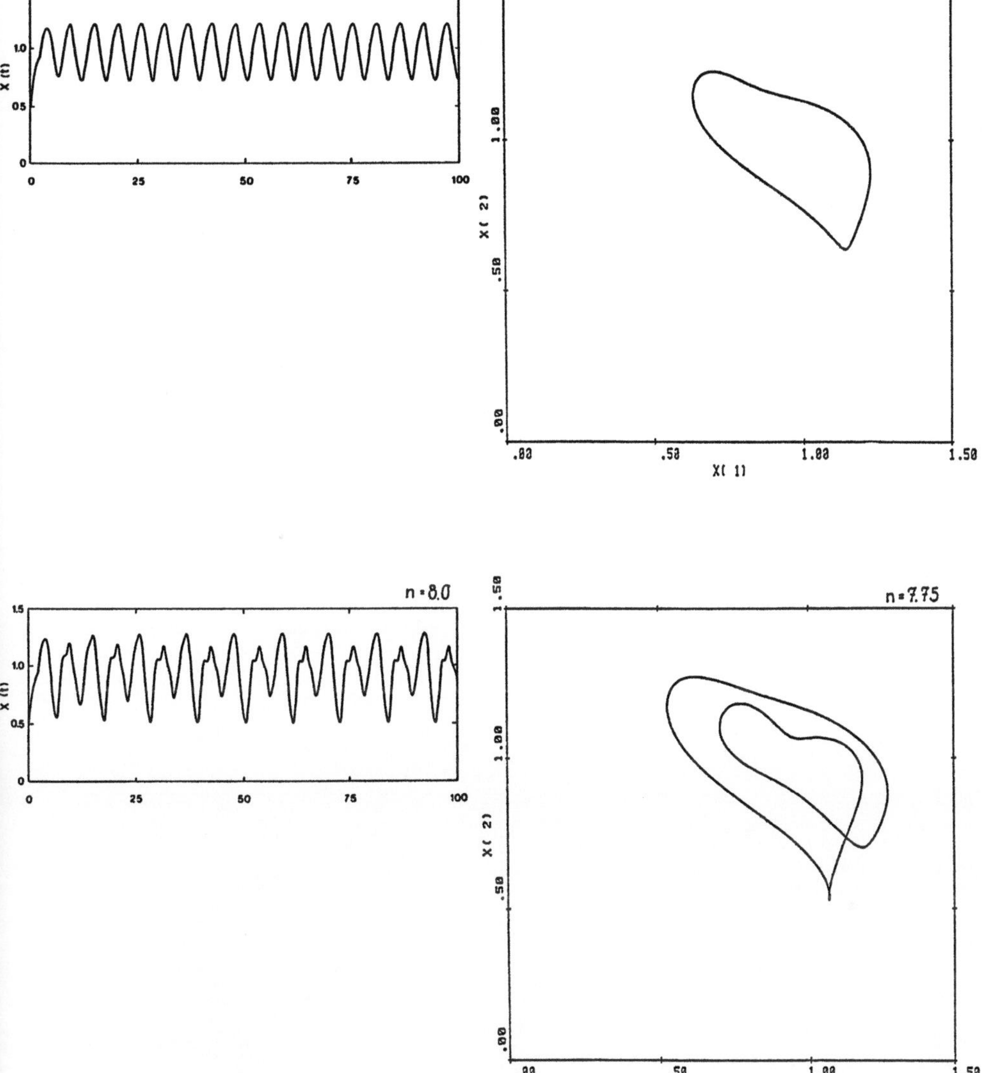

Für n<10 kommen verschiedene weitere periodenverdoppelnde Bifurkationen vor. Abgebildet sind lediglich die Quasi-Attraktordarstellungen für n=8.5 und n=8.79.

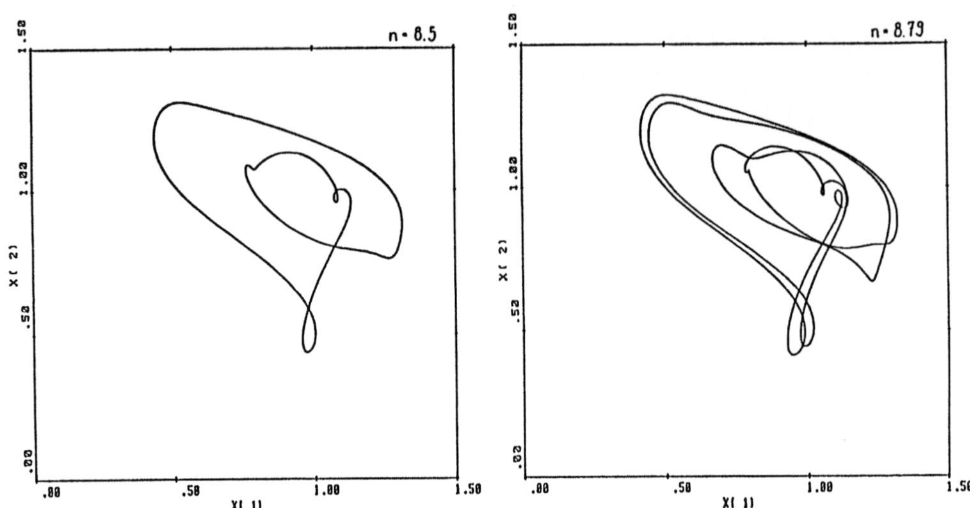

Eine besonders dramatische Bifurkation ereignet sich bei n=10. Das Verhalten von x weist oberhalb dieses Bifurkationspunkts keine Periodizität mehr auf. Es handelt sich auch nicht um eine kompliziertere Periodizität, sondern um irreguläres (chaotisches) Verhalten, das, wohlgemerkt, von einem deterministischen System, nämlich einer Differenzendifferentialgleichung produziert wird. Bei aperiodischem (chaotischem) Verlauf ist die Kurve nicht geschlossen. Würde man sie über einen längeren Zeitraum darstellen, so würde sie einen flächigen Teil der $[x(t),x(t-\tau)]$-Ebene ausfüllen.

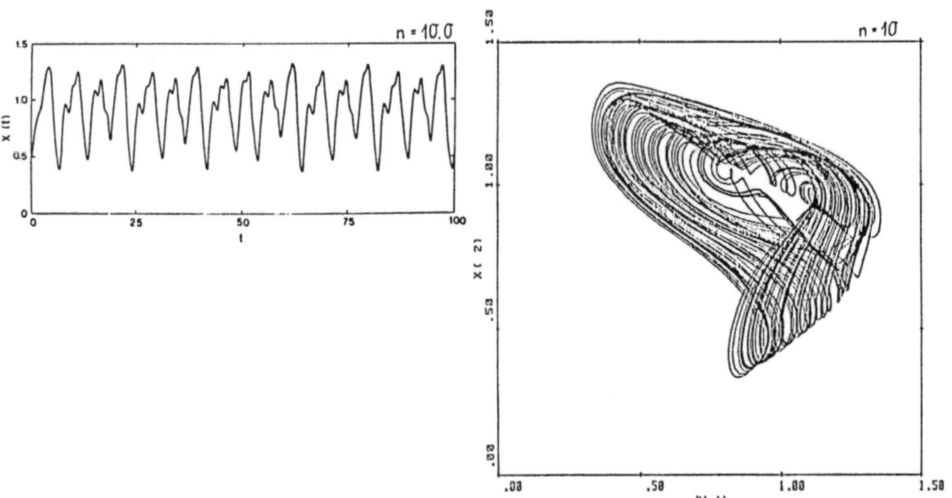

Noch deutlicher wird der Übergang zu chaotischem Verhalten, wenn man τ als Bifurkationsparameter nimmt. n wird auf n=12 festgelegt, der Ausgangspunkt des Verlaufs von $x(t)$ sei $x(t_0)$=0.5. Variiert wird τ mit (a) τ=1, (b) τ=2, (c) τ=3, (d) τ=4.

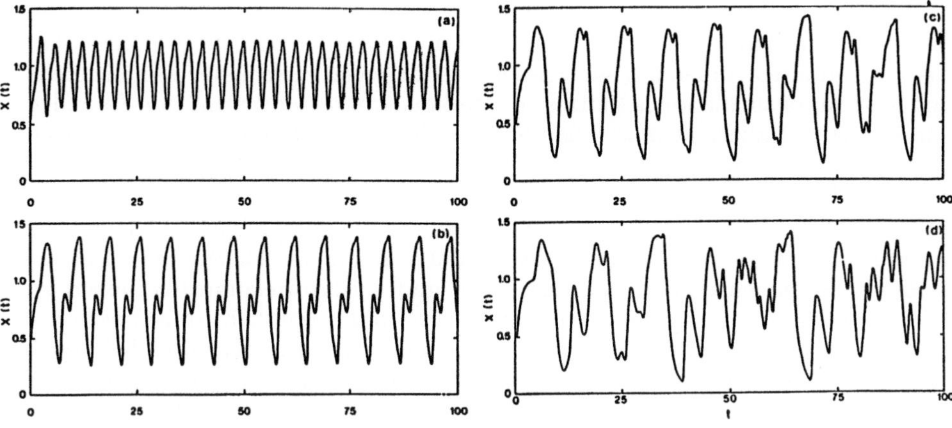

Die folgenden Abbildungen veranschaulichen das Prinzip der sensiblen Abhängigkeit des Systemverhaltens von den Anfangsbedingungen. Die Systemparameter sind bei a=1, b=2, n=10 und τ=2 festgehalten. Variiert wurde lediglich der Ausgangspunkt von x(t), mit (a) x(0)=0.1, (b) x(0)=0.3, (c) x(0)=0.7, (d) x(0)=0.9. Für jeden Ausgangspunkt resultiert ein deutlich anderes Systemverhalten[*].

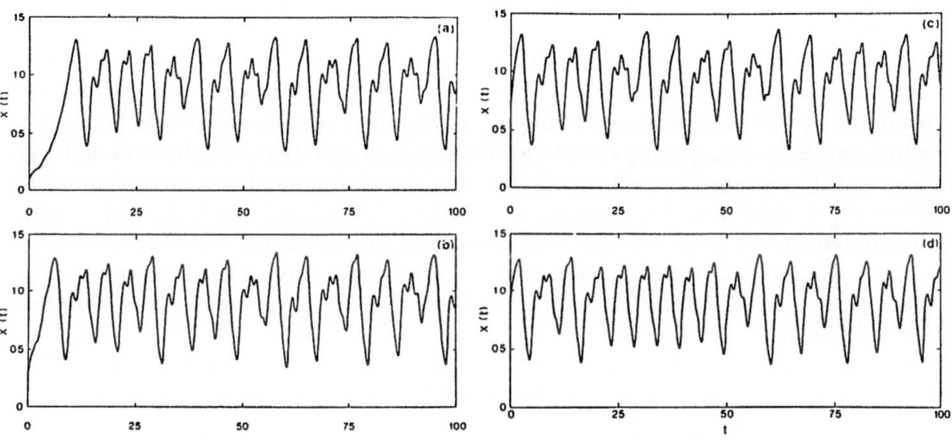

* Ich danke Herrn Prof. Uwe an der Heiden, der mir freundlicherweise die hier wiedergegebenen Abbildungen zur Verfügung gestellt hat. Näheres hierzu s. in Mackey & an der Heiden (1982), Glass & Mackey (1979), Schuster (1988). Eine sehr anschauliche, nicht-formale Einführung in die Phasenraumdarstellung chaotischer Prozesse geben Abraham & Shaw (1984).

Trotzdem liegen Validierungsmöglichkeiten für dynamische Modelle zumindest ansatzweise vor. Zeitreihenvergleiche können auf quantitativem Wege mittels statistischer Verfahren vorgenommen werden. Hierfür liegen verschiedene Ähnlichkeits- und Korrelationsmaße sowie Indizes zur Merkmalscharakterisierung von Zeitreihen vor. Derartige Indizes kennzeichnen unter anderem lineare und nichtlineare Trendarten, die Streuungsbreite und den Oszillationsgrad einer Zeitreihe (s. Dörner & Reither 1983).

Weitere Möglichkeiten beruhen auf einer Analyse der korrelativen Abhängigkeitsstruktur einer Datenreihe von sich selbst und von anderen Datenreihen. Das methodische Vorgehen führt dabei über Auto- und Crosskorrelationsfunktionen mit zunehmender Zeitverzögerung, woraus positive und negative Korrelationszusammenhänge zwischen Variablen und Verzögerungsgraden eruierbar sind. Solche Abhängigkeitsstrukturen erlauben sogar die Erstellung rekursiver Regelkreismodelle, was Revenstorf, Linden & Keeser (1986) anhand multipler Verlaufsratings der Beziehungsdynamik zweier Ehepaare vorgeführt haben. Die Analyse korrelativer Muster eignet sich mithin sowohl zum Vergleich einfacher oder multipler Verläufe untereinander als auch zum Vergleich der aus empirischen oder simulierten Datenreihen extrahierten mit der im Modell vorgesehenen Abhängigkeitsstruktur. Feststellbare Abweichungen lassen sich, das sei einschränkend hinzugefügt, jedoch aufgrund der Differenz von Verhaltens- und Strukturmodellhaftigkeit nicht unbedingt als falsifikatorische Instanz behandeln.

Die mathematischen Möglichkeiten der Analyse dynamischer Prozesse sind weitreichend, wobei jede Art der Analyse prinzipiell auch als *vergleichende* Analyse betrieben werden kann. Für den Fall des dynamischen Chaos besteht ein üblicher Kennwert in der Dimensionalität des zugehörigen Attraktors im Phasenraum (s. z.B. Grassberger & Procaccia 1983; Martienssen 1989; Tschacher 1990). Periodische Oszillationen (Phasenraumdarstellung: Grenzzyklus) weisen dabei eine Dimensionalität von eins auf, quasi-periodische Dynamiken mit zwei interferierenden Frequenzen (Phasenraumdarstellung: Torus) eine Dimensionalität von zwei, chaotische (seltsame) Attraktoren demgegenüber weisen nicht-ganzzahlige (fraktale) Dimensionalitäten größer zwei auf (für eine Erklärung des Konzepts fraktaler Dimensionalität s. Nicolis & Prigogine 1987, 161ff.; für Beispiele s. Nicolis & Prigogine 1987, 355ff.: geologische Daten; Babloyantz & Destexhe 1987, Mayer-Kress & Holzfuss 1987: EEG-Daten).

Validierungsstrategien beruhen nicht nur auf statistischen oder mathematischen Analysen. Auch qualitative Vergleiche, die sich auf charakteristische Verlaufsmerkmale wie Schwankungen, bezeichnende Trends, etc. beziehen, sind zulässig (Harbordt 1978). Ihr Vorteil besteht darin, daß nicht nur quantitative, sondern auch qualitativ beschriebene Verläufe zur Validierung dienen können. Sicher ist das eine empirisch schwächere Referenz, doch liegen in der Psychologie eben oftmals nur qualitative, meist retrospektive Verlaufsbeschreibungen vor. Quantitative Zeitreihen sind die Ausnahme: entweder gibt es sie nicht, wenn man sie braucht, oder sie sind zu kurz, oder sie disqualifizieren sich durch das Fehlen irgendwelcher statistisch-mathematischer Modellvoraussetzungen.

Unter Umständen muß man noch weiter zurückgehen. Jeder Empirie-Modell-Vergleich beruht auf entsprechenden quantitativen oder qualitativen empirischen Datensätzen. Vielfach kommen Computersimulationen aber zum Einsatz, obwohl solche Datensätze noch nicht vorliegen, etwa wenn Simulationen als Hilfsmittel zur Formalisierung und Präzisierung von Theorien, zur Generierung dynamischer Hypothesen oder zur Erstellung von Prognosen dienen. Es gibt aber auch Fälle, in denen entsprechende Datensätze aus praktischen oder ethischen Gründen nie vorliegen werden, dann nämlich, wenn die Simulation Realität *ersetzen soll.* Man denke zum Beispiel an computerunterstützte Alternativen zu Tierversuchen und an experimentelles oder lernendes Handeln in hypothetischen Szenarien, dessen möglicherweise dramatische Konsequenzen es gerade zu vermeiden gilt. Derartige Bedingungen machen deutlich, daß Prüfungsstrategien gefragt sind, die der empirischen Gegenkontrolle vorgelagert sind. Sie bestehen unter anderem in folgenden Fragen:

- Ist die interne Logik des Modells konsistent?
- Wurden die hinsichtlich des Zwecks der Simulation relevanten Variablen und Relationen einbezogen?
- Berücksichtigen die verwendeten Hypothesen das vorliegende empirische, praktische und fallbezogene Wissen oder gibt es diesbezüglich Lücken?
- Stimmt das Modellverhalten in plausibler Weise mit dem erwartbaren Verhalten des realen Systems überein (vgl. Harbordt 1978, 155)?
- Greifen die im Modell enthaltenen Regeln an sinnvollen, d.h. inhaltlich plausiblen und nicht durch andere Regeln ausgeschlossenen Stellen?

Zusätzliche Validierungsschritte können über sog. Modellexperimente erfolgen, bei denen mittels des modellspezifischen Eingangsrandes Veränderungen im Systemzustand oder in den Systemparametern vorgenommen werden. Um auf unser Beispiel der Depressionsentwicklung zurückzukommen: Was geschähe, wenn in einem bestimmten Systemzustand eine Therapie die Bewältigungsstrategien des Klienten verbessern oder das Beziehungsmuster zwischen dem Klienten und seinen Eltern verändern würde? Zwei Fragerichtungen bieten sich dabei an: (a) Welche Entwicklungen sind beobachtbar, gegeben eine bestimmte Intervention? (b) Welche Interventionen (z.B. Parameter- oder Strukturveränderungen des Modells) sind notwendig (bzw. ausreichend, überhaupt möglich), gegeben das Ziel, eine bestimmte Systemdynamik herbeizuführen? Modellexperimente eignen sich sowohl zur Testung der internen Struktur und der Verhaltenspotentiale eines Modells, als auch zur empirischen Gegenkontrolle auf der Basis entsprechender Experimente im realen System.

Dynamische Modelle können der Klinischen Psychologie „von unten" helfen. Darauf wurde im Eingangskapitel dieses Bandes bereits hingewiesen. Sie machen methodische Schwierigkeiten deutlich und schaffen dadurch Problembewußtsein. Sie zeigen auf, wo bei ihrer Programmierung überall Schätzungen, Vermutungen und ad-hoc-Annahmen die Lücken des Wissens stopfen müssen. Sie weisen auf Widersprüche zwischen Teilhypothesen hin, indem sie diese entweder kollidieren lassen oder zu einer rekursiven Ergänzung führen. Sie liefern aber auch Verlaufsannahmen, welche Grundlage sind für die Hypothesenbildung bei den immer wieder geforderten prospektiven Langzeitstudien (Segal 1988). Deren Explanandum ist ein Prozeß und kein Einzelfaktum. Das übliche Erklärungsschema, das aus Gesetzeshypothesen in Wenn-Dann-Form und den Sätzen, in denen die Antezedensbedingungen formuliert sind, das zugehörige Explanandum deduziert, eignet sich dagegen zur Erklärung von Prozessen denkbar schlecht: Eine Veränderung der Variablen a führt kausal oder korrelativ zu einer Veränderung der Variablen b. Bestimmte Attributionsmuster erleichtern (oder führen zu) depressiver Hilflosigkeit, gegeben bestimmte Randbedingungen. Verstärkerverlust erleichtert (oder führt zu) depressivem Rückzug. Ende der Erklärung. Eine Rückkoppelung der Veränderungen in den „abhängigen" Variablen auf die „unabhängigen" Variablen findet nicht statt. Eben darin liegt ein wesentlicher Unterschied zu rekursiven Modellen, welche die Trennung zwischen abhängigen und unabhängigen Variablen hinfällig machen.

„Integrative" und systemische Konzepte der Depression

(a) Beispiele für Modellentwicklungen der empirisch orientierten Klinischen Psychologie

Nach einer hauptsächlich von psychoanalytischem Denken geprägten Phase der Depressionsforschung bis etwa in die Mitte der 60er Jahre dominierten in den 70er Jahren lineale Theorien, die jeweils unterschiedliche Einzelfaktoren für die Depressionsentstehung verantwortlich machten („linear theories focused on a single causal agent to the exclusion of others", Lewinsohn et al. 1985, 352). Experimentell, meist jedoch korrelativ untersuchte Wenn-Dann-Hypothesen hatten Hochkonjunktur, was eine rege, aber doch sehr zersplitterte Forschungsarbeit zur Folge hatte. Verschiedene Forscher erhoben daher die Forderung, eindimensionale Hypothesen durch multifaktorielle bzw. integrative Modelle zu ersetzen (z.B. Akiskal & McKinney 1973; 1975; Billings & Moos 1982; Lewinsohn et al. 1985; Reiter 1988a,b). „The field is now moving into the next phase that promises to do justice to the complexity of the clinical phenomena of depression and of the underlying psychological processes" (Lewinsohn et al. 1985, 352).

Integrative Konzepte sollen den Analysen des Scheiterns menschlicher Anpassungs- und Bewältigungsprozesse, wie es in der Depression zutage tritt, einen verbindenden Rahmen geben. Um diesen Anspruch einzulösen, machen sich z.B. Billings & Moos (1982) daran, eine Fülle von Befunden aufzuzählen und verschiedenen Pfeilen einer Graphik zuzuordnen (s. Abb. 61). Angeführt werden Streßereignisse im Sinne von Life-events oder daily hassles, die individuell wahrgenommene Fähigkeit zum Management von Umweltereignissen, Attributionsstile, soziale Kompetenzen, die verfügbare Unterstützung in sozialen Netzwerken, Appraisal- und Coping-Prozesse, das Hilfesuchverhalten, Geschlechtsunterschiede und sozialer Status. An einigen Stellen bemühen sich die Autoren, ihre Forderung nach einer interaktionellen Sichtweise zu konkretisieren, etwa wenn sie das Dilemma zwischen Hilfsbedürftigkeit und aggressiver Ablehnung der Helfer auf seiten des Depressiven, ambivalenter Hilfsbereitschaft und zunehmenden Überforderungsgefühlen auf seiten der Helfer schildern. Insgesamt jedoch gelingt es nicht, die vielen linealen Teilbögen so aufeinander zu beziehen, daß ein rekursives Modell entsteht. Es bleibt der Eindruck einer Aufzählung, nicht jedoch der eines integrativen Modells, was immer das auch sein soll.

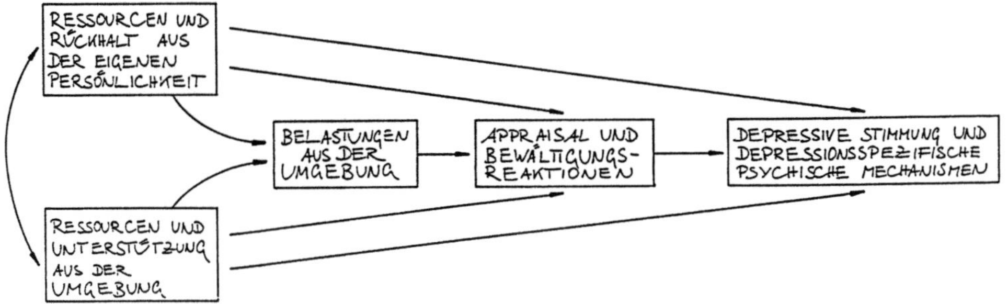

Abb. 61: Ein von Billings & Moos (1982) vorgeschlagenes Gerüst für ein „integratives" Depressions-konzept.

Anhand dieses Beispiels wird eines klar: mit dem Label des „Multifaktoriellen" oder „Integrativen" ist solange noch nichts Entscheidendes gewonnen, als die Konzepte über eine Addition bzw. zeitlich serielle Anordnung einzelner Bedingungen und Faktoren nicht hinausgehen. Ein integratives Modell müßte m.E. zugleich ein dynamisches Modell sein, das den Prozeß der Depressionsentstehung aus der spezifischen Form des Zusammenwirkens der beteiligten Faktoren erklären könnte. Daß eben dies aber offenbar schwierig ist, verdeutlichen selbst die neueren Fassungen der kognitiven Diathese-Streß-Theorien der Depressionsentstehung (vgl. Alloy, Clements & Kolden 1985). Vergleicht man z.B. die attributionstheoretisch reformulierte Hilflosigkeitstheorie (Abramson, Seligman & Teasdale 1978; Halberstadt et al. 1984; Hamilton & Abramson 1983; Seligman et al. 1984) mit dem kognitiven Modell von Beck (Beck 1976; Beck et al. 1979; Rush & Giles 1982; Alloy et al. 1985; Greenberg & Alloy 1985a,b), kann man ihnen zwar keine unifaktorielle Verengung mehr vorwerfen. Beide Konzepte sehen auch, daß sie „sufficiency models and not necessity models" (vgl. Alloy, Clements & Kolden 1985, 385) darstellen, was bedeutet, daß die jeweils angenommenen Faktoren (a) zwar hinreichende, aber keineswegs zwingend notwendige Bedingungen darstellen, und (b) es auch andere hinreichende Bedingungen (bzw. „causal pathways") für die Depressionsentwicklung geben kann. Doch nehmen beide im Sinne einer zeitlich distalen Verursachung die Entstehung eines kognitiven Diathese-Faktors, d.h. einer als Risiko-Faktor wirkenden Prädisposition an, die sich über eine kausale Abfolge zu einer unmittelbaren, proximalen Bedingung für das Auftreten einer depressiven Episode spezifiziert. Wie Alloy, Clements & Kolden (1985) zeigen, ist dabei die Argumentationsform beider Modelle ähnlich (Abb. 62 und 63).

Sie postulieren eine serielle Abfolge, wobei sich aus den unspezifischeren Diathese-Vorgaben durch bestimmte Erfahrungen („situational information") sukzessive spezifischere Bedingungen der Depressionsentstehung herauskristallisieren. Trotz der bekannten inhaltlichen Unterschiede der Modelle (vgl. die Abbildungen) sind sie sich insofern ähnlich als beide kein eigentliches Prozeßmodell liefern, welches aus der Wechselwirkung der Bedingungen zeitliche Verläufe prognostizieren könnte (z.B. das Auftreten depressiver Episoden, Chronifizierung oder Spontanremission, Stabilisierung oder Destabilisierung kognitiver Muster). Die Zusammenhangsan-

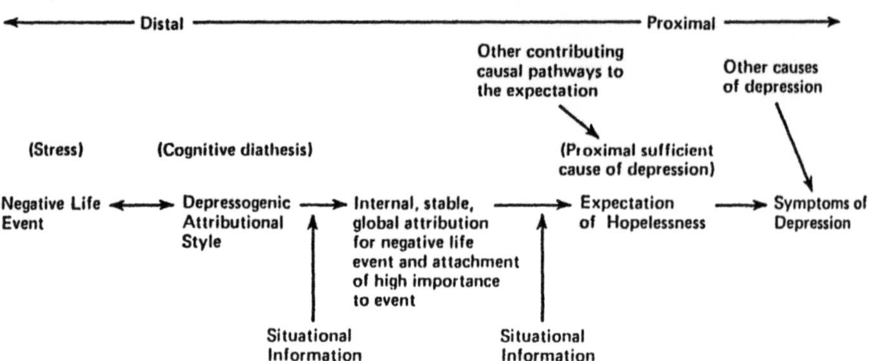

Abb. 62: Die von der reformulierten Hilflosigkeitstheorie angenommene Kausalabfolge von distalen zu proximalen Bedingungen der Depressionsentstehung (Abb. aus Alloy, Clements & Kolden 1985, 382; vgl. auch Halberstadt et al. 1984).

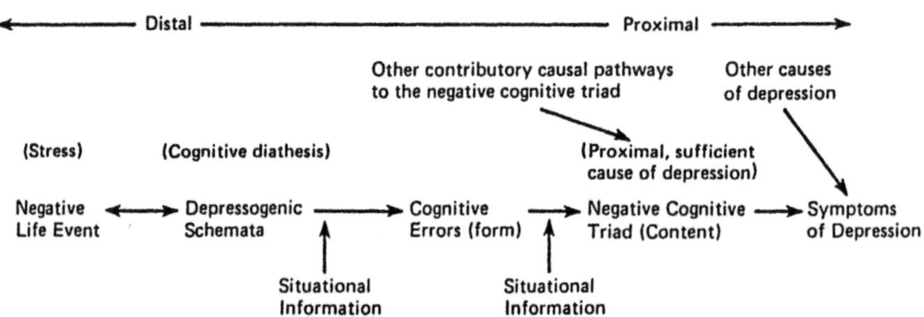

Abb. 63: Die vom kognitiven Modell nach Beck angenommene Kausalabfolge von distalen zu proximalen Bedingungen der Depressionsentstehung (Abb. aus Alloy, Clements & Kolden 1985, 385).

nahmen zwischen den beteiligten Faktoren bleiben weitgehend unspezifisch, was allerdings die ätiologische Bedeutung der jeweiligen Einzelbedingungen (negative Selbstschemata, kognitive Triade, Attributionsstil etc.) nicht schmälert.

Den Versuch einer theoretisch strukturierten Relationierung der beteiligten Faktoren unternimmt Lewinsohns lerntheoretisches Depressionsmodell (behavioral or social learning theory of depression, s. z.B. Lewinsohn, Weinstein & Shaw 1969; Lewinsohn & Graf 1973; Lewinsohn 1974; 1982; MacPhillamy & Lewinsohn 1974; Lewinsohn, Youngren & Grosscup 1980), das als frühes Beispiel für eine prozessuale Denkweise gelten kann. Es thematisiert nicht nur die Wirkungen von Verstärkerverlusten auf Depressivität, sondern auch die Rückkoppelung von Depressivität auf die Verfügbarkeit von Verstärkern. Depressive Gefühle (vgl. Lewinsohns Annahme, daß „the feeling of dysphoria" ein zentrales Merkmal der Depression sei) würden ausgelöst, wenn das Verhalten einer Person nur selten Verstärkung findet. Aktivitäten reduzieren sich, was wiederum zu einer Abnahme von Verstärkern führt (s. Abb. 64).

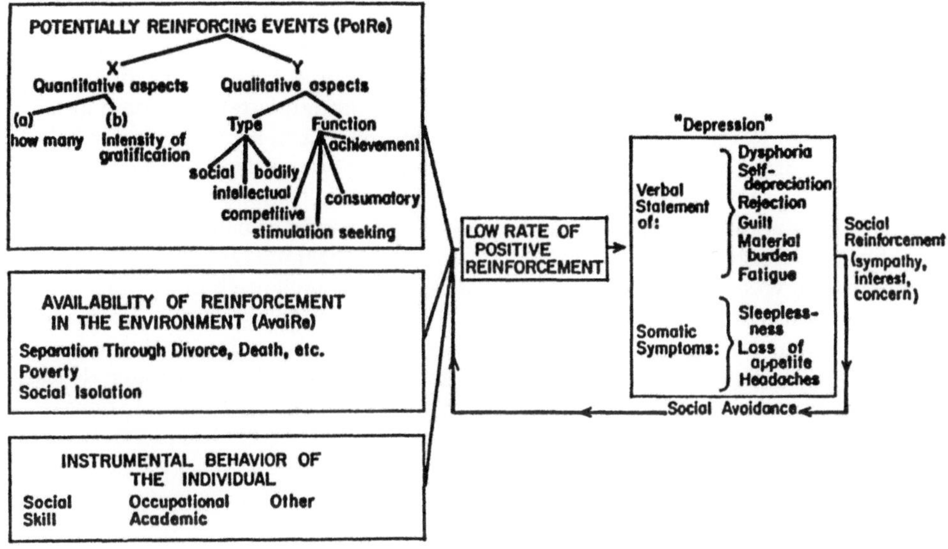

Abb. 64: Schematische Darstellung der Verursachung und Aufrechterhaltung depressiven Verhaltens (nach Lewinsohn 1974).

Die Erreichbarkeit positiver Verstärkung wird in diesem Modell von drei Faktoren abhängig gemacht: (a) von den quantitativen und qualitativen Aspekten potentiell verfügbarer Verstärker, wobei persönliche Eigenschaften wie Alter, Geschlecht und Attraktivität eine Rolle spielen, (b) von den in der Umwelt einer Person verfügbaren Verstärkern, was sich je nach Lebenssituation verändern kann, und (c) vom Repertoire an instrumentellen Verhaltensweisen (z.B. berufliche und soziale Fertigkeiten), um sich die potentiell erreichbaren Verstärker zugänglich zu machen (vgl. z.B. Lewinsohn 1974). Beschleunigt wird der Prozeß, indem ab einem bestimmten Punkt die depressiven Verhaltensweisen selbst zum Operant werden. Der Teufelskreis schließt sich. Erwartbar wäre demzufolge sowohl zunehmender Verstärkerverlust bei gleichzeitigem sozialen Rückzug als auch zunehmende Depressivität. Es handelt sich um einen positiven Rückkoppelungsmechanismus, der zu exponentiellem Wachstum aller beteiligten Variablen führen müßte. Derartige exponentielle Wachstumsfunktionen sind allerdings in den Bio- und Sozialwissenschaften unrealistisch. Bäume wachsen nicht in den Himmel, Populationen nehmen nicht unbegrenzt zu. Epidemiologische Befunde legen nahe, daß Depressionen in vielen Fällen remittierbar sind oder phasenweise auftreten, selbst wenn sich die Lebensumstände nicht grundlegend ändern (in Lewinsohns Modell von 1974 müßte sich dagegen die Verfügbarkeit von Verstärkern von außen ändern, da eine Veränderung personenabhängiger Merkmale bei vorliegender Depression aus dem Modell kaum erklärbar ist).

Kybernetisch formulierte Ätiologiemodelle sollten sich dagegen bemühen, eine Umkehr oder Oszillation von Verläufen modellimmanent, d.h. durch die im Modell vorgesehenen Rekursionen produzieren zu können. Die kybernetische Minimalvorgabe eines solchen Modells besteht darin, positive Rückkoppelungsschleifen in negative Rückkoppelungsschleifen einzubinden. Symptomeskalationen reduzieren in solchen kombinierten Modellen die (vielleicht nur antizipierte) Zunahme anderer Prozesse, etwa kommunikative Leere, Versagensangst (z.B. als self-handicapping), sexuelle Ansprüche, Aggression. Hat das „Symptom" dann derartige Gefahren gebannt, kann es selbst wieder in den Hintergrund treten. Damit aber rückt die Eventualität dieser anderen Gefahren wieder näher, und es wird alsbald erneut gebraucht (s. Abb. 65). Nach diesem oszillierenden Muster funktionieren manche Wochenendneurosen, welche sich oft in Migräneanfällen, melancholischen Gefühlszuständen oder Streitigkeiten manifestieren[1]. Soll das Auftreten zyklischer Phänomene erklärt werden, definieren gemischte Rückkoppelungsmodelle den strukturellen Minimalanspruch. Dynamische Katastrophen und qualitative Veränderungen des Verhaltensmusters eines Systems sind damit allerdings noch nicht reproduzierbar.

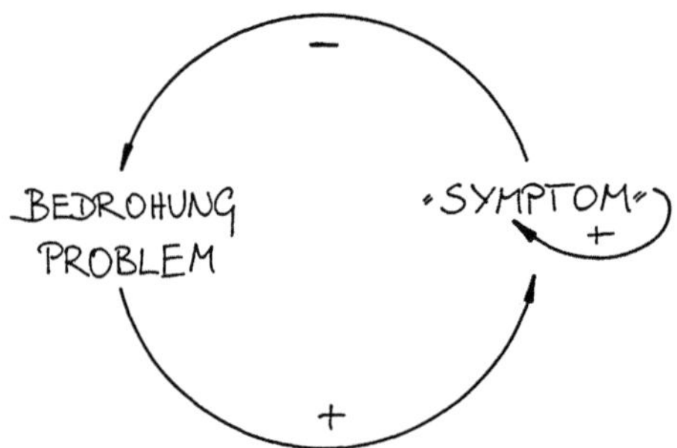

Abb. 65: Gemischter Rückkoppelungsprozeß: ein „Symptom" als Hilfsmittel der Problemregulation

---

1   Die Phänomenologie solcher Zustände schildert Thomas Bernhard sehr eindrücklich: „Mit dem Aussetzen der Arbeit setzen die Krankheiten ein, Schmerzen sind plötzlich da, das berühmte Samstagkopfweh, das Samstagnachmittagherzklopfen, Ohnmachtsanfälle, Wutausbrüche. Die ganze Woche werden die Krankheiten von der Arbeit und auch nur Beschäftigung niedergehalten, beschwichtigt, am Samstagnachmittag machen sie sich bemerkbar, und der Mensch kommt sofort aus dem Gleichgewicht. Und wenn er, der zu Mittag zu arbeiten aufgehört hat, sich kurz darauf auch nur seiner tatsächlichen Lage, die in jedem Falle immer nur eine hoffnungslose ist, gleich, wer er ist, gleich, was er ist, gleich, wo er ist, bewußt ist, er muß sich sagen, er ist nichts weiter als ein unglücklicher Mensch, auch wenn er das Gegenteil vorgibt. Die wenigen Glücklichen, die der Samstag nicht umwirft, bestätigen nur die Regel. ... (Es) hat der Samstagnachmittag überall, wo Menschen zusammenkommen, eine verheerende Wirkung. Wo mehrere zusammen sind, wie in den Familien, halten sie es nicht aus, und es muß zur Explosion kommen, und wo einer gänzlich für sich allein ist und also einsam ist und vereinsamt ist, ist es auch eine fürchterliche Situation. Die Samstage sind die eigentlichen Menschentöter auf der Welt, und die Sonntage machen diese Tatsache auf die unerträglichste Weise bewußt, und die Montage schieben die Unzufriedenheit und das Unglück wieder um die ganze Woche bis zum nächsten Samstag, bis zur nächsten Verschlimmerung ihres Geisteszustands hinaus" (aus: Thomas Bernhard, Der Keller).

Wollen wissenschaftliche Modelle darüber hinaus mehr leisten als nur eine Veranschaulichungshilfe zu bieten, so müssen die Funktionen präzisiert werden, welche die Variablen des Modells verbinden. Mit Blick auf sog. „integrative Modelle" stellen Lewinsohn et al. (1985, 334) fest: „Although these more recent theoretical statements represent important contributions, they also possess certain limitations. To begin with, they are far more descriptive than explanatory. While these theories suggest that theoretically privileged variables can and should be integrated with one another, they fail to provide an adequate explanation how such variables might interact with one another and what the nature of the etiological mechanisms might be." Es bleibt daher offen, ob sich die in den Modellen vorgezeichneten Verläufe in dramatischer Geschwindigkeit ereignen sollen oder ob irgendwelche anderen, z.B. lineare, log-lineare oder U-förmige Verlaufsformen denkbar sind. Diesbezüglich befinden sie sich in guter Gesellschaft mit zahlreichen anderen theoretischen Modellen in der Klinischen Psychologie, welche ebenfalls eher qualitative Veranschaulichungen denn präzisierte Verlaufshypothesen ätiologischer Prozesse anbieten. Das erstaunt insofern nicht, als ein Großteil des verfügbaren empirischen Wissens in Form binärer Kodierungen nach der Leitdifferenz statistischer Signifikanz vorliegt: korreliert/korreliert nicht, stimmt überein/weicht ab, verändert sich/verändert sich nicht. Zusammenhangsfunktionen werden selten spezifiziert. Bedenkt man zudem, daß Untersuchungen üblicherweise auf Korrelationen zwischen klinischer oder psychometrischer Depressionsintensität und anderen Variablen beruhen, veranlaßt dies wohl zur Nachsicht gegenüber den Möglichkeiten von Prozeßmodellen (vgl. Lewinsohn et al. 1985).

Lewinsohns Konzept (1974) setzt das Auftreten depressiver Zustände schon zu einem sehr frühen Zeitpunkt voraus, da sonst die Rekursion zwischen Verstärkerverlust und Depression nicht zum Laufen käme. Es handelt sich mithin weniger um einen Erklärungsversuch zur Entstehung als um die Verdeutlichung eines bestimmten Aspekts der Chronifizierung von Depression. Weitere Aspekte der Chronifizierung, etwa psychodynamischer, kognitiver oder iatrogener Art werden in der Literatur diskutiert. Vorher noch wäre aber die Frage zu stellen, ob Verstärkerverlust zwingend zu Depression führen muß. Verschiedene andere Emotionen wie etwa Ärger oder Wut, gefolgt von palliativen und problembezogenen Bewältigungsversuchen wären ebensogut vorstellbar (s. Laux & Weber 1988). Tatsächlich haben auch die Ergebnisse einer prospektiven Langzeitstudie (s. Lewinsohn, Hoberman & Rosenbaum 1988) die postulierte zentrale Rolle des Verstärkerverlusts für die Depressionsentwicklung relativiert. Weder die Häufigkeit von angenehmen noch die Häufigkeit aversiver Lebensereignisse eigneten sich als Prädiktor für das spätere Auftreten einer Depression, während der Aversivitätsgrad unangenehmer Ereignisse und die Anzahl von Makrostressoren zur Vorhersage beitragen könnten. Aber auch kognitive Theorien mußten sich empirische Abstriche gefallen lassen: „... the available research has failed to demonstrate that individuals who become depressed can be distinguished on the basis of the kinds of preexisting cognitive styles suggested by Beck and other cognitive theorists", stellen Lewinsohn et al. (1985) lapidar fest. Zwar sind depressive kognitive Muster korrelativ mit dysphorischen Stimmungslagen verbunden, doch sind sie weder vor noch nach depressiven Episoden feststellbar. In der von Lewinsohn und Mitarbeitern durchgeführten prospektiven Langzeitstudie unterschieden kognitive Maße nicht zwischen Personen, die später an Depressionen litten und solchen, bei denen keine Depressionen auftraten (vgl. Lewinsohn et al. 1981).

Aus den genannten Kritikpunkten zogen Lewinsohn et al. (1985) Konsequenzen. Sie entwickelten ein eigenes integratives Depressionsmodell, welches das Auftreten einer Depression als Produkt von Umwelt- und Dispositionsfaktoren auffaßt. Große Bedeutung erhält dabei das Konstrukt der „self-awareness" (Duval & Wicklund 1972; Carver & Scheier 1981; Teasdale 1983). Ein Zustand erhöhter self-awareness impliziert eine sensibilisierte Wahrnehmungsbereitschaft für interne psychische Vorgänge, was zu vielfältigen Erscheinungen führt, die in bemerkenswerter Weise den kognitiven und behavioralen Phänomenen der Depression ähneln. Strukturell gesehen ist dieses Modell in Form von positiven Rückkoppelungszyklen angelegt (s. Abb. 66): die Effekte der Depression koppeln auf die Ausgangsbedingungen des Zyklus zurück (z.B. indem sie ebenso wie andere depressionsauslösende Ereignisse automatisierte und vertraute Verhaltensmuster unterbrechen), erhöhen die Bereitschaft zur self-awareness (mit dem Effekt introvertierter Selbstfokussierung, verstärkter Selbstkritik und negativen Erwartungen) und erhöhen die Vulnerabilität des Individuums.

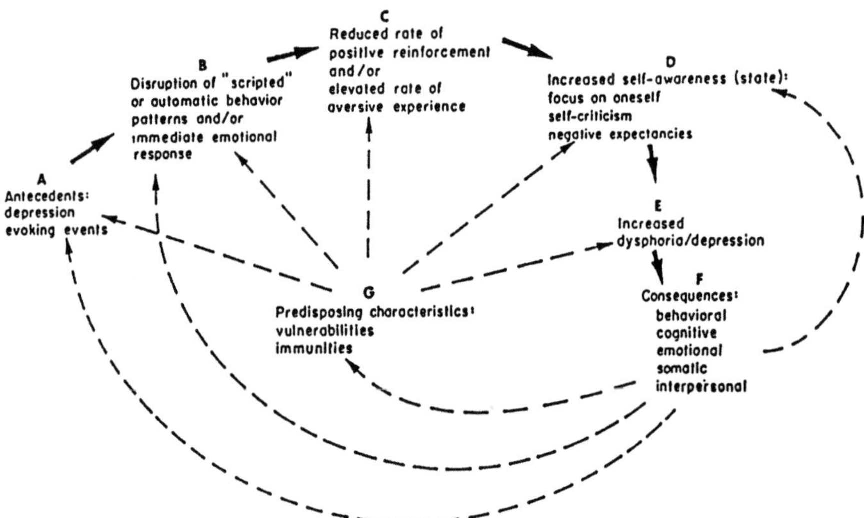

Abb. 66: Schematische Darstellung des integrativen Derpessionsmodells nach Lewinsohn et al. (1985, 343).

Dieses Modell ist hinreichend breit angelegt, um die wichtigsten psychopathologischen und empirischen Befunde der Depressionsforschung zu integrieren. Insbesondere sieht es ein gewisses Spektrum an Einstiegsmöglichkeiten in den, aber auch Ausstiegsmöglichkeiten (d.h. Therapieansatzpunkte) aus dem depressiven Zyklus vor. Bei aller Differenziertheit des Modells, auf die hier im Detail nicht eingegangen werden kann (s. die Originalliteratur: Lewinsohn et al. 1985; Hautzinger 1983; Hautzinger & de Jong-Meyer 1990, wo sich eine deutsche Version des Modells

findet; für weitere elaborierte Vorstellungen zur Depressionsgenese s. auch Kanfer
& Hagerman 1981; Steinmeyer 1988), bleiben jedoch zwei Kritikpunkte bestehen,
die in unserem Zusammenhang von Bedeutung sind:

(a) Das Modell spezifiziert die Relationen zwischen den einzelnen Teilaspekten
noch nicht hinreichend. Die Pfeile können gelesen werden als „x führt zu y" oder
„x verstärkt y", was die Form, Intensität und Veränderbarkeit der Relationen immer
noch offenläßt.

(b) Das Modell hat die Struktur einer positiven Rückkoppelung, womit die oben
angeführten Bedenken aus kybernetischer Sicht nicht zurückgenommen werden
können. Das Prinzip des „deviation amplifying feedback" (abweichungsverstärkende Rückkoppelung) erklärt (bzw. produziert) unabhängig von der Art und der
Anzahl der daran beteiligten Faktoren eine Eskalation mit wachsender Beschleu-
nigung ohne Umkehrmöglichkeiten. Den Anstoß für die Umkehr einer depressiven
Entwicklung erwartet sich das Modell von außen, durch eine vom Modell selbst
nicht erklärbare Veränderung einer Komponente. Diese Veränderung soll gewissermaßen die Drehrichtung des Zyklus umkehren: „The feedback loops set the
stage for a vicious cycle but also for a benign cycle. By reversing any of the com-
ponents of the model, the depression will be progressively and increasingly ame-
liorated" (Lewinsohn et al. 1985, 350).

Bei allem Respekt vor dem fachwissenschaftlichen Niveau Lewinsohn'scher Theoriearbeit wird mit den Punkten (a) und (b) doch ein erhebliches theoriebautechni-
sches Manko dieses System-Modells deutlich. Angesichts seiner Struktur kann es
keine komplexen Verläufe, z.B. Oszillationen erklären. Um der empirisch nachge-
wiesenen Reversibilität depressiver Verläufe gerecht zu werden, müssen Ereignisse,
z.B. Trendveränderungen der Variablen, eintreten, die selbst erst erklärungsbedürftig
wären. Warum läßt sich das System, das sich in einer depressiven Talfahrt befindet,
von einem bestimmten Umweltereignis überhaupt beeindrucken? Wie können Umweltveränderungen angesichts der im Modell benannten, sich wechselweise akti-
vierenden depressogenen Prozesse wahrgenommen werden? Wie soll es denkbar
sein, daß psychische Prozesse gewissermaßen im Alleingang und ohne äußeren
Anstoß aus der negativen Gesamtentwicklung ausbrechen? Wie stark müssen solche
internen Auslenkungen oder externen Einflüsse tatsächlich sein, damit eine dynamische Wende zustandekommt? Natürlich können zu jeder Zeit Mikrofluktuationen
angenommen werden, die bei ausreichender Energiezufuhr (d.h. bei ausreichender
Entfernung vom Gleichgewichtszustand des Systems) via Destabilisierung einen
Übergang in einen neuen Ordnungszustand (Ordnung-Ordnungs-Übergang) triggern können (vgl. Prigogines Prinzip der „Ordnung durch Fluktuation", Prigogine
1976; Prigogine & Stengers 1981; Schneider 1983). Doch müßte hierbei wiederum
geklärt werden, unter welchen Bedingungen eine Destabilisierung der Systemdynamik möglich wird. Denn wenn jede Fluktuation symmetriebrechende Wirkung
hätte, das Modell also hypersensibel würde gegenüber allen Irritationen der Variablenverläufe, dann ginge umgekehrt das Erklärungspotential verloren, das das
Modell hat, wenn es um die Systemstabilisierung depressiver Muster geht. Leider
operiert Lewinsohns Modell nicht mit den theoriebautechnischen Mitteln, die immerhin eine Chance böten, derart komplexe Probleme der Systemstabilisierung und
-destabilisierung, der Ordnungsbildung und des Ordnungswandels in den Griff

zu bekommen, nämlich die der modernen Selbstorganisationstheorien (s. z.B. G. Küppers 1987; Tschacher 1990; für ein hervorragendes Anwendungsbeispiel einer synergetisch fundierten Computersimulation im Bereich der Klinischen Psychologie Kriz 1989). Immerhin ist Lewinsohns Modell so elaboriert und inhaltlich (d.h. was den fachlichen Bezug zur Depressionsforschung betrifft) so fundiert, daß genau an dieser Stelle eine Weiterentwicklung der klinisch-psychologischen Ätiologietheorie unter Heranziehung der Hilfsmittel der modernen Systemwissenschaften möglich wäre. Einen Schritt in diese Richtung versucht die in diesem Kapitel entwickelte Computersimulation beizutragen.

(b) Familiendynamische und psychodynamische Modelle

Verschaffen wir uns im folgenden einen kurzen Überblick über einige weitere System-Modelle, insbesondere über interaktionelle und familiendynamische Modelle der Entstehung und Stabilisierung depressiver Muster.

Die systemische (Familien-)Therapie interessiert sich naturgemäß für Ansätze, welche menschliche Probleme aus interpersonellen Beziehungskonstellationen heraus verstehen (s. z.B. Selvini Palazzoli et al. 1985; Willi 1975). Insofern die wechselseitige Verstärkung von Handlungen und Emotionen ein wichtiger Gesichtspunkt menschlicher Beziehungsgestaltung darstellt, liefern konditionierungstheoretische Konzepte (s. hierzu umfassend Reinecker 1987a) auch für ein systemisches Problemverständnis wertvolle Anregungen. Unter diesem Gesichtspunkt ist Lewinsohns Modell trotz der angeführten Kritikpunkte zu würdigen. Ähnliche Annahmen wie er macht Kemper (1978) in seiner sozial-interaktionellen Emotionstheorie, die menschliche Gefühle als Beziehungsphänomene interpretiert. Im Unterschied zu Lewinsohn befaßt sich Kemper mehr mit der emotionalen als mit der aktionalen Komponente von Depressionen, gelangt dabei aber zu einer vergleichbaren Auffassung: Depression resultiere aus Statusverlusten. Verliert eine Person an Wertschätzung, Respekt und Anerkennung, so führe dies zu Selbstwertbeeinträchtigungen und schließlich zur Depression.

Implizit findet sich eine interaktionelle Emotionstheorie bereits in der Mailänder familientherapeutischen Schule. Dort wurde auf den Perspektivenwechsel hingewiesen, der sich aus einer Veränderung des Sprachgebrauchs ergibt. Statt die Feststellung zu treffen: „Person A *ist* depressiv" biete die Aussage „Person A *zeigt* (in Gegenwart bestimmter anderer Personen, z.B. ihrer Familie) depressives Verhalten bzw. depressive Emotionen" mehr Veränderungsspielraum (s. Tomm 1984, aber auch schon Skinner). Dieser Sprachmodus reflektiert einerseits die von Bateson grundlegend formulierte systemisch-zirkuläre Epistemologie des Mailänder Teams: „Im Rahmen einer linearen (genauer: linealen, G.S.) Sichtweise neigen wir dazu anzunehmen, daß Menschen und Dinge bestimmte Qualitäten oder Merkmale in und von sich selbst 'haben'. Im Rahmen einer zirkulären Sichtweise nehmen wir an, daß Menschen und Dinge solche Merkmale nur 'haben' (d.h. zeigen) in Beziehung zu kontrastierenden Merkmalen anderer Menschen oder Dinge" (Tomm 1984, 3). Gleichzeitig zeigt sich in dieser Formulierung die therapeutische Relevanz eines aktuellen emotionstheoretischen Ansatzes, nämlich der Selbstdarstellungstheorie der Emotionsentstehung und Emotionsbewältigung (s. z.B. Wortman & Dunkel-Schetter 1979; Schlenker & Leary 1982; Laux 1986; Laux & Glanzmann 1986; Laux & Weber 1988). Dieser Ansatz geht davon aus, daß Gefühle einen bedeutenden Stellenwert als Instrument zwischenmenschlicher Beziehungsgestaltung haben.

Reiter (1988a) diskutiert eine Reihe weiterer Ansätze zur Beziehungsdynamik der Depression, wobei vor allem aus den psychoanalytischen Beiträgen die enge Verflechtung zwischen Psycho- und Soziodynamik der Depression deutlich wird. Depressives Erleben und Verhalten fungieren dabei gewissermaßen als Regulativ im psycho- und sozioemotionalen Haushalt einer Person (bzw. mehrerer Personen).

Weniger mit der Entstehung als vielmehr mit der Verfestigung depressionstypischer problematischer Kommunikationsmuster beschäftigen sich verschiedene rekursive Modelle, auf welche im übrigen ähnliche Kritikpunkte zutreffen wie auf die Modelle von Lewinsohn oder Billings und Moos. Das Schaubild von Feldmann (1976, 391; s. auch Reiter 1988a, 79) demonstriert die wechselseitige Stimulation und Verstärkung depressiver Interaktionsmuster innerhalb einer Partnerschaft (Abb. 67). Defensive Strategien zur Selbstwerterhaltung, Hilflosigkeitserleben und latente Aggressionen treiben die Rollenpolarisierung zwischen depressivem und (über-)fürsorglichem Verhalten voran. Zu erwarten ist eine nicht näher spezifizierte Eskalation, ebenso wie in verschiedenen anderen Circulus-vitiosus-Theorien. Bei Kahn, Coyne & Margolin (1985) bewegt sich der Kreislauf zwischen Streit, Rückzug der Partner, Kommunikationsbehinderung mit daraus folgender Zunahme von Spannungen zu erneutem Streit vorwärts (Abb. 68). Anderson et al. (1986) brechen den Kreislauf an einer Stelle auf und bieten eine geradlinige Eskalation depressiver Familieninteraktionen an: Von Hilfestellungen der Familienmitglieder über mehrere Zwischenschritte bis zum Burnout der Familie (Abb. 69). Die Helfer geraten in ein Dilemma von Schuldgefühlen und Aggression dem identifizierten Depressiven gegenüber oder/und produzieren selbst Symptome (s. Reiter 1988a, 80).

Die Kommunikationsmuster, welche Depressive mit ihren PartnerInnen oder HelferInnen realisieren, scheinen Variationen eines Themas zu sein, nämlich der schon von Riemann (1961) beschriebenen ungelösten Antinomie zwischen Eigenständigkeit und Abgrenzung einerseits und dem Bedürfnis nach Geborgenheit, Nähe und Liebe andererseits. Menschliche Begegnungen aktualisieren diese Antinomie. Das macht kommunikative Paradoxien wahrscheinlich (s. Jessee & L'Abate 1982). In jeder Hinwendung auf andere Menschen, in jedem Appell nach Hilfe schwingt Mißtrauen, Verletzlichkeit und Zweifel an der Ernsthaftigkeit der Zuwendung mit. Selbsterfüllende Prophezeihungen verfestigen sich: die Begegnung wird einmal mehr Enttäuschungen mit sich bringen, das starke Bedürfnis nach Geborgenheit wieder nicht befriedigen. Das Haar in der Suppe ist auffindbar. Bestätigende Erfahrungen sind herstellbar. Der kritische Blick verschärft sich. Interaktionspartner können ihre Angebote intensivieren, ihre Hilfeleistungen perfektionieren, aber das allein macht schon mißtrauisch. Verletzungen sind nicht mehr ungeschehen zu machen. Ziehen sie sich jedoch zurück, verstärkt sich der Appell nach Zuwendung, eventuell mittels „Symptomen". Die Zuwendung, die dann folgt, kann aber Zweifel erst recht nicht zerstreuen, zumal Interaktionspartner auf „erzwingende" Appelle üblicherweise ambivalent reagieren: emotional gespalten und/oder oszillierend zwischen Hilfsbereitschaft und Rückzug. Das Spiel durchmischt sich frühzeitig mit

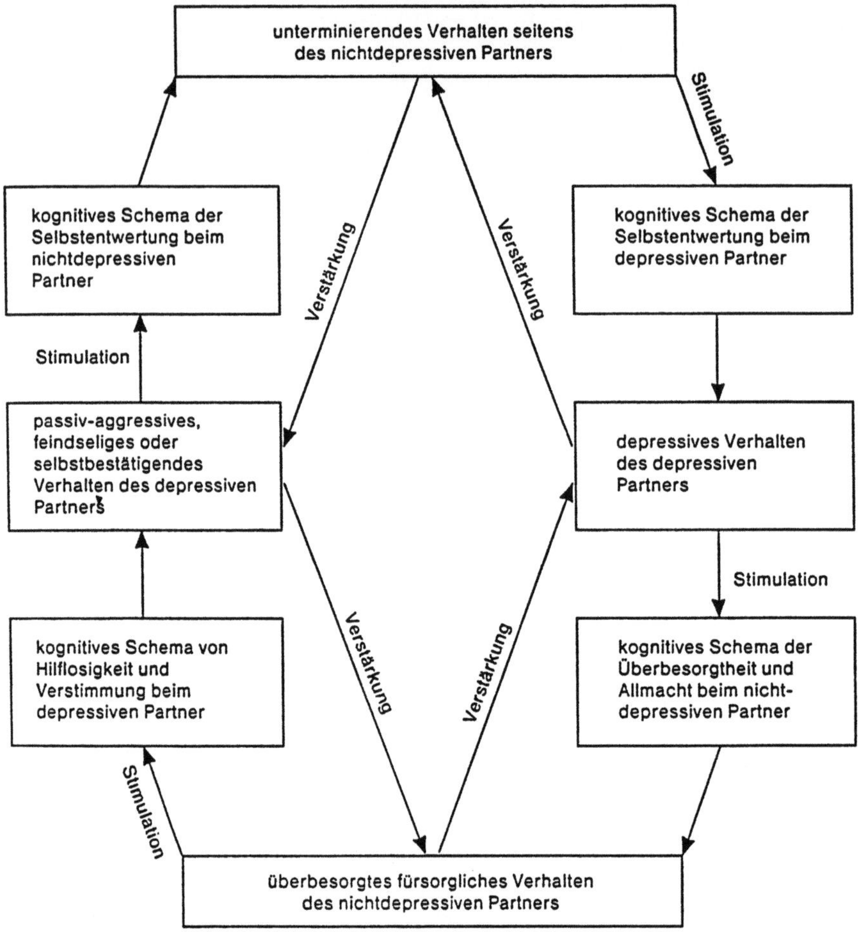

Abb. 67: Interaktionsmuster wechselseitiger Stimulation und Verstärkung zwischen depressivem und nichtdepressivem Partner (nach Feldmann 1976, 391; cf. Reiter 1988a, 79).

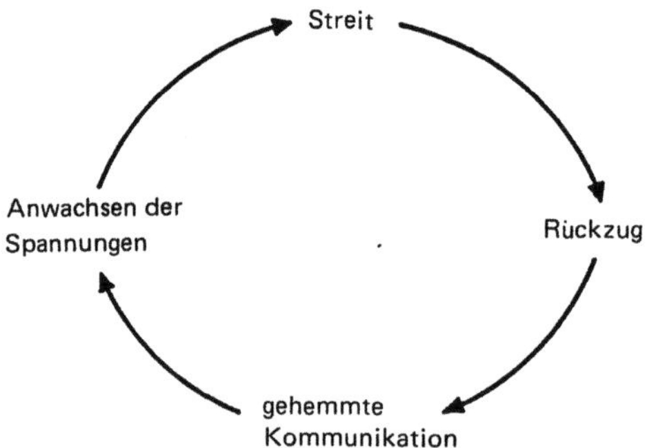

Abb. 68: Circulus vitiosus depressiver Kommunikation (nach Kahn, Coyne & Margolin 1985)

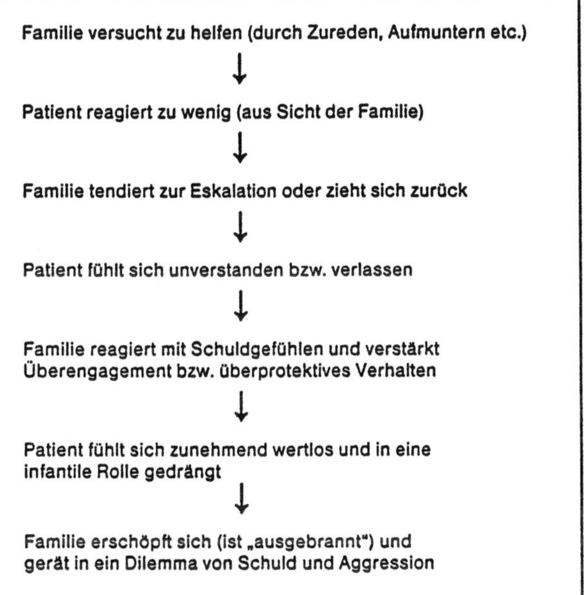

Abb. 69: Interaktive Eskalationsschritte zwischen einem depressiven Familienmitglied und seiner Familie (nach Anderson et al. 1986)

(meist latenter) Aggression auf beiden Seiten (s. Coyne 1976a,b). Die pessimistische Variante des Spiels sieht keine Auflösung der Antinomie vor: weder gelingt persönliche Eigenständigkeit, so daß der (die) Betroffene die Umklammerung lösen könnte, noch findet das Bedürfnis nach ungetrübter Geborgenheit seine Befriedigung. „Bezogene Individuation" (Stierlin 1988) scheitert. In der Art der Suche nach Zuwendung ist ihr Mißlingen bereits angelegt (vgl. das Konzept der negativen emotionalen Schemata nach Grawe 1986b sowie das des Wiederholungszwangs in der Freud'schen Neurosenlehre).

Derartige Analysen zeichnen möglicherweise ein zu düsteres Bild: sie unterstellen eine scheinbar ausweglose Situation, aus der nur noch eine Therapie herausführen könnte. Das aber widerspricht der Erfahrung. Menschliche Beziehungen von Depressiven enden nicht notgedrungen im Fiasko, Spontanremissionen kommen vor. Hautzinger & deJong-Meyer (1990) schätzen, „... daß etwa die Hälfte bis zwei Drittel der Patienten so weit gebessert wurden, daß sie wieder ihrer gewohnten Arbeit nachgehen konnten, jedoch oft einzelne Beschwerden weiterbestehen. Angst (1986) fand eine zumindest fünfjährige Remission ohne Rückfälle bei knapp 30 Prozent der bipolaren und bei 42 Prozent der unipolaren Patienten." „Spätremissionen auch bei langen Phasen und solchen in hohem Lebensalter wurden wiederholt gefunden ... (vgl. Angst 1987)."

Ätiologische Modelle sollten ebenso wie diagnostische Modelle wesentlich mehr danach beurteilt werden, ob sie Auswege aufzeigen oder ob sie uns in einen Tunnel hineinführen, in dem es immer finsterer wird und immer schneller bergab geht[2]. In der Rekursivität von Theorie und Praxis erzeugen wir Wirklichkeiten, so daß auch aus ethischen Gründen gegenüber schwarzgalligen Prophezeihungen Vorsicht geboten ist. Die Schizophrenieforschung der letzten Jahrzehnte hat dies gezeigt. Es gibt durchaus Alternativen zur Spirale von hoffnungslosen Prognosen und hoffnungsloser, die Prognosen bestätigender Versorgung. Leider bleibt das in diesem Kapitel zu entwickelnde Simulationsmodell von dieser Kritik nicht ganz verschont. Es zeigt, wie man in die Depression geraten kann und nicht, wie man wieder herauskommt. Insofern ist es vom Tunnel-Syndrom befallen. Immerhin bieten Computersimulationen jedoch den Vorteil, über die Variation von Parametern und Variablen Alternativen zur vorgezeichneten Entwicklung auszutesten. Wenn man Glück hat, werden dadurch verschiedene Ausgänge aus dem Tunnel erkennbar.

Zugegeben sei, daß das Verständnis simpler Eskalationen weniger Schwierigkeiten bereitet als Modelle, die Auswege (sinnvoll ist hier der Plural) aus den Problemen vorsehen. Bereits die Erklärung zyklischer Phänomene, seien diese nun uni- oder bipolar, geht kybernetisch über ein einfaches Circulus-vitiosus-Denken hinaus. Obgleich nicht unmittelbar auf depressive Störungen übertragbar, sind in diesem Zusammenhang familiendynamische Analysen manisch-depressiver Psychosen von Interesse, die Stierlin und Mitarbeiter vorgelegt haben (s. Stierlin et al. 1986; Weber et al. 1987). Das manische Verhalten eines Familienmitglieds wird dabei einerseits als Befreiungsversuch aus der Familienrealität, andererseits als stellvertretendes Ausleben der „flippigen" und rebellischen Anteile eines manisch gefährdeten, aber durch einen ordentlichen Partner gezähmten Elternteils interpretiert. „Das manische Mitglied zeigt sich ... nicht nur als Delegierter des (bislang gezähmten) unordentlichen Elternteils. Durch sein Über-die-Stränge-Schlagen trägt es seinerseits zu dessen Zähmung bei: In dem Maße, in dem es sein manisches Verhalten eskaliert, liefert es ein warnendes Beispiel dafür, was geschehen könnte, 'wenn man sich gehen läßt'. Damit wird der unordentliche, potentiell manische Teil herausgefordert, sich ordentlicher – verantwortungsvoller, beherrschter usw. – zu verhalten. Zugleich wird der Verantwortliche, ordentliche Elternteil in seiner zähmenden Funktion bestätigt. Derart bestätigt, wachsen seine innerfamiliäre Macht und sein Ansehen. Dementsprechend tendiert das manische Mitglied wieder vermehrt dazu, sich mit diesem Elternteil zu identifizieren. Dieser ist ... der insgesamt maßgebendere und konsistenter verinnerlichte Elternteil. Damit erscheinen beim gebundenen Delegierten das Ausklingen der manischen und der Beginn einer depressiven Phase programmiert" (Stierlin et al. 1986, 278).

Vielleicht mag dieses Zitat spekulativ anmuten, doch als ein Beispiel für das Bemühen um eine familiendynamische Beschreibung eines oszillierenden Musters kann es allemal dienen: Was die Familiendynamik depressiver Störungen betrifft, wiegt ein anderer Einwand von seiten der empirischen Forschung viel schwerer.

---

2   Meine Leseempfehlung: Friedrich Dürrenmatt, Der Tunnel. In: Dürrenmatt F. (1980) Der Hund. Der Tunnel. Die Panne. Diogenes, Zürich.

Dieser Einwand stellt den Beitrag familiärer Muster zur Entstehung affektiver Störungen in Frage. Keitner et al. (1985) vertreten nach Durchsicht der einschlägigen englischsprachigen Studien die Auffassung, daß für eine familiendynamische Verursachung affektiver Störungen beim derzeitigen Stand der Forschung keinerlei Evidenz vorliege (vgl. Reiter 1988a). Die feststellbaren Beeinträchtigungen familiärer Interaktion könnten eher eine unspezifische Reaktion auf die Probleme eines Familienmitglieds darstellen. Tatsächlich berichten einige Studien von Verbesserungen der familiären Beziehungen nach Abklingen der akuten depressiven Phase, andere Studien (z.B. Weissman & Paykel 1974) dagegen von fortdauernden Spannungen mit Familienangehörigen und Freunden auch nach dem Verschwinden manifest depressiver Zustände. Die kommunikative Ausgangssituation werde nicht mehr erreicht und es komme auch zu Verschlechterung der sozialen Beziehungen bei erneutem Auftreten depressiver Symptome.

Folgende Punkte fassen die Ergebnisse der Überblicksarbeit von Keitner et al. (1985) zusammen:

„(a) Eine akute Episode einer affektiven Erkrankung wird von einer signifikanten Verschlechterung familiärer Funktionen begleitet. Die Kommunikation ist deutlich gestört, die sexuellen, elterlichen und sozialen Funktionen sind beeinträchtigt.
(b) Familien mit einem Mitglied, das an einer bipolaren affektiven Erkrankung leidet, haben andere familiäre Probleme und Bewältigungsmechanismen als Familien mit einem unipolar erkrankten Mitglied. Während der akuten affektiven Episode gibt es allerdings Überschneidungen.
(c) In vielen Fällen verschwinden die Störungen der familiären Funktionen mit dem Abklingen der akuten Phase.
(d) Rückfälle können durch gestörte familiäre Funktionen ausgelöst werden.
(e) Methodische Probleme der Untersuchungen begrenzen die Generalisierung der dargestellten Ergebnisse (Mangel an direkten Beobachtungen von Familien und Einschränkung auf das Ehepaar).
(f) Therapeutische Interventionen in Richtung auf die gesamte Familie sind in jedem Falle indiziert" (cf. Reiter 1988a, 85).

Bedenkt man, daß die angeführten Zusammenhänge angesichts methodischer Mängel der vorliegenden Studien nur schwach gesichert sind, sollte man von zu hohen Erwartungen an die Familienforschung Abstand nehmen. Wer den systemischen Ansatz allzu einseitig mit dem Interesse an familiärer Kommunikation gleichgesetzt hat, wird – zumindest im Bereich der Depressionsätiologie – enttäuscht. Der Vorteil systemischer Modelle besteht vielmehr darin, eine Festlegung auf einen bestimmten Objektbereich (z.B. Kommunikation in der Familie) nicht vornehmen zu müssen, sondern die Vernetzungen innerhalb und zwischen verschiedenen Phänomenbereichen (z.B. sozialen, intrapsychischen und biologischen Prozessen) aufzeigen zu können (an der Heiden 1988; Schiepek 1986). Das ist mit der Forderung gemeint, systemische Theorien sollten *integrativ* sein (Versuche in Richtung eines integrativen Depressionsverständnisses unternehmen z.B. Gotlib & Colby (1987) und Reiter (1988a)). Die kybernetische Modellbildung liefert das hierzu notwendige theoriebautechnische Handwerkszeug.

Kybernetik der sozialen Motivdynamik: Das Rätsel Ödipus

Ein ebenso elaboriertes wie brillant vorgeführtes Beispiel für kybernetische Theoriebildung stellt Norbert Bischofs „Rätsel Ödipus" (1985) dar. Schritt für Schritt werden dem Leser in diesem umfangreichen Werk die verschiedensten Aspekte des Urkonflikts zwischen Intimität und Autonomie erschlossen. Er begibt sich dabei auf eine faszinierende Reise durch Gebiete der Kulturanthropologie, der vergleichenden Verhaltensforschung, der Genetik, der Ethnologie, der Soziologie, der Allgemeinen Psychologie und der Psychoanalyse. Alle diese Disziplinen befassen sich auf ihre Weise mit Regulationsproblemen von Nähe und Distanz, so daß die Arbeit nicht nur aus methodisch-kybernetischen Gründen, sondern auch inhaltlich für das Verständnis von Depression interessant ist. Nach Riemann (1961) bleibt in der Depression die grundlegende Antinomie zwischen der Angst vor Selbstwerdung – als Ungeborgenheit und Isolierung erlebt – und der Angst vor Selbsthingabe – als Ich-Verlust und Abhängigkeit erlebt – unbewältigt. Sie kippt in ihrer Unerträg-

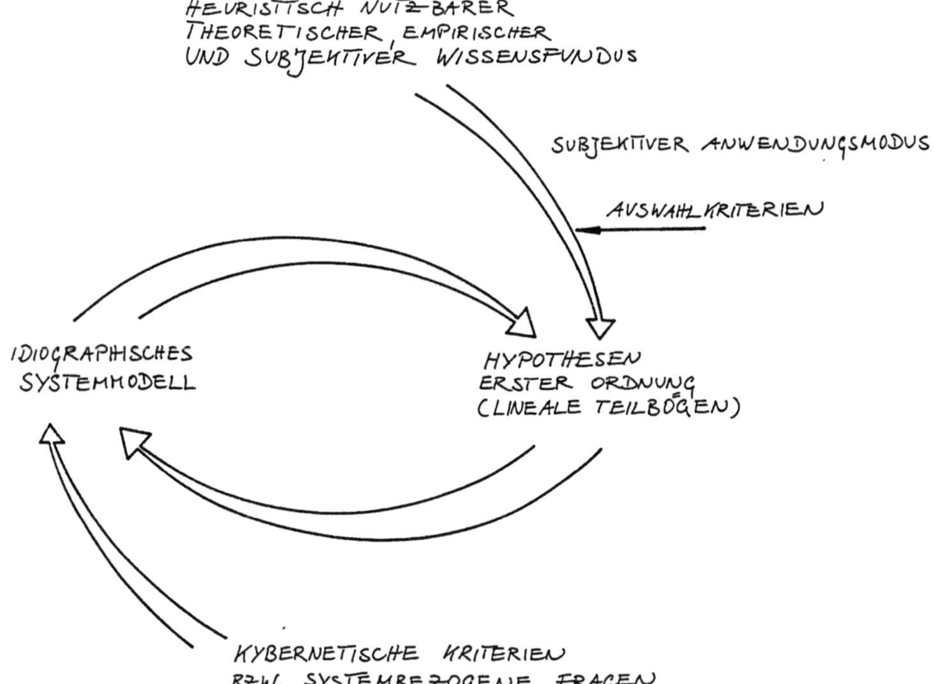

Abb. 70: Rekursive Verbindung von wissenschaftlichen Teilbefunden und systemtheoretischen Konstruktionsregeln zu einem vernetzten Modell. Die Abbildung stammt aus Schiepek (1986, 102), wo es um die Konstruktion einzelfallbezogener („idiographischer") Systemmodelle aus linealen Teilhypothesen geht.

lichkeit auf eine Seite und überdauert als permanente Angst vor dem Herausfallen aus der Geborgenheit. Eben dies, wenngleich mehr im Hinblick auf das Gelingen des im Laufe einer Biographie so leicht störbaren Spiels von Intimität und Autonomie, macht die Kybernetik der sozialen Motivdynamik in „Das Rätsel Ödipus" zum Thema. Sie versucht nachzuzeichnen, wie die komplizierte Regulation von Bindung, Vertrautheit, Affiliationsbedürfnissen, sozialer Neugier, sozialer Angst, Sexualität, Überdruß, Aggression und sozialen Normen funktioniert, so daß der junge Mann nicht seine Schwester heiratet, sondern auszieht, um auf Brautschau zu gehen. Bemerkenswert ist die Fülle an Material, aus dem das kybernetische Modell sukzessive aufgebaut wird. Jede Disziplin, jede Theorie trägt ihren Teil bei, indem sie Hypothesen über Zusammenhänge bestimmter Variablen beisteuert. Das Modell konstituiert sich aus der Verknüpfung linealer Teilbögen zu einem rekursiven Ganzen. Aus dem Zusammenwirken von wissenschaftlichen Kenntnissen einerseits und systemtheoretischen Konstruktionsregeln andererseits gewinnt es Gestalt (Abb. 70). Das Vorgehen gleicht im wesentlichen der Konstruktion idiographischer Systemmodelle (vgl. Schiepek 1986).Mit der Integration von Teilhypothesen zu einem umfassenderen Modell ist ein erheblicher Kapazitätszuwachs verbunden, „... scheinbar heterogene Phänomene der sozialen Motivdynamik zu integrieren" (Bischof 1985, 454).

Ebenso wie bei idiographischen Systemmodellen bestehen die Modellelemente aus theoretischen Konstrukten, die über zahlreiche Zusammenhangsannahmen verbunden sind. Die informative Qualität dieser Annahmen zeigt sich daran, daß sie, wenn auch nicht in quantifizierten, so doch in graphischen Verlaufsmustern repräsentiert sind. Abb. 71 soll dieses Prinzip an einem Beispiel aus Norbert Bischofs Buch „Das Rätsel Ödipus" verdeutlichen. Sie zeigt die Abhängigkeiten der Konstrukte Neugier, Aktivation und Invention (Suche nach innovativen Lösungen) vom Grad der Aversion bzw. Appetenz gegenüber neuen Reizen. Bei diesen Konstrukten handelt es sich um psychische Phänomene, die über Wenn-Dann-Relationen in Beziehung gesetzt werden (Bischof 1985, 418f.), ganz ähnlich wie in dem für unsere Simulation benutzten Produktionssystem. Bischof konzentriert sich also in seiner kybernetischen Motivationsdynamik auf intrapsychische Prozesse, und zwar mit der Erwartung, daß aus der Interaktion der so motivierten Individuen Sozialstrukturen und ihr Wandel verstehbar bzw. simulierbar werden. Den umgekehrten Weg schlägt Luhmann (1984) ein, der von den beteiligten Individuen abstrahiert, um soziale Prozesse aus ihrer kommunikativen Autopoiese heraus erklärbar zu machen.

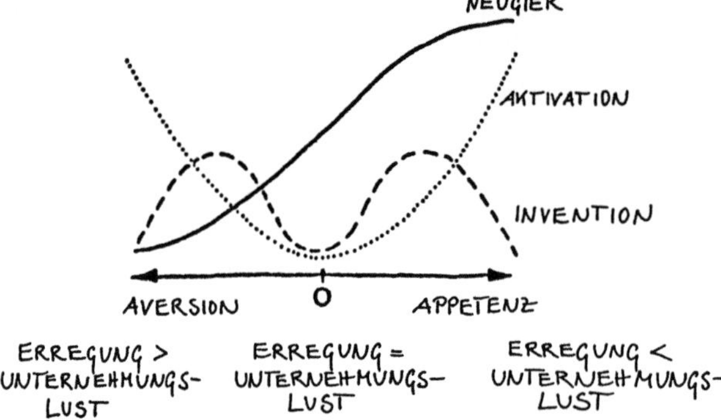

Abb. 71: Die Abhängigkeit von Neugier, Aktivation und Invention (Suche nach innovativen Lösungen) vom Grad der Erregungsaversion bzw. Erregungsappetenz. Die horizontale Grundlinie markiert nach links hin zunehmende Erregungsaversion, welche zustande kommt, wenn die Erregung die aktuelle Unternehmungslust überschreitet, nach rechts hin zunehmende Erregungsappetenz, welche zustande kommt, wenn die Erregung die aktuelle Unternehmungslust unterschreitet. Die Null kennzeichnet die Übereinstimmung von Erregung und Unternehmungslust (keine Ist-Sollwert-Differenz). Neugiermotiviertes Verhalten – so die Annahme – wächst mit dem Übergang von Aversion zu Appetenz stetig, wobei der stärkste Anstieg im Mittelbereich zu verzeichnen ist. Aktivation entsteht als Regulativ, wenn längere Zeit entweder ein Erregungsdefizit oder ein Erregungsüberschuß besteht. Bei ausgeglichener Erregungs/Unternehmungslust-Bilanz besteht am wenigsten Bedarf für Aktivation. Inventive Aktivität setzt anspruchsvollere kognitive Leistungen voraus und gedeiht daher unter Bedingungen extremer Aktivation nicht sehr gut. Hier herrschen eher primitivere Reaktionen vor. Unter Bedingungen minimaler Aktivation dagegen ist man eher denkfaul. Am besten funktioniert Invention bei mittlerer Aktivation, woraus zwei umgekehrte U-Verläufe zwischen 0 und starker Aversion und zwischen 0 und starker Appetenz resultieren (vgl. das bekannte Yerkes-Dodson-Gesetz) (cf. Bischof 1985, 451f.).

Produktionssysteme

Die im folgenden dargestellte Computersimulation einer depressiven Entwicklung erfolgte nach dem Prinzip sogenannter Produktionssysteme. Diese sind seit geraumer Zeit ein beliebtes Werkzeug, um psychologische Phänomene in einem Computermodell nachzubilden.

Eingeführt wurden Produktionssysteme in den 40er Jahren von Post (1943) als Modell zur Beschreibung von Algorithmen. In die Psychologie gelangten sie vor allem durch die Arbeiten von Newell (1973). Das kognitionspsychologische Modell ACT (Adaptive Control of Thought) von J.R. Anderson (1983) dürfte das bekannteste und ausgearbeitetste Produktionssystem sein, welches der psychologischen Theorienbildung dient.

Der Begriff „Produktionssystem" wird in unterschiedlicher Weise verwendet. Erstens wird damit eine *formale Sprache* zur Beschreibung von Algorithmen gekennzeichnet. Zweitens werden Produktionssysteme als *psychologische Rahmenkonzeptionen* für die Architektur des menschlichen kognitiven Apparats eingesetzt. Drittens liegen Produktionssysteme als *Programmsysteme* bzw. Programmiersprachen vor.

In der psychologischen Theorienbildung dienen Produktionssysteme dazu, komplexe Modelle menschlicher Informationsverarbeitungsprozesse zu konstruieren. Eine Voraussetzung hierfür besteht „nur" darin, das für den Phänomenbereich relevante Wissen in Regeln (Produktionen) der Form von „Wenn-Dann"-Sätzen abzubilden. Man erhält somit eine Menge verschiedener Regeln. Diese Regeln sind im Falle der Beschreibung psychologischer Sachverhalte in ihrem Bedingungsteil („Wenn") nie wirklich exklusiv. Exklusivität würde bedeuten, daß bei Vorliegen einer bestimmten Bedingungskonstellation nur genau eine Regel zur Anwendung käme („feuert"). Daher sind Vorkehrungen für die Fälle notwendig, in denen mehrere oder auch keine Regel zutreffen. Tritt z.B. der Fall ein, daß mehrere Regeln zutreffen, so muß ein Auswahlmechanismus („Interpreter") entscheiden, ob alle Regeln ausgeführt werden sollen oder ob nur eine Regel zur Anwendung kommt. Im ersten Fall ist die Frage der Reihenfolge ihrer Abarbeitung zu klären. Im zweiten Fall ist festzulegen, nach welchen Kriterien eine Regel ausgewählt wird. Ein denkbares Kriterium besteht z.B. in der „Kürze des Bedingungsteils". Demnach wäre diejenige Regel auszuwählen, die im Bedingungsteil die wenigsten Bedingungen enthält. Ein zweites Kriterium könnte das „Gewicht" einer Produktion sein. Je öfter eine Regel zur Anwendung kommt, desto höher ist ihr Gewicht, und desto größer die Wahrscheinlichkeit, daß in einem Konfliktfall diese Regel anderen Regeln vorgezogen wird.

Damit die Regeln sinnvoll eingesetzt werden können, bedarf es neben dem Wissen, was unter bestimmten Bedingungen zu tun ist, noch Informationen darüber, wie die „Welt" aussieht. Dies bedeutet, daß das System neben einer Menge von Regeln auch Angaben über die Zustände der verschiedenen, in der Simulation vorgesehenen Variablen braucht. So muß ein System, welches menschliches Problemlösen simulieren soll, neben dem Wissen, was in welcher Situation zu tun ist (z.B.: WENN keine Lösung gefunden wurde, DANN setze Versuchs-Irrtums-Verhalten ein), auch über Wissen darüber verfügen, wie der aktuelle Problemzustand aussieht.

Schließlich müssen die Anwendung der Regeln und die Einbeziehung der Daten koordiniert werden. Dazu ist ein speziell auf diese Koordination ausgerichtetes Wissen erforderlich.

Ein Produktionssystem besteht also aus folgenden wesentlichen Teilen:

Der *Datenspeicher* (working memory) enthält das dem System bekannte deklarative Wissen (Wissen, was). Deklaratives Wissen besteht in Tatsachenwissen (bzw. was das System dafür hält), das die Form folgender Beispielsätze hat: 'Peter ist groß', 'Monika ist die Schwester von Peter'. Dieses Wissen bezieht sich auf Zustände von Objekten bzw. auf Zusammenhänge zwischen Objekten.

Der *Produktionsspeicher* (production memory) stellt das prozedurale Wissen (Wissen, wie) in der Form von WENN-DANN-Regeln bereit. Der Bedingungsteil („Wenn") der Regeln wird mit dem Datenspeicher verglichen. Wenn dieser Vergleich 'wahr' liefert, wird die im Aktionsteil („Dann") der Regel stehende Operation ausgeführt. Im Produktionsspeicher sind keine Fakten abgelegt, sondern „Handlungswissen", d.h. Wissen darüber, was in welcher Situation zu tun ist. Beispiel: 'WENN Peter Geburtstag hat, DANN kaufe ihm ein Geschenk'. Dieses Wissen bezieht sich also auf die Manipulation von Objekten, auf die Änderung von Zuständen von Objekten und auf die vom System durchzuführenden Handlungen. Allerdings ist die Trennung zwischen deklarativem und prozeduralem Wissen fließend. So ist z.B. die Vermutung, daß im Winter Schnee fällt, deklarativ in der Form speicherbar: 'Im Winter fällt Schnee' oder prozedural speicherbar in der Form, 'WENN das Thema Winter ist, DANN sage, im Winter fällt Schnee'. Deklaratives Wissen kann zwar prozedural gespeichert werden, jedoch ist dies – wie das Beispiel zeigt – oftmals nicht sehr elegant und scheint psychologisch auch wenig plausibel.

Der *Interpreter* enthält das Kontrollwissen des Systems (Wissen, wie), das über den Einsatz von deklarativem und prozeduralem Wissen entscheidet. Er erfüllt drei Aufgaben:

(a) *Auswertung* des Bedingungsteils einer Produktion (pattern matching) und Ermittlung seines „Wahrheitswertes".

(b) *Auswahl* einer oder mehrerer Produktionen aus der Menge der anwendbaren Produktionen (conflict resolution), da zu einem bestimmten Zeitpunkt die Bedingungsteile von mehr als einer Produktion „wahr" sein können. Die Art und Weise, wie die conflict resolution erfolgt, hat natürlich unmittelbare Auswirkungen auf die Arbeitsweise des Systems.

(c) *Ausführung* der im Aktionsteil der ausgewählten Produktion(en) angegebenen Operationen (execution). Diese Operationen können sehr vielfältig sein. Sie können auf das System selbst gerichtet sein (Innenwelt), indem sie z.B. Veränderungen im Datenspeicher vornehmen, sie können aber auch auf die das System umgebende Welt (Außenwelt) gerichtet sein.

Die Arbeitsweise des Interpreters wird als *„recognize-act-cycle"* (deutsch *„Auswertung-Auswahl-Ausführungs-Zyklus"*, Opwis 1988) bezeichnet.

Eine Reihe von Psychologen betrachten Produktionssysteme als die zur Zeit elaborierteste Möglichkeit zur Simulation psychischer Prozesse. Das Programmsystem zur Erstellung eines Produktionssystemmodells sollte dabei „mindestens" Prolog sein. Es stehen auch reine Produktionssystem-Programmiersprachen, wie z.B. PRISM (Ohlsen & Lanley 1986) oder GRAPES (Sauers & Farrell 1982) zur Verfügung. Diese Sprachen bieten bereits von sich aus viele, in Produktionssystemen erforderliche Leistungen (z.B. Pattern-Matching, Conflict Resolution etc.) an.

Es gibt über den Produktionssystem-Ansatz hinaus eine Reihe weiterer Ansätze, die es erlauben, psychische Prozesse zu modellieren. Genannt seien semantische Netzwerke, konnektionistische Modelle oder auch Differentialgleichungssysteme. Insbesondere der Konnektionismus (Rumelhart & McClelland 1986; McClelland & Rumelhart 1986) ist zur Zeit ein vieldiskutierter Ansatz. Er geht davon aus, daß komplexes Systemverhalten aus der Interaktion einfacher Grundelemente entsteht. Der Konnektionismus versucht, Informationsverarbeitungssysteme zu erstellen, die analog der menschlichen Informationsverarbeitung im Gehirn aufgebaut sind und ähnlich funktionieren sollen. Ihre Grundeinheiten sind neuronenähnliche „Units". Es handelt sich dabei um Grundprozessoren, die zu einfacher Informationsverarbeitung in der Lage sind. Das Zusammenschalten vieler dieser Units zu einem größeren System erlaubt es, eine Reihe von psychischen Prozessen, insbesondere im Bereich der Musterverarbeitung, nachzubilden.

Für die vorliegende Simulation wurde der Produktionssystem-Ansatz gewählt, da dieser am geeignetsten erschien, das vorhandene Modell der Depressionsentwicklung in ein Computerprogramm zu übertragen. Die psychologische Plausibilität der einzelnen Punkte des Modells sollte möglichst erhalten bleiben. Dies war im vorliegenden Fall am einfachsten dadurch zu erreichen, daß die linealen Teilbögen des ursprünglichen idiographischen Modells in ein System von IF-THEN-Regeln umgesetzt wurden. Wir haben dabei nicht auf eine „höhere" Produktionssystem-Sprache zurückgegriffen, sondern das Modell in *Pascal* implementiert. Der Verwendung von reinen Produktionssystem-Sprachen beim Aufbau psychologischer Modelle stehen wir distanziert gegenüber, da sich die vielen eingebauten Kontroll- und Auswahlprozesse einer Produktionssystem-Sprache der unmittelbaren Modellierung entziehen. Eine „klassische" Programmiersprache ist in dieser Hinsicht offener, da hier praktisch alle Kontroll- und Auswahlprozesse neu programmiert werden müssen.

Das Modell besteht in seinem Produktionsteil aus einer Reihe von Produktionen, die alle den gleichen Aufbau haben. Sie enthalten einen Bedingungsteil „IF", einen Aktionsteil „THEN" und z.T. noch einen weiteren Aktionsteil „ELSE". Der „THEN"-Teil wird ausgeführt, wenn die Bedingung zutrifft, der optionale „ELSE"-Teil wird ausgeführt, wenn die Bedingung nicht zutrifft (s. Beispiel).

```
Beispiel: {Regel 99}
if    (x.aktuell(t-4)-x.aktuell(t-3)>=1) and
      (y.aktuell(t-3)-y.aktuell(t)>=1) and
      (y.mittel<y.hoechstesmittel)
then
      begin
        z.mittel:=z.mittel-1;
      end
      else
        z.mittel:=z.mittel+1
```

Regel 99 liefert ein fiktives Beispiel dafür, wie eine Regel in unserem Produktionssystem aussehen kann. Diese Regel führt zu einer Erhöhung oder zu einer Erniedrigung des Mittelwertes der Variablen 'z'. Der Index 't' repräsentiert den jeweils aktuellen Zeitpunkt; t – 1 liegt, vorausgesetzt es handelt sich um ein System mit diskreten Zeitpunkten, also genau einen Zeitpunkt vorher, t – 4 vier Zeitpunkte vorher. Ist nun die Differenz der aktuellen Werte der Variablen 'x' zwischen den Zeitpunkten t – 4 und t – 3 größer oder gleich eins, beträgt gleichzeitig die Differenz der Variablen y zwischen den Zeitpunkten t – 3 und t mindestens eins, und ist schließlich der Mittelwert der Variablen 'y' kleiner als ein definierter höchster Mittelwert, dann wird der Mittelwert der Variablen 'z' um eins erniedrigt. Trifft eine (oder mehrere) der genannten Bedingungen nicht zu, wird der 'Else'-Teil der Produktion ausgeführt und damit der Mittelwert der Variablen 'z' um eins erhöht. Die Regel 99 führt also in jedem Fall zu einer Veränderung des Mittelwertes der Variablen 'z'. Welche Richtung diese Veränderung annimmt, hängt von den Zuständen der Variablen 'x' und 'y' ab.

Die Kontrollstrukturen unseres Modells sind bewußt einfach gehalten. Der „Interpreter"-Teil wählt alle Produktionen (Regeln) aus, deren Bedingungsteile zum gegebenen Zeitpunkt zutreffen. Ausgeführt werden die Aktionsteile der Produktionen in der Reihenfolge ihrer Anordnung. Wenn also zu einem bestimmten Zeitpunkt der Bedingungsteil der Regel 34 'wahr' ist, d.h. wenn die in der Regel formulierten Bedingungen mit den Daten im Datenspeicher übereinstimmen, wird diese Regel zur Anwendung gebracht. Danach wird für die nächste Regel, also 35, geprüft, ob der Bedingungsteil 'wahr' ist. Ist dem so, wird der Aktionsteil der Regel ausgeführt, sonst wird sie eben nicht ausgeführt. Danach wird die nächste Regel geprüft, usw. Dieser Abarbeitungsmodus bedeutet, daß für Regeln, die später geprüft werden, der Zustand der „Welt" schon ein anderer ist: Regel 2 arbeitet mit den durch Regel 1 veränderten Variablenwerten, Regel 3 greift auf die durch Regel 1 und 2 veränderten Werte zurück, usw.

Computersimulation einer Depressionsentwicklung
Drama in 46 Aufzügen

Der Simulation liegt ausführliches biographisches und kasuistisches Material zugrunde, das in therapeutischen Gesprächen mit einem jungen Erwachsenen an der Psychologischen Forschungs- und Beratungsstelle der Universität Bamberg gewonnen wurde. Der Klient war ein 24jähriger Landwirt (Herr A.), der Zeit seines Lebens – unterbrochen nur von eineinhalb Jahren Wehrdienst – auf dem elterlichen Hof gelebt hatte. Nach Beschluß seiner Eltern sollte er diesen auch übernehmen. Seine Geschwister waren alle bereits verheiratet und hatten eigenständige Existenzen gegründet. Bereits früher gelang es selbst den Geschwistern, die jünger waren als er, sich Freiräume zu nehmen, um eigenen Interessen nachzugehen. Herr A. dagegen war schon immer in die Pflichten des Hofes eingespannt, von denen er sich überfordert fühlte. Als er an unsere Beratungsstelle kam, grübelte er verstärkt über alternative berufliche Wege nach, die zu realisieren er sich jedoch außerstande fühlte. Insgesamt erlebte er sich innerlich leer, müde, ängstlich und wenig belastbar. Weitere Details der Kasuistik sind, insofern sie für das Simulationsmodell von Bedeutung sind, in der Beschreibung der einzelnen Produktionen (bzw. Regeln) enthalten.

Obwohl in das Modell verschiedene Befunde aus der Depressionsforschung Eingang finden, handelt es sich um ein auf diesen Klienten zugeschnittenes *idiographisches* Modell ohne theoretischen Generalisierungsanspruch. Darauf wurde eingangs bereits hingewiesen. Brunner (1986, 98f.) und Schiepek (1988a, 69) beurteilen übereinstimmend einzelfallorientierte Vorgehensweisen als dem momentanen Stand systemischer Methodologie besonders angemessen. Gemeint ist dabei nicht unbedingt der Einzelfall eines Individuums, sondern der Einzelfall eines Systems, z.B. eines psychischen Systems, eines Paars, einer Familie, eines Stadtteils. Unter den zahlreichen Argumenten für Einzelfallanalysen kommt den hier verfolgten Zwecksetzungen ihr Wert im Entstehungszusammenhang von Theorien am nächsten (s. Reinecker 1987a, 211). Auch die Argumente für idiographische Forschung, wie sie in der Persönlichkeitspsychologie Tradition hat (Windelband 1894; Allport 1962; Thomae 1968; Laux & Weber 1986), können herangezogen werden, denn die Methode der idiographischen Systemmodellierung versteht sich als systemische Variante dieser Forschungstradition (s. dazu ausführlicher Schiepek 1986, 54).

Die Simulation beruht auf einem Systemmodell, das zu Forschungszwecken sehr ausführlich und unter Berücksichtigung aller verfügbaren Informationen (Interviews, Fragebogen zur Lebensgeschichte, Problemfragebogen) erstellt wurde. Im Anschluß daran erfolgte eine Reduktion der im Modell enthaltenen Variablen. Ausgewählt wurden sieben Variablen, nämlich

(1) die erlebte **Anforderung** von seiten der Eltern und der Arbeitsaufgaben im landwirtschaftlichen Betrieb;

(2) die **Erfüllung** dieser Anforderungen im Sinne eines angepaßten Funktionierens;

(3) die Entwicklung bestimmter **Selbstschemata** als spezifischer Vulnerabilitätsfaktor;

(4) **Versagensängste**, betreffend die Menge und Schwierigkeit der Arbeiten im landwirtschaftlichen Betrieb, aber auch vor einer eigenständigen Lebensbewältigung;

(5) **Bewältigungsanstrengungen**, um die Versagensängste in den Griff zu bekommen (coping);

(6) die **Motivation** zu einer erfolgsorientierten Beschäftigung mit verschiedenen Aufgaben, einhergehend mit der Entwicklung von Eigeninitiative;

(7) **Depression** vom Stellenwert einer „Krankheit", was die auftretenden Erlebnis- und Verhaltensweisen, als auch was die Selbstetikettierung des Klienten und die Fremdetikettierung durch das soziale Umfeld betrifft.

Diese sieben Variablen erwiesen sich nach einer Effektanz- und Dependenzanalyse (s. Dörner et al. 1983, 399ff.) sowie unter Berücksichtigung weiterer kybernetischer Kriterien (s. Schiepek 1986, 81ff.) im ursprünglichen Systemmodell als besonders einflußreich. Sie klären gewissermaßen am meisten „Varianz" auf. Andere Variablen kovariierten entweder im Sinne einer Dependenz mit einer dieser Variablen oder es zeigte sich, daß die feiner aufgelösten Vernetzungen des ursprünglichen Modells durch eine oder mehrere der ausgewählten Variablen ohne gravierende Konsequenzen für die Dynamik des Systems zusammengefaßt werden konnten. Zum Beispiel lag eine detaillierte Betrachtung des Verhältnisses von Anforderungen und Erfüllungsbereitschaft vor dem Hintergrund familiärer Aufgabendifferenzierung und der komplementären Entwicklung der häuslichen Einbindung des Klienten bei gleichzeitiger Verselbständigung seiner Geschwister vor. Prinzipiell ändert sich dadurch jedoch nichts am Verhalten des Systems, so daß aus Gründen dringend notwendiger Komplexitätsreduktion auf diese Feinauflösung der Familiendynamik verzichtet wurde. Diese Entscheidung wurde unterstützt von den oben angeführten Befunden, welche einen unmittelbaren Einfluß familiärer Muster auf die Depressionsentwicklung in Zweifel ziehen. Überhaupt – und hierin bestand ein weiteres Kriterium – waren wir bemüht, solche Variablen auszuwählen, denen in der klinischen Literatur ätiologische Relevanz zugemessen wird.

Die Simulation läuft über 4000 Zeittakte. Es entsteht für jede Variable eine Zeitreihe von einer Länge, wie sie auf empirischem Weg praktisch nicht gewinnbar wäre. Als plausible Realzeit-Referenz zu einem Zeittakt könnte man einen Tag annehmen. Jeder Punkt der Zeitreihe repräsentiert also die gemessene Variablenausprägung pro Tag. Der gesamte Verlauf von 4000 Zeittakten deckt, geteilt durch 365, einen

Zeitraum von ca. elf Jahren ab, was in etwa mit der geschilderten Biographie unseres Klienten übereinstimmt. Wir betrachten einen Lebensabschnitt, der zwischen dem Alter von 14 und 24 Jahren liegt. Korrespondierend hierzu bekommen wir vom DSM-III (S. 232) einen üblichen Beginn dysthymer Störungen im frühen Erwachsenenalter bestätigt. Der Anstieg der Variable „Depression" erfolgt in der Simulation etwa nach zwei Dritteln der gesamten Zeit, setzt also bereits eine relativ lange Entwicklung voraus. Das Modell nimmt somit den Hinweis ernst, die *Geschichte* eines Systems zu berücksichtigen. Eine weitere Forderung erfüllt sich durch die Methode rekursiver Modellbildung von selbst, nämlich die, Ereignisse und Prozesse im *Kontext* anderer Ereignisse und Prozesse zu betrachten, da ihre Bedeutung vom jeweiligen Kontext abhänge (vgl. Bischof 1985).

Jede Variable im Modell weist zu jedem Zeitpunkt einen Mittelwert und einen aktuellen Wert auf. Der Mittelwert repräsentiert das jeweilige Niveau einer Variablen, um das herum der aktuelle Wert schwankt. Auch die Mittelwerte der Variablen sind in Abhängigkeit von den Regeln Veränderungen unterworfen, die sogar sehr schnell aufeinander folgen können. Insgesamt trägt jedoch die Niveaubindung der aktuellen Variablenausprägung zu einer Stabilisierung der einzelnen Verläufe bei.

Die im Programm enthaltenen Regeln determinieren die Variablenwerte zum Zeitpunkt t, gegeben die Werte zum Zeitpunkt t – 1, mehrfach auch in Abhängigkeit weiter zurückliegender Zeitpunkte oder gar langfristiger Entwicklungstrends von Variablen oder Variablenkonstellationen. Die Regeln werden vom Programm zu jedem Zeitpunkt der Reihe nach, von der ersten bis zur letzten, abgearbeitet. Vor Beginn dieser Abarbeitung erhält jede Variable einen Zufallswert, der von ihrem Wert zum vorherigen Zeitpunkt t – 1 um + 1, 0 oder –1 abweichen kann. Inhaltlich repräsentiert dieser Zufallsprozeß die immer möglichen spontanen Tagesschwankungen, die, vergleichbar mit thermodynamischen Molekularbewegungen, nicht auf im Modell enthaltene Mechanismen zurückführbar sind (vgl. Bischof 1985, 427). Zudem ist im Formalismus des Programms die Ausführung (im Fachjargon: das „Feuern") bestimmter Regeln von Zufallskonstellationen abhängig.

Der Ausgangswert der Variablen „Anforderung" wurde auf drei, der der Variablen „Erfüllung" auf eins festgesetzt. Beide Werte liegen im Vergleich zu den späteren Maximalausprägungen der Variablen (etwa bei einem Skalenwert von 45) zunächst sehr niedrig. Die Anforderungen gehen der Erfüllung leicht voraus. Der Mensch wird von Beginn an in Anspruchskonstellationen hineinsozialisiert. Er findet Erwartungen vor. Ergibt es sich nun, daß aufgrund zufälliger Tagesschwankungen sowohl die Anforderung als auch die Erfüllung zum gleichen Zeitpunkt um mindestens einen Skalenwert steigen, so erhöht sich der Mittelwert der Anforderung jeweils um eins. Folgt also die Erfüllung einer Anforderung auf dem Fuß, so schließen die Bezugspersonen jedesmal messerscharf: aha, das funktioniert, wird beibehalten (**Regel 1**). Diese Regel soll nur gelten, bis der Mittelwert der Anforderung ein bestimmtes Niveau erreicht hat. Später (als Schwellenwert wird eine Mittelwertausprägung von 10 angenommen) ist es nicht mehr nötig, die Schraube so schnell anzuziehen. Die Willigkeit hat sich gezeigt, die Erziehung trägt Früchte[3].

---

3 Hören Sie hierzu Constantin Wecker: Es ist schon in Ordnung. Auf: Eine ganze Menge Leben. polydor 1978.

Gewohnheiten spielen sich ein, so daß mit zunehmender Absicherung der Anforderungen im täglichen Leben diese immer seltener gesteigert werden. Lerntheoretisch gesprochen: Die kontingente Erfüllung wird zur Selbstverständlichkeit. Im Modell kommt eine Mittelwertsteigerung um eins nur noch vor, wenn ein gleichsinniger Anstieg der Variablen mit einer bestimmten Häufigkeit aufgetreten ist. Diese Häufigkeit wird (progressiv) definiert über den jeweiligen Mittelwert der Variablen „Anforderung", multipliziert mit dem Faktor 35 (**Regel 1a**).

Solange sich allerdings die Eltern nicht sicher sein können, ob die Erziehung funktioniert, scheint es geraten streng zu sein. Befindet sich die Variable „Erfüllung" unterhalb eines Schwellenwerts von 15, erhöhen die Eltern ihre aktuellen Anforderungen (im Zeittakt t) um eins, wenn das Kind ihre Anforderungen gerade vorher verweigert hat, d.h. zum Zeittakt t – 1 ein Anstieg der Variablen „Anforderung" mit einem Abfall der Variablen „Erfüllung" einherging, was aufgrund der Zufallsfluktuationen ja möglich ist (**Regel 2**). Liegt die Anforderung mehrfach (im Modell fünf mal) spürbar (um mindestens drei Skalenpunkte) über der Erfüllung, zu der der Jugendliche bisher bereit war, so gibt er dem Druck nach. Er erhöht seine Erfüllungsbereitschaft und wird folgsamer. Der Mittelwert der Variablen „Erfüllung" steigt unter dieser Bedingung immer um einen Skalenpunkt (**Regel 3**). War jedoch der aktuelle Erfüllungswert in den beiden zurückliegenden Zeittakten um mindestens zwei gefallen, so greift Regel 3 nicht. Diese außergewöhnlich geringe Leistung wird als Zeichen einer Krise oder akuter Schwäche interpretiert. Die jeweiligen Bezugspersonen reagieren darauf mit Nachsicht. In diesem Fall hat der Jugendliche weder die Energie noch besteht für ihn die Notwendigkeit, seine Erfüllungsbereitschaft zu steigern. Auf diese Erfahrung kann er später, mit Einsetzen der Depression, zurückgreifen.

Unterhalb eines bestimmten Erfüllungsniveaus (der Schwellenwert liegt bei 15) steigt der Mittelwert der Variablen „Anforderung" um einen Punktwert, wenn sich die Erfüllungsbereitschaft über mindestens 10 Zeittakte hinweg auf einem neuen, höheren Niveau befunden hat (**Regel 4**). Die Ansprüche, welche die Eltern und Geschwister des Jugendlichen erfüllt bekommen, gewöhnen sich an die neue Bereitwilligkeit und ziehen nach. Was bisher noch als besondere Leistung auffiel, wird zum fraglos erwartbaren Minimum.

Oberhalb des Schwellenwerts von 15 sättigen sich die Erwartungen. Man will sich ja schließlich nicht verhalten wie die Frau des Fischers im Märchen. Weder Unersättlichkeit noch Überforderung haben jemals Früchte getragen. Wenn die Erwartungen trotzdem zunehmen, dann nur als nicht bewußt intendierter Gewohnheitseffekt. Um jetzt noch einen Anstieg des Anforderungsmittels um einen Skalenpunkt zu erreichen, muß eine Zunahme des Erfüllungsmittelwerts bereits eine große und größer werdende Anzahl von Zeitpunkten zurückliegen. Diese Anzahl ergibt sich aus dem Produkt des aktuellen Erfüllungswerts mit dem Faktor 8 (**Regel 4a**). Erklärbar ist diese Abdämpfung des Anforderungswachstums auch umgekehrt: Anforderungen dringen nicht mehr so leicht durch, denn der Jugendliche stumpft gegenüber den an ihn gerichteten Erwartungen ab.

Die Gewohnheit, daß die Bezugspersonen in der Regel mit der Erfüllung ihrer Erwartungen rechnen können, macht allerdings, zumindest kurzfristig, auch intoleranter. Hat sich das Verhalten des Jugendlichen einerseits als beeinflußbar erwiesen (der aktuelle Erfüllungswert liege über 5), andererseits aber die Erfüllungsbereitschaft noch nicht soweit ausgeprägt, daß derartige Intoleranz weder menschlich vertretbar noch notwendig ist (der Schwellenwert liege bei 20), fällt bereits ein Nichtreagieren als Unbotmäßigkeit auf. War vorher (Regel 2) eine Weigerung notwendig (Absinken der aktuellen Erfüllung bei gleichzeitig auftretender Anforderung), um einen Anstieg der aktuellen Anforderungen im nächsten Zeittakt zur Folge zu haben, so reicht jetzt bloße Vergeßlichkeit, fehlende Aufmerksamkeit, ja selbst eine Verspätung der Ausführung um einen Tag (Zeittakt) (**Regel 5**: Nimmt der Aktualwert der Variable „Anforderung" zu, der Aktualwert der Variable „Erfüllung" nimmt jedoch nicht zu, so steigt im darauffolgenden Zeittakt der Aktualwert der Anforderung um den Wert eins).

Die Selbstwahrnehmung erziehender Personen, daß sie immer wieder mit Strenge (re-)agieren (müssen), macht in der Folge strenges Erziehungsverhalten wahrscheinlicher. Erziehungspersonen bestätigen sich ihre Selbstwahrnehmungen mit dem hierzu passenden Verhalten, sie erniedrigen ihre Wahrnehmungsschwelle für mögliche Anlässe zu diesem oder bilden einfach ein Habit im Sinne der Hull'schen Lerntheorie aus. Konkret bedeutet das: Ist der Aktualwert der Anforderungen zweimal hintereinander um mindestens einen Punkt gestiegen, so erhöht sich deren Mittelwert um eins (**Regel 6**). Dies gilt wie Regel 5 nur oberhalb einer bestimmten Schwelle, die durch einen Aktualwert größer 5 der Variablen „Erfüllung" festgelegt wird. Die Ausformung von Wahrnehmungshypothesen oder Habits setzt sich natürlich nicht ad infinitum fort. Sind derartige Dispositionen einmal vorhanden, wäre es im Sinne einer gewissen Verhaltensflexibilität geradezu dysfunktional, sie noch weiter zu intensivieren. Um diese Dämpfung zu realisieren, muß die in Regel 6 enthaltene Bedingung n mal erfüllt worden sein; n ist gleich der momentanen Ausprägung des Anforderungsmittelwerts. Erst dann erfolgt ein Anstieg dieses Mittelwerts. Mit zunehmender Ausprägung geschieht dies also immer seltener.

Die bisher formulierten Regeln postulieren positive Rückkoppelungseffekte zwischen den Variablen „Erfüllung" und „Anforderung" sowie eine positive Rückkoppelung der Variable „Anforderung" auf sich selbst (Abb. 72). Zunächst führt dies zu einer Eskalation der Variablen, welche aber mit Wirksamwerden von Dämpfungseffekten in einen negativ beschleunigten Verlauf übergehen (Abb. 73).

Nicht alle Regeln greifen immer. Es scheint wichtig, die Bedingungen anzugeben, unter denen Hypothesen zur Anwendung kommen sollen. Seelisches Erleben und zwischenmenschliche Erfahrung haben ihre Stunde. Nichts währt ewig und ist es geschehen oder versäumt, so wird die Geschichte anders weitergehen – je nachdem. Symmetriebrüche finden ständig statt.

Ein Thema hat Gestalt angenommen: es kreist um Ansprüche. Sie nähren sich aus vielen Quellen, den Eltern, den Geschwistern, den „Sachzwängen" der Landwirtschaft. Komplementär dazu wächst das Bemühen, all diesen Ansprüchen gerecht zu werden. Daraus ergeben sich tägliche Mikrostressoren, sogenannte „daily hassles" (Lazarus & Cohen 1977) und jene Dauerbelastungen, wie sie in der Literatur immer wieder genannt werden. Aber auch andere Entwicklungen schleichen sich ein: Rollendefinitionen, welche die Zuständigkeiten regeln, familiäre Muster, die festlegen, wer sich welche Freiheiten nehmen und wer protestieren darf, internalisierte Normen. Das ist der Stoff, aus dem die Selbstschemata sind.

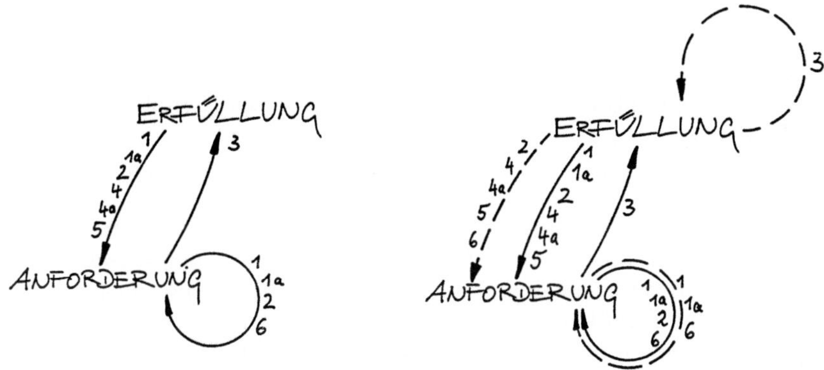

Abb. 72: Die in den Regeln enthaltene Vernetzungsstruktur der Variablen „Anforderung" und „Erfüllung". Die Zahlen entsprechen der Nummerierung der Regeln.
Vernetzungsstruktur der Variablen.
————— direkter Einfluß
– – – – Einfluß im Sinne einer Abhängigkeit von Schwellenwerten

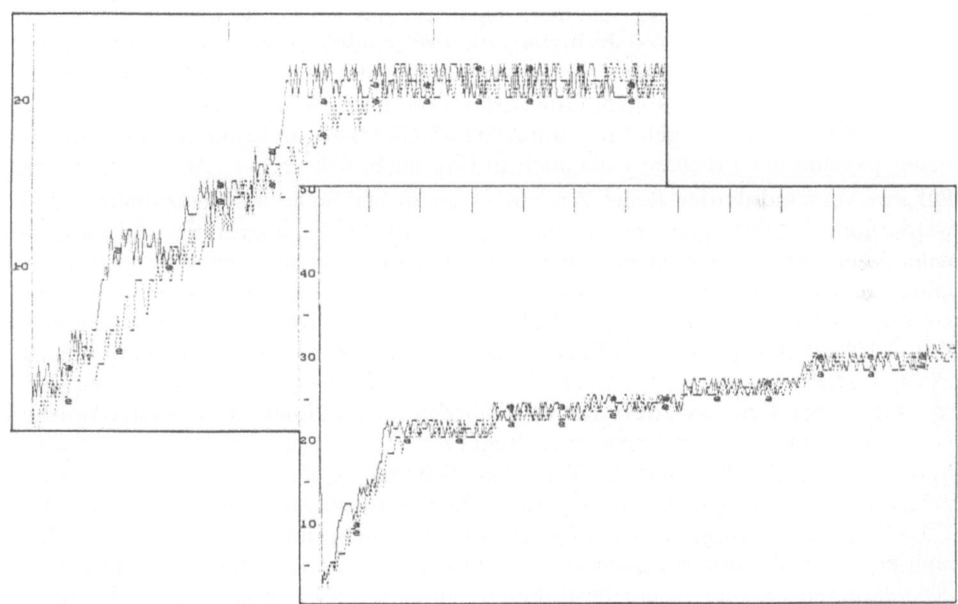

Abb. 73: Die Verläufe der Variablen „Anforderung" (a) und „Erfüllung" (e) auf der Grundlage der
Regeln 1 bis 6. In den ersten Zeittakten zeigt sich ein eskalierender Verlauf, der später abgedämpft
wird. Dargestellt sind die Zeittakte 0–320 (links oben) und 0–1250 (rechts unten). Die Abstände zwischen
den Markierungsstrichen am oberen Bildrand umfassen jeweils 100 Zeittakte.

Hat die Erfüllungsbereitschaft des Jugendlichen ein bestimmtes Niveau erreicht (Mittelwert größer 10), so führt eine mehrmalige Aktivierung eines entsprechenden Schemas (festgesetzt wurde ein zehnmaliger Anstieg der Variable „Schema" um mindestens einen Skalenpunkt) zu seiner deutlicheren Ausprägung (Mittelwertanstieg um + 1) **(Regel 7)**.

Das Konstrukt des Schemas erhält vor allem in Diathese-Streß-Modellen der Depression die Funktion eines Vulnerabilitätsfaktors (Segal 1988). Neben den „logischen Verzerrungen" und der kognitiven Triade negativer Selbst-, Zukunfts- und Weltsicht nimmt es im Ansatz von Beck (1976) den Stellenwert eines zentralen kognitiven Konzepts ein, mit dem depressionstypische Verarbeitungsmuster beschrieben werden. In der Tradition kognitiver Theorien stellen Schemata Organisationseinheiten des Erfahrungswissens dar, in welche Gedächtnisspuren früherer Erlebnisse, Verhaltensweisen und Wahrnehmungsmuster in relativ geordneter und dauerhafter Weise Eingang finden, womit sie spätere Wahrnehmungen und Einschätzungen prädisponieren (vgl. Segal 1988, 147). So gesehen fungieren Schemata im Rahmen von Informationsverarbeitungsprozessen als regulierende und richtungsdeterminierende kognitive Strukturen. Sie weisen damit gewisse Parallelen auf zu den wahrnehmungserleichternden Hypothesen der älteren kognitiven Wahrnehmungstheorien. Ein etwas weniger kognitivistisches Schema-Konzept wurde von Autoren wie Ciompi (1982; 1986) oder Grawe (1986b; 1987) in Anlehnung an Piaget (z.B. 1976) vorgeschlagen. Es betont mehr dessen emotionale Qualitäten und rückt es dadurch an eine zentrale Stelle der intrapsychischen Emotionsregulation. Die Bedeutung emotionaler Schemata resultiert nicht nur aus ihrer protektiven, aber möglicherweise auch reproduzierend-einengenden Funktion im Gefühlshaushalt, sondern auch aus ihrem Einfluß auf die Gestaltung zwischenmenschlicher Begegnungen und Erfahrungen. Eine Diskussion dieses Schema-Begriffs erfolgt sowohl in Kapitel IV – es geht dort um seinen Stellenwert im Kontext selbstreferentieller psychischer Prozesse – als auch in Kapitel II, 6.4.

Für ein Verständnis der Regel 7 reicht es an dieser Stelle aus festzuhalten, daß wiederholte Erfahrungen die Ausbildung entsprechender kognitiver und emotionaler Muster zur Folge haben. Im Beispiel unseres Jugendlichen ging es um Erfahrungen, welche den emotionalen Kontakt zu nahen Bezugspersonen nach der Leitdifferenz von Anspruch und Erfüllung organisieren. Koevolutiv hierzu entwickelt sich ein Selbstschema des Braven und Zuverlässigen, dem es nicht ansteht zu motzen oder zu rebellieren. Haben sich dessen Konturen ansatzweise eingeprägt, so aktualisiert jede als Anforderung wahrnehmbare Situation schemakonforme Wahrnehmungs- und Erlebnismuster. **Regel 8** formuliert dies so: Unter der Bedingung, daß der aktuelle Wert der Variablen „Schema" größer als 4 ist, soll die Ausprägung dieser Variablen von $t-1$ auf t um + 3 ansteigen, wenn gleichzeitig die Variable „Anforderung" um mindestens einen Skalenpunkt zunimmt. Die Wahrnehmung von Anforderungssituationen und entsprechende Schemaaktualisierungen bedingen sich ab einem bestimmten Punkt wechselseitig. Spielt sich dieses Verhältnis im Laufe der Zeit ein, existiert eine spezifische Erlebnis- und Verhaltensbereitschaft. Entscheidend ist dabei ihre wiederkehrende Aktualisierung, nicht dagegen eine grenzenlose Intensitätszunahme. Daher wird in **Regel 9** für den Mittelwert der „Schema"-Variablen eine Obergrenze von 20 festgelegt. Würde aufgrund anderer Regeln der Mittelwert weiter steigen, wird er automatisch auf diesen Wert zurückgesetzt.

Schemaprozesse entfalten motivationale Energien, welche sich in entsprechenden Handlungen Ausdruck verschaffen (vgl. Grawe 1986b). Solche Handlungen treten auch ohne erkennbaren situativen Anlaß auf, scheinen also intrinsisch motiviert zu sein. Man gewinnt den Eindruck, als ob ein innerer Stachel den Antrieb übernehmen würde, und zwar immer wieder in ähnlicher Weise. Nicht Beliebiges wird getan, sondern das, was zu den Inhalten der jeweiligen Schemata paßt. Jede(r) hat seine Themen, die er (sie) con variatione lebt. Es entwickeln sich Aktivitäten, die regelmäßig ins selbe Messer oder aufs selbe Siegerpodest führen. Selbst wenn keine Anforderungen gestellt werden, fühlt sich unser Jugendlicher in der Schuld der Pflicht. So kommt es vor, daß er sich freiwillig bemüht, sei es, weil er die häusliche Stimmung danach einschätzt, oder weil er in ein Fahrwasser geraten ist, das nur noch auf diesem Wege Selbst- und Fremdbestätigung verspricht. Jede einigermaßen deutliche Aktivierung der Schema-Variablen (um einen Skalenwert von mindestens 2) hebt, ob nun anforderungsbedingt oder nicht, den aktuellen Erfüllungswert im gleichen Zeittakt um + 2 (**Regel 10**).

Die eigene Person betreffende Erlebnisweisen verdichten sich im Laufe der Zeit zu einem konsistenten Selbst-Schema, das, in der Sprache der Synergetik ausgedrückt (vgl. Haken 1981), zu einem versklavenden Prinzip für unterschiedlichste Situationserfahrungen, Stimmungen und soziale Wahrnehmungen wird. Die vernetzte Struktur des Selbst kann durch die Aktivierung verschiedener Teil-Schemata zur Resonanz gebracht werden, wie dies im kognitiv-strukturellen Ansatz (cognitive-structural-view) der Schema-Theorie angenommen wird (vgl. Anderson 1983; Higgins & Bargh 1987; Segal 1988, 150f.). Auch sehr verschiedenartige Erfahrungen münden dabei immer wieder ins Netz ähnlicher Gefühle, Motive, Wahrnehmungen. Auf diesem Wege entstehen individuumspezifische Lebensräume (sensu Lewin 1969; 1982), definiert als „die erlebte oder auch unbewußt wirksame Situation, in der sich eine Person befindet, wobei auch der gesamte Bedürfniszustand und die Handlungssysteme" einer Person mit enthalten sind (Toman 1968, 89, cf. Brunner 1988a, 281). In seinem Lebensraum findet jeder einzelne genügend Gelegenheiten, den psychischen Ordnungsparameter „Selbst" wirksam werden zu lassen – denn es ist *sein* Lebensraum. Nur ein Zugang von vielen ist die Rekursivität zwischen der emotionalen Valenz eines bestimmten Schemas und der emotionalen Befindlichkeit eines Individuums als Anlaß zur Aktivierung eben dieses Schemas (moodcongruency; s. Higgins & King 1981; Blaney 1986; Segal 1988, 150).

Trifft man mit Grawe (1986b) eine Unterscheidung zwischen positiven und negativen emotionalen Schemata, so sind es vor allem die negativen Schemata, welche eine Dynamik unaufgelöster Bedürfnisse in Gang halten. Sie reproduzieren jene „perseverierenden intentionalen Zustände", die Kuhl & Helle (1986, 247) zwar nicht als hinreichende, aber doch als notwendige Bedingungen der Depressionsentwicklung erachten. „Die depressive Störung entsteht nur dann," meint Reiter (1988a, 93) sogar, „wenn das Individuum nicht fähig ist, die nicht erfüllbare Intention aufzugeben." Negative emotionale Schemata beruhen auf Erfahrungen des Scheiterns und der Frustration. Sie halten jene Erlebniskategorien warm, unter der die damalige(n) Erfahrung(en) stattfand(en). Je nachdem, wie tief die Wunde reichte, bleiben die damit verbundenen Gefühle, Verletzungen, Ängste und zwischenmenschlichen Konstellationen allgegenwärtig, mehr oder weniger leicht aktualisierbar. Geführt wird der sprichwörtliche Kampf gegen die Windmühlenflügel (s. Abb. 74). Der Wunsch, alte Wunden zu heilen, stellt eben jene Gefühle, Situationen und Interaktionsmuster wieder her. Dies geschieht im Erleben, aber auch in der aktiven Beziehungsgestaltung. Angetreten, endlich die damit verbundenen Bedürfnisse zu befriedigen und neue Erfahrungen zu machen, werden gerade deshalb die alten Erfahrungen bestätigt. Den qualitativen Sprung zu wagen, war früher wie heute zu riskant. Negative emotionale Schemata haben deshalb viel mit Angst und Vermeidung zu tun. Den Sprung aber nicht zu wagen, führt nicht weiter. Unser Jugendlicher tut das, was man von ihm erwartet. Das sichert anfangs eine gewisse Zuwendung, die sich später im Sand der Selbstverständlichkeit zu verlaufen droht. Zumindest aber vermeidet er dadurch offene Kritik. Eigene Initiativen, Ver-

Abb. 74: Kampf gegen die Windmühlen (Abb. aus M. de Cervantes, Madrid 1855)

weigerung oder Selbständigkeit wären zu bedrohlich gewesen, hätte dies doch seinen Weg in Frage gestellt, gemocht und gebraucht zu werden. Er bleibt bei „mehr desselben". Gleichzeitig beginnt die Kehrseite dieser Entwicklung ihre Schatten zu werfen. Da ist zum einen der schmerzliche Zweifel, ob er um seiner selbst oder seiner Dienstbarkeit willen geliebt wird. Ein experimentum crucis wird nicht durchgeführt, zumal nach Ausbildung der beschriebenen familiären Muster ein Ausgang in Richtung voraussetzungsloser Zuwendung mehr als fraglich geworden ist. Vielleicht kann sich diese erst später, in der Krankheit, erweisen.

Zum andern verändern sich im Laufe der Zeit die Anforderungen. War zunächst bereitwilliges Einspringen gefragt, sollte er sich mit zunehmendem Alter selbständig und entscheidungsfähig zeigen. Genau diese Eigenschaften waren es aber, die er bisher für bedrohlich hielt. Konflikte bleiben nicht aus, wodurch sich Unsicherheit und Zweifel sekundär verstärken. Schließlich rühren sich Selbstzweifel. Der Weg, den er bisher eingeschlagen hatte, bot ihm keine Chance, sich zu bewähren. Selbstsicherheit, Selbstzutrauen fehlen und wären doch so wünschenswert, um vor anderen und vor sich selbst bestehen zu können.

Wieder stoßen wir auf Antinomien. Ihre Unlösbarkeit scheint zur ewigen Wiederkehr des Gleichen zu zwingen. Doch um die Analyse etwas freundlicher einzufärben sei bemerkt, daß selbstverständlich nichts zwingend sein muß. Ein gnädiger Regisseur kann in neuen Lebensabschnitten neue Rollen anbieten, Kontakte zu anderen Bezugspersonen spielen sich vielleicht nicht mehr in den alten Geleisen ab, und irgendwelche ersten Schritte in eine andere Richtung pflanzen den Samen für die Akkomodation der Schemata. Kehrtwendungen sind möglich[4].

Offenkundig ist die intime Nähe, die schematheoretische Beschreibungen mit tiefenpsychologischem Gedankengut verbindet (vgl. Ciompi 1982). Sicher haben Sie bereits an Freuds Neurosenlehre mit ihren verdrängten Konflikten und Wiederholungszwängen gedacht, an Adlers Überkompensation von Minderwertigkeiten, oder an Jungs Komplextheorie. Auch hier: die ewige Wiederkehr des Gleichen?

---

4   Thomas Bernhard, Der Keller: „Viele Jahre hatte ich an jedem Morgen aufwachend gedacht, daß ich den von meinen Erziehern als Verwaltern mir aufgezwungenen Weg abzubrechen hätte, aber ich hatte nicht die Kraft dazu, so viele Jahre mußte ich diesen Weg widerwillig und unter der größten Kopf- und Nervenanspannung gehen, bis ich urplötzlich die Kraft gehabt habe, den Weg abzubrechen, zu einer hundertprozentigen Kehrtwendung, an welche ich selbst am wenigsten geglaubt hatte, aber eine solche Kehrtwendung ist nur auf dem absoluten Höhepunkt der Gefühls-. und Geistesanstrengung möglich, in einem solchen Augenblick, in welchem man die Kehrtwendung vollziehen oder sich nurmehr noch umbringen kann, wenn der Widerstand gegen alles, das ein solcher Mensch, wie ich damals einer gewesen bin, der größte Widerstand ist, der tödliche Widerstand ist. Wir haben in einem solchen lebensrettenden Augenblick einfach gegen alles zu sein oder nicht mehr zu sein, und ich hatte die Kraft gehabt, gegen alles zu sein, und bin *gegen alles* auf das Arbeitsamt in der Gaswerkgasse gegangen. Während die Lernmaschine in der Stadt schon wieder ihre sinnlosen Opfer forderte, hatte ich mich ihr durch die Kehrtwendung in der Reichenhaller Straße entzogen, ich wollte von einem Augenblick auf den andern nicht mehr eines der Tausende und Hunderttausende und Millionen Lernmaschinenopfer sein und drehte mich um und ließ den Sohn des Regierungsrates allein seinen Weg gehn" (S. 142f., Hervorhebung im Original).

Nachdem wir uns nun länger als beabsichtigt beim Konstrukt des Schemas aufgehalten haben, wird es Zeit, in der Galerie unserer Variablen voranzuschreiten. Werfen wir vorher noch einen kurzen Blick auf die bisherige Struktur des Regelwerks (Abb. 75) mit den sich daraus ergebenden Verläufen der Aktual- und Mittelwerte (Abb. 76 und 77).

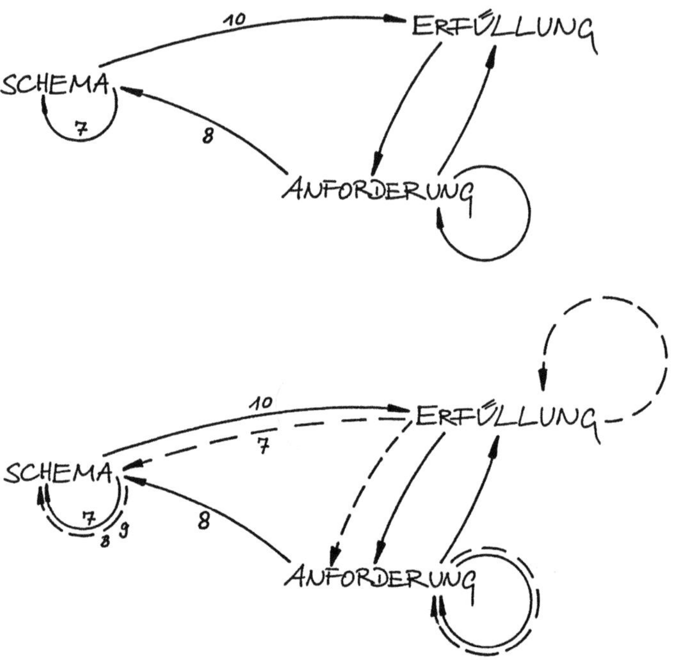

Abb. 75: Die in den Regeln enthaltene Vernetzungsstruktur der Variablen „Anforderung", „Erfüllung" und „Schema". Die Zahlen entsprechen der Nummerierung der Regeln.
Vernetzungsstruktur der Variablen
——————— direkter Einfluß
– – – – Einfluß im Sinne einer Abhängigkeit von Schwellenwerten

Das Konzept der negativen emotionalen Schemata erleichtert uns den Brückenschlag zur nächsten Variable. Wir sahen, daß Anforderungssituationen, welche die inzwischen ausgebildeten negativen Schemata aktualisieren, Ängste und Selbstzweifel auslösen. Für den Jugendlichen in unserem Beispiel kreisen diese Ängste um ein mögliches Versagen angesichts der Anforderungen am elterlichen Betrieb, aber auch um das Problem selbständiger Lebensbewährung. In der Sprache der **Regel 11** heißt dies: Hat der Aktualwert der Schemavariablen den Wert von 4 überschritten und steigt die Variable „Anforderung" entweder in zwei aufeinanderfolgenden Zeittakten (von t – 2 bis t) oder auch in einem Zeittakt (von t – 1 bis t) um mindestens zwei Skalenpunkte, so erhöht sich der Aktualwert der Variablen „Versagensangst" im Zeittakt t um + 1. Diese Ängste können durch besondere Anstrengungen allerdings auch reduziert werden. Die Erfüllung von Anforderungen bietet die Sicherheit

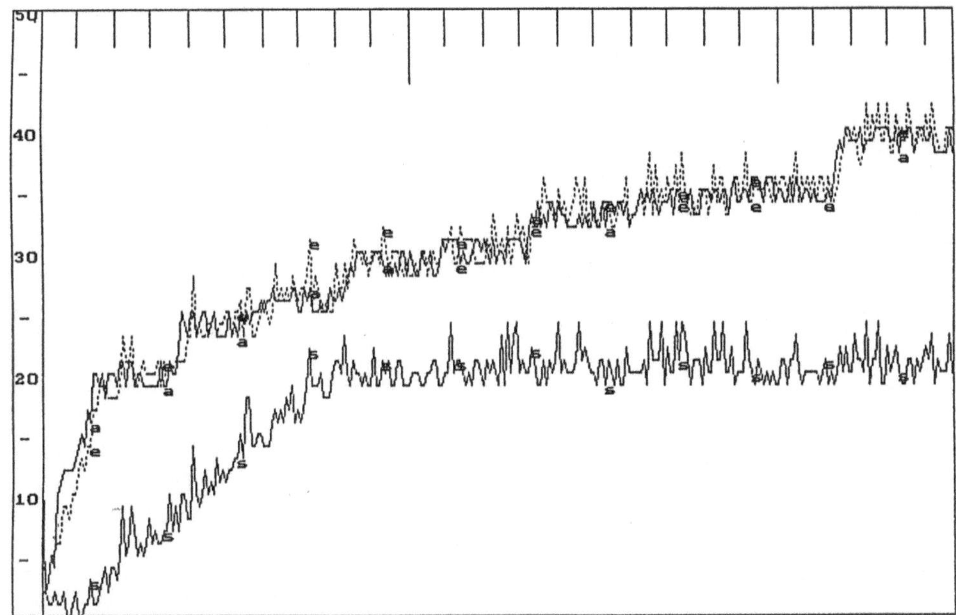

Abb. 76: Die Verläufe der Variablen „Anforderung" (a), „Erfüllung" (e) und „Schema" (s) auf der Grundlage der Regeln 1 bis 10 im Bereich der Zeittakte 0 bis 2500. Die Abstände zwischen den Markierungsstrichen am oberen Bildrand umfassen jeweils 100 Zeittakte.

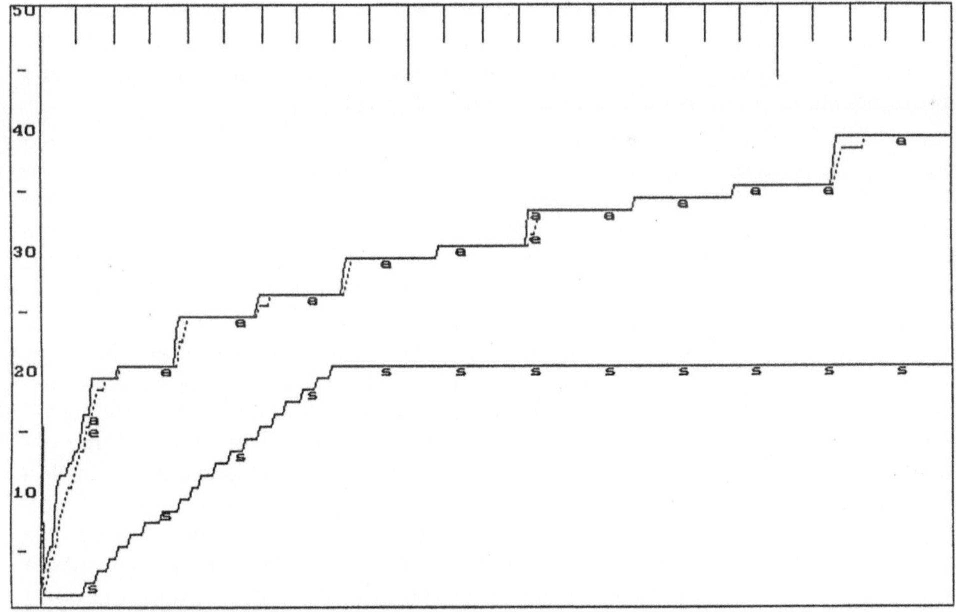

Abb. 77: Die Verläufe der Variablen „Anforderung" (a), „Erfüllung" (e) und „Schema" (s) auf der Grundlage der Regeln 1 bis 10 im Bereich der Zeittakte 0 bis 2500. Dargestellt sind die Mittelwerte der Variablen.

des Gewohnten und verhindert eventuelle Kritik. Um die Versagensangst von $t-1$ auf t um 2 Punkte zu senken, müssen gemäß **Regel 12** folgende Bedingungen vorliegen: ein Schema-Mittelwert größer 4, ein Anstieg der Anforderung von Zeittakt $t-2$ auf $t-1$ um mindestens 1, und ein Anstieg der Erfüllung um mindestens 1, der entweder von Zeittakt $t-2$ auf $t-1$ oder/und von $t-1$ auf t (anschaulich: einen Tag nach der Anforderung) stattfinden kann. Aus obiger Analyse ging hervor, daß weitere Bemühungen, allen Anforderungen gerecht zu werden, zwar kurzfristig angstreduzierend wirken, langfristig jedoch nichts zu einem Abbau der inneren Unsicherheit beitragen. Im Gegenteil: „mehr desselben" verhindert eher die Verselbständigung, unter anderem auch deswegen, weil eigenverantwortliche, fachliche Kompetenzen nicht aufgebaut werden. Jede Angstepisode steigert die weitere Angstbereitschaft. Unterhalb eines Angstmittelwerts von 15 bereitet jeder Anstieg (von Zeittakt $t-2$ auf $t-1$) mit anschließendem Abfall (von $t-1$ auf t) um jeweils mindestens einen Skalenpunkt eine Mittelwertsteigerung von + 1 vor, der dann nach 7 solchen Anstiegs/Abfalls-Episoden erfolgt (**Regel 13**). Ob die Angstreduktion durch Erfüllung (Regel 12) oder durch Zufallsfluktuationen zustande kam, spielt in dieser Regel keine Rolle. Befindet sich die Variable „Versagensangst" über einem Mittelwert von 15, so verlangsamt sich die Zunahme der Angstbereitschaft (Dekken-Effekt). Die in Regel 13 enthaltene Bedingung muß so oft aufgetreten sein, wie es dem Betrag des momentanen Mittelwerts der Variablen entspricht. Um also den Mittelwert der „Versagensangst" von 16 auf 17 zu steigern, sind mindestens 16 Angstepisoden (Wertanstieg/Wertabfall) erforderlich (**Regel 13a**).

Bereits leicht ausgeprägte Angstbereitschaft wirkt als Sensibilisierungsfaktor für das aktuelle Angsterleben. Werden angstauslösende Ereignisse wahrgenommen, springt die Versagensangst in die Höhe. Nach zwei Mittelwertsanstiegen – die Variable „Versagensangst" hatte ihren Ausgangswert bei 0 – erhöht sich ihr aktueller Wert zum Zeitpunkt t um + 3, wenn die Variable „Anforderung" von $t-1$ auf t um mindestens einen Skalenpunkt ansteigt (**Regel 14**).

Nun ist es nicht realistisch anzunehmen, daß Anforderungen nur Angst machen würden. Sie fordern auch Bewältigungsanstrengungen heraus und schaffen Motivation, Aufgaben erfolgreich anzupacken. Beschäftigen wir uns zunächst mit den Bewältigungsversuchen. Solange nicht starke Versagensängste dazwischenkommen, kann angenommen werden, daß Aufgaben, deren erfolgreiche Erledigung nicht gesichert ist, Bemühungen veranlassen, diese Aufgaben zu meistern. Um entsprechende Bemühungen hervorzulocken, darf es sich also weder um langweilige Routinesituationen noch um allzu bedrohliche Herausforderungen handeln. Ein Mittelmaß an Nervosität kann sogar leistungssteigernd wirken, wie die Motivationsforschung mehrfach gezeigt hat (vgl. die oben erwähnte Yerkes-Dodson-Hypothese). Diesen kurvilinearen Zusammenhang berücksichtigt **Regel 15** einerseits durch die Festlegung einer oberen Gültigkeitsgrenze, die mit einer Ausprägung der aktuellen Versagensangst von 10 gegeben ist. Oberhalb dieser Grenze wird Regel 15 von Regel 18 abgelöst. Andererseits soll die Bedingung erfüllt sein, daß mit jeder Zunahme der Anforderung von $t-1$ auf t auch ein Anstieg der Versagensangst um jeweils einen Skalenpunkt (oder mehr) einhergeht. Gilt diese Bedingung, so nimmt im selben Zeitintervall die aktuelle Ausprägung der Variablen „Bewältigung" um + 1 zu.

Der nächste Schritt besteht aus einer Vereinfachung. Strenggenommen könnte man zwischen aufgabenorientierten (Regel 15) und emotionsorientierten Funktionen der Bewältigung (Regel 16 – 24) unterscheiden[5]. Da aber auch in aufgabenorientierten Bewältigungsversuchen negative Emotionen wie Versagensangst mitschwingen und umgekehrt eine Veränderung belastender Gefühlszustände auf aktives Situationsmanagement angewiesen ist (Laux & Weber 1988; Kanfer, Reinecker & Schmelzer 1990), läßt sich zu Zwecken der Komplexitätsreduktion eine Zusammenfassung beider Aspekte zu einer Variablen „Bewältigung" rechtfertigen. Die folgenden Regeln beschäftigen sich mit den Versuchen des Jugendlichen, seine Versagensangst in den Griff zu bekommen. Es ist dabei modellbautechnisch das Kunststück zu vollbringen, sowohl einen negativen Rückkoppelungsmechanismus zwischen beiden Variablen zu installieren, als auch eine langfristige Zunahme der Versagensangst bei ebenfalls langfristiger Abnahme der Bewältigungsbereitschaft nachvollziehbar zu machen. Negative Rückkoppelung – das sei zum besseren Verständnis vorausgeschickt – meint, daß der Anstieg einer Variablen A (z.B. „Angst") zum Anstieg einer Variablen B (z.B. „Bewältigung") führt, was rückwirkend Variable A reduziert. Damit sinkt aber auch Variable B wieder ab (inhaltlich: es besteht keine Notwendigkeit mehr, weitere Bewältigungsanstrengungen zu unternehmen) und A kann wieder steigen. Das ruft aber alsbald B erneut auf den Plan usw. Das Resultat besteht in einer zeitverzögerten Oszillation beider Variablen.

Die Copingmechanismen, von denen hier die Rede ist, richten sich darauf, Angst zu bewältigen. Irgendwie gelingt das. Nimmt die Variable „Bewältigung" von $t-2$ auf $t-1$ um mindestens zwei Skalenpunkte zu (das ist nicht sehr viel, aber dokumentiert schon ein gewisses Bemühen), so reduziert sich die Variable „Versagensangst". Solange sich deren Mittelwert unter 10 befindet, halbiert sich einfach ihr Aktualwert von Zeittakt $t-1$ auf Zeittakt t. Hierfür ist **Regel 16** zuständig. Für Werte über 10 würde die Division durch 2 unrealistisch tiefe Einbrüche der Versagensangst bewirken. Es gibt jedoch keinen plausiblen Grund anzunehmen, daß Copingstrategien bei höherem Angstniveau und nach vielen, immer nur kurzfristig erfolgreichen Bewältigungsversuchen an der absoluten Angsthöhe gemessen zunehmend erfolgreicher werden sollten. **Regel 16a** berechnet daher die Angstreduktion nach einer Formel, die, bezogen auf die Angstausprägung eine relative Abschwächung der Bewältigungsleistung vorsieht. Die Variable „Versagensangst" zum Zeitpunkt t ergibt sich aus dem aufgerundeten Quotienten ihrer Ausprägung zum

---

5 „Die gegenwärtige Bewältigungsforschung berücksichtigt besonders die *problemzentrierte* und *emotionsregulierende* Funktion der Bewältigung (Billings & Moos 1981; Lazarus & Folkman 1984; Pearlin & Schooler 1978). Der intendierte Effekt problemzentrierten Bewältigens ist es, das jeweilige Problem zu lösen, bzw. auf die in Frage stehende belastende Situation einzuwirken. Bei der zweiten Funktion wird die Regulierung der negativen Emotionen angestrebt. Dabei geht es vor allem um den Versuch, den quälenden Spannungszustand, durch den Streßemotionen wie Angst, Ärger, Schuld, Depression, Eifersucht usw. oft gekennzeichnet sind, zu *verringern*. Auch langfristig erweist sich die Verringerung der Emotionsintensität als notwendig, da die anhaltende physiologische Mobilisierung als Komponente der emotionalen Reaktion zu Störungen des internen Milieus und zu somatischen Erkrankungen führen kann (Basler & Florin, 1985)" (Laux & Weber 1988, 12f., Hervorhebungen im Original). Das kontinuierlich steigende Angstniveau stellt auch in unserem Modell einen langfristig wirksamen Vulnerabilitätsfaktor dar.

Zeittakt t – 1 zum Wert eines anderen Quotienten, nämlich dem Aktualwert (t – 1) geteilt durch den Aktualwert (t – 1) – 3. Ein Beispiel: Beträgt der Wert zum Zeitpunkt (t – 1) 25, so resultiert daraus für den Zeitpunkt t: 25/(25/(25 – 3)) = 25/1.14 = 21.9 = ca. 22.

Mehrfach erfolgreiche Angstbewältigung erweitert die verfügbaren personalen Bewältigungsressourcen. Diese „umfassen generalisierte Einstellungen und Überzeugungen sowie Fähigkeiten und Fertigkeiten, die sich förderlich auf den Bewältigungsprozeß auswirken" (Laux & Weber 1988, 42). Im Modell schlagen sich personale Ressourcen im Mittelwert der Variablen „Bewältigung" nieder. Nach jeweils fünfmaligem Feuern der Regel 16 bzw. 16a, mit dem (kurzfristig) erfolgreiche Angstbewältigung signalisiert wird, steigt der Mittelwert der Variablen „Bewältigung" um einen Skalenpunkt an, bis die Bedingungen der Regel 22 diesen Anstieg abfangen und sogar rückgängig machen (**Regel 17**). In Regel 22 wird eine Abnahme der Bewältigung davon abhängig gemacht, daß die Versagensangst entweder dreimal so oft zunimmt wie abnimmt oder in den drei auf einen Bewältigungsversuch folgenden Zeittakten doch wieder auftritt (näheres siehe bei Regel 22).

Personale Ressourcen können für das Auftreten aktueller Bewältigungsprozesse insofern als Moderatoren wirksam werden, als sie verschiedene bewältigungsrelevante Qualitäten umfassen. Laux & Weber (1988, 43) nennen in Anlehnung an Menaghan (1983) folgende Aspekte: Selbstkonzeptvariablen (z.B. Selbstwertgefühl, self-efficacy, Ich-Stärke), Einstellungen gegenüber der Umwelt (z.B. Kontrollüberzeugungen, welchen vor allem in der attributionstheoretisch formulierten Hilflosigkeitstheorie eine prominente Rolle bei der Depressionsentstehung zugespielt wurde, s. Seligman et al. 1979), intellektuelle Fähigeiten (z.B. kognitive Flexibilität, analytische Fähigkeiten, Wissen) und interpersonale Fähigkeiten (z.B. kommunikative Fähigkeiten, Kompetenz und Leichtigkeit im Umgang mit anderen Menschen) (zum Konzept der persönlichen Ressourcen im Kontext der Depressionsforschung s. ausführlicher Billings & Moos 1982, 217ff.). Ressourcen stellen keine habituellen Persönlichkeitsmerkmale dar. In der Biographie unseres Klienten erwies es sich, daß seine Bewältigungspotentiale im Laufe der Zeit wieder an Einfluß verloren, sei es aus Mangel an Umweltressourcen, sei es aus Resignation. Wir können uns zumindest für diesen Einzelfall den kritischen Argumenten der Lazarus-Gruppe (z.B. Lazarus & Folkman 1984) am Konzept habitueller Bewältigungsstile anschließen: „(1) Mit der Annahme von Bewältigungsdispositionen werde die Komplexität und Variabilität von Bewältigungsreaktionen unterschätzt und (2) die Erfassung von Bewältigungsdispositionen leiste nur einen sehr geringen Beitrag zur Vorhersage des aktuellen Bewältigens" (Laux & Weber 1988, 41; vgl. bereits Mischel 1968, für eine differenzierende Gegenkritik s. Laux & Vossel 1982).

Das Auftreten von Angst aktiviert Bewältigungsversuche. „Bewältigungsprozesse werden durch die unlustbetonte Erlebnisqualität von negativen Emotionen initiiert und haben die Regulation der emotionalen Reaktion zum Ziel" (Frijda 1986; Lazarus & Folkman 1984; cf. Laux & Weber 1988, 8). Steigt die Angst von t – 1 auf t um mindestens + 1, so legt im gleichen Intervall auch die Bewältigung um zwei Skalenpunkte zu (**Regel 18**). Voraussetzung ist dabei, daß die Angst bereits ein aversives Ausmaß angenommen hat (definiert ab einem Grenzwert von 10). Unter diesem Grenzwert wirkt das Erlebnis von Angst, wenn es in Anforderungssituationen auftritt, eher als bewältigungsstimulierende Herausforderung und nicht als Bedrohung. Dieser Sachverhalt wird in Regel 15 ausgedrückt, in der eine aktuelle Bewältigungszunahme um lediglich einen Skalenpunkt vorgesehen ist. Eine weitere Voraussetzung bindet die Gültigkeit der Regeln 18 und 19 (wie bereits der Regel 17) daran, daß die bewältigungsschwächenden Bedingungen der Regel 22 noch nicht auftreten. Vorläufig jedoch erfolgt mit wachsender Bewältigungskompetenz eine Intensivierung der jeweiligen Bewältigungsversuche. Unter sonst gleichen Bedingungen wie in Regel 18 produziert **Regel 19** eine Zunahme der aktuellen Bewältigung um + 4, wenn (über Regel 17) der Mittelwert dieser Variablen mehr als dreimal angestiegen ist (der Ausgangswert der Variable lag bei 0). Der Übergang von Regel 18 zu Regel 19 wird also von einem Schwellenwert des Bewältigungsniveaus festgelegt, was heftigere Versuche als bisher zuläßt, mit der Angst zurechtzukommen. Diese haben durchaus Erfolg. Im Bereich eines spürbar unangenehmen Angstniveaus (Versagensangst größer 20) erreicht eine Bewältigungsreaktion von mehr als zwei Skalenpunkten eine deutlichere Erleichterung als bisher. **Regel 20** bietet hierfür – vorausgesetzt, diese beiden Bedingungen sind erfüllt – zwei Mechanismen an: (a) Die Reduktion der Versagensangst erfolgt nach einer etwas wirksameren Formel. Ihr Wert zum Zeitpunkt t errechnet sich nach: Wert $(t - 1)/(\text{Wert}(t - 1)/\text{Wert}(t - 1) - 4)$. Das Ergebnis wird auf die nächstliegende ganze Zahl gerundet. Beispiel: $25/25/(25 - 4) = 25/1.19 = \text{ca. } 21$. Diese Rechnungsweise behält weiterhin eine Relativierung auf den Ausgangswert bei: je höher dieser liegt, desto prozentual schwächer die Bewältigung. (b) Die Formel wird zweimal hintereinander angewandt, was im Vergleich zu (a) den wesentlich ausgeprägteren Effekt zeigt. Inhaltlich bedeutet dies, daß eine intensive Bewältigungsanstrengung über zwei Zeittakte hinweg nachwirkt. Es gelingt dem Jugendlichen tatsächlich, sich in Erleben und Verhalten auf etwas anderes als auf die Angst zu konzentrieren. Die Programmsprache ermöglicht dies, indem im Bedingungsteil der Regel 20 ein Anstieg der Bewältigung (um mindestens zwei Punkte) von t – 4 nach t – 3 *oder* (einschließendes oder) von t – 3 nach t – 2 zugelassen werden. Schreitet die Zeit von t – 4 nach t – 2 voran, so ist diese Bedingung zweimal hintereinander erfüllt. Treten mehrere solche Bewältigungsversuche in dichter Folge (d.h. mit nicht mehr als einem Zeittakt Abstand) auf, kann sich die Angst nach genannter Rechnungsweise sogar noch weiter reduzieren.

Der Erfolg längerfristig durchgehaltener Bewältigungsbemühungen wird sich nicht nur im aktuellen Wert der Versagensangst niederschlagen. Gelingt es, die Angst in einem längeren Zeitintervall (von t – 10 auf t) spürbar (um –20) zu reduzieren, soll sich auch der Mittelwert der Angst (um jeweils –1) reduzieren (**Regel 21**). Unabhängig davon, ob erfolgreiche Bewältigungsversuche oder andere Faktoren hierfür ursächlich waren: wenn es gelingt, über eine gewisse Zeitspanne die Welt weniger angstbesetzt zu erleben, wird sich dies auch auf die Angstbereitschaft auswirken.

An dieser Stelle sei eine kurze Randbemerkung zum Bewältigungsbegriff erlaubt. Die Regeln 15 bis 23 haben ihren systematischen Ort in einer Rahmenkonzeption, die Bewältigung definiert „als sich ständig verändernde kognitive und verhaltensmäßige Bemühungen, mit spezifischen externen und/oder internen Anforderungen, die die Ressourcen einer Person beanspruchen oder übersteigen, fertigzuwerden (to manage)" (Lazarus & Folkman 1984, 141; cf. Laux & Weber 1988, 5). Folgende Merkmale können zu einer Präzisierung dieser Definition herangezogen werden (cf. Laux & Weber 1988, 5ff., Hervorhebungen im Original):

(1) Bewältigung steht in „Zusammenhang mit streßhaftem Geschehen", tritt also dann ein, „wenn ein Ungleichgewicht zwischen den Anforderungen an das Individuum und seinen Handlungsmöglichkeiten besteht."

(2) „Bewältigung ist ein *prozeßhaft-dynamisches* Geschehen, das nicht gleichgesetzt werden darf mit Konzepten wie *Bewältigungsstil* oder *Bewältigungsdisposition*, die Stabilitätsannahmen implizieren."

(3) Bewältigung bezieht sich „auf die *Bemühung*, mit der Nicht-Passung zwischen Anforderungen und Handlungsmöglichkeiten fertigzuwerden, wird damit also vom *Gelingen* dieser Bemühung unterschieden. Genau genommen müßte man demnach von Bewältigungsbemühung oder Bewältigungsversuch sprechen."

(4) „Bewältigung ist dadurch gekennzeichnet, daß Anstrengung oder *Aufwand* (effort) erforderlich ist, um das Gleichgewicht zwischen Person und Umwelt wiederherzustellen." Reaktionsformen wie Resignation oder Akzeptieren belastender Gegebenheiten gehören demnach nicht zur Kategorie der Bewältigung, ja sind damit sogar inkompatibel. Dem wird in Regel 22 und 23 Rechnung getragen: resignatives Aufgeben führt zu einem Absinken des Bewältigungsmittelwerts.

(5) „Bei allem Variantenreichtum der einzelnen Formen ist Bewältigung letztlich auf zwei Funktionen gerichtet: Sie zielt zum einen auf die Änderung der gestörten Person-Umwelt-Konstellation (problem-focused coping) ab, zum zweiten ist sie auf die Regulierung von (negativen) Emotionen gerichtet, die sich aus dieser Konstellation ergeben (emotion-focused coping)."

(6) „Die Anbindung von Bewältigung an das Streßkonzept schließt *positiv* getönte Emotionen aus der Gruppe von Emotionen, die Bewältigungsprozesse initiieren, aus. Allerdings werden unter den sog. *Streßemotionen* nicht nur eindeutig unlustbetonte emotionale Reaktionen verstanden, sondern auch emotionale Mischzustände. Sie ergeben sich, wenn eine Situation nicht als bedrohlich, sondern als herausfordernd interpretiert wird." Diesem Hinweis folgt Regel 15. Sie repräsentiert die Hypothese, daß Bewältigungsanstrengungen auch in herausfordernden, und nicht nur in emotional bedrohlichen Situationen auftreten.

Diese wie verschiedene andere Konzeptualisierungen des Bewältigungsbegriffs orientieren sich an einem homöostatischen Regelkreismodell (vgl. z.B. French, Rogers & Cobb 1974; Braukmann & Filipp 1984). Das Individuum reagiere entweder auf eine Störung der Person-Umwelt-Passung oder auf eine Abweichung des psychischen Erlebens von einem Soll- bzw. Gleichgewichtszustand. In beiden Fällen wird ein homöostatisches System hypostasiert, das sich um die Aufrechterhaltung dieser Homöostase bemüht. Unter Bedingungen, die ein Beobachter als Streß kategorisiert, sollte es daher aktiv werden.

Im Anschluß an Dell (1986), der einige grundsätzliche Kritikpunkte am Homöostasebegriff aus strukturdeterministischer Sicht formuliert, gäbe es hinsichtlich dieser Konzeption folgendes zu bedenken: Erstens handelt es sich trotz aller Betonung von Initiative und Aktivität um ein reaktives Modell. Der Mensch wird erst aus dem Schlaf gerissen, wenn irgendwas nicht paßt (s. Abb. 78). Und er hat recht:

Seine Augen macht er zu,
Hüllt sich ein und schläft in Ruh.

Doch die Käfer, kritze, kratze!
Kommen schnell aus der Matraze.

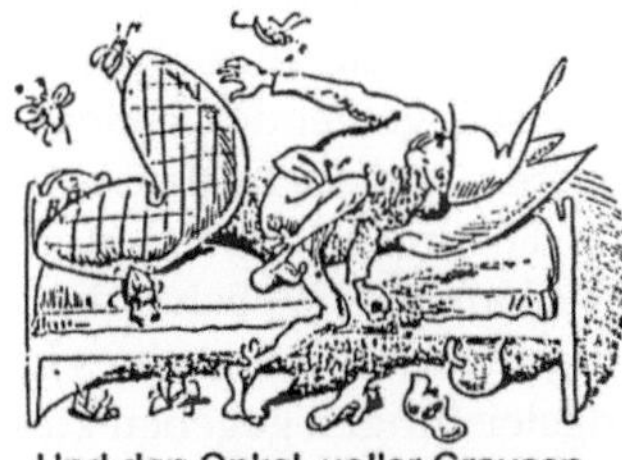

Schon faßt einer, der voran,
Onkel Fritzens Nase an.

„Bau!" – schreit er – „Was ist das hier?!!"
Und erfaßt das Ungetier.

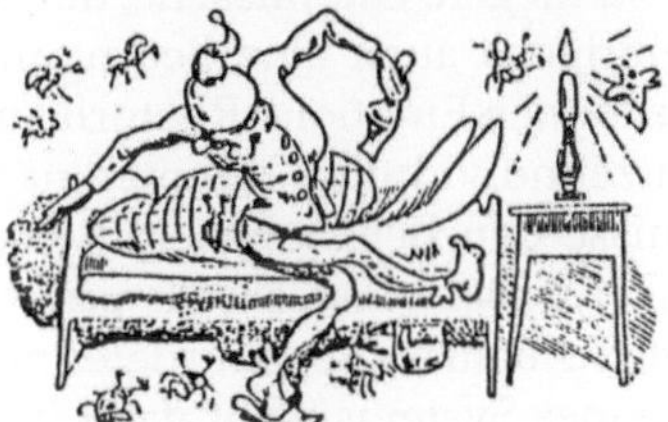

Und den Onkel, voller Grausen,
Sieht man aus dem Bette sausen.

„Autsch!!" – Schon wieder hat er einen
Im Genicke, an den Beinen;

Hin und her und rundherum
Kriecht es, fliegt es mit Gebrumm.

Onkel Fritz, in dieser Not,
Haut und trampelt alles tot.

Guckste wohl! Jetzt ist's vorbei
Mit der Käferkrabbelei!

Abb. 78: Coping-Episode. Veranschaulichung eines reaktiven Bewältigungskonzepts.

warum sollte er sich vorher stören lassen? Andererseits werden gerade präventive Bewältigungsstrategien als besonders umsichtig gepriesen. Das vermutete Gleichgewicht hat sich dabei offenbar schon durch bloße Antizipation verschoben. Ordnet man aber proaktives Tätigwerden in die Kategorie „Bewältigung" ein, ist diese von verschiedensten anderen Lebensvollzügen wie Planung, Vorsorge, Vermeidung, Initiative oder von Phänomenen wie der Angst vor der Angst nicht mehr unterscheidbar. Zweitens ist das Kriterium der Homöostase zu weich. Denn nicht nur Störungen erzeugen (Bewältigungs-)Aktivität, sondern auch Nichtstörungen. Geschieht lange nichts aufregendes, so setzt Langeweile ein, die selbst wieder bewältigt werden will. „Langeweile ist hoch aktivierte Appetenz nach Erregung" (Bischof 1985, 241). Da nun sowohl unter Bedingungen von Homöostase als auch Nicht-Homöostase Bewältigung auftreten kann, droht der Begriff inflationär zu werden. Man müßte dann umgekehrt angeben, unter welchen Bedingungen gerade einmal keine Bewältigung zu erwarten wäre. Die andere Möglichkeit, das Homöostase-Konzept zu retten, bestünde in der Einführung einer Art Meta-Homöostase, das flexible Ist-Soll-Differenzen untergeordneter Regelkreise zum Kriterium für Gleichgewicht erhebt. Das aber wäre theoretisch komplizierter und praktisch schwerer handhabbar. Drittens. Umweltveränderungen lassen noch relativ viel Spielraum dafür offen, in welcher Weise ein lebendes System seine Autopoiese verwirklicht (vgl. Varela 1979; Roth 1982; 1986). Psychologisch gewendet bedeutet dies, daß Individuen idiosynkratische Lebensstile realisieren, welche festlegen, worin für sie bedeutsame Umweltereignisse bestehen. In der Theorie selbstreferentieller Systeme werden psychische Systeme als autonom (sensu Varela 1979) behandelt. Beobachter warten daher manchmal vergeblich auf Bewältigungsreaktionen eines Individuums, obwohl doch Anlaß für notwendige Anpassungsleistungen gegeben zu sein scheint. In engem Zusammenhang damit ist das Problem der Life-event-Forschung zu sehen, den Belastungsgrad von Lebensereignissen festzulegen. Die Tatsache, daß autonome Systeme ihren Input selbst definieren, ist übrigens auch eine Bedingung für die ubiquitäre Streß-Rhetorik. Sie ist Teil der allgemeinen Emotions-Rhetorik und beruht auf Nicht-Nachprüfbarkeit losgelöst vom Einzelindividuum. Könnten nämlich Außenstehende allein aufgrund äußerer Ereignisse den Belastungsgrad einer Person feststellen, müßte diese wesentlich vorsichtiger dabei sein, sich als gestreßt zu bezeichnen. Viertens. Ebenso wie Umweltereignisse nicht als strukturdeterminierender Input wirken, sind Veränderungen in Teilen eines Systems nicht dazu in der Lage, strukturelle Wandlungen im Gesamtsystem, dessen Teil sie ja sind, zu determinieren. Aus der Feststellung von psychischen Ereignissen, die aus Sicht des Beobachters homöostasebedrohend sein müßten, läßt sich das weitere Prozessieren eines psychischen Systems nicht vorhersagen. Diese Argumentation wirft ein problematisches Licht auf die Dichotomie von Streß und Coping. Streßerleben ist ebenso wie Bewältigung Produkt des selbstreferentiellen Prozessierens psychischer Systeme (vgl. Luhmann 1985; Schiepek 1989 und Kapitel IV). Als Coping bezeichnete psychische Prozesse können darin genauso konsequenzenreich sein wie solche, die als Streß bezeichnet werden. Ihr wechselseitiger Bezug jedoch ist eher als gegenseitiges Hervorbringen denn als einseitige Gleichgewichtsstörung mit anschließender Rückregulation zu verstehen (vgl. auch das Konzept der Emotionsarbeit bei Hochschild 1979). Fünftens schließlich reproduziert psychisches Prozessieren nicht notwendigerweise stabile Muster durch permanente Assimilation von Umweltereignissen.

System- oder umweltbedingte Fluktuationen können zum Verlassen homöostatischer Zustände führen und damit die Voraussetzungen für das Erreichen neuer Erfahrungsmuster und System-Umwelt-Passungen schaffen (Dell & Goolishian 1981; Schneider 1987; 1988). Veränderte psychische Integrationsformen sind in vielen Psychotherapieschulen hochgestecktes Ziel persönlichen Wachstums. Batesons Lernen III (1981, 362ff.) beinhaltet den Übergang zwischen verschiedenen Formen der Meta-Kontextualisierung von Erfahrungsgewinn, die untergeordnete Arten des Lernens umfassen. Diese wie andere elaboriertere Prozeßmodelle haben den Schritt von Homöostase- zu Homöorhese-Modellen vollzogen (vgl. Jantsch 1982). Bewältigung könnte in dieser Konzeption sowohl stabilitätserhaltende als auch stabilitätsauflösende Funktion erhalten. Sie fügt sich ein in abweichungsverstärkende Feedbackprozesse, welche Bedingung für die Möglichkeit neuer Ordnungszustände der System-Umwelt-Passung sind. Die vielleicht konstruktivste Form der Bewältigung wird damit gleichzeitig selbst zur Belastung. Vielversprechend ist es, diese rekursive Verschmelzung von Belastung und Bewältigung in neueren prozessualen Emotionstheorien berücksichtigt zu finden (s. Laux & Weber in Vorb.).

Wenden wir uns nach diesem Exkurs wieder dem Modell zu. Die Bemühungen unseres Jugendlichen, Versagensängste zu reduzieren, erwiesen sich zumindest kurzfristig als erfolgreich. Entsprechende Ausschnitte aus den Verläufen der Variablen „Versagensangst" und „Bewältigung" bieten das Bild klinisch signifikanter Angstabnahme (s. Abb. 79). Würde man in einer empirischen Untersuchung derartige Veränderungen feststellen und publizieren, läge es nahe, den LeserInnen die hierbei eingesetzten Strategien als funktionstüchtig anzuempfehlen. Das Problem besteht aber – wie so oft – in den Langzeiteffekten. Die Angst steigt trotz copinginduzierter Einbrüche immer wieder an, ja das durchschnittliche Angsterleben intensiviert sich sogar. Moral von der Geschicht' könnte es sein, bescheiden zu werden. Selbst im Mikrokontext hoch signifikant aussehende Verläufe sind Wellen im Meer der Ereignisse.

Ohne entsprechend langfristige Effekte fallen Bewältigungsanstrengungen immer schwerer. Man kann nicht permanent gegen den Wind ankämpfen. **Regel 22** enthält die Bedingungen, unter denen Energieverluste auftreten. Dies geschieht, (a) wenn die Variable „Bewältigung" (von $t-4$ auf $t-3$) um mehr als einen Skalenpunkt ansteigt, die „Versagensangst" in den darauffolgenden drei Zeittakten (von $t-3$ nach t) dann aber trotzdem auch wieder um mindestens einen Punkt zunimmt oder (b) wenn die Versagensangst dreimal so oft zu- wie abnimmt. War die Bedingung (a) viermal erfüllt oder die Bedingung (b) einmal und liegt der Mittelwert der Variable „Bewältigung" über 20, so vergrößert sich jeweils ein bestimmter Schwellenwert um 0.3. Dieser Schwellenwert nimmt Einfluß auf die Regel 17, in der festgelegt wurde, daß die Bedingungen dieser Regel öfters vorliegen müssen als der Zahlenwert der Schwelle aus Regel 21 groß ist, damit Regel 17 feuert. Beträgt er zum Beispiel 2.3, so muß der Bedingungsteil von Regel 17 dreimal zutreffen, damit sie zu einem Mittelwertsanstieg der Variablen „Bewältigung" um einen Punkt führt. Der Schwellenwert steigt langsam, aber kontinuierlich, was bedeutet, daß solche Mittelwertsanstiege anfangs leicht sind, später aber immer schwerer und daher seltener werden. Regel 17 interferiert mit **Regel 23**, welche für die Mittel-wert*senkung* der „Bewältigung" verantwortlich ist. Feuern beide Regeln ungefähr

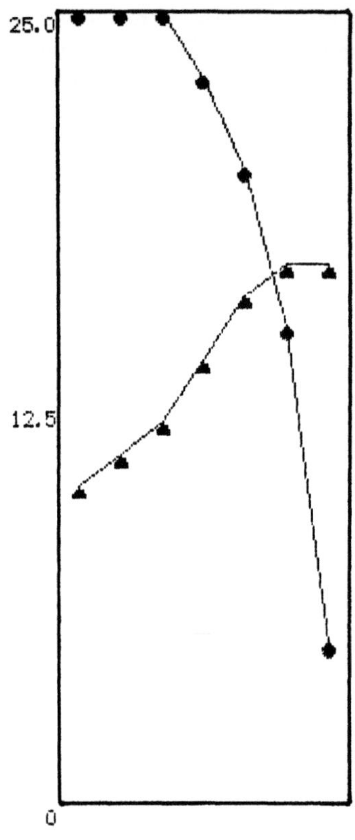

Abb. 79:
Ausschnitt aus der Bewältigungs-Angst-Interaktion über wenige Zeittakte. Die Verläufe lassen einen statistisch und klinisch signifikanten Effekt vermuten.
▲ = Bewältigung, ● = Versagensangst

gleich oft, so stagniert das Niveau dieser Variablen, feuert Regel 23 häufiger als Regel 17, so ergibt sich aus der Differenz von Zu- und Abnahme ein negativer Wert. Das Bewältigungsmittel beginnt zu sinken. Der Bedingungsteil von Regel 23 fordert, daß die Versagensangst um mindestens einen Skalenpunkt zugenommen haben muß, während im gleichen Zeittakt keine Bewältigungsversuche aufgetreten sind oder diese sogar nachgelassen haben. Kommt dies mindestens dreimal vor, reduziert sich der Bewältigungsmittelwert um jeweils 1, solange er noch über 5 liegt. Eine Reduktion unter 5 dürfte nicht sinnvoll sein, da auch nach vielen negativen Erfahrungen gewisse Bewältigungskapazitäten erhalten bleiben. Außer auf das Niveau wirkt sich der in Regel 22 produzierte Schwellenwert noch auf die Frequenz aktueller Bewältigungsversuche aus, wie sie aufgrund der Regeln 18 und 19 zustande kommen. Auch deren Bedingungen müssen jeweils in einer Häufigkeit auftreten, welche den Betrag des Schwellenwertes übersteigt, damit die beiden Regeln aktuellen Bewältigungsanstieg veranlassen. Mit steigendem Schwellenwert geschieht das seltener.

Abbildung 80 veranschaulicht die bisherige Ausarbeitung des Modells. Die Zeitreihendarstellung (Abb. 81) beschränkt sich auf die Variablen „Versagensangst" und „Bewältigung".

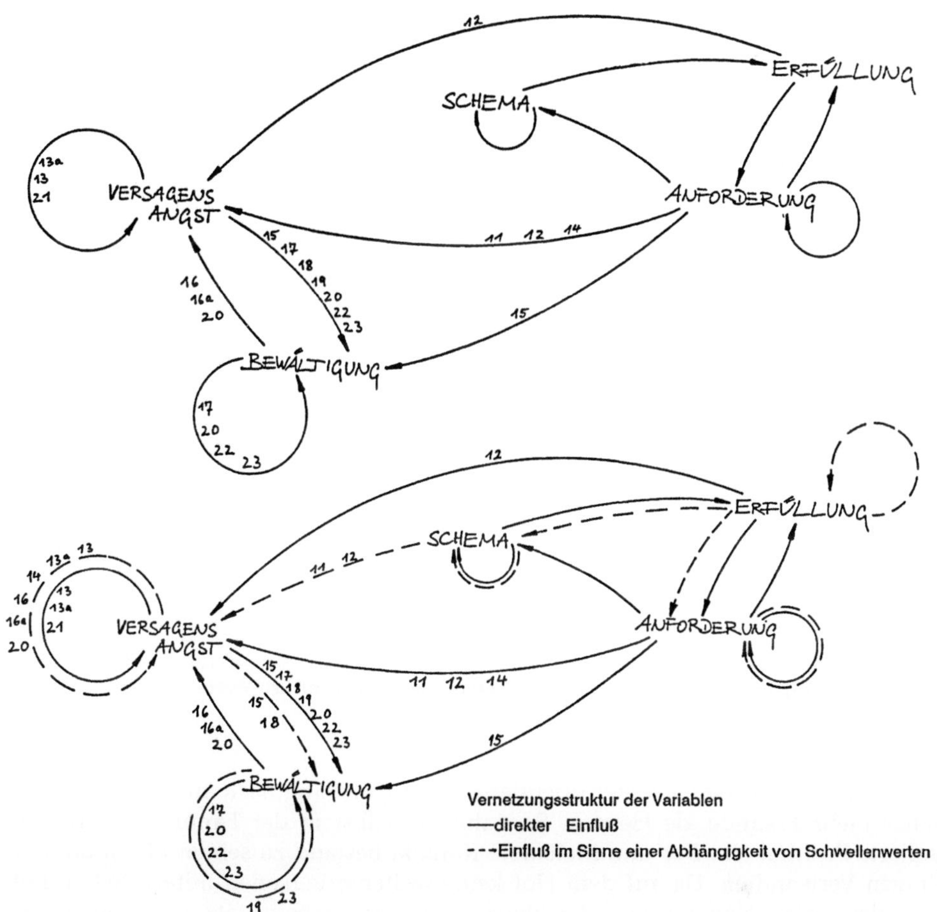

Abb. 80: Die in den Regeln enthaltene Vernetzung der Variablen „Anforderung", „Erfüllung", „Schema", „Versagensangst" und „Bewältigung". Die Zahlen entsprechen der Nummerierung der Regeln.

Neu kommen jetzt lediglich noch die Variablen „Motivation" und „Depression" hinzu. Nicht vorgesehen sind Variablen, welche Aspekte des sozialen Netzwerks repräsentieren, obwohl dieses von verschiedenen Autoren für sehr zentral erachtet wird (vgl. Billings & Moos 1982; Röhrle & Stark 1985; Keupp & Röhrle 1985). Soziale Unterstützungssysteme seien analog zur Wirkung des Immunsystems in der Lage, Belastungen verschiedener Art abzudämpfen (s. z.B. Röhrle & Stark 1985). Hierzu liegen zahlreiche Untersuchungen vor (z.B. Brown & Harris 1978; Hautzinger 1985). Was uns davon abhält, soziale Netzwerke im Modell stärker zu berücksichtigen, ist nicht Ignoranz gegenüber der breiten empirischen Befundlage zu diesem Thema, sondern die schlichte Feststellung, daß in der Biographie unseres Klienten außerhalb der Familie soziale Unterstützung nur in sehr geringem Umfang vor-

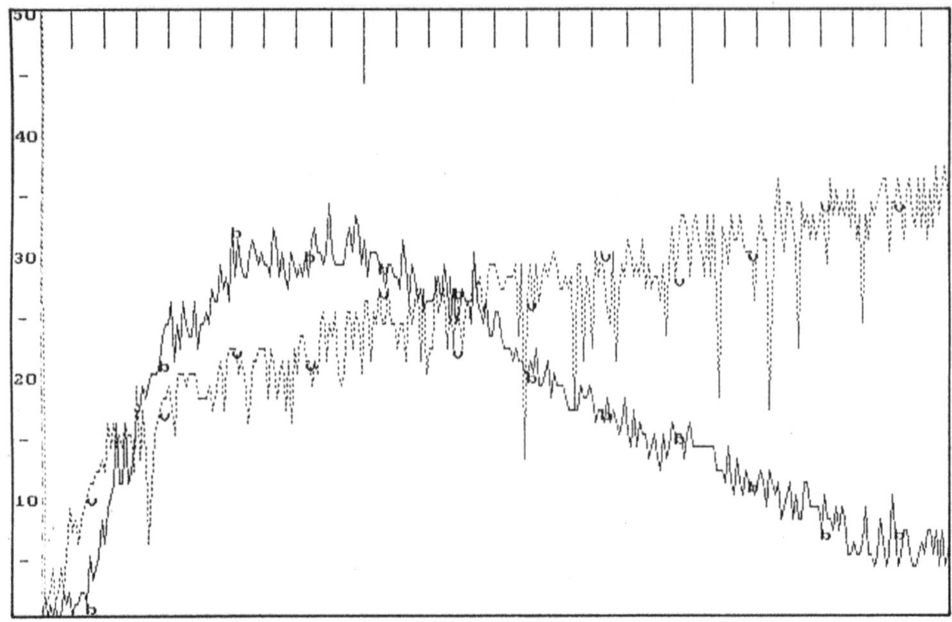

Abb. 81: Die Verläufe der Variablen „Bewältigung" (b) und „Versagensangst" (v) von Zeittakt 0 bis 2800 auf der Grundlage der Regeln 1 bis 23. Dargestellt sind die aktuellen Werte.

handen war. Seine Geschwister orientierten sich frühzeitig nach außen und hatten daher mehr Freunde als Herr A. So nahm er selbst in der Familie eine relativ isolierte Position ein. Der unmittelbarste Kontakt bestand zu seinen Eltern und zu einigen Verwandten. Da auf dem Hof keine weiteren Personen mitarbeiteten, fiel auch der soziale Kontakt weg, der üblicherweise am Arbeitsplatz zustandekommt (work support, s. Billings & Moos 1982, 222). Der Verlust eben dieser berufsbedingten Sozialkontakte wird übrigens von Arbeitslosen als großes Defizit erlebt (Frese & Mohr 1978).

Depressionstypische Einschränkungen sozialer Stützsysteme verringern die Chance alternativer oder korrigierender Erlebnisse, z.B. mit Gleichaltrigen. Ohne diese erfährt die im Modell angenommene Hypothesenstruktur keine grundsätzliche Veränderung. Das gilt auch für die existierenden wirtschaftlichen und finanziellen Randbedingungen. Zugunsten einer Komplexitätsbegrenzung wurde daher auf weitere Variablen verzichtet.

Natürlich ist nicht alles im Leben nur mühselig und beladen. Seiner Arbeit am Hof konnte Herr A. durchaus auch was abgewinnen. Er war motiviert, etwas zu leisten und sich für das Gedeihen des landwirtschaftlichen Betriebes zu engagieren. Besondere Freude hatte er jedes Jahr im Frühjahr und Sommer, die Pflanzen auf den Feldern heranwachsen zu sehen. Hielten sich die Anforderungen in Grenzen, so machten ihm die Aufgaben, die zu erledigen waren, sogar Spaß, was ihn weiter motivierte. In der Sprache der **Regel 24** heißt das: Ist die Variable „Anforderung" jeweils fünf mal mindestens einen Skalenpunkt angestiegen, erhöht sich der aktuelle Wert der Variablen „Motivation" (Ausgangswert: 4) um + 2, solange die Anforderung einen Wert von 20 nicht überschreitet. Umgekehrt fällt seine Motivation, wenn es keine Aufgaben gibt, für die er sich engagieren könnte. Unterhalb eines aktuellen Anforderungswertes von 20 führt ein Absinken der Variablen „Anforderung" um – 1 oder mehr (von t – 1 nach t) zu einer Reduktion der Motivation um – 2 im gleichen Zeittakt (**Regel 25**). Wie bereits diskutiert, können auch intrapsychische Dynamiken die Leistungsbereitschaft anstacheln. Ein Anstieg der „Schema"-Variablen um + 1 oder mehr erzeugt einen Motivationsschub von + 1 im gleichen Zeittakt (**Regel 26**). Die „Motivation" erhöht ihren Mittelwert immer um + 1, wenn ihr aktueller Wert mindestens 7 mal ihren Mittelwert übertrifft. Bis dies erreicht ist, darf aber die Variable nicht schon 20 mal von einem Zeittakt zum nächsten (um –1 oder mehr) abgefallen sein (**Regel 27**). Solange das Angstniveau vergleichsweise niedrig bleibt (<15), kann selbst ein aktueller Angstanstieg (um mindestens einen Skalenpunkt) motivationsfördernd wirken (**Regel 28**). Die Motivationszunahme um + 2 darf dann allerdings nicht als Erfolgsorientierung, sondern als Versuch, Mißerfolg zu vermeiden, interpretiert werden. Über einem Angstniveau von 12 sind es eher die Bewältigungsversuche, die dazu veranlassen, sich anzustrengen. Ein Anstieg der „Bewältigung" von t – 1 auf t um + 2 oder mehr Punkte führt zu einer Motivationserhöhung um + 1 im Zeittakt t gegenüber t – 1 (**Regel 29**).

Die Freude an der Arbeit, am Leben mag sich grundsätzlich erhöhen, wenn quälende Ängste, zumindest eine gewisse Zeit lang, wegfallen. Erfolgreiche Angstbewältigung über mehrere Tage hinweg (die Variable „Bewältigung" soll von t – 5 auf t um mindestens 10 Skalenpunkte steigen und die „Versagensangst" im gleichen Zeitraum ebenso um 10 Skalenpunkte fallen), führt nicht nur zu einem aktuellen Anstieg, sondern auch zu einer Mittelwertserhöhung (um + 1) der „Motivation" (**Regel 30**).

Die Versagensangst holt jedoch schließlich die Leistungsmotivation ein. Permanente Angst untergräbt einfach die Freude an der täglichen Arbeit. Nützt das Bemühen um Angstbewältigung mehr als 25 mal nichts, d.h. die „Versagensangst" steigt in den 3 auf eine Bewältigungszunahme (um 1 oder mehr) folgenden Zeittakten doch immer wieder an (um 1 oder mehr), dann sinkt der Mittelwert der Variablen „Motivation" um jeweils einen Skalenpunkt. Weitere Bedingungen dieser **Regel 31** bestehen darin, daß das Mittel der Versagensangst über 20 liegt und das Bewältigungsmittel seinen Zenit bereits überschritten hat, also schon wieder fällt.

Vergegenwärtigen wir uns kurz die bisher erfolgte Erweiterung des Modells um die Variable „Motivation" (Abb. 82). Die Verlaufsdarstellung (Abb. 83) enthält die Variablen „Versagensangst", „Bewältigung" und „Motivation".

Nun sind es im Leben nicht nur die großen Katastrophen, die uns den Boden unter den Füßen wegziehen. Angesichts von gravierenden Life-events ist es vielleicht sogar wieder möglich, Stärke zu zeigen und sind sie von außen erkennbar, werden sich auch ein paar hilfreiche Hände finden. Nein, man hätte die Life-event-Forschung wahrscheinlich mißverstanden, würde man sich nur auf die großen ökologischen Übergänge (Mogel 1984) des Lebens konzentrieren. Genauso quälend erfahrbar werden die allzu vielen kleinen Belastungen, die unzähligen Nadelstiche (daily hassles), das seelische Elend von Tag zu Tag, das Alleinsein. Auslöser für psychische Probleme sind dann oft Mikrofluktuationen: ein schiefer Blick, eine schlechte Zensur,

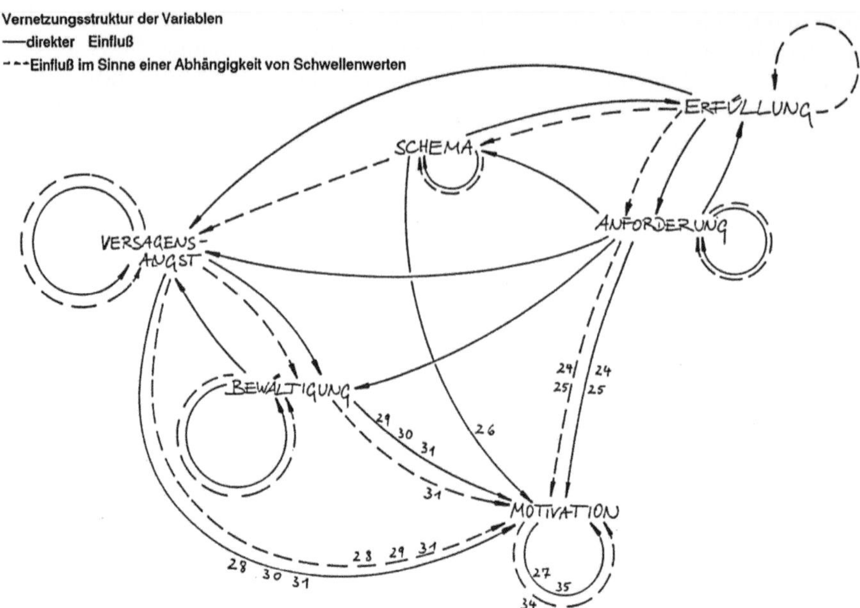

Abb. 82: Die in den Regeln enthaltene Vernetzung der Variablen „Anforderung", „Erfüllung", „Schema", „Versagensangst", „Bewältigung" und „Motivation". Die Zahlen entsprechen der Nummerierung der Regeln.

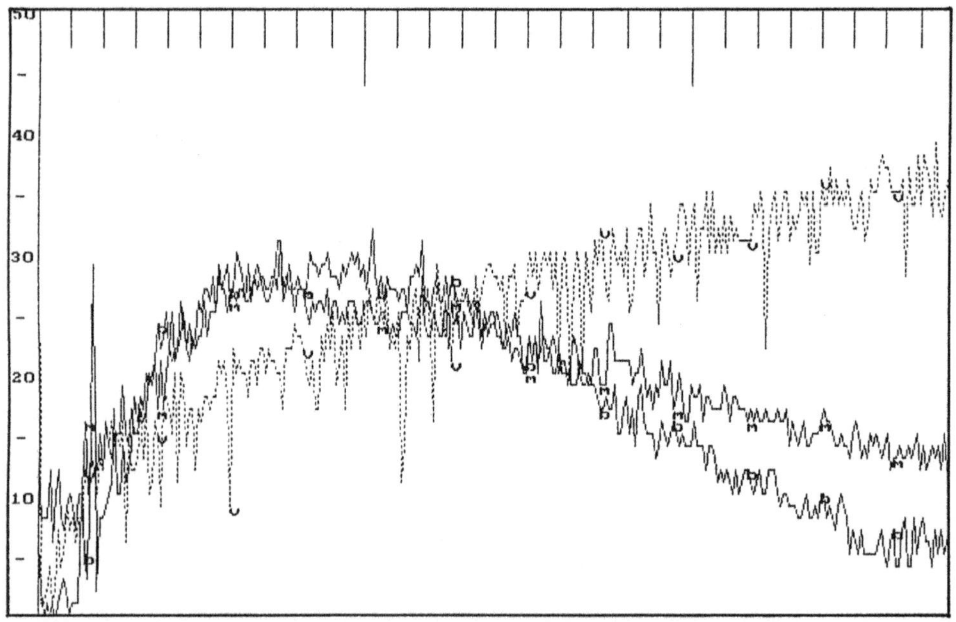

Abb. 83: Die Verläufe der Variablen „Versagensangst" (v), „Bewältigung" (b) und „Motivation" (m) von Zeittakt 0-2800. Dargestellt sind die aktuellen Werte.

eine abfällige Bemerkung, die scheinbar die Zukunft raubt. Mit den Worten von André Heller[6]:

„Du, weißt Du denn nicht, wie brüchig das Eis ist, auf dem wir leben?
Ein achtloser Achter zuviel, und Du hast im Herzen die Fische."

Entscheidender als die Ereignisse an sich sind die Kontexte, auf die sie treffen. Es gibt kritische Phasen, in denen ein minimaler Anstoß von außen oder eine vom System selbst erzeugte Fluktuation ausreicht, um ein Umkippen in ein neues dynamisches Regime zu provozieren. Die Life-event-Forschung sollte daher verstärkt zur Kontext-Wissenschaft werden, da sich die dynamische Relevanz von Ereignissen eher aus diesen Kontexten, dem Ort des Geschehens (vgl. das Konzept der Druckpunkte als sensible Stellen in Systemen, von Bertalanffy 1968) und den Zeitpunkten ihres Auftretens erklärt als aus den isoliert betrachteten Ereignissen selbst. Hinzu kommt, daß Life-events vielfach nicht völlig unvermittelt eintreten – wobei es natürlich auch das gibt, man denke etwa an Erdbeben –, sondern erst aus der Interaktion von eigenem Verhalten, dem sozialen und materiellen Umfeld sowie der psychischen Erlebnisverarbeitung ihre spezielle Problematik erhalten. Seelisches Leiden kann selbst zum konsequenzenreichen Life-event werden und schlägt als solches auf den Betroffenen zurück.

Haben wir uns dies vergegenwärtigt, können wir nach den Bedingungen des Auftretens der Variable „Depression" fragen. Diese Variable bleibt bis zum Vorliegen einer bestimmten Systemkonstellation auf ihrem Ausgangswert von 0, um den sie zufallsbedingt nach + 1 oder – 1 oszilliert (Werte von – 1 werden vom Programm auf 0 gesetzt). Voraussetzung für ihren Anstieg ist ein deutlicher Rückgang des Motivationsniveaus des Jugendlichen, wobei ein Absinken des Motivationsmittelwerts schon vorher ein Absinken der Bewältigungsbereitschaft und ein relativ hohes Angstniveau (größer 20) voraussetzt (vgl. Regel 31). Diese Konstellation charakterisiert bereits wesentliche Aspekte depressiver Zustände. Bei unserem Klienten kamen Merkmale wie Müdigkeit, Lustlosigkeit, Schlafstörungen, verstärkte Selbstzweifel und Gleichgültigkeit gegenüber sozialen Kontakten hinzu. Am meisten litt er an der Entschlußlosigkeit gegenüber den Fragen, ob er seinen Beruf wechseln und ein Handwerk erlernen solle oder nicht, ob er sich zutrauen könne, auszuziehen, ob es nicht gerade zum jetzigen Zeitpunkt eine Überforderung wäre, eine eigene Wohnung zu nehmen, ob er sich von einem neuen Leben vielleicht unrealistische Vorstellungen mache, die genauso enttäuscht würden, ob er daher doch zuhause bleiben solle, um den Hof zu übernehmen usw.

Ist der Motivationsmittelwert nach Erreichen seines Maximums um mehr als 15 Skalenpunkte gefallen, so müssen zwei Ereignisse gleichzeitig eintreten, damit der aktuelle Depressionswert jedesmal um + 2 steigt: die Versagensangst muß von einem zum nächsten Zeittakt um mindestens 2 angestiegen und die Motivation um mindestens 1 gefallen sein (**Regel 32**). Diese Regel übernimmt gewissermaßen die Funktion einer systeminternen Fluktuation am Übergang in ein neues dynamische Muster. Die Depression koppelt dann auf sich selbst zurück. Gegeben den oben genannten Mittelwertsabfall der Motivation, erhöht sich die Variable „Depression"

---

6   A. Heller: „... oder was?!" (Heller/Hoffmann/Heller) auf: „Verwunschen". Mandragora.

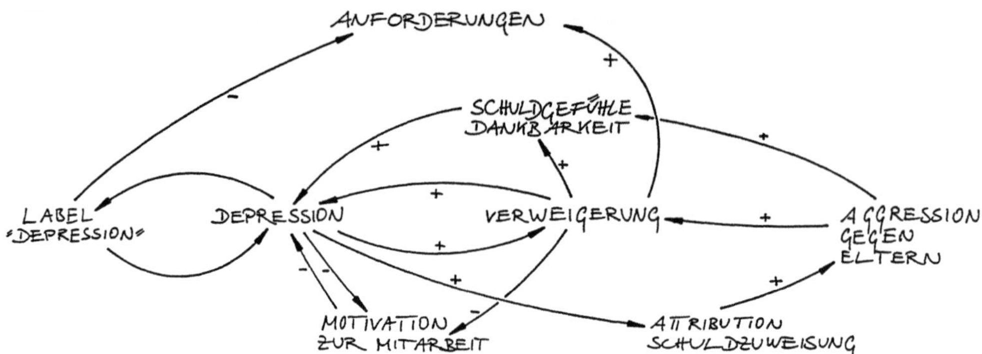

Abb. 84: Detailliertere Auflösung der intra- und interpersonellen Depressionsdynamik.

zum Zeitpunkt t um weitere 2 Punkte, wenn sie von t – 1 nach t schon um mehr als 1 gestiegen war (**Regel 33**). Depression erzeugt Depression.

Das ist eine Kurzformel für verschiedene Prozesse, die in diesem Simulationsmodell nicht mehr weiter aufgelöst wurden (s. Abb. 84). Beteiligt sind daran z.B. Prozesse von Attribution und Schuldzuschreibung. Die Eltern werden für den desolaten Zustand verantwortlich gemacht, was ihnen gegenüber Aggressionen schürt. In der Folge treten Schuldgefühle auf, welche wiederum die depressive Stimmungslage intensivieren. Herr A. schwankt zwischen versteckten Aggressionen und reuiger Dankbarkeit. Die Depressivität weist zudem deutliche Komponenten von Verweigerung auf. Jetzt endlich ist es möglich, nein zu sagen. Geschützt durch die „Krankheit" und genährt von latenten Aggressionen wird gestreikt. Die Bereitschaft zur Mitarbeit sinkt weiter, lethargisch und oppositionell zugleich. Verweigerung aber verstärkt sowohl auf dem direkten Wege des Nichtstuns als auch auf dem indirekten Weg über Schuldgefühle die Depressivität. Die Eltern ihrerseits befinden sich im Konflikt zwischen Schonhaltung und Appellen, er solle sich doch nicht so hängen lassen. Ein ganz anderer Prozeß läuft über die Selbst- und Fremdetikettierung psychischen Leidens (zur Labeling-Theorie s. z.B. Keupp 1976). Sobald ein Problem einen Namen erhalten hat – insbesondere den der „Krankheit" – befindet es sich zusätzlich auf der Schiene bestätigender Selbstwahrnehmungen (vgl. Bems Selbstwahrnehmungstheorie: ich schlafe schlecht, also bin ich depressiv) und rollenkonformen Verhaltens (vgl. Parsons Analyse der Patientenrolle im Medizinsystem, 1967).

Depression erzeugt nicht nur Depression, sie reduziert auch – wie der Blick durch die Lupe eben zeigte – die Lust an der Arbeit. Im Modell wirkt sich das auf die Variable „Motivation" aus. Ein Anstieg der „Depression" um mindestens + 2 erzeugt einen gleichzeitigen Abfall der Motivation von – 2, vorausgesetzt den bereits aus Regel 31 und 33 bekannten Mittelwertsabfall der „Motivation" (**Regel 34**). Ist der Wert der Variablen „Motivation" mehr als zehnmal von einem Zeittakt zum nächsten um mindestens 4 Skalenpunkte gefallen, reduziert sich ihr Mittelwert um jeweils – 1 (**Regel 35**). Viele „Durchhänger" tragen zur Ausbreitung einer allgemein lethargischen Stimmungslage bei, vor allem, wenn die durchschnittliche Depressivität zunimmt. Dies geschieht dadurch, daß die Variable „Depression" von einem Zeittakt zum nächsten häufig um mindestens einen Skalenpunkt ansteigt. Die Frequenz dieses Anstiegs muß größer sein als das Produkt aus dem jeweiligen Mittelwert der „Depression" und dem Faktor 2.5. Beträgt ihr Mittelwert z.B. 4, so ergibt sich demnach 4 x 2.5 = 10. Ist also die Variable entsprechend oft (in diesem Beispiel mehr als 10 mal) gestiegen, erhöht sich ihr Mittelwert um + 3 (**Regel 36**).

Nicht an das Auftreten der Depression, sondern an einen bestimmten Grad der Versagensangst (größer 15) gebunden ist die Interferenz der Angst mit der Möglichkeit des Jugendlichen, verschiedenen Anforderungen nachzukommen. Steigt bei diesem relativ hohen Angstniveau die aktuelle Versagensangst um mindestens + 2 an, so fällt die Variable „Erfüllung" gleichzeitig um 3 Skalenpunkte (**Regel 37**).

Häufige Leistungsängste verändern jedoch nicht erst die Handlungsbereitschaft. Bereits den Anforderungssituationen gegenüber baut sich eine defensive Haltung, gewissermaßen eine innere Abschottung auf. Ansprüche werden im Sinne eines Selbstwertschutzes (vgl. Laux & Weber 1988, 59ff.) relativiert. Zugleich stellt der Ausdruck von Angst eine Form emotionaler Kommunikation dar, die üblicherweise geeignet ist, Bezugspersonen zu einer Milderung strenger Forderungen zu bewegen. Angst ist dabei eine der geläufigen Währungen der Emotionsdarstellung. „Entscheidendes definitorisches Bestimmungsmerkmal der Emotionsdarstellung ist die Absicht, über die Gestaltung von Emotionen bestimmte Eindrücke hervorzurufen, um somit Einfluß darauf zu nehmen, wie man wahrgenommen und behandelt wird (s. Abb. 85).

Abb. 85: Die kommunikative Wirkung des Emotionsausdrucks. Szenenfoto aus Brechts „Mutter Courage" (Foto: Ingrid Rose, mit freundlicher Genehmigung des E.T.A. Hoffmann-Theaters, Bamberg).

Eine solche Absicht kann nicht nur beim stark kontrollierten Gefühlsausdruck bzw. bei nonveridikalen Darstellungsformen (z.B. Verstellung, Täuschung) vorliegen, sondern auch beim offenen unmittelbaren Ausdrücken der inneren Befindlichkeit. Emotionsdarstellungen lassen sich ebenso wie die beschriebenen kognitiven Manöver als Zwischenschritt auf dem Wege des Selbstwertschutzes ansehen" (Laux & Weber 1988, 63). Angst entsteht nicht nur als Signal für eine Bedrohung des Selbst, sie kann auch als autoprotektive Strategie wirksam werden. **Regel 38** berücksichtigt diesen Zusammenhang. Ein Anstieg der „Versagensangst" um + 2 oder mehr reduziert unter bestimmten Bedingungen die aktuelle „Anforderung" um 2 Skalenpunkte. Vorausgesetzt wird hierbei ein Mittelwert der „Versagensangst" über 10 und ein Mittelwert der „Anforderung" über 20. Die für jeweils eine Anforderungsreduktion notwendige Frequenz von Angstanstiegen definiert sich durch das Verhältnis der jeweils aktuellen Werte von „Anforderung" (Zähler) zu „Versagensangst" (Nenner). Bei vergleichsweise hoher Anforderungsausprägung feuert Regel 38 mithin seltener, bei Annäherung des Nenners an den Zähler häufiger. Dahinter steht die Annahme, daß ein hohes Angstniveau die kommunikative Wirksamkeit der Emotionsdarstellung unterstützt. Kommunikationsmuster haben sich eingespielt, Simulation oder Schauspielerei werden eher ausgeschlossen.

Ganz in den Kontext der Selbstdarstellungstheorie (Schlenker & Leary 1982; Laux 1986; Schlenker 1987; Laux & Weber 1988; Wortman & Dunkel-Schetter 1979) ordnet sich auch die nächste Hypothese ein. Sie geht davon aus, daß der Ausdruck von spontaner Eigeninitiative geeignet ist, Anforderungen von außen zu reduzieren. Wer guten Willen zeigt, den braucht man nicht extra noch anzutreiben. Die meisten Erzieher haben ein intuitives Wissen darum, wie leicht intrinsische Motivation von extrinsischen Motivierungsversuchen unterlaufen werden kann (Ross 1976). Liegt die „Motivation" im Mittel über einem Wert von 6, so führt ein Motivationsanstieg um + 2 von t – 1 nach t zum Absinken der „Anforderungen" um – 2 im Zeittakt t (**Regel 39**). In ähnlicher Weise läßt sich natürlich auch und gerade die Emotionsdarstellung der Depressivität dazu einsetzen, „... die Wahrnehmungen und Handlungen anderer Personen zu beeinflussen, etwa im Hinblick darauf, daß diese Personen einem möglicherweise die Konfrontation mit bedrohlichen Lebensbereichen ersparen" (Laux & Weber 1988, 62; vgl. Snyder, Higgins & Stucky 1983). Ein Depressionsanstieg von + 2 oder mehr senkt die „Anforderungen" im gleichen Zeittakt um einen Skalenpunkt (**Regel 40**). Man könnte hierbei auch von einer Instrumentalisierung des Emotionsausdrucks sprechen (vgl. Caspar 1989). Derartige Instrumentalisierungen greifen dort am besten, wo sie (a) mit gesellschaftlich vorgeformten Handlungsmustern rechnen können und (b) wo kein Zweifel am Vorhandensein der ausgedrückten Emotionen besteht. Im Falle von Krankheit sind in der Regel beide Voraussetzungen gegeben. Sobald sich die Beteiligten konsensuell darauf abgestimmt haben, daß das Verhalten einer Person krankheitsbedingt zustandegekommen sei, werden Verantwortlichkeitszuschreibungen ausgesetzt, Schonräume zur Verfügung gestellt und Hilfeleistungen angeboten. Umgekehrt wird erwartet, daß sich der Kranke pflegen läßt und den ihm möglichen Beitrag zur Gesundung leistet (vgl. die Analyse von Parsons 1967). Medizinische Etikettierungen sind oft der Startschuß für diese sozialen Musterveränderungen, unter anderem deshalb, weil sie so interpretierbar sind, als ob sie die Zurechenbarkeit des Geschehens von der Ebene individueller Verantwortung auf die biologischer Prozesse verschieben würden. Ist das der Fall, wird dies in psychologischen Therapien zum Problem, denn Psychotherapie muß zumindest ansatzweise die Kooperation und Selbstverantwortlichkeit des Klienten in Anspruch nehmen.

Das Modell berücksichtigt eine um die Krankheit herum organisierte familiäre Rollenveränderung durch die Möglichkeit einer Niveauverschiebung der Anforderungsstruktur. Es erfolgt also nicht nur ein Verzicht auf Forderungen, wenn sich depressive Symptome besonders deutlich zeigen, wie dies Regel 40 vorsieht, es reduziert sich auch der Mittelwert der „Anforderung". Er nimmt immer dann um einen Skalenpunkt ab, wenn ein Depressionsanstieg von mindestens + 2 von einem zum nächsten Zeittakt mit einem gleichzeitigen Anforderungsrückgang von mindestens –1 mehrfach einherging. Wie oft diese Bedingung gegeben sein muß, definiert die jeweils aktuelle Ausprägung der Variablen „Depression" (**Regel 41**). Mit dem Einsetzen der Depression wird daher das Anforderungsniveau schneller fallen als später, wenn die Depression bereits hohe Werte erreicht hat. Hinzu kommt, daß das Anforderungsniveau nicht unter die Hälfte der Ausprägung sinken soll, die es beim erstmaligen Feuern der Regel 41 hatte. Diese Festlegung eines relativen Grenzwertes erfolgt in **Regel 42**. Je länger die depressive Inaktivität anhält, desto schwerer fällt es den Bezugspersonen, konsequent auf jegliche Ansprüche zu verzichten. Die Rolle des Bediensteten am Krankenbett ist sicherlich nicht nur angenehm, zumal wenn man einen landwirtschaftlichen Betrieb am Laufen halten muß, der sich eine auf unbestimmte Zeit stornierte Arbeitskraft schlecht leisten kann. Die Eltern von Herrn A. zweifelten auch daran, ob es für ihren Sohn überhaupt gut sei, ihn nur mit Glacéhandschuhen anzufassen oder ob er dadurch noch tiefer in eine resignative Passivität hineingeraten würde. Aus der obigen Mikroanalyse der Depressionsdynamik ging weiterhin hervor, wie sehr die Resignation mit aggressiven, oppositionellen Komponenten vermischt war. Sobald sich aber Bezugspersonen nicht mehr sicher sein können, ob es sich bei der Depression wirklich um Krankheit oder (zumindest auch) um eine besonders geschickte Form der Verweigerung handelt, geht die unter (b) genannte Bedingung der Unverdächtigkeit des Emotionsausdrucks als Voraussetzung für seine kommunikative Wirksamkeit verloren (zu den Unterschieden zwischen kurz- und langfristigen depressiven Kommunikationsmustern s. Billings & Moos 1982, 226f. und Reiter 1988a). Der Kranke wird dann vielleicht sogar ein „Schäuferl zulegen", um zu zeigen, daß es wirklich ernst ist und um die schuldgefühlsbedingten Zweifel an der Lauterkeit der eigenen Absichten zu zerstreuen. Oberhalb eines Depressionsmittels von 5 kommt es nach fünfmaligem Anstieg des aktuellen Depressionswertes um mindestens einen Skalenpunkt zu einem Absinken der „Erfüllung" um – 2 (**Regel 43**). Die Botschaft ist: manchmal geht es wirklich nicht.

Mit der Rede von Instrumentalisierung und Emotionsdarstellung regt sich vielleicht der Verdacht, daß den Betroffenen ständig Täuschungsversuche und bewußte Simulation unterstellt würden. Tatsächlich besteht darin eine der Schwierigkeiten von Theorien, die viel mit dramaturgischen Mataphern arbeiten. Bedient man sich dieser Metaphern oder auch elaborierterer Selbstdarstellungstheorien, muß man sich berechtigterweise des Vorwurfs gewahr sein, Menschen, die unmittelbar leiden, nicht hinreichend ernst zu nehmen. Die Frage, wie ernst Therapeuten die Probleme ihrer Klienten nehmen, stellt sich jedoch nicht nur in diesem Zusammenhang. Es ist eine der Grundfragen jeder helfenden Begegnung. Zum Beispiel befinden sich auch stark lösungsorientierte Therapieansätze in der Gefahr, zu schnell über das Leiden hinwegzusehen. Selbstdarstellung meint außerdem nicht bewußte, absichtsvolle Schauspielerei, sondern bringt die allgegenwärtige intra- und interpersonelle Regulation von Erlebnisgestaltung und Erlebnisverarbeitung auf den Begriff (s. Abb. 86). Schließlich kann die Dramaturgie-Metapher therapeutisch sehr hilfreich sein: sie gibt die Chance an die Hand, Rollen zu verändern oder einen Schritt zurückzutreten, um das Regiekonzept kritisch zu betrachten.

Abb. 86: Der Unterschied zwischen Emotionen innen und Emotionen außen.

Doch braucht es – das sei zugegeben – nicht des Umwegs über Selbstdarstellungstheorien, um zu verstehen, daß Depressive sich schwer tun, Anforderungen zu erfüllen. Energieverlust, Müdigkeit und Zweifel am Sinn der bisherigen Tätigkeit reichen hin, Anstrengungen nicht nur sporadisch auszusetzen, sondern die Erfüllungsbereitschaft grundsätzlich erheblich einzuschränken. Hat Herr A. die Erfahrung gemacht, daß „Aussetzer" als Krisen interpretiert und toleriert werden, erzeugt dies unter Depressionsbedingungen einen Mittelwertsabfall der Variable „Erfüllung". Als Erklärung würde sich auch geringere Übung oder fachlicher Kompetenzverlust anbieten. **Regel 44** setzt ein, nachdem der Depressionsmittelwert zu steigen begonnen hat. Tritt dann eine Abnahme der „Erfüllung" um mindestens –2 mit einer bestimmten Häufigkeit auf, so reduziert sich das Erfüllungsmittel um jeweils einen Skalenpunkt. Die notwendige Häufigkeit des Auftretens dieser Bedingung variiert in Abhängigkeit von dem Quotienten aus Erfüllungs- und Depressionsmittelwert. Da mit Eintreten der Depression die Erfüllungsbereitschaft hoch, die Depression dagegen niedrig liegt, sinkt der Erfüllungsmittelwert zunächst nur langsam. Später vergrößert sich der Nenner des Quotienten und der Zähler verkleinert sich: der Mittelwert sinkt schneller. Ein völliges Verschwinden der Erfüllungsbereitschaft ist bei Herrn A. jedoch nicht zu erwarten, weshalb der Prozeß bei Erreichen eines Quotientenwertes von 1 (Zähler = Nenner) zum Stillstand kommen soll. Die Erfüllung gerät dann eher wieder in Abhängigkeit von anderen Größen, z.B. den Anforderungen und intrapsychischen Schemata.

Was alle Bewältigungsanstrengungen nicht geschafft haben, nämlich die Versagensangst deutlich und anhaltend zu reduzieren, das schafft jetzt offenbar die Krankheit. Diese Feststellung steht in Übereinstimmung mit Befunden aus der Coping-Forschung, nach denen Depressive erstens eher zu evasiven, also vermeidenden Bewältigungsstrategien neigen, zweitens ihre Bewältigungsversuche generell nicht sehr lange durchhalten (vgl. Reicherts 1988, 125ff.). Erst die Depression bietet jenen Selbstwertschutz vor unbewältigbaren Anforderungen und unlösbaren Lebensentscheidungen, der zu einer erheblichen Entspannung der Situation beiträgt (Depression als autoprotektive Strategie). Therapeuten reden immer wieder vom Sinn, den psychische Probleme im Leben eines Menschen haben. Dieser Sinn zeigte sich schon in mehreren Regeln des Modells, an dieser Stelle jedoch ganz besonders. Jedesmal, wenn der Depressionsmittelwert um + 1 ansteigt, fällt der Mittelwert der Versagensangst um 4 Skalenpunkte (**Regel 45**), bis er die Hälfte seines Ausgangsniveaus bei Depressionsbeginn erreicht hat. Das ist das Einsatzsignal für **Regel 46**. Sie beruht auf der Annahme, daß Depressivität letztlich doch nicht geeignet sein kann, mit Ängsten langfristig fertig zu werden. Im Gegenteil sind Ängste sogar ein übliches Kennzeichen depressiver Zustände. Nicht plausibel zu machen wäre es, warum sich die Hintergründe für all die Ängste, nämlich intrapsychische Konflikte, Selbstzweifel, Leistungsanforderungen und anstehende Lebensentscheidungen, durch einen depressiven Totstellreflex auflösen sollten. Bestenfalls werden sie für eine gewisse Zeit auf Eis gelegt, um dann aber langsam wieder ins Bewußtsein zu kriechen. Ab dem genannten Einsatzsignal für Regel 46 beginnt die Versagensangst im Mittel wieder um jeweils einen Skalenpunkt anzusteigen, wenn die Depressionswerte von einem zum nächsten Zeittakt 30 mal um mindestens + 2 zugenommen haben. Keine sehr optimistische Perspektive. Ein Stück ohne happy end.

Betrachten wir die Einarbeitung der letzten 14 Regeln in das Modell (Abb. 87). Anschließend wenden wir uns den Gesamtverläufen der Zeitreihen zu, getrennt dargestellt für die Variablen „Anforderung", „Erfüllung" und „Schema" (Abb. 88), die Variablen „Versagensangst" und „Bewältigung" (Abb. 89) und für die Variablen „Motivation" und „Depression" (Abb. 90). Zum Schluß des Dramas treten nochmal alle zusammen auf die Bühne: ein bunter Reigen (Abb. 91, s. Tafel im Anhang). Danach ist das Stück zu Ende, der Vorhang fällt.

Der Applaus bleibt gering. Befangen von einem etwas mulmigen Gefühl, erheben sich die Zuschauer von ihren Stühlen und verlassen wortlos den Raum. Draußen vor der Tür verliert sich die Menge rasch in der kühlen Nacht. Zurück bleiben nur zwei kleine Grüppchen, offenbar doch noch beseelt vom Bedürfnis zu diskutieren. Am schnellsten löst sich die Zunge einiger Therapeuten, die – geschult in der Verbalisierung von Gefühlen – ihren Unmut zum Ausdruck bringen. Ihnen

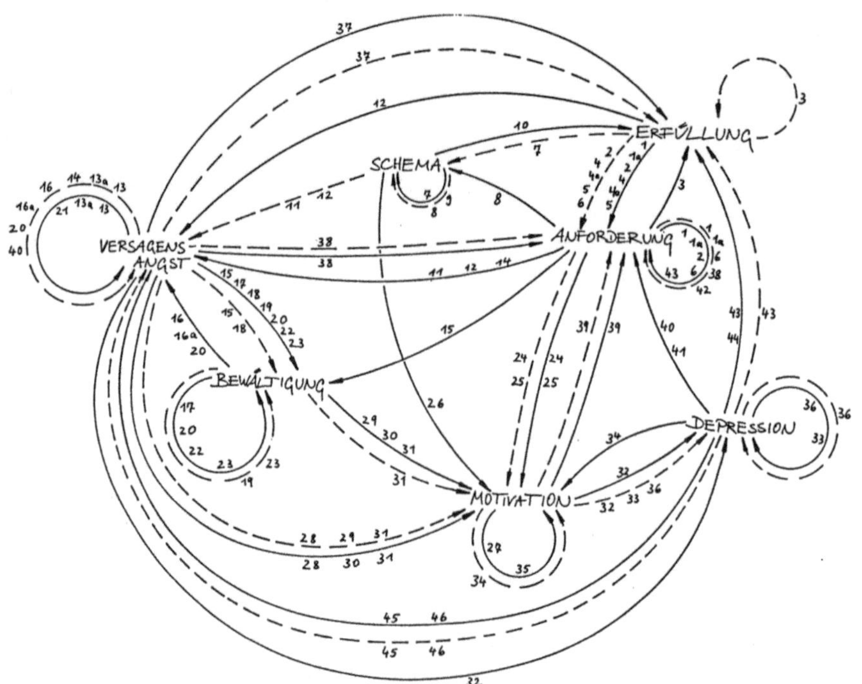

Abb. 87: Vollständige Vernetzung aller an der Simulation beteiligten Variablen. Die Zahlen bezeichnen die Nummern der Regeln.
Vernetzungsstruktur der Variablen
    direkter Einfluß
    Einfluß im Sinne einer Abhängigkeit von Schwellenwerten

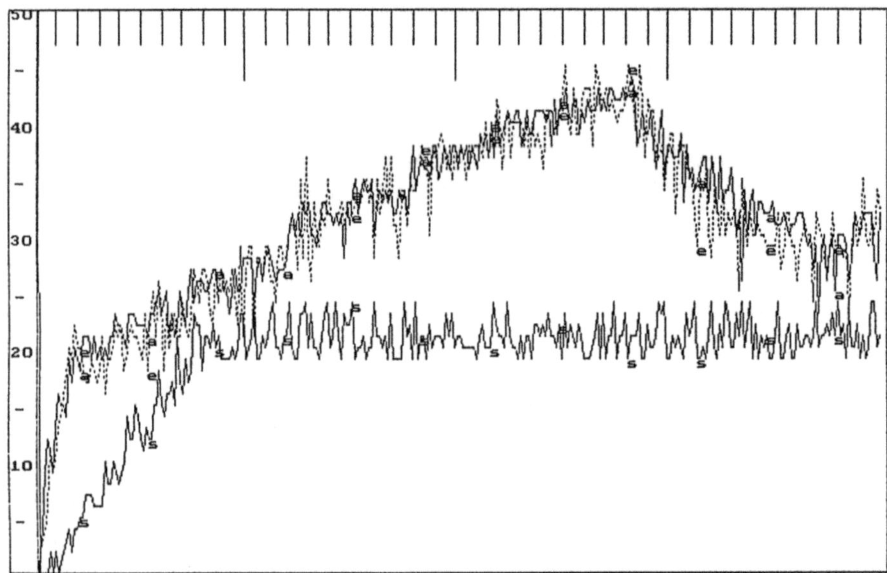

Abb. 88: Die Verläufe der Variablen „Anforderung" (a), „Erfüllung" (e) und „Schema" (s) über alle 4000 Zeittakte. Bei dieser wie bei den folgenden Verlaufsdarstellungen ist nur jeder 13. Zeittakt ausgedruckt.

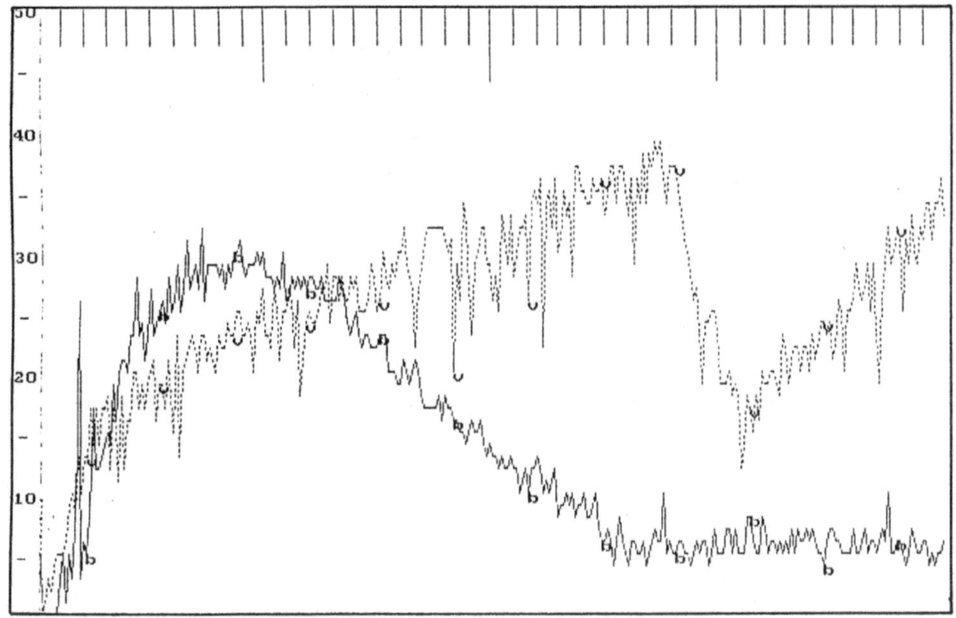

Abb. 89: Die Verläufe der Variablen „Versagensangst" (v) und „Bewältigung" (b) über alle 4000 Zeittakte.

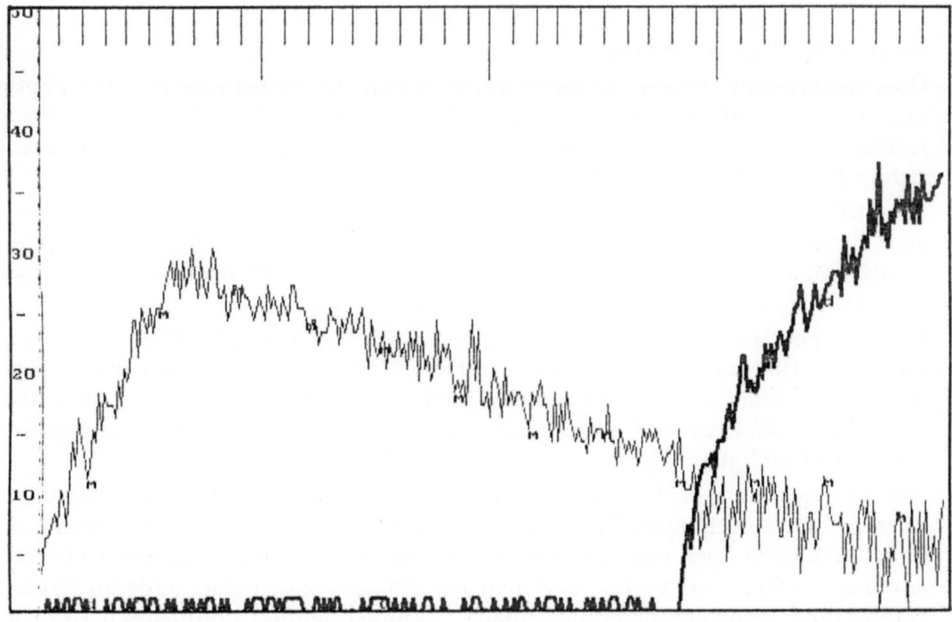

Abb. 90: Die Verläufe der Variablen „Motivation" (m) und „Depression" (d) über alle 4000 Zeittakte.

war das Stück zu traurig, zu wenig hoffnungsfroh, einer jener emotionalen Sümpfe nach dem Stil des absurden Theaters oder nach der nervtötenden Machart eines Thomas Bernhard, der sogar zweimal zu Wort kommen durfte. Sie hätten sich mehr Heiterkeit gewünscht und beschlossen daher, sich alsbald wieder an den Komödien zu erfreuen, wie sie bevorzugt von gestalttherapeutischen Ensembles aufgeführt werden.

„Wir wollen sehen, wie man Probleme löst, und nicht, wie eine Schwierigkeit der anderen die Hand reicht"

ereifern sie sich.

„Lösungen, Perspektiven, neue Muster, Ausstieg aus dem Problemsystem, darauf kommt es an!"

ruft ein systemischer Therapeut, und als er sieht, daß die anderen nicken, verteilt er – gegen Bezahlung, versteht sich – die Spielpläne der Häuser in Hamburg, Weinheim, Marburg, Heidelberg, Wien und – noch druckfrisch – auch Bamberg.

„Dort"

schiebt er begeistert nach,

„werden Lösungen inszeniert! Großartig!"

Einwände erheben nur die beiden Verhaltenstherapeuten, die auf die Wichtigkeit von ätiologischen Theorien für die Therapie hinweisen. Sie können sich aber mit ihrer Meinung nicht recht durchsetzen, zumal sie sich selber uneins sind. Dem einen hat das Bühnenbild nicht gefallen, er wollte mehr eine gemeindepsychologische Kulisse mit vielen hilfsbereiten Statisten und realistischeren Farben. Der andere empfand es als Manko, daß keine physiologischen und biochemischen Variablen aufgetreten waren und daß zuviel geredet wurde. Beide aber hatten sich eine Ätiologietheorie etwas anders vorgestellt, kürzer, weniger komplex und überhaupt technologisch griffiger.

Übereinstimmung zeigen ausnahmsweise einmal die humanistische Therapeutin und der Familientherapeut alter Schule, die sich sonst nicht leiden können. Beide stoßen sich daran, daß nur Variablen auf der Bühne erschienen sind und keine richtigen Menschen: Vater, Mutter, Kinder.

Fein still schweigt der Psychoanalytiker. Ihn hatten die vielen Kurven etwas irritiert, aber in manchen Szenen konnte er sich durchaus wiederfinden. Vor allem erinnert ihn das Stück an die nächtelangen Diskussionen, wie er sie früher in Kollegenkreisen über die Psychodynamik seelischer Krankheiten geführt hatte.

Die therapeutische Alternativszene hatte das Stück übrigens boykottiert. Ihr war schon der Titel zu wenig politisch. Und die New-Age-Therapeuten wären zwar gekommen, denn für systemische Ideen interessieren sie sich durchaus, hatten aber leider nicht erfahren, daß es stattfindet. Es war in ihren speziellen Zeitschriften nicht angekündigt worden.

Als der Regisseur das Haus verläßt und dabei einige Satzfetzen der diskutierenden Therapeuten aufschnappt, fällt ihm nachträglich noch ein Stein vom Herzen, in dem Stück nicht auch noch die Kurve zur Therapie versucht zu haben. Er ist sich jetzt noch sicherer als vorher, daß man zur Therapie einen ganz anderen Zugang wählen muß. Weniger theoretisch, einfach, zukunftsorientiert, optimistisch. Um Therapeuten anzulocken, muß man Komödien spielen.

In einem anderen Eck diskutieren die Wissenschaftler. Besonders ein junger, ehrgeiziger Psychologe ist in Rage geraten:

> „Das Modell steckt voller ungeprüfter Annahmen. Der Grad der Zu- und Abnahme der Variablen, die Dämpfungs- und Beschleunigungsfaktoren, die Grenzwerte, das sind alles aus der Luft gegriffene Hausnummern!"

„Das stimmt",

versucht ihn ein älterer, bereits emeritierter Psychologieprofessor zu beruhigen,

> „aber in unserer Wissenschaft gibt es empirisch geprüfte Zusammenhangsannahmen, die den Präzisionsansprüchen einer Computersimulation genügen würden, nur ganz selten. Wir wünschen uns das zwar immer, aber in der Forschungspraxis sind wir schon froh, wenn wir signifikante positive oder negative Kovariationen zwischen Variablen feststellen können."

Ein Systemtheoretiker pflichtet ihm eifrig bei:

> „Die Festlegung der Parameterwerte ist ein zentrales Problem jeder Computersimulation. Es stößt uns darauf, wie vage die Befunde aus den Sozialwissenschaften eigentlich sind. Würden wir uns nicht mit mehr oder weniger plausiblen Festlegungen behelfen, bestünde die einzige Konsequenz darin, auf Computersimulationen zu verzichten."

> „Auch Forrester, Meadows oder Mesarovic mußten mit ungeprüften Parameterfestlegungen arbeiten,"

fügt ein Städteplaner hinzu.

> „Es ist dann erstaunlich, wie unterschiedlich die Prozesse verlaufen, selbst wenn man die Parameter nur geringfügig verändert. Bei Weltmodellen, aber auch schon bei kleinen Regional- oder Unternehmensmodellen hat das möglicherweise dramatische Konsequenzen, weil Planungen und politische Entscheidungen davon abhängen. Könnte für Euch Psychologen aber nicht schon darin ein Gewinn bestehen, Erfahrungen mit der Modellierung komplexen Zusammenwirkens zu sammeln und die Konsequenzen zu betrachten, welche die Festlegung unterschiedlicher Parameterwerte hat? Ein interessantes Beispiel hierfür liefern die Simulationen zur AIDS-Epidemiologie von Badke-Schaub & Dörner (1988)."

Eine Behavioristin reagiert angegriffen:

> „Das klingt mir doch alles sehr nach Beliebigkeit. Der Informationswert einer Theorie liegt in der Präzision ihrer Vorhersagen, die sie zu machen in der Lage ist. Wir Lerntheoretiker sind da viel genauer, z.B. was die Datenbasis unserer Untersuchungen betrifft. Auch das liegt bei dieser Simulation im Argen. Worin das empirische Äquivalent zu den endlos langen Zeitreihen und den jeweiligen Variablenausprägungen bestehen soll, ist ja keineswegs geklärt."

„Ganz verstehe ich das nicht"

ergreift da ein Mathematiker das Wort und rückt sich die Brille zurecht.

> „Meine Frau ist Psychologin. Sie hat mir erzählt, daß quasi in jeder zweiten Publikation integrative, ganzheitliche Modelle gefordert werden, die komplexe Wechselwirkungen zu berücksichtigen in der Lage sein sollen. Ich weiß zwar nicht, was Psychologen mit 'ganzheitlich' meinen, aber wenn Ansätze in dieser Richtung unternommen werden, muß man sich natürlich im Klaren darüber

sein, daß dann nicht mehr alles so ordentlich bleibt wie im Lernlabor. Sobald chaotische Oszillationen, dynamische Katastrophen und Schwierigkeiten mit exakten Vorhersagen auftreten – was eigentlich gerade Psychologen nicht schrecken dürfte – heißt es: nein, nein, so haben wir uns das nicht vorgestellt mit den komplexen Modellen. Das kommt mir vor wie ein Kind, das statt seiner Plastikpuppe lieber ein lebendiges Geschwisterchen aus Fleisch und Blut haben möchte. Wird dann aber ein Baby geboren, das schreit, eigene Bedürfnisse anmeldet und nicht wie erwartet zum Spielen zu gebrauchen ist, will es doch wieder seine Puppe zurück, vielleicht mit einem schöneren Kleidchen."

Kurzes Schweigen. Mit derart konfrontativen Worten, zumal aus dem Mund eines sonst eher zurückhaltenden Mathematikers hatte niemand gerechnet. Einige der anwesenden Psychologen fühlten sich brüskiert, trauten sich aber nichts sagen. Einen methodologisch ungebildeten Geisteswissenschaftler würden sie jetzt ordentlich zurechtstutzen, mit einem renommierten Professor für Logik und Mathematik wußten sie aber nicht recht, inwieweit sie sich auf eine Diskussion einlassen sollten. In die Bresche springt ein Ökopsychologe, der mit seiner Kritik den Ball aufzufangen versucht:

„Mir ist ganz im Gegenteil das Modell zu wenig komplex. Es wäre doch vorstellbar, daß in unterschiedlichen Entwicklungsphasen eines Systems ganz andere Variablen eine Rolle spielen. Ökopsychologische Übergänge verändern die personalen Bezugssysteme eines Menschen. Variablen, die sich vorher zur Systembeschreibung eigneten, müssen danach möglicherweise durch ganz andere ersetzt werden. Statt nur quantitativer wären also qualitative Veränderungen des Simulationsmodells zu berücksichtigen."

„In diesem Punkt stimme ich Ihnen zu,"

bekräftigt der Systemtheoretiker,

„allerdings halte ich das für keine prinzipielle Schwierigkeit. Eine gangbare Lösung hat das Modell ja selbst schon aufgezeigt. Man kann Variablen, die erst später relevant werden sollen, in minimaler Ausprägung oder ganz latent halten, um sie bei Erreichen einer bestimmten Systemkonstellation hinzuzuschalten. Das könnte man mit beliebig vielen Variablen machen, und ebenso kann man andere Variablen aus dem Verkehr ziehen. Voraussetzung dafür ist ein Pool potentiell relevanter Variablen sowie entsprechende Zugriffsregeln, welche die Bedingungen definieren, unter denen die Variablen ausgetauscht werden. Der Austausch braucht sich übrigens nicht nur auf die Spieler beziehen. Auch die Spielregeln sind auf diesem Wege veränderbar. Mittels entsprechender Programme gelingt es zum Beispiel, ein Fußballspiel in eines von mehreren anderen möglichen Spielen zu transformieren oder sogar ein ganz neues Spiel zu synthetisieren. Für Psychologen, die an differentiellen Ätiologietheorien interessiert sind, müßte das doch faszinierend sein. Keine grundlegenden Probleme bereitet es weiterhin, über die Formulierung von Regeln Einzelereignisse zu produzieren, etwa Schachzüge, Abfolgen von Kommunikationen oder Sequenzen von Handlungsinitiativen verschiedener Personen in einem Planspiel. Man kann dann Einzelereignisse bzw. Konstellationen von solchen Ereignissen mit Variablenverläufen verknüpfen. Bei der Simulation eines Planspiels etwa ergeben sich aus den Verläufen von Variablen wie Streßerleben, Involviertheit, Zufriedenheit sowie aus bisherigen Handlungsschritten weitere Vorgehensweisen, die wiederum auf die Ausprägungen der einzelnen Variablen zurückwirken, usw."

Der Systemtheoretiker kramt hektisch in der Hosentasche und zieht einen Bleistift heraus. Mit flinker Hand kritzelt er auf die Rückseite der Theaterkarte, die er in der Hosentasche findet, eine paar Linien (s. Abb. 92).

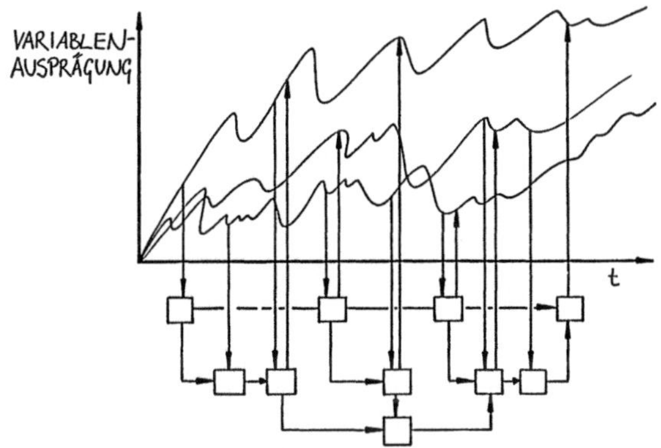

Abb. 92: In Simulationen ist auch eine Verbindung zwischen Verlaufscharakteristika von Variablen und diskreten Einzelereignissen (z.B. kommunikative Handlungen, Spielschritte) möglich.

„Sehen sie, so können Sie sich die produktive Vernetzung zwischen Variablen und Einzelereignissen vorstellen."

Die meisten Anwesenden werfen nur einen flüchtigen Blick auf die Skizze, zumal sie bei dem spärlichen Licht des Theatervorplatzes ohnehin nicht viel erkennen können. Irgendjemand murmelt höflich „aha", geflissentlich darauf bedacht, dem Redner keinen Anlaß zu dem Mißverständnis zu bieten, man wolle ihn zu einer Fortsetzung seines Vortrags auffordern. Erleichterung macht sich breit, als ein weißhaariger Psychiatrieprofessor, der dem Aussehen nach Sigmund Freud persönlich sein könnte, in seiner Bemerkung einen Tonfall trifft, wie man ihn wählt, um Versammlungen zu verabschieden.

„Nachdem ich mir nun die Depressionsentwicklung angesehen und die Diskussion verfolgt habe",

sagt er, und die Herumstehenden werden wieder hellhörig, weil sich hiermit offenbar das ersehnte Ende des interdisziplinären Small-Talks ankündigt,

„fällt mir eine Bemerkung ein, die ich kürzlich gelesen habe. Sie stammt von einem gewissen de Shazer aus Amerika und ich hielt sie bis heute abend für eine nicht ernst zu nehmende, wissenschaftsfeindliche Frechheit. Der denkt nämlich öffentlich darüber nach, ob Klienten deshalb an Problemen leiden, weil sie 'Pech' gehabt haben[7]. Betrachte ich mir aber die Komplexität ätiologischer Pro-

---

7 Auf Nachfrage nannte mir der Psychiatrieprofessor die Literaturstelle: de Shazer et al. (1986, 188).

zesse, vergegenwärtige ich mir, wie wenig der Ordnungszustand eines Systems vor einer dynamischen Katastrophe über die Ordnungszustände danach aussagt und höre ich, welche Konsequenzen selbst kleine Parameterveränderungen für das Verhalten eines Systems haben können, dann finde ich diese Bemerkung gar nicht mehr so abwegig. Immerhin bekommt dadurch niemand die Schuld zugeschoben, wie das meistens aufgrund verkürzter Hypothesen der Fall ist. Mein wissenschaftliches Gewissen treibt mir zwar die Schamröte ins Gesicht, wenn ich von 'Pech' rede, aber als Psychotherapeut kann ich dem Gedanken durchaus etwas sympathisches abgewinnen. Ich brauche mich mit meinen Patienten dann nicht mehr endlos über die Vergangenheit grämen, sondern kann mich dem zuwenden, was eintritt, wenn sie Glück haben ..."

Nachdenklich die einen, nur gespielt nachdenklich die anderen, machen sich die Wissenschaftler auf den Heimweg.

Modelltestung

Auf die Probleme der Validierung von Computersimulationen wurde bereits aufmerksam gemacht. Selbst wenn empirische Datenreihen vorliegen, läßt sich daraus noch kein hieb- und stichfestes Validierungsurteil ableiten. Erst recht gilt dies, wenn, wie in unserem Fall, keine empirisch gewonnenen Zeitreihen der im Modell enthaltenen Variablen verfügbar sind. Man ist dann darauf angewiesen, das Modell auf etwaige innere Widersprüche und auf die Plausibilität des Systemverhaltens nach speziellen Eingriffen (z.B. Variablen- oder Regeländerungen) zu überprüfen.

Innere Widersprüche sind etwa dann gegeben, wenn Regeln zu Zeitpunkten auftreten, zu denen sie entsprechend den in ihrem eigenen oder anderer Regeln Bedingungsteilen festgelegten Voraussetzungen nicht auftreten dürften. Um die Logik der Auftretenshäufigkeiten der Regeln zu testen, sind diese in Abb. 93 abgedruckt. Die Häufigkeiten sind jeweils für 250 Zeittakte gebündelt. Deutlich wird z.B., daß Regeln, welche an das Auftreten der Variablen „Depression" gebunden sind (z.B. 32, 33, 34, 42 – 46), erst in den letzten 1250 Zeittakten gehäuft vorkommen. Unpassend verhält sich Regel 42, die in ihrem Bedingungsteil eine Wertezunahme der Depression von mindestens + 2 voraussetzt, wie sie vor dem massiven Einsetzen der Depression ungefähr im Zeittakt 2700 nicht vorkommen dürfte.

Entsprechend selten treten Regeln auf, die explizit dazu gedacht sind, seltene Ereignisse zu bleiben, z.B. weil sie eine weitere Zunahme bestimmter Variablenmittelwerte abdämpfen sollen (s. z.B. Regel 4a oder 13a). Sie, lieber Leser und liebe Leserin, können nun selbst die Auftretenshäufigkeiten der einzelnen Regeln auf ihre Stimmigkeit mit den Bedingungsteilen der Regeln vergleichen.

Eine übliche Methode der Modelltestung besteht darin, Eingriffe in die Variablenverläufe vorzunehmen, um anschließend die Reaktion des Modells auf diese Eingriffe zu betrachten. In unserem Beispiel geht es dabei nicht um die quantitativen Variablenausprägungen, welche ohnehin keinen direkten empirischen Gegenwert haben, sondern um die Qualität und innere Stimmigkeit des gesamten Systemverhaltens.

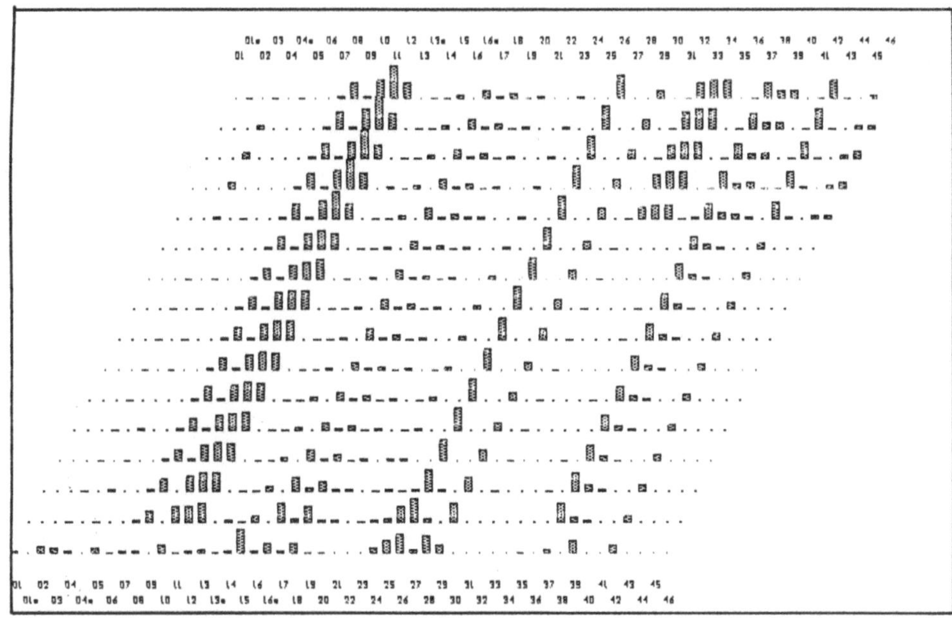

Abb. 93: Die Auftretenshäufigkeit der einzelnen Regeln, dargestellt in Histogrammen, die jeweils 250 Zeittakte repräsentieren.

Bereits die unbeeinflußten Verläufe können als relativ plausibel angesehen werden (vgl. die Abbildungen 88 – 91). Die Variablen „Anforderung" und „Erfüllung" steigen zunächst stark beschleunigt an, was ihrer positiven Rückkoppelung in dieser Phase entspricht. Später laufen sie dann stärker gedämpft weiter. Mit Eintreten der Depression sinken die Anforderungen wie die Erfüllungsmöglichkeiten erheblich, was aber kein Dauerzustand bleibt (vgl. die Regeln 41 und 42). Einen ähnlichen Verlauf nimmt die Versagensangst. Ihr Niveau steigt negativ beschleunigt, bis mit dem Eintreten der Depression eine deutliche Angstminderung möglich wird, die aber wieder in einen langsam steigenden Verlauf übergeht.

Bemerkenswert ist die negative Rückkoppelung zwischen Angst und Bewältigung, welche in Phasen relativer Mittelwertstabilität zu einem annähernden Grenzzyklusverhalten der Versagensangst führt (Abb. 94). Es handelt sich allerdings nicht um eine regelmäßige Periodizität, welche einen möglicherweise komplizierten, aber geschlossenen Kurvenverlauf produzieren müßte. Vielmehr ähnelt der Verlauf in der (t; t – 1)-Darstellung (vgl. oben, Abb. 60) einem chaotischen (irregulären) Attraktor. Daß chaotische Variablenverläufe im Bereich der Sozialwissenschaften eher zur Regel als zur Ausnahme gehören dürften, wurde am Beginn dieses Kapitels bereits betont.

Ebenso wie die Variable „Bewältigung" steigt auch die „Motivation" zunächst an, um dann allerdings langsam wieder zu sinken. Mit einsetzender „Depression" treten zusätzliche Motivationsschwankungen nach unten auf. Die Variable „Schema"

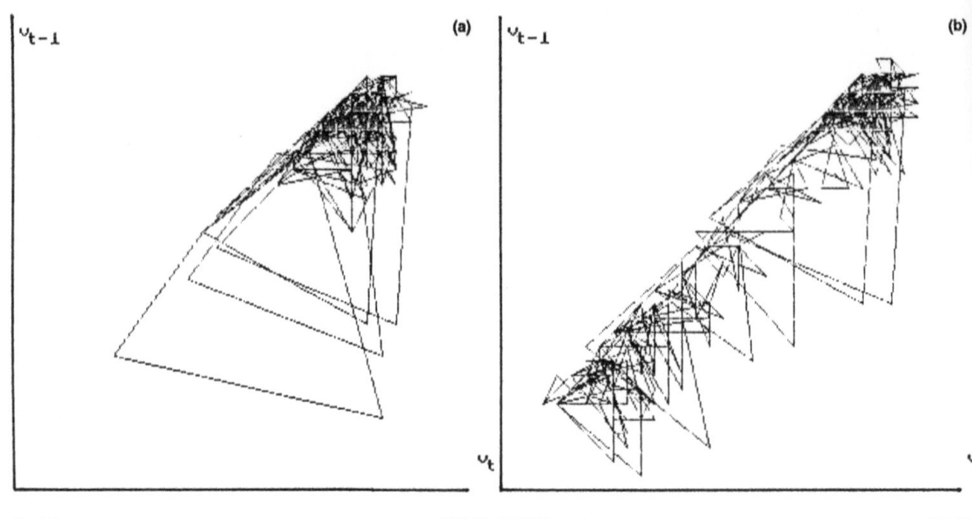

Abb. 94: (a) Der Verlauf der Variable „Versagensangst" von Zeittakt 2300 bis 2700 in einer (t; t–1)-Darstellung. Die Form erinnert an einen Grenzzyklus, der sich jedoch nicht zu einer – wenn auch mehrfach verschlungenen – Kurve schließt. Der Verlauf repräsentiert also wahrscheinlich keine wiederkehrende Periodizität, sondern irreguläres Verhalten. Verkomplizierend kommt außerhalb des hier dargestellten Abschnitts noch die Niveauverschiebung der Variable hinzu. Genauere Auskunft über das Vorliegen eines chaotischen Prozesses könnte allerdings erst eine Dimensionalitätsanalyse geben.
(b) Mit Auftreten der Depression bei etwa Zeittakt 2700 kippt die „Versagensangst" in einen anderen Attraktorbereich (von rechts oben nach links unten), der sich jedoch nicht als stabil erweist. Die eckige Form der „Kurven" kommt deshalb zustande, weil das Simulationsprogramm diskrete, und keine kontinuierlichen Zeitreihen (wie oben in Abb. 60) produziert.

schwankt nach Erreichen ihres Maximalwerts von 20 nur noch um dieses Maximum, was im Sinne einer gleichbleibenden Disposition zu interpretieren ist. Einen zunächst eskalierenden, dann aber negativ beschleunigten Verlauf nimmt die Variable „Depression". Sie führt zu einem Umkippen, zu einem qualitativen Sprung des dynamischen Regimes des Systems, was von Betroffenen selbst oft auch so erlebt wird.

Betrachten wir nun die Wirkung von gezielten Eingriffen in die Systemdynamik. Da das System seinen Ausgangspunkt von Aufschaukelungsprozessen zwischen den Variablen „Anforderung" und „Erfüllung" nahm, stellt sich die Frage, was passieren würde, wenn die Anforderungen am Anfang sehr niedrig blieben. Die Antwort lautet: sehr viel und sehr wenig *fast* zugleich. Wir treffen nämlich auf eine sensible Ausgangsdifferenz zwischen den Anforderungsmittelwerten 10 und 11 (vgl. das Konzept der kritischen Instabilität). Hält man den Mittelwert der Variable „Anforderung" über 500 Zeittakte auf einem Wert zwischen 0 und 10 fest, so tritt keine „Depression" auf (s. Abb. 95). Vermittelt wird dieses Phänomen von der Variable „Motivation", die unter diesen Bedingungen keine hinreichend hohen Werte erreicht, als daß vom maximalen Mittelwert dieser Variablen ein Abfall um

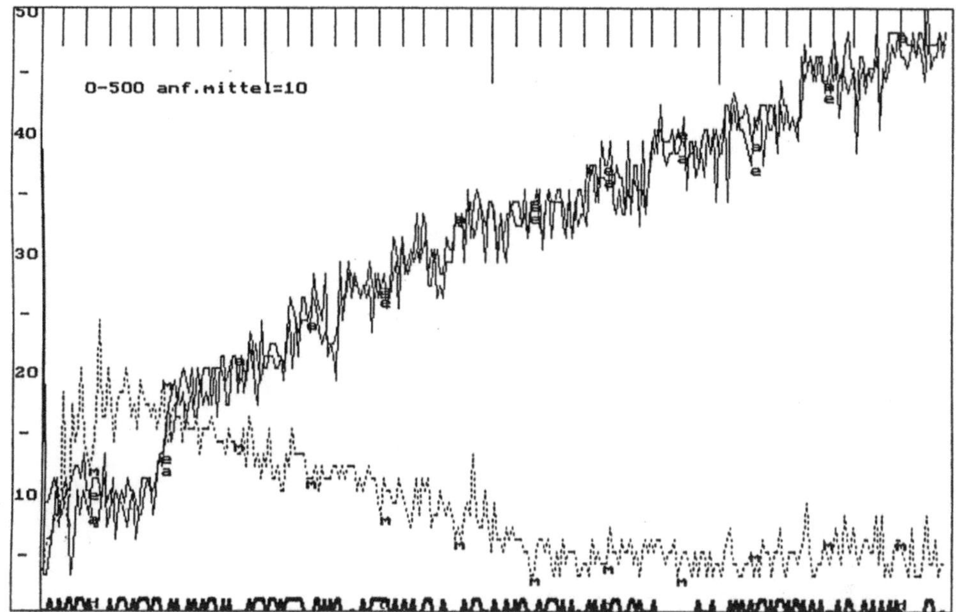

Abb. 95: Die Verläufe der Variablen „Anforderung" (a), „Erfüllung" (e), „Motivation" (m) und „Depression" (d). Der Mittelwert der „Anforderung" wurde in den ersten 500 Zeittakten auf einem Wert von 10 festgehalten.

15 Skalenpunkte möglich wäre. Darin bestünde aber wiederum eine Voraussetzung für das Eintreten der „Depression". Hält man das Anforderungsmittel dagegen 500 Takte lang auf einem Wert fest, der nur um 1 höher liegt, nämlich auf 11, so tritt die „Depression" mit den bekannten Konsequenzen für die Verläufe von „Anforderung" und „Erfüllung" auf (s. Abb. 96). Diese Sensibilität verdeutlicht ein wenig, daß es in dynamischen Systemen nicht ganz abwegig ist, von Glück oder Pech zu reden. Weiterhin illustrieren die Verläufe von Abb. 95 und 96 das spezielle Depressionskonzept dieser Simulation. Nicht die absolute Höhe der Belastungen durch Anforderungen spielt die entscheidende Rolle, auch nicht die absolute Ausprägung der Motivation (z.B. geringe Ansprüche, wenig Interesse): all das würde nur bedeuten, auf Eigeninitiative zu verzichten und seine Leistung externen Ansprüchen zu überlassen. Bedeutender ist vielmehr der relative *Rückgang* der Motivation: der Verlust an Freude, die nicht einlösbaren Ansprüche, die schleichende Resignation, das Schwinden der Hoffnung. Eliminiert man Regel 31, die neben Regel 35 für eine Reduktion des Motivationsmittelwerts zuständig ist, so verringert sich die „Motivation" erwartungsgemäß viel langsamer und die „Depression" kommt trotz zunehmender Versagensangst nicht hoch (Abb. 97). Darin ist eine differentialätiologische Hypothese enthalten, denn ab einem bestimmten Punkt würde wahrscheinlich eher die Angst klinisch auffällig werden.

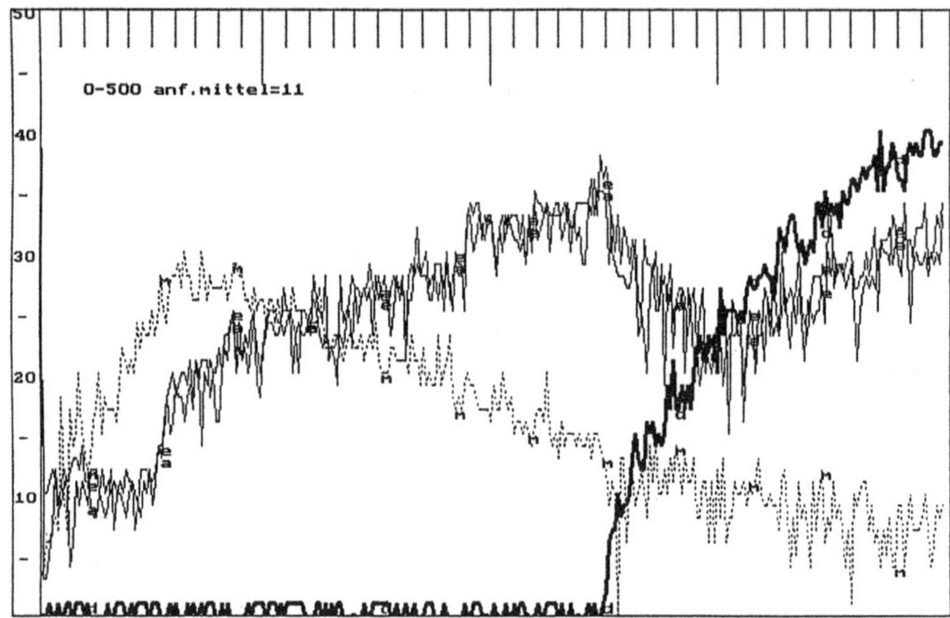

Abb. 96: Die Verläufe der Variablen „Anforderung" (a), „Erfüllung" (e), „Motivation" (m) und „Depression" (d). Der Mittelwert der „Anforderung" wurde in den ersten 500 Zeittakten auf einem Wert von 11 festgehalten. Im Vergleich mit Abb. 95 werden die Konsequenzen dieses minimalen Ausgangsunterschiedes für das weitere Systemverhalten sichtbar.

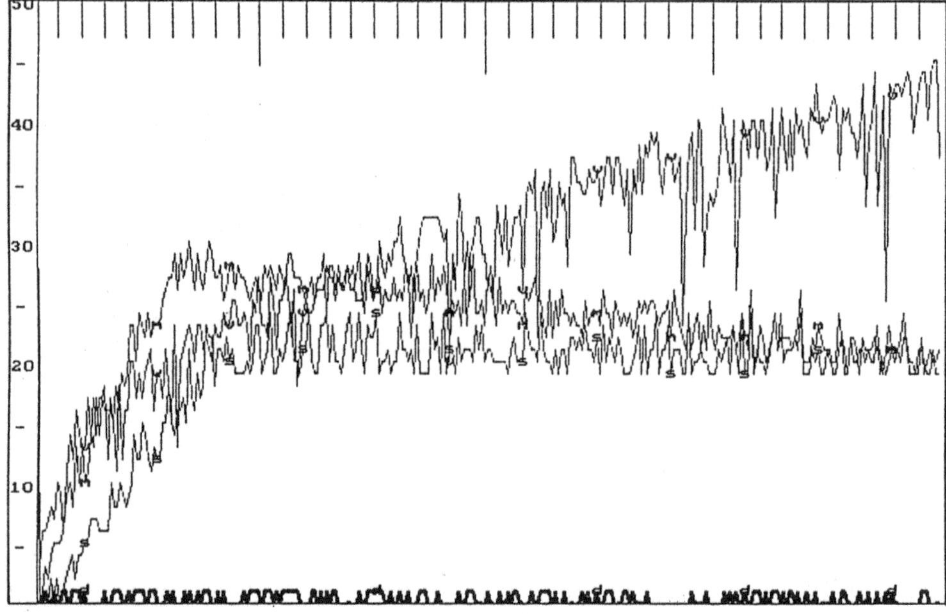

Abb. 97: Ohne Regel 31 reduziert sich die Motivationslage erheblich langsamer. Die „Depression" tritt nicht auf.

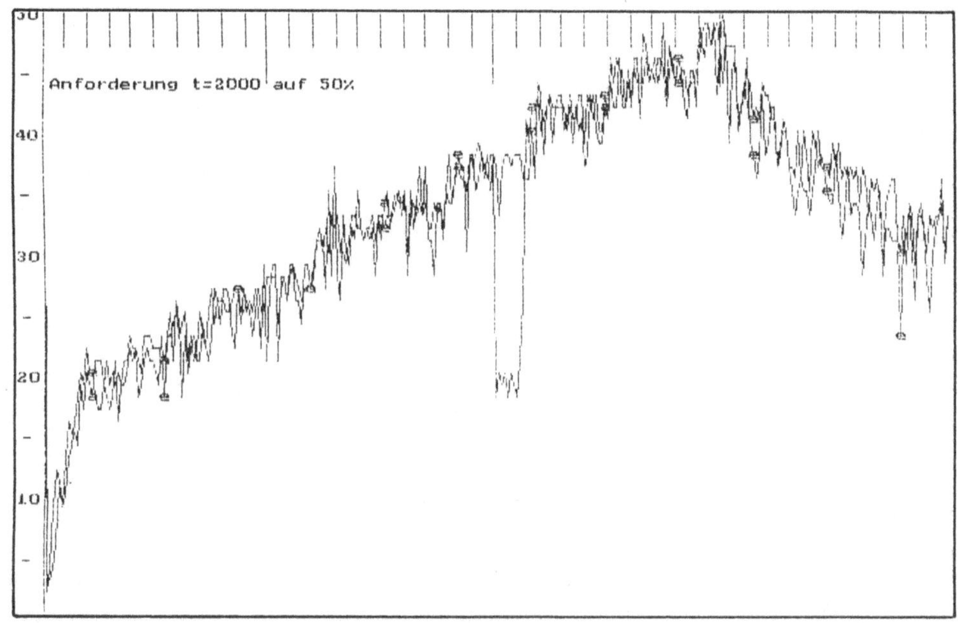

Abb. 98: Die „Anforderung" wurde bei Zeittakt 2000 punktuell auf 50 % ihres Wertes herabgesetzt.

Naheliegend scheint die Frage, ob sich die Depression verhindern ließe, wenn sich die Anforderungen erheblich reduzieren würden. Man könnte ja vermuten, daß eine übermäßige Belastung mit externen Ansprüchen „Schuld" an der problematischen Entwicklung sei. Um das zu prüfen, wurde einmal der Mittelwert der „Anforderung" auf die Hälfte seiner Ausprägung zum Zeittakt 2000 gesetzt. Das geschah punktuell, danach wurde die Dynamik wieder sich selbst überlassen (s. Abb. 98). Ein noch drastischerer Eingriff bestand zum anderen darin, den Mittelwert der „Anforderung" bereits zu einem früheren Zeitpunkt (bei Zeittakt 1000) und auch längerfristig (1000 Takte lang) auf 50 % seiner vorherigen Ausprägung zu halten (s. Abb. 99). Das Modell reagiert systemisch und psychologisch plausibel. Es entlastet von der Schuldzuschreibung, Herr A. würde von seinen Bezugspersonen schlichtweg überfordert. Der Gesamtverlauf zeigt sich relativ unbeeindruckt von einem deutlichen Nachlassen der Forderungen. Die Erfüllungsbereitschaft hat sich, offenbar von den unmittelbaren Anforderungen abgekoppelt, gewissermaßen internalisiert. Lediglich ein weiterer Anstieg der Erfüllungsbereitschaft wird im Falle längerfristigen Anforderungsverzichts verhindert. In beiden Fällen jedoch tritt die (in den Abbildungen nicht eingezeichnete) Variable „Depression" auf, unter der Bedingung von Abb. 99 sogar ca. 200 Takte früher. Insgesamt erweist sich das System zumindest ab Zeittakt 1000 relativ stabil gegenüber Anforderungsreduktionen.

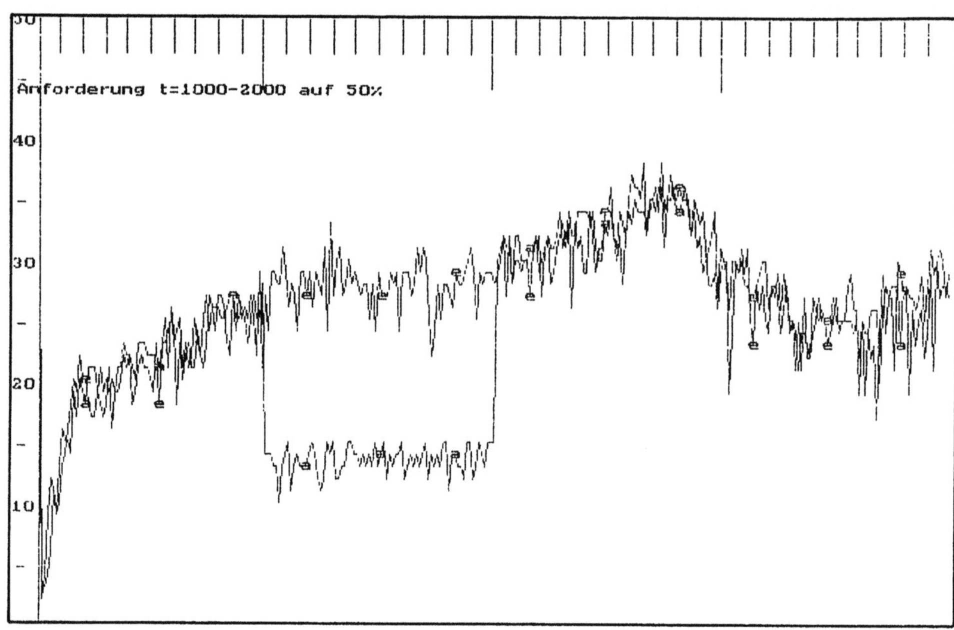

Abb. 99: Die „Anforderung" wurde von Zeittakt 1000 bis 2000 auf der Hälfte ihres Mittelwerts bei Zeittakt 1000 gehalten.

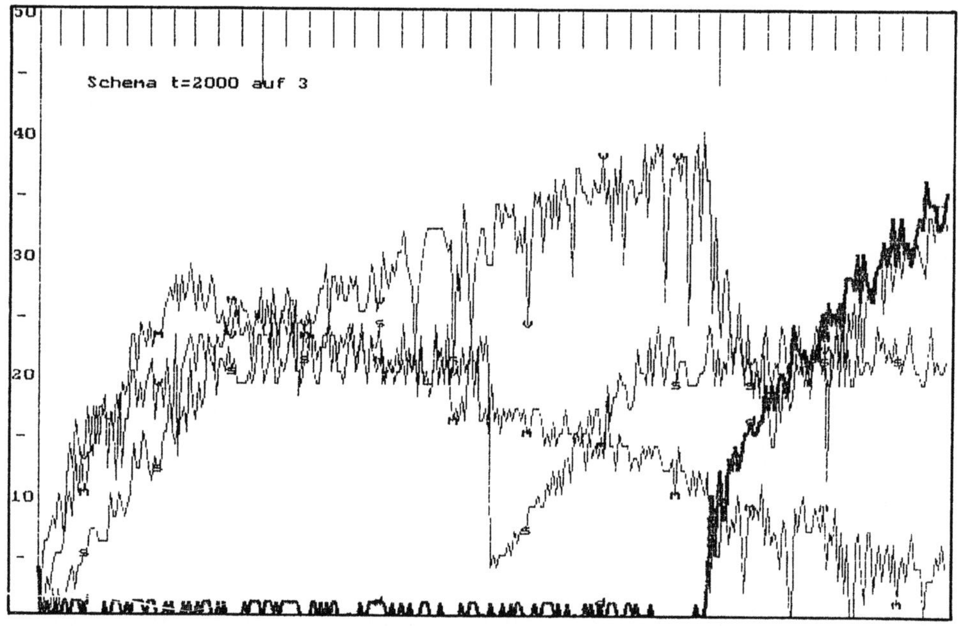

Abb. 100: Der Effekt einer punktuellen Herabsetzung des Mittelwerts der Variablen „Schema" auf einen Zahlenwert von 3 bei Zeittakt 2000.

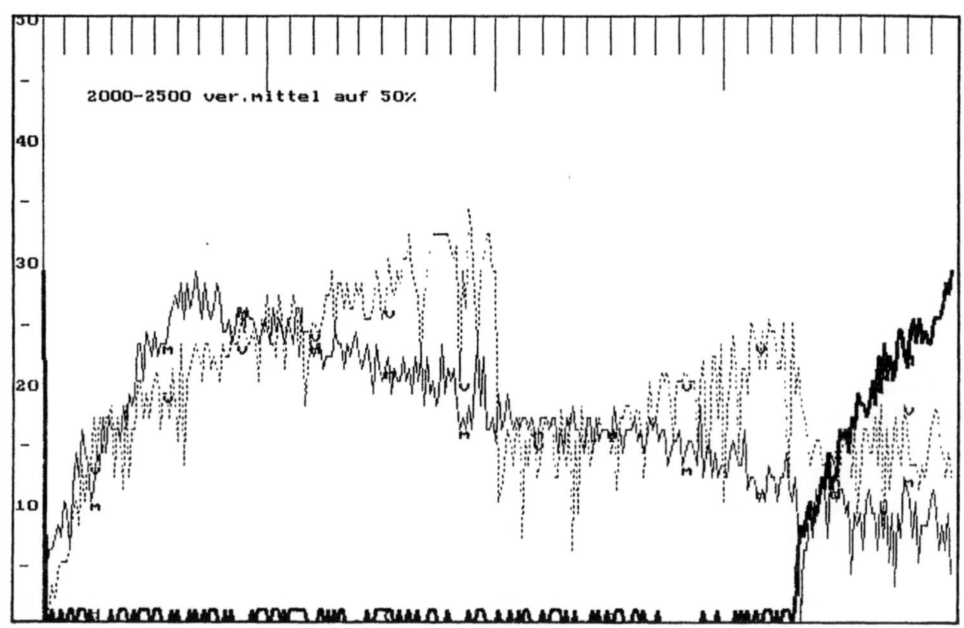

Abb. 101: Der Mittelwert der Variablen „Versagensangst" wurde von Zeittakt 2000 bis 2500 auf die Hälfte der bei Zeittakt 2000 erreichten Ausprägung herabgesetzt. Hier der Effekt auf die Variablen „Versagensangst" (v), „Motivation" (m) und „Depression" (d).

Vergleichsweise wenig Effekt hat auch eine punktuelle Herabsetzung des Mittelwerts der Variable „Schema" auf eine Ausprägung von 3 (Abb. 100). Innerhalb eines Zeitraums von etwa 800 Takten klettert er wieder auf seinen Maximalwert von 20. Betrachtet man Schemata, speziell Selbst-Schemata als zentrale psychische Organisationsprinzipien, so stellt dieses Systemverhalten nicht zufrieden. Man hätte mehr Wirkung erwartet. Zu bedenken ist allerdings, daß sich die Lebens- und Lernbedingungen sowie andere psychische Erlebnisgrößen nicht geändert haben, womit die Re-Etablierung alter Schemata naheliegt. Auch eignet sich wahrscheinlich eine bloße Zahlenwertveränderung schlecht, da sich Wandlungen der psychischen Organisationsprinzipien nicht auf der Oberflächenstruktur, sondern in der Tiefenstruktur, also im Regelwerk des Simulationsmodells manifestieren müßten. Eine vorläufige Mittelwertverschiebung bedeutet noch lange nicht, daß alternative Schemata ausgebildet werden (vgl. das nütziche verhaltenstherapeutische Postulat, es gehe weniger um den Abbau von Problemen als vielmehr um den Aufbau von Alternativen).

Daß die bloße Veränderung von Werteausprägungen nichts an den prinzipiellen Verlaufsqualitäten ändern muß, demonstriert auch der drastische Eingriff in das Niveau der Variablen „Versagensangst" (s. Abb. 101). Es wurde zwischen den Zeittakten 2000 und 2500 einfach um die Hälfte der Ausprägung, die es bis zu diesem Zeitpunkt erreicht hatte, reduziert. Danach wurde die „Versagensangst" wieder

„freigelassen", worauf sie unverzüglich erneut zu steigen begann. Der depressive Verlauf konnte mit diesem Eingriff nur hinausgeschoben, nicht aber verhindert werden. Das erstaunte uns zunächst, sollte doch eine deutliche Befreiung von Ängsten eine ganz andere psychische und interaktionelle Dynamik eröffnen. Auf den zweiten Blick verhielt sich jedoch möglicherweise das Modell vernünftiger als unsere Erwartung. Ohne prinzipielle Veränderungen am Szenario dürfte nämlich eine plötzliche und gravierende Reduktion des Angsterlebens unwahrscheinlich sein. Eine „realistische" Erklärung dafür fiel uns jedenfalls nicht ein (man denke z.B. an Konditionierungsmodelle der Angst, welche vielmehr deren Verfestigung plausibel machen, vgl. Mowrer 1960). Am ehesten wäre der Effekt unseres Eingriffs mit der Wirkung von angstlösenden Psychopharmaka zu vergleichen: das Angsterleben reduziert sich, aber sonst bleibt alles beim alten. Die Bewältigungsfähigkeiten werden dadurch nicht verbessert (s. Abb. 102), die Sinn- und Motivationsprobleme nicht gelöst. Der kontinuierliche Motivationsabfall erlebt lediglich eine Verzögerung (s. Abb. 101). Selbst wenn man die „Versagensangst" ab Zeittakt 2000 für den gesamten Rest des Simulationsverlaufs auf noch niedrigerem Niveau (z.B. 25 % der bisher erreichten Ausprägung) festhält, ändert dies nichts am Auftreten der „Depression" (keine Abbildung). Das Modell vertritt die Auffassung, man müsse sich den Angstabbau schon eigenhändig erarbeiten.

Die bisher durchgeführten Modelltestungen demonstrieren ein bereits aus der frühen Allgemeinen Systemtheorie (s. z.B. von Bertalanffy 1968) bekanntes Postulat, daß nämlich Systemdynamiken – und damit die sie repräsentierenden Modelle –

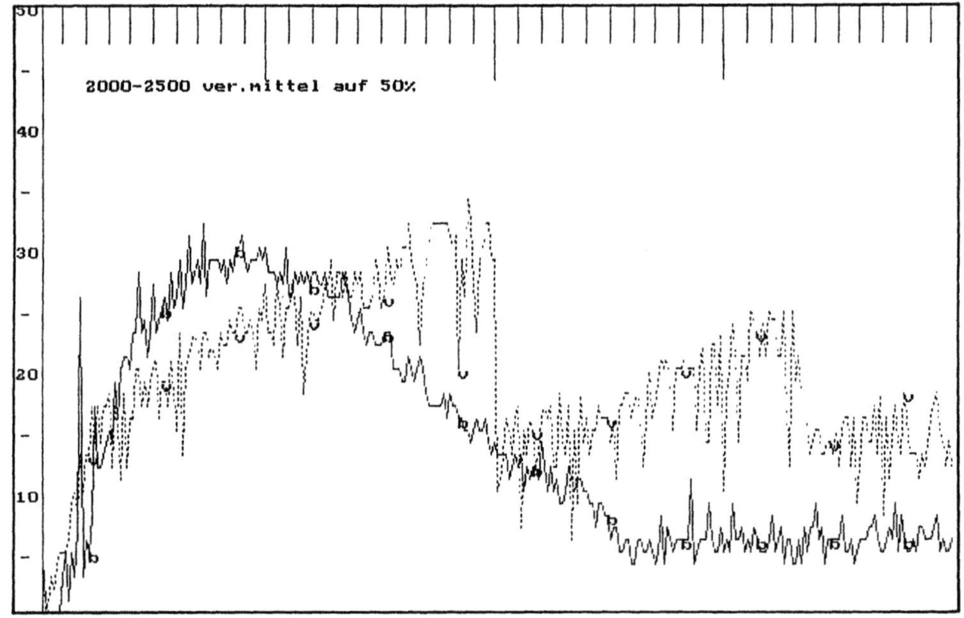

Abb. 102: Wie Abb. 101. Ausgedruckt ist neben der „Versagensangst" (v) noch die Variable „Bewältigung" (b).

an manchen Stellen an Seidenfäden hängen, jederzeit aus kleinstem Anlaß bereit zu reißen, an anderen Stellen sich aber selbst erheblichen Veränderungen gegenüber sehr robust erweisen (vgl. das Konzept der „sensiblen Druckpunkte").

Die Abbildungen 103 und 104 verdeutlichen die Abhängigkeit der Depressionsentwicklung vom Mittelwert der Variablen „Depression". Die Regeln 32 und 33 enthalten eine Schwellenbedingung für das Auftreten der *aktuellen* Depressionswerte. Wird diese Schwelle, definiert über die Differenz von maximal erreichtem zu momentanem Motivationsmittelwert, von 15 auf 5 herabgesetzt, so flackert die Variable „Depression" an einigen Stellen zwar auf. Ein deutlich vorgezogener Anstieg ergibt sich aber erst, wenn die Schwelle auch in Regel 36 herabgesetzt wird (Abb. 104). Diese Regel vermittelt einen Mittelwertsanstieg der „Depression". Betrachtet man den Verlauf dieser Variablen, so wird deutlich, daß das Modell für den Depressionsverlauf zu wenig differenzierte Annahmen macht. Ein stetiger, wenn auch leicht negativ beschleunigter Anstieg stellt keine sinnvolle Verlaufshypothese dar. Der Interessenschwerpunkt der Simulation liegt allerdings eher im Bereich der *Voraussetzungen* für die Depressionsentwicklung.

Von Regeländerungen, so stellten wir fest, sind oft deutlichere Abwandlungen der Systemdynamik zu erwarten als von künstlichen Werteverschiebungen der Variablen. Ein in der Copingforschung gut gesicherter Befund besteht nun darin, daß Depressive ihre Bewältigungsversuche eher vermeidungsorientiert und nicht sehr konsequent durchführen (s. Reicherts 1988). Nehmen wir an, es gelänge, mittels Eigeninitiative oder durch die Unterstützung einer Therapie die punktuell ja durchaus erfolgreichen Bewältigungsstrategien etwas dauerhafter durchzuhalten, so wären verschiedene Konsequenzen für den weiteren Verlauf zu erwarten. Wir etablieren eine entsprechende Zusatzregel: eine Hommage an die Arbeitsgruppe um Meinrad Perrez in Fribourg. Die Zusatzregel sieht in bestimmten Zeitintervallen eine positive Rückkoppelung der Variablen „Bewältigung" auf sich selbst vor. Ist sie von t − 2 auf t − 1 um mindestens einen Skalenpunkt angestiegen, soll sie von t − 1 auf t um weitere 2 Punkte ansteigen, womit wiederum die Voraussetzung für eine Zunahme um + 2 im darauf folgenden Zeittakt gegeben ist usw. Diese Zusatzregel soll ab Zeittakt 2000 acht mal 20 Zeittakte lang mit jeweils 10 Takten Unterbrechung feuern. (Ohne diese Intervallschaltung würde die „Bewältigung" senkrecht nach oben schießen.)

Anhand der Regeln des Simulationsprogramms lassen sich nun Hypothesen über die Auswirkungen dauerhafterer Bewältigungsversuche formulieren. Über die Regeln 16, 16a und 20 wäre eine Reduktion der aktuellen Versagensangstwerte zu vermuten, über Regel 21 eventuell auch ein Mittelwertsabfall dieser Variablen. Über Regel 17 müßte sich dieser angstreduzierende Effekt in einen Mittelwertsanstieg der Variablen „Bewältigung" umsetzen. Schließlich sollten die aktuellen Motivationswerte (vermittelt von Regel 29) ebenso ansteigen wie die Motivationsmittelwerte (über Regel 27 und 30, Regel 35 würde zusätzlich deren Abfall verhindern). Betrachten wir die Verläufe (Abb. 105 und 106). Insgesamt lassen sich die eben genannten Erwartungen bestätigen, was keine große Überraschung bedeutet, sondern nur heißt, daß die Regeln des Simulationsprogramms ihre Arbeit tun. Bemerkenswert ist, daß die „Versagensangst" trotz ihrer phasenweise erheblichen Reduktion wieder zu steigen beginnt. Umgekehrt übernimmt auch die „Motivation" trotz

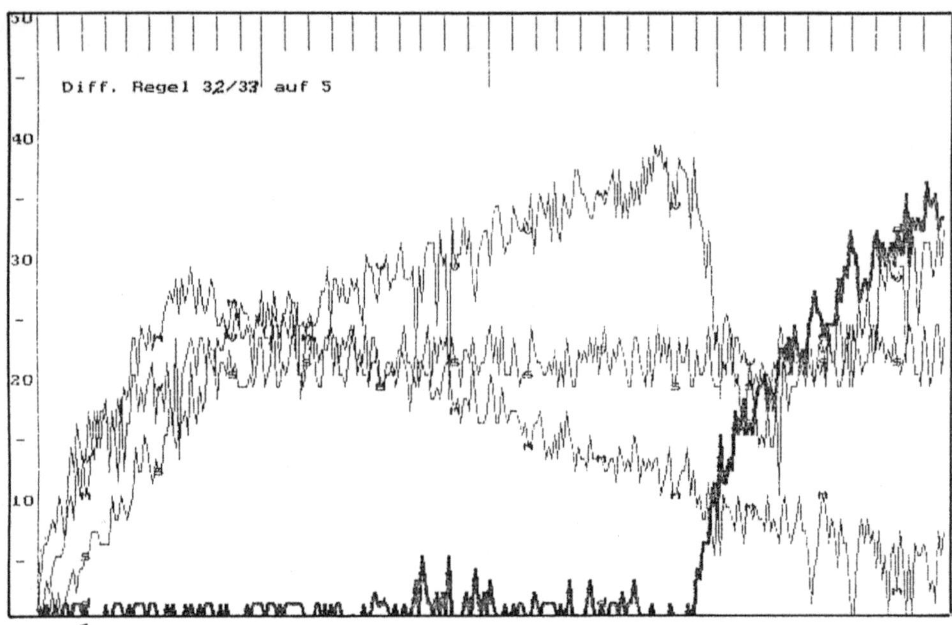

Abb. 103: Die Wirkung von Schwellenwertänderungen in Regel 32 und 33 auf den Depressionsverlauf. Diese Regeln wirken lediglich auf die aktuellen Depressionswerte.

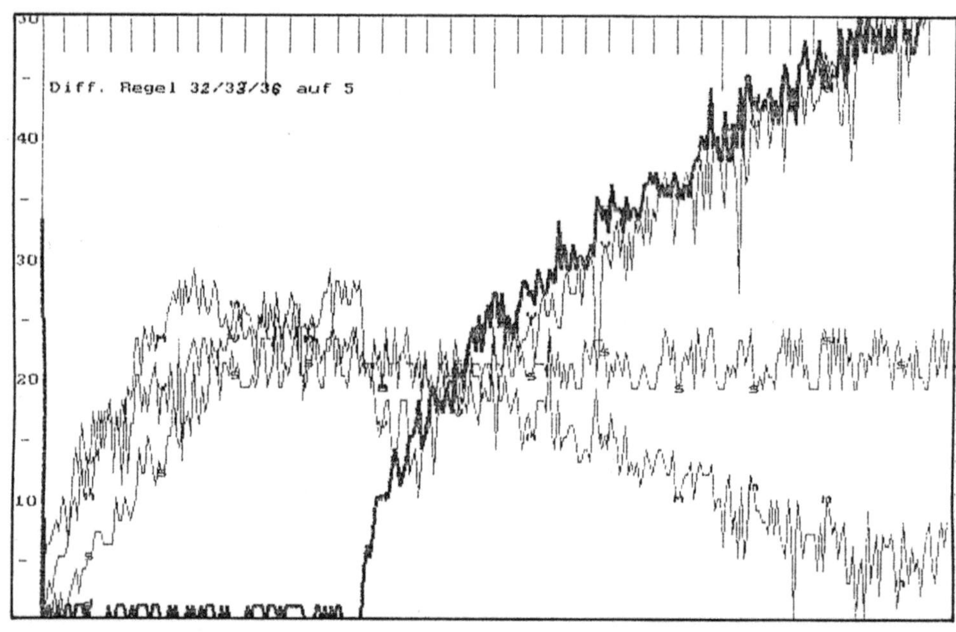

Abb. 104: Die Wirkung von Schwellenwertveränderungen in Regel 32, 33 und 36 auf den Depressionsverlauf. Regel 36 wirkt auf den Depressionsmittelwert.

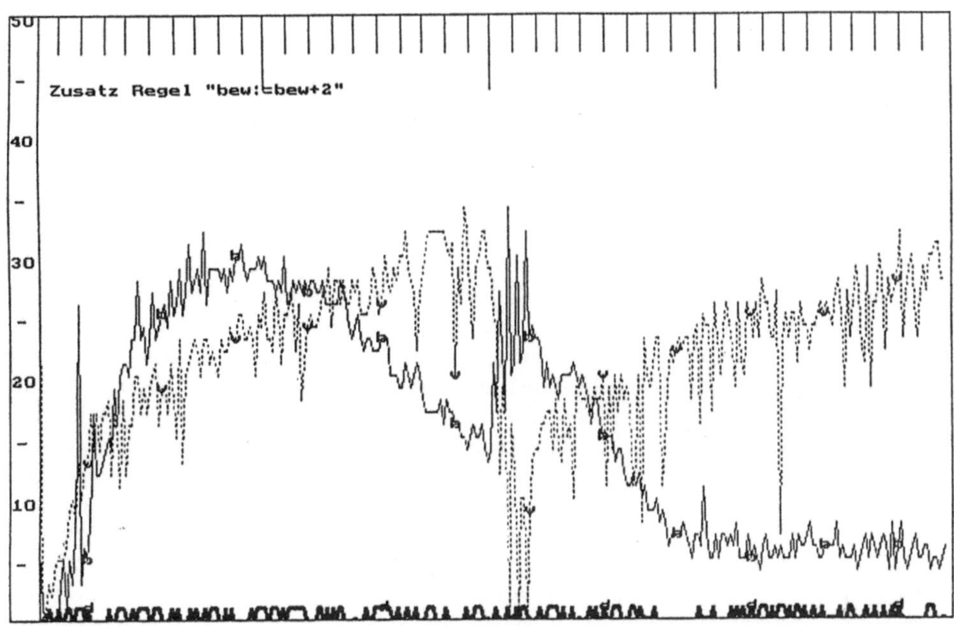

Abb. 105: Die Wirkung wiederholter und kontinuierlicher Bewältigungsbemühungen, verteilt auf 8 Phasen zu je 20 Zeittakten zwischen Zeittakt 2000 und 2230. Dargestellt sind die Variablen „Versagensangst" (v), „Bewältigung" (b) und „Depression" (d).

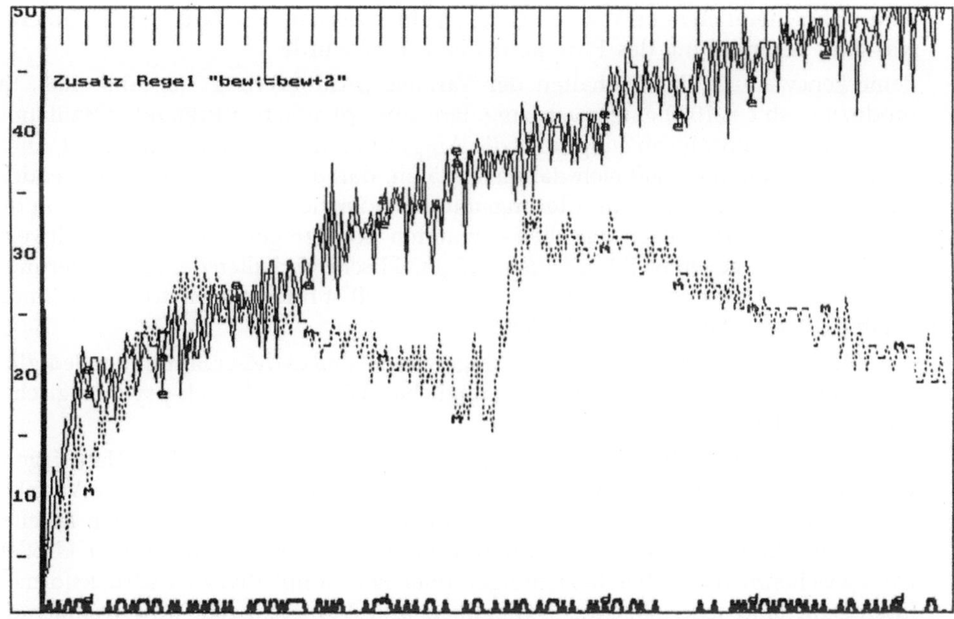

Abb. 106: Wie Abb. 105. Dargestellt sind die Variablen „Motivation" (m), „Anforderung" (a), „Erfüllung" (e) und „Depression" (d).

ihres spontanen Anstiegs wieder eine fallende Tendenz. Damit wird immerhin das Auftreten der „Depression" verhindert. Das gesamte System erweist sich jedoch in seinen Verlaufscharakteristika äußerst stabil, denn es gelingt bei allen heftigen Bewältigungsbemühungen nicht, neue Trends dauerhaft zu etablieren. Vor allem die Variablen „Anforderung" und „Erfüllung" zeigen sich ziemlich unbeeindruckt von dem Ereignis.

Versuchen wir abschließend, auch diese Variablen noch zu beeindrucken. Dies könnte durch eine Zusatzregel gelingen, welche auf den Mittelwertverlauf der „Anforderung" Einfluß nimmt. Nehmen wir an, es wäre durch wiederholte Eigeninitiative zu einer Reduktion der aktuellen Anforderungen gekommen (vgl. Regel 39), so sollte auch das generelle Anforderungsniveau (also der Mittelwert dieser Variable) um –2 sinken. Wie oft diese Bedingung erfüllt sein muß, wird durch den Quotient aus Anforderungsmittelwert (Zähler) und Motivationsmittelwert (Nenner), multipliziert mit 10, festgelegt. Liegt also das Anforderungsmittel hoch, das Motivationsmittel dagegen niedrig, wird es lange dauern, bis sich das Anforderungsmittel nach unten in Bewegung setzt. Liegen die Verhältnisse umgekehrt (Zähler < Nenner), geht es entsprechend schneller. Diese Zusatzregel soll ab Zeittakt 1000 in Kraft treten. Gleichzeitig soll die eben beschriebene Intervention intervallartiger Bewältigungsversuche beibehalten werden, nur wird die hierfür verantwortliche Zusatzregel ebenso auf Zeittakt 1000 vorverlegt. Zeitlich frühere Eingriffe sind ja oft präventiv wirksamer. Was nun die Wirkung dieser Bewältigungstiraden betrifft, sind sie in bekannter Weise eindrucksvoll, zeitigen aber, sobald sie wieder dem Schicksal des üblichen Regelwerks übergeben werden, keine langfristige Wirkung (s. Abb. 107). Immerhin tritt jedoch die „Depression" in den ausgedruckten 4000 Zeittakten nicht mehr auf. Wollte man dieses resistente System therapieren, müßte man wahrscheinlich neue Verknüpfungsregeln zwischen den Variablen installieren, was eine Veränderung des Programms bedeuten würde.

Bemerkenswert ist das Verhalten der Variable „Anforderung" (s. Abb. 108). Sie produziert ab t = 1000 eine zwar irreguläre, aber phasisch auftretende Oszillation, wobei das Gesamtniveau steigt und die Amplitude der Oszillation abnimmt. Diese Amplitudenabnahme läßt sich daraus erklären, daß das Motivationsmittel tendenziell sinkt, während das Anforderungsmittel tendenziell steigt, eine Reduktion des Anforderungsmittels nach der eben genannten Zusatzregel daher immer schwerer wird. Unklar dagegen bleibt das ausgeprägt zyklische Verhalten der „Anforderung", was zeigt, daß komplexe, dynamische Systeme selbst für ihre Konstrukteure immer wieder Überraschungen bereithalten.

Abschließend sei noch einmal darauf hingewiesen, daß es dieser Simulation lediglich darauf ankam, ein Beispiel für einen möglichen Weg der klinisch-psychologischen Theoriekonstruktion zu geben.

Statt der gewählten Variablen könnte man auch ganz andere wählen. Naheliegend wäre z.B. die Auffassung, speziell „Depression" sei keine eigenständige Variable, sondern allenfalls – sofern man überhaupt mit pathologischen Begriffen arbeiten will – eine Sammelbezeichnung für bestimmte Konstellationen anderer Größen, z.B. zwischenmenschlicher Beziehungen oder kommunikativer Ausdrucksformen. Interessant sind jedenfalls die Dynamiken und Vernetzungen, und weniger die Elemente eines Systems.

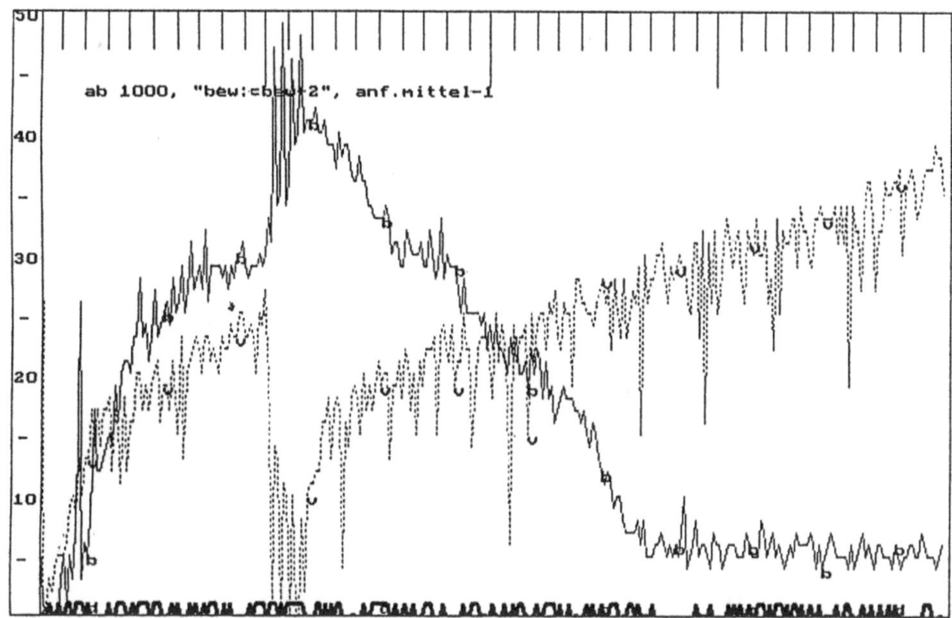

Abb. 107: Der Effekt achtmal wiederholter und über Phasen von jeweils 20 Zeittakten kontinuierlich durchgehaltener Bewältigungsbemühungen, begonnen bei Zeittakt 1000. Zugleich wurde eine weitere Zusatzregel installiert, die auf dem Mittelwert der Variablen „Anforderung" wirkt. Ausgedruckt ist die Variable „Versagensangst" (v), „Bewältigung" (b) und „Depression" (d).

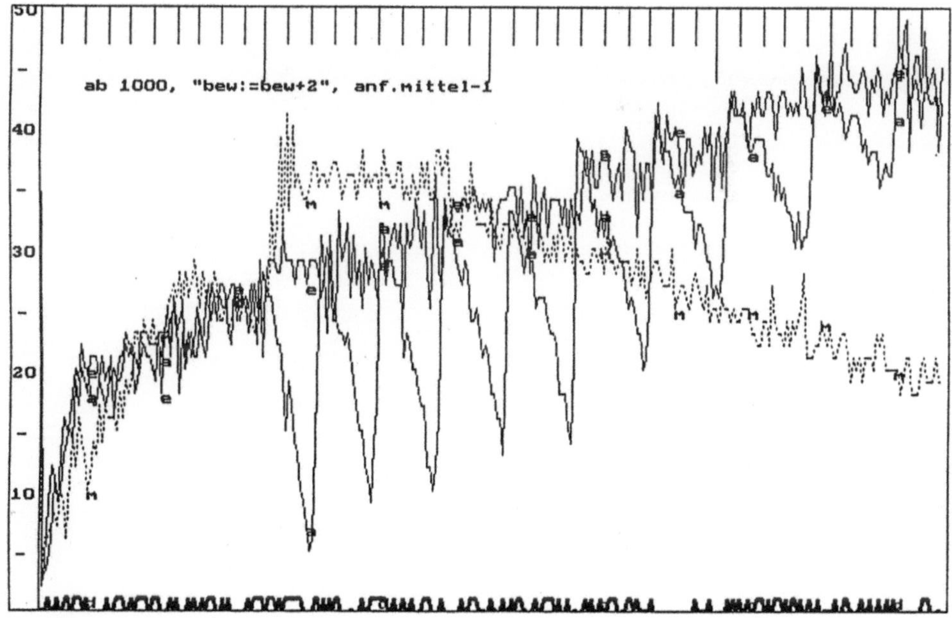

Abb. 108: Wie Abb. 107. Ausgedruckt sind die Variablen „Anforderung" (a), „Erfüllung" (e) und „Motivation" (m).

VIII Von der Kybernetik erster zur Kybernetik zweiter Ordnung

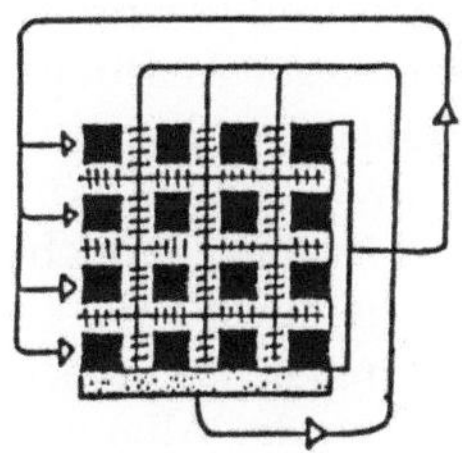

Die im vorangegangenen Kapitel entwickelte Computersimulation dürfte von den LeserInnen, denen die in der Überschrift enthaltene Unterscheidung geläufig ist, unschwer als Beispiel für die sogenannte Kybernetik erster Ordnung identifiziert werden. In der Literatur findet sich daneben der Begriff der Kybernetik zweiter Ordnung, was zur Verwirrung Anlaß gibt. Ist damit die neue, die bessere Kybernetik gemeint? Sollte man sich mit der alten, derjenigen erster Ordnung gar nicht mehr beschäftigen? Im Sog schnell vorangetriebener Begriffs- und Ideenproduktion wird ein als Fortführung kybernetischen Denkens imponierender Ausstieg aus kybernetischem Denken leicht gemacht, welches dann – selbst unvollkommen geblieben – seiner vollendeten Form hinterherblickt. Diese Entwicklungen können sich mit der zögerlichen Rezeption kybernetischer Ansätze in weiten Bereichen der Klinischen Psychologie zu einem Problem kombinieren: die einen sind zu schnell, die anderen zu langsam, und man trifft sich nie. Eine Durchsicht klinisch-psychologischer Literatur macht deutlich, daß – anders als etwa in der Allgemeinen Psychologie, in Biologie oder Ethologie – der Einstieg in die kybernetische Theorie- und Modellbildung nur sehr punktuell vollzogen wurde. Wahrscheinlich würden nur die wenigsten FachvertreterInnen der Auffassung von Bateson (1981) beipflichten, in der er die Kybernetik als den „größten Bissen aus der Frucht vom Baum der Erkenntnis, den die Menschheit in den letzten zweitausend Jahren zu sich genommen hat", bezeichnet, und schon gar nicht seiner Einschätzung, daß sich „die meisten Bissen aus diesem Apfel ... als ziemlich unverdaulich erwiesen (hätten) – meistens aus kybernetischen Gründen" (S. 612).

Der Begriff „Kybernetik"

Will man den Übergang von Kybernetik erster zur Kybernetik zweiter Ordnung verstehen, so ist zunächst einmal nach der Bedeutung des Begriffs „Kybernetik" zu fragen. Wiener (1968) definiert Kybernetik als „die Wissenschaft von Steuerung und Kommunikation in Lebewesen und Maschine" (cf. Ashby 1985, 15). Ihr Anliegen ist „die Herausarbeitung des grundlegenden Zusammenhanges von Steuerung und Regelung des Systems auf der einen und Informationsaufnahme und -verwertung auf der anderen Seite ... um dadurch allgemeine Gesetzmäßigkeiten zum Zwecke der Analogkonstruktion (Modellierung) auf verschiedenen Wissenschaftsgebieten zu erhalten" (Huber 1985, 9f.). Die Verwendung von Modellen und Computersimulationen wird von manchen Autoren als ein wesentliches Merkmal der kybernetischen Methode erachtet (z.B. Bateson 1981, 517; Stachowiak 1965; Ghose 1980). Obgleich Begriffe wie Regelung oder Steuerung häufig benutzt werden, warnt Bischof (1985) davor, Kybernetik nach dem Modell des einfachen Regelkreises (Beispiel: Thermostat) mit Regelungstheorie gleichzusetzen: „... diese Definition ist zu eng; tatsächlich geht jeder Forscher kybernetisch vor, der an Systemen die Kausalstruktur ohne Rücksicht auf die zugrundeliegende Energiebilanz untersucht" (S. 172). Es komme darauf an, so Bischof, die Art der Kausalzusammenhänge eines Systems empirisch zu bestimmen, ohne schon vorher bestimmte Modellklischees wie z.B. das Regelkreismodell oder das Konzept der TOTE-Einheiten im Kopf zu haben. Hierzu benötigt er, wie übrigens die meisten Kybernetiker, keine konstruktivistische Erkenntnistheorie. Im Gegenteil läßt er den Computerspezialisten Benno in „Das Rätsel Ödipus" folgende Feststellung treffen: „Kybernetik ist eine empirische Methode und nicht eine Einladung zu konstruktivistischer Spekulation."

Ein wesentliches Merkmal kybernetischer Untersuchungen besteht in der Abstraktion von materiellen und energetischen Vorgängen (vgl. Ashby 1985, 18f.). Diese sind Thema verschiedener Einzelwissenschaften, denen gegenüber die Kybernetik eine Metaposition einnimmt. Sie interessiert sich für Prozesse der Regelung und Koordination, unabhängig davon, in welchem materiellen Substrat diese beobachtbar oder welche energetischen Vorgänge daran beteiligt sind. „Die Gesetze der Kybernetik sind nicht von ihrer Ableitung aus anderen Gebieten der Wissenschaft abhängig" (Ashby 1985, 16). „Das ist eben das Praktische an der Kybernetik: Sie abstrahiert konsequent von der Qualität der Größen, deren Wirkungszusammenhänge sie analysiert" (Bischof 1985, 419). Es ist mithin weder entscheidend, das aristotelische Wesen dieser Größen zu ergründen, noch kommt es darauf an, sie in alle Einzelteile zu zerlegen und in allen Einzelheiten zu analysieren, wie es traditionelles Programm der Naturwissenschaften war. Das Verständnis für die Dynamik eines Systems resultiert vielmehr aus der Art der *Vernetzung zwischen* den beteiligten Größen bzw. Variablen.

Anstelle des System-Begriffs ist in der Kybernetik der Begriff der „Maschine" weit verbreitet (s. z.B. Ashby 1985, 15 oder von Foersters Vergleich trivialer und nichttrivialer Maschinen, 1984; 1985b). Dieser Begriff steht sowohl für natürliche (z.B. lebende) als auch für künstlich hergestellte, materielle Systeme (bzw. „Maschinen" im alltagssprachlichen Wortsinn). Als Steuerungs- und Regelungstechnik dieser Maschinen fand die Kybernetik ihr breitestes Anwendungsfeld. Man assoziiert James Watts Dampfmaschine, die vielzitierten Thermostaten, numerische Steuerungen von Werkzeugmaschinen, schließlich die gesamte Computertechnologie. Gerade dieser technischen Spielart liegt allerdings ein sehr eingeengtes Verständnis der Kybernetik zugrunde. Norbert Bischof (1985) meint sogar, es gäbe nichts unkybernetischeres als die Arbeitsweise eines Computers (vgl. auch Vester 1984, 57). Die rekursive Struktur kybernetischer Modelle macht nämlich auf die Grenzen der binären Logik aufmerksam: die darin mögliche Gleichzeitigkeit von „wahr" und „falsch" kann nur über zeitliche Sequenzierung entparadoxiert werden (s. Bateson 1982; von Foerster 1985b, 36), und führt die Unmöglichkeit linealer Steuerbarkeit rekursiv vernetzter Systeme vor Augen. Eine dritte Variante von „Maschinen" besteht in abstrakt-symbolischen Systemen. Insofern sich die Kybernetik damit beschäftigt, wurde sie in manchen Bereichen fast synonym mit Modelltheorie oder Informationstheorie.

Das Prinzip der kybernetischen Erklärung

Unabhängig davon, um welche Art von „Maschinen" es sich handelt, geht es also in der Kybernetik um deren *Verhalten* und nicht um deren materielles bzw. energetisches Substrat (s. Ashby 1985, 15f.). Die Untersuchung aller Formen des Verhaltens, das in irgendeiner Weise organisiert, determiniert oder reproduzierbar ist, setzt eine konsequent prozessuale Sichtweise voraus. Prozesse, Verhaltensweisen oder Entwicklungsmuster sind aber zunächst einmal in großer Menge möglich.

Die Frage der Kybernetik ist, warum daraus nur eine oder wenige ausgewählt werden (s. Ashby 1985, 19; Bateson 1981, 515ff.). Wie kommt es, daß sich aus einer bestimmten Eizelle ein Hund und nicht etwa eine Katze, ein Kaninchen oder gar ein Tumor entwickelt? Analog zum evolutionären Prinzip der negativen Selektion bietet Bateson (1981) als Antwort den Weg sukzessiver Einschränkungen an. „In der Sprache der Kybernetik soll der Geschehensablauf *Einschränkungen* unterworfen sein, und es wird angenommen, daß die Wege der Veränderung ohne solche Einschränkungen nur von der Gleichheit der Wahrscheinlichkeit beherrscht würden" (S. 515, Hervorhebung im Original). Eine Kombination verschiedenartiger Einschränkungen kann letztlich ein spezifisches Organsystem oder Prozeßmuster hervorbringen. Bateson führt als Beispiel die Fertigstellung eines Puzzles an, innerhalb dessen die Auswahl der Teile von der notwendigen Passung der Formen, Farben und Aufdrucke eingeschränkt wird.

Obwohl der Zielzustand derartiger Systementwicklungen determiniert zu sein scheint (was beim Puzzle trivialerweise tatsächlich der Fall ist), kommen kybernetische Erklärungen, die über Einschränkungskombinationen laufen, ohne teleologische Spekulationen aus. Gerade für die Sozialwissenschaften dürften Systementwicklungen mit offenem Zielzustand typisch sein. Soziale Muster (z.B. Gruppenstrukturen) driften nicht von vornherein in definierte Formen hinein, sondern evolvieren gemäß den Möglichkeiten ihrer strukturellen Geschichte. Was sein soll, ist eine Funktion dessen, was ist, und was ist, ist eine Funktion dessen, was sein soll. Das gilt selbst bei intentionaleren (Konstruktions-)Prozessen als es gruppendynamische Strukturentwicklungen sind. Eben dies, daß nämlich „... die Kriterien für die Beurteilung, ob das Ziel erreicht ist, mit der Konstruktion des Zielzustandes zusammen entstehen" bezeichnet Dörner (1976, 95) als charakteristisch für dialektische Probleme. Dialektisches Problemlösen besteht in einer zunehmenden Konkretisierung vager, verschwommener Gebilde zu einer konsistenten Gestalt. Je mehr Konsistenzen zwischen widersprüchlichen oder unverbundenen Elementen hergestellt, je mehr Beziehungen geschaffen werden, um so mehr Einschränkungen entstehen für die weitere Konstruktion (constraint proliferation, Reitman 1965). Die neu entstehenden, potentiellen Widersprüche des Gebildes mit potentiellen neuen Teilen werden in der Erweiterung des Gebildes beseitigt, womit sich die Anzahl möglicher Inkonsistenzen für die Anfügung neuer Teile erhöht, und so fort. Ein rekursiver, kreativer Zirkel (Varela 1981), über den die entstehende Gestalt immer reichhaltiger wird (s. Dörner 1976, 95ff.). Dörner verdeutlicht den Vorgang des dialektischen Problemlösens anhand eines Berichts von Hans Magnus Enzensberger (1964) über die Entstehung eines Gedichts. Auch dort präzisiert sich ein diffuser Ausgangszustand – einige wenige Worte – durch verschiedenste gedankliche Übergänge (abstrakt – konkret, Teil – Ganzes, assoziative Übergänge, etc.) zur Gestalt eines Gedichtes.

Anders als für Bateson (1981), in dessen Verständnis eine kybernetische Erklärung immer negativ im Sinne des Ausschlußprinzips sein soll, besteht – wie wir hörten – für Bischof (1985) kybernetisches Vorgehen in der Rekonstruktion von Kausalstrukturen. Eine kausale Erklärung ist aber gewöhnlich positiv formuliert. Der Effekt tritt nicht deswegen auf, weil andere Möglichkeiten nicht existieren, sondern weil eine Ursache eben diesen spezifischen Effekt erzeugt. Das mag man als Widerspruch konstatieren und als solchen stehen lassen. Bateson ist nicht Bischof. Die Überschrift

„Kybernetik" versammelt ebenso wie die Überschrift „Systemtheorie" durchaus heterogene Vorstellungen unter ihrem breiten Dach. Wer allerdings die Harmonie liebt, hat vielleicht eine Chance, These und Antithese zur Synthese zu vereinigen. Sie zeichnet sich ab, indem der Begriff des „Kontexts" eingeführt wird (s. Bateson 1981, 519ff.). Jeder kausale Teilbogen eines kybernetischen Modells ist in einen Kontext rekursiv vernetzter, weiterer Teilbögen eingebunden. Das Verhalten einer Teilkomponente resultiert daher streng genommen nicht aus einer spezifischen Ursache, sondern aus den Einschränkungen, die durch den Kontext, in dem sich diese Teilkomponente befindet, bestimmt wird. Dieser Kontext beinhaltet das Verhalten und die Interaktion sämtlicher (bei Modellen: sämtlicher berücksichtigten) Komponenten eines Systems, worin sich wiederum die Geschichte eines Systems manifestiert (vgl. Maturanas Begriff des Strukturdeterminismus). Am Beispiel der Computersimulation in Kapitel VII wurde deutlich, daß nie eine Regel allein für den Verlauf einer Variablen verantwortlich sein konnte. Ob die Bedingungen für das Feuern einer Regel vorliegen, ergibt sich vielmehr erst aus der Konstellation verschiedener anderer Variablen. Außerdem kommt es vor, daß sich die Effekte mehrerer Einflüsse gegenseitig aufheben, potenzieren oder zu spezifischen, in den einzelnen Regeln nicht vorgesehenen synergistischen Mustern fügen. Umgekehrt ist natürlich das Verhalten einer Variablen wiederum Teil des restringierenden Kontexts, welcher das weitere Prozessieren des Systems bestimmt. Die damit gegebene wechselseitige Abhängigkeit von Teil und Kontext, und, wenn man weiter denkt, von Kontext und Metakontext usw. macht Batesons Aussage (z.B. 1981, 350f.) verständlich, ein rekursives System sei nicht von einem Teil des Systems aus determinierbar – selbst wenn dieses Teil beansprucht, Steuerungszentrale zu sein. Rekursive Kausalnetze und negative Selektionen bzw. Einschränkungskombinationen sind somit zwei verschiedene Beschreibungsmöglichkeiten desselben Geschehens.

Zufällige oder willkürlich gesetzte Ereignisse erzeugen in rekursiv vernetzten Systemen entweder an den Stellen, an denen das Ereignis auftritt (Bateson 1981, 521) oder an davon völlig verschiedenen, unerwarteten Stellen eben jene Wirkungen, die das System zuläßt. Inwieweit allerdings kausale Wechselbeziehungen durch die Kreisläufe hindurch und zurück zur Ausgangsposition verfolgt werden können, wie Bateson (1981, 521) hofft, mag dahingestellt bleiben. Komplexe Prozesse verzweigen sich oft unter der Oberfläche des Beobachtbaren. Von der anderen Seite her gedacht, aber ebenso lineal formuliert könnte man sagen, daß das System determiniert, was es aus dem Rauschen der Umgebung überhaupt als relevantes Ereignis auswählt. Beide Blickrichtungen führen zum Konzept der rekursiven Schließung (vgl. z.B. schon Bateson 1967). Unabhängig von energetischer Offenheit, materiellem Austausch mit der Umwelt oder beobachterabhängiger Festlegung von Eingangs- und Ausgangsrändern erzeugen operational geschlossene Systeme ihr Verhalten durch die Interaktion ihrer Komponenten selbst. Information entsteht durch strukturabhängige, interne Prozesse eines Systems und nicht durch Informationsübertragung von außen nach innen. Derartige Überlegungen waren für unser in Input-Output-Schematismen sozialisiertes Denken zunächst ungewohnt, kontraintuitiv, ja sogar provokant, sind uns aber inzwischen aus den Arbeiten von Maturana, Varela und von Foerster geläufig geworden (vgl. Kapitel IV). Interessant ist jedoch die Tatsache, daß dieses Konzept bereits 1956 (deutsch: 1985) Eingang in eine von Ashby stammende Definition des Begriffs „Kybernetik" fand: „Tatsächlich könnte man Kybernetik definieren als *Erforschung von Systemen, die offen für Energie, aber geschlossen für Information, Regelung und Steuerung sind*, – von Systemen, die 'informationsdicht' sind" (Ashby 1985, 19, Hervorhebungen im Original). Damit werden wir auf erkenntnistheoretische Fragen verwiesen, die den Übergang zur sogenannten Kybernetik zweiter Ordnung markieren.

Vielfalt in der Kybernetik

Versuchen wir vorher noch, uns die konstitutiven Merkmale der Kybernetik erster Ordnung zu vergegenwärtigen. Ihr Interesse besteht darin, das Verhalten bzw. die *Dynamik* von Systemen aus der Art der Vernetzung ihrer Komponenten erklärbar zu machen und – soweit möglich – diese Erklärungen technisch zu nutzen. Methodisch geschieht dies unter anderem durch die Herstellung von *Modellen*, welche üblicherweise der *Rekursivität* der untersuchten Systeme große Bedeutung beimessen, wie etwa im Falle einfacher oder komplexer Regelkreismodelle. Ihr Vorgehen beruht mithin auf einem *Vernetzungsbegriff* von Systemen, der die Festlegung von Systemgrenzen über die Identifikation relevanter Komponenten und Relationen vornimmt. Bis hierher ließe sich vielleicht Konsens erzielen. Darüber hinaus aber stoßen wir auf ein Terrain von Unstimmigkeiten:

(a) Viele kybernetische Modelle arbeiten mit einem Input-Output-Schematismus, betrachten daher Systeme als informationsoffen und instruktiv steuerbar. Gleichzeitig existiert in der Kybernetik das Konzept der operationalen Schließung, welches zu völlig anderen Vorstellungen hinsichtlich des Verhältnisses von System und Umwelt führt. Zentral ist dabei das Prinzip der Autonomie lebender Systeme (s. Varela 1979; Reiter & Steiner 1986b; für einen Vergleich beider Konzepte s. Reiter & Steiner 1986a).

(b) Die Kybernetik ist angetreten, Steuerungstechnologien zu perfektionieren. Sichtbar eingelöst wurde dieser Anspruch z.B. in der computergestützten Regulation großtechnischer Anlagen. Nicht erst deren Ausfälle und Zusammenbrüche mit all ihren Konsequenzen haben aber auf die Grenzen der Kontrollierbarkeit komplexer, eigendynamischer Systeme aufmerksam gemacht. Bereits kybernetische Forschungen, die sich mit Selbstregulationsprozessen in ökologischen und anderen Biosystemen befaßten (s. das Konzept der Bionik bei Vester 1984), geraten ebenso wie Untersuchungen menschlicher „Handlungsfehler" in komplexen Systemen (z.B. Dörner & Reither 1978; Dörner et al. 1983) in fundamentalen Widerspruch zu den Kontrollierbarkeits- und Optimierbarkeitshoffnungen in anderen Bereichen der Kybernetik. Auch theoretische Arbeiten verweisen auf die Grenzen zielgerichteter Interventionen in komplexe, operational abgeschlossene Systeme (Willke 1983; 1984). Insbesondere von Foerster (1984; 1985a,b; 1987a) hat deutlich gemacht, wie sehr die Erwartung inputdeterminierter Kontrolle vom Konzept der Trivialisierung, d.h. einer eindeutigen Input-Output-Zuordnung abhängt. Technische Systeme werden dazu hergestellt, diesen Trivialisierungen zu genügen, sonst sind sie wertlos. Sobald jedoch die inneren Zustandsmöglichkeiten mit dem Input zu interagieren beginnen, wie dies bei lebenden Systemen zu erwarten ist, lösen sich die Input-Output-Zuordnungen auf. Nicht-triviale Systeme realisieren selbst dann, wenn sie nur über wenige interne Zustände und eine geringe Zahl von Input- bzw. Outputsymbolen verfügen, eine überabzählbar große Anzahl von Kombinationsmöglichkeiten (für Beispiele siehe von Foerster 1985b; 1988). Die Folge ist, daß in den meisten Fällen der Funktionsmechanismus einer nicht-trivialen „Maschine" empirisch bzw. analytisch nicht bestimmbar ist. Von Foerster stellt in folgender Tabelle die Eigenschaften trivialer und nicht-trivialer „Maschinen" gegenüber (1988, 26).

Triviale Maschinen	Nicht-triviale Maschinen
1. Synthetisch determiniert	1. Synthetisch determiniert
2. Analytisch bestimmbar	2. Analytisch unbestimmbar
3. Vergangenheitsunabhängig	3. Vergangenheitsabhängig
4. Voraussagbar	4. Unvoraussagbar

(c) Kontrolle setzt üblicherweise Vorhersagbarkeit voraus. Regulationsmodelle nach dem Vorbild des klassischen Regelkreises dienen dem Zweck, mittels der Minimierung von Ist-Soll-Abweichungen das Systemverhalten in vorherbestimmten Bereichen zu halten. Gerade aber in der Kybernetik begann sich andererseits ein Verständnis dafür zu entwickeln, mit welchen pragmatischen und prinzipiellen Schwierigkeiten detaillierte Prognosen des Systemverhaltens zu rechnen haben. Hierfür gibt es verschiedene Gründe, von denen nur einer in der Komplexität ihrer Gegenstände zu suchen ist. Weitere Gründe liegen im eben angesprochenen Funktionsprinzip nicht-trivialer „Maschinen", im Auftreten stochastischer Prozesse, in Entdeckungen wie dem des deterministischen Chaos sowie in methodischen und empirischen Fragen (zum Spezialproblem der Steuerung chaotischer (physikalischer) Prozesse s. Klotz 1990).

(d) Bemühten sich die einfachsten Regulationsmodelle noch um die Aufrechterhaltung eines stabilen Systemverhaltens, indem sie Abweichungen möglichst schnell wieder einfingen, beinhalteten schon Ashbys Konzeptionen der Ultra- und Multistabilität (Ashby 1985) einen erheblichen Zugewinn an Flexibilität. Leitend war dabei die Idee, künstlichen Systemen zu größeren Adaptabilitätskapazitäten angesichts von Umweltveränderungen zu verhelfen bzw. die Adaptabilität lebender Systeme besser zu verstehen. Das Verlassen eines Gleichgewichtszustands bedroht nicht unbedingt den Bestand, sondern ermöglicht es dem System im Gegenteil, eine neue Gleichgewichtslage mit entsprechend veränderten System-Umwelt-Passungen zu entwickeln. Stabilitätsorientierung kann also schon bei den Klassikern der Zunft nicht als Charakteristikum der Kybernetik gelten. Noch viel weniger trifft es dann auf neuere Ansätze wie Selbstorganisationstheorien (s. Jantsch & Waddington 1976; Holling 1976; Jantsch 1982; Dress, Hendrichs & Küppers 1986), Synergetik (Haken 1981; 1983) oder Ungleichgewichts-Thermodynamik (Nicolis & Prigogine 1977; 1987) zu.

(e) Das prächtige Flaggschiff der abendländischen Wissenschaft, das Prinzip der Kausalität, befindet sich auch in manchen Bereichen der Kybernetik auf großer

Fahrt. Bischof (1985) spricht ungebrochen von kausaler Analyse, selbst Bateson (1981) tradiert die Rede von „kausalen Wechselwirkungen" oder „Kausalketten". Verschiedene andere Autoren dagegen (z.B. Vester 1984) stellen kybernetisches und kausal-lineales Denken als diametral verschiedene, aber zu einer Synthese fähige Prinzipien gegenüber. Kybernetische Modelle erklären nicht kausal, wenn man als Prototyp einer kausalen Erklärung das logisch-deduktive Hempel-Oppenheim-Schema betrachtet. Aber sie arbeiten mit linealen Teilhypothesen, die nach dem Konstruktionsmuster der rekursiven Schließung verbunden werden. Es handelt sich also um eine Kombination aus Linealität und Zirkularität: „... ohne die Welt in Stücke zu schneiden, indem wir einige 'Teile' herausgreifen und benennen, können wir gar nichts sehen" (Dell & Goolishian 1981, 108). „Lineare Daten (sind) bis zu einem gewissen Grad Teil der systemischen Epistemologie" (van Trommel 1984, 34; s. hierzu auch Keeney 1979; ausführlicher Dörner 1983; Schiepek 1986, 99ff.). Allerdings sind lineale Teilhypothesen ohne Kontext nicht lebensfähig. Für sich genommen erklären sie gar nichts, ebenso wie die Regeln eines Produktionssystems erst als konstitutive Komponenten eines umfassenderen Modells Bedeutung gewinnen. Daraus wird verständlich, warum die große Fülle linealer Befunde, welche die empirische Psychologie tagtäglich produziert, so wenig relevant bleibt (Dörner 1983). PraktikerInnen klagen zu Beginn ihrer Berufstätigkeit fast regelmäßig darüber, wie wenig sie mit dem Wissen aus dem Studium anfangen können. Später suchen sie das Heil überall, nur nicht mehr bei der wissenschaftlichen Psychologie. Unter dieser Perspektive braucht man zwischen empirischer Psychologie und systemischem Denken keinen Gegensatz zu konstruieren, sondern kann im Gegenteil festhalten, daß dieses den vielen Einzelbefunden der Psychologie *eine* Möglichkeit anbietet, in Belangen des Alltags nützlich zu werden.

Der Rückweg zu einfacher, linealer Kausalität ist versperrt. Nicht die Gebetsmühlen der systemischen Literatur, sondern – ganz unkonstruktivistisch gesagt – die Tatsachen selbst haben diese Entwicklung zu verantworten. In einer Situation weltweiter Risiken und organisierter Unverantwortlichkeit (Beck 1988) wird es fatal, weiter nach dem Verursacherprinzip vorzugehen. Angesichts ubiquitärer Synergieeffekte muß sich selbst die Justiz von der Kategorie des verantwortlichen Einzeltäters verabschieden, wie im japanischen Umweltrecht bereits geschehen. „Die etablierten Regeln der Zurechnung und Verantwortung – Kausalität und Schuld – versagen" (Beck 1988, 9). Die Logik der Wissenschafts- und Technologieproduktion ist mit der *Durchsetzung* (nicht mit der Aufhebung) der Technokratie rekursiv geworden (Beck 1986). „Wir leben in einer zweiten wissenschaftlich-technischen konstruierten Wirklichkeit", einem „labilen Schöpfungsprodukt aus dem Geiste des Labors" (Beck 1988, 184). Rekursionen haben lineale Kausalität nicht nur dort eingeholt, wo sie als Voraussetzung für vernetztes und synergistisches Denken gebraucht werden, sondern auch und gerade dort, wo die Risikogesellschaft ihre Paradoxien lebt. Und sie lebt fast nur Paradoxien, wie die Lektüre der Bücher von Ulrich Beck (1986; 1988) zeigt. Nur ein Zitat als Beispiel: „Wissenschaft ist ein Unternehmen der Selbstwiderlegung von Anfang an: Im Ringen um Fortschritt, Forschungsgelder, professionelle Reputation und Märkte *widerlegt Wissenschaft Wissenschaft* – mit der Gründlichkeit und Beweiskraft, zu der eben nur Wissenschaft fähig ist" (Beck 1988, 188). Jede Wissenschaftskritik ist ihrerseits auf Wissenschaft angewiesen.

Die Konsequenzen für die Klinische Psychologie sind weitreichend. Man denke nur an die Attributionstheorien, welche nach einem Verzicht auf die Kategorien von Kausalität und Verursachung nichts weniger als neu geschrieben werden müßten. Hier eilt wieder einmal die Praxis der Theorie voraus, denn z.B. in Paartherapien steht meistens der Versuch am Anfang, lineale Schuldzuschreibungen durch ein zirkuläres Verständnis der Interaktion zu ersetzen.

Radikaler noch als das Konzept der Kreiskausalität stellt Dells (1986) Konzept der Kohärenz lineales Denken in Frage. Es ist nicht mehr die Veränderung von Element A, die Veränderungen in Element B verursacht, was wiederum Veränderungen in Element C verursacht, die auf Element A zurückwirken; vielmehr konstituiert und wandelt sich ein System (bzw. ein System von Systemen) als kohärentes, interdependentes Ganzes, wobei seine Teile und Funktionen in mehrfacher Weise komplementär aufeinander passen. Eben dies ist mit dem Begriff der Kohärenz (als Alternative zur Kausalität) gemeint: „Kohärenz impliziert einfach eine kongruente Interdependenz des Funktionierens, wobei alle Aspekte des Systems einander angepaßt sind (fit)" (Dell 1986, 62; vgl. hierzu Maturanas Strukturdeterminismus, 1982).

(f) Zentrales Thema der Kybernetik ist das Problem der Komplexitätsbewältigung. Ashbys Lösungsvorschlag bestand darin, die Komplexität (der Handlungsmöglichkeiten) eines Systems zur Komplexität (der Handlungsmöglichkeiten) eines anderen Systems, das sich mit jenem in Interaktion (z.B. in einem Spiel) befindet, in Entsprechung zu bringen. „Nur Vielfalt kann Vielfalt zerstören" (Ashby 1985, 299). Diese Mindestanforderung an die Regelungsfähigkeit eines Systems ging als „Gesetz der erforderlichen Vielfalt" (law of requisite variety) in die Kybernetik ein. Darin hält sich aber der Virus einer Paradoxie versteckt, der es schaffen könnte, Wissenschaft dysfunktional werden zu lassen. Das „Gesetz" erwartet nämlich eine Komplexitätsreduktion durch Komplexitätsvermehrung. „Komplexität treibt, wo sie Merkmal der Wirklichkeit ist, die Erkenntnis zu weiterer Komplexität und vermehrt, wo sie Merkmal der Erkenntnis ist, die Komplexität" (von Hentig 1973, 117): ein circulus vitiosus. „Zwar findet Reduktion tatsächlich erfolgreich statt, und der Wirklichkeit wird ein Stück Komplexität entrissen, aber leider taucht es als eine Art Antimaterie im Bereich der Erkenntnis wieder auf und bewirkt erneut Komplexität im Bereich der Wirklichkeit" (Huber 1985, 9).

Luhmanns Position (z.B. 1971a) beruht dagegen auf der Annahme, ein System könne das, was ihm an Komplexitätsangleichung an die Umwelt nicht möglich sei, durch verstärkte strukturelle Selektivität sowie durch zeitliche Flexibilität (Luhmann 1984, 72) wettmachen (vgl. Hejl 1982, 82f.). Selektivität bezieht sich dabei auf die Beschränkung von möglichen Verknüpfungen zwischen den Elementen eines Systems, wodurch Ordnung entsteht. „Nur durch Selektion einer Ordnung kann ein System komplex sein" (Luhmann 1984, 48). Umweltkomplexität im Sinne einer größeren Menge von Relationen wird durch strukturierte Komplexität (d.h. Ordnung), welche von einem System selektiert wurde, wettgemacht (s. Luhmann & Schorr 1982). Das bedeutet „Reduktion einer Komplexität durch eine andere" (Luhmann 1984, 50). Der Aufbau reduktiver Ordnungen wird bei Luhmann (z.B. 1978a) sogar mit Systembildung schlechthin gleichgesetzt. Systembildung erscheint dann als eine Strategie selektiver und reduktiver Ordnungsbildung: „Als selektive und reduktive

Ordnungen entstehen Systeme, wenn zwei Bedingungen erfüllt sind: wenn zum einen durch die Schaffung von Grenzen gegenüber dem Chaos kontingenter Ereignisse in der Welt Inseln eingeschränkter Beliebigkeit entstehen und wenn zum anderen die Relationen zwischen den Systemelementen und den eingegrenzten Teilen (vor allem aus Gründen der Zeit) nicht mehr vollständig realisiert werden können. Dann werden nach einem bestimmten Relationierungsmuster nur noch bestimmte selektive Relationen zwischen den Teilen zugelassen. Diese Koinzidenz von produktiver Relationierung und Selektivität der Relationen grenzt Systeme sowohl gegen Unordnung – dem Chaos kontingenter Umwelt – wie auch gegen perfekte Ordnung (Überordnung, vollständige Relationierung der Teile) ab. Sie konstituiert somit auf der Grundlage der Differenz von überkontingenter Umwelt und reduktiver Ordnung des Systems ein System mit (notwendigen) Eigenschaften: Eigenkomplexität und Selbstreferenz" (Willke 1987b, 252).

Die Auseinandersetzung zwischen System und Umwelt „… als sinnhaft strukturierte Transformation von Komplexitäten" (Willke 1982, 4f.) erhält in Luhmanns funktional-struktureller Soziologie einen bedeutenden Stellenwert. Aber auch die späteren Theorien autonomer, selbstreferentieller Systeme machen deutlich, daß es für lebende (z.B. Organismen, s. an der Heiden, Roth & Schwegler 1985) wie für soziale Systeme (z.B. Verwaltungssysteme, Hejl 1986) die Regel ist, mit im Vergleich zur Umwelt geringerer Komplexität auskommen zu müssen. Umwelt existiert nicht als einseitig bedrohendes, selektiv wirksames oder komplexitätsüberflutendes Faktum, sondern wird durch den spezifischen Umweltkontakt eines Systems mitgeschaffen. Koppelung, Ausgestaltung ökologischer Nischen, Wirklichkeitskonstruktion, Umweltveränderung und andere Begriffe benennen die verschiedenen Aspekte der Ko-Evolution zwischen System und Umwelt.

(g) Wenn die Kybernetik zweiter Ordnung beansprucht, eine Theorie des Beobachters zur Verfügung zu stellen, um auf diesem Wege alle gegenstandsbezogene Kybernetik in einen erkenntnistheoretischen Rahmen zu integrieren, so entsteht der Eindruck, die dadurch ausgeschlossenen Ansätze wären objektivistisch, dualistisch und würden jeder Reflexivität auf die Bedingungen des eigenen Erkennens entbehren. Das mag auf manche technische Anwendungsversuche der Kybernetik zutreffen, nicht jedoch auf ihre sozialwissenschaftliche und biologische Ausarbeitung. Nur zwei Gegenbeispiele: Bateson hat 1971 in seinem berühmten Aufsatz „The cybernetics of 'self': A theory of alcoholism" (dt. 1985, 400ff.) auf die Probleme der objektivierenden Distanz zwischen erkennendem Subjekt und den Gegenständen dieses Erkennens hingewiesen. Er unterstrich das wechselseitige Konstitutionsverhältnis von Erkennen und Gegenstand, von Individuum und Kontext (wofür er den Begriff der „ecology of mind" einführte). Und Stachowiak (1965; 1973) nimmt mit den von ihm angeführten Merkmalen kybernetischer Modelle (Abbildungsmerkmal, Verkürzungsmerkmal, pragmatisches Merkmal) konsequent Bezug auf die Perspektive des Modellproduzenten sowie die Zwecksetzungen des Modellbenutzers.

Die angeführten Themen (Input-Output-Schematismus vs. operationale Schließung; Steuerung und Kontrolle; Prognostizierbarkeit; Stabilitätsorientierung; Kausalität; Komplexitätsbewältigung; Berücksichtigung der Beobachterperspektive) benennen zentrale Anliegen der Kybernetik. Trotzdem oder gerade deswegen sind – wie wir sahen – die vertretenen Standpunkte nicht hinreichend konsistent, als daß sie eine nähere Bestimmung des Begriffs der Kybernetik erster Ordnung zuließen. Das ist im übrigen auch gar nicht verwunderlich, denn dieser Begriff dient meistens nur als Hintergrund, vor dem eine Kybernetik zweiter Ordnung Konturen zu gewinnen versucht. Worin bestehen diese Konturen?

Merkmale der Kybernetik zweiter Ordnung: Errechnung und Beteiligung

Die Ergänzung „zweiter Ordnung" bezeichnet die Anwendung des Ausgangsbegriffs auf sich selbst: Kybernetik der Kybernetik. Diese Selbstrückbezüglichkeit gelingt dann gut, wenn man der Kybernetik zunächst einen Subjekt-Objekt-Dualismus unterstellt: daraus entsteht eine Kybernetik nur der *beobachteten* Systeme (von Foerster 1981b). Durch die Selbstanwendung wird in einem zweiten Schritt der Beobachter hineingenommen. Die Kybernetik der *beobachtenden* Systeme fragt nach den Bedingungen des Erkennens und seinen Funktionsprinzipien. Angezielt wird eine Theorie des Beobachters, wobei die Formulierung dieser Theorie selbst wieder einen Beobachter voraussetzt: „Es liegt auf der Hand, daß die Wissenschaften, die sich mit dem menschlichen Gehirn befassen, eine Theorie des Gehirns, T(G), entwickeln müssen, wenn sie nicht zu einer Physik oder Chemie lebendiger – oder lebendig gewesener – Gewebe degenerieren wollen. Eine solche Theorie muß natürlich von einem Gehirn geschrieben werden: G(T). Daraus folgt, daß eine derartige Theorie so angelegt werden muß, daß sie sich selbst schreibt: T(G(T))" (von Foerster 1985a, 21).

In welcher Weise bringt nun ein Beobachter die von ihm beobachtete Wirklichkeit hervor? Verkürzt könnte man sagen: durch Konstruktion (oder in der Terminologie Heinz von Foersters: Errechnung) und Beteiligung.

Errechnung. Die Kennzeichnung dessen, was Kybernetik ausmacht, erfolgt bei von Foerster (1985a, 18ff.) durch drei aufeinander bezogene Begriffe: Regelung, Entropieverzögerung und Rechnen. Aufeinander bezogen sind diese Begriffe insofern, als in lebenden Systemen (z.B. Organismen) Regelungsprozesse die Ausbildung und Aufrechterhaltung von Ordnungszuständen ermöglichen. Informationstheoretisch ausgedrückt erzeugt Regelung Negentropie in einem selbstorganisierenden System (von Foerster 1985a, 115ff.), womit unter der Bedingung energetischer Offenheit dieses System seine Entropiezunahme verlangsamt. Die Entstehung von Ordnung seinerseits wird synonym mit einem umfassenden Wortsinn von „Rechnen". Der Begriff „Errechnung" bezeichnet jede Operation, durch die Elemente transformiert, verändert oder (neu) angeordnet werden (von Foerster 1985a, 30).

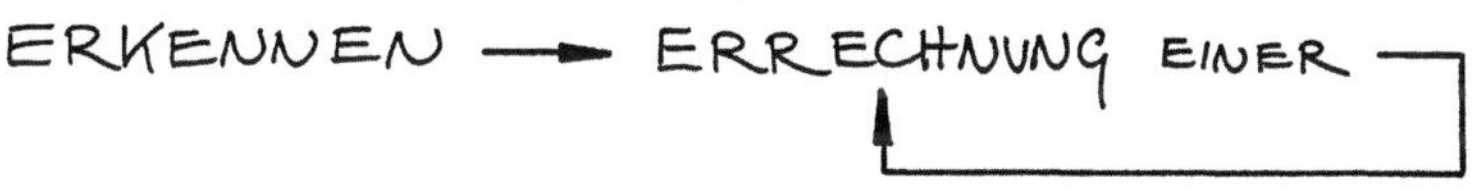

ERKENNEN ⟶ ERRECHNUNG EINER

Abb. 109

Das Produkt jeder Errechnung wird zum Ausgangspunkt neuer Errechnung (Abb. 109). Bezieht man diesen selbstreferentiellen Vorgang auf Kognitions-Emotions-Einheiten (vgl. Kapitel IV und Schiepek 1989), wird Erkennen verstehbar als selbstreferentieller Errechnungsprozeß oder – bezogen auf die basale Operation neuronaler Prozesse – als die Selbstbeschreibung eines mit sich selbst interagierenden Gehirns (Roth 1980; 1987; Schwarz 1987). Kybernetik zweiter Ordnung fällt mit der erkenntnistheoretischen Position des Konstruktivismus zusammen. Diese Sichtweise, der gemäß Erkenntnis in der selbstreferentiellen „Ordnung und Organisation von Erfahrungen" (von Glasersfeld 1981, 45) besteht, hat in der Psychologie durchaus Geschichte. Unter anderem schließt sie an Piaget an: „L'intelligence ... organise le monde en s'organisant elle-même" (Piaget 1937, 311). Die von einem Beobachter beschriebenen Strukturen und dessen eigene kognitive Struktur sind rekursiv aufeinander bezogen. Strukturelle Veränderungen des erkennenden Systems können sich nur auf dessen aktuelle Struktur beziehen und sich im Rahmen von deren Möglichkeiten entfalten. Die aktuelle Struktur ist das Ergebnis der Ko-Ontogenese eines Systems mit seinem Medium (v. Glasersfeld 1981; Maturana 1982). Das bedeutet, daß sich in jeder Beschreibung die kognitive Struktur des Beschreibenden widerspiegelt (Keeney 1979, 126). „Die Logik der Beschreibung und folglich des Verhaltens im allgemeinen ist notwendigerweise die Logik des beschreibenden Systems" (Maturana 1982, 75).

Die Kybernetik erkennender Systeme transformiert also offene Systeme in rekursiv abgeschlossene Systeme. Im Falle neuronaler Netzwerke besteht diese Schließung in zweifacher Hinsicht:

(a) Neuronale Impulse schließen an neuronale Impulse an. Das selbstreferentielle Prozessieren des Gehirns beruht auf den basalen Operationen binär codierter neuronaler Impulse (s. Roth 1986; 1987). Insofern die Impulsweitergabe zwischen den Neuronen auf biochemische Prozesse an den Synapsen angewiesen ist, könnte man mit von Foerster (1985a, 39) die modulierenden Effekte, welche aus der Interaktion von neuronaler und endokriner Aktivität resultieren, in die Selbstreferenz neuronaler Prozesse einbeziehen.

(b) Sensorium und Motorium sind rekursiv gekoppelt. Die Wahrnehmung von Objekten in der Umgebung, die Einordnung der eigenen Position im Raum, das Lageempfinden und die Propriozeption von Bewegungen, all dies hat Auswirkungen auf die motorische Aktivität eines Organismus. Umgekehrt können unspezifische Sinneserregungen erst durch die Bezugsetzung zur motorischen Aktivität interpretiert und damit zu bedeutungsvollen Empfindungen werden. Sensorium und Motorium benötigen sich zur wechselseitigen Koordination und Interpretation gegenseitig (von Foerster 1985a, 65ff; 100ff.). Entwicklungspsychologische Untersuchungen zeigen, wie sehr der Erwerb perzeptueller Mannigfaltigkeiten direkt mit der Manipulation geeigneter Objekte in Zusammenhang steht (z.B. Piaget & Inhelder 1956; Bower 1971).

Die beiden Aspekte rekursiver Schließung funktionieren synchron, was zu veranschaulichen ist, indem die obere mit der unteren Kante ebenso wie die linke mit der rechten Kante des schematisch dargestellten Nervensystems in Abb. 110 kreisförmig verbunden werden. Daraus ergibt sich die Gestalt eines doppelt geschlossenen Torus (Abb. 111), der, so von Foerster, in der Lage sein soll, seine eigene

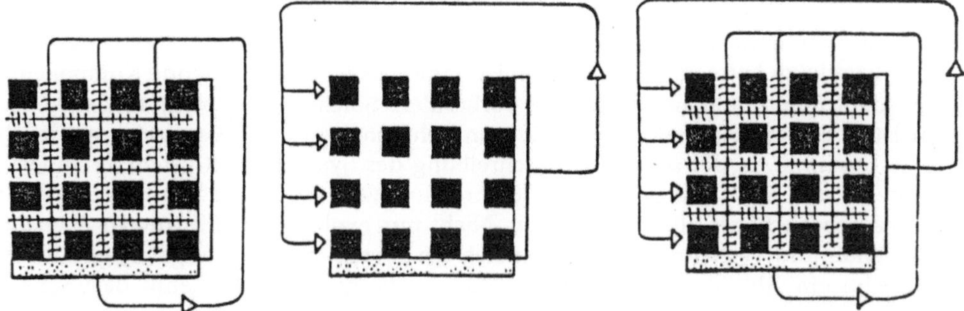

Abb. 110: Doppelte Schließung zwischen neuronaler bzw. biochemischer Impulsweitergabe (a) und zwischen Sensorium und Motorium (b). (c) verdeutlicht die Integration beider Aspekte der Schließung. Nervöser Signalfluß von der sensiblen Oberfläche (linke Begrenzung), über Nervenbündel (schwarze Quadrate) und synaptische Spalte (Zwischenräume) zu Muskelfasern (rechte Begrenzung) einerseits, deren Aktivität die Reizverteilung der sensiblen Oberfläche verändert, und Neurohypophyse (untere Begrenzung) andererseits, deren Aktivität die Zusammensetzung der Steroide in den synaptischen Spalten und damit die Funktionsverteilung aller Nervenbündel moduliert.

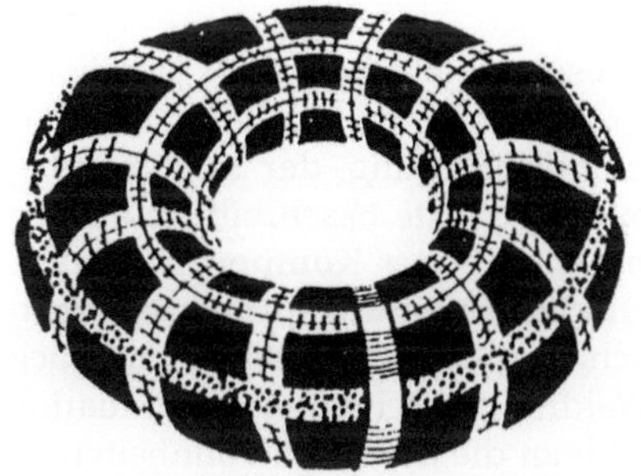

Abb. 111: Doppelte Schließung der nervösen und endokrinen Systeme in Form eines Torus.

Regelung zu regeln. Derartige Selbstregelungsprozesse stellen die Voraussetzung dafür dar, daß sich das Nervensystem stabile Realitäten „errechnet" (Postulat der kognitiven Homöostase, von Foerster 1985a, 39) oder, anders ausgedrückt, zu kognitivem Eigenbehavior findet. Indem also die „Regelung der Regelung" zur Selbststabilisierung eines lebenden Systems beiträgt, gewinnt es seine Autonomie gegenüber der Umwelt.

Beteiligung. Kein Beobachter lebt allein auf der Welt, und alles was gesagt wird, wird von einem Beobachter zu einem anderen gesagt. Beschreibungen bleiben nicht in den Gehirnen oder in versiegelten Büchern eingeschlossen, sondern werden mitgeteilt. Beobachter werden zu Teilnehmern am Geschehen. Sie gestalten als Glieder im Netzwerk der Prozesse die Systeme mit, an denen sie teilhaben (Reiter & Steiner

1986b, 62). „Hier liegt insofern eine besondere Situation vor, als der Beobachter sich nicht außerhalb der Einheit stellen kann, um ihre Grenzen und ihre Umgebung gleichzeitig zu betrachten; sondern er ist immer als eine bestimmende Komponente mit dem Funktionieren der Einheit verbunden. Solche Situationen, zu denen die meisten der autonomen sozialen System gehören, werden gekennzeichnet durch eine Dynamik, in der schon die Beschreibung des Systems das System verändert" (Varela 1987, 122f.). Der Begriff der Beschreibung wird hier in einem umfassenderen Sinne gebraucht als allgemein üblich. Nicht nur explizite Ausführungen über die Zustände und Verhältnisse, in denen sich ein System befindet, angefertigt mit der Absicht, ein Abbild zu schaffen, verändern das System. Man kennt das: Sobald jemand anhebt, die Beziehungsmuster in einer Gruppe (wer mit wem, wer gegen wen, wer hinten rum usw.) zu beschreiben, also aufzudecken, verändert sich das Geschehen. Mindestens muß man das Gleiche besser tarnen. Der Inhalt der Beschreibung ist dabei eine Sache, eine andere die bloße Absichtserklärung, daß jetzt eine Beschreibung, also Aufdeckung, stattfinden soll. Oder: Sobald eine noch wenig bekannte Region in einschlägigen Zeitschriften beschrieben, also schmackhaft gemacht wird, fallen die Touristen ein. Ein Lebensraum wandelt sich zum Urlaubsgebiet, die Preise steigen, Hotels werden gebaut, ein Flughafen muß her. Oder: Sobald eine Straßenkarte die kürzesten Schleichwege neben den verstopften Autobahnen beschreibt, also preisgibt, kann sich in den betroffenen Dörfern kein Kind mehr auf die Straße wagen.

Auch – und darin besteht die Erweiterung des Beschreibungsbegriffs – jede Form kommunikativer Teilnahme „beschreibt" das Sozialsystem, da es dieses mit hervorbringt und sich zu diesem in einem Verhältnis der Passung, der Kohärenz befindet[1]. Das Auftreten einer bestimmten Systemkomponente beschreibt immerhin das System als einen Kontext, der das Auftreten eben dieser Komponente zuließ (vgl. oben: Einschränkungsanalyse als kybernetisches Erklärungsprinzip). Kunstwerke beschreiben die Verhältnisse einer Gesellschaft, die ihre Herstellung möglich machte. Weggeworfene Düngemittelsäcke am Waldrand beschreiben die Situation der Landwirtschaft. Verrostete Blechnäpfe beschreiben die Lebensgewohnheiten einer Kultur. Das klingt zwar komisch, aber ein ganzer Wissenschaftszweig, nämlich die Archäologie, lebt davon, daß Beschreibungen über komplementäre Versatzstücke möglich sind. Die Form, Anatomie und Funktionsweise eines Lebewesens macht Aussagen über die von ihm eingenommene ökologische Nische möglich. Die Art, in der ein Organismus seine Autopoiese verwirklicht, drückt gewissermaßen aus, was von ihm als Medium „erkannt" wird. In der Geschichte seiner strukturellen Koppelung mit dem Medium liegt die Begründung für die ungewohnte Gleichset-

---

1   „Ein ontogenetisch durch die strukturelle Koppelung zweier oder mehr Organismen aufgebauter konsensueller Bereich erscheint einem Beobachter als Bereich ineinandergreifender Unterscheidungen, Hinweise oder Beschreibungen, je nach dem, wie er das Verhalten der beobachteten Organismen auffaßt. Wenn der Beobachter alles unterscheidbare Verhalten als Abbildung jener Umweltbedingungen auffaßt, welche es hervorrufen, betrachtet er das Verhalten als eine *Beschreibung* und den konsensuellen Bereich, in dem dieses Verhalten stattfindet, als einen Bereich ineinandergreifender *Beschreibungen* tatsächlicher Umweltzustände" (Maturana 1982, 153, Hervorhebungen im Original).

zung von „Leben" und „Kognition", wie man sie an verschiedenen Stellen bei Maturana (z.B. 1982) und Varela (z.B. 1987; 1988) findet. „Sobald eine Einheit durch Geschlossenheit begründet ist, bestimmt sie ganz offensichtlich einen Bereich, mit dem sie ohne Identitätsverlust interagieren kann. Solch ein Bereich ist der der Beschreibungsinteraktionen im Bezug auf die Umgebung, wie sie vom Beobachter betrachtet wird, d.h. ein *kognitiver* Bereich für die Einheit" (Varela 1987, 123, Hervorhebung im Original).

Unabhängig davon, ob man nun Individuen (Mitglieder) als konstitutive Komponenten eines sozialen Systems betrachtet, wie z.B. Maturana (1980), Hejl (1985) oder Ludewig (1988a), oder ob man hierfür Kommunikationen wählt, wie Luhmann (1984) es bevorzugt: in beiden Fällen entsteht dieses System aus der Kommunikation der beteiligten Beobachter. Erkennen und Erkanntes spezifiziert sich in einem Zirkel ko-abhängigen Entstehens (Varela 1988, 39). Der Bezugspunkt der Erkenntnis liegt dabei nicht in der distanzierten Objektivierung eines Erkenntnisgegenstandes, sondern im Eigenbehavior des selbstreferentiellen sozialen Prozessierens, in dem Beschreibungen an Beschreibungen anschließen und Unterschiede Unterschiede machen. Dies gilt vor allem, wenn Mitglieder eines Sozialsystems mittels Kommunikation zu Feststellungen über oder zu Veränderungen ihres eigenen Kommunizierens gelangen wollen, wie etwa in familientherapeutischen Dia- oder Multilogen. Kommunikatives Prozessieren hat nichts anderes zur Verfügung als die Beobachtung von Beobachtungen und die Beschreibung von Beschreibungen (vgl. Luhmann 1988a, 11; von Foerster 1987b). Das aber reicht aus, um sowohl Kommunikation anschlußfähig zu machen als auch um das zu erzeugen, was man traditionell „Metakommunikation" nennt.

Unter der Überschrift „Errechnung" hatten wir festgehalten, in welch engem, rekursivem Verhältnis Motorium und Sensorium stehen. Weniger neurophysiologisch ausgedrückt könnte man diese Rekursion allgemein für das Verhältnis von Handeln und Erkennen in Anspruch nehmen (Abb. 112, vgl. von Foersters ästhetischen Im-

Abb. 112

perativ: „Willst du erkennen, lerne zu handeln", 1981a, 60). Mit Blick auf die Therapie erweist sich das Rekursionsverhältnis von Handeln und Erkennen höchst bedeutsam, denn kognitive Veränderungen, die mit der Selbstwahrnehmung des eigenen Handelns und seiner Konsequenzen in Konflikt geraten, dürften sich im psychischen System eines Individuums nicht etablieren. In eigenen Untersuchungen konnte gezeigt werden, daß Versuchspersonen alternative Attributionsmuster bevorzugt dann übernehmen bzw. glaubhaft finden, wenn sie deren handlungsrelevante Konsequenzen abtesten und zu bestätigenden Erfahrungen kommen konnten (Schiepek 1982; Gachowetz & Schiepek 1982). Die Beteiligung mehrerer Personen an einem kommunikativen Prozeß setzt die rekursiven Komplementaritäten von Handeln/Erkennen in Beziehung, wobei das (sprachliche und/oder nichtsprachliche) eigene Handeln und dasjenige des Interaktionspartners zunächst wahrgenommen, interpretiert und gemeinsam verrechnet werden, um dann zu einer (kommunikativen)

Anschlußhandlung voranzuschreiten (Abb. 113). Dieses Modell bringt drei Formen von Selektionen zur Kongruenz, deren Synthese Luhmann (1984, 193ff.; 1988a) als notwendig für das Zustandekommen von Kommunikation betrachtet: (a) die Selektion einer Information, (b) die Selektion einer Mitteilung und (c) selektives Ver-

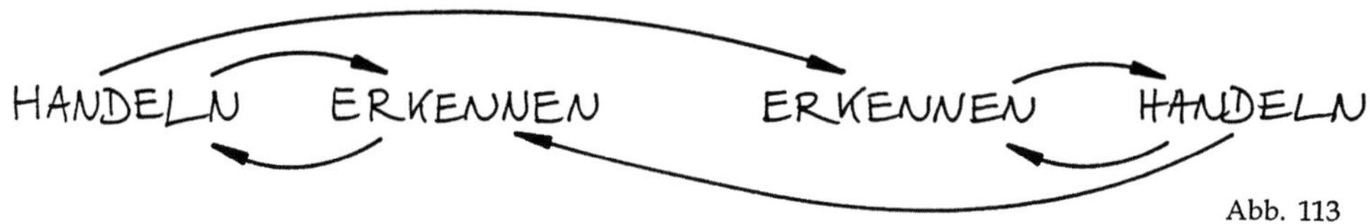

Abb. 113

stehen oder Mißverstehen dieser Mitteilung und ihrer Information. Die Differenz von Information und Mitteilung macht den Unterschied aus zwischen Kommunikation und bloßer Wahrnehmung des Verhaltens anderer. Verhalten, das nicht als Mitteilung einer Information bzw. eines Inhalts gedacht ist, kann zwar wahrgenommen werden, konstituiert aber keine Kommunikation. Trotzdem ist möglicherweise gerade die Beobachtung von nicht zur Mitteilung bestimmtem Verhalten besonders folgenreich, etwa wenn es im Geheimen bleiben sollte, wenn aus dem Verhalten einer Person erschlossen werden kann, was man in der Kommunikation zu erwarten haben wird (ist der Meister heute gut oder schlecht gelaunt?), wenn der Inhalt (im Falle einer Rüge: Gott sei Dank, im Falle eines Kompliments: leider) nicht mir, sondern einem anderen mitgeteilt wird. Diese Differenzierungen relativieren Watzlawicks lapidare Auskunft, Nicht-Kommunikation sei unmöglich oder, anders herum, alles Verhalten sei Kommunikation. Im Gegenteil kann die Enttäuschung von Kommunikationserwartungen dramatisch erlebbar werden. Man denke an den jungen Mann, dessen Herz sich für ein Mädchen entzündet hat, welches sich aber nur verhält und nicht kommuniziert.

Um die in der Kybernetik zweiter Ordnung vorgesehene Beteiligung des Beobachters an der Hervorbringung von Wirklichkeit abzurunden, sei darauf hingewiesen, daß Handeln auch Handeln ermöglichen (oder verunmöglichen) kann, ohne den Weg über Kommunikation zu nehmen. Sollen Schüler davon abgehalten werden, in den Pausen die Treppengeländer hinabzurutschen, kann man Verbote, Strafandrohungen oder Aufklärung über die Gefahren dieses Verhaltens einsetzen, man kann aber auch in bestimmten Abständen Hindernisse (z.B. Messingkugeln) anbringen. Die in Abb. 114 eingezeichneten Pfeile von Handlung zu Handlung bezeichnen einerseits die „realen" Vorgaben, die Handlungen (z.B. in Form von räumlichen Gestaltungs-

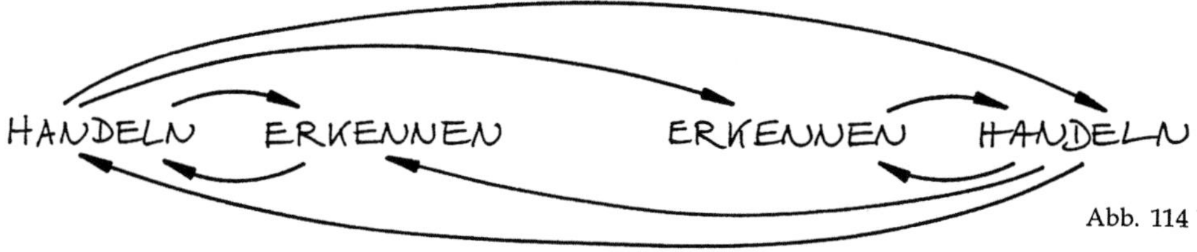

Abb. 114

maßnahmen, Lohnkürzungen, rechtlichen Festsetzungen) für Anschlußhandlungen machen, wobei es wiederum diesen obliegt, ob und wie sie die „Vorgaben" aufgreifen. Andererseits soll damit der emergenten Realität von Kommmunikation (Luhmann 1984; 1988a) Rechnung getragen werden, innerhalb derer (in Luhmanns älterer Terminologie) kommunikatives Handeln an kommunikatives Handeln anschließt bzw. Selektionsvoraussetzungen schafft.

Das Verhältnis von Erkenntnistheorien zu objektsprachlichen Systemtheorien

Durch die Selbstrückbezüglichkeit der Kybernetik wird diese zu einer Kybernetik erkennender Systeme und damit zur Epistemologie. Das Prinzip der operationalen Schließung lebender Systeme führt speziell zu einer konstruktivistischen Erkenntnistheorie. Damit stellt sich die Frage nach ihrem Verhältnis zu objektsprachlichen Systemtheorien. Ungünstig erscheint es mir, beide gegeneinander auszuspielen oder auf einen der beiden Aspekte zu verzichten. Erkenntnistheorie ohne Gegenstandsbezug des Erkennens ist sinnlos. Erkenntnistheorien setzen vielmehr bereits Modelle über neuronale, psychische und soziale Prozesse des Erkenntnisgewinns voraus. Und objektsprachliche Systemtheorie ohne Erkenntnistheorie ist blind, da jede gegenstandsbezogene Theorie- oder Modellbildung samt entsprechender Datengenerierung eine Reflexion ihrer Erkenntnisvoraussetzungen in biologischer, psychologischer, methodischer, soziologischer, politischer und historischer Hinsicht erfordert, will man nicht in einen objektivistischen Abbildrealismus zurückfallen. Erkenntnistheorie und objektsprachliche Systemtheorien bedingen sich gegenseitig. Theorien des Beobachters sollten dabei über erkenntnistheoretische Positionsbestimmungen hinausgehen, um konkrete Untersuchungen handelnder Beobachter in komplexen Szenarien zu liefern.

Epistemologien können als Versuche interpretiert werden, den jeweiligen Kontext und die Entstehungsbedingungen gegenstandsbezogener Beschreibungen zu klären. Allgemein befassen sich Epistemologien mit den logischen, methodologischen, biologischen, psychologischen und sozialen Voraussetzungen des Erkennens. Konkret geht es darum, die epistemologischen Annahmen des Beobachters, die von ihm verwendeten Theorien und Hypothesen, seinen persönlichen und praktischen Erfahrungshintergrund, die in der erkennenden Interaktion aktualisierten Schemata, die sozialen Prozesse im Team des Beobachters und den historischen und politischen Rahmen des Beobachtens und Beschreibens der kritischen Nachfrage zugänglich zu machen. Es geht darum, die spezifische Interaktion zwischen Beobachter und Gegenstand bzw. zwischen mehreren Beobachtern (Meßprozedur, Interviewführung, Konversation etc.) selbstreflexiv zum Thema zu machen. All dies sind Vorkehrungen gegen die Spielarten des naiven Empirismus.

Sobald sich aber eine Epistemologie anschickt, die Bedingungen der Möglichkeit von Erkenntnis in den Blick zu nehmen, tritt sie in einen Kreislauf ein, in dem sie sich selbst niemals mehr einholen kann. Der Versuch, über Beobachtung von Beobachtungen und Beschreibung von Beschreibungen sicheren Boden unter die Füße zu bekommen, mündet in einen unendlichen Regreß. Letztbegründungen sind nicht möglich, das weiß die Wissenschaftstheorie seit langem (s. z.B. Popper 1969). Jede Interaktion, die das beschreibende (psychische oder soziale) System zu Zwecken der Beschreibung mit sich selbst vornimmt, erfordert weitere Interaktionen, um wiederum die Bedingungen dieser Interaktion zu beschreiben, und so fort. Gleichzeitig verändert jede Interaktion, die ein System mit sich selbst vornimmt, dieses System. Etwas überspitzt ausgedrückt: Selbstreferentielle Systembeschreibung trifft im Augenblick ihres Entstehens bereits nicht mehr zu. Sie kommt immer zu spät. Der Regreß muß (aus pragmatischen Gründen: frühzeitig) abgebrochen werden, um den Fortgang von Bewußtseins- bzw. Kommunikationsprozessen zu gewährleisten. Mit dem Verlassen eines naiven, unmittelbaren Abbildrealismus schwindet die Illusion der Objektivität und mit jeder Wendung, die wir vornehmen, um den Erkenntnisprozeß gewissermaßen auszupartialisieren, rückt sie einen Schritt weiter weg.

Die Regelung der Regeln oder: Die Kybernetik der Therapie

Verobjektivierte Sicherheiten sind allerdings nicht nur unzugänglich, sondern auch gar nicht sinnvoll. Für pragmatische Zwecke reichen die Momentaufnahmen, die sich die Mitglieder eines Sozialsystems z.B. per Messung, Verordnung oder Diskussion und Konsens über sich selbst und ihre Umwelt schaffen, um eine praktisch nutzbare Zeitspanne lang Voraussetzungen für Orientierung und Handeln zu erhalten. Was an Gewißheit darüber hinausginge, wäre möglicherweise sogar hinderlich. Kybernetik zweiter Ordnung zeichnet sich ja gerade dadurch aus, daß sie die Regelung von Regeln und damit die Bedingungen, unter denen Regeln entweder auf Dauer gestellt oder verändert werden können, thematisiert. Was speziell soziale Systeme betrifft, sind Regeln *und* deren Regelungsregeln, d.h. deren Kontext, Produkte kommunikativer Selbstreferenz, mithin auch durch Kommunikation veränderbar (Krüll 1988).

Therapeutische Kommunikation setzt sehr wirksam an den Kontexten bestimmter Ereignisse oder Regeln an. Dabei kommt es nicht auf zutreffende Feststellungen, sondern allenfalls auf die Zustimmung der beteiligten Systemmitglieder an, welche im Dienste anschlußfähiger Verflüssigung (Stierlin 1988) der Problemkontexte steht. Statt bestimmter Ereignisse (bzw. Regeln, „Symptome"), werden die Bedingungen ihres Auftretens Gegenstand der Konversation. Ein Beispiel: In familientherapeutischen Gesprächen ist die Rede von einem Geheimnis, das eines der Familienmitglieder (z.B. die Tochter) bei sich bewahrt. Die Fragen der TherapeutIn richten sich dann nicht darauf, worin das Geheimnis besteht oder warum es in der therapeutischen Sitzung nicht preisgegeben werden soll. Stattdessen fragt sie: Was würde geschehen, wenn das Geheimnis aufgedeckt werden würde? Wer würde es als erste(r) merken? Was würde sich in der Beziehung zu ihren Eltern (oder umgekehrt: zu ihrer Tochter) verändern, wenn das Geheimnis kein Geheimnis mehr wäre? Die Regel (bzw. der Plan), das Geheimnis unangetastet zu lassen, bleibt erhalten, der kommunikative Kontext dagegen wird in der therapeutischen Konversation re- und gleichzeitig neukonstruiert. Fragen, die sich auf die kommunikative Regelung von Regeln beziehen, sind in der therapeutischen Praxis geläufig. Ein Paradebeispiel hierfür stellen die verschiedenen Varianten des zirkulären (Penn 1983; Deissler o.J.) bzw. reflexiven Fragens (Tomm 1987a,b; 1988) dar.

Praktisch jede Therapieform berücksichtigt auf ihre Weise die Einsicht, wie schwierig es sein kann, unmittelbar an den Regeln anzusetzen. Das haben Klienten ja meist selbst schon versucht. Die einzelnen Therapierichtungen benützen dafür allerdings ihre eigenen Konzepte und Rezepte (z.B. Problem/Kontext, Problemverhalten/funktionale Bedingungen, Lösungen erster/Lösungen zweiter Ordnung). Weitere Beispiele für die Veränderung von Kontexten liefern Vorgehensweisen wie Reframing, positive Konnotation oder Symptomverschreibung. Statt den Anspruch zu vermitteln, das „Symptom" solle sich verändern, wo es doch bisher als unveränderbar und unkontrollierbar erlebt wurde, besteht der Auftrag der TherapeutIn nun darin, das „Symptom" solle, da für die Gemeinschaft nützlich, im Lebenszusammenhang sinnvoll oder für die Generierung von Lösungen brauchbar, (zunächst) weiterhin gezeigt werden. Das Verhältnis Problem/Kontext verschiebt sich dabei von Leiden/Unkontrollierbarkeit bzw. Veränderungswunsch/Veränderungsunfähigkeit zu Kommunikation/Bedeutung, intentionalem (da therapeutisch verschriebenem) Verhalten/Kontrollierbarkeit oder Auftragserfüllung/Auftrag. Günstigenfalls ändert sich damit der kommunikative und/oder kognitive Kontext des Problems, oder der Auftrag bleibt unausgeführt, indem das Problem eben nicht mehr auftritt.

Betont sei, daß paradoxe Strategien ebenso wie andere Interventionen natürlich voraussetzungsreich sind, z.B. was die Glaubwürdigkeit und Aufrichtigkeit der therapeutischen Mitteilung betrifft. Keine therapeutische Intervention sollte zum Rezept trivialisiert werden.

Kommunikation auf der Ebene der Regelung von Regeln kann übrigens dadurch unproduktiv werden, daß sie die Konfrontation mit bestimmten Regeln prinzipiell vermeidet. Sie sitzt dann einem Mißverständnis auf, denn die Thematisierung von Metaregeln fällt auch dann in ihren Zuständigkeitsbereich, wenn diese lauten: „Vermeide die Auseinandersetzung mit bestimmten konkreten Regeln, Verhaltensweisen oder Gefühlen!".

Kybernetik zweiter Ordnung transformiert das Denken über Therapie. Die Vorstellungen, Systeme seien von außen oder von innen gezielt regulierbar (Steuerungsmodell) wird mit der Teilnahme der TherapeutIn am kommunikativen System der Therapie von einem Konversationsmodell abgelöst (Maranhao 1986; Ludewig 1987; Boscolo et al. 1988). Therapeutische Konversation als sozialer Prozeß bewegt sich innerhalb der rekursiven Komplementarität von Stabilität und Veränderung (s. Keeney & Ross 1985, 50ff; vgl. auch das Verhältnis von Bestätigung und Neuheit in der Informationstheorie, von Weizsäcker 1974). Nur eine der beiden Seiten zu betonen, würde den (die) Klienten entweder – im Falle der Stabilität – unzufrieden machen, da sie ja Veränderungserwartungen in die Konversation einbringen, oder – im Falle der Veränderung – bedrohen, da Sicherheiten auf dem Spiel stehen. Keeney & Ross (1985, 251ff.) sehen in der Berücksichtigung von Mehrfachkomplementaritäten eine Möglichkeit, das Konzept der Kybernetik zweiter Ordnung therapeutisch nutzbar zu machen. In ihrer Untersuchung verschiedener familientherapeutischer Vorgehensweisen (MRI, Jay Haley, Mailänder Ansatz) stellen sie die Frage nach dem jeweils realisierten Kontext der Komplementarität von Stabilität und Veränderung (Abb. 115). Das Vorgehen des MRI (Mental Research Institute,

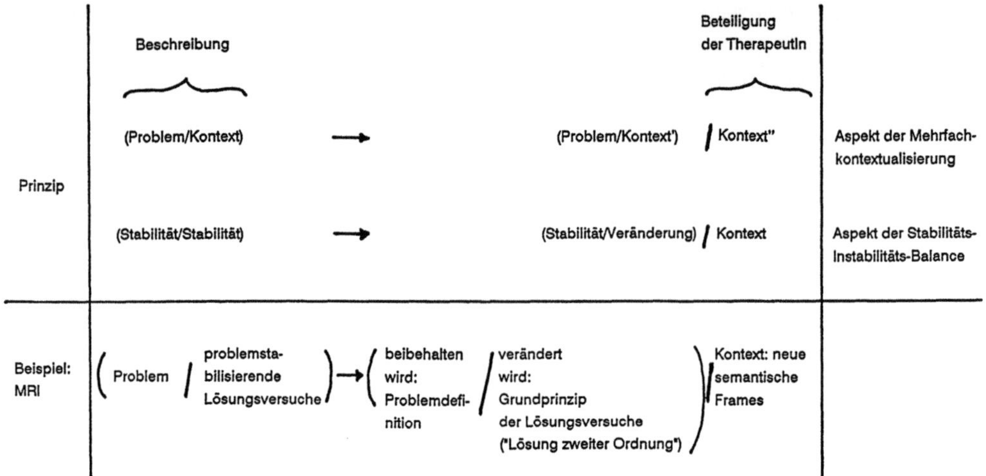

Abb. 115: Kontextveränderung als therapeutisches Prinzip.

Palo Alto) kennzeichnen sie beispielsweise durch die Komplementarität einer sta-
bilisierten Problembeschreibung zu einem Wechsel in der Art der Lösungsversuche.
Beibehalten wird die Semantik des Problems, nicht jedoch die Logik der bisherigen
Lösungsversuche (s. Watzlawick, Weakland & Fisch 1974). Die *Beschreibung* des
Problemsystems beruht darauf, bestimmte Verhaltensweisen (das Problem) mit anderen Verhaltensweisen (bisherige Lösungsversuche) in Beziehung zu setzen. Die
Art der *Beteiligung* der TherapeutIn am kommunikativen System der Therapie erzeugt für die Klienten „bedeutsames Rauschen" (meaningful noise, Keeney & Ross
1985), das es ermöglicht, die bisher für die Generierung von Lösungen bedeutsamen
Konzepte (semantic frames) auszutauschen. Der semantische Kontext ändert sich
in einer Weise, welche die bisher erfolglos versuchten Lösungsmuster überflüssig
machen soll, um qualitativ andersartige Lösungen (zweiter Ordnung) zu ermöglichen.

Ein Beispiel, das Coyne & Segal (1982) berichten, bezieht sich auf die ebenso an-
strengenden wie leidvollen Versuche einer Frau, die depressiven Verhaltensweisen
ihres Ehemanns zu ändern. Obwohl sie ihn angehalten hatte, sich nicht gehen zu
lassen, ihm eine optimistischere Weltsicht vermitteln wollte, streng wurde, ihm gut
zuredete, konnte sie ihn nicht einmal zur Teilnahme an der Therapie bewegen,
geschweige denn zu vermehrter Aktivität und Eigeninitiative. Anhand eines Vor-
falls, bei dem der Ehemann große Umsicht und Handlungsfähigkeit bewies – er
hatte sie bewußtlos im Wohnzimmer aufgefunden, nachdem sie versehentlich Schlaf-
tabletten statt Beruhigungsmittel eingenommen hatte – wurde eine therapeutische
Idee entwickelt. Diese bestand darin, die Anstrengungen, ihn zu motivieren, auszusetzen und im Gegenteil Verrichtungen, die sie für ihn unternommen hatte, zu
„vergessen", mehr zu schlafen, sich inkompetent zu zeigen, etc. Der Ehemann begann daraufhin, die entsprechenden Aufgaben eigenverantwortlich zu übernehmen.
„Ermutigung durch Nicht-Ermutigung" nannte sie das.

Die therapeutische Leistung besteht darin, nicht nur die andere Seite einer beibehaltenen Differenz zu indizieren, sondern eine andere Differenz als Operationsgrundlage einzuführen. Diese Umstellung von Differenzen nennt Gotthart Günther *Transjunktionen* (1976, 278ff.). Transjunktionen ermöglichen neue Beobachtungen auf der Grundlage neuer Leitdifferenzen. Beobachtung meint in dieser Terminologie die Bezeichnung („indication") einer der beiden, durch eine Unterscheidung („distinction") geschaffenen Seiten.

Ein Schlupfloch aus der Selbstrückbezüglichkeit der Sprache

Therapeutische Konversation macht es erforderlich, daß Kommunikation auf Kommunikation zu referieren in der Lage ist. Diese Voraussetzung erfüllt, wenn zwar nicht ausschließlich, aber doch in besonders geeigneter Weise, die sprachliche Kommunikation. Sprache sei das Kommunikationssystem, so meint Heinz von Foerster (1988, 32), „das über sich selbst sprechen kann" (s. auch Maturana & Varela 1987, 221ff.). Insofern Therapie darin besteht, einen Kontext bereitzustellen, in dem ein kommunikatives System über seine Art zu kommunizieren kommunizieren kann oder ein psychisches System die Gelegenheit erhält, auf sein kognitiv-emotionales Prozessieren zu referieren, eignet sich Sprache dazu ausgezeichnet[2]. Gleichzeitig bewegt sie sich aber in der Gefahr, Therapie auf der Ebene sprachlicher Kommunikation gefangenzuhalten. Nonverbales Ausdrucksverhalten gerät damit möglicherweise ebenso aus dem Blick wie konkretes Alltagshandeln und kreatives Tun in der Therapie.

Solange man in der Sprache bleibt, muß Sprache immer wieder auf sich selbst zurückgreifen. Bedeutungen können nur über sprachliche Definitionen entstehen und Mißverständnisse nur über sprachliche Erklärungen ausgeräumt werden. Wie aber kann sich Sprache aus ihrem rekursiven Einschluß befreien? Letztlich wohl überhaupt nicht. Eine Stelle, an der sie gewissermaßen Boden unter die Füße bekommt, deutet sich aber in sogenannten „performative utterances" (deutsch: Vollzugsäußerungen) an (Austin 1961; von Foerster 1985a; 1988). Darunter sind Äußerungen zu verstehen, die eben das tun, was sie sagen. „Ich entschuldige mich"

---

2 Maturana & Varela (1987) bezeichnen es als ein Grundmerkmal der Sprache, menschliche Verhaltensbereiche zu modifizieren und dabei neue (emergente) „Phänomene wie die der Reflexion und des Bewußtseins" zu ermöglichen. Die „Sprache (erlaubt) dem, der damit operiert, *die Beschreibung seiner selbst* und der Umstände seiner Existenz ... – und zwar mit Hilfe sprachlicher Unterscheidungen von sprachlichen Unterscheidungen. ... Für einen Beobachter erscheinen sprachliche Koordinationen von Handlungen als Unterscheidungen – sprachliche Unterscheidungen. Sie beschreiben Objekte im sprachlichen Milieu jener, die in einem sprachlichen Bereich operieren. Wenn ein Beobachter also in einem sprachlichen Bereich operiert, operiert er in einem Bereich von Beschreibungen. ... Mit der Sprache entsteht auch der Beobachter als ein sprachmächtiges Wesen. Indem es in der Sprache mit anderen Beobachtern operiert, erzeugt dieses Wesen das Ich und seine Umstände als sprachliche Unterscheidungen im Rahmen seiner Teilnahme an einem sprachlichen Bereich. Auf diese Weise entsteht Bedeutung (Sinn) als eine Beziehung von sprachlichen Unterscheidungen. Und Bedeutung/Sinn wird Teil unseres Bereiches der Erhaltung der Anpassung" (S. 227f., Hervorhebungen im Original).

und ich entschuldige mich damit. „Ich verspreche" und verspreche damit. Handlung und Bezeichnung der Handlung fallen zusammen.

Die Frage wäre, ob man diese sprachlichen Spezialfälle nicht forschungspraktisch nutzbar machen könnte. Forschungssituationen leiden nämlich fortgesetzt unter der Diskrepanz von Zeichen und Bezeichnetem.

Alle Versuche, soziale Ereignisse zu beschreiben, sind auf einen Beobachter angewiesen, der – selbst nach intensiver Teilnahme am Geschehen – seine perspektivische, lückenhafte und subjektiv eingefärbte Beschreibung abliefert. Bemühungen, methodisch näher an das Geschehen heranzurücken, z.B. über Tagebuchaufzeichnungen, videostimulated recall oder lebensweltliche Teilnahme, ändern an der prinzipiellen Differenz von Ereignis und Beschreibung nichts. Die Frage wäre: gibt es Konstellationen, unter denen beide identisch werden? Eine triviale Antwort lautet: ja, man muß sie nur als identisch definieren. Dann sind wir bei Dell (1986): Die beste Beschreibung eines Systems ist das System selbst. Eine andere Antwort lautet: ja, unter bestimmten Bedingungen kann es gelingen, solche Konstellationen herzustellen. Ein Beispiel: Im Rahmen geplanter Forschungsarbeiten (Tschacher & Brunner 1989; Brunner & Schiepek 1989) richtet sich ein Interessenschwerpunkt auf die Untersuchung von Prozessen der Ordnungsbildung in Gruppen. Vollzugsäußerungen der Gruppendynamik wären nun produzierbar, indem sich eine Gruppe kontinuierlich selbst skulpturiert. Durch die Instruktion, die Teilnehmer sollten ihre Beziehungen zueinander z.B. nach Gesichtspunkten von erlebter Nähe/Distanz oder Dominanz/Submission in Form gemeinsam ausgehandelter Skulpturen zum Ausdruck bringen, wird die „Fest-Stellung" der Beziehungen sowohl zum Thema der Gruppendynamik als auch gleichzeitig zur Methode der Feststellung der Gruppendynamik. Besonders wenn sich die Teilnehmer anfangs nicht kennen und die performative utterance der Skulpturierung mehrfach hintereinander stattfindet, läßt sich die Ordnungsbildung von maximaler Entropie auf zunehmende Negentropie hin verfolgen. Methodisch realisiert sich dabei ein Paradoxon: die gesteigerte Reaktivität der Erfassungsmethode führt zu ihrer Non-Reaktivität.

Ein völliger Verzicht auf sprachliche Distanz gelingt selbstverständlich auch hierbei nicht, denn die Beschreibung der gruppendynamischen Selbstorganisation erfolgt nicht nur durch interne Beobachter, sondern um der wissenschaftliche Dokumentation willen natürlich auch von außen. Auch kann z.B. eine nachträgliche Befragung der Teilnehmer wichtige Informationen erbringen, die zum Verständnis gruppendynamischer Prozesse beitragen. Derartige Skulpturierungsabfolgen wären übrigens einer Simulation nach der Methode zellulärer Automaten (Zeleny & Pierre 1976; Maturana 1982; Tschacher 1990) zugänglich. Ethischen Bedenken gegen das experimentelle Vorgehen könnte man durch Aufklärung über das Vorgehen, intensive Nachbetreuung und evtl. auch durch die Teilnahme einer gruppendynamisch erfahrenen Person, die problematische Entwicklungen auffangen könnte, begegnen. Mittels Teilnahme instruierter Personen wären auch experimentelle Variationen herstellbar.

Die Chancen einer Kybernetik beobachtender Systeme

Wesentliches Merkmal einer Kybernetik zweiter Ordnung, so hörten wir, sei der Einbezug des Beobachters in das jeweilige System (z.B. von Foerster 1981b; Keeney 1983; Atkinson & Heath 1987). Das bringt Chancen, aber auch Schwierigkeiten mit sich.

Chancen tun sich überall dort auf, wo die Autonomie der an einer Interaktion beteiligten Beobachter respektierbar ist. Sie bestimmen durch die Kommunikation sowohl das Prozessieren als auch die Grenzen eines sozialen Systems. Für diesen Fall koinzidieren Auffassungen, welche die Grenzfestlegung von Systemen entweder dem Beobachter (von Foerster) oder dem System selbst zumuten (Luhmann)[3]. Bezogen auf Therapie bedeutet dies, es den Klienten zu überlassen, wer sich einem bestimmten, von den Beobachtern im System definierten Problemsystem (Ludewig 1987) zugehörig fühlt und zu seiner Auflösung beitragen möchte. Man wird Angebote machen, aber nicht fordern, welche Personen zur Therapie erscheinen sollen (vgl. de Shazer et al. 1986; de Shazer 1988).

Weitere Chancen bieten sich im kritischen Hinterfragen von Metaphern wie Macht, Kontrolle und Steuerung, vor allem im Bereich der Therapie (de Shazer 1986). Batesons grundsätzliche Stellungnahme gegen den Macht-Begriff (z.B. 1981) hat hierzu eine differenzierte und durchaus kontroverse Diskussion ausgelöst (s. Simon & Schmidt 1984; Deissler (Hrsg.) 1985; Schmidbauer 1986; Hoffmann 1987; Kriegisch 1987; Böse & Schiepek 1989, Stichwort „Macht"). Das Selbstverständnis professioneller Helfer entfernt sich damit von dem des Steuermanns, Experten und Machers (zur Fragwürdigkeit der „Machbarkeit" psychosozialer Arbeit s. Mitzlaff 1987). Alternative Selbstetikettierungen bedienen sich eher Begriffen wie dem der Mit-Gestaltung (Therapie als Ko-Kreation neuer sozialer Wirklichkeiten, s. Deissler o.J.), der allparteilichen Solidarität (früher: Neutralität, Krüll 1988) oder auch der parteilichen Solidarität mit den Betroffenen, z.B.bei gemeindepsychologischen Autoren: „Die Gemeindepsychologie ist mit dem Anspruch angetreten, psychisches Leiden nicht über die Köpfe der Betroffenen hinweg, sondern mit den Betroffenen gemeinsam verhindern oder lindern zu wollen und die Betroffenen auch an der Planung der psychosozialen Versorgung partizipieren zu lassen" (Legewie 1983, 222; s. auch Keupp 1980). Leidvoll wird es für die Helfer nur, wenn die Betroffenen das Paradoxon der Fremdautonomisierung durch Professionelle erkennen und ihre „Partizipation" dahingehend konkretisieren, daß sie nicht nur auf „fürsorgliche Belagerungen" (Keupp 1987), sondern auf jegliches gutgemeinte Expertentum verzichten wollen, auch wenn sich dieses noch so solidarisch und ko-kreativ gebärdet (s. Keupp 1987, 76; Illich 1987; zum Problem unauflösbarer Antinomien der psychosozialen Praxis, z.B. zwischen Befreiung und Kontrolle, Hilfe und Verunselbständigung durch Hilfe, Prävention und Stigmatisierung s. Rappaport 1985).

Genannt sei schließlich eine dritte Chance, nämlich im Hinblick auf das Konzept der Praxisforschung. Sie ergibt sich daraus, daß die Positionierung der Beobachter

---

3   Die beiden Positionen wurden im Rahmen eines „Kreuzverhörs" vertreten, abgedruckt in: Simon 1988a, S 95ff.

in das System eine emanzipatorische, selbstreflektierende Praxis ermöglicht, welche selbst ein Forschungsprozeß *ist*.

Traditionell finden sich Forschung und Praxis in gegenüberliegenden Lagern. Oder noch drastischer: sie empfinden sich wechselseitig als hinderlich. An den brüchigen Brücken arbeiten Bände wissenschaftstheoretischer Literatur (Theorie-Technologie-Praxis-Problem). Traditionell dominiert die Forschung über die Praxis. Entweder: Forschung beliefert Praxis mit Theorien und Befunden. Oder: Forschung beforscht Praxis, da sich dort Interessantes holen läßt. Oder: Praxis muß sich als Setting für Forschung zur Verfügung stellen, da diese die Idee der ökologischen Validität für sich entdeckt hat.

Wissend um die Qualen des außenstehenden Standardbeobachters, würde eine selbstreflektierende Praxis Objektivierungsversuche mit Generalisierungsanspruch nicht riskieren. Ihr Augenmerk richtet sich vielmehr auf ihr eigenes Tätigkeitsfeld. Sie bewegt sich entlang der Frage nach dem Verhältnis der psychischen, sozialen und lebensweltlichen Bedingungen der Klienten zu denen der Praktiker. Die Ergebnisse könnten dann wiederum anderen Praktikern zur Verfügung gestellt werden, jedoch nicht mit der Sicherheit des Faktischen, sondern als Bereicherung für deren eigene Selbstreflexion. Statt kontextrelative Befunde in einen anderen Kontext implementieren zu wollen, bleibt die Einheit der Differenz von Beobachter und Gegenstand erhalten. Der Versuch, den Beobachter aus dieser Einheit herauszupartialisieren, käme dem Versuch gleich, Beschreibungen von ihren Erkenntnisvoraussetzungen abzukoppeln, also die Bedingungen ihrer Möglichkeit zu eliminieren. Praktische Epistemologie lebt dagegen aus dem dialektischen Bezug von Konstruktionsprozeß und Konstruktionsinhalt. Sie ist auf beides angewiesen.

In der erkenntnistheoretischen Literatur allerdings werden oft die Inhalte zugunsten der Erkenntnisbedingungen vernachlässigt. Ohne konkrete Aussagen über Erkenntnisgegenstände können wir jedoch unser Verhältnis zu den Gegenständen dieser Aussagen und die Voraussetzungen unseres Erkennens nicht thematisieren. Es muß zuerst etwas beschrieben werden, um die Beschreibungen auf einen Beobachter zu relativieren. Das kann etwa dadurch geschehen, daß ein Beobachter sich selbst in das von ihm konstruierte rekursive Modell seines Gegenstandes einbezieht. Dieser Selbsteinbezug ist in der Methode der idiographischen Systemmodellierung explizit vorgesehen (s. Schiepek 1986; 1988b; Schiepek & Kaimer 1988). Hilfreiche Fragen wären dabei: Welche Funktionen übernimmt eine TherapeutIn für eine KlientIn (bzw. für ein Paar, eine Familie)? Welche Aufgaben erfüllt ein Team innerhalb einer Institution? In welcher Weise ist eine Beratungsstelle (bzw. Institution) in das Versorgungssystem, aber auch in die belastungserzeugenden Bedingungen einer Region eingespannt? Trägt sie zur Aufrechterhaltung von Problemen bei? Wo und wie wird eine TherapeutIn (bzw. Institution) zum Regulativ für ein soziales System?

Ganz im Sinne von Batesons Informationsbegriff (eine Information sei ein Unterschied, der einen Unterschied macht, z.B. 1981) oder von Spencer-Browns rekursiver Logik, die ihren Ausgangspunkt von dem Postulat nimmt: „Draw a distinction" (1979; zu den Konsequenzen dieser Logik für die klinische Praxis siehe Simon 1988b), wird einer selbstreflexiven Praxis jeder Hinweis wertvoll, der auf einem *Unterschied* und nicht auf einer Übereinstimmung, auf *Dissens* und nicht auf Konsens beruht (s. Willke 1987a). „Das besondere Geschick von Interventionsexperten besteht wohl zu einem guten Teil darin, ihre Diagnosen tatsächlich als präsumtive Konstruktionen zu behandeln und auf bestimmte Anzeichen hin zu revidieren – und dies so lange, bis sich jene besondere Qualität einer wechselseitig akzeptablen und brauchbaren Systemdiagnose herauskristallisiert, welche die Eigen-Operationen dieses Systems bezeichnet und generiert (generiert in dem Sinne einer hyperzyklischen Schließung eines Operationsnetzwerkes, welches sich in seinen Operationen selbst reproduziert). Wenn dies über Kommunikation möglich sein soll, dann muß viel stärker als bislang üblich Kommunikation in ihrer Funktion beachten werden, Negationen zu produzieren und *Dissens* treffsicher zu bezeichnen. Denn die iterative Annäherung aufeinander bezogener Fremdbeschreibungen oder Diagnosen wird über Negationen und Dissens prozessiert: indem ein Akteur oder System beobachtet, daß seine Beschreibung eines anderen Systems *nicht* paßt oder akzeptiert wird, sieht er sich zu Korrekturen und weiteren Tests veranlaßt. Kommunikative Übereinstimmung, Verstehen und Verständigung ist dann das Ergebnis selbstreferentiell fundierter, rekursiver Iterationen von *differierenden Diagnosen* (Wirklichkeitsbeschreibungen), deren Unterschiede über die präzise Bezeichnung von Dissenspunkten allmählich eingeebnet werden können" (Willke 1987a, 104, Hervorhebungen im Original).

Die Praxis wird sich daher in ihren Versuchen, sich selbst transparent zu machen, weniger um Beobachterübereinstimmung und darauf abzielende Trainings bemühen, sondern im Gegenteil um eine Sensibilisierung für Nicht-Übereinstimmung einschließlich der zwischenmenschlichen Voraussetzungen für ein konstruktives, angstfreies Prozessieren von Dissens. Bezogen auf die Therapiesituation geht es dann z.B. um Wahrnehmungsunterschiede. Die eigenen Anteile einer TherapeutIn am Beobachtungsprozeß werden damit ebenso thematisierbar wie umgekehrt verschiedene Facetten in der Persönlichkeit einer beobachteten KlientIn, die erst zum Ausdruck kommen, indem sich verschiedene Beobachter in verschiedener Weise davon angesprochen fühlen. Methodisch eignet sich unserer Erfahrung nach unter anderem das Verfahren der Plananalyse (Caspar 1989) gut dazu, Unterschiede zwischen Beobachtern zu verdeutlichen (vgl. Kapitel II, 6.4). Man kann z.B. darauf achten, welche Pläne die jeweiligen Beobachter erschließen und welchem Ausdrucksverhalten sie besondere Aufmerksamkeit bzw. emotionale Resonanz widmen. Zudem ist die Interaktion von TherapeutIn und KlientIn plananalytisch nachzuzeichnen, was deren spezifische Beiträge an der Konstruktion einer gemeinsamen Wirklichkeit nachvollziehbar macht. Besonders im Rahmen der Therapieausbildung sind derartige Vorgehensweisen sinnvoll (s. Grawe 1986b).

Wir können festhalten, daß eine Kybernetik beobachtender Systeme geradewegs zu einer epistemologischen Praxis führt, welche sich als Selbsterfahrung konkretisiert. Diese ereignet sich nicht (vorwiegend) introspektiv, sondern angebunden an die Frage nach den Bedingungen der Herstellung sozialer Wirklichkeiten.

Die soziale Relativität wissenschaftlicher Erkenntnis

Die Kybernetik zweiter Ordnung beinhaltet aber auch Schwierigkeiten. Bei genauerem Hinsehen handelt es sich allerdings weniger um Schwierigkeiten denn um Enttäuschungen der Erwartungen objektivistischer Erkenntnistheorien.

Der selbstreferentielle Prozeß reflektierter Praxis erzeugt geordnete Komplexität. Er kann ungeordnete Komplexität und selbsterzeugte Intransparenz abarbeiten, kommt aber nie zum Ende, nie zu Objektivität. Jede Interaktion erzeugt neue Komplexität. Jede Selektion erfordert zu ihrer Klärung weitere Selektionen. Transparenz bleibt immer vorläufig. Der Weg ist das Ziel, und der Weg entsteht beim Gehen. Aber gerade dann, wenn Objektivität nicht möglich und intersubjektive Übereinstimmung angesichts der operationalen Schließung psychischer und sozialer Systeme letztlich niemals sicherzustellen ist, sind *Regeln* (*Kriterien*) notwendig, um Beliebigkeit einzugrenzen und gegenseitiges Verständnis zu sichern. Das Kommunikationssystem Wissenschaft hat es auf sich genommen, sich dieser Selbstdisziplinierung zu unterziehen. Ihr Zweck besteht nicht in der Suche nach Wahrheit, sondern „in der Erfindung von konsensfähigen Erkenntnissen" (Ludewig 1987). Was konsensfähig ist, unterliegt jedoch dem historischen wie bezugsgruppenspezifischen Wandel der Regeln (Kuhn 1967). Das Sozialsystem Wissenschaft verkörpert mithin „die jeweilige *Erkenntnisnorm* einer Epoche". Innerhalb dieses Sozialsystems handeln Wissenschaftler als „Ko-Empiriker, die in Ko-Operation in einem von ihnen geschaffenen und aufrechterhaltenen gemeinsamen Kontext Wissen hervorbringen" (Ludewig 1988b, 124). Die Organisationsprinzipien dieser Ko-Operation etablieren Kriterien, welche definieren, was als Faktum oder Evidenz akzeptiert wird (Feyerabend 1986; Richards & von Glasersfeld 1987, 213). In diesem Punkt gibt es eine Parallele zwischen konsensueller Wissenschaft und individueller Wahrnehmung, denn die Absicherung einzelner Wahrnehmungen erfolgt ebenso in einem permanenten Abgleich mit Referenzmustern höherer Ebenen (vgl. Piagets „operative Schemata"), wie in der Konsistenzprüfung verschiedener Wahrnehmungskanäle (z.B. durch die Verrechnung sensorischer und motorischer Signale, s. Schwarz 1987) (Richards & von Glasersfeld 1987). Ein wesentlicher Teil praktischer Epistemologie im Bereich der Wissenschaft besteht im wissenschaftshistorischen und wissenschaftssoziologischen Kulturvergleich der jeweiligen methodologischen Regeln.

Einige weitere Schwierigkeiten der Kybernetik zweiter Ordnung behandelt Ghose (1980). Unter anderem wird auf das Problem der Apriorisierung von Beobachtertheorien vor objektsprachliche Theorien hingewiesen (s. oben). Die Erklärung dessen, *was wir wissen* darüber vorzunehmen, *wie wir wissen*, verlangt hohes Vertrauen (sogar: no doubts) in die entsprechenden Erklärungs- und Untersuchungsmethoden. Gerade aber Erklärungen, die angetreten sind, den Erwerb von Wissen bzw. die Konstitution von Wahrnehmungen über infinite Rekursionen verstehbar zu machen, würden die prinzipiellen Grenzen aller Erkenntnistheorien aufzeigen, die das Entstehen von Wahrnehmungen von einer endlichen Zahl von Berechnungsschritten und bestimmbaren, inhaltlich definierten Symbolen abhängig machen. In von Foersters Algorithmen der Entstehung von Eigenbehaviors bzw. Eigenvalues aus der iterativen Selbstanwendung von Operationen verselbständigt sich dagegen die Rekursion von den einzelnen Errechnungsschritten und den Inhalten der einzelnen Operationen. Ghose (1980, 204) weist darauf hin, daß die Befreiung von spezifischen Ausgangsbedingungen und Teiloperationen der Informationsverarbeitung umgekehrt zu einer Entdogmatisierung von philosophisch-erkenntnistheoretischen Apriorisierungen (z.B. bei Descartes, Hume oder Marx) führen könne. Die Rekursion macht sich sowohl von ihrem Ausgangspunkt als auch von ihren operativen Teilschritten unabhängig: darin könnte man eine Art erkenntnistheoretisches Unbestimmtheits-Theorem vermuten.

LeserInnen, die sich näher für formale und logische Aspekte der Kybernetik zweiter
Ordnung interessieren, seien z.B. auf von Foerster (1985a) und Löfgren (1983) verwiesen.

Die Unmöglichkeit, über die Regelung sozialer Regeln aus der Insider-Perspektive Auskunft zu geben

Eine andere Schwierigkeit ergibt sich aus der Beteiligung des Beobachters an sozialen
Systemen insofern, als er damit natürlicherweise zum Insider wird. Und „es ist
sehr zu bezweifeln, ob ein Insider eine angemessene Perspektive auf die Regeln
zweiter Ordnung des Systems entwickeln kann, dem er angehört, denn sie sind ja
gerade dadurch definiert, daß sie auf einer höheren logischen Ebene als die alltäglich
ablaufenden Prozesse stehen, und es werden erst dann Rückschlüsse auf sie möglich,
wenn diese alltäglichen Prozesse infrage gestellt werden" (von Schlippe & Schweitzer 1988, 130). Regeln zweiter Ordnung regulieren die Veränderung (bzw. Veränderbarkeit) der Interaktionsregeln eines sozialen Systems. Nehmen z.B. zwei verschiedene Familien dieselbe Regel erster Ordnung in Anspruch, z.B.: „Wir halten
eng zusammen, sind eng verbunden", so besteht ein wesentlicher Unterschied dennoch darin, daß in einer Familie diese Regel als veränderbar gelten kann („Der
Zustand enger Verbundenheit darf sich ändern"), in der anderen Familie jedoch
nicht („Der Zustand muß so bleiben, wie er ist") (s. von Schlippe & Schweitzer
1988). Da die Veränderbarkeit von Regeln erster Ordnung von verschiedenen Autoren (z.B. Watzlawick, Weakland & Fisch 1974; von Schlippe 1986a) als wesentliches
Merkmal sozialer Anpassungsfähigkeit eines Sozialsystems und der psychischen
Gesundheit seiner Mitglieder betrachtet wird, kommt der Erfassung der Regeln
zweiter Ordnung große Bedeutung zu. Gerade das aber geht von innen nicht[4]. Die
Teilnehmer können z.B. in Fragebögen oder Interviews keine Auskunft darüber
geben. Von Schlippe & Schweitzer (1988) schlagen daher vor, „die Frage, ob in
einer Familie ein angemessener Satz von Regeln zweiter Ordnung beschreibbar ist,
die den Umgang mit Regelverletzungen bzw. -veränderungen regulieren" über die

---

4   Vgl. hierzu auch Dachler (1984, 142): „If, through organizational processes (i.e., repeated, overlapping perceptual sense-making cycles of partners in a relational network), a sensible order has
     emerged and, if we understand order to be a framework of explicit or implicit rules, then we have
     to distinguish between rules of communication and rules of the context which constitute the meta-category from which the codes contained in the communication rules obtain their meaning. The
     difficulty of these two types of rules lies not only in the fact that they are of different logical type
     (Bateson 1972, dt. 1981), but also in a problem raised by Hayek (1967, p. 60f.), that the metarules
     which provide the meaning of the communication codes are not directly accessible to human consciousness. Although people can talk about the rules of the context, they do so within the logic of
     the communication rules. This mixing of logical types is one of the reasons why change of the
     communication rules brings about only 'more of the same' (Watzlawick 1978). Nothing changes *in*
     principle, since the metarules have not been changed and thus no change in meaning occurs."

Beobachtung bzw. auch therapeutische Induktion einer Krise, also einer Regelverletzung selbst zu beantworten (S. 131; vgl. Bateson 1981, 260).

Speziell FamilientherapeutInnen haben mit dem Arrangement von Einwegscheiben und beobachtenden Teams schon immer den Schwierigkeiten große Aufmerksamkeit geschenkt, die daraus resultieren, daß eine TherapeutIn am Problem-Kommunikationssystem von KlientInnen partizipiert. Mit der Beteiligung an der (Re-)Produktion eines sozialen Systems geht die Chance verloren, das System von der Außenperspektive her zu konstruieren bzw. dessen Eigenbehavior zu identifizieren. Eben dies meint das Prinzip des „observer in – system out" (Varela, Diskussionsbeitrag in Simon 1988a, 99). Die genannten familientherapeutischen Arrangements haben daher versucht, gewissermaßen zwischen Innen- und Außenperspektive hin- und her zu oszillieren. Das Elend ist nur, daß die beidseitige Einbindung der TherapeutIn bereits eine geänderte soziale Realität erzeugt, in der sich therapeutische Interaktion – vor dem Spiegel – und Teaminteraktion – hinter dem Spiegel – zu einem Hyperzyklus schließt. Das Erkenntniselend ist jedoch ein therapeutisches Glück, denn soziale Realitäten zu verändern, ist ja Absicht von Therapien. (Der Hyperzyklus der kommunikativen Systeme in der Therapie und im Team stellt m.E. übrigens ein interessantes, bislang aber noch kaum untersuchtes Forschungsfeld dar. Varelas Vorschlag richtet sich an der genannten Stelle darauf, angesichts der erdrückenden Vielfalt der durch Teilnahme produzierbaren Eigenbehaviors eines Systems auf deren Klassifikation zu verzichten, um sich mit dem Phänomen der Koppelung als der Schnittstelle, die all diese unendlich variablen Realitäten entstehen läßt, zu beschäftigen.)

Das Verhältnis von Kybernetik erster zur Kybernetik zweiter Ordnung

Eine abschließende Gegenüberstellung von Merkmalen der Kybernetik erster und zweiter Ordnung fällt aus den bereits oben genannten Gründen schwer. Immerhin läßt sich sagen, daß vielen Arbeiten aus der Kybernetik zweiter Ordnung die Konstruktion, das *Erfinden* von Mustern am Herzen liegt, sei es als individuelles Errechnen, sei es als soziale Ko-Produktion. Arbeiten, die man nach Einführung der Unterscheidung zwischen den beiden Spielarten von Kybernetik eher derjenigen erster Ordnung zuordnen würde, betonen dagegen mehr das *Finden* von Zusammenhängen, Funktionalitäten, Mustern. Die Tendenz geht in Richtung Objektivierung, obwohl sich dies als pauschales Verdikt nicht absolutsetzen läßt. Kybernetik zweiter Ordnung deckt sich über weite Strecken mit den erkenntnistheoretischen Positionen des Radikalen Konstruktivismus. Ihr Interesse liegt im Bereich der Selbstregulation und Selbstorganisation autonomer, v.a. lebender Systeme, während die Kybernetik erster Ordnung zumindest in Teilbereichen mit dem Anspruch antritt, Strategien der Fremdregulation und Fremdsteuerung v.a. nicht-lebender System zur Verfügung zu stellen.

Kybernetik erster Ordnung (Schwerpunkte)	Kybernetik zweiter Ordnung (Schwerpunkte)
– Suchen und Finden von Zusammenhängen (– tendenziell: Objektivierung) – in Teilbereichen: Fremdsteuerung, Fremdregulation (Gegenbeispiele: kybernetische Modelle in der Ökologie, Bionik)	– Erfinden von Mustern – Konstruktion (individuell und als soziale Ko-Produktion von Wirklichkeit) – Interessen im Bereich – Erkenntnistheorie – Selbstregulation, Selbstorganisation, Autonomie

Versuche einer Gegenüberstellung von Kybernetik erster und zweiter Ordnung auf gleicher Ebene entbehren leider nicht nur der Prägnanz, sie verfehlen letztlich die Art des Verhältnisses beider zueinander. Insofern nämlich der Zusatz „zweiter Ordnung" durch die reflexive Selbstanwendung der Kybernetik zustande kommt, wird die vorher halbierte, da nur auf ihre Gegenstände angewandte Kybernetik durch den Einbezug ihres eigenen Konstruierens und Handelns in ihren Anwendungsbereich sowohl durchgesetzt als auch der Gefahr der Selbstaufhebung preisgegeben. Durchsetzung meint, daß nun der Prozeß des Hervorbringens von Wirklichkeit in den Blick gerät. Unabhängige Wirklichkeit „an sich" wird aufgegeben zugunsten einer erwirkten Wirklichkeit. In die Zuständigkeit dieser durchgesetzten Kybernetik fällt nun gewissermaßen alles, wie auch immer das Verhältnis von Beschreibung und Erzeugung aussehen mag. Sie muß nun auch Beschreibungsvarianten oder Erzeugungsmodi zulassen, die im ursprünglichen Sinn keineswegs kybernetisch sind, da sie sich ja für jede Form der Wirklichkeitshervorbringung zu interessieren hat. Insofern liegt der Schritt zur Selbstaufhebung kybernetischen Denkens nahe. Konstruktivistische Erkenntnistheorien haben mit dem Paradoxon der Toleranz zu kämpfen: sie müssen alles zulassen, auch ihr Gegenteil.

Von dieser Stelle aus könnte man Feyerabend assoziieren: „anything goes", und sich naserümpfend abwenden. Die Bedeutung der Kybernetik zweiter Ordnung besteht m.E. aber weder darin, einem – in der Regel mißverstandenen – Methodenanarchismus das Wort zu reden, noch darin, ein Verständnis für (ko-)kreative Therapien anzuregen. (Das könnte die Praxis allein auch leisten.) Nein: Eine Erkenntnistheorie, die in der Lage ist, Paradoxien wie die des Verhältnisses von Durchsetzung und Selbstaufhebung, von Expansion durch Selbst-Infragestellung oder von Problemerzeugung durch Problemlösung zu thematisieren, gewinnt deswegen ungeheuere Relevanz, weil die aktuelle Wissenschaftsproduktion eben von diesen Paradoxien durchzogen ist. Wenn die Analyse der „reflexiven Verwissenschaftlichung", wie sie Ulrich Beck (1986; 1988) vorgelegt hat, auch nur in Teilen zutreffen sollte, werden Wissenschaftstheorien in Zukunft reflexive Verhältnisse und damit potentiell: Paradoxien berücksichtigen müssen, wollen sie den Verhältnissen gerecht werden.

Die Analyse reflexiver Verwissenschaftlichung

Was ist geschehen? Wissenschaft hat ihr Verhältnis zu ihrer Umgebung geändert. In Zeiten „einfacher Verwissenschaftlichung" stand sie einer von ihr unabhängigen Welt gegenüber. Alle Probleme existierten, so konnte man das zumindest sehen, unabhängig von ihr, und sie lieferte Lösungen zu den Problemen, Erkenntnisse über die Welt. Dem Verhältnis von „Problem" zu „Problemlösung" entsprach das Verhältnis von „Objekt" zu „Wissenschaft". Dieser „halbierten" Situation fühlen sich bis heute Auffassungen verpflichtet, die „Methoden als Problemlösungsmittel" und „Wissenschaft als Netzwerk institutionalisierter Problemlösungsprozesse" (Herrmann 1984) anbieten wollen. Halbiert war die Situation noch in einer zweiten Hinsicht: die methodologisch kanonisierte Selbstkritik galt nur intern. Zweifel, Nachweise methodischer Unsauberkeit, Konfrontation mit Alternativhypothesen, etc. waren innerhalb der scientific community Garanten der Absicherung von Erkenntnis. Verunsicherung sollte zu Sicherheit führen. Irrtümer, Fehlleistungen, Widersprüche und Kritik konnten wissenschaftsintern abgearbeitet werden, ja waren sogar als Antriebsmotor für weitere Forschungsbemühungen nützlich. Unzulänglichkeiten verwiesen auf den bisher unzulänglichen Entwicklungsstand von Wissenschaft und Technik, was nicht stutzig machte, sondern sowohl zum Voranschreiten nach dem Prinzip „mehr desselben" führte als auch zur Absicherung des Monopolanspruchs auf Rationalität gegenüber der außerfachlichen Öffentlichkeit. „Diese *Verwandlung von Fehlern und Risiken in Expansionschancen und Entwicklungsperspektiven von Wissenschaft und Technik* hat in der ersten Phase die wissenschaftliche Entwicklung im wesentlichen gegen die Modernisierungs- und Zivilisationskritik immunisiert und sozusagen *'ultrastabil'* gemacht. Tatsächlich beruht diese Stabilität aber auf einer Halbierung des methodischen Zweifels: im Innenraum der Wissenschaften werden (zumindest dem Anspruch nach) die Regeln der *Kritik* generalisiert, nach außen werden wissenschaftliche Ergebnisse gleichzeitig *autoritär* durchgesetzt" (Beck 1986, 260f., Hervorhebungen im Original).

Die Verteilung der Ergebnisse wissenschaftlicher Produktion hat nun die Welt verändert. Einerseits fand seit der industriellen Revolution eine Durchtechnisierung sämtlicher Lebensbereiche statt, die sich in den letzten Jahrzehnten noch massiv beschleunigt hat. Andererseits wurden in der Folge dieser Entwicklungen wie durch die Popularisierung natur-, sozial- und humanwissenschaftlicher Denkmodelle die Interpretationsraster menschlicher Lebensvollzüge ausgetauscht. Wissenschaft findet damit nicht mehr „Natur" vor, sondern eine von ihren eigenen Produkten, Mängeln und Folgeproblemen durchsetzte, mehr noch: hergestellte Wirklichkeit, eine „zweite zivilisatorische Schöpfung" (Beck 1986, 254).

Dies gilt selbstverständlich nicht nur für die „Natur"-Wissenschaften, sondern z.B. auch für die Psychologie. Indem sie Befunde bereitstellt, können Menschen ihr Handeln in professionellen und Alltagskontexten danach orientieren; indem sie Analysen vorlegt, können sich Rezipienten darin einordnen; indem sie bessere Lebensformen verspricht (mehr Bildung, mehr Therapie, mehr Selbstbewußtsein), weckt sie Hoffnungen und schafft Märkte; usw. Sie gedeiht auf dem Boden umfassender Individualisierung (Beck 1986; Keupp 1987) und bereitet ihn gleichzeitig. Ob aber nun Individualität (Selbstbewußtsein, Autonomie, Eigenverantwortlichkeit,

Emanzipation, Bewußtheit, oder wie die Schlagworte heißen) oder im Gegenteil Solidarität oder ein Konglomerat aus beiden eingeübt, gewagt, erlebt werden soll: in jedem Fall bietet sich die Psychologie an. Sie beteiligt sich an gesellschaftlichen Prozessen und wird von diesen geformt. In ihr Selbstverständnis, ihr Image, ihre Methoden, Techniken und Theorien findet das Eingang, was denkmöglich, effektiv, renomeeträchtig, en vogue, verkaufbar ist. Darin dokumentiert sich die „Zugehörigkeit von Wissenschaft zu dem Prozeß, den sie im Fall der Sozialwissenschaft als 'Gegenstandsbereich' gewählt hat" (Hejl 1985, 86). Diese Beteiligung ist genauso nützlich wie nutzlos, da sie sich nicht außerhalb des kulturellen Problemerzeugungs-Problemlösungs-Zirkels stellen kann. Für eine Psychologie, die sich in der Tradition einfacher Verwissenschaftlichung als Naturwissenschaft versteht, sind derartige Überlegungen ketzerisch. Für eine Psychologie, die sich als *Kulturwissenschaft* versteht dagegen sind sie Bedingung ihrer Existenz. Die Folge für das Selbstverständnis von TherapeutInnen besteht darin, sich statt als AnwenderInnen von Techniken zu Zwecken der Heilung (bzw. der Problemlösung, was in diesem Kontext keinen Unterschied macht) eher zusammen mit ihren KlientInnen als TeilnehmerInnen an gesellschaftlichen Prozessen zu sehen.

Wissenschaft hat sich wesentlich an der Schaffung einer Wirklichkeit beteiligt, der sie jetzt gegenübersteht. Worin aber diese „Wirklichkeit" besteht, ist für den Laien nicht mehr klar erkennbar. Dramatische Risiken wie atomare Strahlung oder chemische Verseuchung sind selbst dann, wenn sie in unserer unmittelbaren Nahwelt auftreten, nicht sinnlich wahrnehmbar. Solange das Wasser noch nicht stinkend und gelb eingefärbt aus der Leitung kommt, sind wir auf „Information" durch Experten angewiesen. Selbst die Beurteilung sozialer Risiken bedarf angesichts der Komplexität gesellschaftlicher Verhältnisse der Analyse von Experten. Und natürlich erst recht die Lösung aller technischen, ökologischen, sozialen und psychischen Probleme. Damit nimmt die Wissenschaft in dreifacher Weise an der Produktion zivilisatorischer Gefährdungen teil: erstens als (Mit-)Ursache, zweitens als Definitionsmedium und Diagnoseexpertin und drittens als Lieferantin von Lösungen. Die Durchsetzung (man kann sowohl „Durch-" als auch „-setzung" betonen) von Wissenschaft führt zur Verabschiedung der unmittelbar wahrnehmbaren Wirklichkeit. Wo Gefährdungen stecken, was giftig ist und was nicht, was gesundheitsgefährdend ist und was der Gesundheit zuträglich, das kann man weder riechen noch spüren noch erfahren: man muß es an Meßgeräten ablesen, wissenschaftlichen Analysen entnehmen, bei Experten nachfragen oder sich über Medien informieren lassen. Wirklichkeit wird zu einer symbolisch vermittelten (Un-)Wirklichkeit. Darin ist wahrscheinlich eine der soziokulturellen Ursachen für die Popularisierung konstruktivistischer Erkenntnistheorien zu sehen.

Unter diesen Bedingungen ist es schwierig, Kritik an den Gefährdungen durch wissenschaftlich begründete Technologien mit bloßen Händen, gegründet auf den „gesunden Menschenverstand" zu führen. Die Diagnose von Risiken, der Nachweis von Irreführungen und Widersprüchen, ja selbst der Nachweis bereits eingetretener Schädigungen ist selbst wieder auf Wissenschaft angewiesen. „Die abstrakte (Un-) Wirklichkeit der Gefahren hat ausgerechnet *ihren Verursachern das Monopol ihrer Deutung zugespielt*" (Beck 1988, 188). Was aber vorher entlang der Grenzlinie zwischen Innen und Außen halbiert war, nämlich der institutionalisierte Zweifel, der entsprechend „den *Markt- und Professionalisierungsinteressen* wissenschaftlicher Expertengruppen" (Beck 1986, 267) nach außen als Dogmatismus auftrat, hält sich an diese Grenze nicht mehr. Eine kritische Gegenöffentlichkeit greift sowohl auf die Meßinstrumente als auch auf die Methodologie der Wissenschaft zurück. In diesem Prozeß erweisen sich „die 'Dogmen' primärer Verwissenschaftlichung in ganz anderer Weise *labil* als diejenigen (der Religion und Tradition), gegen die sich die Wissenschaften durchgesetzt haben: *Sie tragen in sich selbst die Maßstäbe ihrer Kritik und Aufhebung.* In diesem Sinne unterhöhlt die wissenschaftliche Entwicklung in der Kontinuität ihrer Erfolge ihre eigenen Grenzziehungen und Grundlagen. Im Zuge der *Durchsetzung* und Verallgemeinerung wissenschaftlicher Argumentationsnormen entsteht so eine völlig veränderte Lage: Wissenschaft wird *unverzichtbar* und zugleich ihrer ursprünglichen Geltungsansprüche *beraubt*" (Beck 1986, 268, Hervorhebungen im Original). Eben deswegen expandiert Wissenschaft. In der Entwicklung neuer Methoden der Risikoabschätzung, der Gefährdungsdiagnostik, in Technologien der Folgenbekämpfung, der Minimierung von Restrisiken usw. liegen neue Wirkungs- und Anwendungsfelder. Zu Expertisen werden Gegenexpertisen, zu Stellungnahmen Gegenstellungnahmen, zu Informationen kritische Alternativinformationen gebraucht. Es entstehen „Formen der Verwissenschaftlichung des Protests gegen Wissenschaft". Je mehr Unsicherheit, desto mehr Wissenschaft.

Reflexive Verwissenschaftlichung beinhaltet das Paradoxon, daß die Selbstwiderlegung der Wissenschaft nicht zu ihrer Aufhebung, sondern zu ihrer Expansion führt. Verwissenschaftlichung wird zum Problem und als solches verwissenschaftlicht.

Die Entgrenzung des Skeptizismus geht wohl mit Expansion, gleichzeitig aber mit Autoritätsverfall einher. Es kommt zu konfliktvollen „Egalisierungstendenzen im Rationalitätsgefälle zwischen Experten und Laien" (Beck 1986, 268). Allenthalben wird größere Transparenz gefordert. Der Bereich psychosozialer Versorgung ist hierfür ein Paradebeispiel. Ärzte, ja nicht einmal Physiker können sich mehr auf reines Expertentum zurückziehen. Viele Ärzte verzichten von sich aus auf den weißen Mantel. Insider aus den Gefahren- und Rüstungsindustrien geben, meist nach Beendigung ihrer beruflichen Laufbahn, interne Geheimnisse preis (Jungk 1988, 43ff.). Untersuchungsausschüsse und Tribunale gegen Technologie allenthalben. Derartige Entwicklungen führen sicher auch zu verstärkten Gegenbewegungen im Lager der Professionalität. Während sich – z.B. im Bereich psychosozialer Dienstleistungen – die Grenzen zwischen Psychologen, Sozialarbeitern, Krankenpflegepersonal, aber auch Ärzten programmatisch und faktisch verwischen (zumindest in der Arbeitslosigkeit sind alle gleich), wird weiter hinten ein zweiter Festungsring angelegt, welcher – entlang von Kriterien wie KV-Zulassung oder Mitgliedschaft in etablierten Verbänden – Professionalität und Pfründe remonopolisiert. Es wird der Versuch unternommen, die alten Verhältnisse einfacher Verwissenschaftlichung zu retten. Das ändert aber nichts an ihrem Autoritätsschwund. Im Gegenteil macht es deutlich, wie Verbands-, Standes- und Wissenschafts*politik* der Rationalität zu Hilfe eilen müssen. Die Uneinheitlichkeit der Wissenschaft wird offensichtlicher denn je. Den Rezipienten, Gegnern und Produzenten von Wissenschaft bleibt es überlassen, woran sie sich orientieren, welchen Gruppierungen sie sich gegen welche anderen anschließen, welche Befunde sie zu ihrer *relativ* rationalen Rechtfertigung (Westmeyer 1984) heranziehen. Die nicht einmal noch Widersprüchlichkeit, sondern gänzliche Unverbundenheit von Auffassungen und Ergebnissen, unter der z.B. Psychologen immer schon leiden, wird jetzt noch politisch potenziert.

Indem die Benutzer von Wissenschaft vor permanente Wahlentscheidungen gestellt sind, können sie auf das, was Wissenschaft ursprünglich leisten wollte, nämlich Reduktion von Komplexität gegenüber der „Welt", nicht mehr zurückgreifen. Wissenschaft vermehrt Komplexität, sowohl was die Menge und Unverbundenheit ihrer Erkenntnisse, als auch was die Kontingenz[5] ihrer Methoden und Ergebnisse betrifft. Der Sicherheitsbedarf der Abnehmer ist unter diesen Bedingungen nicht mehr abzudecken. Die Wissenschaftsseite wälzt „ihre Zweifel auf die Verwenderseite ab und zwingt ihr dadurch die Gegenrolle der *handlungsnotwendigen Reduktion von Unsicherheit auch noch auf*" (Beck 1986, 288). Jede PraktikerIn muß für sich entscheiden, auf welche *Art* von Wissenschaft sie sich beruft, wo sie ihre Therapieausbildung macht und was sie für gute Arbeit hält. Selbstverständlich, ist man versucht hinzuzufügen, konnte man auch in wissenschaftsgläubigeren Zeiten jemals etwas anderes erwarten? Wenn vor allem die wissenschaftstheoretisch gebildete PraktikerIn von der Forschung keine eindeutigen Aussagen darüber erhofft, was in ihrer Situation zutrifft oder nicht, ist sie auf sich selbst angewiesen. Sie muß für sich und in ihrer eigenen Praxis mittels Versuch und Irrtum herausfinden, was gangbar ist, worauf sie sich verlassen kann und welche Methoden als untauglich ausscheiden. Wurde das Falsifikationsprinzip innerhalb der Wissenschaft angezweifelt, erlebt es – rudimentär, aber konsequenzenreich – in der Praxis ein Revival. Probleme des Theorie-Praxis-Transfers, diachrone und synchrone Uneinheitlichkeit der Befunde und die Aufkündigung hypothesentestender Verfahren im Bereich der megalomanen Technologie (Beispiel: die Sicherheit eines Atomkraftwerks kann erst „getestet" werden, wenn es in Betrieb genommen wurde, s. ausführlich dazu Beck 1988, 200ff.) verlagern die experimentelle Empirie in die Praxis. Damit Wahrheit noch Wahrheit sein kann, muß sie sich idiosynkratisch und zeitlich eingrenzen.

Wo der Wissenschaft nicht geglaubt wird, sind die Verhältnisse sehr „menschlich". Selbst-Erfahrung, Austausch mit Kollegen und kommunikative Herstellung von „Wahrheit" findet statt. Die Anwender werden autonom. Es „dämmert das *Ende der wissenschaftsgesteuerten, zweckrationalen Verfügung über Praxis*. Wissenschaft und Praxis spalten sich unter Bedingungen der Wissenschaftsabhängigkeit neu voneinander ab. Die Verwenderseite beginnt sich mehr und mehr *mit* Wissenschaft *von* Wissenschaft unabhängig zu machen. ... Die *neue Autonomie* der Adressaten beruht dabei nicht auf Unkenntnis, sondern Kenntnis, nicht auf Unterentwicklung, sondern Ausdifferenzierung und Überkomplexität wissenschaftlicher Deutungsangebote. Sie ist – nur scheinbar paradox – *wissenschaftsproduziert*. Der *Erfolg* der Wissenschaften macht die Nachfrage vom Angebot unabhängiger" (Beck 1986, 287).

Soll das vielfach konkurrierende Angebot trotzdem Eindruck machen, muß es schon Eindruck machen. Bloße Befunde reichen nicht. Es kommt darauf an, *wie* sie von

---

5 Kontingenz meint: auch anders möglich. „Der Begriff bezeichnet mithin Gegebenes (Erfahrenes, Erwartetes, Gedachtes, Phantasiertes) im Hinblick auf mögliches Anderssein; er bezeichnet Gegenstände im Horizont möglicher Abwandlungen" (Luhmann 1984, 152; vgl. auch Luhmann 1971c, 310ff.).

ihren Produzenten angeboten werden, und die Produzenten müssen glaubhaft, überzeugend wirken. Kurt Ludewigs ketzerische Frage, ob „damit der Wissenschaftler zum Politiker (oder banaler: Verkäufer) umgedeutet (wird), der ... andere von seinem Wissen zu *überzeugen* sucht" (1988b, 124, Hervorhebung im Original) findet bei Ulrich Beck (1986, 277) ihre Antwort: unter den Bedingungen reflexiver Verwissenschaftlichung Ja. Untersuchungen zur Selbstdarstellung von Politikern (s. Schütz 1989) könnten mithin auch auf Wissenschaftler ausgedehnt werden. Das wäre nur konsequent, denn in Zeiten durchgesetzter Verwissenschaftlichung wird auch die Auflösung von Wissenschaft Gegenstand ihrer selbst. Die Personen- und Schulenabhängigkeit bei der Verbreitung von Erkenntnissen kann in der Psychologie allerdings durchaus als traditionelles Phänomen gelten. Persönliches Dafürhalten und Stellungbeziehen mischt sich mit methodischen Argumenten, einer Auswahl an Befunden und Wissenschaftskritik. Glaube tritt als Wissenschaft auf und umgekehrt. Dieses Amalgam läßt sich – unabhängig davon, für oder gegen welche Position – je nach Vermögen und Lobby zu beeindruckender Brillianz aufbereiten, und zwar diesseits wie jenseits der ehemaligen Gemarkungen von innen und außen.

Das unter den geschilderten Bedingungen entstandene wechselseitige Konstitutionsverhältnis von Wissenschaft, Praxis, Öffentlichkeit und Politik wird durch das Bekanntwerden derartiger Analysen noch einmal reflexiv überhöht. Die verschiedenen Gruppierungen sind dann daraufhin zu beobachten, wie sie sich darin verhalten. Beweisen Wissenschaftstheorien ein Gespür für die Paradoxien reflexiver Verwissenschaftlichung oder versuchen sie, an den alten Rationalitätsverteilungen festzuhalten? Inwieweit lassen sich auch Therapierichtungen auf diese Paradoxien ein? Immerhin müssen sie ihrerseits PraktikerInnen, ja der Öffentlichkeit insgesamt, verschärfte Aufmerksamkeit unterstellen. Ein in manchen Gruppierungen beobachtbarer Rückzug auf die Monopole des traditionellen Dualismus Arzt – Patient, Wissenschaft – Objekt beispielsweise zeigt wenig Verständnis für die Paradoxien, in denen auch PraktikerInnen und (potentielle) KlientInnen leben. Ein Verständnis für die eigene Beteiligung an den Prozessen reflexiver Verwissenschaftlichung unterscheidet sich dabei grundsätzlich von selbst- oder fremdkritischer Anti-Wissenschaft, wie sie unter anderem in der Psychologie seit Ende der sechziger Jahre nebenbei üblich ist.

Mit der Politisierung von Wissenschaft ist ein Großteil ihres Aufklärungs-Image verloren gegangen. Trat sie noch vor kurzem mit dem Anspruch an, Irrationalität durch Rationalität zu ersetzen und Tabus sozialer, ideologischer oder religiöser Herkunft zu brechen, so muß sie jetzt feststellen, daß sie sich genauso an der Herstellung von Tabus beteiligt (Beck 1986, 257). Möglicherweise sind es gerade kybernetisch klingende Argumente, die von Systemzwängen, Eigendynamiken, komplexen (d.h. in diesem Zusammenhang: der Nachfrage durch Laien nicht zugänglichen) Folge- und Nebenwirkungen sprechen. Damit entziehen sie „Gegebenheiten" der politischen Disposition, um sie von Veränderungszumutungen zu befreien. Nur sind jetzt die wissenschaftlichen Grundlagen dieser Tabus poröser: man braucht nur nachzufragen, welches Institut in wessen Auftrag das Gutachten erstellt hat. Wenn das nicht reicht, können fast immer methodische Mängel und Gegengutachten vorgebracht werden. „Ein anderer Computer, ein anderes Institut, ein anderer Auftraggeber: eine andere 'Wirklichkeit' – ein Wunder wäre es und keine Wissenschaft, wenn es nicht so wäre" (Beck 1988, 195).

Vom Resümee aus all diesen Feststellungen, welches dem „Wahr-Falsch-Positivismus eindeutiger Tatsachenwissenschaft" den Exitus attestiert (Beck 1988, 194), werden allerdings nur diejenigen wirklich erschüttert sein, denen der sich potenzierende wissenschaftstheoretische Zweifel am Faktischen bis heute entgangen ist. Die anderen dagegen wurden durch elaboriertere methodologische Positionen, wie sie von Mach über Lakatos oder Kuhn bis Feyerabend erarbeitet wurden, fast ein Jahrhundert lang vorbereitet. Der Falsifikationismus dürfte falsifiziert sein. Die unter dem Titel „reflexive Verwissenschaftlichung" zusammengefaßten Prozesse machen das, was vorher gedacht wurde, nur besonders anschaulich und vor allem öffentlich. Der Sachverhalt aber existiert seit langem: „Noch ein Nachweis der Irrationalität der (natur-)wissenschaftlichen Forschungspraxis wäre Leichenschändung. Einem Wissenschaftler mit der Frage nach der Wahrheit zu kommen ist fast so peinlich geworden, wie einen Priester nach Gott zu fragen. Das Wort 'Wahrheit' in Kreisen der Wissenschaft in den Mund zu nehmen (ebenso wie übrigens 'Wirklichkeit') signalisiert Unkenntnis, Mittelmaß, unreflektierte Verwendung mehrdeutiger, emotionsgeladener Worte der Alltagssprache" (Beck 1986, 271). Die Begriffe „Wahrheit" und „Wirklichkeit", wie sie auch in diesem Text oder speziell in der konstruktivistischen Literatur verwendet werden, dienen nur noch als assoziative Ankerreize für die kumulierten erkenntnistheoretischen Zweifel eines Jahrhunderts. Sie stehen als Chiffren für ihr (alltagssprachliches) Gegenteil. Statt faktischer, nun *hergestellte* Wahrheit und Wirklichkeit. Davon handelt die Kybernetik zweiter Ordnung. Die Wiedergabe einiger Aspekte aus Becks brillianter Analyse der reflexiven Verwissenschaftlichung sollte als Beispiel für die aktuelle Tragweite dieser erkenntnistheoretischen Position dienen. In den Arbeiten Heinz von Foersters noch sehr individuell-konstruktivistisch angelegt, werden vielleicht jetzt ihre gesellschaftspolitischen Konsequenzen erkennbar. Natürlich brauchte Beck nichts von Kybernetik zweiter Ordnung zu wissen, um den „bislang undurchschauten Zusammenhang zwischen Durchsetzung und Aufhebung szientistischer Erkenntnisideale" durchschaubar zu machen. Umgekehrt aber kann dieser Zusammenhang als Hinweis auf die Relevanz einer selbstreflexiven Kybernetik verstanden werden.

Es ist möglicherweise schon etwas gewonnen, einen erkenntnistheoretischen Ansatz verfügbar zu haben, der den neuen Verhältnissen nicht hilflos gegenübersteht. Denn „was seit Joyce, Musil, Thomas Mann die Erzählfigur des Romans lähmt oder beflügelt, nämlich die im Bewußtsein der Konstruktion zerbrochene Naivität des Erzählers, die diesen dazu zwingt, die Herstellung der Erzählung in der Erzählung selbst Thema werden zu lassen, wird in der Wissenschaft immer noch kraftvoll verdrängt" (Beck 1988, 197).

Welchen Beitrag aber eine Kybernetik zweiter Ordnung zur Entwicklung einer Lerntheorie wissenschaftlicher Rationalität (Beck 1986, 297; 1988, 197f.) leisten kann, hängt von ihren zukünftigen Ausarbeitungen und Konkretisierungen ab. Ihre Startchancen, würde ich meinen, sind nicht schlecht. Beck erhofft den Ausweg aus einer Lage, in der Wissenschaft keine Logik *hat*, in einem *evolutionären* Projekt, das sich im Ringen mit historischen Herausforderungen weiterentwickelt, ohne zu festgeschriebenen Besitzständen zu erstarren. Indem die Kybernetik zweiter Ordnung Aspekte wie (a) Selbstreferenz (speziell: Reflexivität) mit den daraus entstehbaren Paradoxien, (b) die produktive Beteiligung von Beobachtern an der Herstellung von Wirklichkeit und damit (c) Bedingungen von Wandel und Stabilisierung sozialer

(Re-)Produktion thematisiert, ist immerhin die Grundlage für eine evolutionäre, d.h. in diesem Zusammenhang: durch ihr eigenes Prozessieren wandelbare Erkenntnistheorie geschaffen. Selten jedenfalls war Erkenntnistheorie so spannend wie unter Bedingungen reflexiver Verwissenschaftlichung, selten aber auch so bedrohlich. Die Arbeit an Alternativen zu den letzten Besitzständen einfacher Verwissenschaftlichung kann dem beruflichen Fortkommen all derer, die sich an dieser Zukunftswerkstatt beteiligen, Kopf und Kragen kosten.

Das erinnert an die eingangs von Bateson getroffene Feststellung, Kybernetik sei einer der größten, aber auch unverträglichsten Bissen aus der Frucht vom Baum der Erkenntnis.

IX Kritik und Gegenkritik: Diskussion kritischer Einwände gegenüber systemtheoretischen Ansätzen

Nichts und niemand bleibt von Kritik verschont. „Jedes ausgesprochene Wort erregt den Gegensinn", sagt Goethe (cf. Luhmann 1984, 204). Warum sollten daher gerade systemische Theorie und Praxis nicht zum Gegenstand der Kritik werden, vor allem da diese im Sinne einer konstruktiven Weiterentwicklung des Ansatzes doch wünschenswert wäre? Nun, liebe Leserin und lieber Leser, Sie können beruhigt sein. Es gibt Kritik.

Nur tut sie sich schwer. Was sie vorfindet, ist eine Vielzahl von Theorien, Konzepten und Praxisvarianten, die um einen imaginären Kern herum schwirren wie eine Wolke von Mücken. Holt der Kritiker mit der Fliegenklatsche aus, sollte er, so müßte man meinen, mindestens sieben auf einen Streich erwischen. Doch wenn die Klatsche dann mit Getöse auf die Kaffeetasse, die Glasvitrine oder die Porzellanvase herniedersaust – war da nichts. Gerade da war nichts. (Diesen Sachverhalt stellt Abb. 116 dar, nur gibt es da statt Mücken Bienen und statt einer Fliegenklatsche Wasserspritzen.)

Zwei Knaben sitzen an der Pfütze
Und spritzen mit der Wasserspritze. –
Die Bienen kümmern sich nicht drum,
Sie sausen weiter mit Gebrumm.

Abb. 116

Bezogen auf unser Thema bedeutet dies, daß die Kritik zum Beispiel oft zu spät kommt, da sich Theorie und Praxis längst weiterentwickelt haben – so geschehen im Falle von Körners und Zygowskis (1988) Kritik an der (systemischen?) Familientherapie, auf die Kurt Ludewig (1988e) nur entgegnen konnte: Schnee von gestern. Andere Kritiken treffen nur Teilbereiche, die Falschen (vielleicht strategische oder strukturelle Therapie, nicht aber systemische Therapie), nebensächliche Details, Sachverhalte in einer anderen, aber nicht der eigenen Disziplin oder bewegen sich *innerhalb* des systemischen Ansatzes zwischen den einzelnen theoretischen Positionen hin und her.

In dieser Situation wäre es wohl am günstigsten, nicht aus der Perspektive einer Einzelperson heraus zu argumentieren, sondern mehrere VertreterInnen einer bestimmten Arbeits- oder Denkform mit ihren KritikerInnen direkt in einen Multilog treten zu lassen, wie ich dies zum Thema „systemische Methodologie" in der Zeitschrift für systemische Therapie (1988, Nr.2) versucht habe. (Vielleicht haben Sie Interesse, liebe Leserin und lieber Leser, einen derartigen Multilog in einer der Ihnen zugänglichen Zeitschriften zu initiieren.)

Versuchen wir trotzdem, einige Kritikpunkte an systemischen Theorie- und Arbeitsformen aufzugreifen. Wir werden uns dabei sehr strikt klarmachen müssen, gegen welchen Ansatz bzw. gegen welche Praxisform sich die Kritik genau richtet, um nicht Dinge in einen Topf zu werfen, die da nicht hineingehören. Umgekehrt sollten wir versuchen, mögliche Kritik nicht dadurch zu entwerten, daß wir uns immer auf eine andere als die gerade gemeinte Position zurückziehen (z.B.: das trifft auf eine veraltete Praxisform, eine andere Disziplin, den X-Ansatz, nicht aber den von uns vertretenen Y-Ansatz, usw.). Bemühungen um eine differenzierte Diskussion in unübersichtlicher Landschaft dürften sich lohnen, sofern damit den vorhandenen, aber unproduktiven Emotionalisierungen entgegengewirkt werden kann (vgl. z.B. die Rede vom „epistemologischen Irrtum" linealen Denkens in die eine Richtung, den Vorwurf der Arroganz oder den Vergleich paradoxer Interventionen nach dem Mailänder Modell mit Elektroschockbehandlung (Treacher 1987) in die andere Richtung). Zudem sollte es darum gehen, Argumente nicht mit immunisierenden Globalverdikten abzuschmettern (z.B.: dieser oder jener Einwand sei nichts weiter als der Ausdruck veralteten, linealen Denkens, daher nicht ernstzunehmen), wie dies teilweise der Psychoanalyse zum Vorwurf gemacht wurde. Diese, so sagt man, hätte – zumindest früher und in manchen Fällen – Gegenargumente mit psychoanalytischen Deutungen ad hominem hinwegimmunisiert: Einwände seien Ausdruck von unbewußten Ängsten, Rationalisierungs- und Verdrängungstendenzen.

Die Relevanz einer differenzierten und kritischen Auseinandersetzung mit systemtheoretischen Ansätzen wird auch deutlich, wenn man bedenkt, daß diese „in vielerlei, politisch oft prekärer Weise nutzbar gemacht werden können: für die good vibrations modischer New-Age-Esoterik gleichermaßen wie für Glasfaserverbundnetze. Wir denken allerdings auch, daß die Ablehnung, auf die die Systemtheorie gerade in kritischen PsychologInnenkreisen stößt, eher auf profunde Unkenntnis und auf den Widerwillen gegenüber mathematischen Modellen – auch wenn sie, statt festzuschreiben, die Offenheit von Wahrscheinlichkeiten liefern – zurückzuführen ist. Andererseits bringt eine beliebige und von falschen Voraussetzungen ausgehende Verwendung der Terminologie die Theorie unbeabsichtigt in Verruf" (Bilden & Geiger 1988, 446). (Dabei hofft natürlich jede(r), daß er (sie) gerade nicht zu denen gehört, die die Terminologie unter falschen Voraussetzungen verwenden und daher den Ansatz in Verruf bringen. Zudem bestehen Systemtheorien (Plural!) natürlich nicht nur aus mathematischen Modellen.)

Systemisches Denken:
Innovationseuphorie versus Revitalisierung alter Konzepte

Ein möglicher Einwand richtet sich darauf, daß systemische Ansätze vor allem hinsichtlich ihrer theoretischen Grundlagen nicht neu seien. Es sei daher nicht gerechtfertigt, sie als wissenschaftliche Innovation zu betrachten oder gar zu feiern. Dies trifft zum Teil zu, nur bleibt die Frage der Wertung offen. Sollten wir uns darüber freuen, daß es historische Wurzeln gibt, oder sollten wir uns weigern, Dinge zur Kenntnis zu nehmen, die zu früheren Zeiten und daher in anderen kulturellen und sozialen Kontexten schon einmal gedacht oder getan wurden? Letzteres wäre wahrscheinlich absurd. Vor allem bliebe nichts mehr übrig, womit man sich beschäftigen könnte, fände man doch in fast jeder Disziplin antike oder scholastische Vordenker, und wenn dort nicht, dann im Bereich anderer Kulturen. (Gerade SystemikerInnen greifen ja oft und gerne auf fernöstliches Gedankengut zurück. Taoismus z.B. steht hoch im Kurs: eine Art geistiger Ferntourismus, den ich nicht sympathisch finde.)

Machen wir uns also mit der Idee der ewigen Wiederkehr vertraut[1].

---

1   „Siehe diesen Torweg! Zwerg! sprach ich weiter: der hat zwei Gesichter. Zwei Wege kommen hier zusammen: die ging noch niemand zu Ende.

Diese lange Gasse zurück: die währt eine Ewigkeit. Und jene lange Gasse hinaus – das ist eine andre Ewigkeit.

Sie widersprechen sich, diese Wege; sie stoßen sich gerade vor den Kopf: – und hier, an diesem Torwege, ist es, wo sie zusammen.kommen. Der Name des Torwegs steht oben geschrieben: 'Augenblick'.

Aber wer einen von ihnen weiter ginge – und immer weiter und immer ferner: glaubst du, Zwerg, daß diese Wege sich ewig widersprechen?" –

„Alles Gerade lügt, murmelte verächtlich der Zwerg. Alle Wahrheit ist krumm, die Zeit selbst ist ein Kreis."

„Du Geist der Schwere! sprach ich zürnend, mache dir es nicht zu leicht! Oder ich lasse dich hocken, wo du hockst, Lahmfuß, – und ich trug dich *hoch*!

Siehe, sprach ich weiter, diesen Augenblick! Von diesem Torwege Augenblick läuft eine lange ewige Gasse *rückwärts*: hinter uns liegt eine Ewigkeit.

Muß nicht, was laufen *kann* von allen Dingen, schon einmal diese Gasse gelaufen sein? Muß nicht, was geschehen *kann* von allen Dingen, schon einmal geschehn, getan, vorübergelaufen sein?

Und wenn alles schon dagewesen ist: was hältst du Zwerg von diesem Augenblick? Muß auch dieser Torweg nicht schon – dagewesen sein?

Und sind nicht solchermaßen fest alle Dinge verknotet, daß dieser Augenblick *alle* kommenden Dinge nach sich zieht? *Also* – – sich selber noch?

Denn, was laufen *kann* von allen Dingen: auch in dieser langen Gasse *hinaus* – *muß* es einmal noch laufen! –

Und diese langsame Spinne, die im Mondscheine kriecht, und dieser Mondschein selber, und ich und du im Torwege, zusammen flüsternd, von ewigen Dingen flüsternd, – müssen wir nicht alle schon dagewesen sein?

– und wiederkommen und in jener anderen Gasse laufen, hinaus, vor uns, in dieser langen schaurigen Gasse – müssen wir nicht ewig wiederkommen? –"

Also redete ich, und immer leiser: denn ich fürchtete mich vor meinen eignen Gedanken und Hintergedanken." (Nietzsche: Vom Gesicht und Rätsel. In: Also sprach Zarathustra, 3.Teil, 1884, cf. Sämtliche Werke 1975, 173f., Hervorhebungen im Original)

Natürlich kann man systemische Ideen schon bei älteren Autoren finden. Man denke z.B. an Viktor von Weizsäckers Gestaltkreis, der die Wechselbeziehungen von Wahrnehmung und Bewegung beschreibt (vgl. später die Arbeiten von Piaget und vieler Entwicklungspsychologen nach ihm, oder Heinz von Foersters Untersuchungen zum Verhältnis von Motorium und Sensorium).

Wie Jakob von Uexküll gezeigt hat, bestimmt jedes Lebewesen sein Umwelterleben und seine Umweltinteraktion durch seine Eigenart (vgl. die bekannten Zeckenversuche). Das erinnert sehr – wenngleich in anderer Terminologie – an Humberto Maturana. Peter Hejl machte mich darauf aufmerksam, daß Maturana Jakob von Uexküll intensiver kannte, als aus seinen Schriften hervorgeht. Welche philosophischen Anregungen Maturana verarbeitete, erwähnt er kurz im Rahmen eines Interviews mit Riegas und Vetter (1986).

Interessant wäre es sicher auch, z.B. den Parallelen zwischen der Leibnitz'schen Monadenlehre und dem Konzept des Hyperzyklus bzw. der Hypothese der operationalen Schließung autopoietischer Systeme nachzugehen (vgl. Schmidt 1987b; Prigogine & Stengers 1981, 290f.; Krohn, Küppers & Paslack 1987).

Da die Systemtheorien ihre Wurzeln in sehr vielen verschiedenen Disziplinen haben, käme es einer fast enzyklopädischen Leistung gleich, ihre verzweigte Geschichte von den Anfängen bis heute zu verfolgen. Sicher aber würde es sich lohnen. (Interessierte LeserInnen seien auf folgende Arbeiten verwiesen: von Glasersfelds Ausführungen zu den philosophiegeschichtlichen Hintergründen des Konstruktivismus (1981; 1985); die Kulturgeschichte der Physik, speziell der Thermodynamik bei Prigogine & Stengers (1981); der Abriß über die Entwicklung der Selbstorganisationsforschung von Krohn, Küppers & Paslack (1987); E.J. Brunner (1988) zur Bedeutung von J. Piaget und K. Lewin für das systemische Denken in der Psychologie.)

Speziell für die Psychologie scheint mir die Hypothese nicht abwegig, bedeutende Wurzeln systemischer Denkmodelle in der Gestalt- und Ganzheitspsychologie der zwanziger Jahre zu vermuten (M. Wertheimer, K. Kaffka, K. Lewin, W. Köhler, W. Metzger; vorher noch Ch. von Ehrenfels, E. Mach, O. Külpe; s. hierzu Hofstätter 1957, 142ff.). Nicht nur inhaltlich gibt es bedeutende Anknüpfungspunkte (vgl. Portele 1989)[2]. Auch chronologisch gesehen existieren Verbindungen. Mit dem Beginn des Nazi-Regimes kam in Deutschland jede sinnvolle psychologische Theoriearbeit zum Stillstand. In der Zeit nach dem zweiten Weltkrieg wurde der Neuaufbau der deutschsprachigen Psychologie hauptsächlich von der experimentellen Methodik sowie von amerikanischen Importen, vor allem dem Behaviorismus bestimmt. Kognitive und emotionale (Rück-)Wenden sollten die (Klinische) Psychologie wieder in die Lage versetzen, psychische Funktionen zu berücksichtigen. Handlungstheorien, wie sie Ende der siebziger und Anfang der achtziger Jahre in die Diskussion gerieten, transportierten die steuerungs- und entscheidungsrationalistischen Idealisierungen der sowjetischen bzw. ostdeutschen Arbeitspsychologie. Vielleicht sind es erst wieder die systemtheoretischen Ansätze, welche die tra-

---

2 Bemerkenswert aktuell und traditionell zugleich klingt die Forderung des Gestaltpsychologen F. Krueger nach einer „Wiederherstellung der Psychologie als Seelenwissenschaft" (Wellek 1950 cf. Hofstätter 1957, 145; vgl. die Initiative „Neue Psychologie" Berliner Hochschullehrer).

ditionellen Bemühungen um die Erforschung struktureller und dynamischer „Gestalten" in psychischen sowie kommunikativen Systemen aufgreifen. Hierzu wären ausführlichere psychologiegeschichtliche Recherchen von Interesse. (Mit dieser historischen Hypothese möchte ich allerdings keine Wertungen über die wissenschaftliche Qualität der einzelnen Ansätze verbinden.)

Nicht zu unterschätzen ist sicher der Einfluß der Psychoanalyse auf die Entwicklung speziell der Systemischen *Therapie*. Sie war gewissermaßen der konzeptuelle Hintergrund, von dem sich viele Familientherapeuten abstießen, um ihre eigene Identität zu entwickeln. So hat sich die Psychoanalyse dieser klinischen Arbeitsrichtung gewissermaßen als eine Negativmatrix aufgeprägt, die hinter deren positiven Konturen an manchen Stellen deutlich hindurchschimmert (z.B. am offensiven Antiindividualismus der frühen systemischen Familientherapie, s. aber neuerdings Selvini Palazzoli et al. 1987; für eine Würdigung der Einflüsse von Psychoanalyse *und* Systemtheorien auf die persönliche Entwicklung einer Therapeutin s. Riedler-Singer 1986).

Deutliche Impulse erhielten auch schematheoretische Entwicklungen (s. unter anderem Ciompi 1982; 1986; Grawe 1986b; 1987; 1988) aus psychoanalytischer Richtung, unter anderem aus der Ich-Psychologie (Kernberg) und der Interaktionellen Psychotherapie nach Sullivan (z.B. 1953). Dies ist vor allem deshalb von Bedeutung, weil sich schematheoretische Ansätze m.E. nahtlos in eine Theorie selbstreferentieller psychischer Systeme einfügen (vgl. oben Kapitel IV), womit sich eine Integration aus Elementen der genetischen Epistemologie (Piaget), der Theorien dissipativer (Prigogine) und autopoietischer Systeme (Maturana) sowie eben der Psychoanalyse andeutet. Die genannten Ansätze weisen auch untereinander deutliche Kompatibilitäten auf (s. z.B. de Saussure 1933; Scheider 1981, 1983; Ciompi 1982). Ciompi (1982) meint sogar, daß sich Freud, hätte er heute gelebt, zweifellos systemtheoretischer Begrifflichkeit und Modellvorstellungen bedient hätte.

Es gibt also im Verhältnis zu historischen Vorbildern Parallelen und Wiederholungen. Natürlich. Das gibt es in allen Bereichen der Psychologie. Nur zwei Beispiele: Die als fortschrittlich geltenden multikonditionalen Ätiologietheorien gehen mindestens zurück auf den Physiologen Claude Bernard (zweite Hälfte des 19. Jahrhunderts), ebenso wie übrigens auch die Idee der 'Konstanthaltung des inneren Milieus' (1859), später (1932) von Cannon als „Homöostase" bezeichnet. Das Konzept der biopsychosozialen Störungsmodelle (z.B. Engel 1977) reproduziert traditionelle anthropologische Schichtenmodelle (z.B. bei Nicolai Hartmann), ohne aber klarzulegen, wie diese Ebenen in ihrem Funktionieren aufeinander bezogen sind.

Etwas pessimistisch getönt könnte man vielen wissenschaftlichen Leistungen unterstellen, daß selten ein „Aufbruch zu neuen Ufern auf neuen Wegen unternommen", sondern in der „Hauptsache ... das, was in anderen Theorien schon enthalten ist, nur neu bezeichnet und anders arrangiert" wird. So jedenfalls lautet eine Kritik, die Haferkamp (1987, 83) gegen Luhmann vorbringt. Den Glauben an Fortschritt wollten wir ja von allem Anfang an nicht als Motiv für die Beschäftigung mit systemtheoretischen Ansätzen in Anspruch nehmen (s. oben Kapitel I). Wenn Haferkamp allerdings Recht hat – das sei mir als persönliche Stellungnahme zugestanden –, dann ist Luhmanns Theorieentwurf sicher einer der kreativsten und fruchtbarsten Neuarrangements, die in den letzten Jahren und Jahrzehnten angeboten wurden. Abgesehen von der Schwierigkeit, den Neuheitsgrad einer Leistung zu beurteilen, ist mit alternativen Arrangements, mit veränderten Wirklichkeits(re-)konstruktionen durchaus etwas gewonnen. Orientieren wir uns an Helmut Willke (1984, 199), der im Anschluß an seine Ausführungen zu den Problemen therapeutischer Intervenierbarkeit in selbstreferentielle System folgendes zu bedenken gibt: „Der therapeutisch erfahrene Leser wird sich nach all den vorgeführten Schwierigkeiten ... fragen, was denn nun eigentlich Neues daran sei. Nun – nichts. Im Gegensatz zum Praktiker geht es dem Theoretiker nicht um das Ergebnis, sondern um die mögliche Begründung eines Ergebnisses, das wir durchaus schon kennen mögen. Denn nur brauchbare Begründungen machen Erfahrungen transferierbar. Bei George Spencer-Brown, einem theoretischen Mathematiker (!) findet sich der bemerkenswerte Satz: '... In jeder Disziplin versuchen wir mittels einer Mixtur aus Kontemplation, symbolischer Repräsentation, Kommunion und Kommunikation das herauszufinden, was wir bereits wissen' (1979, XXIII)."

Die Frage ist oft nur, wie großartig Innovationen angekündigt werden. Wenn sie in diesem Punkt aber etwas Zurückhaltung an den Tag legen, haben systemische Ansätze diesbezüglich keine größeren Probleme als alle anderen Ansätze auch. Soweit die eher konservative Argumentation.

Verfolgt man dagegen eine progressive Argumentationslinie, könnte man auf die zahlreichen Impulse hinweisen, die in den letzten Jahren von systemischen Ansätzen ausgingen. Selbst innerhalb der systemischen Theorie und Praxis haben es die dort stattfindenden Veränderungen so gut wie unmöglich gemacht, Schritt zu halten. Ein Beispiel hierfür liefern Theorieentwicklungen, die ein Umdenken (man findet sogar den Begriff „Paradigmenwechsel") von Input-Output-Modellen und kybernetischen Steuerungskonzepten zu Autonomie- und Selbstorganisationsmodellen (s. z.B. Reiter & Steiner 1986a; Luhmann 1984, 27) vollzogen haben.

Für viele PraktikerInnen bedeutete die Ausbildung in systemischer Therapie einen grundlegenden Wandel in der Art und Weise, wie sie auf Menschen zugingen und mit ihnen arbeiteten. Die meisten von ihnen erlebten diesen Wandel als sehr nützlich: er brachte mehr Offenheit für die eigenständigen Lösungswege und Lebensformen ihrer KlientInnen, befreite von Druck und Schuldzuweisungen und schulte den Blick für die vielfältigen Möglichkeiten menschlichen Zusammenlebens. Gleichzeitig vollzog sich dieser Wandel nicht als einmaliger Sprung, sondern im Sinne einer kontinuierlichen, persönlichen und fachlichen Fortentwicklung. Insofern dabei faszinierende Entdeckungen möglich, aber auch Verzichtleistungen auf vertraute Denkgewohnheiten gefordert sind, handelt es sich bei vielen tatsächlich um Entwicklungen von persönlichem Neuheitswert – mit all den Dissonanzen und Reibungsverlusten, die mit solchen Entwicklungen eben verbunden sind.

Entscheidend ist aber nicht der ohnehin nur schwer feststellbare Neuheitswert eines Ansatzes, sondern die Frage, unter welchen gesellschaftlichen und kulturellen Bedingungen bestimmte erkenntnistheoretische Positionen, Theorievorschläge und Praxisformen aktuell werden können. Aufschlußreich war für mich diesbezüglich eine Zusammenstellung tiefenpsychologischer Fragmente aus dem Werk von Friedrich Nietzsche, die Jaspers in seiner Nietzsche-Analyse (1950) vorgenommen hat. Diese Fragmente nehmen bedeutende Aussagen der Freud'schen Psychoanalyse vorweg. Und dennoch war es nicht der Philosoph Nietzsche, sondern der Arzt

Freud, der die Psychoanalyse begründete, nur wenige Jahrzehnte später, und auch nicht in Basel oder Sils Maria, sondern in Wien. Was ähnlich klingt, kann in verschiedenen Kontexten also sehr unterschiedliche Bedeutung erhalten. So macht es doch einen Unterschied, ob die Formulierung „jemand 'zeige' depressives Verhalten" (statt: „Jemand 'ist' depressiv") von einem Behavioristen (z.B. Skinner) benutzt wird oder einem systemischen Therapeuten zur Bezeichnung des kommunikativen Stellenwerts eines individuellen Problems dient.

Wissenschafts- und psychotherapiesoziologische Untersuchungen müßten prüfen, wie es möglich war, daß systemisches Denken seit ca. 10 bis 15 Jahren breites Interesse erweckt. Bedenkt man die Rolle der Familientherapie bei dieser Entwicklung, kann man sicher der Destabilisierung der gesellschaftlichen Institution Familie (mit einem Schlagwort: von der „Bindungsfamilie" zur „Vertragsfamilie auf Zeit", s. Beck 1986) einige Bedeutung beimessen, zumal große familientherapeutische Erfolge mit systemischen Methoden bekannt (wenngleich völlig unzureichend empirisch belegt) wurden. Andere Gründe betreffen die subjektiv zunehmende Komplexität der Lebensverhältnisse, welche sich in größerer Schnellebigkeit und Informationsdichte sowie engeren Vernetzungen von früher räumlich wie inhaltlich getrennten Bereichen manifestiert (vgl. Dörner et al. 1983; Dörner 1989). Hinzu kommt die Auflösung von ökologischen und sozialen Gefügen („Systemen"), die als Umweltkatastrophen, Gesundheitsgefährdungen, soziale Krisen, Freisetzungsprozesse usw. erlebt und vor allem: nicht unabhängig voneinander erlebt werden. Interessant wird, was nicht mehr problemlos verfügbar ist (Reaktanz). Hat man schließlich „systemische" Denkraster und Umgangsformen entwickelt, so tragen umgekehrt entsprechende Wahrnehmungs- und Kommunikationsereignisse zu deren Expansion bei.

Diese Hinweise beinhalten lediglich Bruchstücke, die aber als Anregung verstanden werden mögen, sich intensiver um die sozio-kulturellen Hintergründe systemischer Theorie und Praxis zu kümmern.

Probleme der systemischen Terminologie

Die Durchsicht der Literatur zur systemischen Therapie vermittelt den Eindruck, daß die verwendete Terminologie oft in unexakter, metaphorischer Weise benutzt wird. Man erfreut sich daran, Begriffe aus anderen Wissenschaften zu übernehmen und/oder Neologismen zu erfinden, so als ob mit neuen Wörtern schon neue Erkenntnisse verbunden wären. Diese Kritik richtet sich, das sei nochmals betont, nicht gegen die wissenschaftlichen Originalarbeiten aus Biologie, Soziologie oder Physik, die sich im Gegenteil durch eine klarerweise unterschiedliche, aber meist konsistente und präzise Begrifflichkeit auszeichnen (Beispiel: die Präzisierung des Autopoiese-Konzepts durch an der Heiden, Roth & Schwegler 1985). Betroffen sind vielmehr Arbeiten aus dem Umfeld der systemisch orientierten psychosozialen Praxis. In diesem Bereich erzeugt die zuweilen euphorische Übernahme von disziplinfremden Konzepten vor allem dann Mißverständnisse, wenn Termini bereits mit anderen fachlichen oder alltagssprachlichen Bedeutungen belegt sind. Beispiele: „mechanistische Erklärung" (s. Kapitel III), „Kontingenz" (wobei hier die auf die scholastische Theologie zurückgehende, soziologische Wortbedeutung im Vergleich zur lerntheoretischen wesentlich älter ist), „Geschlossenheit" (verstehbar (a) im Sinne des theoretischen Sonderfalls der thermodynamischen Geschlossenheit, (b) als kommunikative Isolation oder (c) als operationale Schließung selbstreferentieller Systeme, vgl. Kapitel IV) oder „Autonomie" (im Sinne (a) einer psychologischen Eigenschaft, gemessen mittels Autonomieskalen; (b) als spezifisches interpersonelles Beziehungsmuster, wie z.B. im Circumplex-Modell vorgesehen, oder (c) als Bezeichnung für das spezifische System-Umwelt-Verhältnis operational abgeschlossener, selbstreferentieller Systeme, s. Varela 1979; Maturana 1982; Reiter & Steiner 1986b; Roth 1987).

Ein anschauliches Beispiel für inkonsistente Begrifflichkeiten liefern Bilden & Geiger (1988, 447): „Soziale Systeme wie auch das Subsystem Mensch sind aber hochdimensionierte Systeme mit mehreren Freiheitsgraden, von denen nicht einmal die möglichen Systemzustände, noch weniger die Übergangswahrscheinlichkeiten bekannt oder zu ermitteln sind, denn laufend kommen neue Variablen hinzu, alte fallen weg. ... Anders als das Modell vom autonomen Individuum bietet ein systemischer Ansatz mithin die Möglichkeit, das Individuums-System statt in künstlicher Geschlossenheit gerade auch in seinen Irregularitäten, ja in chaotischen Zuständen dennoch als System zu erkennen." Werden hier „Menschen" als Subsysteme von sozialen Systemen gefaßt, und wenn ja, worin hat man sich dann deren Dimensionen vorzustellen? Sollen „Menschen" und „soziale Systeme" die gleichen „Systemzustände" aufweisen? In welchem Verhältnis stehen die „Variablen" zu „sozialen Systemen" und „Menschen", handelt es sich dabei doch um völlig verschiedene Beschreibungsebenen? In welcher Hinsicht sollen ein Autonomie-Modell und ein systemischer Ansatz Gegensätze darstellen? Bedarf es einer besonderen Betonung, daß ein systemischer Ansatz es erlaubt, das „Individuum" (gemeint ist wohl: die psychischen Prozesse eines Individuums) als System zu konzipieren?

Obwohl das Zitat aus dem Zusammenhang gerissen ist – an anderen Stellen wird manches dann doch klarer –, kann daraus entnommen werden, wie sehr begriffliche Probleme an theoretische Probleme gebunden sind. Theoriebautechnisch günstig erscheint es mir, sich nicht auf das „Individuum" oder den „Mensch" als „System" (bzw. Systemkomponente oder Subsystem eines anderen Systems) einzulassen, da diese Begriffe theoretisch unscharf sind und nur zu einer uneinlösbaren Ganzheitlichkeitsrhetorik beitragen (vgl. die Polemik von Kraiker 1986). Für sinnvoll halte ich es auch, (a) mit möglichst wenigen theoretischen Begriffen (b) auf einer relativ hohen Abstraktionslage anzusetzen, um diese dann durch Zusatzannahmen und Kernerweiterungen (im Sinne der strukturalistischen Theorienauffassung nach Stegmüller 1973; 1979) für spezifische Anwendungsfelder zu konkretisieren (vgl. oben Kapitel IV).

Nun sind Bilden und Geiger mit den angesprochenen Problemen keineswegs allein. Ein anderes Beispiel für die Vernachlässigung logischer Buchhaltung (und damit: für begriffliche Unschärfe), das fast schon ästhetischen Wert hat, liefert einer der bedeutendsten Praktiker der systemischen Therapie: „Ein kurzer Blick auf das 'beobachtete System' zeigt, daß es Personen (in unterschiedlichen Rollen), Maschinen, physische Objekte und eine gemeinsame Aufgabe umfaßt: der Kontext, das Setting und das Verhalten innerhalb dieses Settings sind verknüpfte Teile des 'beobachteten

Systems'" (de Shazer 1988b, 221). Weiterhin, so möchte man ergänzen, noch Kraut und Rüben. Die Zusammenstellung klingt nach einem öffentlichen Happening zur Herstellung eines Kunstobjekts. Soll dabei der „Kontext" Teil des „Systems" sein?

Beide Artikel – sowohl derjenige von de Shazer als auch der von Bilden und Geiger – zeigen übrigens, daß es sehr wohl möglich ist, trotz terminologischer Probleme inhaltlich verständliche und interessante Mitteilungen zu machen. Auch die praktische Bedeutung des Therapieansatzes von de Shazer wird dadurch nicht im geringsten geschmälert. Weder die Relevanz noch die Verständlichkeit von Sprachprodukten korreliert eindeutig mit deren begrifflicher Exaktheit (manchmal trifft sogar das Gegenteil zu). In vielen Kommunikationssituationen, sei dies im Alltag oder selbst in fachlichen Diskussionen, kommen wir mit Näherungen, mit der Einkreisung des Gemeinten durch Redundanz, mit der assoziativen Aktivierung begrifflicher Bedeutungsfelder aus. Jede(r), der (die) im Ausland trotz mittelmäßiger Sprachkenntnisse schon anregende Diskussionen geführt hat, weiß das. Hinzu kommt, daß gerade im therapeutischen Sektor oft metaphorische, bildhafte oder idiosynkratische (auf den Sprachgebrauch einer bestimmten KlientIn zugeschnittene) Wortverwendungen produktiver sind als lexikalisch richtige. Vielleicht wird von daher die Freude an Neologismen und schillernden Sprachspielen ein wenig verständlicher.

Dennoch bleibt die Kritik bestehen. Insbesondere wissenschaftliche Arbeit ist auf begriffliche Präzision angewiesen. Reimund Böse und ich (1989) haben mit der Erstellung eines Glossars zur systemischen Theorie und Therapie einen Beitrag in diese Richtung zu leisten versucht. Wir beanspruchen damit selbstverständlich nicht, den Sprachgebrauch auf Verbindlichkeiten zu normieren, sondern wollen lediglich die Diskussion einen Schritt vorantreiben. Das aber braucht Zeit. In einer Situation, in der vieles noch theoretisch unklar ist und mehrere Ansätze (und damit Terminologien) unverbunden oder nur scheinbar verbunden nebeneinander stehen, müssen wir uns diese Zeit nehmen. Präzisierungsversuche sind notwendig. Hierzu tragen nicht zuletzt Bemühungen um empirische Forschung bei. Nachteilig wäre es dagegen, zu schnell mit immer neuen Konzepten voranzueilen. Der systemische Ansatz im psychosozialen Bereich braucht meines Erachtens eine Konsolidierungsphase, um die Fülle an Innovationen, die in den letzten Jahren vor allem aus dem Kontakt mit anderen Disziplinen zustande kamen, zu sichten, zu verdauen, und auch empirisch umzusetzen. Dabei sollten die vorhandenen Unterschiede zwischen einzelnen theoretischen und praktischen Ansätzen deutlich gemacht werden, um die Konsistenz und Klarheit innerhalb der Ansätze zu steigern. Dies ist Merkmal aller evolutionären Wege: Diversifikation.

Ein anderes Problem mit der Sprache besteht darin, daß systemische wie andere Terminologien dazu geeignet sind, Sachverhalte zu verschleiern. Systemische Therapieformen bedienen sich einer nicht-interventionistischen Sprache, reden von Nicht-Instruierbarkeit, haben aber zugleich ihre „Techniken". Wie paßt das zusammen[3]? Überall dort, wo etwas per Sprachregelung als nicht existent definiert wird,

---

3　Anm.: Es paßt möglicherweise dann zusammen, wenn man Techniken nicht als Interventionsregeln, sondern als „organisierte Erfahrungsbildung" (Keupp 1982, 208) als Handlungsprogramme (sensu Luhmann) oder als Routinen zur therapeutischen Komplexitätsreduktion begreift.

sollte man mißtrauisch werden. Probleme seien gewissermaßen sprachliche Artefakte kommunikativer Problem-Systeme, das Konzept der Macht sei ein epistemologischer Irrtum, ebenso das Konzept des Widerstands, Input-Determinierung, mithin Fremdkontrolle sei für nicht-triviale Systeme ausgeschlossen, usw. Ich möchte damit nicht sagen, daß die hinter diesen Annahmen stehenden Konzepte unsinnig seien. Im Gegenteil denke ich, daß Konstrukte wie „Macht", „Widerstand" oder „Kontrolle" therapeutisch wie politisch mehr behindern als nützen. Trotzdem mahne ich zur Vorsicht gegenüber den immer und überall möglichen Manipulationen durch Sprache. Jede(r) muß für sich selbst prüfen, an welchen Sprachspielen er (sie) sich beteiligt. Nur zu schnell kann „vernetztes Denken" (und Planen) zu immer subtileren, indirekteren und intransparenteren Zugriffsformen psychosozialer „Hilfen" führen (vgl. das Schlagwort von der „hilfreichen Belagerung"; Verwaltungs-, Überwachungs- und Kontrollmaßnahmen folgen dann oft auf dem Fuß). Und „Komplexität" kann bedeuten: Rechtfertigung von sog. Sachzwängen, Undurchschaubarkeit für sog. Laien, schließlich: für Demokratie nicht zugänglich.

Jegliche Terminologien und Sprachspiele sollten uns dazu herausfordern, nach den gesellschaftlichen Interessen zu fragen, die an ihrer sozialen Konstruktion beteiligt sind. In welchen politischen, kulturellen und sozialen Verhältnissen kann welche Sprache gedeihen? Wer bedient sich ihrer? Was kann damit erreicht, gesichert, verschleiert werden?

Eine derart kritische Haltung ist aber nicht nur gegenüber systemischen Sprachspielen angebracht, sondern allen anderen gegenüber ebenso. Es gibt eine Rhetorik der Eigentlichkeit, der Solidarität, des politischen Bewußtseins, der Rationalität, der Transparenz, usw. Aus der Praxis dieser Rhetoriken kann gelernt werden, worin der Unterschied zwischen Sein und Schein besteht. Erlebnisweisen werden nicht eigentlicher, echter, unmittelbarer, indem man sich der entsprechenden Redeformeln bedient. Eher das Gegenteil trifft zu. Rationalität läßt sich nicht allein durch wissenschaftlichen oder der Logik entlehnten Sprachgebrauch gewährleisten. Schließlich Transparenz: je eindeutiger man gesagt bekommt, wie die Dinge funktionieren (in der Psychotherapie beispielsweise), desto mehr Zweifel sind gerechtfertigt. Die scheinbar transparente Offenlegung dessen, was in der Therapie wie passieren wird, läßt ein Bewußtsein dafür vermissen, daß diese Aussagen nur auf Hypothesen beruhen, mit umfangreichem Unwissen behaftet sind, die (wenn auch wissenschaftliche) Meinung und den Erfahrungsstand der jeweiligen TherapeutIn wiedergeben, und daß schließlich das kommunikative Geschehen mit zahlreichen Imponderabilien behaftet ist, die jederzeit auch zu anderen Interpretationen Anlaß geben könnten. Eine Rhetorik, die Therapie als technisch handhabbaren und wissenschaftlich durchschauten Prozeß vermittelt, ist deshalb nicht transparenter als der Hinweis, daß Therapie ein spontaner, von Paradoxien nicht verschonter (Neu-)Konstruktionsprozeß sozialer Wirklichkeiten sei.

Ich argumentiere selbstverständlich nicht für Täuschung, sondern möchte im Gegenteil die Selbsttäuschungen enthüllen, die aus einem zu einfachen, unreflektierten Begriff von Transparenz leicht resultieren.

Keine Therapie, so lautet ein anderes Gegenargument, kann all das, was denkmöglich wäre, was die Beteiligten an handlungsleitenden Vorstellungen und Vermutungen produzieren, zur unkontrollierten Verbalisation freigeben. Man wartet aufnahmebereite Momente ab und sieht zu, daß das, was gesagt und getan wird, auf fruchtbaren Boden fällt (vgl. die Untersuchungen zur „Aufnahmebereitschaft" bei Ambühl & Grawe 1988; 1989). Nur wäre es verfehlt, diese Reglementierung, die in ähnlicher Weise im Unterricht, in Diskussionen, ja in fast allen sozialen Situationen Gültigkeit beansprucht, als Intransparenz (im Sinne eines gezielten Vorenthaltens notwendiger Informationen) zu bezeichnen. Soweit es dieses Reglement erlaubt, ist es natürlich notwendig und sinnvoll, KlientInnen an allen Vermutungen und Diskussionen der TherapeutInnen teilhaben zu lassen[4]. Daß es auch möglich ist, haben die in der systemischen Therapie entwickelten Verfahrensformen des „reflecting team" gezeigt. (Hierbei erhalten die KlientInnen (z.B. eine Familie) unmittelbar Gelegenheit, der Reflexionsphase des therapeutischen Teams beizuwohnen, um sich anschließend ihrerseits wieder mit den Beobachtungen des Teams auseinanderzusetzen.)

Verlust des Individuums?
Theorie und Praxis ohne Subjekt-Rhetorik

Die folgenden Kritikpunkte betreffen vorwiegend die systemische Familientherapie und ihre Konzepte von psychischem Leid. Zu sehr ziehen sie sich auf (a) sprachliche (b) Face-to-Face-Interaktion (c) in Kleingruppen (z.B. Familien) zurück. Auch viele ihrer theoretischen Modelle sind speziell auf diese Situation hin zugeschnitten. Doch ist zu bezweifeln, ob psychisches oder auch zwischenmenschliches, insbesondere aber körperliches Leiden als rein sprachlich-kommunikatives Artefakt behandelt werden kann, wie dies etwa Ludewig (1987; 1988a) oder Goolishian & Anderson (1988) versuchen. Darin sind zwar für den Anwendungsfall der Mehrpersonen-Konsultation (z.B. Therapie und Teamsupervision) durchaus therapiepraktische Vorteile zu erkennen (vgl. Kapitel II, 7c). Aber verliert man nicht das, was man in einer ganz anderen Terminologie als Produktionsverhältnisse, soziale und materielle Benachteiligungen oder sozial-ökonomische und kulturelle Lebensbedingungen bezeichnen würde damit ebenso aus dem Blick wie das Individuum (Körner & Zygowski 1988)? Befassen wir uns zunächst mit dem „Verlust des Individuums", dann mit den Lebensbedingungen.

Die Kritik an einem „Verlust des Individuums" ist sicher nicht ganz aus der Luft gegriffen, vor allem wenn man die ältere Literatur zur systemischen Familientherapie zugrunde legt. Der dort gepflegte Reduktionismus auf Familien- oder Sprachspiele wird weder einem therapeutischen noch einem wissenschaftlichen Verständnis menschlicher Lebenswirklichkeit gerecht. Ohne dieses Urteil relativieren zu wollen, möchte ich jedoch einige Bemerkungen zur neueren Therapiepraxis ebenso wie zu neueren Theorieentwicklungen machen, die sich wieder verstärkt dem Individuum zuwenden. Auch werden wir uns zumindest kurz mit den Überfrach-

---

4 Eine am Beginn der Therapie stattfindende Information darüber, was KlientInnen in der Therapie
   erwartet und nach welchen Prinzipien die Therapie läuft (einschließlich aller Formalia) gehört ohnehin zum ethischen Standard.

tungen konfrontieren müssen, welche die Subjekt-Rhetorik theoretisch fast ma-
növrierunfähig machen.

Wählen wir als Ausgangspunkt die heftige Kritik von Treacher (1987) an einer
„entmenschlichten" Praxis systemischer Therapie. Treacher regt sich darüber auf
(so formuliert er das selbst), daß dem individuellen Erleben der KlientInnen zu
wenig Bedeutung beigemessen werde. Bereits der Sprachgebrauch („jemand zeige
Traurigkeit" statt „jemand ist traurig") mache deutlich, daß die Erfahrungen der
KlientInnen als irreal abgetan würden, als Produkt eines kommunikativen Spiels
in der Familie. Was KlientInnen „... sagen, kann deshalb als bedeutungslos beisei-
tegelassen werden" (a.a.O., 171). In dieser Kritik sind meiner Meinung nach einige
Mißverständnisse enthalten. Erstens scheint mir die zitierte Schlußfolgerung nicht
gerechtfertigt. Systemische TherapeutInnen (zumindest diejenigen, die ich kenne)
nehmen das, was ihre KlientInnen sagen, sehr wohl ernst. Im Gegenteil erhalten
der persönliche sprachliche Ausdruck, die Wortwahl, die verwendeten Bilder und
Metaphern große (im Vergleich mit dem nonverbalen Ausdruck vielleicht sogar zu
große) Bedeutung. Zweitens hat man zu berücksichtigen, daß das Reden über Therapie nicht gleichbedeutend ist mit therapeutischem Handeln. Die meisten TherapeutInnen müssen für ihre klinische Wirklichkeitskonstruktion zwangsläufig reduzierte und vereinfachte Modelle benutzen, begegnen dann aber doch in sensibler
und verständnisvoller Weise dem konkreten, „ganzen" Menschen. Solche Verkürzungen lauten: Probleme sind eine Funktion vergangener psychischer Erlebnisverarbeitung; Probleme sind eine Funktion gelernten Verhaltens in konkreten Situationen; Probleme sind eine Funktion irrationaler Gedanken oder eben auch: Probleme sind eine Funktion emotional bedeutsamer Beziehungskonstellationen. Wenn
man sich der (sogar massiven) Verkürzungen all dieser Perspektiven bewußt bleibt
und auch das Gespür für die Begegnung mit konkreten Menschen nicht verliert,
dann mag es durchaus hilfreich sein, sich in der Anwendung einer dieser Perspektiven (im Sinne einer ganz pragmatischen Komplexitätsreduktion) zu schulen. Im
Gegenteil kann es zu verwirrenden Botschaften führen, wenn TherapeutInnen allzu
leichtfertig zwischen diesen Perspektiven hin und her springen (z.B. „dies ist eine
individuelle Krankheit der Person A" und zugleich: „eine Chance zur Lösung des
Problems besteht darin, die Beziehungsgestaltung zu verändern"). Ich denke, man
sollte lernen, einmal eine Perspektive konsequent durchzuhalten, um sie vielleicht
später mit einem vertieften Verständnis wieder aufgeben zu können. Drittens beruht
die Kritik offenbar nur auf einigen Textpassagen des Buches „Paradoxon und Gegenparadoxon" (erstmals erschienen 1975 in Mailand). Ob Treacher die konkrete
therapeutische Arbeit des Mailänder Teams kennt, geht aus seinem Artikel nicht
hervor. Jedenfalls bezieht er sich nicht darauf. Das Mailänder Team hat zudem seit
den Zeiten von „Paradoxon und Gegenparadoxon" erhebliche Wandlungen durch-
gemacht, worauf Selvini Palazzoli (1987) in ihrer Gegenstellungnahme hinweist.
Das Team hat sich 1979 getrennt. Lege ich meinem Urteil die (wenigen) Videoaufzeichnungen, die ich von der Arbeit von Boscolo und Cecchin gesehen habe, sowie
die in Boscolo et al. (1988) enthaltenen Transkripte zugrunde, würde ich deren Stil
als sehr wertschätzend gegenüber der Person jeder einzelnen KlientIn (Mehrpar-
teilichkeit im besten Wortsinn) und als humorvoll einschätzen. Aber das ist persönliches Dafürhalten. Argumentativ bedeutsamer ist vielleicht viertens der Hinweis
auf einen Wandel in der theoretischen Position, den Selvini Palazzoli und ihr neues

Team (1986; 1987) vollzogen haben: In ihrer früheren systemischen Position „...
hatten sich Hypothesen als systemisch eingeschmuggelt, die in Wirklichkeit *immer*
und überall das Symptom des designierten Patienten nur auf einer einzigen Ebene
wahrnahmen: Auf der mikrosozialen familiären. Einen solchen familiären Reduktionismus zu überwinden, bedeutet nicht *nur*, das Beobachtungsfeld und die Hypothesenbildung auf die erweiterte Familie, sowie auf Hilfsinstitutionen auf dem
sozial-ökonomischen, kulturellen Kontext usw. hin auszudehnen ... [Es wird immer
mitbedacht,] daß jeder einzelne sein Ziel, seine Strategie hat, auch wenn er *unlöslich*
von dem Spiel, das auf der familiären und auf den übergeordneten Ebenen im
Gange ist, abhängt. Jede einzelne Ebene hat eine *relative Autonomie*, eine *partielle
Unabhängigkeit*: So etwa die genetischen Mechanismen, die Physiologie des menschlichen Körpers, die Identität des einzelnen, die Familie etc." (Selvini Palazzoli et
al. 1987, 145, Hervorhebungen im Original).

In der Zwischenzeit haben sich übrigens auch eine Reihe verschiedener systemischer
Therapiemethoden zur Arbeit mit EinzelklientInnnen entwickelt (de Shazer 1985;
1988a; 1989; Weber & Simon 1987; Weiss 1988).

Durch die frühere ausschließliche Konzentration auf die interpersonelle Kommunikation leisteten VertreterInnen systemischer Therapieformen sicher auch einen
unglücklichen Beitrag zur Verdrängung der Psychoanalyse aus der Psychologie
und aus der psychosozialen Praxis. Sie schlugen damit in eine Kerbe mit der akademischen Psychologie. „Von Anbeginn unserer Arbeit mit Familien an hatten wir
uns ... eindeutig entschieden, das psychoanalytische Modell völlig beiseitezulassen,
um ausschließlich das systemische Modell zu übernehmen. Wie alle Neophyten
eines neuen Glaubens wurden wir päpstlicher als der Papst und begriffen [die
Beschäftigung mit, G.S.] einzelnen Individuen als Falle, die es sorgfältig zu vermeiden galt" (Selvini Palazzoli 1987, 176). Zu eng wurde offenbar die Psychoanalyse
mit einer individualistischen Sichtweise identifiziert und dabei vergessen, daß Freud
auch eine Sozialpsychologie begründete, die sich in Richtung Familiendynamik
(z.B. H.-E. Richter, frühere Arbeiten von H. Stierlin), Gruppendynamik (z.B. R.
Schindler) und auch Gesellschaftsanalyse (z.B. E. Fromm, I. Caruso) entwicklungsfähig erwies. Clemenz (1988) hebt hervor, *„daß Freud die zentralen Probleme, aus
denen heraus sich die Familientherapie als neuartiges Setting und als neues therapeutisches
Paradigma entwickelte, erkannt hatte.* Freud schenkte freilich der daraus resultierenden
theoretischen Frage, nämlich der *Verknüpfung der genuin psychoanalytischen mit der
interaktiven Perspektive* keine weitere Beachtung" (S 330, Hervorhebungen im Original).

Zweifellos trifft der Vorwurf des Antiindividualismus gerade auf jene Ansätze nicht
zu, die sich explizit darum bemühen, psychoanalytisches Gedankengut zusammen
mit Aspekten der Theorie selbstreferentieller (dort meist: autopoietischer) Systeme
für ein Verständnis intrapsychischer *und* interpersoneller Prozesse nutzbar zu machen (Ciompi 1982; 1986; Grawe 1986b; Schneider 1983; 1987; 1988;1989). Nimmt
man das hinzu, was in der Schematheorie Piagets und in Luhmanns Schriften zu
psychischen Systemen (Luhmann 1984, 346-376; 1985) an Theoriearbeit geleistet
wurde, so ist von einer Weiterentwicklung dieser Ansätze eine wirkliche Psychologie
des menschlichen Seelenlebens zu erwarten (ich formuliere das im Anschluß an
Jüttemanns Kritik (1986) an einer gegenstandsverkürzten „Psychologie ohne Seele"

absichtlich so). Wie ich diese Entwicklungen bislang einschätze, dürfte es damit gelingen, emotionale und kognitive Dynamiken in ihrem Bezug zur zwischenmenschlichen Beziehungsdramaturgie (vgl. auch sog. dramaturgische Persönlichkeitstheorien, L. Laux) besser zu verstehen. Insbesondere kann daraus ein umfassendes Verständnis für verschiedenste (nicht nur systemische) Therapieformen erwachsen.

Nun kann man sich natürlich dem Individuum theoretisch zuwenden, gewinnt aber dennoch das „Subjekt" nicht mehr. In der Theorie selbstreferentieller Systeme wird der Begriff des „Subjekts" nicht als zentraler Begriff gehandelt, nicht in ihrer Ausarbeitung für psychische Systeme und erst recht nicht in der für soziale Systeme. Luhmann (1987, 309) resümiert, was mit dieser Theorieumstellung für die *Soziologie* im Verhältnis zu traditionellem Theoriegut „eventuell verloren geht":

„Natürlich das Subjekt und all das, was dem 'Menschen' zugemutet oder angedichtet wird, wenn verlangt wird, man solle ihn als 'Subjekt' beachten. Natürlich jede transzendentaltheoretische Position; denn ihr gegenüber muß man fragen, ob die Unterscheidung von transzendental und empirisch selbst transzendental ist oder empirisch, was in beiden Fällen in eine Paradoxie führt. Ferner auch die Vorstellung, der Mensch sei – sei es als Leib, sei es als Person – eine beobachtungsunabhängig gegebene Einheit. Und schließlich, für die Soziologie wohl am schmerzlichsten, jede *kategoriale* (das heißt: zur Primärdekomposition des Seins ansetzende) Verwendung des Handlungsbegriffs, die nach üblichem Verständnis zwangsläufig auf ein sinngebendes Subjekt verweist."

Um angesichts dieser Verluste ein wenig Trost zu spenden sei bemerkt, daß auch eine theoretische Zentralstellung von „Subjekt" und „Mensch" ein vertieftes, achtendes Verständnis für den Menschen nicht gewährleistet, ja vielleicht einem solchen sogar im Wege steht. Mag sein, daß deshalb auch viele psychologische Theorien das „Subjekt" nicht zu ihrem Ausgangspunkt gewählt haben. Wir kommen uns nicht durch Subjekt-Rhetorik näher, sondern durch unmittelbare Begegnung im Alltag.

Familienidylle

Der Rückzug auf Kommunikation in Familien hat es der systemischen Familientherapie beschert, die materiellen, ökologischen, politischen Lebensverhältnisse konzeptuell und auch praktisch nicht bewältigen zu können (s. jedoch Greitemeyer 1984, die auf die Bedeutung dieser Lebensverhältnisse für die Familieninteraktion aufmerksam macht; vgl. auch Heekerens 1989). Das beschwört die Gefahr einer politischen Gartenzwergmentalität herauf, wie das von vielen FamilientherapiekritikerInnen deutlich gesehen wird: „Indem Familientherapeuten die komplexe Interpenetration zwischen der Struktur der Familienbeziehungen und der Arbeitswelt ignorieren, stimmen sie stillschweigend der Fiktion des 19. Jahrhunderts zu, die Familie sei ein häuslicher Rückzugsbereich aus dem Wirtschaftsmarkt. Zu behaupten, daß diese Grenze zwischen den Sphären nur eine notwendige Vereinfachung sei, denn 'als Kliniker, Therapeuten müssen wir die Linie irgendwo ziehen', geht an der Frage vorbei. Die Dichotomisierung dieser sozialen Bereiche ist eine Mystifikation und Verzerrung, die ein wesentliches Organisationsprinzip des heutigen Familienlebens verdunkelt. Die Arbeitsteilung (sowohl affektiv wie instrumental) und die Machtverteilung in Familien sind nicht nur strukturell im Hinblick auf Generationshierarchien, sondern auch bezüglich geschlechtsspezifischer Einflußsphären, die ihre Legitimation eben genau aus der Schaffung der Dichotomie 'öffentlich/privat' ableiten. Verläßt man sich auf eine Theorie, die diese Wirklichkeit weder herausfordert, noch überhaupt anerkennt, so operiert man im Bereich der Illusion" (Goldner 1985, 43f.; Übersetzung aus Treacher 1987, 172). In ähnlicher Weise wenden sich Körner & Zygowski (1988, 41) gegen einen „... 'therapeutischen Familialismus' ..., der die Grenzen des für den Klienten relevanten Systems gerade dort zieht, wo das gesellschaftliche Familienideal sie mit der bürgerlichen Kleinfamilie vorgesehen hat". Diese Grenzziehung entspricht durchaus den Werthaltungen eines nachkeynesianischen Kapitalismus: „Traditionelle keynesianische Werte wie Fortschritt, Gleichheit, Solidarität, kollektive Wohlfahrt und materielle Sicherheit haben kaum noch Konjunktur. Statt dessen gelten eher wieder Leistung, individuelles Durchsetzungsvermögen, Ellbogencleverness, Privatismus, Familie, Opfer und Moral. Einer sich spaltenden, in konkurrierende Statusgruppen und ausgegrenzte Zonen zerfallenden Gesellschaft werden die entsprechenden Weltbilder verpaßt: bestehend aus einer widersprüchlichen Mischung von individualisiertem Leistungsmythos und autoritärem Sicherheitsbedürfnis, Gewaltbereitschaft und Angst, kollektiver Aggressivität und privatistischer Resignation, Pseudoliberalismus und stumpfer Moral, Single-Kultur und synthetischer Familienidylle" (Hirsch 1985, 87).

Die Linie dieser Kritik ist m.E. berechtigt. Man muß sich ihr stellen. Therapiepraktisch ist dies bereits dadurch geschehen, daß die Familie nicht mehr als notwendige und sinnvollste Behandlungseinheit betrachtet wird. „Kommen kann, wer glaubt, etwas zur Lösung des Problems beitragen zu können" lautet die Botschaft (s. vor allem den Kurzzeittherapieansatz der Milwaukee-Gruppe um Steve de Shazer und Insoo Berg). Damit erübrigen sich auch jegliche Überredungs- und Sanktionsnotwendigkeiten (auf die Körner & Zygowski 1988 hinweisen) für den Fall, daß eben nicht alle Familienmitglieder Lust haben, sich an der Therapie zu beteiligen. Zudem ist ganz generell die Gleichsetzung von Familientherapie mit systemischer Therapie in Auflösung begriffen.

Auf der konzeptuell-theoretischen Ebene kann diese Kritik als Hinweis dafür gelten, wie bedeutsam anspruchsvollere Theorien sind, die sich nicht damit begnügen, Familien als Systeme zu bezeichnen und Personen als deren Elemente. Gerade der systemische Ansatz hätte die Mittel dazu, eine selbst- und gesellschaftskritische Haltung einzunehmen, die bisher nur in Ansätzen erkennbar ist (positiv beeindruckt hat mich diesbezüglich die Auseinandersetzung mit den Folgen des Nationalsozialismus auf dem Kongreß des Weinheimer Instituts 1988). Stattdessen frönt er – hart ausgedrückt – einem ästhetisierenden Therapismus. Dieser liegt allerdings im Trend der Zeit und ist nicht der systemischen Therapie allein anzulasten. Konjunktur haben „individualistische Verarbeitungsformen gesellschaftlicher Erfahrungen" (Keupp 1982). Entsprechend existiert im Bereich der Psychologie – so wie ich das sehe – im Moment keine weitreichende politische Kultur. Es gibt zwar eine Politische Psychologie, aber keine politisch engagierte Psychologie. Einem Engagement in diese Richtung steht systemischen Ansätzen auch deren Pseudonaturwissenschaftlichkeit im Wege.

Dabei wären die Grundlagen für eine politisch engagierte Theorie und Praxis durchaus vorhanden. Beispielsweise existieren auffällige Parallelen zwischen systemischen Konzepten – vor allem in ihren ökologischen Spielarten (s. Lubin & O'Connor 1984) – und gemeindepsychologischen Positionen (z.B. Keupp 1982). Ein intensiverer Austausch zwischen Systemtheoretikern und Gemeindepsychologen wäre wünschenswert und sollte in Angriff genommen werden. Anknüpfungspunkte bestehen z.B. in der Kritik am therapeutischen Technizismus sowie in der Suche nach möglichen Alternativen hierzu, im Bereich der Selbstorganisationsforschung sozialer Systeme oder im Bereich der Humanökologie; etc.).

Das Stichwort 'Humanökologie' markiert ein anderes Problem, das aus der starken Akzentuierung einer Binnensicht kommunikativer Systeme resultiert, und das durch die Rezeption des Autopoiese-Konzepts eher noch intensiviert wurde. Gemeint ist das Fehlen einer ökologischen Perspektive. Wo die Welt nur aus Kommunikation besteht, haben materielle und finanzielle Lebensbedingungen ebensowenig Platz wie Fragen der Lebensraumgestaltung, kulturelle Einflüsse oder politische Handlungsmöglichkeiten. Und erst recht nicht die psychosoziale Bedeutung von Umweltbelastungen, die sich von Pseudo-Krupp über Atemwegs- und Hautkrankheiten bis hin zur psychologischen Wirkung von Kultur- und Landschaftsräumen inzwischen auf fast alle menschlichen Problembereiche niederschlagen. „Bewahrheitet sich hier die Vermutung von E. Köhler (1985), wonach es der psychosozialen Szenerie an Problembewußtsein fehlt, sie sich blockiert und beschränkt und vorzugsweise ihren kleinen Raum kultiviert?" (Cramer 1987, 2).

Angesichts der Bedeutung, die mir vor allem eine Auseinandersetzung mit den psychosozialen Folgen globaler ökologischer Krisen zu haben scheint, möchte ich in den Anhang dieses Kapitels ein Positionspapier von Manfred Cramer aufnehmen, das er auf der Fachtagung „Sozialwissenschaftliches und medizinisches Krankheitsmodell heute" (Heidelberg 1988) vorgelegt hat. Manfred Cramer ist einer der wenigen Psychologen, die sich intensiver mit dieser Thematik auseinandergesetzt haben.

In der Literatur zur systemischen Therapie findet man vielfach das Adjektiv „ökosystemisch" (z.B. bei Keeney 1979), ohne daß damit auch nur annähernd ein ökologisches Denken im hier geforderten Sinne gemeint wäre. (Ich nehme an, daß unter anderem Bateson (Die „Ökologie" des Geistes) die Weichen für dieses verwässerte Begriffsverständnis gestellt hat.) Ein Beispiel hierfür liefert M. Bobele (1989, 6) in einem Interview für die Zeitschrift für systemische Therapie. Auf die Frage, was er unter ökosystemischer Therapie verstehe, nennt er nach einigem Zögern drei Punkte: „1. einen tiefgehenden Respekt vor der kontextuellen Natur der Probleme, die wir sehen ... 2. Wir neigen auch dazu, Probleme als Ergebnis vieler Ursachen aufzufassen, von denen die meisten für unseren Behandlungsansatz völlig irrelevant sind. 3. Wir bemühen uns, Probleme in der Gegenwart zu sehen und versuchen, kurze oder schnelle Lösungen zu finden". Das klingt praxiserfahren und ehrlich, kommt unserem eigenen Therapieverständnis hier in Bamberg sehr nahe, hat aber mit Ökologie nicht das geringste zu tun.

Exkurs zur Ökologie von Lebensräumen:
Wohnraumgestaltung in Behinderteneinrichtungen

Ökosystemische Aspekte in einem konkreteren Wortsinn sind jedoch keinesfalls zu vernachlässigen. So wurde z.B. von Seiten der Ökologischen Psychologie (z.B. Miller 1986, 165-221) die Bedeutung der räumlich-materiellen Lebenswelt für das individuelle Wohlergehen sowie für die zwischenmenschliche Beziehungsgestaltung hervorgehoben. Kommunikative Probleme etwa können nicht nur durch Kommunikation bearbeitet, sondern auch durch Veränderungen in der Wohnfeldgestaltung beeinflußt werden. Genauer müßte man sagen, daß bestimmte Charakteristika der Wohnumwelt einschließlich der Beziehung, welche die Bewohner zu dieser haben, bestimmte Formen des Umgangs miteinander anregen. Die Wohnfeldgestaltungen, die Prof. W. Mahlke und Mitarbeiter in verschiedenen Behinderteneinrichtungen (unter anderem des Diakonischen Werkes Bayern) zusammen mit den dort lebenden Bewohnern vorgenommen haben, zeigen dies in beeindruckender Weise (s. Mahlke & Schwarte 1985; Mahlke et al. 1986; 1987). Die Bewohner (Kinder, Jugendliche) wurden dabei sowohl bei der Planung als auch bei der Durchführung (z.B. im Rahmen einer Gestaltungswoche) in die Umbauarbeiten einbezogen. Die zentralen Postulate dieser Art Raumgestaltung sollen anhand der folgenden Abbildungen im Form von Gegenüberstellungen verdeutlicht werden (cf. Mahlke et al. 1986).

Die Effekte dieser Wohnraumgestaltung auf das persönliche Wohlergehen sowie auf das Zusammenleben von Kindern und Erziehern scheinen beeindruckend[5]. Sachbeschädigungen im eigenen Wohnbereich kommen so gut wie nicht mehr vor. Die Kinder entwickeln eine positivere Einstellung zu ihrer Wohngruppe und zu ihrem Zimmer als dies früher der Fall war. Geborgenheit wird erfahrbar, Identifikation möglich. Das gilt nicht nur für Kinder, die sich selbst an den Umbauten beteiligt hatten, sondern auch für die zu einem späteren Zeitpunkt ins Heim eingezogenen Kinder. Sie entwickeln bemerkenswert schnell einen Bezug zu ihrem Bett, zu ihren Nischen, zu ihrem Zimmer.

Der intime Schutzraum, den die Kinderzimmer bieten, verleitet jedoch nicht zu lethargischem Rückzug, sondern regt eher zu wechselseitigen Besuchen und zu Gesprächen an. Die Zimmer bieten individuelle Arbeitsplätze in Form eingegliederter kleiner Tische und heller Holzarbeitsflächen am Fensterbrett (s. Abb. 141). Die Hausaufgaben werden vorwiegend dort erledigt.

Die Räume werden offenbar als gute (geschlossene) Gestalt erlebt. Kinder wie Erzieher empfinden Dinge, die zusätzlich hineingestellt werden (z.B. ein zusätzliches Bett bei Überbelegung der Gruppe) als Fremdkörper. Auch wehren sich die Kinder vermehrt gegen Fremdbelegungen während der Ferien. Detaillierte Argumente werden dagegen ins Treffen geführt, daß andere Kinder in ihrem Bett schlafen.

---

5   Ich möchte Herrn E. Wisgalla, R. Herning, J. Brunsch sowie Dr. K. Hobl dafür danken, daß ich an einer Auswertungssitzung der Projektgruppe mit Herrn Prof. Mahlke im Wilhelm-Löhe-Heim (Traunreut, Obb.) teilnehmen konnte, sowie Reinhard Penn für ein ausführliches Interview zum Lebensalltag in den neugestalteten Gruppenräumen. Abb. 117 – 142 stellte mir freundlicherweise Herr Dr. Pommer aus Würzburg zur Verfügung.

1. Vom Undifferenzierten zum Differenzierten

Abb. 117: Situation vor dem Umbau: Die Raumgestaltung ist ungegliedert bzw. willkürlich addiert.

Abb. 118: Situation nach dem Umbau: gegliederte, differenzierte Raumgestaltung.

2. Vom Zweidimensionalen zum Dreidimensionalen

Abb. 119: Vor dem Umbau: Alle Gegenstände sind auf der zweidimensionalen Grundfläche aufgestellt. Die Höhe des Raumes ist trotz bedrückender Enge nicht genutzt.

Abb. 120: Raumbewußtsein entsteht neben dem Wechsel von Dichte und Weite besonders durch differenziertes Erleben der Raumhöhen und -tiefen.

3. Von der Addition zur Integration

Abb. 121: Möbel zusammengestellt in einen Schlafraum – wie zur Sperrmüllabfuhr.

Abb. 122: Räumliche Integration verstehen wir als Anregung, als materiales Beispiel, als ein Vorbild für das Sich-miteinander-Vertragen bei aller Bewahrung der Individualität. Hier die Raumgestaltung in einem Schlafraum, die durch die Verbindung der horizontalen und der waagrechten Elemente gekennzeichnet ist.

4. Vom Dekorativen zum Elementaren

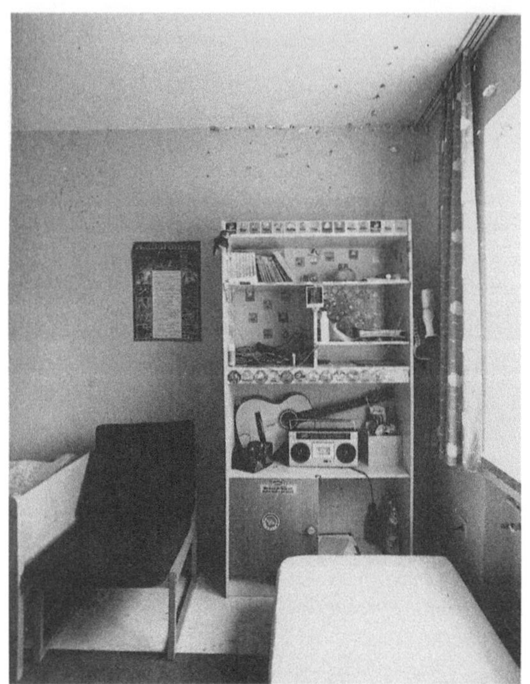

Abb. 123:
Die Dürftigkeit dieses Raumdetails kann nicht darüber hinwegtäuschen, daß dem Dekorativen hier zuviel Wirkung und Atmosphäre bildende Funktion überlassen bleibt. Die Gitarre ruht hinter dem Kassettenrekorder an der Rückwand.

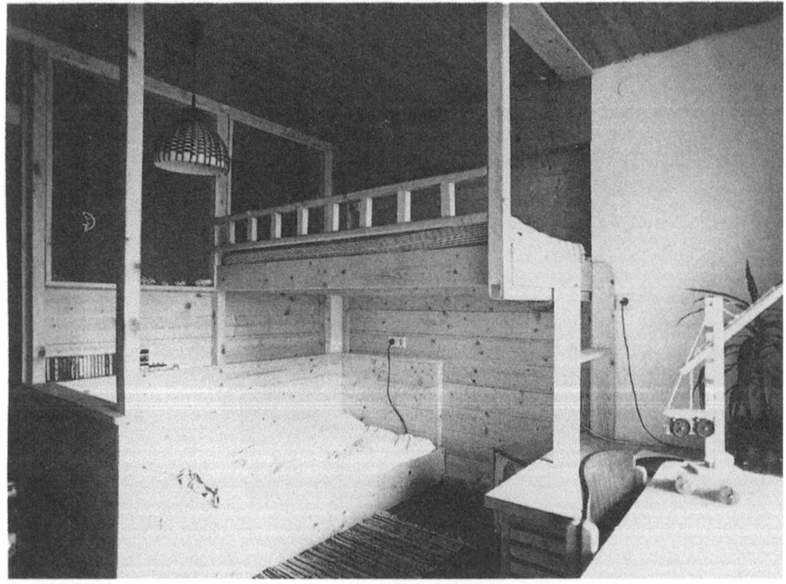

Abb. 124: Die versetzt übereinander angeordneten Betten sind als elementare Gegenstände im Raum tragend. Eins der beiden hier wohnenden Kinder hat einen Kran gebaut.

5. Von der Symmetrie zur Asymmetrie

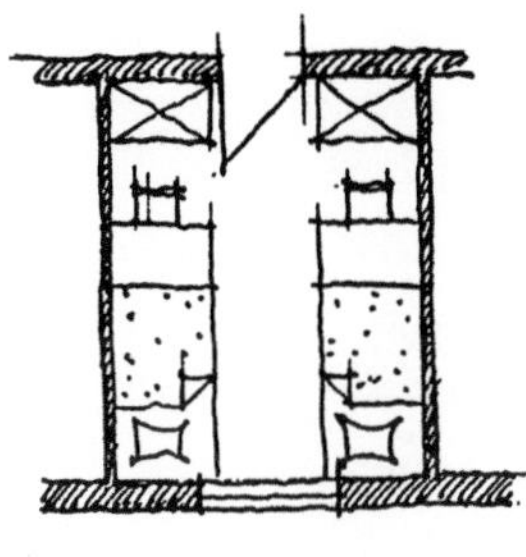

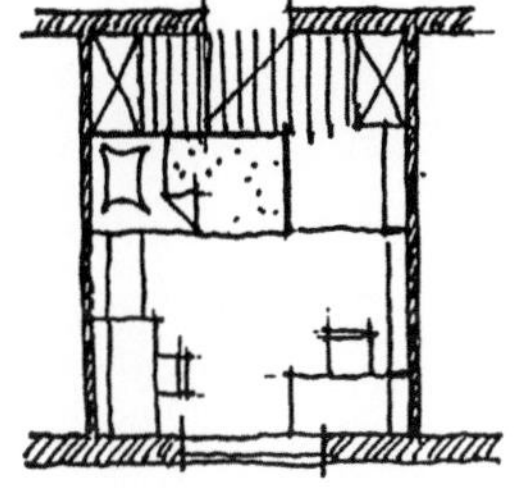

Abb. 125: Zwei Grundrisse eines Schlafraumes, die in den Details verschieden, den Unterschied zwischen symmetrischer und asymmetrischer Gliederung beschreiben sollen.

Symmetrie im Bildaufbau oder an der Architektur innen und außen ist freiwillige Bindung an das Formale, an die Symmetrieachse.

Die Gleichheit von rechts und links macht das Ausweichen aus diesem Prinzip unmöglich. Jede Abweichung wird als Fehler registriert. Auf Einzelnes und Unterschiedlichkeit in Form, Farbe, Material, Struktur kann keine Rücksicht genommen werden.

Asymmetrie ist demgegenüber eine Möglichkeit, unterschiedlichen Einzelnen gerecht zu werden. Asymmetrie enthält auch die Eins als Größe. Asymmetrie schafft die Möglichkeit, auf verschiedene Tendenzen, Interessen, die Einmaligkeit Einzelner und kleiner Gruppen einzugehen.

6. Von der Instabilität zur Stabilität

Abb. 126: Es gibt keine absolute Festigkeit. Alles ist zerstörbar. Nur kommt es darauf an, welches Verhältnis die Menschen, die immer auch potentielle Zerstörer sind, zu ihrer Umgebung aufbauen können, und welche Chance hierzu ihnen umgekehrt die Umgebung bietet. Instabilität, mithin Unordnung bietet wenig Chancen mit den Objekten in der Umgebung in schonender, konstruktiver Weise umzugehen. Sie erschwert den Bewohnern das Leben und verführt die Betreuer zu autoritärem Eingreifen.

Abb. 127: Verläßliches Milieu im Schlafbereich durch Einbauten mit Podesten.

7. Vom ungeschützten Bett zum Bett als geschütztem Ort

Abb. 128: Ein doppelgeschossiges Bett an einer Wand. Wie zufällig steht es an dieser Stelle. Dem zur Tür Eintretenden ist derjenige, der im Bett liegt, ungeschützt ausgeliefert.

Abb. 129: Hier ist das Bett durch ein Regal mit Nachtkasten gegen das Fenster und das Licht abgeschirmt, an der Fußseite durch eine Holzwand gegen die Treppe, die zu den oberen Schlafplätzen führt.

8. Von der Kontrollierbarkeit zur Geborgenheit

Abb. 130:
Alles ist offen, öffentlich, ohne Privatheit;
das Schlafen – wie das Waschen.

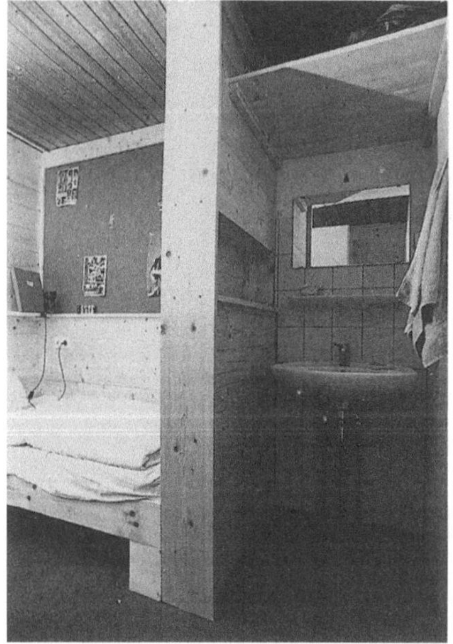

Abb. 131:
Das Recht jedes Menschen auf einen Intimbereich
zumindest für das Schlafen und Waschen soll hier
ernst genommen werden. Besonders für Räume,
die von mehreren Jugendlichen bewohnt werden,
ist das eine Notwendigkeit.

9. Vom separierten zum integrierten Betreuerbereich

Abb. 132: Hinter der Tür, die durch Glasscheiben offen erscheint, durch gemusterten Vorhangstoff jedoch undurchsichtig gemacht wurde, liegt ein Betreuerzimmer. Der Wirtschaftsbereich mit Küchenzeile und Waschmaschine separiert es vom Gemeinschaftsraum der Gruppe.

Abb. 133: Durch ein teilweise offenes Regal ist der Betreuerbereich in den Gemeinschaftsraum integriert. Der etwa quadratische Grundriß stellt auch für schwierige Gespräche eine ruhige Ausgangslage her.

10. Von der flächigen Ausleuchtung zum plastischen Licht

Abb. 134:
In Gängen betont die Anbringung der Leuchtröhren direkt an der Decke die Höhe und degradiert die Räume zu Verkehrszonen.

Abb. 135: Licht, das die Plastizität des Raumes betont.

11. Von bunten Tönen zu differenzierter Farbigkeit

Bunte Töne: Wenn Räume von Farben geprägt werden, kann das von ganz unterschiedlicher Wirkung sein. Wenn sie willkürlich ohne Rücksicht auf ihre Stimmigkeit addiert werden, ist die Wirkung bunt.

Wo die Farbklaviatur unkoordiniert gespielt wird, kommen beim Empfänger keine Assoziationen mit stimmigen Verhältnissen wie in der Natur oder der Kunst zustande, sondern disharmonische.

Farben können sich gleichgültig sein, aber auch gegeneinander streiten, wie z.B. gelb und rosa. Die Kontroverse zwischen gelb und rosa wird heftiger ausgetragen als diejenige zwischen blau und schwarz, denn dunkle Farben klingen leiser als helle.

Farbigkeit: Farben können auch integrativ und verbindend wirken. Sie können zusammenpassen oder sich gegenseitig ablehnen. Auch Schatten erzeugen Tonabstufungen, d.h. die Plastizität trägt zur Farbharmonie bei.

Farben sind auf Material- und Helligkeitsverhältnisse zu beziehen. Besonders Wände und Decken, die Anstriche erhalten, aber auch textiles Material, der Teppichboden, Vorhänge, Bettbezüge, Kissen werden auf den Holzton abgestimmt, z.B. grün auf das ziegelrote Kiefernholz oder reseda auf Kirschbaum. Weiß baut Körper auf, aber es macht unräumlich. Weiß weitet den Raum, was bei zu engen Gängen oder zu schmalen und dabei hohen Zimmern relevant ist.

Dunkle, warme Farben schaffen Dichte und Geborgenheit. Wenn Räume zu hoch sind, wirkt die Deckenhöhe durch warme, dunkle Töne niedriger. Kalte Farben, besonders blau, täuschen Weite vor.

So können durch Farben in der Innengestaltung Wirkungen erzielt werden, welche pädagogisch nutzbar zu machen sind.

Bilder auf folgender Seite

Abb. 136: Ein Treppenhaus als Halle, in dem es auch wirklich „hallt", ein „Unraum", der durch seine harten Begrenzungen jeden Laut zurückwirft.

Abb. 137: Der Schall wird durch die neu eingezogene Pergola, durch Raumteiler, Ecken und Winkel, die durch frei stehende Wände entstehen, gebrochen. Der Umgangston kann dadurch auch leiser werden. Leiser bedeutet auch freundlicher; denn Lärm wird durch den Widerhall nicht mehr potenziert – und so wird seine Erzeugung uninteressant.

12. Von laut zu leise

13. Von der Passivität zur Aktivität

Abb. 138: Zur Heimpassivität verdünntes Milieu.

Abb. 139: Ein Bereich für Betätigungen integriert in den Gemeinschaftsraum. Diejenigen, die hier arbeiten, sollen durch das Podest, auf dem Hobelbank und Werktisch stehen, „erhöht" und nicht – wie sonst leider üblich – in separate, meist im Keller liegende Räume eliminiert werden.

14. Von der Umtriebigkeit zur Befriedung mit dem Ziel größerer Zufriedenheit

Abb. 140: Ein langer Gang ohne Privatheit und ohne Schutz des persönlichen Eigentums verleitet zur Zerstörung und verursacht Störungen. Er verbindet nicht die Eingänge in die Zimmer, sondern schafft eine „Flucht" gleicher Eingänge in anonyme Zellen.

Abb. 141: Durch Unterbrechung und streckenweise Erweiterung oder Verengung langer Gänge, durch den Einbau von Podesten, welche die Fußbodenebene gliedern, den Ausbau von Winkeln und Ecken und damit die Betonung von Verweilbereichen anstatt der von Bewegungs- und Verkehrswegen, die Einbeziehung der 3. Dimension und damit die Umleitung der Aufmerksamkeit von der Horizontalen auch auf die Vertikale, wird der Enthemmtheit begegnet. Befriedung der Hypermotorik durch Betonung von Betätigungen ist hier besonders angezeigt.

15. Von lethargischer Heimatmosphäre zur optimistischen Gestaltung

Abb. 142: Der behäbige Eßplatz in einem weiten, differenzierten Raum lädt zu Gespräch, Spiel oder gemeinsamer Betätigung der ganzen Bewohnerschaft ein. Die Wahl zwischen der Nutzung von Groß- und Kleinräumigkeit, unterschiedlichen Kommunikations- und Verweilangeboten, auch die Möglichkeit zu Rückzug oder zu Aktivitäten in kleinen Gruppen zielt auf eine optimistische Stimmungslage im Heim, auf das Gelingen von Lebenserwartungen ab.

Nicht nur die privaten Zimmer der Kinder und Jugendlichen vermitteln mehr Intimität, Geborgenheit und Schutz. Auch der Wohn- und Eßbereich der Wohngruppe hat sich in deren geschütztes Zentrum verlagert. Der Besucher steht nicht mehr sofort vor dem Eßtisch, wenn er die Gruppenräume betritt. Zwischen Eingangstür und Eßbereich liegt ein kurzer Gang, der Sichtschutz bietet. Die damit mögliche Verhinderung von Störungen sowie die akustische Abdämpfung der Räume (z.B. durch abgehängte Decken) haben zu einer angenehmeren, ruhigeren Essensatmosphäre geführt (s. Abb. 137 und 142). Die dennoch am Eßtisch stattfindenden Konflikte sind weniger heftig und werden eher in Form von Gesprächen ausgetragen.

In den Wohnbereich integriert ist die durch ein Regal und durch Pflanzen halb abgetrennte Erziehernische mit Schreibtisch und Aktenbord (Abb. 133). Damit sind die Erzieher in beruhigender Weise für die Kinder verfügbar, auch wenn sie Schreibarbeiten erledigen, wozu sie früher in ein separates Erzieherzimmer gegangen wären. Die notwendige Abgrenzung erfolgt durch Mitteilung und Verständnis, nicht durch Mauern. Der Erzieherbereich ist zudem der Ort für intensive Gespräche mit einzelnen Kindern.

Ebenso in den Wohnbereich integriert ist eine Arbeitsfläche für handwerkliche Tätigkeiten. Diese, mit ausreichend Werkzeug und einer Hobelbank ausgestattete Fläche ist auf ein Podest gehoben (s. Abb. 139): Wer arbeitet, soll erhöht werden (Mahlke) – anstatt, wie vorher, in einen einsamen Werkraum im Keller abwandern zu müssen. Es sei ein „sagenhaftes Gefühl" (R. Penn) dort zu arbeiten. Die Kinder benutzen das Werkpodest gerne, ja es sei sogar schon vorgekommen, daß sie eine Tätigkeit dort dem Fernsehen vorgezogen hätten.

Die frei verfügbaren Werkzeuge regen zum Benutzen an, was natürlich auch mehr Verschleiß bedeutet als früher. Weder Werkzeuge noch andere Dinge (z.B. in der Erziehernische) werden unter Verschluß gehalten. Auch die Schränke der Kinder sind nicht verschlossen, was dazu geführt hat, daß sie eigenes und fremdes Eigentum mehr achten. Diebstähle kommen praktisch nicht mehr vor.

Die Asymmetrien im Grundriß sowie die Auflösung längerer Gänge und Fluchten hatten deutlich beruhigende Wirkung. Wo es keine Gänge mehr gibt, entfällt auch das übliche Gerenne auf den Gängen. Getobt wird jetzt im Fernsehraum, wobei die beteiligten Kinder wesentlich unmittelbareren Kontakt zueinander haben als bei den regelmäßig eskalierenden Hetzjagden zwischen den Zimmern und über die Gänge. Ein anderer häufiger Aggressionsanlaß entfällt ebenfalls, nämlich territoriale Streitigkeiten. Die persönlichen Bereiche sind klar gekennzeichnet, so daß es leichter fällt sich abzugrenzen und einen engen Bezug zum eigenen Individualraum, zur eigenen Nische zu entwickeln. Damit hat auch die Ordnungsliebe der Kinder deutlich zugenommen.

Erzieher wie Kinder äußern, daß es ihnen jetzt im Heim besser gefällt. Auch gibt es mehr Besuche von außerhalb, weil die Kinder auf ihre „Gruppe", auf ihr Zimmer stolz sind und keine Scheu haben, z.B. Schulfreunde einzuladen. Und erwachsene Gäste nehmen sich gerne Anregungen für ihre eigene, private Wohnraumgestaltung mit.

Soweit dieser Exkurs zum Thema „Ökologie des Lebensraums", das von Seiten systemischer Theorie und Praxis m.E. bislang zu wenig Beachtung fand.

Vorsichtsmaßnahmen beim Import naturwissenschaftlicher Konzepte

Ein weiteres Problem, das unsere Aufmerksamkeit verdient, betrifft nicht nur systemische Ansätze, sondern die Psychologie ganz generell. Es besteht im Spannungsverhältnis zwischen einem naturwissenschaftlichen Selbstverständnis auf der einen und einem kultur- bzw. gesellschaftswissenschaftlichen Selbstverständnis auf der anderen Seite. Dabei handelt es sich um einen Dauerbrenner, der in der Psychologie seit Anbeginn für Zündstoff sorgte, ja sogar zu tiefgreifenden Zerwürfnissen Anlaß gab. Entsprechend viel wurde darüber geschrieben. Die Problematik wird im Moment durch die Rezeption systemtheoretischer Modelle re-aktualisiert, da diese fast ausschließlich naturwissenschaftlichen Disziplinen ihre Herkunft verdanken. Mit der verstärkten Hinwendung auf Denkmodelle aus Physik, Chemie oder Biologie droht aber möglicherweise ein fortschreitender „Welt- und Gesellschaftsverlust der psychologischen Theorie" einschließlich entsprechender Folgen wie „Opportunität der Wissenschaft Psychologie im politischen Geschehen, ... Anfälligkeit für Zeitgeist und restaurative Tendenz" (Bilden & Geiger 1988, 444). Clemenz (1988, 322) diagnostiziert zudem einen „Mangel an methodologischer und erkenntnistheoretischer Reflexion über das Verhältnis ... naturwissenschaftlicher Modelle zur Eigenständigkeit sozialer Systeme und – damit verbunden – zum praktischen Vorgehen in der Therapie", was die erwähnten Gefahren um so näher rückt.

In dieser Situation werden gewisse Ansprüche an unsere Ambiguitätstoleranz gestellt. Das Spannungsverhältnis zwischen naturwissenschaftlichem und kultur- bzw. gesellschaftswissenschaftlichem Selbstverständnis sowie das zwischen erklärenden und verstehenden Zugangsweisen wird sich nicht mit einem Handstreich auflösen lassen, selbst wenn darin der verständliche Wunsch nach weltanschaulich klaren Verhältnissen zum Ausdruck kommt. Wir leben in permanenter, spannungsgeladener Gewitterschwüle. Dies ist zugegebenermaßen keine attraktive, da kreislaufbelastende Befindlichkeit, weswegen sich viele in den kühlen Keller des nomologischen Elfenbeinturmes zurückgezogen haben. Wer sich aber robuster Gesundheit erfreut, sollte sich darauf einlassen, daß die Psychologie auch und ganz wesentlich Kultur- und Gesellschaftswissenschaft ist. Damit aber ist die Erkenntnisposition nicht mehr diejenige objektiver Distanz. Sie wird ersetzt vom rekursiven Verhältnis zwischen Psychologie und menschlichen Lebensverhältnissen, zwischen Kultur*wissenschaft* und historisch-sozialem Wandel der *Kultur* (s. Kapitel VIII).

Vergegenwärtigen wir uns diesen Sachverhalt, so wird deutlich, daß Menschen gerne Modellvorstellungen für das Verständnis ihrer eigenen Lebensvollzüge heranziehen, die ihnen in ihrem sozialen Umfeld verfügbar sind und interessant erscheinen. Neben der unmittelbaren Alltagserfahrung waren dies in den letzten hundert Jahren nun einmal vorwiegend Konzepte aus Naturwissenschaft und Technik. Die Psychologie wäre ohne diesen Import praktisch nicht vorstellbar. Man denke an die Vorbilder aus Mechanik und Optik für die Psycho„physik", Freuds Anleihen aus der Hydraulik, Neuroanatomie und Fotographie (vgl. das 7. Kapitel seiner Traumdeutung), Lewins Inspiration aus der elektrischen Feldtheorie, weiterhin an die Rolle, die Darwins Evolutionstheorie oder die Computertechnologie als Analogienproduzenten gespielt haben. In letzter Zeit kommen nun auch Vorstellungen aus der subatomaren Physik, aus physikalischen und chemischen Selbstorganisationstheorien sowie aus der Biologie hinzu (Theorie der Autopoiese, Ökosystem-Forschung).

Speziell die Physik diente der Psychologie traditionsgemäß als leuchtendes Vorbild, wobei mit den theoretischen und epistemologischen Wandlungen bzw. Diversifikationen in der Physik die Orientierung schwer geworden ist. Benutzt man physikalische Konzepte hier (in der Psychologie) noch dazu, traditionelle Erkenntnislogik und Experimentalmethodik zu begründen, werden dort andere, aber auch physikalische Modelle dazu herangezogen, Konzepte der Kausalität, der Prognostizierbarkeit oder der Objekt-Beobachter-Trennung in Frage zu stellen. Die Situation scheint unübersichtlich, die Psychologie verwirrt. Ihre Konturen lösen sich auf. Gerade diese Situation gibt jedoch Anlaß für eine positive Konnotation. Die psychologische Theoriebildung ist damit wieder verstärkt auf sich selbst zurückgeworfen. Ungeachtet der Herkunftsorte ihrer Importe muß sie sich bemühen, dem Menschen (als geschichtlich und kulturell eingebundenes Sozialwesen) angemessene Konzepte zu entwickeln. Die Frage der Angemessenheit ist dann anhand der

konkreten Konzepte zu diskutieren. (Für detaillierte Ausführungen zum Problem
der Rezeption systemtheoretischer Modelle aus den Naturwissenschaften in die
Psychologie s. z.B. Levold 1984; Brunner 1986, 51ff.; Clemenz 1988; Pohl 1986 speziell
zum Problem der „Zeit" in den Natur- und Geisteswissenschaften).

Prinzipiell scheinen mit für den Ideenimport aus anderen Diziplinen folgende Punkte wichtig:

(1) Der Entstehungszusammenhang von Theorien erfordert (im Gegensatz zum
Begründungszusammenhang) einen gewissen kreativen Freiraum. Innerhalb dieses
Freiraums übernehmen disziplinfremde Modelle heuristische Funktion, d.h. sie sind
vorerst nicht nach ihrer Angemessenheit für den Gegenstandsbereich der rezipie-
renden Disziplin, sondern nach ihrer ideenproduzierenden Fruchtbarkeit zu beurteilen. In diesem Sinne würde ich auch die Blüten, welche die metaphorische Ver-
wendungsweise fachfremder Termini treibt, als experimentelle Sprachspielerei[6] gelten lassen, die aber (innerhalb bestimmter, durch den persönlichen Geschmack ge-
gebener Grenzen) dann und nur dann tolerierbar ist, wenn man sich ihres nicht-
wissenschaftlichen (oder bestenfalls vorwissenschaftlichen) Charakters bewußt
bleibt.

(2) Entschließt man sich für die Nutzbarmachung neuer Modelle, so müssen die
dabei verwendeten Termini (a) mit Bezug auf Sachverhalte in der eigenen Disziplin
und (b) exakt definiert werden. Dabei sollte man sich neben den neu gewonnenen
Perspektiven auch die möglichen theoretischen Verluste und impliziten ideologischen Positionen deutlich machen.

(3) Die Worte lösen sich dabei von ihrem ursprünglichen Bedeutungsgehalt und
bezeichnen einen neuen Begriff, einen anderen Sachverhalt in einer anderen Disziplin. Die Unterschiede zwischen den Phänomenbereichen sollte man explizieren.
Als Beispiel zitierte ich Levold (1984, 179), der den Unterschied zwischen dem
Phänomenbereich biologischer Autopoiese (sensu Maturana) und dem sozialen Phänomenbereich verdeutlicht: „Soziale Phänomene sind Phänomene im Beobachtungs-
bereich, also im Bereich der Beschreibungen, das ist ihr ontologischer Status. Sie
überschneiden sich nicht mit dem Phänomen der Autopoiese ihrer 'Träger'. Weil
soziale Systeme auf der Sinnebene integriert sind, sind sie keine biologischen Systeme. Ein System von Bedeutungszusammenhängen hört nicht auf zu existieren,
wenn Teilnehmer ihr Leben beenden, auch wenn es prinzipiell an die Existenz von
Teilnehmern gebunden ist. Deren Autopoiese ist aber nicht der Erhaltung des sozialen Systems, sondern nur der eigenen Organisation untergeordnet."

Die Doppel- oder Mehrfachverwendung eines Wortes für unterschiedliche Begriffe
in unterschiedlichen Disziplinen (z.B. „Autopoiese" sensu Maturana und sensu
Luhmann) schafft leicht Verwirrung, deren Schaden man mit dem potentiellen Gewinn der Mehrfachverwendung aufwiegen muß.

---

6   Sprache als Variationsmechanismus in der Wissenschaftsevolution: „Zu den Erfordernissen der Evo-
    lution gehört ein Mindestmaß an Ausdifferenzierung variierender Mechanismen und ihre Abtren-
    nung von den Selektionsmechanismen, so daß nicht nur genau das an Möglichkeiten erzeugt wird,
    was in das Vorhandene paßt, sondern ein Überschuß" (Luhmann 1971c, 365).

(4) Konkretistische Analogien kommen gemäß Punkt (3) nicht mehr in Frage. Achtet man genau und gewissenhaft auf eine eigenständige, exakte Definition und damit: theoretische Etablierung von Begriffen in Phänomenbereichen der eigenen Disziplin, so müßten Vorwürfe, die auf einen disziplinfremden Wahrnehmungsbias abzielen (z.B. Biologismus, Physikalismus) hinfällig werden. Aber eben nur dann, wenn man neben den in den Systemtheorien so beliebten strukturellen und prozessualen Isomorphien auch die Unterschiede herausarbeitet (z.B. völlig verschiedene basale Komponenten, völlig verschiedene Anschlußselektionen im Bereich biologischer und im Bereich sozialer Selbstreferenz, vgl. oben Kapitel IV).

Der Weg läuft über eine *Abstraktion* bestimmter Prinzipien, die in Phänomenbereich A untersucht wurden, zu einer *Re-Konkretisierung* in Phänomenbereich B (Heurismus der Analogiebildung). Über den Kurzschluß von A nach B stolpern sowohl manche Modelltransferierer wie deren Kritiker. Sie weisen zurecht darauf hin, daß A nicht B sei, also z.B. Zellen keine sozialen Systeme, was aber unter Beachtung der hier genannten Schritte ohnehin niemals behauptet werden kann.

(5) Neben begrifflicher und theoretischer Präzision sind Empirisierungsversuche unverzichtbar. Dies bedeutet (a) Operationalisierung (und spätestens an dieser Stelle müssen sich auch Systemtheoretiker zu einem methodischen Behaviorismus bekennen), (b) auf dem erreichten Niveau dynamischer Theorien: Computersimulation der beschriebenen Prozesse und mithin (c) Prozeßforschung.

Trotz dieser methodologischen Vorsichtsmaßnahmen bleibt in der Regel nicht verborgen, „wes Geistes Kind" die Konzepte sind, mit denen man operiert. Wo z.B. mit evolutionstheoretischen Prinzipien gearbeitet wird (z.B. Luhmann 1971c: Variation, Selektion, Stabilisierung sozialer Strukturen), darf man sich nicht wundern, wenn auch sozialdarwinistische Verdachtsmomente auftauchen, zumal an anderen Stellen der systemischen Literatur (Jantsch 1982) ein extrem fahrlässiger, m.E. ethisch nicht vertretbarer Umgang mit evolutionären Ideen („Chancen" einer atomaren Katastrophe) nachweisbar ist.

Kritik und ein Ende

Neben den bisher angesprochenen existieren in der Literatur zahlreiche weitere Kritikpunkte und Spezialdiskurse zu Systemtheorien:

– Es blieb selbstverständlich die erkenntnistheoretische Position des Konstruktivismus nicht unwidersprochen, zum einen weil die Furcht um die letzten Bastionen objektiver Erkenntnis umgeht, zum anderen weil in diesem Ansatz eine solipsistische Position und ein neurobiologischer Reduktionismus vermutet wird (vgl. Bilden & Geiger 1988). (Für methodologische Konzepte auf konstruktivistischer Basis s. z.B. Schmidt (Hrsg) (1988) oder die Nr.2 Jg.1988 der Zeitschrift für systemische Therapie).

– Was die empirische Absicherung der systemischen *Therapie* betrifft, liegt ein erhebliches Defizit an gut kontrollierten Vergleichsstudien vor. Heekerens (1988) kommt in einem Überblicksartikel zu dem Schluß, „daß ein Effektivitätsnachweis gerade für die systemische Familientherapie noch aussteht" (S. 93) (s. auch Hee-

kerens 1989). Nun gibt es zweifellos Evidenzen für die Wirksamkeit familientherapeutischer Konzepte (z.B. Nash de Witt 1980; Gurman & Kniskern 1981; Heekerens
1988; 1989 sowie die dort angegebene Literatur), doch ist Familientherapie (in ihren
vielen verschiedenen Varianten) nicht gleich systemischer Therapie. Es können also
eventuelle Wirknachweise für Familientherapieformen anderer Provenienz (wobei
sich hier ein schwieriges Definitions- und Abgrenzungsproblem stellt) nicht einfach
als bestätigendes Argument für systemische Therapien verwendet werden. Auch
zwischen systemischen Therapieansätzen existieren konzeptuelle Unterschiede, deren empirischer Vergleich interessant wäre (z.B. zwischen dem Konzept des „reflecting team" (Anderson) und dem Ansatz von Steve de Shazer et al). Weiterhin
fehlen Prozeßstudien auf der Grundlage von Theorien dynamischer (psychischer
bzw. sozialer) Systeme (s. hierzu das geplante Forschungsprojekt „Sozialwissenschaftliche Synergetik", Teilprojekt III, Schiepek & Kaimer 1989).

Es sei allerdings darauf hingewiesen, daß man sich von einem Erfolgsnachweis
systemischer Therapien keine Validierung der zu ihrer Begründung herangezogenen
Theorien erwarten darf, ebenso wie empirisch abgesicherte Theorien noch keine
Erfolgsgarantien für Therapien liefern, die sich darauf beziehen (vgl. Reinecker
1983, 247f.; 1987a, 98).

– Spezialdiskurse existieren zum Werk bedeutender Autoren. Eine von G. Altner
(1986) herausgegebene Kontroverse beschäftigt sich mit dem Werk von Ilya Prigogine, mit der Bedeutung seines Ansatzes, mit der Übertragbarkeit seiner Vorstellungen auf die biologische Evolution und auf die Geschichte. Insbesondere geht
es dabei um die Konsequenzen seines Verständnisses von gerichteter, irreversibler
Zeit für die Natur- und Geisteswissenschaften.

– Wohl der umfangreichste Spezialdiskurs zum Werk eines Systemtheoretikers kreist
um Niklas Luhmann. Die inzwischen zum Klassiker avancierte Habermas-Luh-
mann-Debatte (1971) einschließlich zweier hierzu erschienener Supplement-Bände
behandeln Einwände, die auch nach den Weiterentwicklungen von Luhmanns Theorieentwurf im wesentlichen ihre Aktualität beibehalten haben. Obwohl im Pro-
blemfeld der Soziologie angesiedelt, kann sie jedem Psychologen, der sich mit neueren (d.h.: nicht einer Maschinenkybernetik verpflichteten) Systemtheorien befaßt,
wärmstens anempfohlen werden. Der Detailreichtum der Habermas'schen Kritik
geht weit über die bekannt gewordenen Vorwürfe der Systemstabilisierung und
Herrschaftskonformität von Luhmanns funktional-strukturellem Ansatz hinaus.
Aber auch Luhmann selbst verdeutlicht diverse Problempunkte: „Gerade bei einer
systemtheoretischen Analyse von Systemtheorie treten ihre charakteristischen
Schwächen profiliert hervor: die unzureichende Bestimmtheit ihrer Grundbegriffe,
die unzureichende Entwicklung logischer und empirischer Kontrollen und vor allem
ihr Bezugssystemrelativismus, der die Konsensbildung und die Übertragbarkeit
ihrer Ergebnisse erschwert" (1971c, 385).

Aus der Position der Analytischen Philosophie und mit einem Systemverständnis
im Hintergrund, das oben (in Kapitel IV) unter der Bezeichnung „Vernetzungsbegriff" von Systemen geführt wurde (dem aber ein völlig anderer Systembegriff als
der bei Luhmann verwendete zugrunde liegt), kommen Ropohl (1978, 43f.) sowie
Esser, Klenovits & Zehnpfennig (1977, 34-61) zu einem vernichtenden Urteil über
funktionalstrukturelle Systemtheorien.

Ropohl kritisiert ähnlich wie Habermas (1971b) m.E. zu Recht, daß „Ziele wie Stabilität und Integration unbefragt zu Leitbildern einer harmonistischen und statischen Gesellschaftsvorstellung gemacht (werden), deren ideologische Gefahren auf der Hand liegen." Unbedacht bleiben bei Ropohl allerdings die Potentiale, die der Äquivalenzfunktionalismus für eine Kritik sozialer Strukturen und vor allem zur Diskussion möglicher Alternativen bestehender Strukturen bereithält (weitere Kritikpunkte zur funktionalen Methode s. bei Hondrich 1973).

Mit Luhmanns theoretischen Weiterentwicklungen nach seiner Rezeption des Autopoiese-Konzepts befaßt sich eine Sammlung kritischer Aufsätze (hrsg. von Haferkamp und Schmid 1987; für eine Kritik an Luhmanns Autopoiese-Verständnis s. v.a. Schmid 1987, 34-43).

Ein Problem jeder Luhmann-Kritik besteht sicher darin, der ungeheuerlichen Produktivität dieses Autors überhaupt zu folgen. Allerdings blieb unbeschadet aller inhaltlichen Weiterentwicklungen und Differenzierungen ein Kritikpunkt bis heute bestehen, nämlich derjenige grundsätzlicher Operationalisierungsschwierigkeiten des Ansatzes.

Viele weitere Kritikpunkte könnten erörtert und diskutiert werden (vgl. Lilienfeld 1978). Besser aber als jede schriftliche Diskussion kritischer Einwände, die leicht den Nimbus von Apologetik und Rechtfertigung erhält, ist der Versuch, berechtigte Bedenken bei der weiteren Arbeit zu berücksichtigen und sich davon inspirieren zu lassen. Die Auseinandersetzung mit Kritikern erscheint mir daher ebenso sinnvoll wie die Weiterentwicklung und Konkretisierung vorliegender Entwürfe. „Es liegt auf der Hand", so bemerkt Reinecker (1987b, 189) zutreffend, „daß diese Arbeit mühsamer wird als die Entwicklung neuer und durchaus interessanter Ideen." Mühsam wird die Arbeit sicher nicht nur deshalb, weil der „Gegenstand" anspruchsvoll ist, sondern weil sich die Gegenstandsbestimmung verändert hat: wir als Beobachter im Verhältnis zu dem von uns konstituierten Gegenstand. Und – auch das hat sich inzwischen gezeigt – diese Arbeit führt nicht nur zur Lösung von Schwierigkeiten. Sie tritt mindestens ebenso viele neue Probleme los, weckt Paradoxien, die vorher im Verborgenen schlummerten. Davon war an verschiedenen Stellen dieses Bandes die Rede. So gesehen mag man mit H. Reinecker (1987b) tatsächlich den Bedarf für diese Art von „Arbeit" in Zweifel ziehen. Solche Zweifel aber muß jeder für sich selbst durchstehen.

Und überhaupt: Kennen Sie das Märchen vom Fischer und seiner Frau?

Anhang

Globale Bedrohung und psychische Belastung
Manfred Cramer
(Positionspapier, vorgelegt auf der Fachtagung „Sozialwissenschaftliches und medizinisches Krankheitsmodell heute" (Heidelberg, im Mai 1988))

Die globalen Krisen wirken zunehmend psychisch und physisch belastend. Es macht nur analytischen Sinn, diese Belastungen auszudifferenzieren. Denn diese Krisen werden vor allem synthetisch verarbeitet.

1. *Normalität im psychischen und physischen Sinn wird unerträglich.* Zur Normalität gehören unerträgliche Belastungen, die es schwierig machen, an individuumsbezogenen Kategorien festzuhalten: Das Weltklima ist durcheinandergeraten, nach wie vor dreht die Rüstungsspirale engere Kreise, alle 20 Jahre verdoppelt sich die Weltbevölkerung, ein neuer Satz von Viren, Bazillen und Bakterien zielt neben konstanter radioaktiver Niedrigdosenbestrahlung und Umweltgiften auf die als zur Zeit als letztendlich gesehene Barriere gegenüber den globalen Risiken: unser Immunsystem. Wir schliddern in schlechter werdende Zeiten, die durch regionale und globale Katastrophen charakterisiert sein werden. Diese neue Zeit wird dem heute als naiv zu bezeichnenden wissenschaftlichen Fortschrittsglauben den Boden weiter entziehen.

2. *Zu viele Psychologen unterschätzen die psychischen und physischen Auswirkungen der globalen Krisen.* Nach wie vor arbeiten zu viele von uns entlang der Parole: Macht so weiter wie gewohnt, Ihr werdet mit dafür sorgen, daß nichts so bleibt wie es ist. Zu vorsichtig und zu peripher arbeiten vergleichsweise wenige KollegInnen an kleinen Fragestellungen aus den Randbereichen der globalen Krisen: Solche Fragen sind z.B.: Wie wird die nukleare Bedrohung psychisch bewältigt? Außer acht gelassen wird in solchen und ähnlichen Fragestellungen systematisch, daß radioaktive Niedrigdosenbestrahlung psychisch (und dies heißt immer auch physisch) wirkt. Dieser vergleichsweise zentrale Fragenkomplex wird der Zuständigkeit von Naturwissenschaftlern überlassen. Zeigen dann deren Ergebnisse, daß die uns präsentierte Bestrahlungsdosis physisch nicht „bewältigt" werden kann, werden solche Ergebnisse zu häufig ignoriert oder als „reine" psychologische Bedrohung fehlinterpretiert.

3. In mittleren Höhenlagen Oberbayerns findet man mit die höchste Ozonkonzentration (vermutlich) der Welt. In Kombination mit dem sauren Regen ist hier eine derart giftige Umweltbedingung entstanden, daß nicht nur Bäume zugrunde gehen, Steine zerfallen und Atemwegserkrankungen zunehmen, sondern sich mittlerweile auch Plastikmaterialien in wenigen Monaten an der eh „frischen Luft" auflösen. In diesen Gebieten sind seit Generationen westdeutsche Erholungszentren, Kureinrichtungen und Kinderheime, deren Zielsetzungen durch die giftige Umwelt konkret in Frage gestellt sind. Dieses Beispiel, dem ich unzählige weitere hinzufügen kann, illustriert eine Entwicklung, wonach *die globalen Krisen zentrale wohlfahrtsstaatliche Einrichtungen destabilisieren.*

4. *Die bisher sichtbar gewordenen Auswirkungen der globalen Krisen wirken antisozial. Sie setzen Mentalitäten frei, die den Wohlfahrtsstaat an zentraler Stelle untergraben.* In den Industriestaaten waren und sind Radioaktivität, Umweltbelastung und AIDS die Drohungen, die zu einem großen Aufbau von Selbsthilfegruppierungen neben dem und gegen den Wohlfahrtsstaat motivieren. Die Botschaft dieser wichtig gewordenen gesellschaftlichen Formation ist: Wenn Du bei uns mitarbeitest, wirst Du AIDS, Radioaktivität, Dioxin oder Cadmium (besser) bewältigen können. Das (Ver-)Sicherungsprinzip wohlfahrtsstaatlichen Denkens ist hier explizit außer Kraft gesetzt.

5. Sozialwissenschaftliche Krankheitsmodelldiskussionen im Sinne der 60er Jahre haben ihre Zeit gehabt. Neuentwicklungen müssen sich um biologisch-ökologische Indikatoren und Zusammenhänge zentrieren und Positionen gegenüber dem Yuppie-Biologismus entwickeln.

Ironischerweise sind wir vor allem dann Objekte unserer Vergiftung, wenn wir unsere empirischen Lebensbedingungen in interaktiven Zusammenhängen interpretieren. Die messianischen Botschaften interaktionistischer Ansätze mit sozialer Wirkung (wie etwa der gute alte Labelling Approach) erscheinen heute im Licht der globalen Drohung nicht nur zunehmend albern, sondern auch problematisch. Zu viele Psychologen machen sich etwas vor, wenn sie unsere biologische Objekthaftigkeit in ihrer zunehmenden Bedeutung weiterhin ignorieren und *auf subjektorientierte Perspektiven aus der historisch werdenden Epoche der Freisetzung des Individuums setzen.* Sie wirken unter der Hand mit an der Ausbildung einer miesen Survival-Mentalität, die sich von der vergleichsweise krachledernen US-Variante nur in Stilfragen unterscheidet. Ähnlich wie die AIDS-Debatte im kleinen Maßstab von den liberalen Intellektuellen weitgehend ignoriert wurde, wird heute im großen *Maßstab dem neuen Survival-Biologismus* in den Sozialwissenschaften außer spärlicher Ideologiekritik auch nicht viel entgegengesetzt.

6. Psychische Belastungen und Probleme entwickeln sich zunehmend auf dem Hintergrund „biologischer" Entwicklungen, die die gesellschaftliche Bedeutung sozialer Ungleichheit und devianter Konstitutionen (wie z.B. Arbeitslosigkeit, Armut, „neurotischer" oder „narzistischer" Bedingungen) überlagern. *Normalität und Devianz sind nicht mehr nur als gegensätzliche, sondern auch als miteinander verwobene Entstehungsbedingungen für psychische Probleme zu interpretieren.* Formal ist dies nichts Neues: Ähnliche Verwobenheiten existierten auch in der Weimarer Zeit. Neu wie die globalen Krisenentwicklungen sind aber die Charakteristika der neuen Normalität, die sich an der Absetzung von einer sozial organisierten Giftigkeit der Natur versucht.

Die Entwicklung der zentralen Kategorie Angst illustriert diese Zusammenhänge: Der Unterschied zwischen „Realangst" und „neurotischer Angst" macht nur noch wenig heuristischen Sinn, weil deren Gegenspieler „Vernunft" (oder verkürzt: „angepaßtes Verhalten") beträchtlicher Verwirrung und riskanten Ideen unterlegen ist. Ein neues Kapitel der Psychologie ist aufgeschlagen.

7. Mit scheinbarer Selbstverständlichkeit und Gelassenheit schliddern wir in eine noch nie da gewesene Variante der „Zwei-Drittel-Gesellschaft", die gerade den optimistischen gesellschaftlichen Utopien Hohn spricht, denen die Klinische Psychologie ihre Karriere verdankt.

8. So schwierig und unbeliebt dies heute sein mag: Analog zum Beginn der Professionalisierung der Klinischen Psychologie in den 60er Jahren stellt sich heute die Notwendigkeit, eine *Standortsbestimmung der Disziplin vor allem außerhalb der professionellen Pfade wenigstens zu versuchen, nachdem sich innerhalb so wenig Neues entwickelte.*

Farbtafeln

Abb. 27: Hieronymus Bosch, ca. 1450–1516. Ausschnitt aus der Mitteltafel des Triptychons „Das jüngste Gericht", Gemäldegalerie der Akademie der bildenden Künste in Wien (Abb. aus Bosing 1987).

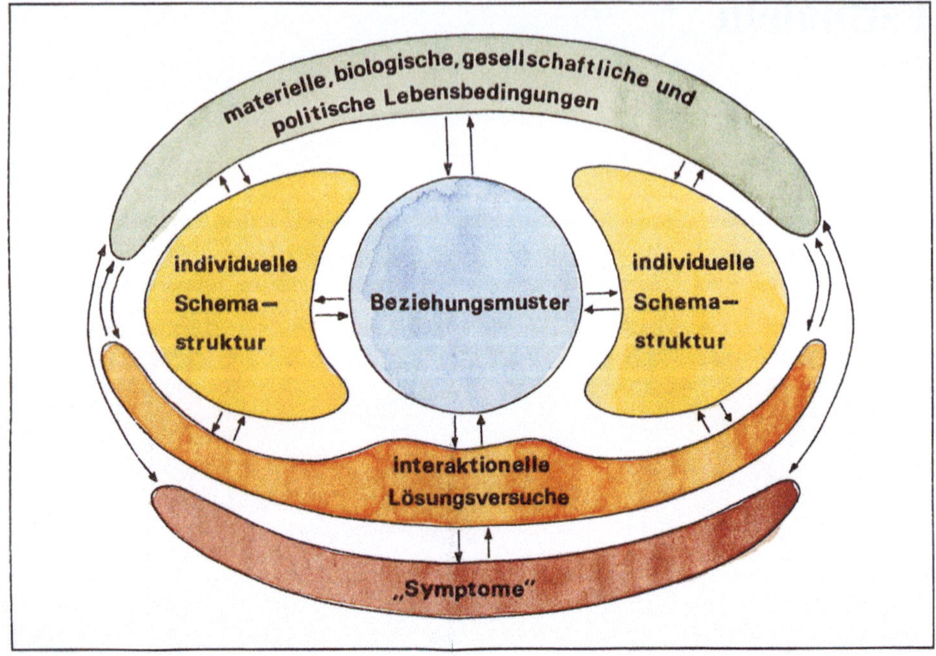

Abb. 30: Abstrahiertes Muster einer Paarbeziehung.

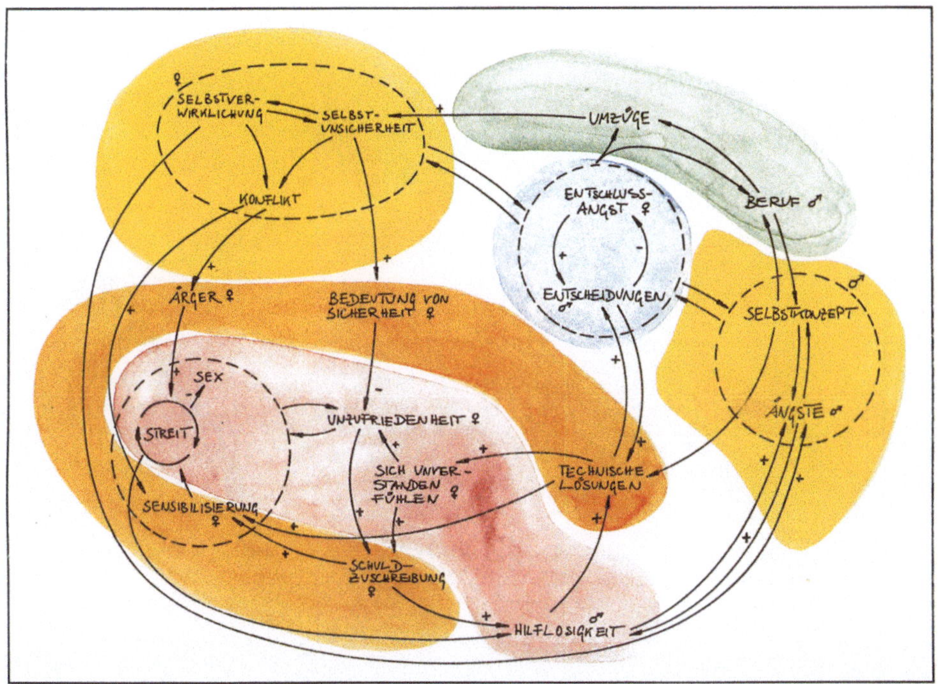

Abb. 32: Man beachte die Korrespondenz verschiedener Aspekte dieses Systemmodells mit dem in Abb. 30 gezeigten abstrahierten Muster einer Paarbeziehung. Jeder Bereich in Abb. 31 bzw. 32 könnte natürlich noch ausdifferenziert und um weitere Komponenten angereichert werden, was hier aus Übersichtlichkeitsgründen unterblieb. Das Modell enthält folgende Aspekte: materielle Lebensbedingungen (grün), grundlegendes Beziehungsmuster (blau), individuelle Schemastrukturen (gelb), Lösungsversuche (orange) und „Symptome" (rot). Zu den Lösungsversuchen werden in diesem Beispiel gerechnet: Ärgerreaktionen, die Verschiebung in der Bedeutung verfügbarer Sicherheiten, Schuldzuschreibungen, (Attributionsversuche) und der Rückgriff auf technologische Lösungen. Der Bereich „Symptome" beinhaltet die Klagen, mit denen das Paar St. in die Therapie kam: häufige Streitigkeiten; unbefriedigendes Sexualleben (Klagen beider Partner); generelle Unzufriedenheit mit ihrer Lebenssituation, speziell der Ehe; sich von ihrem Mann unverstanden fühlen und überall Bevormundungen wahrnehmen, wo das vielleicht gar nicht beabsichtigt sei (Klagen von Frau St.); schließlich Hilflosigkeit, was jedoch bei beiden Partnern jeweils ganz unterschiedlich klingt: Was soll ich angesichts der Launen und Vorwürfe meiner Frau tun? (Herr St.) oder: Mein Mann stellt sich nie den notwendigen Diskussionen und Auseinandersetzungen! (Frau St.).

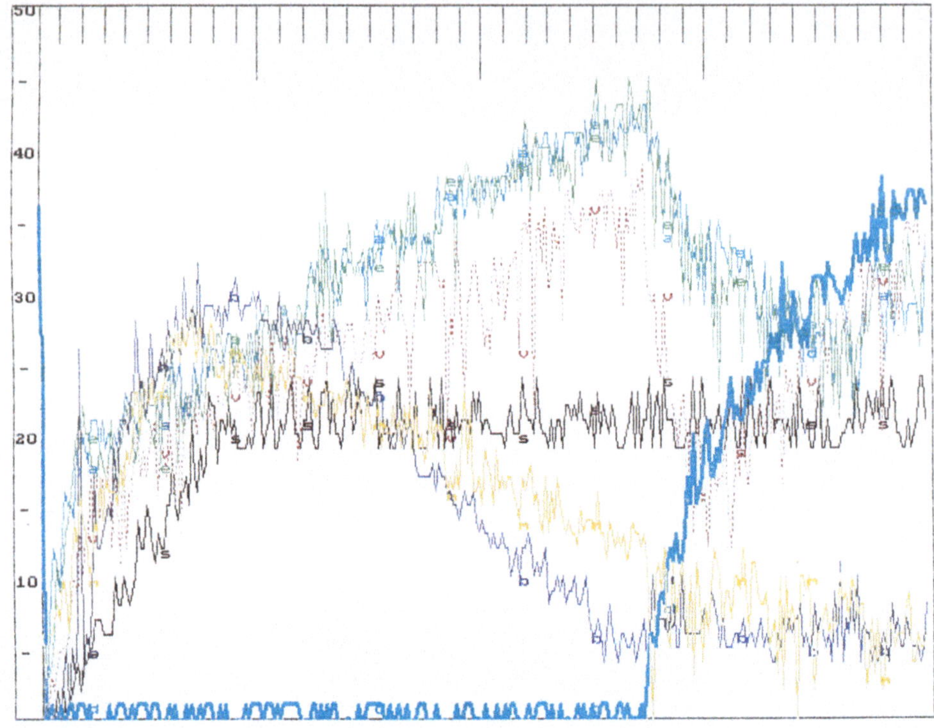

Abb. 91: Die Verläufe aller 7 Variablen über den gesamten Simulationszeitraum. Deutlich wird die Veränderung des dynamischen Musters mit dem Auftreten der Variablen „Depression".

Literatur

Abraham, R.H., und *C.D. Shaw* (1984): Dynamics – The Geometry of Behavior. Part 2: Chaotic Behavior. Aerial Press, Santa Cruz, California.

Abramson, L.Y., M.E.P. Seligman und *J. Teasdale* (1978): Learned Helplessness in Humans: Critique and Reformulation. J. Abnorm. Psychol. 87: 49-74.

Akiskal, H.S., und *W.T. McKinney* (1973): Depressive Disorders: Toward a Unified Hypothesis. Science 182: 20-29.

Akiskal, H.S., und *W.T. McKinney* (1975): Overview of Recent Research in Depression, Integration of ten Conceptual Models into a Comprehensive Clinical Frame. Arch. Gen. Psychiatry 32: 285.

Alberch, P. (1982): The Generative and Regulatory Roles of Development in Evolution. In: D. Mossakowski und G. Roth (Hrsg.), Environmental Adaptation and Evolution. Gustav Fischer, Stuttgart, S. 19-36.

Allen, T.F.H, und *T.B. Starr* (1982): Hierarchy: Perspectives for Ecological Complexity. University of Chicago Press, Chicago.

Alloy, L.B., C. Clements und *G. Kolden* (1985): The Cognitive Diathesis-Stress. Theories of Depression: Therapeutic Implications. In: S. Reiss und R.R. Bootzin (Hrsg.), Theoretical Issues in Behavior Therapy. Academic Press, Orlando-San Diego-New York.

Allport, G.W. (1962): The General and the Unique in Psychological Science. J. Personality 30: 405-422.

Altner, G. (Hrsg.) (1984): Die Welt als offenes System. Eine Kontroverse um das Werk von Ilya Prigogine. Fischer, Frankfurt am Main.

Ambühl, H., und *K. Grawe* (1988): Die Wirkungen von Psychotherapien als Ergebnis der Wechselwirkung zwischen therapeutischem Angebot und Aufnahmebereitschaft der Klient/inn/en. Zeitschrift für Klinische Psychologie, Psychopathologie und Psychotherapie 36: 308-327.

Ambühl, H., und *K. Grawe* (1989): Psychotherapeutisches Handeln als Verwirklichung therapeutischer Heuristiken. Psychotherapie und medizinische Psychologie 39: 1-10.

Anderson, C.M., S. Griffin, A. Rossi, I. Pagonis, D.P. Holder und *R. Treiber* (1986): A Comparative Study of the Impact of Education vs. Process Groups for Families of Patients with Affective Disorders. Fam. Proc. 25: 185-205.

Anderson, J.R. (1983): The Architecture of Cognition. Harvard University Press, Cambridge, Mass.

Angst, J. (1986): Verlauf und Ausgang affektiver und schizoaffektiver Erkrankungen. In: G. Huber (Hrsg.), Zyklothymie – offene Fragen. Tropon, Köln.

Angst, J. (1987): Verlauf der affektiven Psychosen. In: K.P. Kisker, H. Lauter, J.E. Meyer, C. Miller und E. Strömgren (Hrsg.), Psychiatrie der Gegenwart Bd. 5. Springer, Berlin-Heidelberg-New York, S. 115-133.

Arbeitsgemeinschaft für Verhaltensmodifikation (1982): Psychotherapiegesetz oder Neuregelung der psychosozialen Versorgung? AVM, Salzburg.

Arbeitsgruppe Planspiel Schulkonflikt Bielefeld (1975): Simulation eines Schulkonflikts in einem verhaltensorientierten Planspiel. In: H. Reinisch (Hrsg.), Hochschuldidaktische Arbeitspapiere 7: Planspiele. Interdisziplinäres Zentrum für Hochschuldidaktik, Hamburg, S. 41-62.

Argelander, H. (1970): Das Erstinterview in der Psychoanalyse. Wissenschaftliche Buchgesellschaft, Darmstadt.

Arnold, S., G. Engelbrecht-Philipp und *P. Joraschky* (1987): Die Skulpturverfahren. In: M. Cierpka (Hrsg.), Familiendiagnostik. Springer, Berlin-Heidelberg-New York, S. 190-212.

Aschenbach, G., E. Billmann-Mahecha und *W. Zitterbarth* (1985): Kulturwissenschaftliche Aspekte qualitativer psychologischer Forschung. In: G. Jüttemann (Hrsg.), Qualitative Forschung in der Psychologie. Beltz, Weinheim-Basel, S. 25-44.

Ashby, W.R. (1985): Einführung in die Kybernetik. Suhrkamp, Frankfurt am Main (Originalausgabe: An Introduction to Cybernetics, 1956).

Atkinson, B.I., und *A.W. Heath* (1987): Beyond Objectivism and Relativism: Implications for Family Therapy Research. J. Strat. System. Ther. 6: 8-17.

Austin, J.L. (1961): Performative Utterances. In: J.O. Urmson und G.J. Warnock (Hrsg.), Philosophical Papers. Clarendon Press, Oxford, S. 220-240.

Babloyantz, A., und *A. Destexhe* (1987): Strange Attractors in the Human Cortex. In: L. Rensing, U. an der Heiden und M.C. Mackey (Hrsg.), Temporal Disorder in Human Oscillatory Systems. Springer, Berlin-Heidelberg-New York, S. 48-56.

Badke-Schaub, P., und *D. Dörner* (1988): Ein Simulationsmodell für die Ausbreitung von AIDS. Memorandum des Lehrstuhls Psychologie II, Universität Bamberg.

Bandler, J., und *J. Grinder* (1975): The Structure of Magic: A Book about Language and Therapy. Science and Behavior Books, Palo Alto.

Bandura, A. (1977): Self-efficacy: Toward a Unifiying Theory of Behavioral Change. Psychol. Review 84: 191-215.

Barel, Y. (1983): De la fermeture à l'ouverture, en passant par l'autonomie? In: P. Dumouchel und J.-P. Dupuy (Hrsg.), L'auto-organisation de la physique au politique. Édition du Seuil, Paris, S. 466-475.

Basler, H.D., und *I. Florin* (1985): Klinische Psychologie und körperliche Krankheit. Kohlhammer, Stuttgart-Berlin-Köln-Mainz.

Bateson, G. (1967): Cybernetic Explanation. Am. Behav. Scientist 10 (6): 29-32.

Bateson, G. (1971): The Cybernetics of „Self": A Theory of Alcoholism. Psychiatry 34: 1-18.

Bateson, G. (1981): Ökologie des Geistes. Suhrkamp, Frankfurt am Main.

Bateson, G. (1982): Geist und Natur. Eine notwendige Einheit. Suhrkamp, Frankfurt am Main.

Baumann, U., C. Hecht und *H. Mackinger* (1984): Psychotherapieforschung: Unterschiedliche Perspektiven. In: U. Baumann (Hrsg.), Psychotherapie: Makro-/Mikroperspektive. Hogrefe, Göttingen, S. 3-28.

Bazon Brock (1986): Ästhetik gegen erzwungene Unmittelbarkeit. Die Gottsucherbande. Du Mont, Köln.

Bazon Brock (1988): Spagat über die ästhetische Differenz – Gegen die alles beherrschende Logik der Dummheit. Vortrag auf dem 1. Kongreß der Österreichischen Arbeitsgemeinschaft für systemische Therapie und systemische Studien am 11.11.1988 in Wien.

Beavers, W.R., und *M.N. Voeller* (1983): Family Models: Comparing and Contrasting the Olson Circumplex Model with the Beavers Systems Model. Fam. Proc. 22: 85-98.

Beck, A.T. (1976): Cognitive Therapy and the Emotional Disorders. International University Press, New York.

Beck, A.T., A.J. Rush, B.F. Shaw und *G. Emery* (1979): Cognitive Therapy of Depression: A Treatment Manual. Guilford, New York.

Beck, U. (1986): Risikogesellschaft. Auf dem Weg in eine andere Moderne. Suhrkamp, Frankfurt am Main.

Beck, U. (1988): Gegengifte. Die organisierte Unverantwortlichkeit. Suhrkamp, Frankfurt am Main.

Belschner, W., M. Hoffmann, F. Schott und *C. Schulze* (1976): Verhaltenstherapie in Erziehung und Unterricht. Kohlhammer, Stuttgart-Berlin-Köln-Mainz.

Bergé, P., Y. Pomeau und *C. Vidal* (1984): L'Ordre dans le Chaos. Hermann, Paris.

Berger, P.L., und *T. Luckmann* (1970): Die gesellschaftliche Konstruktion der Wirklichkeit. Fischer, Frankfurt am Main.

Bergold, J.B. (1988): Systemtheoretische Analyse der Entwicklung einer Krisenambulanz. Vortrag, gehalten am 6.7.1988 an der Universität Bamberg.

Bergold, J.B., und *F. Breuer* (1987): Methodologische umd methodische Probleme bei der Erforschung der Sicht des Subjekts. In: J.B. Bergold und U. Flick (Hrsg.), Ein-Sichten: Zugänge zur Sicht des Subjekts mittels qualitativer Forschung. Forum 14, dgvt, Tübingen, S. 20-52.

Bergold, J.B., und *U. Flick* (Hrsg.) (1987a): Ein-Sichten: Zugänge zur Sicht des Subjekts mittels qualitativer Forschung. Forum 14, dgvt, Tübingen.

Bergold, J.B., und *U. Flick* (1987b): Die Sicht des Subjekts verstehen: Eine Einleitung und Standortbestimmung. In: J.B. Bergold und U. Flick (Hrsg.), Ein-Sichten: Zugänge zur Sicht des Subjekts mittels qualitativer Forschung. Forum 14, dgvt, Tübingen, S. 1-18.

Bergold, J.B., und *M. Zaumseil* (1988): Forschungsdienst Wedding: Versuch der Entwicklung eines gemeindepsychologischen Forschungszugangs. Vortrag, gehalten auf dem Kongreß für Klinische Psychologie und Psychotherapie der dgvt, Berlin 1988.

Bernhard, T. (1975): Der Ignorant und der Wahnsinnige. In: Die Salzburger Stücke. Suhrkamp, Frankfurt am Main.

Bernhard, T. (1976): Die Ursache. Der Keller. Der Atem. Residenz Verlag, Salzburg.

Bertalanffy, L. von (1968): General System Theory. Braziller, New York.

Betz, D. (1988): Lehrerfortbildung auf systemischer Basis. Arbeitspapier des Lehrstuhls für Lernpsychologie der Universität Essen.

Betz, D., und *H. Breuninger* (1987): Teufelskreis Lernstörungen. Psychologie Verlags Union, München-Weinheim.

Bilden, H., und *G. Geiger* (1988): Individualität, Identität und Geschlecht. Verhaltensther. psychosoz. Prax. 20(4): 439-453.

Billings, A.G., und *R.H. Moos* (1981): The Role of Coping Responses in Attenuating the Impact of Stressful Life Events. J. Behav. Med. 4: 139-157.

Billings, A.G., und *R.H. Moos* (1982): Psychosocial Theory and Research on Depression: An Integrative Framework and Review. Clin. Psychol. Rev. 2: 213-237.

Bischof, N. (1985): Das Rätsel Ödipus. Die biologischen Wurzeln des Urkonflikts von Intimität und Autonomie. Piper, München-Zürich.

Blaney, P.H. (1986): Affect and Memory: A Review. Psychol. Bull. 99: 229-246.

Bobele, M. (1989): Konstruktivismus im akademischen (Ausbildungs-)Diskurs. Ein Interview. Z. system. Ther. 7(1): 4-11.

Böse, R., und *G. Schiepek* (1989): Systemische Theorie und Therapie. Ein Handwörterbuch. Asanger, Heidelberg.

Bommert, H., und *M. Hockel* (Hrsg.) (1981): Therapieorientierte Diagnostik. Kohlhammer, Stuttgart-Berlin-Köln-Mainz.

Boscolo, L., G. Cecchin, L. Hoffman und *P. Penn* (1988): Familientherapie – Systemtherapie. Das Mailänder Modell. verlag modernes lernen, Dortmund.

Bosing, W. (1987): Hieronymus Bosch. Benedikt Taschen Verlag, Köln.

Bossel, H. (1987): Systemdynamik: Grundwissen, Methoden und BASIC-Programme zur Simulation dynamischer Systeme. Vieweg, Braunschweig.

Bower, T.G.R. (1971): The Object in the World of the Infant. Scientific American 225(4): 30-38.

Bramhall, M., und *S. Ezell* (1981): How Burned out are you? Part one. Public Welfare 39: 23-27.

Braten, S. (1984): The Third Position – Beyond Artificial and Autopoietic Reduction. Kybernetes 13: 157-163.

Braukmann, W., und *S.H. Filipp* (1984): Strategien und Techniken der Lebensbewältigung. In: U. Baumann, H. Berbalk und G. Seidenstücker (Hrsg.), Klinische Psychologie. Trends in Forschung und Praxis, Bd. 6. Huber, Bern-Stuttgart-Wien, S. 52-87.

Brown, G.W., und *B. Andrews* (1986): Social Support and Depression. In: M.H. Appley und R. Trumbull (Hrsg.), Dynamics of stress. Plenum, New York, S. 257-282.

Brown, G.W., und *T. Harris* (1978): Social Origin of Depression. A Study of Psychiatric Disorders in Women. Tavistock, London.

Brunner, E.J. (Hrsg.) (1984): Interaktion in der Familie. Springer, Berlin-Heidelberg-New York.

Brunner, E.J. (1985): Methoden der Familieninteraktionsdiagnose. Ein metatheoretischer Bezugsrahmen. Z. Klin. Psych. Psychopath. Psychother. 33: 337-347.

Brunner, E.J. (1986): Grundfragen der Familientherapie. Springer, Berlin-Heidelberg-New York.

Brunner, E.J. (1988): Pioniere systemischen Denkens. In: L. Reiter, E.J. Brunner und S. Reiter-Theil (Hrsg.), Von der Familientherapie zur systemischen Perspektive. Springer, Berlin-Heidelberg-New York, S. 273-284.

Brunner, E.J., und *G. Schiepek* (1989): Sozialwissenschaftliche Synergetik. Projektantrag an die Volkswagenstiftung. Universität Tübingen (Institut für Erziehungswissenschaften I) und Universität Bamberg (Lehrstuhl für Klinische Psychologie).

Bünder, W., J. Kittsteiner, J. Schmidt und *R. Schulmeister* (1975): Ein Rollenspiel für Studienanfänger zum Thema „Mitbestimmung in der akademischen Selbstverwaltung". In: H. Reinisch (Hrsg.), Hochschuldidaktische Arbeitspapiere 7: Planspiele. Interdisziplinäres Zentrum für Hochschuldidaktik, Hamburg, S. 12-40.

Bungard, W. (Hrsg.) (1980): Die „gute" Versuchsperson denkt nicht. Artefakte in der Sozialpsychologie. Urban & Schwarzenberg, München.

Bunge, M. (1980): The Mind-Body Problem. Pergamon Press, Oxford-New York-Toronto.

Carver, C.S., und *M.F. Scheier* (1981): Attention and Self-regulation: A Control-theory Approach to Human Behavior. Springer, New York.

Caspar, F. (1984): Analyse interaktioneller Pläne. Inauguraldissertation, Universität Bern.

Caspar, F. (1986): Die Plananalyse als Konzept und Methode. Verhaltensmodifikation 7(4): 235-256.

Caspar, F. (1989): Beziehungen und Probleme verstehen. Eine Einführung in die psychotherapeutische Plananalyse. Huber, Bern-Stuttgart-Toronto.

Caspar, F., und *K. Grawe* (1982): Vertikale Verhaltensanalyse (VVA). Analyse des Interaktionsverhaltens als Grundlage der Problemanalyse und Therapieplanung. Forschungsbericht aus dem psychologischen Institut der Universität Bern.

Cecchin, G. (1988): Zum gegenwärtigen Stand von Hypothetisieren, Zirkularität und Neutralität: Eine Einladung zur Neugier. Familiendynamik 13: 190-203.

Cervantes, M. de (1855): Don Quijote de la Mancha. Establecimiento tipografico de D.F. de P. Mellado, Madrid.

Charniak, E., und *D. McDermott* (1985): Introduction to Artificial Intelligence. Addison-Wesley, London.

Cherniss, C. (1982): Staff Burnout: Job Stress in the Human Services. Beverly Hills. Sage Publications.

Cherniss, C., und *E. Egnatios* (1978): Is there Job Satisfication in Community Mental Health? Comm. Ment. Health J. 14:309-318.

Cherniss, C., und *D.L. Krantz* (1983): The Ideological Community as an Antidote to Burnout in the Human Services. In: B.A. Farber (Hrsg.), Stress and Burnout in the Human Service Profession. Pergamon Press, New York, S. 198-212.

Cierpka, M. (Hrsg.) (1987a): Familiendiagnostik. Springer, Berlin-Heidelberg-New York.

Cierpka, M. (1987b): Einführung. In: M. Cierpka (Hrsg.), Familiendiagnostik. Springer, Berlin-Heidelberg-New York, S. 1-13.

Ciompi, L. (1982): Affektlogik. Klett-Cotta, Stuttgart.

Ciompi, L. (1986): Zur Integration von Fühlen und Denken im Licht der „Affektlogik". Die Psyche als Teil eines autopoietischen Systems. In: K.P. Kisker, H. Lauter, J.E. Meyer, C. Miller und E. Strömgren (Hrsg.): Psychiatrie der Gegenwart, Bd. 1. Springer, Berlin-Heidelberg-New York, S. 373-410.

Clemenz, M. (1988): Psychoanalyse und die Theorie „autopoietischer Systeme". Ein Vergleich aus erkenntnistheoretischer Perspektive. In: L. Reiter, E.J. Brunner und S. Reiter-Theil (Hrsg.), Von der Familientherapie zur systemischen Perspektive. Springer, Berlin-Heidelberg-New York, S. 321-345.

Conant, R.S., und *R.W. Ashby* (1970): Every Good Regulator of a System Must be a Model of That System. Int. J. System Science 1: 89-97.

Coyne, J.C. (1976a): Depression and the Response of Others. J. Abnorm. Psychol. 85: 186-193.

Coyne, J.C. (1976b): Towards an Interactional Description of Depression. Psychiatry 39: 28-40.

Coyne, J.C., und *L. Segal* (1982): A Brief, Strategic Interactional Approach to Psychotherapy. In: J. Anchin und D. Kiesler (Hrsg.), Handbook of Interpersonal Psychotherapy. Pergamon Press, Oxford-New York-Toronto, S. 248-261.

Cramer, M. (1987): Psychologische Bemerkungen zur Umweltkrise. Manuskript, München.

Cramer, M. (1988): Globale Bedrohung und psychische Belastung. Vortrag, gehalten auf der Fachtagung „Sozialwissenschaftliches und medizinisches Krankheitsmodell heute" am 28. und 29.5.1988 in Heidelberg.

Cromwell, R.E., D.H.L. Olson und *D.G. Fournier* (1984): Instrumente und Techniken zur Diagnose und Evaluation in Ehe- und Familientherapie. In: E.J. Brunner (Hrsg.), Interaktion in der Familie. Springer, Berlin-Heidelberg-New York, S. 105-131.

Crutchfield, J.P., I.P. Farmer, N.H. Packard und *R.S. Shaw* (1987): Chaos. Spektrum der Wissenschaft Feb. 1987: 78-90.

Cumpelik, K. (1985): Das Planspiel. Versuch einer handlungstheoretischen Analyse. Unveröffentlichte Diplomarbeit, FU Berlin.

Dachler, P. (1984): Some Explanatory Boundaries of Organismic Analogies for the Understanding of Social Systems. In: H. Ulrich und G.J.B. Probst (Hrsg.), Self-Organization and Management of Social Systems. Springer, Berlin-Heidelberg-New York, S. 132-147.

Daley, M.R. (1979): 'Burnout': Smoldering Problem in the Protective Services. Soc. Work 24(5): 375-379.

Davison, G.C., und *J.M. Neale* (1988): Klinische Psychologie. 3. Auflage. Psychologie Verlags Union, München-Weinheim.

Deissler, K. (o.J.): Rekursive Informationsschöpfung. Zirkuläres Fragen als Erzeugung von Information. Manuskript, Marburg.

Deissler, K. (Hrsg.) (1986): Zur Frage der „Macht"-Metapher. Z. system. Ther. 4(4).

Dell, P.F. (1984): Von systemischer zur klinischen Epistemologie. I. Von Bateson zu Maturana. Z. system. Ther. 7(2): 147-171.

Dell, P.F. (1986): Über Homöostase hinaus: Auf dem Weg zu einem Konzept der Kohärenz. In: P.F. Dell, Klinische Erkenntnis. verlag modernes lernen, Dortmund, S. 46-77 (amerikanisches Original: P.F. Dell (1982): Beyond Homeostasis: Toward a Concept of Coherence. Fam. Proc. 21: 21-41).

Dell P.F., und *H.A. Goolishian* (1981): Ordnung durch Fluktuation: Eine evolutionäre Epistemologie für menschliche Systeme. Familiendynamik 6(2): 105-121.

Ditfurth, H. von (1985): So laßt uns denn ein Apfelbäumchen pflanzen. Rasch und Röhring, Hamburg.

Dörner, D. (1976): Problemlösen als Informationsverarbeitung. Kohlhammer, Stuttgart-Berlin-Köln-Mainz.

Dörner, D. (1983): Empirische Psychologie und Alltagsrelevanz. In: G. Jüttemann (Hrsg.), Psychologie in der Veränderung. Beltz, Weinheim-Basel, S. 13-29.

Dörner, D. (1984): Modellbildung und Simulation. In: E. Roth (Hrsg.), Sozialwissenschaftliche Methoden. Oldenbourg, München, S. 337-350.

Dörner, D. (1989): Die Logik des Mißlingens. Strategisches Denken in komplexen Situationen. Rowohlt, Reinbek.

Dörner, D., und *F. Reither* (1978): Über das Problemlösen in sehr komplexen Realitätsbereichen. Z. exp. angew. Psychol. 25(4): 527-551.

Dörner, D., und *F. Reither* (1983): Einige Eigenschaften von Zeitreihen. Memorandum des Lehrstuhls für Psychologie II, Universität Bamberg.

Dörner, D., H.W. Kreuzig, F. Reither und *T. Stäudel* (Hrsg.) (1983): Lohhausen. Vom Umgang mit Unbestimmtheit und Komplexität. Huber, Bern-Stuttgart-Wien.

Dörner, K. (Hrsg.) (1987): Neue Praxis braucht neue Theorie. Ökologische und andere Denkansätze für gemeindepsychiatrisches Handeln. 38. Gütersloher Fortbildungswoche 1986. Jakob van Hoddis, Gütersloh.

Doll, H.P., und *G. Erken* (1985): Theater. Eine illustrierte Geschichte des Schauspiels. Belser, Stuttgart-Zürich.

Dreier, O. (1980): Familiäres Sein und familiäres Bewußtsein. Therapeutische Analyse einer Arbeiterfamilie. Campus, Frankfurt-New York.

Dreitzel, P., und *E. Jaeggi* (1987): Psychotherapie: Plädoyer für kreative Vielfalt. Psychologie heute Febr. 1987: 60-69.

Dress, A., H. Hendrichs und *G. Küppers* (Hrsg.) (1986): Selbstorganisation. Die Entstehung von Ordnung in Natur und Gesellschaft. Piper, München-Zürich.

Dumouchel, P., und *J.-P. Dupuy* (Hrsg.) (1983): L'auto-organisation de la physique au politique. Édition du Seuil, Paris.

Dunn, E.S. (1971): Economic and Social Development: A Process of Social Learning. Johns Hopkins Press, Baltimore.

Durkheim, E. (1975): Textes. Présentation de V. Karady. Vol II: Religion, morale, anomie. éditions de minuit, Paris.

Duval, S., und *R. Wicklund* (1972): A Theory of Objective Self-awareness. Academic Press, New York.

Edelwich J., und *A. Brodsky* (1984): Ausgebrannt. Das 'Burn-out'-Syndrom in den Sozialberufen. AVM, Salzburg.

Eichmann, R. (1989): Diskurs gesellschaftlicher Teilsysteme: Zur Abstimmung von Bildungssystem und Beschäftigungssystem. Westdeutscher Verlag, Wiesbaden.

Eigen, M., und *P. Schuster* (1977): The Hypercycle. A Principle of Natural Self-Organization. Part A: Emergence of the Hypercycle. Die Naturwissenschaften 64: 541-565.

Eigen, M., und *P. Schuster* (1978): The Hypercycle. A Principle of Natural Self-Organization. Part B: The Abstract Hypercycle. Die Naturwissenschaften 65: 7-41.

Eilers, R., D. Grubert und *H. Reinisch* (1975): Bericht über den Einsatz eines Planspiels zur Einführung in die Wirtschaftswissenschaften. In: H. Reinisch (Hrsg.), Hochschuldidaktische Arbeitspapiere 7: Planspiele. Interdisziplinäres Zentrum für Hochschuldidaktik, Hamburg, S. 63-95.

Engel, G. (1977): The Need for a New Medical Model: A Challenge for Biomedicine. Science 196: 129-136.

Enzensberger, H.M. (1964): Gedichte. Suhrkamp, Frankfurt am Main.

Enzensberger, H.M. (1982): Unregierbarkeit. Notizen aus dem Kanzleramt. In: Politische Brosamen. Suhrkamp, Frankfurt am Main, S. 97-113.

Esrig, D. (1985): Commedia dell'arte. Delphi, Nördlingen.

Esser, H., K. Klenovits und *H. Zehnpfennig* (1977): Wissenschaftstheorie, Bd. 2. Stuttgart.

Farber, B.A. (Hrsg.) (1983): Stress and Burnout in the Human Service Profession. Pergamon Press, New York.

Farrelly, F., und *J.M. Brandsma* (1986): Provokative Therapie. Springer, Berlin-Heidelberg-New York.

Feldmann, L.B. (1976): Depression and Marital Interaction. Fam. Proc. 15: 389-395.

Fengler, C.H., und *T. Fengler* (1980): Alltag in der Anstalt. Psychiatrie-Verlag, Rehburg-Loccum.

Feyerabend, P. (1984): Wissenschaft als Kunst. Suhrkamp, Frankfurt am Main.

Feyerabend, P. (1986): Wider den Methodenzwang. Suhrkamp, Frankfurt am Main.

Foerster, H. von (1981a): Das Konstruieren einer Wirklichkeit. In: P. Watzlawick (Hrsg.), Die erfundene Wirklichkeit. Piper, München-Zürich S. 39-60.

Foerster, H. von (1981b): On Cybernetics of Cybernetics and Social Theory. In: G. Roth und H. Schwegler (Hrsg.), Self-organizing Systems. Campus, Frankfurt-New York, S. 102-105.

Foerster, H. von (1984): Principles of Self-Organization – In a Socio-Managerial Context. In: H. Ulrich und G.J.B. Probst (Hrsg.), Self-Organization and Management of Social Systems. Springer, Berlin-Heidelberg-New York, S. 2-24.

Foerster, H. von (1985a): Sicht und Einsicht. Vieweg, Braunschweig.

Foerster, H. von (1985b): Entdecken oder Erfinden – Wie läßt sich Verstehen verstehen? In: H. Gumin und A. Mohler (Hrsg.), Einführung in den Konstruktivismus. Oldenbourg, München, S. 27-68.

Foerster, H. von (1987a): Erkenntnistheorien und Selbstorganisation. In: S.J. Schmidt (Hrsg.), Der Diskurs des Radikalen Konstruktivismus. Suhrkamp, Frankfurt am Main, S. 133-158.

Foerster, H. von (1987b): Kybernetik. Z. system. Ther. 5(4): 220-223.

Foerster, H. von (1988): Abbau und Aufbau. In: F.B. Simon (Hrsg.), Lebende Systeme. Springer, Berlin-Heidelberg-New York, S. 19-33.

Foppa, K. (1984): Operationalisierung und der empirische Gehalt psychologischer Theorien. Psychol. Beiträge 26: 539-551.

Forrester, J.W. (1971): Planung unter dem dynamischen Einfluß komplexer sozialer Systeme. In: V. Ronge und G. Schmieg (Hrsg.), Politische Planung in Theorie und Praxis. Piper, München-Zürich.

Frank, J.D. (1985): Die Heiler. dtv, München.

Freidson, E. (1970): Professions of Medicine. A Study of the Sociology of Applied Knowledge. Dodd Mead, New York.

French, I.R., W. Rogers und *S. Cobb* (1974): Adjustment as Person-Environment Fit. In: G.U. Coelho, D.A. Hamburg und I.E. Adams (Hrsg.), Coping and Adaption. Basic Books, New York, S. 316-333.

Frese, M., und *G. Mohr* (1978): Die psychopathologischen Folgen des Entzugs von Arbeit: Der Fall der Arbeitslosigkeit. In: M. Frese, S. Greif und N. Semmer (Hrsg.), Industrielle Psychopathologie. Huber, Bern-Stuttgart-Wien, S. 282-320.

Freudenberger, H.J. (1975): The staff Burn-out Syndrome in Alternative Institutions. Psychotherapy: Theory, Research and Practice 12: 73-82.

Freudenberger, H.J. (1983): Burnout: Contemporary Issues, Trends and Concerns. In: B.A. Farber (Hrsg.), Stress and Burnout in the Human Service Profession. Pergamon Press, New York, S. 23-28.

Frey, D. (Hrsg.) (1978): Kognitive Theorien der Sozialpsychologie. Huber, Bern-Stuttgart-Wien.

Friedell, E. (1985): Ist die Erde bewohnt? Essays von 1919 bis 1931. Diogenes, Zürich.

Frijda, N.H. (1986): The Emotions. Cambridge University Press, Cambridge.

Fuchs, P. (1987): Vom Zeitzauber der Musik – Eine Diskussionsanregung. In: D. Baecker, J. Markowitz, R. Stichweh, H. Tyrell und H. Willke (Hrsg.), Theorie als Passion. Suhrkamp, Frankfurt am Main, S. 214-237.

Gachowetz, H., und *G. Schiepek* (1982): Der Beobachter als Attributionsquelle: Zur Übernahme von Kausalattributionen durch den Handelnden. Z. Sozialpsych. 13: 209-216.

GEO (1990): Chaos und Kreativität. Gruner & Jahr, Hamburg.

Gergen, K.J. (1985): The Social Constructionist Movement in Modern Psychology. American Psychologist 40 (3): 266-275.

Gerok, W. (Hrsg.) (1989a): Ordnung und Chaos in der unbelebten und belebten Natur. S. Hirzel, Wissenschaftliche Verlagsgesellschaft, Stuttgart.

Gerok, W. (1989b): Ordnung und Chaos als Elemente von Gesundheit und Krankheit. In: W. Gerok (Hrsg.), Ordnung und Chaos in der unbelebten und belebten Natur. S. Hirzel, Wissenschaftliche Verlagsgesellschaft, Stuttgart, S. 19-41.

Ghose, A. (1980): Cybernetics of Second Order – some Problems. In: F. Benseler, P.M. Hejl und W.K. Köck (Hrsg.), Autopoiesis, Communication and Society. Campus, Frankfurt-New York, S. 197-206.

Giegel, H.-J. (1987): Interpenetration und reflexive Bestimmung des Verhältnisses von psychischem und sozialem System. In: H. Haferkamp und M. Schmid (Hrsg.), Sinn, Kommunikation und soziale Differenzierung. Suhrkamp, Frankfurt am Main, S. 212-244.

Giesecke, H. (1973): Methodik des politischen Unterrichts. Juventa, München.

Glanville, R. (1982): Inside every White Box there are two Black Boxes Trying to Get out. Behav. Science 27: 1-11.

Glasersfeld, E. von (1981): Einführung in den radikalen Konstruktivismus. In: P. Watzlawick (Hrsg.), Die erfundene Wirklichkeit. Piper, München-Zürich, S. 16-38.

Glasersfeld, E. von (1985): Konstruktion der Wirklichkeit und des Begriffs der Objektivität. In: H. Gumin und A. Mohler (Hrsg.), Einführung in den Konstruktivismus. Oldenbourg, München, S. 1-26.

Glasersfeld, E. von (1987): Siegener Gespräche über Radikalen Konstruktivismus. In: S.J. Schmidt (Hrsg.), Der Diskurs des Radikalen Konstruktivismus. Suhrkamp, Frankfurt am Main, S. 401-440.

Glass, L., und *M.C. Mackey* (1979): Pathological Conditions resulting from Instabilities in Physiological Control Systems. Annals. N.Y. Acad. Sciences 316: 214-235.

Glenn, M.L. (1984): On Diagnosis. A Systemic Approach. Brunner/Mazel, New York.

Global 2000. Der Bericht an den Präsidenten (1980). Zweitausendeins, Frankfurt am Main.

Goldner, V. (1985): Feminism and Family Therapy. Fam. Proc. 24: 31-49.

Goolishian, H.A., und *H. Anderson* (1988): Menschliche Systeme. Vor welche Probleme sie uns stellen und wie wir mit ihnen arbeiten. In: L. Reiter, E.J. Brunner und S. Reiter-Theil (Hrsg.), Von der Familientherapie zur systemischen Perspektive. Springer, Berlin-Heidelberg-New York, S. 189-216.

Gotlib, I.H., und *C.A. Colby* (1987): Treatment of Depression. Pergamon, New York.

Goudsmit, A.L. (Hrsg.) (1989a): Self-Organization in Psychotherapy. Springer, Berlin-Heidelberg-New York.

Goudsmit, A.L. (1989b): By Way of Introduction: Can We Make a Non-Classical Psychology? In: A.L. Goudsmit (Hrsg.), Self-Organization in Psychotherapy. Springer, Berlin-Heidelberg-New York, S. 1-16.

Grassberger, P., und *I. Procaccia* (1983): Measuring the Strangeness of Strange Attractors. Physica, 9D: 189-208.

Graumann, C.F. (1978): Ökologische Perspektiven in der Psychologie. Huber, Bern-Stuttgart-Wien.

Grawe, K. (1978): Indikation in der Psychotherapie. In: D.J. Pongratz (Hrsg.), Handbuch der Psychologie, Bd. 8, 2. Halbband. Hogrefe, Göttingen, S. 1849-1883.

Grawe, K. (1986a): Verborgene Wahrheiten über die Wirkungen von Psychotherapien – eine Analyse des Ergebnisstandes der Psychotherapieforschung unter diffentiellem Aspekt. Forschungsbericht, Universität Bern.

Grawe, K. (1986b): Schema-Theorie und Interaktionelle Psychotherapie. Forschungsbericht, Universität Bern.

Grawe, K. (1987): Psychotherapie als Entwicklungsstimulation von Schemata. Ein Prozeß mit nicht vorhersehbarem Ausgang. In: F. Caspar (Hrsg.), Problemanalyse in der Psychotherapie. Forum 13, dgvt, Tübingen, S. 72-87.

Grawe, K. (1988): Der Weg entsteht beim Gehen. Ein heuristisches Verständnis von Psychotherapie. Verhaltensther. psychosoz. Prax. 20(1): 39-49.

Grawe, K., und *H. Dziewas* (1977): Interaktionelle Verhaltenstherapie. Partnerberatung 14: 188-204.

Green, R.G., M.S. Kolevzon und *N.R. Vosler* (1985): The Beavers-Timberlawn Model of Family Competence and the Circumplex Model of Family Adaptability and Cohesion: Separate, but equal? Fam. Proc. 24: 385-398.

Greenberg, M.S., und *L.B. Alloy* (1985a): Depression vs. Anxiety: Schematic Processing of Self and Other-referent Information. Manuscript in preparation.

Greenberg, M.S., und *L.B. Alloy* (1985b): Depression vs. Anxiety: Schematic Processing of World and Future-referent Information. Manuscript in preparation.

Greitemeyer, D. (1984): Die Berücksichtigung sozialer Einflußfaktoren bei der Diagnose der Familieninteraktion. In: E.J. Brunner (Hrsg.), Interaktion in der Familie. Springer, Berlin-Heidelberg-New York, S. 59-87.

Groeben, N. (1986): Handeln, Tun, Verhalten. Francke, Tübingen.

Groeben, N., und *B. Scheele* (1977): Argumente für eine Psychologie des reflexiven Subjekts. Steinkopff, Darmstadt.

Grunwald, W. (1976): Psychotherapie und experimentelle Konfliktforschung. Reinhardt, München.

Günther, G. (1976): Cybernetic Ontology and Transjunctional Operations. In: G. Günther (Hrsg.), Beiträge zur Grundlegung einer operationsfähigen Dialektik, Vol 1. Meiner, Hamburg, S. 249-328.

Guggenberger, B. (1987): Das Menschenrecht auf Irrtum. Anleitung zur Unvollkommenheit. Hanser, München.

Gumin, H., und *A. Mohler* (Hrsg.) (1985): Einführung in den Konstruktivismus. Oldenbourg, München.

Gurman, A.S., und *D.P. Kniskern* (1981): Family Therapy Outcome Research: Knowns and Unknowns. In: A.S. Gurman und D.P. Kniskern (Hrsg.), Handbook of Family Therapy. Brunner/Mazel, New York, S. 742-775.

Habermas, J. (1971a): Vorbereitende Bemerkungen zu einer Theorie der kommunikativen Kompetenz. In: J. Habermas und N. Luhmann, Theorie der Gesellschaft oder Sozialtechnologie – Was leistet die Systemforschung? Suhrkamp, Frankfurt am Main, S. 101-141.

Habermas, J. (1971b): Theorie der Gesellschaft oder Sozialtechnologie? Eine Auseinandersetzung mit Niklas Luhmann. In: J. Habermas und N. Luhmann, Theorie der Gesellschaft oder Sozialtechnologie – Was leistet die Systemforschung? Suhrkamp, Frankfurt am Main, S. 142-240.

Habermas, J. (1985): Die neue Unübersichtlichkeit. Kleine politische Schriften V. Suhrkamp, Frankfurt am Main.

Habermas, J., und *N. Luhmann* (1971): Theorie der Gesellschaft oder Sozialtechnologie – Was leistet die Systemforschung? Suhrkamp, Frankfurt am Main.

Hackman, J.R., und *G.R. Oldham* (1975): Development of the Job Diagnostic Survey. J. Applied Psych. 60: 159-170.

Hackmann-Riem, C. (1980): Die Sozialforschung einer interpretativen Soziologie. Kölner Z. Soziol. Sozialpsych. 32: 339-372.

Haferkamp, H. (1987): Autopoietisches soziales System oder konstruktives soziales Handeln? Zur Ankunft der Handlungstheorie und zur Abweisung empirischer Forschung in Niklas Luhmanns Systemtheorie. In: H. Haferkamp und M. Schmid (Hrsg.), Sinn, Kommunikation und soziale Differenzierung. Suhrkamp, Frankfurt am Main, S. 51-88.

Haferkamp, H., und *M. Schmid* (Hrsg.) (1987): Sinn, Kommunikation und soziale Differenzierung. Suhrkamp, Frankfurt am Main.

Haken, H. (1981): Erfolgsgeheimnisse der Natur. Deutsche Verlags Anstalt, Stuttgart.

Haken, H. (1983): Synergetics. An Introduction. Springer, Berlin-Heidelberg-New York.

Haken, H. (1984): Can Synergetics Be of Use to Management Theory? In: H. Ulrich und G.J.B Probst (Hrsg.), Self-Organization and Management of Social Systems. Springer, Berlin-Heidelberg-New York, S. 33-41.

Halbach, U. (1978): Erkenntnistheoretische Überlegungen zur Ökosystemforschung. In: G. Trommer und K. Wenk (Hrsg.), Leben in Ökosystemen. Westermann, Braunschweig, S. 136-153.

Halbach, U. (1979): Introductory Remarks: Strategies in Population Research Exemplified by Rotifer Population Dynamics. Fortschr. Zool. 25(2/3): 1-27.

Halberstadt, L.J., D. Andrews, G.I. Metalsky und *L.Y. Abramson* (1984): Helplessness, Hopelessness and Depression: A Review of Progress and Future Directions. In: N.S. Endler und J. Hunt (Hrsg.), Personality and Behavior Disorders. Wiley, New York.

Hall, A.D., und *R.E. Fagen* (1968): Definition of System. In: W. Buckley (Hrsg.), Modern System Research for the Behavioral Scientist. Aldine Publ. Company, Chicago, S. 81-92.

Hamilton, E.W., und *L.Y. Abramson* (1983): Cognitive Patterns and Major Depressive Disorder: A Longitudinal Study in a Hospital Setting. J. Abnorm. Psychol. 92: 173-184.

Harbordt, S. (1978): Probleme der Computersimulation. In: H. Lenk und G. Ropohl (Hrsg.), Systemtheorie als Wissenschaftsprogramm. Athenäum, Königstein, 151-165.

Harrison, W.D. (Hrsg.) (1983): Social Competence Model of Burnout. In: B.A. Farber (Hrsg.), Stress and Burnout in the Human Service Profession. Pergamon Press, New York, S. 29-39.

Hartig, M. (1973): Selbstkontrolle: Lerntheoretische und verhaltenstheoretische Ansätze. Urban & Schwarzenberg, München.

Hartmann, F. (1987): Gesundsein und Kranksein in zeitlich geordneten Mehr-Ebenen-Systemmodellen. Vortrag auf dem Symposion „Systemwissenschaft und Medizin" vom 23. bis 25.11.1987, F.-Reimers-Stiftung, Bad Homburg.

Hautzinger, M. (1983): Kognitive Veränderungen als Folge und nicht als Ursache von Depression. Z. personenzent. Psychol. Psychother. 2: 377-387.

Hautzinger, M. (1985): Die Beziehung kritischer Lebensereignisse und Depression. Schweizer Z. Psychol. 43: 313-330.

Hautzinger, M., und *R. de Jong-Meyer* (1990): Depressionen. In: H. Reinecker (Hrsg.), Lehrbuch der Klinischen Psychologie. Hogrefe, Göttingen, S. 126-165.

Hayek, F.A. (1967): Studies in Philosophy, Politics, and Economics. Routledge and Kegan Paul, London.

Heekerens, H.-P. (1988): Systemische Familientherapie auf dem Prüfstand. Z. Klin. Psychol. XVII (2): 93-105.

Heekerens, H.-P. (1989): Familientherapie und Erziehungsberatung. Asanger, Heidelberg.

an der Heiden, U. (1988): Das intensionale und das extensionale Abgrenzungsproblem komplexer Systeme. Z. system. Ther. 6(2): 162-171.

an der Heiden, U., G. Roth und *H. Schwegler* (1985): Die Organisation der Organismen: Selbstherstellung und Selbsterhaltung. Funkt. Biol. Med. 5: 330-346.

Heifetz, L.J., und *H.A. Bersani* (1983): Disrupting the Cybernetics of Personal Growth: Toward a Unified Theory of Burnout in the Human Services. In: B.A. Farber (Hrsg.), Stress and Burnout in the Human Service Profession. Pergamon Press, New York, S. 46-62.

Hejl, P.M. (1982): Sozialwissenschaft als Theorie selbstreferentieller Systeme. Campus, Frankfurt-New York.

Hejl, P.M. (1985): Konstruktion der sozialen Konstruktion: Grundlinien einer konstruktivistischen Sozialtheorie. In: H. Gumin und A. Mohler (Hrsg.), Einführung in den Konstruktivismus. Oldenbourg, München, S. 85-115.

Hejl, P.M. (1986): Notwendigkeit und Grenzen der Autonomie von Verwaltungssystemen. Vortrag, gehalten am 20.11.1986 an der Universität Bamberg.

Hejl, P.M., und *S.J. Schmidt* (1985): Bibliographie (zum Konstruktivismus). In: H. Gumin und A. Mohler (Hrsg.), Einführung in den Konstruktivismus. Oldenbourg, München, S. 135-142. Ebenso enthalten in: S.J. Schmidt (1987): Der Diskurs des Radikalen Konstruktivismus. Suhrkamp, Frankfurt am Main, S. 466-474.

Henning, C., und *U. Knödler* (1985): Problemschüler – Problemfamilien. Beltz, Weinheim-Basel.

Hentig, H. von (1973): „Komplexitätsreduktion" durch Systeme oder „Vereinfachung" durch Diskurs. In: F. Maciejewski (Hrsg.), Theorie der Gesellschaft oder Sozialtechnologie. Beiträge zur Habermas-Luhmann-Diskussion. Supplement I. Suhrkamp, Frankfurt am Main, S. 115-144.

Herrmann, T. (1984): Methoden als Problemlösungsmittel. In: E. Roth (Hrsg.), Sozialwissenschaftliche Methoden. Oldenbourg, München, S. 18-46.

Hesch, R.D. (1987): Gesundsein und Kranksein. Betrachtungen unter systemtheoretischen Gesichtspunkten. Vortrag auf dem Symposion „Systemwissenschaft und Medizin" vom 23. bis 25.11.1987, F.-Reimers-Stiftung, Bad Homburg.

Higgins, E.T., und *J. Bargh* (1987): Social Cognition and Social Perception. Annual Rev. Psychol. 38: 369-425.

Higgins, E.T., und *G.A. King* (1981): Accessibility of Social Constructs: Information Processing Consequences of Individual and Contextual Variability. In: N. Cantor und J.F. Kihlstrom (Hrsg.), Personality, Cognition, and Social Interaction. Erlbaum, Hillsdale, NJ, S. 69-121.

Hirsch, J. (1985): Spaltung oder neue Solidaritäten? In: M. Opielka (Hrsg.), Die ökosoziale Frage. Entwürfe zum Sozialstaat. Fischer, Frankfurt am Main, S. 80-92.

Hochhuth, R. (1959): Wilhelm Busch: Was beliebt ist auch erlaubt. Bertelsmann, Gütersloh.

Hochschild, A.R. (1979): Emotion Work, Feeling Roles and Social Structure. Am. J. Sociology 85: 551-575.

Hoffmann, L. (1987): Jenseits von Macht und Kontrolle: Auf dem Wege zu einer systemischen Familientherapie „zweiter Ordnung". Z. system. Ther. 5(2): 76-93.

Hoffmann-Riem, C. (1980): Die Sozialforschung einer interpretativen Soziologie. Kölner Zeitschrift für Soziologie und Sozialpsychologie 32: 339-372.

Hofstätter, P.R. (1957): Psychologie. Fischer Bücherei, Frankfurt am Main.

Holling, C.S. (1976): Resilience and Stability of Ecosystems. In: E. Jantsch und C.H. Waddington (Hrsg.), Evolution and Consciousness. Human Systems in Transition. Addison-Wesley, Reading, Mass., S. 73-92.

Hondrich, K.O. (1973): Systemtheorie als Instrument der Gesellschaftsanalyse. Forschungsbezogene Kritik eines Theorieansatzes. In: F. Maciejewski (Hrsg.), Theorie der Gesellschaft oder Sozialtechnologie. Beiträge zur Habermas-Luhmann-Diskussion. Supplement I. Suhrkamp, Frankfurt am Main, S. 88-114.

Huber, J.A. (1985): Vorwort des Übersetzers. In: W.R. Ashby, Einführung in die Kybernetik. Suhrkamp, Frankfurt am Main, S. 7-10.

Illich, I. (1983): Fortschrittsmythen. Rowohlt, Reinbek.

Illich, I. (1987): Die Nemesis der Medizin. Rowohlt, Reinbek.

Jantsch, E. (1982): Die Selbstorganisation des Universums. dtv, München.

Jantsch, E., und *C.H. Waddington* (Hrsg.) (1976): Evolution and Consciousness. Human Systems in Transition. Addison-Wesley, Reading, Mass.

Jaspers, K. (1950): Nietzsche. de Gruyter, Berlin, 3. Aufl.

Jellouschek, H. (1982): Familientherapie- und die Folgen. Die Auswirkungen familientherapeutischer Arbeit auf die Arbeitsweise einer Beratungsstelle. Familiendynamik 7(2): 159-170.

Jessee, E.H., und *L. L'Abate* (1982): The Paradoxes of Marital Depression: Theoretical and Clinical Implications. Int. J. Fam. Psychiatry 3: 175-187.

Jüttemann, G. (1985): Vorbemerkungen des Herausgebers. In: G. Jüttemann (Hrsg.), Qualitative Forschung in der Psychologie. Beltz, Weinheim-Basel, S. 7-22.

Jüttemann, G. (1986): Die geschichtslose Seele – Kritik der Gegenstandsverkürzung in der traditionellen Psychologie. In: G. Jüttemann (Hrsg.), Die Geschichtlichkeit des Seelischen. Beltz, Weinheim-Basel, S. 98-115.

Jungk, R. (1988): Projekt Ermutigung. Rotbuch Verlag, Berlin.

Jungk, R., und *N.R. Müllert* (1981): Zukunftswerkstätten. Hoffmann und Campe, Hamburg.

Kahn J., J.C. Coyne und *G. Margolin* (1985): Depression and Marital Conflict: The Social Construction of Despair. J. Soc. Pers. Relationship 2: 447-462.

Kaimer, P. (1986): Therapie in komplexen Systemen. Verhaltensmodifikation 7(4): 213-234.

Kaminski, G. (1988): Ökologische Perspektiven in psychologischer Diagnostik? Manuskript zur Publikation in Z. Diff. Allgem. Psychol.

Kanfer, F.H. (1986): Self-regulation and Behavior. Paper presented at the Ringberg Symposium on „Volition and Action".

Kanfer, F.H., und *L.G. Grimm* (1981): Bewerkstelligung klinischer Veränderungen: Ein Prozeßmodell der Therapie. Verhaltensmodifikation 3: 125-136.

Kanfer, F.H., und *S. Hagerman* (1981): The Role of Self-regulation. In: L.P. Rehm (Hrsg.), Behavior Therapy for Depression. Present Status and Future Directions. Academic Press, New York.

Kanfer, F.H., H. Reinecker und *D. Schmelzer* (1990): Selbstmanagement-Therapie. Springer, Berlin-Heidelberg-New York.

Karger, H.J. (1981): Burnout as Alienation. Soc. Serv. Rev. 55(6): 270-283.

Keeney, B.P. (1979): Ecosystemic Epistemology: An Alternative Paradigm for Diagnosis. Fam. Proc. 18(2): 117-129.

Keeney, B.P. (1983a): Aesthetics of Change. Guilford Press, New York.

Keeney, B.P. (Hrsg.) (1983b): Diagnosis and Assessment in Family Therapy. Aspen, Rockville.

Keeney, B.P., und *J.M. Ross* (1985): Mind in Therapy. Constructing Systemic Family Therapies. Basic Books, New York.

Keitner, G.I., L.M. Baldwin, N.B. Epstein und *D.S. Bishop* (1985): Family Functioning in Patients with Affective Disorder. A Review. Int. J. Fam. Psychiatry 6: 405-437.

Kelly, G.A. (1955): The Psychology of Personal Constructs. Norton, New York.

Kemper, T.D. (1978): A Social Interaction Theory of Emotions. Wiley, New York.

Keupp, H. (1972a): Der Krankheitsmythos in der Psychopathologie. Darstellung einer Kontroverse. Urban & Schwarzenberg, München.

Keupp, H. (1972b): Psychische Störungen als abweichendes Verhalten. Zur Soziogenese psychischer Störungen. Urban & Schwarzenberg, München.

Keupp, H. (1976): Abweichung und Alltagsroutine. Hoffmann und Campe, Hamburg.

Keupp, H. (1980): Psychosoziale Reformpraxis und Probleme einer parteilichen Forschung. Mitt. dgvt 20(4): 709-733.

Keupp, H. (1982): Thesen zu einer gemeindepsychologischen Perspektive psychosozialer Arbeit. Verhaltensmodifikation 3(3): 203-211.

Keupp, H. (1985): Psychisches Leiden und alltäglicher Lebenszusammenhang aus der Perspektive sozialer Netzwerke. In: B. Röhrle und W. Stark (Hrsg.), Soziale Netzwerke und Stützsysteme. dgvt, Tübingen, S. 18-28.

Keupp, H. (1986): Helfer am Ende? Subjektive und objektive Grenzen psychosozialer Praxis in der ökonomischen Krise. In: D. Kleiber und B. Rommelspacher (Hrsg.), Die Zukunft des Helfens. Psychologie Verlags Union, München-Weinheim, S. 103-143.

Keupp, H. (1987): Psychosoziale Praxis im gesellschaftlichen Umbruch. Psychiatrie-Verlag, Bonn.

Keupp, H. (1988): Das sozialwissenschaftliche Krankheitsmodell heute. Vortrag, gehalten auf der Fachtagung „Sozialwissenschaftliches und medizinisches Krankheitsmodell heute" am 28. und 29.5.1988 in Heidelberg.

Keupp, H., und *J.B. Bergold* (1972): Probleme der Macht in der Psychotherapie unter spezieller Berücksichtigung der Verhaltenstherapie. Z. Klin. Psychopath. Psychother. 20: 152-178.

Keupp, H., und *B. Röhrle* (1985): (Hrsg.), Soziale Netzwerke. Campus, Frankfurt-New York.

Keupp, H., und *M. Zaumseil* (Hrsg.) (1978): Die gesellschaftliche Organisierung psychischen Leidens. Suhrkamp, Frankfurt am Main.

Kierkegaard, S. (1965): Der Begriff Angst. Eugen Diederichs Verlag, Düsseldorf (Original 1844).

Kiresuk, T.K., und *R. Sherman* (1968): Goal Attainment Scaling: A General Method for Evaluating Community Mental Health Programs. Ment. Health J. 4: 443-453.

Kleiber, D. (1987): Transformationen und Probleme der psychologischen Praxis durch Massenarbeitslosigkeit. Verhaltensther. psychosoz. Prax. 19(2): 187-210.

Kleiber, D. (1988): Handlungsfehler und Mißerfolge in der psychosozialen Praxis: Probleme im Umgang mit komplexen Systemen. In: D. Kleiber und A. Kuhr (Hrsg.), Handlungsfehler und Mißerfolge in der Psychotherapie. dgvt, Tübingen, S. 73-93.

Kleiber, D., und *T. Wehner* (1988): Fehlerfreundlichkeit. Ein Plädoyer zur Vitalisierung nicht intendierter Ereignisse (Handlungsfehler, therapeutische Mißerfolge u.a.). In: D. Kleiber und A. Kuhr (Hrsg.), Handlungsfehler und Mißerfolge in der Psychotherapie. dgvt, Tübingen, S. 18-33.

Kleining, G. (1982): Umriß zu einer Methodologie qualitativer Sozialforschung. Kölner Z. Soziol. Sozialpsych. 34: 224-253.

Klinger, E. (1978): Modes of Normal Conscious Flow. In: K.S. Pope und J.L. Singer (Hrsg.), The Stream of Consciousness. Plenum, New York, S. 225-258.

Klotz, K. (1990): Das Chaos in die gewünschte Richtung lenken. In: GEO Chaos und Kreativität. Gruner & Jahr, Hamburg, S. 146-151.

Köck, W. (1983): Erkennen = (Über-)Leben. Bemerkungen zu einer radikalen Epistemologie. Z. system. Therapie 1(1): 45-55.

Körner, W., und *H. Zygowski* (1988): Im System gefangen. Psychologie heute April 1988: 38-45.

Kötter, S. (1986): Das systemtheoretische Paradigma und seine Konsequenzen für die Diagnostik. Vortragsmanuskript, Psychiatrisches Landeskrankenhaus Weissenau.

Kommer, D., und *B. Röhrle* (Hrsg.) (1983): Gemeindepsychologische Perspektiven, Bd. 3: Ökologie und Lebenslagen. dgvt, Tübingen.

Konstantine, L. (1978): Family Sculpture and Relationship Mapping Techniques. J. Mar. Fam. Counsel.

Korzybski, A. (1933): Science and Sanity: An Introduction to Non-aristotelian Systems and General Semantics. Science Press Printing Company, Lancester.

Kraiker, C. (1986): Quarks und Superquarks. Grundprinzipien der Neuen Psychotherapie. Hypnose und Kognition 3(1): 60-63.

Krause, H. (1988): Literaturliste zur Simulation dynamischer Systeme in den Sozialwissenschaften. Internes Papier des Instituts für Erziehungswissenschaften I. Universität Tübingen.

Kriegisch, M. (1987): Stellungnahme zur Machtmetapher. Z. system. Ther. 5(4): 260-264.

Kriz, J. (1985): Grundlegende Aspekte systemischer Therapien. In: J. Kriz, Grundkonzepte der Psychotherapie. Urban & Schwarzenberg, München, S. 227-241.

Kriz, J. (1987a): Systemebenen in der Psychotherapie. Zur Frage des Interventionskontextes in der Familientherapie. In: A. von Schlippe und J. Kriz (Hrsg.), Familientherapie, Kontroverses – Gemeinsames. Bögner-Kaufmann, Wildberg, S. 76-87.

Kriz, J. (1987b): Entwurf einer systemischen Theorie klientenzentrierter Psychotherapie. Forschungsberichte aus dem Fachbereich Psychologie der Universität Osnabrück.

Kriz, J. (1988): Pragmatik systemischer Therapie-Theorie. Teil I: Probleme des Verstehens und der Verständigung. System Familie 1(2): 92-102.

Kriz, J. (1989): Synergetik in der Klinischen Psychologie. Forschungsberichte aus dem Fachbereich Psychologie der Universität Osnabrück, Nr. 73, Osnabrück.

Krohn, W., G. Küppers und R. Paslack (1987): Selbstorganisation – Zur Genese und Entwicklung einer wissenschaftlichen Revolution. In: S.J. Schmidt (Hrsg.), Der Diskurs des Radikalen Konstruktivismus. Suhrkamp, Frankfurt am Main, S. 441-465.

Krohn, W., und G. Küppers (1989): Die Selbstorganisation der Wissenschaft. Suhrkamp, Frankfurt.

Krüll, M. (1986): Ist die „Macht" der Männer im Patriarchat nur eine Metapher? Gedanken einer ketzerischen Feministin und provokativen Konstruktivistin. Z. system. Ther. 4: 226-231.

Krüll, M. (1988): Ethische und politische Dimensionen systemischer Theorie und Praxis. Vortrag, gehalten auf dem 1. Kongreß der österreichischen Arbeitsgemeinschaft für systemische Therapie und systemische Studien am 10.11.1988 in Wien.

Krüll, M. (Hrsg.) (1989): Geschlechtsspezifische Konstruktionen von wissenschaftlichen und therapeutischen Wirklichkeiten. Z. system. Ther. 7(2).

Krüll, M., N. Luhmann und H. Maturana (1987): Grundkonzepte der Theorie autopoietischer Systeme. Z. system. Ther. 5(1): 4-25.

Kruse, F.O. (1984): Interaktionsdiagnostik in der Familie. In: G. Jüttemann (1984): Neue Aspekte klinisch-psychologischer Diagnostik. Hogrefe, Göttingen.

Küppers, B.-O. (1986): Wissenschaftsphilosophische Aspekte der Lebensentstehung. In: A. Dress, H. Hendrichs und G. Küppers (Hrsg.), Selbstorganisation. Piper, München-Zürich, S. 81-102.

Küppers, B.-O. (1987): Die Komplexität des Lebendigen – Möglichkeiten und Grenzen objektiver Erkenntnis in der Biologie. In: B.-O. Küppers (Hrsg.), Ordnung aus dem Chaos. Piper, München, S. 15-47.

Kuhl, J., und P. Helle (1986): Motivational and Volitional Determinants of Depression: The Degenerated-intention Hypothesis. J. Abnorm. Psychol. 95: 247-251.

Kuhn, T.S. (1967): Die Struktur wissenschaftlicher Revolutionen. Suhrkamp, Frankfurt am Main.

Laux, L. (1986): A Self-presentational View of Coping with Stress. In: M.H. Appley und R. Trumbull (Hrsg.), Dynamics of Stress. Plenum Press, New York, S. 233-253.

Laux, L., und P. Glanzmann (1986): A Self-presentational View of Test Anxiety. In: R. Schwarzer, H.M. van der Ploeg und C.D. Spielberger (Hrsg.), Advances in Test Anxiety Research, Erlbaum, Hillsdale, S. 31-37.

Laux, L., und G. Vossel (1982): Theoretical and Methodological Issues in Achievement-related Stress and Anxiety Research. In: H.W. Krohne und L. Laux (Hrsg.), Achievement, Stress, and Anxiety. Hemisphere, Washington, S. 3-18.

Laux, L., und H. Weber (1986): Idiographische und biographische Ansätze in der Persönlichkeitspsychologie. Memorandum des Lehrstuhls für Psychologie IV, Universität Bamberg.

Laux, L., und H. Weber (1988): Bewältigung von Emotionen. Memorandum des Lehrstuhls für Psychologie IV, Universität Bamberg.

Laux, L., und H. Weber (in Vorb.): Bewältigung von Emotionen. Kohlhammer, Stuttgart-Berlin-Köln-Mainz.

Lazarus, R.S., und I.B. Cohen (1977): Environmental Stress. In: I. Altman und J.F. Wohlwill (Hrsg.), Human Behavior and the Environment: Current Theory and Research (Vol. 1). Plenum, New York, S. 89-127.

Lazarus, R.S., und S. Folkman (1984): Stress, Appraisal, and Coping. Springer, New York.

Legewie, H. (1983): Gemeindepsychologische Lebensweltanalyse, Plädoyer für einen Perspektivenwechsel in der epidemiologischen Feldforschung. In: D. Kommer und B. Röhrle (Hrsg.), Gemeindepsychologische Perspektiven, Bd. 3: Ökologie und Lebenslagen. dgvt, Tübingen, S. 222-230.

Lehmann, J., und G. Portele (Hrsg.) (1976): Simulationsspiele in der Erziehung. Beltz, Weinheim-Basel.

Lehner, H., G. Meran und J. Möller (1980): De statu corruptionis: Entscheidungslogische Einübungen in die höhere Amoralität, Konstanz.

Leistikow, J. (1977): Voraussetzungen, Methoden und Ergebnisse einer Interaktionsanalyse in der klientenzentrierten Kinderpsychotherapie. In: F. Petermann (Hrsg.), Methodische Grundlagen Klinischer Psychologie. Beltz, Weinheim-Basel, S. 193-211.

Lenk, H. (1978): Wissenschaftstheorie und Systemtheorie. Zehn Thesen zu Paradigma und Wissenschaftsprogramm des Systemansatzes. In: H. Lenk und G. Ropohl (Hrsg.), Systemtheorie als Wissenschaftsprogramm. Athenäum, Königstein/Ts., S. 239-269.

Levold, T. (1984): Einige Gedanken über den Nutzen einer Theorie autopoietischer Systeme für eine klinische Epistemologie. Z. system. Ther. 2: 173-189.

Lewin, K. (1969): Grundzüge der Topologischen Psychologie. Huber, Bern-Stuttgart-Wien.

Lewin, K. (1982): Feldtheorie. In: C.F. Graumann (Hrsg.), Kurt-Lewin-Werkausgabe, Bd. 4. Huber, Bern-Stuttgart-Wien.

Lewinsohn, P.M. (1974): A Behavioral Approach to Depression. In: R.I. Friedman und M.M. Katz (Hrsg.), The Psychology of Depression: Contemporary Theory and Research. Wiley, Washington DC, Winston, S. 157-178.

Lewinsohn, P.M., J. Steinmetz, D. Larson und *J. Franklin* (1981): Depression Related Cognitions: Antecedent or Consequence? J. Abnorm. Psychol. 90: 213-219.

Lewinsohn, P.M., M. Weinstein und *D. Shaw* (1969): Depression: A Clinical-research Approach. In: R.D. Rubin und C.M. Frank (Hrsg.), Advances in Behavior Therapy 1968. Academic Press, New York.

Lewinsohn, P.M., und *M. Graf* (1973): Pleasant Activities and Depression. J. Consult. Clin. Psychol. 41: 261-268.

Lewinsohn, P.M., M.A. Youngren und *S.L. Grosscup* (1979): Reinforcement and Depression. In: R.A. DePue (Hrsg.), The Psychobiology of the Depressive Disorders: Implications for the Effects of Stress. Academic Press, New York.

Lewinsohn, P.M., J. Steinmetz, D. Larson und *J. Franklin* (1981): Depression Related Cognitions: Antecedent or Consequence? J. Abnorm. Psychol. 90: 213-219.

Lewinsohn, P.M., und *H.M. Hoberman* (1982): Depression. In: A.S. Bellack, M. Hersen und A.E. Kazdin (Hrsg.), International Handbook of Behavior, Modification and Therapy. Plenum Press, New York-London, S. 397-431.

Lewinsohn, P.M., H. Hoberman, L. Teri und *M. Hautzinger* (1985): An Integrative Theory of Depression. In: S. Reiss und R.R. Bootzin (Hrsg.), Theoretical Issues in Behavior Therapy, Academic Press, Orlando-San Diego-New York, S. 331-359.

Lewinsohn, P.M., H.M. Hoberman und *M. Rosenbaum* (1988): A Prospective Study of Risk Factors for Unipolar Depression. J. Abnorm. Psychol. 97(3): 251-264.

Lief, H.I., und *R.C. Fox* (1963): Training for „Detached Concern" in Medical Students. In: H.I. Lief, V.F. Lief und N.R. Lief (Hrsg.), The Psychological Basis of Medical Practice. Harper & Row, New York.

Lilienfeld, R. (1987): The Rise of System Theory – An Ideological Analysis. Wiley, New York.

Löfgren, L. (1968): An Axiomatic Explanation of Complete Self-Reproduction. Bull. Math. Biophys. 30(3): 415-425.

Löfgren, L. (1983): Autology for Second Order Cybernetics. In: Fundamentals of Cybernetics, Proceedings of the Tenth International Congress of Cybernetics, Association Internationale de Cybernetique, Namur.

Ludewig, K. (1986): Von Familien, Therapeuten und Beschreibungen. Familiendynamik 11(1): 16-28.

Ludewig, K. (1987): Vom Stellenwert diagnostischer Maßnahmen im systemischen Verständnis von Therapie. In: G. Schiepek (Hrsg.), Systeme erkennen Systeme. Psychologie Verlags Union, München-Weinheim, S. 155-173.

Ludewig, K. (1988a): Problem – „Bindeglied" klinischer Systeme. Grundzüge eines Verständnisses psychosozialer und klinischer Probleme. In: L. Reiter, E.J. Brunner und S. Reiter-Theil (Hrsg.), Von der Familientherapie zur systemischen Perspektive. Springer, Berlin-Heidelberg-New York, S. 231-249.

Ludewig, K. (1988b): Welches Wissen soll Wissen sein? Reflexionen eines Praktikers zu Fragen einer systemischen Forschung. Z. system. Ther. 6(2): 122-127.

Ludewig, K. (1988c): Ist die Wahrheit des einen die Blindheit des anderen? Weitere Reflexionen zur Praxis-Forschung Kontroverse. In: G. Schiepek (Hrsg.), Diskurs systemischer Methodologie. Z. system. Ther. 6(2): 147-150.

Ludewig, K. (1988d): Nutzen, Schönheit, Respekt – Drei Grundkategorien für die Evaluation von Therapien. System Familie 1(2): 103-114.

Ludewig, K. (1988e): Schnee von gestern. Zur Kritik an der Familientherapie von W. Körner und H. Zygowski. Psychologie heute Mai 1988: 64-66.

Ludewig, K., K. Pflieger, U. Wilken und *G. Jacobskötter* (1983): Entwicklung eines Verfahrens zur Darstellung von Familienbeziehungen: Das Familienbrett. Familiendynamik 8: 236-251.

Ludwig, G. (1982): Technologische und ethische Implikationen von Therapiezielen. In: M. Zielke (Hrsg.), Diagnostik in der Psychotherapie. Kohlhammer, Stuttgart-Berlin-Köln-Mainz, S. 12-41.

Luhmann, N. (1968): Zweckbegriff und Systemrationalität. Mohr/Siebeck, Tübingen.

Luhmann, N. (1971a): Moderne Systemtheorien als Form gesamtgesellschaftlicher Analyse. In: J. Habermas und N. Luhmann, Theorie der Gesellschaft oder Sozialtechnologie – Was leistet die Systemforschung? Suhrkamp, Frankfurt am Main, S. 7-24.

Luhmann, N. (1971b): Sinn als Grundbegriff der Soziologie. In: J. Habermas und N. Luhmann, Theorie der Gesellschaft oder Sozialtechnologie – Was leistet die Systemforschung? Suhrkamp, Frankfurt am Main, S. 25-100.

Luhmann, N. (1971c): Systemtheoretische Argumentationen. Eine Entgegnung auf Jürgen Habermas. In: J. Habermas und N. Luhmann, Theorie der Gesellschaft oder Sozialtechnologie – Was leistet die Systemforschung? Suhrkamp, Frankfurt am Main, S. 291-405.

Luhmann, N. (1973): Politische Verfassungen im Kontext des Gesellschaftsystems. Der Staat 12: 1-22 und 165-182.

Luhmann, N. (1975): Einführende Bemerkungen zu einer Theorie symbolisch generalisierter Kommunikationsmedien. In: N. Luhmann, Soziologische Aufklärung, Bd. 2. Westdeutscher Verlag, Opladen, S. 170-192.

Luhmann, N. (1978a): Komplexität. In: K. Türk (Hrsg.), Handlungssysteme. Westdeutscher Verlag, Opladen, S. 12-37.

Luhmann, N. (1978b): Handlungstheorie und Systemtheorie. Kölner Z. Soziol. Sozialpsych. 30: 211-227.

Luhmann, N. (1984): Soziale Systeme. Grundriß einer allgemeinen Theorie. Suhrkamp, Frankfurt am Main.

Luhmann, N. (1985): Die Autopoiese des Bewußtseins. Soziale Welt 36(4): 402-446.

Luhmann, N. (1986a): Ökologische Kommunikation. Westdeutscher Verlag, Opladen.

Luhmann, N. (1986b): Systeme verstehen Systeme. In: N. Luhmann und K.E. Schorr (Hrsg.), Zwischen Intransparenz und Verstehen. Fragen an die Pädagogik. Suhrkamp, Frankfurt am Main, S. 72-117.

Luhmann, N. (1987a): Autopoiesis als soziologischer Begriff. In: H. Haferkamp und M. Schmid (Hrsg.), Sinn, Kommunikation und soziale Differenzierung. Suhrkamp, Frankfurt am Main, S. 307-324.

Luhmann, N. (1987b): Tautologie und Paradoxie in den Selbstbeschreibungen der modernen Gesellschaft. Z. Soziologie 16(3): 161-174.

Luhmann, N. (1988a): Was ist Kommunikation? In: F.B. Simon (Hrsg.), Lebende Systeme. Springer, Berlin-Heidelberg-New York, S. 10-18.

Luhmann, N. (1988b): Wie ist Bewußtsein an Kommunikation beteiligt? In: H.U. Gumbrecht und K.L. Pfeiffer (Hrsg.), Materialität der Kommunikation. Suhrkamp, Frankfurt am Main, S. 884-905.

Luhmann, N., und *K.E. Schorr* (1982): Personale Identität und Möglichkeiten der Erziehung. In: N. Luhmann und K.E. Schorr (Hrsg.), Zwischen Technologie und Selbstreferenz. Suhrkamp, Frankfurt am Main, S. 224-261.

Lutz, R. (Hrsg.) (1983): Genuß und Genießen. Beltz, Weinheim-Basel.

Mackey, M.C., und *U. an der Heiden* (1982): Dynamical Diseases and Bifurcations: Understanding Functional Disorders in Physiological Systems. Funkt. Biol. Med. 1: 156-164.

Mackinger, H. (1984): Sind Rahmenbedingungen Randbedingungen? Überlegungen zum Bereich stationärer Psychotherapie. Verhaltensther. psychosoz. Prax. 16(4): 543-552.

MacPhillamy, D.J., und *P.M. Lewinsohn* (1974): Depression as a Function of Levels of Desired and Obstained Pleasure. J. Abnorm. Psychol. 83: 651-657.

Mahlke, W., und *N. Schwarte* (1985): Wohnen als Lebenshilfe. Beltz, Weinheim-Basel.

Mahlke, W., E. Wisgalla, P. Reinhart, U. Haas und *B. Fuchs* (1986): Der gestaltete Raum im Heim und in der Familie als Lebenshilfe für Kinder, Jugendliche und Erwachsene. Zwischenbericht für das erste Projektjahr. Diakonisches Werk Bayern, Nürnberg.

Mahlke, W., E. Wisgalla, P. Reinhart, R. Hansen und *B. Fuchs* (1987): Der gestaltete Raum im Heim und in der Familie als Lebenshilfe für Kinder, Jugendliche und Erwachsene. Zwischenbericht für das zweite Projektjahr. Diakonisches Werk Bayern, Nürnberg.

Mahoney, M.J. (1974): Cognition and Behavior Modification. Ballinger, Cambridge, Mass.

Malik, F. (1984a): Strategie des Managements komplexer Systeme. Ein Beitrag zur Management-Kybernetik evolutionärer Systeme. Haupt, Bern-Stuttgart.

Malik, F. (1984b): Systems Approach to Management: Hopes, Promises Doubts – A Lot of Questions and Some Afterthoughts. In: H. Ulrich und G.J.B. Probst (Hrsg.), Self-Organization and Management of Social Systems. Springer, Berlin-Heidelberg-New York, S. 121-126.

Malik, F., und *G.J.B. Probst* (1984): Evolutionary Management. In: H. Ulrich und G.J.B Probst (Hrsg.), Self-Organization and Management of Social Systems. Springer, Berlin-Heidelberg-New York, S. 105-120.

Mandl, H., und *G.L. Huber* (Hrsg.) (1983): Emotion und Kognition. Urban & Schwarzenberg, München.

Maranhao, T. (1986): Therapeutic Discourse and Socratic Dialogue. University of Wisconsin Press, Madison.

Martens, B. (1984): Diffenentialgleichungen und dynamische Systeme in den Sozialwissenschaften. Profil, München.

Martienssen, W. (1989): Gesetz und Zufall in der Natur. In: W. Gerok (Hrsg.), Ordnung und Chaos in der unbelebten und belebten Natur. S. Hirzel, Wissenschaftliche Verlagsgesellschaft, Stuttgart, S. 77-99.

Martin, G., und *M. Cierpka* (1987): Die Strukturdiagnose. In: M. Cierpka (Hrsg.), Familiendiagnostik. Springer, Berlin-Heidelberg-New York, S. 48-67.

Maslach, C., und *S. Jackson* (1978): Lawyer burn out. Barrister 5: 52-54.

Maslach, C., und *S. Jackson* (1981): The Measurement of Experienced Burnout. J. Occup. Behav. 2: 99-113.

Maslach, C., und *S. Jackson* (1984): Burnout in Organizational Settings. In: S. Oskamp (Hrsg.), Applied Social Psychology Annual 5. Sage Publications, Beverly Hills, S. 133-153.

Massey, R.F. (1985): Was/Wer ist das Familiensystem. Z. system. Ther. 3: 21-34.

Masterman, M. (1974): Die Natur eines Paradigmas. In: I. Lakatos und A. Musgrave (Hrsg.), Kritik und Erkenntnisfortschritt. Vieweg, Braunschweig, S. 59-88.

Maturana, H.R. (1980): Man and Society. In: F. Benseler, P.M. Hejl und W.K. Köck (Hrsg.), Autopoieses, Communication, and Society. Campus, Frankfurt-New York, S. 11-31.

Maturana, H.R. (1982): Erkennen: Die Organisation und Verkörperung von Wirklichkeit. Vieweg, Braunschweig.

Maturana, H.R., und *F. Varela* (1987): Der Baum der Erkenntnis. Scherz, Bern-München-Wien.

May, R.M. (1975): Stability and Complexity in Model Ecosystems. Princeton University Press, Princeton.

May, R.M. (Hrsg.) (1980): Theoretische Ökologie. Verlag Chemie, Weinheim.

Mayer-Kress, G., und *J. Holzfuss* (1987): Analysis of the Human Electroencephalogram with Methods from Nonlinear Dynamics. In: L. Rensing, U. an der Heiden und M.C. Mackey (Hrsg.), Temporal Disorder in Human Oscillatory Systems. Springer, Berlin-Heidelberg-New York, S. 57-68.

McClelland, J.L., und *E.D. Rumelhart* (1986): Parallel Distributed Processing: Explorations in the Microstructure of Cognition. Vol. 2: Psychological and Biological Models. MIT Press, Cambridge Mass.

Menaghan, E.G. (1983): Moderators of the Relationship between Life Stress and Mental Health Outcomes. In: H.B. Kaplan (Hrsg.), Psychosocial Stress: Trends in Theory and Research. Academic Press, New York, S. 157-191.

Mesarovic, M.D., und *E. Pestel* (1974): Menschheit am Wendepunkt. Deutsche Verlags Anstalt, Stuttgart.

Miller, G.A., E. Galanter und *K.H. Pribram* (1973): Strategien des Handelns. Klett, Stuttgart.

Miller, I.W., N.B. Epstein, D.S. Bishop und *G.I. Keitner* (1985): The McMaster Family Assessment Device: Reliability and Validity. J. Mar. Fam. Ther. 11: 345-356.

Miller, M. (1987): Selbstreferenz und Differenzerfahrung. Einige Überlegungen zu Luhmanns Theorie sozialer Systeme. In: H. Haferkamp und M. Schmid (Hrsg.), Sinn, Kommunikation und soziale Differenzierung. Suhrkamp, Frankfurt am Main, S. 187-211.

Miller, R. (1986): Einführung in die ökologische Psychologie. Leske und Budrich, Opladen.

Minsel, B. (1982): Diagnostik in der klinisch-therapeutischen Arbeit mit Eltern. In: M. Zielke (Hrsg.), Diagnostik in der Psychotherapie. Kohlhammer, Stuttgart-Berlin-Köln-Mainz, S. 146-178.

Mischel, W. (1968): Personality Assessment. Wiley, New York.

Mitzlaff, S. (1987): Zur Machbarkeit psychosozialer Arbeit. Systemische Ansätze und Erfahrungen wider die Gradlinigkeit. Psychiatrie Verlag, Bonn.

Mogel, H. (1984): Ökopsychologie. Kohlhammer, Stuttgart-Berlin-Köln-Mainz.

Moos, R.H. (1974): Family Environment Scale (FES). Preliminary Manual. Social Ecology Laboratory, Department of Psychiatry, Stanford University, Palo Alto.

Moos, R.H., und *R. Fuhr* (1984): The Clinical Use of Social-Ecological Concepts: The Care of an Adolescent Girl. In: W.A. O'Connor und B. Lubin (Hrsg.), Ecological Approaches to Clinical and Community Psychology. Wiley, New York, S. 94-106.

Mowrer, O.H. (1960): Learning Theory and Behavior. Wiley, New York.

Nash de Witt, K. (1980): Die Wirksamkeit von Familientherapie. Familiendynamik 5(1): 73-103.

Newell, A. (1973): Production Systems: Models of Control Structure. In: W.G. Chase (Hrsg.), Visual Information Processing. Acacemic Press, New York, S. 463-526.

Nicolis, G., und *I. Prigogine* (1977): Self-Organization in Nonequilibrium Systems. Wiley, New York.

Nicolis, G., und *I. Prigogine* (1987): Die Erforschung des Komplexen. Piper, München-Zürich.

Nietzsche, F. (1975): Also sprach Zarathustra. Kröner, Stuttgart.

O'Connor W.A., und *B. Lubin* (Hrsg.) (1984): Ecological Approaches to Clinical and Community Psychology. Wiley, New York.

Odum, E.P. (1977): Der Aufbau der Ökologie zu einer neuen integrierten Disziplin (am. Original in Science, 1977, 195: 1289-1293).

Odum, E.P. (1983): Grundlagen der Ökologie in 2 Bänden. Bd. 1: Grundlagen. Bd. 2: Standorte und Anwendungen. Thieme, Stuttgart.

Ohlsen, S., und *P. Lanley* (1986): PRISM: Tutorial and Manual. Technical Report. Irvine: University of California, Department of Information & Computer Science.

Olson, D.H. (1978): Insiders' and Outsiders' View of Relationships: Research Strategies. In: G. Levinger und H.L. Ransh (Hrsg.), Close Reationships. University of Massachusetts Press, Amherst, Mass.

Olson, D.H., D.H. Sprenkle und *C.S. Russell* (1979): Circumplex Model of Marital and Family Systems: I. Cohesion and Adaptability Dimensions, Family Types and Clinical Applications. Fam. Proc. 18: 3-28.

Olson, D.H., C.S. Russell und *D.H. Sprenkle* (1980): Circumplex Model of Marital and Family Systems II: Empirical Studies and Clinical Intervention. Adv. Fam. Intervent. 1: 129-179.

Opwis, K. (1988): Produktionssysteme. In: H. Mandl und H. Spada (Hrsg.), Wissenspsychologie. Psychologie Verlags Union, München-Weinheim, S. 74-98.

Ozbekhan, H. (1976): The Predicament of Mankind. In: C.W. Churchman und R.O. Mason (Hrsg.), World Modeling: A Dialoque. Elsevier, New York, S. 11-25.

Parsons, T. (1951): The Social System. Free Press, New York.

Parsons, T. (1967): Definition von Gesundheit und Krankheit im Lichte der Wertbegriffe und der sozialen Struktur Amerikas. In: A. Mitscherlich, T. Brocher, O. von Mering und K. Horn (Hrsg.), Der Kranke in der modernen Gesellschaft. Kiepenheuer und Wietsch, Köln, S. 57-87.

Pearlin, L.I., und *C. Schooler* (1978): The Structure of Coping. J. Health Soc. Behav. 19: 2-21.

Peitgen, H.-O., und *H. Jürgens* (1989): Fraktale: Computerexperimente (ent)zaubern komplexe Strukturen. In: W. Gerok (Hrsg.), Ordnung und Chaos in der unbelebten und belebten Natur. S. Hirzel, Wissenschaftliche Verlagsgesellschaft, Stuttgart, S. 123-152.

Penn, P. (1983): Zirkuläres Fragen. Familiendynamik 8: 198-220.

Penn, P. (1986): „Feed-Forward" – Vorwärts-Koppelung: Zukunftsfragen, Zukunftspläne. Familiendynamik 11(3): 206-222.

Perrez, M. (1980): Methodenintegration oder Differentielle Indikation? In: W. Schulz und M. Hautzinger (Hrsg.), Klinische Psychologie und Psychotherapie, Bd. 1. Kongreßbericht Berlin 1980. dgvt, GwG, Tübingen, S. 51-56.

Perrez, M., und *M. Reicherts* (1988): Belastungsverarbeitung: Computerunterstützte Selbstbeobachtung im Feld. Forschungsbericht Nr. 70, Psychologisches Institut der Universität Freiburg, Schweiz.

Petermann, F. (1987): Diagnostik in Familien mit verhaltensgestörten Kindern: Handeln nach dem Konzept der Kontrollierten Praxis. In: G. Schiepek (Hrsg.), Systeme erkennen Systeme. Psychologie Verlags Union, München-Weinheim, S. 194-209.

Piaget, J. (1937): La construction du réel chez l'enfant. Delachause et Niestlé, Neuchatel.

Piaget, J. (1976): Die Äquilibration der kognitiven Strukturen. Klett-Cotta, Stuttgart.

Piaget, J., und *B. Inhelder* (1956): The Child's Conception of Space. New York.

Pines, A.M., E. Aronson und *D. Kafry* (1985): Ausgebrannt. Vom Überdruß zur Selbstentfaltung. Klett-Cotta, Stuttgart.

Pohl, K. (1986): Geschichte der Natur und geschichtliche Erfahrung. In: G. Altner (Hrsg.), Die Welt als offenes System. Fischer, Frankfurt am Main, S. 104-123.

Popper, K.G. (1969): Logik der Forschung. Mohr, Tübingen.

Portele, G. (1989): Gestalt Psychology, Gestalt Therapy and the Theory of Autopoiesis. In: A.L. Goudsmit (Hrsg.), Self-Organization in Psychotherapy. Springer, Berlin-Heidelberg-New York, S. 48-71.

Post, E.L. (1943): Formal Reductions of the General Combinatorial Decision Problem. Am. J. Mathematics 65: 197-215.

Price, R.H. (1972): Abnormal Behavior. Perspectives in Conflict. Rinehart & Winston, New York.

Prigogine, I., und *I. Stengers* (1981): Dialog mit der Natur. Piper, München-Zürich (5. Auflage 1986).

Prim, R., und *H. Reckmann* (1975): Das Planspiel als gruppendynamische Methode außerschulischer politischer Bildung. Quelle & Meyer, Heidelberg.

Pulver, U., A. Lang und *F.W. Schmid* (Hrsg.) (1978): Ist Psychodiagnostik verantwortbar? Huber, Bern-Stuttgart-Wien.

Qualtinger, H. (1978): Der Ableger. In: das letzte Lokal. Neue Satiren. Rowohlt, Reinbek.

Raeithel, A. (1985): Symbolische Modelle der Probleme von Klienten. In: P. Fischer (Hrsg.), Therapiebezogene Diagnostik. dgvt, Tübingen, S. 57-81.

Rappaport, J. (1985): Ein Plädoyer für die Widersprüchlichkeit: Ein sozialpolitisches Konzept des „empowerment" anstelle präventiver Ansätze. Verhaltensther. psychosoz. Prax. 17: 257-278.

Rau, B. (1974): Pablo Picasso. Das graphische Werk. Hatje, Stuttgart.

Reichert U., und *D. Dörner* (1988): Heurismen beim Umgang mit einem „einfachen" dynamischen System. Sprache & Kognition 7(1): 12-24.

Reicherts, M. (1988): Diagnostik der Belastungsverarbeitung. Universitätsverlag, Fribourg und Huber, Bern-Stuttgart-Wien.

Reinecker, H. (1978a): Selbstkontrolle. Otto Müller Verlag, Salzburg.

Reinecker, H. (1978b): Das medizinische Modell psychischer Störungen: Konsequenzen, Kritik und Alternativen. In: H. Mackinger (Hrsg.), Aspekte der Psychiatrie. Neugebauer, Salzburg, S. 18-35.

Reinecker, H. (1982): Psychologie und Klinische Psychologie – von einer losen Beziehung zur Beziehungslosigkeit? Vortrag, gehalten auf dem 33. Kongreß der DGfPs.

Reinecker, H. (1983): Grundlagen und Kriterien verhaltenstherapeutischer Forschung. AVM, Salzburg.

Reinecker, H. (1987a): Grundlagen der Verhaltenstherapie. Psychologie Verlags Union, München-Weinheim.

Reinecker, H. (1987b): Verhaltensdiagnostik, Systemdiagnostik und der Anspruch auf Erklärung. In: G. Schiepek (Hrsg.), Systeme erkennen Systeme. Psychologie Verlags Union, München-Weinheim, S. 174-193.

Reinecker, H. (1990): Forschungsprobleme in der Klinischen Psychologie. In: H. Reinecker (Hrsg.), Lehrbuch der Klinischen Psychologie. Hogrefe, Göttingen, S. 25-44.

Reinisch, H. (1975): Planspiele. In: H. Reinisch (Hrsg.), Hochschuldidaktische Arbeitspapiere 7: Planspiele. Interdisziplinäres Zentrum für Hochschuldidaktik, Hamburg, S. 1-11.

Reiter, L. (1988a): Auf der Suche nach einer systemischen Sicht depressiver Störungen. In: L. Reiter, E.J. Brunner und S. Reiter-Theil (Hrsg.), Von der Familientherapie zur systemischen Perspektive. Springer, Berlin-Heidelberg-New York, S. 77-96.

Reiter, L. (1988b): Versuch einer systemischen Sicht depressiver Störungen. Manuskript, Institut für Ehe- und Familientherapie, Wien.

Reiter, L., C. Ahlers und *J. Hinsch* (1989): Der Krankheitsbegriff in der systemischen Therapie. Manuskript. Erscheint in: H. Petzold und A. Pritz (Hrsg.), Der Krankheitsbegriff in der Psychotherapie. Junfermann, Paderborn.

Reiter, L., E.J. Brunner und *S. Reiter-Theil* (Hrsg.) (1988): Von der Familientherapie zur systemischen Perspektive. Springer, Berlin-Heidelberg-New York.

Reiter, L., und *E. Steiner* (1986a): Paradigma der Familie: Turings Maschine oder autopoietisches System? Familientherapie 11(3): 234-248.

Reiter, L., und *E. Steiner* (1986b): Über Autonomie. Zur Geschichte und Verwendung eines Konzepts. In: L. Reiter (Hrsg.), Theorie und Praxis der systemischen Familientherapie. Facultas, Wien, S. 54-65.

Reiter, L., und *E. Steiner* (1988): Über holistisches Denken und Methodologie. Eine Übersicht. In: L. Reiter, E.J. Brunner und S. Reiter-Theil (Hrsg.), Von der Familientherapie zur systemischen Perspektive. Springer, Berlin-Heidelberg-New York, S. 299-319.

Reiter-Theil, S. (1984): Wissenschaftstheoretische Grundlagen zur systemorientierten Familientherapie. In: E.J. Brunner (Hrsg.), Interaktion in der Familie. Springer, Berlin-Heidelberg-New York, S. 17-40.

Reither, F. (1988): Einige Eigenschaften prozeßorientierter Simulationsmodelle zur Erfassung komplexer Realitätsbereiche. Z. system. Ther. 6(2): 96-109.

Reitman, W.R. (1965): Cognition and Thought. Wiley, New York.

Rensing, L., U. an der Heiden und *M.C. Mackey* (Hrsg.) (1987): Temporal Disorder in Human Oscillatory Systems. Springer, Berlin-Heidelberg-New York.

Revenstorf, D. (1985): Nonverbale und verbale Informationsverarbeitung als Grundlage psychotherapeutischer Intervention. Hypnose und Kognition 2(2): 13-35.

Revenstorf, D., A. Linden und *W. Keeser* (1986): The Structure of Marital Relations. Time Series Analysis in the Single Case. Manuskript, Institut für Psychologie, Universität Tübingen und Institut für Medizinische Psychologie, Universität München.

Richards, J., und *E. von Glasersfeld* (1987): Die Kontrolle von Wahrnehmung und die Konstruktion von Realität. Erkenntnistheoretische Aspekte des Rückkoppelungs-Kontroll-Systems. In: S.J. Schmidt (Hrsg.), Der Diskurs des Radikalen Konstruktivismus. Suhrkamp, Frankfurt am Main, S. 192-228.

Rieck, W., und *U.P. Ritter* (1975): Hinweise für die Strukturierung der Auswertungsphase bei Planspielen. In: H. Reinisch (Hrsg.), Hochschuldidaktische Arbeitspapiere 7: Planspiele. Interdisziplinäres Zentrum für Hochschuldidaktik, Hamburg, S. 96-100.

Riedler-Singer, R. (1986): Vermittlungsversuch, postlagernd. In: L. Reiter (Hrsg.), Theorie und Praxis der systemischen Familientherapie. Facultas, Wien, S. 66-76.

Riegas, V., und *C. Vetter* (1986): Biologische Erkenntnistheorie und Systemtheorie. Ein Gespräch mit Humberto R. Maturana. Universität Bielefeld.

Riegl, A. (1973): Spätrömische Kunstindustrie. Wissenschaftliche Buchgesellschaft, Darmstadt (Original 1901).

Riemann, F. (1961): Grundformen der Angst. Reinhardt, München-Basel.

Röhrle, B., und *W. Stark* (1985): Soziale Stützsysteme und Netzwerke im Kontext klinisch-psychologischer Praxis. In: B. Röhrle und W. Stark (Hrsg.), Soziale Netzwerke und Stützsysteme. dgvt, Tübingen, S. 29-41.

Ropohl, G. (1978): Einführung in die allgemeine Systemtheorie. In: H. Lenk und G. Ropohl (Hrsg.), Systemtheorie als Wissenschaftsprogramm. Athenäum, Königstein/Ts., S. 9-49.

Rosental, S. (Hrsg.) (1967): Niels Bohr. His Life and Work as seen by his Friends and Colleagues. New York.

Ross, M. (1976): The Self-Perception of Intrinsic Motivation. In: J.H. Harvey, W.J. Ickes und R.F. Kidd (Hrsg.), New Directions in Attribution Research, Vol. 1. Wiley, New York, S. 121-141.

Roth, G. (1980): Cognition as a Self-organizing System. In: F. Benseler, P.M. Hejl und W.K. Köck (Hrsg.), Autopoiesis, Communication, and Society. Campus, Frankfurt-New York, S. 45-52.

Roth, G. (1982): Conditions of Evolution and Adaptation in Organisms as Autopoietic Systems. In: D. Mossakowski und G. Roth (Hrsg.), Environmental Adaptation and Evolution. Gustav Fischer, Stuttgart, S. 37-48.

Roth, G. (1986): Selbstorganisation – Selbsterhaltung – Selbstreferentialität: Prinzipien der Organisation der Lebewesen und ihre Folgen für die Beziehung zwischen Organismus und Umwelt. In: A. Dress, H. Hendrichs und G. Küppers (Hrsg.), Selbstorganisation. Piper, München-Zürich, S. 149-180.

Roth, G. (1987): Autopoiese und Kognition: Die Theorie H.R. Maturanas und die Notwendigkeit ihrer Weiterentwicklung. In: G. Schiepek (Hrsg.), Systeme erkennen Systeme. Psychologie Verlags Union, München-Weinheim, S. 50-74.

Rumelhart, D.E., und *J.L. McClelland* (1986): Parallel Distributed Processing: Explorations in the Microstructure of Cognition. Vol. 1: Foundations. MIT Press, Cambridge, Mass.

Rush, A.J., und *D.E. Giles* (1982): Cognitive Therapy: Theory and Research. In: A.J. Rush (Hrsg.), Short-term Psychotherapies for Depression. Guilford, New York.

Russell, C.S. (1979): Circumplex Model of Marital and Family Systems: III. Empirical Evaluation with Families. Fam. Proc. 18: 29-45.

Russell, C.S. (1980): A Methodological Study of Family Cohesion and Adaptability. J. Mar. Fam. Ther. 6: 459-470.

Sauers, R., und *R. Farrell* (1982): GRAPES User's Manual. Carnegie-Mellon Univ., Pittsburgh.

Saussure, R. de (1933): Psychologie génétique et psychoanalyse. Rev. Franc. Psychoanal. 6: 364-403.

Scheele, B., und *N. Groeben* (1984): Die Heidelberger Struktur-Lege-Technik (SLT). Beltz, Weinheim-Basel.

Scheele, B., und *N. Groeben* (1988): Dialog-Konsens-Methoden. Zur Rekonstruktion Subjektiver Theorien. Francke, Tübingen.

Scheff, T.J. (1972): Die Rolle des psychisch Kranken und die Dynamik psychischer Störung: Ein Bezugs-rahmen für die Forschung. In: H. Keupp (Hrsg.), Der Krankheitsmythos in der Psychopathologie. Urban & Schwarzenberg, München, S. 136-156.

Scheflen, A. (1972): Body Language and Social Order. Prentice-Hall, Englewood Cliffs, NJ.

Schiepek, G. (1982): Die Übernahme alternativer Selbstattributionen als Hypothesenprüfprozeß. Verhal-tensmodifikation 3(2): 85-100.

Schiepek, G. (1984a): Einige Bemerkungen zur Frage der rationalen Rekonstruierbarkeit der Verhaltens-therapie. Verhaltensmodifikation 5(2): 88-92.

Schiepek, G. (1984b): Praxisforschung in stationären psychosozialen Einrichtungen. AVM, Salzburg.

Schiepek, G. (1985): Ökologische Konzepte als Heuristiken in der klinisch-psychologischen Systemdia-gnostik. Ein Fallbeispiel. Partnerberatung 22: 25-38.

Schiepek, G. (1986): Systemische Diagnostik in der Klinischen Psychologie. Psychologie Verlags Union, München-Weinheim.

Schiepek, G. (1987): Das Konzept der systemischen Diagnostik. In: G. Schiepek (Hrsg.), Systeme erkennen Systeme. Psychologie Verlags Union, München-Weinheim, S. 13-46.

Schiepek, G. (1988a): Psychosoziale Praxis und Forschung: ein methodologischer Entwurf aus systemischer Sicht. In: L. Reiter, E.J. Brunner und S. Reiter-Theil (Hrsg.), Von der Familientherapie zur Systemischen Perspektive. Springer, Berlin-Heidelberg-New York, S. 51-73.

Schiepek, G. (Hrsg.) (1988b): Diskurs systemischer Methodologie. Z. system. Ther. 6(2).

Schiepek, G. (1988c): Beitrag zu einer Diskussion im Vorfeld systemischer Methodologie (I). Z. system. Ther. 6(2): 74-80.

Schiepek, G. (1988d): Beitrag zu einer Diskussion im Vorfeld systemischer Methodologie (II). Z. system. Ther. 6(2): 128-133.

Schiepek, G. (1989): Selbstreferenz und Vernetzung als Grundprinzipien zweier verschiedener System-begriffe. System Familie 2: 229-241.

Schiepek G., und *P. Kaimer* (1988): Von der Verhaltensanalyse zur selbstreferentiellen Systembeschreibung. Familiendynamik 13(3): 240-269.

Schiepek G., und *P. Kaimer* (1989): Sozialwissenschaftliche Synergetik, Teilprojekt III: Selbstorganisations-prozesse in dynamischen sozialen Systemen, untersucht anhand systemischer Kurzzeittherapien. Projektantrag an die Volkswagenstiftung. Universität Tübingen (Institut für Erziehungswissenschaf-ten I) und Universität Bamberg (Lehrstuhl für Klinische Psychologie).

Schiepek, G., und *M. Reicherts* (1989): Sozialwissenschaftliche Synergetik, Teilprojekt IV: Das Planspiel als Untersuchungsparadigma für selbstorganisierende Systeme. Projektantrag an die Volkswagen-stiftung. Universität Fribourg (Institut für Psychologie), Universität Bamberg (Lehrstuhl für Klinische Psychologie): und Universität Tübingen (Institut für Erziehungswissenschaften I).

Schiepek G., W. Schoppek und *F. Tretter* (1991, im Druck): Dynamical Modeling of Schizophrenic Processual Patterns with Non-linear Equations. In: W. Tschacher, G. Schiepek und E.J. Brunner (Hrsg.), Self-Organization and Clinical Psychology. Empirical Approaches to Synergetics in Psychology. (Springer Series in Synergetics). Springer, Berlin-Heidelberg-New York.

Schlenker, B.R. (1987): Threats to Identity. Self-identification and Social Stress. In: C.R. Snyder und C. Fort (Hrsg.), Clinical and Psychological Perspectives on Negative Life Events. Plenum Press, New York, S. 273-321.

Schlippe, A. von (1986a): Systemisches Bewältigungspotential in Familien mit einem asthmakranken Kind. Forschungsbericht Nr. 52 aus dem Fachbereich Psychologie der Universität Osnabrück.

Schlippe, A. von (1986b): Probleme und Möglichkeiten systemisch orientierter Familiendiagnostik. Vortrag im Forschungskolloquium der Abteilung Psychiatrie I der Universität Ulm.

Schlippe, A. von (1986c): Familientherapie im Überblick. Junfermann, Paderborn.

Schlippe, A. von, und J. Schweitzer (1988): Familienforschung per Fragebogen. – Eine epistemologische Kritik am Circumplex-Modell und an den „Family Adaptability and Cohesion Evaluation Scales" (FACES II). System Familie 1: 124-136.

Schmelzer, D. (1983): Problem- und zielorientierte Therapie: Ansätze zur Klärung der Ziele und Werte von Klienten. Verhaltensmodifikation 4(4): 130-153.

Schmid, M. (1987): Autopoieses und soziales System. Eine Standortbestimmung. In: H. Haferkamp und M. Schmid (Hrsg.), Sinn, Kommunikation und soziale Differenzierung. Suhrkamp, Frankfurt am Main, S. 25-50.

Schmidbauer, W. (1986): Ist Macht heilbar? Therapie und Politik. Rowohlt, Reinbek.

Schmidt, S.J. (Hrsg.) (1987a): Der Diskurs des Radikalen Konstruktvismus. Suhrkamp, Frankfurt am Main.

Schmidt, S.J. (1987b): Der Radikale Konstruktivismus: Ein neues Paradigma im interdisziplinären Diskurs. In: S.J. Schmidt (Hrsg.), Der Diskurs des Radikalen Konstruktivismus. Suhrkamp, Frankfurt am Main, S. 11-88.

Schneewind, K.A. (1987): Die Familienklimaskalen (FKS). In: M. Cierpka (Hrsg.), Familiendiagnostik. Springer, Berlin-Heidelberg-New York, S. 232-255.

Schneider, H. (1981): Die Theorie Piagets, ein Paradigma für die Psychoanalyse? Huber, Bern-Stuttgart-Wien.

Schneider, H. (1987): Order through Fluctuation in Psychotherapy: An Attempt at Concretization. Paper presented at the 18th Annual Meeting of the Society for Psychotherapy Research, Ulm.

Schneider, H. (1988): Veränderung in der Psychotherapie als selbstorganisierender Prozeß: Ein Modell der Entstehung einer neuen Struktur. Verhaltensther. psychosoz. Prax. 20(1): 24-38.

Schneider, H. (1989): Toward a More Detailed Understanding of Self-Organizing Processes in Psychotherapy. In: A.L. Goudsmit (Hrsg.), Self-Organization in Psychotherapy. Springer, Berlin-Heidelberg-New York, S. 72-99.

Schneider, K. (Hrsg.) (1983): Familientherapie in der Sicht psychotherapeutischer Schulen. Junfermann, Paderborn.

Schöppe, A. (1989): Paradoxe Intervention. In: R. Böse und G. Schiepek, Systemische Theorie und Therapie. Ein Handwörterbuch. Asanger, Heidelberg.

Scholz, O.B. (1987): Ehe- und Partnerschaftsstörungen. Kohlhammer, Stuttgart-Berlin-Köln-Mainz.

Schütz, A. (1989): Analyse von Formen der Selbstdarstellung in Politikerauftritten. Dissertation, Universität Bamberg.

Schug, R., R. Hahn und H. Kämmerer (1985): Systemische Arbeit in der Schulpsychologie – Gedanken und Erfahrungen. Z. system. Ther. 3(4): 196-202.

Schulz-Koehn, D. (1963): Kleine Geschichte des Jazz. Bertelsmann, Gütersloh.

Schuster, H.G. (1988): Deterministic Chaos. An Introduction. VCH Verlagsgesellschaft, Weinheim.

Schwarz, J.R. (1987): Die neuronalen Grundlagen der Wahrnehmung. In: G. Schiepek (Hrsg.), Systeme erkennen Systeme. Psychologie Verlags Union, München-Weinheim, S. 75-93.

Schweitzer, J. (1987): Therapie dissozialer Jugendlicher. Juventa, Weinheim-München.

Schweitzer, J., und G. Weber (1983): Beziehung als Metapher: Die Familienskulptur als diagnostische, therapeutische und Ausbildungstechnik. Familiendynamik 8: 113-128.

Segal, Z.V. (1988): Appraisal of the Self-Schema Construct in Cognitive Models of Depression. Psychol. Bull. 103: 147-162.

Seligman, M.E.P., L.Y. Abramson, A. Semmel und C. von Baeyer (1979): Depressive Attributional Style. J. Abnorm. Psychol. 88: 242-247.

Seligman, M.E.P., C. Peterson, N.J. Kaslow, R.L. Tanenbaum, L.B. Alloy und L.Y. Abramson (1984): Attributional Style and Depressive Symptoms among Children. J. Abnorm. Psychol. 93: 235-238.

Selvini Palazzoli, M. (1986): Towards a General Model of Psychotic Family Games. J. Mar. Fam. Ther. 12: 339-349.

Selvini Palazzoli, M. (1987): Kommentar. Z. system. Ther. 5(3): 176-177.

Selvini Palazzoli M., L. Boscolo, G. Cecchin und *G. Prata* (1981): Hypothetisieren – Zirkularität – Neutralität: Drei Richtlinien für den Leiter der Sitzung. Familiendynamik 6(2): 123-139.

Selvini Palazzoli, M., L. Boscolo, G. Cecchin und *G. Prata* (1983): Das Problem des Zuweisenden. Z. system. Ther. 1(3): 11-20.

Selvini Palazzoli, M., L. Boscolo, G. Cecchin und *G. Prata* (1985), Paradoxon und Gegenparadoxon. Klett-Cotta, Stuttgart, 4. Auflage.

Selvini Palazzoli, M., S. Cirillo, M. Selvini und *A.M. Sorrentino* (1987): Das Individuum im Spiel. Z. system. Ther. 5(3): 144-152.

Shands, H.G. (1971): The War with Words. Mouton, Den Haag.

Shazer, S. de (1984): The Death of Resistance. Fam. Proc. 23: 11-21.

Shazer, S. de (1985): Keys to Solution in Brief Therapy. Norton, New York-London.

Shazer, S. de (1986): Ein Requiem der Macht. Z. system. Ther. 4(4): 208-212.

Shazer, S. de (1988a): Clues. Investigating Solutions in Brief Therapy. Norton, New York-London.

Shazer, S. de (1988b): Therapie als System. Entwurf einer Theorie. In: L. Reiter, E.J. Brunner und S. Reiter-Theil (Hrsg.), Von der Familientherapie zur systemischen Perspektive. Springer, Berlin-Heidelberg-New York, S. 217-229.

Shazer, S. de (1989): Der Dreh. Auer, Heidelberg.

Shazer, S. de, I.K. Berg, E. Lipchik, E. Munally, A. Molnar, W. Gingerich und *M. Weiner-Davis* (1986): Kurztherapie – Zielgerichtete Entwicklung von Lösungen. Familiendynamik 11: 182-205.

Simon, F.B. (Hrsg.) (1988a): Lebende Systeme. Wirklichkeitskonstruktionen in der systemischen Therapie. Springer, Berlin-Heidelberg-New York.

Simon, F.B. (1988b): Unterschiede, die Unterschiede machen. Springer, Berlin-Heidelberg-New York.

Simon, F.B., und *G. Schmidt* (1984): Die Machtlosigkeit zirkulären Denkens. Familiendynamik 11: 177-179.

Snyder, C.T., R.L. Higgins und *R.J. Stucky* (1983): Excuses. Masquerades in Search of Grace. Wiley, New York.

Speed, B. (1985): Evaluating the Milan Approach. In: D. Campbell und R. Draper (Hrsg.), Applications of Systemic Family Therapy – The Milan Approach. Grune & Stratton, London.

Spencer-Brown, G. (1979): Laws of Form. Dutton, New York.

Sprenkle, D., und *D. Olson* (1978): Circumplex Model of Marital Systems. IV: Empirical Study of Clinic and Non-clinic Couples. J. Mar. Counsel 4: 59-74.

Stachowiak, H. (1965): Denken und Erkennen im kybernetischen Modell. Springer, Berlin-Heidelberg-New York.

Stachowiak, H. (1973): Allgemeine Modelltheorie. Springer, Wien.

Stachowiak, H. (1978): Erkenntnis in Modellen. In: H. Lenk und G. Ropohl (Hrsg.), Systemtheorie als Wissenschaftsprogramm. Athenäum, Königstein, S. 50-64.

Stegmüller, W. (1973): Theorie und Erfahrung, Zweiter Halbband: Theorienstrukturen und Theoriendynamik. Springer, Berlin-Heidelberg-New York.

Stegmüller, W. (1978): Hauptströmungen der Gegenwartsphilosophie, Bd. 1. Kröner, Stuttgart.

Stegmüller, W. (1979): Rationale Rekonstruktion von Wissenschaft und ihrem Wandel. Reclam, Stuttgart.

Steiner, E., und *J. Hinsch* (1988): Therapie: Ordnungskunst zwischen Finden und Erfinden. Zur Verwendung von Metaphern. Familiendynamik 13: 204-219.

Steinmeyer, E.M. (1988): Psychologische Modelle der Entstehung affektiver Störungen. In: D. von Zerssen und H.J. Möller (Hrsg.), Affektive Störungen. Springer, Berlin-Heidelberg-New York.

Stierlin, H. (1983): Familientherapie: Wissenschaft oder Kunst? Familiendynamik 8(4): 364-377.

Stierlin, H. (1988): Zur Beziehung zwischen Einzelperson und System: der Begriff „Individuation" in systemischer Sicht. In: L. Reiter, E.J. Brunner und S. Reiter-Theil (Hrsg.), Von der Familientherapie zur systemischen Perspektive. Springer, Berlin-Heidelberg-New York, S. 3-19.

Stierlin, H., G. Weber, G. Schmidt und *F.B. Simon* (1986): Zur Familiendynamik bei manisch-depressiven und schizoaffektiven Psychosen. Familiendynamik 11(4): 267-282.

Sullivan, H.S. (1953): The Interpersonal Theory of Psychiatry. Norton, New York-London.

Teasdale, J.O. (1983): Affect and Accessibility. Phil. Trans. R.6 Soc. Lond., B. 302: 403-412.

Teubner, G. (1987): Episodenverknüpfung: Zur Steigerung von Selbstreferenz im Recht. In: D. Baecker, J. Markowitz, R. Stichweh, H. Tyrell und H. Willke (Hrsg.), Theorie als Passion. Suhrkamp, Frankfurt am Main, S. 423-446.

Teubner, G., und *H. Willke* (1984): Kontext und Autonomie. Gesellschaftliche Selbststeuerung durch reflexives Recht. Z. Rechtssoziologie 5: 4-35.

Thomae, H. (1968): Das Individuum und seine Welt. Hogrefe, Göttingen.

Thomas, V. (1987): Das „Circumplex model" und der FACES. In: M. Cierpka (Hrsg.), Familiendiagnostik. Springer, Berlin-Heidelberg-New York, S. 256-281.

Toman, W. (1968): Kleine Einführung in die Psychologie, 2. Aufl. Wissenschaftliche Buchgesellschaft, Darmstadt.

Tomm, K. (o.J.): Circular Interviewing: A Multifaceted Clinical Tool. Manuskript. (Erschienen in: D. Campbell und R. Draper, Applications of Systemic Family Therapy. The Milan Method. Academic Press, New York).

Tomm, K. (1984): Der Mailänder familientherapeutische Ansatz. Ein vorläufiger Bericht. Z. system. Ther. 1(4): 1-23.

Tomm, K. (1987a): Interventive Interviewing: Part I. Strategizing as a fourth guideline for the therapist. Fam. Proc. 26: 3-13.

Tomm, K. (1987b): Interventive Interviewing: Part II. Reflexive Questioning as a Means to Enable Self-Healing. Fam. Proc. 26: 167-183.

Tomm, K. (1988): Interventive Interviewing: Part III. Intending to Ask Lineal, Circular, Strategic, or Reflexive Questions? Fam. Proc. 27: 1-15 (dt. in System Familie 1989, 2(1): 21-40).

Treacher, A. (1987): Der Mailänder Ansatz – Eine erste Kritik. Z. system. Ther. 5(3): 170-175.

Tretter, F. (1987): Perspektiven einer psychiatrischen Ökologie der Sucht. In: K. Dörner (Hrsg.), Neue Praxis braucht neue Theorie. Jakob van Hoddis, Gütersloh, S. 144-171.

Trommel, M.J. von (1984): Systemische Epistemologie: Anmerkungen zum Verhältnis von Zirkularität und Linearität. Z. system. Ther. 1(4): 33-34.

Trudewind, C. (1978): Probleme einer ökologischen Orientierung in der Entwicklungspsychologie. In: C.F. Graumann (Hrsg.), Ökologische Perspektiven in der Psychologie. Huber, Bern-Stuttgart-Wien, S. 33-48.

Tschacher, W. (1990): Interaktion in selbstorganisierten Systemen. Asanger, Heidelberg.

Ullmann, L.P., und *L. Krasner* (Hrsg.) (1965): Case Studies in Behavior Modification. Holt, New York.

Ulrich, H., und *G.J.B. Probst* (Hrsg.) (1984): Self-Organization and Management of Social Systems. Springer, Berlin-Heidelberg-New York.

Vagt, R. (1975): Planspiel, Konfliktsimulation und soziales Lernen. Manuskript, Hamburg.

Varela, F.J. (1979): Principles of Biological Autonomy. North Holland, New York-Oxford.

Varela, F.J. (1981): Der kreative Zirkel. Skizzen zur Naturgeschichte der Rückbezüglichkeit. In: P. Watzlawick (Hrsg.), Die erfundene Wirklichkeit. Piper, München-Zürich, S. 294-309.

Varela, F.J. (1987): Autonomie und Autopoiese. In: S.J. Schmidt (Hrsg.), Der Diskurs des Radikalen Konstruktvismus. Suhrkamp, Frankfurt am Main, S. 119-132.

Varela, F.J. (1988): Erkenntnis und Leben. In: F.B. Simon (Hrsg.), Lebende Systeme. Springer, Berlin-Heidelberg-New York, S. 34-46.

Vester, F. (1983): Ballungsgebiete in der Krise. dtv, München.

Vester, F. (1984): Neuland des Denkens. Vom technokratischen zum kybernetischen Zeitalter. dtv, München.

Vester, F., und *A. von Hesler* (1980): Sensitivitätsmodell. Regionale Planungsgemeinschaft Untermain, Frankfurt am Main.

Walraff, G. (1985): Ganz unten. Kiepenheuer und Wietsch, Köln.

Watzlawick, P. (1978): The Language of Change. Basic Books, New York.

Watzlawick, P. (Hrsg.) (1981): Die erfundene Wirklichkeit. Piper, München-Zürich.

Watzlawick, P., J.H. Weakland und *R. Fisch* (1974): Lösungen. Huber, Bern-Stuttgart-Wien.

Weaver, W. (1978): Wissenschaft und Komplexität. In: K. Türk (Hrsg.), Handlungssysteme. Westdeutscher Verlag, Opladen, S. 38-46.

Weber, G., und *F.B. Simon* (1987): Systemische Einzeltherapie. Z. system. Ther. 5(3): 192-206.

Weber, G., F.B. Simon, H. Stierlin und *G. Schmidt* (1987): Die Therapie der Familien mit manisch-depressivem Verhalten. Familiendynamik 12(2): 139-161.

Weick, K. (1985): Der Prozeß des Organisierens. Suhrkamp, Frankfurt am Main.

Weigl-Müller, G. (1989): Burnout. Ausprägung, Erleben und Bedingungen von Burnout bei therapeutisch tätigen Psychologen – eine Fragebogenuntersuchung. Diplomarbeit, Universität Bamberg.

Weinberg, G.M. (1975): An Introduction to General Systems Thinking. Wiley, New York.

Weiss, P.A. (1970): Das lebende System – ein Beispiel für den Schichtendeterminismus. In: A. Koestler und J.R. Smythies (Hrsg.), Das neue Menschenbild. Molden, Wien-München-Zürich, S. 13-59.

Weiss, T. (1988): Familientherapie ohne Familie: Kurztherapie mit Einzelpatienten. Kösel, München.

Weissman, M.M., und *E.S. Paykel* (1974): The Depressed Woman: A Study of Social Relationship. Chicago University Press, Chicago.

Weizsäcker, E. von (1974): Erstmaligkeit und Bestätigung als Komponenten der pragmatischen Information. In: E. von Weizsäcker (Hrsg.), Offene Systeme I. Beiträge zur Zeitstruktur von Information, Entropie und Evolution. Klett, Stuttgart.

Welter-Enderlin, R. (1980): Gedanken zur Situation der Familientherapie. In: I. Duss von Werdt und R. Welter-Enderlin (Hrsg.), Der Familienmensch. Systemisches Denken und Handeln in der Therapie. Klett, Stuttgart, S. 7-15.

Westmeyer, H. (1976): Verhaltenstherapie: Anwendung von Verhaltenstheorien oder kontrollierte Praxis? In: P. Gottwald und C. Kraiker (Hrsg.), Zum Verhältnis von Theorie und Praxis in der Psychologie. Mitt. dgvt, Sonderheft I, Tübingen, S. 9-31.

Westmeyer, H. (1978): Wissenschaftstheoretische Grundlagen Klinischer Psychologie. In: U. Baumann, H. Berbalk und G. Seidenstücker (Hrsg.), Klinische Psychologie. Trends in Forschung und Praxis, Bd. 1. Huber, Bern-Stuttgart-Wien, S. 108-132.

Westmeyer, H. (1979): Die rationale Rekonstruktion einiger Aspekte psychologischer Praxis. In: H. Albert und K.H. Stapf (Hrsg.), Theorie und Erfahrung. Beiträge zur Grundlagenproblematik in der Sozialwissenschaft. Klett, Stuttgart.

Westmeyer, H. (1984): Diagnostik und therapeutische Entscheidung: Begründungsprobleme. In: G. Jüttemann (Hrsg.), Neue Aspekte klinisch-psychologischer Diagnostik. Hogrefe, Göttingen, S. 77-101.

Wiener, N. (1968): Kybernetik. Rowohlt, Reinbek.

Willi, J. (1975): Die Zweierbeziehung. Rowohlt, Reinbek.

Willke, H. (1978): Systemtheorie und Handlungstheorie – Bemerkungen zum Verhältnis von Aggregation und Emergenz. Z. Soziologie 7(4): 380-389.

Willke, H. (1982): Systemtheorie. Fischer (UTB), Stuttgart.

Willke, H. (1983): Methodologische Leitfragen systemtheoretischen Denkens. Annäherung an das Verhältnis von Intervention und System. Z. system. Ther. 1(2): 23-37.

Willke, H. (1984): Zum Problem der Intervention in selbstreferentielle Systeme. Z. system. Ther. 2: 191-200.

Willke, H. (1987a): Systembeobachtung, Systemdiagnose, Systemintervention – weiße Löcher in schwarzen Kästen? In: G. Schiepek (Hrsg.), Systeme erkennen Systeme. Psychologie Verlags Union, München-Weinheim, S. 94-114.

Willke, H. (1987b): Differenzierung und Integration in Luhmanns Theorie sozialer Systeme. In: H. Haferkamp und M. Schmid (Hrsg.), Sinn, Kommunikation und soziale Differenzierung. Suhrkamp, Frankfurt am Main, S. 247-274.

Willke, H. (1987c): Strategien der Intervention in autonome Systeme. In: D. Baecker, J. Markowitz, R. Stichweh, H. Tyrell und H. Willke (Hrsg.), Theorie als Passion. Suhrkamp, Frankfurt am Main, S. 333-361.

Willke, H. (1987d): Kontextsteuerung und Re-Integration der Ökonomie – zum Einbau gesellschaftlicher Kriterien in ökonomische Rationalität. In: M. Glagow und H. Willke (Hrsg.), Dezentrale Gesellschaftssteuerung. Probleme der Integration polyzentrischer Gesellschaft. Pfaffenweiler, S. 155-172.

Willke, H. (1988a): Therapeutisches Handeln – eine Risikoanalyse. Z. system. Ther. 6(2): 110-114.

Willke, H. (1988b): Systemtheoretische Grundlagen des therapeutischen Eingriffs in autonome Systeme. In: L. Reiter, E.J. Brunner und S. Reiter-Theil (Hrsg.), Von der Familientherapie zur systemischen Perspektive. Springer, Berlin-Heidelberg-New York, S. 41-50.

Willke, H. (1989): Systemtheorie entwickelter Gesellschaften: Dynamik und Riskanz moderner gesellschaftlicher Selbstorganisation. Juventa, Weinheim-München.

Windelband, W. (1894): Geschichte und Naturwissenschaft. Heitz, Straßburg.

Wortman, C.B., und *J.W. Brehm* (1975): Responses to Uncontrollable Outcomes: An Integration of Reactance Theory and the Learned Helplessness Model. In: L. Berkowitz (Hrsg.), Advances in Experimental Social Psychology. Academic Press, New York, S. 277-336.

Wortman, C.B., und *C. Dunkel-Schetter* (1979): Interpersonal Relationships and Cancer: A Theoretical Analysis. J. Soc. Issues. 35: 120-155.

Wüthrich, U. (1987): Über Veränderungsprozesse in der Psychotherapie – Eine Konkretisierung des Schema-Ansatzes. Inauguraldissertation, Universität Bern.

Wuketits, F.M. (1988): Systemtheorie und Menschenbild. In: L. Reiter, E.J. Brunner und S. Reiter-Theil (Hrsg.), Von der Familientherapie zur systemischen Perspektive. Springer, Berlin-Heidelberg-New York, S. 285-298.

Yates, A.J. (1975): The Role of Theory in the Practice of Behavior Therapy. In: A.J. Yates (Hrsg.), Theory and Practice in Behavior Therapy. Wiley, New York, S. 1-34.

Zeeman, E.C. (1977): Catastrophy Theory – Selected Papers 1972-1977. Addison-Wesley, Reading, Mass.

Zeleny, M. (1981a): What is Autopoiesis? In: M. Zeleny (Hrsg.), Autopoiesis. A Theory of Living Organization. North Holland, New York-Oxford, S. 4-17.

Zeleny, M. (Hrsg.) (1981b): Autopoiesis. A Theory of Living Organization. North Holland, New York-Oxford.

Zeleny, M., und *N.A. Pierre* (1976): Simulation of Self-Renewing Systems. In: E. Jantsch und C.H. Waddington (Hrsg.), Evolution and Consciousness. Addison-Wesley, London, S. 150-165.

Zielke, M. (Hrsg.) (1982): Diagnostik in der Psychotherapie. Kohlhammer, Stuttgart-Berlin-Köln-Mainz.

Zimbardo, P.G. (1970): The Human Choice: Individuation, Reason, and Order versus Deindividuation, Impulse, and Chaos. In: W.J. Arnold und D. Levine (Hrsg.), Nebraska Symposium on Motivation 1969. University of Nebraska Press, Lincoln.

Zimmerschied, S. (1985): Planspiel in Hidring. In: S. Zimmerschied, Klassentreffen. Haller, Passau, S. 7-12.

Zöchling, D. (1981): Die Oper. Westermann, Braunschweig.

Sachwortregister

Zur sozialen Konstruktion von Geschmackswahrnehmung

von Michael Borg-Laufs und Lothar Duda

1991. X, 177 Seiten. (Wissenschaftstheorie, Wissenschaft und Philosophie, Bd. 31; hrsg. von Siegfried J. Schmidt) Kartoniert.
ISBN 3-528-06417-X

„Sozialer Konstruktivismus", eine Theorie, die die Erkennbarkeit von Wirklichkeit verneint. Eine Theorie, die an sich selbst ästhetische und ethische Maßstäbe anlegt. Ist vor dem Hintergrund einer solchen Erkenntnistheorie sinnvolles wissenschaftliches Arbeiten möglich?
Die vorliegende Arbeit zeigt, daß dies der Fall ist. Sie macht deutlich, welche Vorteile eine sozialkonstruktivistische Sicht gegenüber traditioneller Forschung hat, welche inhaltlichen und methodischen Möglichkeiten sie bietet. Die Autoren illustrieren beispielhaft, in welcher Form subjektorientierte und selbstreflektierende Forschungsarbeit geleistet werden kann.

Dem interessanten – aber leider in der Forschung oft vernachlässigten – Thema „Geschmackswahrnehmung" wird sich mit Hilfe einer Betrachtung über die kulturelle Vielfalt der menschlichen Eß- und Schmeckgewohnheiten genähert, bevor die eigene, appetitanregend aufgearbeitete Untersuchung über Geschmacksveränderungen bei Neu-Vegetariern vorgestellt wird.

Verlag Vieweg · Postfach 58 29 · D-6200 Wiesbaden

Erkenntniskonstruktion am Beispiel der Tastwahrnehmung

von Ellen Matthies, Jochen Baecker und Manfred Wiesner

1990. VIII, 253 Seiten. (Wissenschaftstheorie, Wissenschaft und Philosophie, Bd. 30; hrsg. von S. J. Schmidt und P. Finke) Gebunden.
ISBN 3-528-06405-6

Inhalt: Einleitung – Psychologie und Konstruktivismus – Entwurf eines psychologisch/konstruktivistischen Wahrnehmungsmodells – Beobachtungen am Prozeß der Erkenntniskonstruktion – Der Einfluß des Kollektivs auf die Wahrnehmung: Eine Erweiterung des konstruktivistischen Ansatzes – Deutung als Ergebnis einer Gruppenübereinkunft – Nachwirkung einer Gruppenübereinkunft – Zusammenfassende Interpretation und Diskussion – Reflexion – Zusammenfassung.

„Erkenntniskonstruktion am Beispiel der Tastwahrnehmung" versucht, die Erkenntnistheorie des Radikalen Konstruktivismus in die Psychologie hineinzutragen. Wahrnehmung wird entsprechend dieser Erkenntnistheorie nicht als Abbildung einer außerhalb des Organismus liegenden Realität betrachtet, sondern als aktiv konstruiert. Die Prinzipien, nach denen dies geschehen kann, werden anhand eines Wahrnehmungsexperiments zum erkennenden Tasten im Detail illustriert, und auch die Erkenntnis dieser Prinzipien selbst wird wiederum als konstruiert betrachtet und als Erkenntniskonstruktion analysiert.

Verlag Vieweg · Postfach 58 29 · D-6200 Wiesbaden

Aus dem Programm Psychologie

Elmar Brähler, Michael Geyer
und Modest M. Kabanow (Hrsg.)

**Psychotherapie
in der Medizin**

Beiträge zur psychosozialen Medizin in ost- und westeuropäischen Ländern.
1991. 353 S. Kart.
ISBN 3-531-12095-6

Dieser Band bietet einen Überblick über Aufgabenbereiche der psychosozialen Medizin in Deutschland, der Schweiz, Polen und der Sowjetunion. Neben theoretischen Konzepten wird über ausgewählte psychotherapeutische und medizinpsychologische Handlungsfelder berichtet, die zwar in der somatischen Medizin liegen, aber auch funktionelle Erkrankungen umfassen. Behandelt werden ausserdem die Rolle der Psychotherapie in der Neuropsychiatrie sowie Verlaufs- und Erfolgskontrollen bei Psychotherapien in verschiedenen Ländern. Schließlich werden neuartige psychotherapeutische Settings vorgestellt.

Manfred Clemenz, Arno Combe,
Christel Beier, Jutta Lutzi und
Norbert Spangenberg

unter Mitarbeit von R. Dichmann,
W. Habicht, D. Hosemann und
D. Reichardt

**Soziale Krise, Institution
und Familiendynamik**

Konfliktstrukturen und Chancen therapeutischer Arbeit bei Multiproblem-Familien.

1990 346 S Kart.
ISBN 3-531-12169-3

Ausgehend von der Armutsforschung in den USA untersuchen die Autoren, inwieweit ein therapeutisches Konzept für „Klienten" aus den unteren Schichten entwickelt werden kann, die nicht aus eigener Initiative therapeutische Hilfe suchen Multiproblem-Familien befinden sich zumeist in einer Situation, die ausweglos erscheint Arbeitslosigkeit, Verschuldung, familiäre Konflikte, Schulversagen der Kinder, Alkoholismus, Drogenabhangigkeit und

Prostitution sind die Probleme, mit denen diese Familien konfrontiert sind. Die Studie zeigt, wie wichtig therapeutische Hilfsmaßnahmen sind, die diesen Unterprivilegierten einen Ausweg aus gettoartigen Verhältnissen, aus Resignation und Hoffnungslosigkeit zu zeigen vermögen.

Peter Möhring und
Terje Neraal (Hrsg.)

**Psychoanalytisch
orientierte Familien-
und Sozialtherapie**

Das Gießener Konzept
in der Praxis.

1991. 431 S Kart.
ISBN 3-531-12096-4

Nach langjähriger Tätigkeit auf dem Gebiet der Familien- und Sozialtherapie legen die Herausgeber und Autoren eine grudlegende Einführung in beziehungsdynamisches und therapeutisches Denken und Handeln vor. Gemeinsamer Ausgangspunkt ist das von *H. E Richter* formulierte sozialtherapeutische Prinzip. daß in Reflexion und Intervention das soziale Feld und die Gegenübertragung des Therapeuten einzubeziehen sind
Der Band richtet sich an Angehörige helfender Berufe, die ihre therapeutische/-beraterische Kompetenz erweitern und Beziehungsstrukturen in unserer Gesellschaft besser verstehen wollen

WESTDEUTSCHER
VERLAG
OPLADEN · WIESBADEN